Industrial Engineer Hazardous material

위험물산업기사

【필기】

이덕수 · 이정석 공저

www.SangSangbooks.co.kr

현대 산업사회가 급속히 발전하고 있는 현실에 위험물 대형화재가 발생하여 인명과 재산에 막대한 손실을 초래하는 것을 보면서 위험물 안전관리에 대한 필요성을 더욱 절실히 느끼게 되었습니다.

이러한 이유로 산업사회의 기초물질인 위험물을 원료로 하는 화학공장의 현장, 위험물안전관리대행 업무의 현장 실무 경력과 오랜 기간 동안 위험물 강의 경력을 토대로 수험생들이 보다 쉽고 빠르게 통합된 위험물산업기사 자격증을 취득할 수 있도록 본 교재를 집필하였습니다.

이 책의 특징은
1. 한국산업인력공단의 출제기준과 개정된 위험물안전관리 법령을 반영하여 핵심적인 이론 내용을 수험생들이 이해하기 쉽도록 집필하였습니다.
2. 소단원별 출제예상문제를 상세 해설과 함께 수록하여 단원 학습의 내용을 스스로 점검하고 이해도를 향상시킬 수 있도록 하였습니다.
3. 2021년부터 2025년까지 최근 5년간 시행된 CBT 복원문제를 상세한 해설과 함께 수록함으로써 문제은행 방식의 시험에 효과적으로 대비할 수 있도록 하였습니다.

첫머리에

이 도서의 출간 이후 부족한 점과 법령 개정부분은 계속 수정, 보완하여 수험생 여러분이 합격하는데 더욱 도움이 되도록 하겠으며, 이 책을 출간하기까지 물심양면으로 도와주신 책과상상 사장님, 그리고 편집부 직원께 진심으로 감사드립니다.

수험생 여러분 모두에게 합격의 영광이 있기를 기원하며 항상 행복하고 건강한 날이 되기를 바랍니다.

저자 드림

자격시험안내 및 출제기준

■ **개요**
위험물은 발화성, 인화성, 가연성, 폭발성 때문에 사소한 부주의에도 커다란 재해를 가져올 수 있다. 또한 위험물의 용도가 다양해지고, 제조시설도 대규모화되면서 생활공간과 가까이 설치되는 경우가 많아짐에 따라 위험물의 취급과 관리에 대한 안전성제고에 대한 관심이 높아지고 있다. 특히 위험물 특성별로 전문적으로 취급할 수 있는 전문인력을 양성하고자 자격제도 제정

■ **수행직무**
위험물(제1류~6류)의 저장, 제조, 취급고에서 위험물을 안전하도록 취급하며, 일반작업자를 지시, 감독. 또한 각 설비 및 시설에 대한 안전점검을 실시하고 재해발생시 응급조치를 취하는 등 위험물에 대한 보안·감독의 업무를 수행함

필기과목	주요항목	세부항목
물질의 물리·화학적 성질	1. 기초 화학	1. 물질의 상태와 화학의 기본법칙 2. 원자의 구조와 원소의 주기율 3. 산, 염기 4. 용액 5. 산화, 환원
	2. 유기화합물 위험성 파악	1. 유기화합물 종류·특성 및 위험성
	3. 무기화합물 위험성 파악	1. 무기화합물 종류·특성 및 위험성
화재 예방과 소화방법	1. 위험물 사고 대비·대응	1. 위험물 사고 대비 2. 위험물 사고 대응
	2. 위험물 화재예방·소화방법	1. 위험물 화재예방 방법 2. 위험물 소화방법
	3. 위험물 제조소등의 안전계획	1. 소화설비 적응성 2. 소화 난이도 및 소화설비 적용 3. 경보설비·피난설비 적용

■ 취득방법
1. 시 행 처 : 한국산업인력공단
2. 관련학과 : 전문대학 및 대학의 화학공업, 화학공학 등 관련학과
3. 시험과목
    - 필기 : 1. 물질의 물리·화학적 성질 2. 화재예방과 소화방법 3. 위험물 성상 및 취급
    - 실기 : 위험물 취급 실무
4. 검정방법 및 합격기준
    - 필기 : 객관식 4지 택일형, 과목당 20문항(과목당 30분) – 100점을 만점으로 하여 과목당 40점 이상, 전과목 평균 60점 이상
    - 실기 : 필답형(2시간) – 100점을 만점으로 하여 60점 이상
    ※ 2020년 1회 실기시험부터 작업형(동영상) 시험이 폐지되고 필답형으로만 진행됩니다.

■ 진로 및 전망
1. 위험물(제1류~6류)의 제조, 저장, 취급전문업체에 종사하거나 도료제조, 고무제조, 금속제련, 유기합성물제조, 염료제조, 화장품제조, 인쇄잉크제조업체 및 지정수량 이상의 위험물 취급업체에 종사할 수 있다.
2. 산업체에서 사용하는 발화성, 인화성 물품을 위험물이라 하는데 산업의 고도성장에 따라 위험물의 수요와 종류가 많아지고 있어 위험성 역시 대형화되어가고 있다. 이에 따라 위험물을 안전하게 취급·관리하는 전문가의 수요는 꾸준할 것으로 전망된다. 또한 위험물관리산업기사의 경우 소방법으로 정한 위험물 제1류~제6류에 속하는 모든 위험물을 관리할 수 있으므로 취업영역이 넓은 편이다.

필기과목	주요항목	세부항목	
위험물 성상 및 취급	1. 제1류 위험물 취급	1. 성상 및 특성	2. 저장 및 취급방법의 이해
	2. 제2류 위험물 취급	1. 성상 및 특성	2. 저장 및 취급방법의 이해
	3. 제3류 위험물 취급	1. 성상 및 특성	2. 저장 및 취급방법의 이해
	4. 제4류 위험물 취급	1. 성상 및 특성	2. 저장 및 취급방법의 이해
	5. 제5류 위험물 취급	1. 성상 및 특성	2. 저장 및 취급방법의 이해
	6. 제6류 위험물 취급	1. 성상 및 특성	2. 저장 및 취급방법의 이해
	7. 위험물 운송·운반	1. 위험물 운송기준	2. 위험불 운반기준
	8. 위험물 제조소등의 유지관리	1. 위험물 제조소 3. 위험물 취급소	2. 위험물 저장소 4. 제조소등의 소방시설 점검
	9. 위험물 저장·취급	1. 위험물 저장기준	2. 위험물 취급기준
	10. 위험물안전관리 감독 및 행정처리	1. 위험물시설 유지관리감독 2. 위험물안전관리법상 행정사항	

이 책의 차례 CONTENTS

제1장 물질의 물리·화학적 성질

제1절 | 물질의 상태 10
- 01 물질의 상태와 변화 10
- 02 원자의 구조와 원소의 주기율표 15
- 03 산, 염기, 염 및 수소이온농도 25
- 04 용액, 용해도 및 용액의 농도 28
- 05 산화, 환원 33
- 06 전지 및 전기분해 35
- 07 화학반응과 화학평형 37
- 출제예상문제 40

제2절 | 금속 및 비금속 원소 68
- 01 금속과 그 화합물 68
- 02 비금속과 그 화합물 71
- 출제예상문제 76

제3절 | 유기화합물 81
- 01 유기화합물 81
- 02 지방족 탄화수소 84
- 03 방향족 탄화수소 88
- 04 고분자화합물 91
- 출제예상문제 93

제2장 화재예방과 소화방법

제1절 | 화재예방 102
- 01 화재의 종류 및 특성 102
- 02 연소의 이론과 실제 105
- 출제예상문제 112

제2절 | 소화방법 120
- 01 소화원리 120
- 02 소화방법 121
- 출제예상문제 129

제3절 | 소방시설의 설치 및 운영 141
- 01 소방시설의 종류 141
- 02 소방시설의 설치 기준(위험물 대상) 143
- 출제예상문제 158

제3장 위험물 성상 및 취급

제1절 | 제1류 위험물 168
- 01 제1류 위험물 물성 168
- 02 각 위험물의 물성 및 특성 170
- 출제예상문제 179

제2절 | 제2류 위험물 189
- 01 제2류 위험물의 물성 189
- 02 각 위험물의 물성 및 특성 190
- 출제예상문제 196

제3절 | 제3류 위험물 203
- 01 제3류 위험물의 물성 203
- 02 각 위험물의 물성 및 특성 205
- 출제예상문제 211

제4절 | 제4류 위험물 221
- 01 제4류 위험물의 특성 221
- 02 각 위험물의 물성 및 특성 223
- 출제예상문제 239

제5절	제5류 위험물	256
	01 제5류 위험물의 물성	256
	02 각 위험물의 물성 및 특성	257
	출제예상문제	263

제6절	제6류 위험물	272
	01 제6류 위험물의 물성	272
	02 각 위험물의 물성 및 특성	273
	출제예상문제	275

제4장 위험물안전관리법령 · 기술기준

제1절	위험물안전관리법령	284
	01 위험물	284
	02 저장소, 취급소의 구분	286
	03 위험물안전관리자	287
	04 자체소방대	290
	05 벌칙	291
	06 탱크의 용량	292

제2절	위험물제조소등의 기술기준	294
	01 제조소의 위치, 구조 및 설비의 기준	294
	02 옥내저장소의 위치, 구조 및 설비의 기준	302
	03 옥외탱크저장소의 위치, 구조 및 설비의 기준	306
	04 옥내탱크저장소의 위치, 구조 및 설비의 기준	311
	05 지하탱크저장소의 위치, 구조 및 설비의 기준	315
	06 간이탱크저장소의 위치, 구조 및 설비의 기준	316
	07 이동탱크저장소의 위치, 구조 및 설비의 기준	317
	08 옥외저장소의 위치, 구조 및 설비의 기준	321
	09 주유취급소의 위치, 구조 및 설비의 기준	322
	10 판매취급소의 위치, 구조 및 설비의 기준	325
	11 이송취급소의 위치, 구조 및 설비의 기준	326
	12 일반취급소의 위치, 구조 및 설비의 기준	328
	13 제조소등의 소화설비, 경보설비, 피난설비의 기준	329
	14 위험물제조소등의 저장 및 취급에 관한 기준	335
	15 위험물의 운반에 관한 기준	336
	출제예상문제	340

제5장 CBT 복원문제

2021년 1회 CBT 복원문제	363
2021년 2회 CBT 복원문제	373
2021년 3회 CBT 복원문제	383
2022년 1회 CBT 복원문제	392
2022년 2회 CBT 복원문제	401
2022년 3회 CBT 복원문제	410
2023년 1회 CBT 복원문제	420
2023년 2회 CBT 복원문제	429
2023년 3회 CBT 복원문제	438
2024년 1회 CBT 복원문제	447
2024년 2회 CBT 복원문제	456
2024년 3회 CBT 복원문제	466
2025년 1회 CBT 복원문제	475
2025년 2회 CBT 복원문제	484
2025년 3회 CBT 복원문제	494

위험물 분야
주요 용어 변경

위험물안전관리법 시행규칙의 개정에 따라 위험물 등의 용어가 변경되었습니다.
이에 주요 용어 변경 사항을 다음과 같이 정리합니다. 수험생 여러분들은 참고하셔서 변경된 용어를 반드시 숙지하시기 바랍니다.

■ 접두어

구분	기존 용어	변경된 용어
hy-	히-	하이-
di-	디-	다이-
tri-	트리-	트라이-
nitro-	니트로-	나이트로-

■ 이전 용어와 변경된 용어 비교

이전 용어	변경된 용어	이전 용어	변경된 용어
과망간산염류	과망가니즈산염류	과망간산칼륨	과망가니즈산칼륨
과망간산나트륨	과망가니즈산나트륨	아세트알데히드	아세트알데하이드
아크릴로니트릴	아크릴로나이트릴	시안화수소	사이안화수소
아세토니트릴	아세토나이트릴	히드라진	하이드라진
니트로벤젠	나이트로벤젠	니트로셀룰로오스	나이트로셀룰로스
니트로글리세린	나이트로글리세린	니트로글리콜	나이트로글라이콜
트리니트로톨루엔	트라이나이트로톨루엔	트리니트로페놀	트라이나이트로페놀
니트로화합물	나이트로화합물	니트로소화합물	나이트로소화합물
디아조화합물	다이아조화합물	히드라진유도체	하이드라진유도체
히드록실아민	하이드록실아민	히드록실아민염류	하이드록실아민염류
니트로톨루엔	나이트로톨루엔	불소	플루오린
요오드, 옥소	아이오딘	메탄	메테인
에탄	에테인	프로판	프로페인
부탄	뷰테인		

CHAPTER 01

물질의 물리·화학적 성질

Section 01 물질의 상태
Section 02 금속 및 비금속 원소
Section 03 유기화합물

SECTION 01 물질의 상태

STEP 01 물질의 상태와 변화

1. 물질과 물체

1) 물질

공간을 채우고 질량을 가지고 있는 것으로 물체를 이루는 기본 바탕이다.

2) 물체

질량이 있는 공간적으로 크기와 형태를 가지는 것으로 물질로 만들어진 것을 말한다.

2. 물질의 분류

1) 순물질

일정한 조성을 가지며 독특한 성질을 가지는 물질로서 조성이 다르며 모양, 맛, 냄새, 비중, 끓는점 등에 의해서 서로 구별된다.
① 단체 : 한가지 원소로 되어 있는 물질
② 화합물 : 두가지 이상의 원소로 되어 있는 물질

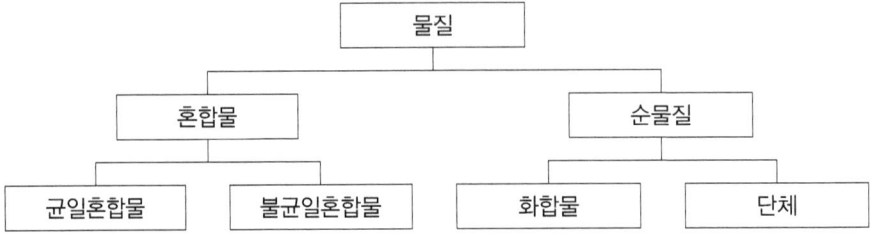

㉮ 단체 : 황(S), 구리(Cu), 철(Fe), 나트륨(Na), 알루미늄(Al), 흑연(C)
㉯ 화합물 : 물(H_2O), 이산화탄소(CO_2), 소금(NaCl)

2) 혼합물

두 가지 이상의 순물질이 혼합되어 있는 것으로 비점과 어는점이 일정하지 않다.

> **참고** **혼합물**
> 설탕물(설탕+물), 소금물(소금+물), 공기(산소+질소), 우유

3) 물질의 확인
  ① 순물질의 확인
    ㉮ 고체 : 녹는점(Melting point, 융점) 측정
    ㉯ 액체 : 끓는점(Boiling point, 비점) 측정
  ② 물질의 분리 및 정제
    ㉮ 고체와 액체
      ㉠ 여과(Filter) : 깔대기와 거름종이를 이용하여 액체속의 고체물질을 분리하는 방법 (흙탕물에서 흙과 물의 분리)
      ㉡ 증발 : 혼합물을 가열하여 용매를 날려 보내고 비휘발성 물질을 얻어내는 방법 (소금물이 증발하면 물은 증발하고 소금만 남는다.)
    ㉯ 액체와 액체
      ㉠ 증류(Distilation) : 두가지 이상의 혼합물을 비점차이에 의하여 물질을 분리시키는 방법
      ㉡ 분액깔대기 이용 : 물과 휘발유, 물과 등유와 같이 비중이 다르면 물과 섞이지 않는 물질을 분리하는 방법
    ㉰ 고체와 고체
      ㉠ 재결정 : 질산칼륨 수용액 속에 소량의 염화나트륨의 불순물을 제거하는 방법 (용해도 차이로 분리)
      ㉡ 추출법 : 혼합물속에 액체의 용해도를 이용하여 미량의 불순물을 제거하는 방법 (식초에서 아세트산을 분리할 때 에터 사용)
    ㉱ 기체와 기체 : 액화분리법, 흡수법

3. 물질의 상태변화

1) 물질의 상태
  ① 고체 : 모양과 부피가 있으며 분자간의 인력이 강한 것

  > **융점(녹는점)** : 고체가 온도에 의하여 액체로 변할 때의 온도

  ② 액체 : 모양은 변하나 부피가 일정한 것
    ㉮ 비점(끓는점) : 액체를 가열하여 증기가 될 때의 온도, 즉, 대기압과 증기압이 같아지는 온도
    ㉯ 응고점 : 액체에 온도를 낮추어 고체가 될 때의 온도
    ㉰ 노점(dew point) : 어떤 상태의 증기압이 포화증기압이 되는 온도
  ③ 기체 : 모양과 부피가 일정하지 않는 것

  > **보일-샤를의 법칙**
  > • 적용 : 온도가 높고 압력이 낮을 때(고온, 저압)
  > • 적용 기체 : 산소, 질소, 수소, 헬륨, 일산화탄소, 아르곤 등

2) 물질의 상태변화
    ① 고체
        ㉮ 융해 : 고체가 액체로 되는 현상
        ㉯ 승화 : 고체가 기체로 되는 현상(드라이아이스, 나프탈렌, 아이오딘)
    ② 액체
        ㉮ 액화 : 기체가 액체로 되는 현상
    ③ 기체
        ㉮ 기화 : 액체가 기체로 되는 현상
        ㉯ 승화 : 기체가 고체로 되는 현상(탄산가스)

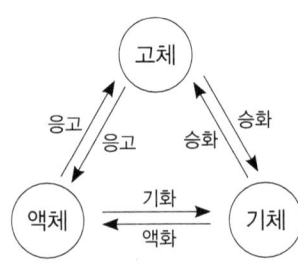

[물질의 상태변화]

> **참고** **상태변화에 따른 열**
> • 잠열 : 온도는 변하지 않고 상태만 변화하는 것(열량 Q = r·m)
>   – 물의 증발잠열 : 539kcal/kg
>   – 얼음의 융해잠열 : 80kcal/kg
> • 현열 : 상태는 변하지 않고 온도만 변화하는 것
>   열량 Q = mcΔt(m : 무게, c : 비열, Δt : 온도차)
> • 비열 : 어떤 물질 1g을 1℃ 올리는데 필요한 열량(물의 비열 : 1cal/g·℃)

4. 물질의 성질 및 변화

1) 물질의 성질
    ① 물리적 성질 : 물질의 조성이나 특성을 변화시키지 않고 측정할 수 있는 성질
    ② 화학적 성질 : 화학반응을 통하여 그 물질을 나타내는 성질

> **참고** **물질의 성질**
> • 물리적 성질 : 색, 융점, 비점, 밀도, 경도, 결정형, 전기전도성 등
> • 화학적 성질 : 화합, 분해, 치환, 복분해

2) 물질의 변화
    ① 물리적 변화 : 물질의 성분은 변하지 않고 상태와 부피가 변하는 것
    ② 화학적 변화 : 화학반응에 의하여 물질의 성분이 변하는 것

> **참고** **물리적 변화**
> • 설탕이 물에 녹아 설탕물이 되는 현상   • 철이 녹아 쇳물이 되는 현상
> • 소금이 물에 녹아 소금물이 되는 현상   • 얼음이 녹아 물이 되는 현상

㉮ 화합 : 두가지 이상의 물질이 결합하여 하나의 새로운 물질이 되는 현상(A + B → AB)

$$C + O_2 \rightarrow CO_2 \qquad 2H_2 + O_2 \rightarrow 2H_2O$$

㉯ 분해 : 하나의 물질이 둘 이상의 물질로 되는 현상(AB → A + B)

$$2H_2O \rightarrow 2H_2 + O_2 \qquad NH_4H_2PO_4 \rightarrow NH_3 + HPO_3 + H_2O$$

㉰ 치환 : 화합물의 하나의 원소가 다른 원소와 교체되는 현상(A+ BC → AC + B)

$$Mg + H_2SO_4 \rightarrow MgSO_4 + H_2$$

㉱ 복분해 : 두가지 이상의 성분이 서로 교체되는 현상(AB + CD → AD + BC)

$$AgNO_3 + NaCl \rightarrow AgCl + NaNO_3$$

5. 화학의 기본법칙

1) 원자에 관한 법칙

① 일정성분비의 법칙(프루스트) : 순수한 화합물에 있어서 성분원소의 질량비는 항상 일정하다.

$$2H_2 + O_2 \rightarrow 2H_2O$$
$$4g \quad 32g \quad 36g$$

∴ H와 O사이의 4 : 32 = 1 : 8의 중량비가 성립한다.

② 배수비례의 법칙(돌턴) : 두 원소가 결합하여 2개 이상의 화합물을 만들 때 다른 원소의 질량과 결합하는 원소의 질량사이에는 간단한 정수비가 성립한다.

CO(일산화탄소)와 CO_2(이산화탄소)에서
㉮ $C + 1/2O_2 \rightarrow CO$ ㉯ $C + O_2 \rightarrow CO_2$
　　　16g　　　　　　　　　　　　32g

∴ $O : O_2$ = 16g : 32g = 1 : 2의 정수비가 성립한다.

③ 질량불변의 법칙(라보아제) : 화학반응에서 반응물과 생성물의 질량은 같다.

(반응물)　　(생성물)
$$2H_2 + O_2 \rightarrow 2H_2O$$
$$4g \quad 32g \quad 36g$$

∴ 반응물의 질량 4 + 32 = 36g과 생성물의 질량 36g이 같다.

2) 분자에 관한 법칙

① **아보가드로의 법칙** : 기체는 온도와 압력이 같으면 같은 부피 속에서 같은 수의 분자를 가진다는 법칙

$$0℃, 1atm \text{ 에서 } 1\,mol = 22.4\,\ell = 6.02 \times 10^{23}\text{개}$$

② **기체 반응의 법칙** : 기체일 경우 같은 온도와 압력에서 반응물과 생성물의 부피 사이에는 간단한 정수비가 성립한다는 법칙

$$2H_2 + O_2 \rightarrow 2H_2O$$
$$(2\text{부피}) \ (1\text{부피}) \quad (2\text{부피})$$

3) 기타 화학 법칙

① **보일의 법칙** : 기체의 부피는 온도가 일정할 때 절대압력에 반비례한다.

$$T = \text{일정}, \quad PV = k \ (P : \text{압력} \ V : \text{부피})$$

② **샤를의 법칙** : 압력이 일정할 때 기체가 차지하는 부피는 절대온도에 비례한다.

$$\frac{V_1}{T_1} = \frac{V_2}{T_2}$$

③ **보일-샤를의 법칙** : 기체가 차지하는 **부피**는 **압력에 반비례**하고 **절대온도에 비례**한다.

$$\frac{P_1V_1}{T_1} = \frac{P_2V_2}{T_2} \qquad V_2 = V_1 \times \frac{P_1}{P_2} \times \frac{T_2}{T_1}$$

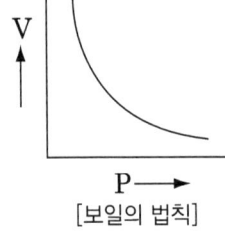
[보일의 법칙]

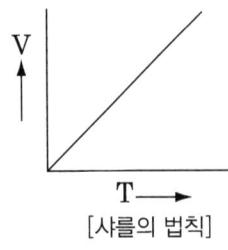
[샤를의 법칙]

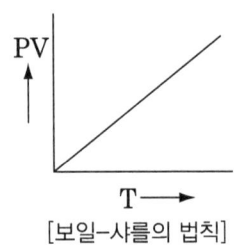
[보일-샤를의 법칙]

④ 이상기체 상태방정식

$$PV = nRT = \frac{W}{M}RT \qquad PM = \frac{W}{V}RT = \rho RT \qquad M(\text{분자량}) = \frac{\rho RT}{P}$$

여기서
- P : 압력(atm)
- n : mol수
- W : 무게
- R : 기체상수(0.08205 $\ell \cdot$ atm/g-mol·K, 0.08205 m³ · atm/kg-mol·K)
- ρ : 밀도(g/m³, kg/m³)
- V : 부피(ℓ, m³)
- M : 분자량
- T : 절대온도(273 + ℃ = K)

⑤ 돌턴의 분압 법칙 : 혼합기체의 전압은 각 성분의 분압의 합과 같다.

$$P = P_A + P_B + P_C$$

여기서 P : 전압, P_A, P_B, P_C : A, B, C 각성분의 분압

㉮ 몰% = 압력% = 부피%
㉯ 부분압력 = 전체압력 × 몰분율
㉰ 몰분율 = $\dfrac{성분기체의\ 몰수}{전체기체의\ 몰수}$

⑥ 그레이엄의 확산속도법칙 : **확산속도**는 분자량의 **제곱근**에 **반비례**, 밀도의 **제곱근**에 **반비례**한다.

$$\dfrac{U_B}{U_A} = \sqrt{\dfrac{M_A}{M_B}} = \sqrt{\dfrac{d_A}{d_B}}$$

여기서 · U_B : B기체의 확산속도 · U_A : A기체의 확산속도
· M_B : B기체의 분자량 · M_A : A기체의 분자량
· d_B : B기체의 밀도 · d_A : A기체의 밀도

STEP 02 원자의 구조와 원소의 주기율표

1. 원자

1) 원자의 구조

① 원자 : 물질을 구성하는 더 이상 나눌 수 없는 가장 작은 입자로서 크기는 10^{-13}cm이고 원자는 **원자핵**과 **전자**로 이루어져 있다.
㉮ 원자 : 화학결합을 할 수 있는 원소의 기본 단위
㉯ 전자 : 음(-)으로 하전된 입자

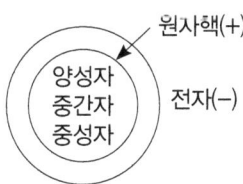

참고 **원자핵을 구성하는 물질** : 양성자, 중성자, 중간자

② 원자량 : 탄소(C)의 질량을 12(^{12}C)로 정하고 이것을 기준으로 하여 다른 원자의 질량 값

참고 **원자량 구하는 방법**
· 듀롱·페티드 법칙 : 원자량×비열 ≒ 6.4   원자량 ≒ 6.4/비열
· 원자량 = 당량×원자가

③ 양성자(양자) : 원자핵 속에 들어 있는 양(+)전기를 띤 입자로서 양성자의 질량은 1.67×10^{-27}g이다.
④ 중성자 : 양성자의 질량보다 약간 큰 질량을 가지고 있는 전기적으로 중성인 입자
  ㉮ 헬륨($_2He^4$) : 2개의 양성자와 2개의 중성자가 있다.
  ㉯ 수소($_1H^1$) : 중성자는 없고 양성자 1개만 있다.
⑤ 원자번호와 질량수
  ㉮ 원자번호 : 한 원소의 각 원자핵 속에 있는 양성자의 수
  ㉯ 질량수 : 한 원소의 각 원자핵 속에 있는 양성자와 중성자를 합한 수
    ㉠ 원자번호 = 양성자수 = 전자수(중성원자에서)
    ㉡ 질량수 = 양성자수(원자번호) + 중성자수
      • 예 $_{80}Hg^{199}$
        - 원자번호 : 80
        - 질량수 : 199
        - 중성자수 = 질량수 - 양성자수 = 199 - 80 = 119
      • 예 F^-
        - 원자번호(양성자수) : 9
        - 질량수 : 19
        - 중성자수 = 질량수 - 양성자수 = 19 - 9 = 10
        - 전자수 : 10(외부로부터 전자 1개 받는다)
⑥ 방사선의 붕괴
  ㉮ α붕괴
    ㉠ 본체는 **헬륨**의 **원자핵**이다.
    ㉡ 방사선 원소에 따라 속도는 다르다.
    ㉢ 감광작용, 전리작용이 가장 강하다.
    ㉣ 원소가 α붕괴하면 **원자번호 2감소, 질량수 4가 감소**한다.

> **참고**
> • α붕괴
> $_4^9Be + _2^4He \rightarrow (_6^{12}C) + _0^1n$
>   ※ $_{88}Ra^{226}$이 α붕괴하면 $_{86}Rn^{222}$가 된다.
> • 기본적인 입자의 기호
>   - 양성자 $_1^1H$ - 중성자 $_0^1n$
>   - 전자 $_{-1}^0e$ - 양전자 $_{+1}^0e$

  ㉯ β붕괴 : 원소가 β붕괴하면 **원자번호 1증가**, 질량수는 변화가 없다.
    ㉠ β선의 본질 : 전자($_{-1}^0e$)
    ㉡ $_{93}^{237}Np$(넵투늄)원소가 β선을 1회 방출하면 $_{94}^{237}Pu$(피우토늄)가 된다.
  ㉰ γ붕괴 : 핵의 내부에너지만 감소한다.
    ㉠ 중수소($_1^2D$)의 원자핵 구조 : 양성자 1, 중성자 1
    ㉡ 방사선의 파장이 가장 짧고 투과력과 방출속도가 가장 크다.
    ㉢ 감마선은 질량이 없고 전하를 띠지 않는다.

⑦ 반감기 : 방사선 원소가 붕괴하여 양이 1/2이 될 때까지 걸리는 시간

$$m = M\left(\frac{1}{2}\right)^{\frac{t}{T}}$$

여기서   m : 붕괴후의 질량, M : 처음 질량, t : 경과시간, T : 반감기

⑧ 동위원소와 동중원소
   ㉮ 동위원소 : 원자번호는 같고 질량수가 다른 원자
   ㉯ 동중원소 : 질량수는 같고 원자번호가 다른 원자
      ㉠ 동위원소 : 수소[$_1H^1$(경수소), $_1D^2$(중수소), $_1T^3$(3중수소)], 탄소($_6C^{12}$, $_6C^{13}$), 우라늄($_{92}U^{235}$, $_{92}U^{238}$)
      ㉡ 동중원소 : 탄소와 질소($_6C^{14}$, $_7N^{14}$)

⑨ 동소체 : 같은 원소로 되어 있으나 성질과 모양이 다른 단체(질소는 동소체가 없다)

원소	동소체	연소생성물
탄소(C)	다이아몬드, 흑연	이산화탄소(CO_2)
황(S)	사방황, 단사황, 고무상황	이산화황(SO_2)
인(P)	적린(붉은인), 황린(흰인)	오산화인(P_2O_5)
산소(O)	산소, 오존	−

참고 동소체의 구별 : 연소생성물의 확인

⑧ 당량
   ㉮ 당량 : 산소 8(산소 1/2원자량)이나 수소 1(수소 1원자량)과 결합 또는 치환하는 원소의 양
   ㉯ g당량 : 당량에 g을 붙인 것
      ㉠ 당량 = $\dfrac{원자량}{원자가}$, 원자량 = 당량 × 원자가
      ㉡ 산·알칼리 당량 = $\dfrac{산·알칼리의 분자량}{H(OH)의 수}$
      ㉢ 산화제(환원제)의 당량 = $\dfrac{산화제(환원제)의 분자량}{산화수의 변화}$
      ㉣ 산소 16g일 때 g당량 = 16g/8 = 2g당량
      ㉤ 산소 1g당량 = 8g = 1/4mol = 5.6ℓ
      ㉥ 수소 1g당량 = 1g = 1/2mol = 11.2ℓ
      ㉦ 황산의 1g당량 = 98/2 = 49g

2) 전자껍질 및 전자배열
   ① 가전자 : 전자껍질에서 제일 바깥에 있는 전자

최외각 전자껍질의 전자수 = 원자가전자 = 가전자 = 족수

② 궤도함수(오비탈, 부전자껍질) : 실제 핵의 전자분포를 확률로서 표시한 것

오비탈 명칭	전자 수		궤도함수도표
s	2	s^2	↑↓
p	6	p^6	↑↓ ↑↓ ↑↓
d	10	d^{10}	↑↓ ↑↓ ↑↓ ↑↓ ↑↓
f	14	f^{14}	↑↓ ↑↓ ↑↓ ↑↓ ↑↓ ↑↓ ↑↓

㉮ 부대전자 : s, p, d, f 등의 오비탈에 전자가 들어갈 때 쌍을 이루지 않고 혼자 있는 전자 수

㉯ 2p오비탈에 4개의 전자가 있다는 것은 전자배치는 $1S^2$, $2S^2$, $2P^4$이므로
↑↓ ↑↓ ↑↓ ↑ ↑ (여기서 최외각 전자수 : 6, 부대전자수 : 2개)

③ 전자껍질 : 원자핵을 이루고 있는 에너지 준위가 다른 전자층으로서 에너지 준위가 낮은 전자껍질로부터 전자가 채워진다.

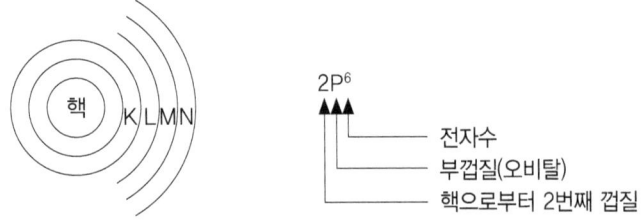

전자껍질	K껍질 (n = 1, n : 양자수)	L껍질 (n = 2)	M껍질 (n = 3)	N껍질 (n = 4)
오비탈	s	s, p	s, p, d	s, p, d, f
	$1s^2$	$2s^2$, $2p^6$	$3s^2$, $3p^6$, $3d^{10}$	$4s^2$, $4p^6$, $4d^{10}$, $4f^{14}$
최대수용 전자수($2n^2$)	2	8	18	32

④ 훈트의 법칙(Hunt's law) : 같은 에너지 준위에 있는 오비탈이 여러 개가 있고, 여기에 여러 개의 전자가 들어갈 때는 모든 오비탈이 분산되어 들어가려는 법칙

⑤ 에너지 준위

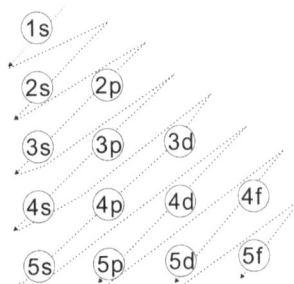

㉮ 에너지 준위의 순서 : 1s < 2s < 2p < 3s < 3p < 4s < 3d < 4p < 5s

㉰ Ar(원자번호 18)의 전자배치 : $1S^2$, $2S^2$, $2P^6$, $3S^2$, $3P^6$
㉱ Al^{3+}(원자번호 13) : $1S^2$, $2S^2$, $2P^6$, $3S^2$, $3P^1$인데 3가 양이온으로 전자 3개를 잃으므로 10개의 전자를 가지므로 전자배치는 $1S^2$, $2S^2$, $2P^6$이다.
㉲ S^{2-}(원자번호 16) : $1S^2$, $2S^2$, $2P^6$, $3S^2$, $3P^4$인데 2가 음이온으로 전자 2개를 얻으므로 18개의 전자를 가지므로 전자배치는 $1S^2$, $2S^2$, $2P^6$, $3S^2$, $3P^6$이다.

2. 분자

1) 분자

① 분자 : 두개 이상의 원자가 모여서 화학적으로 결합하여 만들어진 입자로서 물질의 특성을 갖는 가장 작은 입자이다.

참고 같은 온도, 같은 압력, 같은 부피에서는 같은 분자수가 존재한다.

② 분자량 : 분자를 구성하는 각 원소의 원자량의 합

$$CO_2 = 12 + (16 \times 2) = 44, \quad H_2O = (1 \times 2) + 16 = 18$$

2) 분자의 모델

① 단원자 분자 : 한 개의 원자를 포함하고 있는 분자(0족 원소)

참고 **0족 원소** : He(헬륨), Ne(네온), Ar(아르곤), Kr(크립톤) Xe(제논), Rn(라돈)

② 2원자 분자 : 두 개의 원자를 포함하고 있는 분자(질소, 산소, 수소, 7A원소)

참고 **2원자 분자** : N_2(질소), O_2(산소), H_2(수소), 7A족 원소(F_2, Cl_2, Br_2, I_2)

③ 다원자 분자 : 세 개 이상의 원자를 포함하고 있는 분자

참고 **다원자 분자** : H_2O(물), O_3(오존), NH_3(암모니아), CO_2(탄산가스)

3) 분자량 측정법

① 공기의 평균분자량
  ㉮ 공기의 조성 = 산소(O_2) : 21%, 질소(N_2) : 78%, 아르곤(Ar) 등 : 1%
  ㉯ 공기의 평균분자량 = $(32 \times 0.21) + (28 \times 0.78) + (40 \times 0.01) = 28.96 ≒ 29$
  ㉰ 증기비중 = 분자량/29
② 기체의 밀도
  ㉮ 표준상태일 때 M(분자량) = $d(g/ℓ) \times 22.4ℓ$

㉯ 표준상태가 아닐 때

$$PV = nRT = \frac{W}{M}RT \qquad PM = \frac{W}{V}RT = \rho RT$$

여기서 • P : 압력(atm)　　　　　　• V : 부피(ℓ, m³)
　　　• n : mol수　　　　　　　　• M : 분자량
　　　• W : 무게　　　　　　　　• T : 절대온도(273 + ℃ = K)
　　　• R : 기체상수(0.08205ℓ · atm/g-mol·K, 0.08205m³ · atm/kg-mol·K)

③ 기체의 분자량

$$M_B = M_A \times \frac{W_B}{W_A}$$

여기서 • M_B : B기체의 분자량　　• M_A : A기체의 분자량
　　　• W_B : B기체의 무게　　　• W_A : A기체의 무게

④ 삼투압

$$PV = nRT = \frac{W}{M}RT \qquad M = \frac{WRT}{PV}$$

4) 화학식 및 화학반응식

① 분자식
　㉮ 단체 또는 화합물의 실제의 조성을 표시하는 식으로 한 물질의 가장 작은 단위에 있는 각 원소의 원자들의 개수를 정확히 나타내는 식이다.
　㉯ 에틸알코올 : C_2H_6O, 포도당 : $C_6H_{12}O_6$
② 실험식 : 물질을 이루는 원소의 종류와 수를 가장 간단한 비율로 표시한 식(NaCl)
③ 시성식
　㉮ 분자를 이루고 있는 원자단(관능기)을 나타내며 그 분자의 특성을 밝힌 화학식
　㉯ 에틸알코올 : C_2H_5OH, 에틸에터 : $C_2H_5OC_2H_5$
④ 구조식 : 화합물의 분자 내에서의 원자의 결합상태를 나타내는 식

에틸알코올
$$H-\underset{\underset{H}{|}}{\overset{\overset{H}{|}}{C}}-\underset{\underset{H}{|}}{\overset{\overset{H}{|}}{C}}-OH$$

이산화탄소　O=C=O

구분	시성식	실험식	분자식	구조식
아세트산	CH_3COOH	CH_2O	$C_2H_4O_2$	$H-\underset{\underset{H}{|}}{\overset{\overset{H}{|}}{C}}-\overset{\overset{O}{\|}}{C}-O-H$

구분	시성식	실험식	분자식	구조식
에틸알코올	$CH_3 \cdot CH_2 \cdot OH$	C_2H_5OH	C_2H_6O	$\begin{array}{c} H\ \ H \\ \ \ \mid\ \ \ \mid \\ H-C-C-OH \\ \ \ \mid\ \ \ \mid \\ H\ \ H \end{array}$

⑤ 화학반응식
  ㉮ 정의 : 화학식을 써서 화학반응의 관계를 간단히 표시한 것

$$2Al + 6H_2O \rightarrow 2Al(OH)_3 + 3H_2$$
  (반응물)   (생성물)

  ㉯ 계수 맞추기 : 유기물은 주로 C, H, O로 구성되어 있으므로 반응물의 원소수의 합과 생성물의 원소수의 총합은 같아야 한다.

$$C_3H_8 + 5O_2 \rightarrow 3CO_2 + 4H_2O$$
  (반응물)   (생성물)

  ㉠ 반응물의 계수 : C = 3, H = 8, O = 5 × 2 = 10
  ㉡ 생성물의 계수 : C = 3, H = 8, O = (3 × 2) + 4 = 10
  ㉢ 공식 : $C_mH_n + \left(m + \dfrac{n}{4}\right)O_2 = mCO_2 + \dfrac{n}{2}H_2O$
  ㉣ 계수 = 몰수

⑥ 중요한 원자단(라디칼)

라디칼	이온식	원자가	라디칼	이온식	원자가
수산기	OH^-	-1	황산기	SO_4^{-2}	-2
질산기	NO_3^-	-1	탄산기	CO_3^{-2}	-2
사이안기	CN^-	-1	아황산기	SO_3^{-2}	-2
과망가니즈산기	MnO_4^-	-1	크로뮴산기	CrO_4^{-2}	-2
염소산기	ClO_3	-1	다이크로뮴산기	$Cr_2O_7^{-2}$	-2
아세트산기	CH_3COO^-	-1	인산기	PO_4^{-3}	-3
암모늄기	NH_4^+	+1	사이안화철(Ⅲ)산기	$Fe(CN)_6^{-3}$	-3

3. 원소의 주기율

1) 주기율표

족\주기	1 1A	2 2A	3 3B	4 4B	5 5B	6 6B	7 7B	8, 9, 10 8B			11 1B	12 2B	13 3A	14 4A	15 5A	16 6A	17 7A	18 8A
분류	알칼리금속	알칼리토금속	희토류	티탄족	토산금속	크로뮴족	망가니즈산족	철족(3개) 백금족(6개)			구리족	아연족	알루미늄족	탄소족	질소족	산소족	할로젠족	불활성기체
1	1 H																	2 He
2	3 Li	4 Be											5 B	6 C	7 N	8 O	9 F	10 Ne
3	11 Na	12 Mg											13 Al	14 Si	15 P	16 S	17 Cl	18 Ar
4	19 K	20 Ca	21 Sc	22 Ti	23 V	24 Cr	25 Mn	26 Fe	27 Co	28 Ni	29 Cu	30 Zn	31 Ga	32 Ge	33 As	34 Se	35 Br	36 Kr
5	37 Rb	38 Sr	39 Y	40 Zr	41 Nb	42 Mo	43 Tc	44 Ru	45 Rh	46 Pd	47 Ag	48 Cd	49 In	50 Sn	51 Sb	52 Te	53 I	54 Xe
6	55 Cs	56 Ba	57 La	72 Hf	73 Ta	74 W	75 Re	76 Os	77 Ir	78 Pt	79 Au	80 Hg	81 Ti	82 Pb	83 Bi	84 Po	85 At	86 Rn
7	87 Fr	88 Ra	89 Ac	104 Rf	105 Db	106 Sg	107 Bh	108 Hs	109 Mt		란탄족, 악티늄족							

① ▨ : 금속원소(대부분이 금속원소로서 최외각 전자를 잃고 양(+)이온이 되기 쉬운 원소)
② □ : 비금속원소(최외각 전자를 얻어 음(−)이온이 되기 쉬운 원소)
③ 양쪽성원소 : 산성과 염기성의 두 성질을 모두 가지고 있는 물질로서 Al, Zn, Sn, Pb, As, Sb 등이 있다.
④ 원소의 성질

구분\항목	같은 주기에서 원자번호가 증가할수록 (왼쪽에서 오른쪽으로)	같은 족에서 원자번호가 증가할수록 (윗쪽에서 아래쪽으로)
이온화에너지	증가한다.	감소한다.
전기음성도	증가한다.	감소한다.
이온반지름	작아진다.	커진다.
원자반지름	작아진다.	커진다.
비금속성	증가한다.	감소한다.

2) 이온화경향 및 이온화에너지

① 이온화경향
　㉮ 정의 : 원자 또는 분자가 이온이 되려고 하는 경향으로 쉽게 이온화되는 것을 이온화

경향이 크며 산화되기 쉽다고 말한다.
㉯ 금속의 이온화 경향

> K Ca Na Mg Al Zn Fe Ni Sn Pb H Cu Hg Ag Pt Au
> 크다← →작다

㉰ 이온화경향이 큰 금속은 산(염산, 황산, 초산)과 반응하여 수소(H_2)를 발생한다.

> $2K + 2CH_3COOH \rightarrow 2CH_3COOK + H_2\uparrow$

② 이온화에너지
  ㉮ 정의 : 바닥상태에 있는 기체상태 원자로부터 전자를 제거하는데 필요한 최소에너지
  ㉯ **이온화에너지가 증가하는 요인**
    ㉠ 0족으로 갈수록
    ㉡ 원자번호와 전기음성도가 클수록
    ㉢ 비금속일수록
    ㉣ 최외각 전자와 원자핵 간의 거리가 가까울수록
  ㉰ 이온화에너지가 가장 큰 것은 0족원소(불활성원소), 가장 작은 것은 1족원소(알칼리금속)이다.

3) 전기음성도
  ① 정의 : 화학결합에서 어떤 원자가 전자를 끌어당기는 힘
  ② 전기음성도의 경향 : F > O > N > Cl > Br > C > S > I > H
  ③ 전기음성도가 클수록 원자번호는 감소하고 산화성이 커진다.
  ④ 이온화에너지가 낮은 원자들은 전기음성도가 낮다.

4. 화학결합

1) 이온결합
  ① 양이온(금속)과 음이온(비금속)사이의 정전력에 의한 결합(NaCl, KCl, CaO, MgO)
  ② 이온결합의 특성
    ㉮ 이온결합 화합물에는 분자의 형태가 존재하지 않는다.
    ㉯ 비점(끓는점)과 융점(녹는점)이 높다.
    ㉰ 결정상태는 전기전도성이 없으나 수용액이나 용융상태에서는 전기전도성이 크다.
    ㉱ 물과 같이 극성용매에 잘 녹는다.
    ㉲ 용융상태에서는 전해질이다.
    ㉳ 단단하며 부스러지기 쉽다.
    ㉴ 고체상태에서는 부도체이고 수용액상태에서는 도체이다.

> **참고** **전해질** : 수용액상태에서 전류가 흐르는 물질(NaCl, 황산구리, 산, 염기)

2) 공유결합
   ① 비금속과 비금속의 결합으로 두 원자가 같은 수의 전자를 제공하여 전자쌍을 이루어 서로 공유함므로써 이루어진 결합(HCl, NH_3, HF, H_2S, CH_3COOH, CH_3COCH_3, Cl_2, O_2, CO_2)
   ② 비공유전자쌍 : 분자의 바깥껍질 전자 속에서 같은 궤도로 들어가 전자쌍을 이루면서, 두 원자 간 결합에 관여하지 않는 전자쌍이다.

종류	메테인	암모늄이온	암모니아	물	수산이온	이산화탄소
비공유전자쌍	없다	없다	1개	2개	3개	4개
구조	H-C-H (위아래 H)	H-N-H (위아래 H)	H-N-H (위에 H)	H-O-H	O-H	O-C-O

   ② 공유결합의 특성
      ㉮ 비점(끓는점)과 융점(녹는점)이 낮다.
      ㉯ 벤젠, 사염화탄소에 잘 녹는다.
      ㉰ 휘발성이다.
      ㉱ 전기의 부도체이다.

3) 배위결합
   한 쪽 원자에서만 비공유 전자쌍을 일방적으로 제공하여 이루어진 공유결합의 결합

    참고 한 분자 내에 이온결합과 배위결합을 하는 것 : 염화암모늄(NH_4Cl)

4) 금속결합
   ① 금속 원자는 자유전자로서 방출하여 양이온이 되고 자유전자를 공유하여 결합하는 화학결합
   ② 금속결합의 특성
      ㉮ 비점과 융점이 높다.
      ㉯ 전기전도성이다.
      ㉰ 금속광택이 있고 방향성이 없다.

5) 수소결합
   ① 전기음성도가 큰 F, N, O와 작은 수소원자가 결합하여 원자단(HF, H_2O)을 포함하는 결합
   ② 수소결합의 특성
      ㉮ 전기음성도의 차이가 클수록 수소결합이 강해진다.
      ㉯ 물분자들 사이에 수소결합을 하면 비점이 높고 증발열이 커진다.
      ㉰ 수소결합 하는 물질 : H_2O, HF, HCN, NH_3, CH_3OH, CH_3COOH

    참고 **결합력의 세기**
   원자결합 〉 공유결합 〉 이온결합 〉 금속결합 〉 수소결합 〉 판데르발스힘

STEP 03 산, 염기, 염 및 수소이온농도

1. 산, 염기, 염

1) 산

① 산의 정의
  ㉮ 아레니우스 : 물에 녹아 수소이온[H^+]을 내는 물질
  ㉯ 루이스 : 비공유 전자쌍을 받을 수 있는 물질
  ㉰ 브뢴스테드 : 양성자[H^+]를 줄 수 있는 물질

$$HCl = H^+ + Cl^-$$

② 산의 성질
  ㉮ 수용액은 신맛이 난다(초산).
  ㉯ 전기분해하면 (−)극에서 수소를 발생한다.
  ㉰ 리트머스종이의 변색(청색 → 적색)
  ㉱ 염기와 반응하면 염과 물이 생성된다.

$$HCl + NaOH \rightarrow NaCl + H_2O$$
$$\text{(산)} \quad \text{(염기)} \quad \text{(염)} \quad \text{(물)}$$

  ㉲ 지시약 : Methyl orange(M.O), Methyl red(M.R)

③ 산의 분류

구분 산의 분류	해당 산의 종류
1염기산(1가의 산)	HCl, HNO_3, CH_3COOH, $HClO_3$
2염기산(2가의 산)	H_2SO_4, H_2S, H_2CO_3, $H_2C_2O_4$
3염기산(3가의 산)	H_3PO_4, H_3BO_3

2) 염기

① 염기의 정의
  ㉮ 아레니우스 : 물에 녹아 수산이온[OH^-]을 내는 물질
  ㉯ 루이스 : 비공유 전자쌍을 줄 수 있는 물질(CO_2)
  ㉰ 브뢴스테드 : 양성자[H^+]를 받아들일 수 있는 물질

$$NaOH \rightarrow Na^+ + OH^-$$
$$Ca(OH)_2 \rightarrow Ca^{++} + 2OH^-$$

② 염기의 성질
  ㉮ 수용액은 쓴맛을 가지고 미끈미끈하다.
  ㉯ 전기분해하면 (+)극에서 산소를 발생한다
  ㉰ 리트머스종이의 변색(적색 → 청색)
  ㉱ 지시약 : Phenol phthaleine(P. P)
③ 염기의 분류

염기의 분류 \ 구분	해당 염기의 종류
1산염기(1가의 염기)	NaOH, KOH, NH$_4$OH
2산염기(2가의 염기)	Ca(OH)$_2$, Cu(OH)$_2$, Ba(OH)$_2$
3산염기(3가의 염기)	Al(OH)$_3$, Fe(OH)$_3$

3) 염
① 염의 정의 : 산과 염기가 반응하여 염과 물이 되는 중화반응에서 염이 생기는데 수소원자가 양이온(NH$_4^+$)으로 치환한 화합물

$$HCl + NaOH \rightarrow NaCl + H_2O$$
(산)　(염기)　　(염)　(물)

② 염의 종류
  ㉮ 산성염 : 중탄산칼륨(KHCO$_3$), 중탄산나트륨(NaHCO$_3$)등 산의 수소원자가 일부 치환된 염
  ㉯ 염기성염: 하이드록시염화마그네슘[Mg(OH)Cl]과 같이 수산기를 일부 치환된 염
  ㉰ 중성염 : 소금(NaCl), 염화암모늄(NH$_4$Cl)과 같이 수소원자나 수산기를 포함된 염

4) 산화물
① 산화물의 정의 : 물에 녹아 산 또는 염기가 될 수 있는 산소의 화합물
② 산화물의 종류
  ㉮ 산성 산화물 : 비금속 산화물로서 물에 녹아 산이 되는 물질(CO$_2$, SO$_2$, SO$_3$, NO$_2$, SiO$_2$, P$_2$O$_5$)
  ㉯ 염기성 산화물 : 금속 산화물로서 물에 녹아 염기가 되는 물질(CaO, CuO, BaO, MgO, Na$_2$O, K$_2$O)
  ㉰ 양쪽성 산화물 : 양쪽성원소의 산화물로서 산이나 염기와 반응하여 염과 물을 생성하는 물질(ZnO, Al$_2$O$_3$, SnO, PbO, Sb$_2$O$_3$)

2. 수소이온농도(pH)

1) 수소이온농도
① 수소이온농도 : 수용액 1ℓ 속에 존재하는 H$^+$의 몰수[H$^+$]
② 수산이온농도 : 수용액 1ℓ 속에 존재하는 OH$^-$의 몰수[OH$^-$]

③ pH

㉮ 수소이온지수(pH) : 수소이온농도의 역수를 상용대수로 나타낸 값

$$pH = -\log[H^+] = \log\frac{1}{[H^+]}, \quad [H^+] = 10^{-pH}$$
$$\therefore pH + pOH = 14$$

㉯ pH와 색상과의 관계

[액성]	산성						중성			알칼리성				
	0	1	2	3	4	5	6	7	8	9	10	11	12	13	14
[H$^+$]	10^0	10^{-1}	10^{-2}	10^{-3}	10^{-4}	10^{-5}	10^{-6}	10^{-7}	10^{-8}	10^{-9}	10^{-10}	10^{-11}	10^{-12}	10^{-13}	10^{-14}
[OH$^-$]	10^{-14}	10^{-13}	10^{-12}	10^{-11}	10^{-10}	10^{-9}	10^{-8}	10^{-7}	10^{-6}	10^{-5}	10^{-4}	10^{-3}	10^{-2}	10^{-1}	10^0

2) 물의 이온화적

① 물의 전리

$H_2O = H^+ + OH^-$

$[H^+] = [OH^-] = 10^{-7} \text{mol}\,\ell$

 이온의 성질
- 중성 : [H$^+$] = [OH$^-$]
- 산성 : [H$^+$] > [OH$^-$]
- 염기성 : [H$^+$] < [OH$^-$]

② 물의 이온화 상수

물의 전리에서 전리상수를 구하면

$H_2O = H^+ + OH^-$

$K = \dfrac{[H^+][OH^-]}{[H_2O]}$

물의 이온적상수 : $K_w = [H^+] \cdot [OH^-] = K[H_2O] = 10^{-7} \times 10^{-7} = 10^{-14} \text{mol}/\ell$

3. 중화반응

1) 중화반응

① 정의 : 산과 염기가 반응하여 염과 물을 생성하는 반응

$$\begin{array}{cccc} HCl + NaOH & \rightarrow & NaCl + H_2O \\ (산) \quad (염기) & & (염) \quad (물) \end{array}$$

② 중화적정

㉮ 산과 염기의 중화 : 산과 염기를 완전 중화하려면 산과 염기의 g당량수가 같아야 한다.

㉠ 규정농도(N) = $\dfrac{g당량수}{용액\ 1L} \times$ 용액의 부피(V)

ⓒ g당량수 = N × V

$$NV = N'V'$$

여기서 ・N : 노르말농도 ・V : 부피

㉯ 혼합용액의 중화

$$NV + N''V' = N'''V''$$

2) 지시약

산과 염기의 중화 적정 시 종말점(end point)을 알아내기 위하여 용액의 액성을 나타내는 시약

지시약	변색		변색 pH
	산성색	염기성색	
티몰블루(Thiomol blue)	적색	노랑색	1.2 ~ 1.8
메틸오렌지(M.O)	적색	오렌지색	3.1 ~ 4.4
메틸레드(M.R)	적색	노랑색	4.8 ~ 6.0
브로모티몰블루	노랑색	청색	6.0 ~ 7.6
페놀레드	노랑색	적색	6.4 ~ 8.0
페놀프탈레인(P.P)	무색	적색	8.0 ~ 9.6

※ 산성용액에서 색깔을 나타내는 지시약 : MO, MR, 티몰블루

STEP 04 용액, 용해도 및 용액의 농도

1. 용액

1) 용액

① 용액의 정의 : 액체상태에서 다른 물질이 용해되어 균일하게 혼합되어 있는 액체

$$설탕 + 물 = 설탕물$$

㉮ 용질 : 용매에 녹는 물질(설탕)
㉯ 용매 : 녹이는 물질(물)
㉰ 용액 : 설탕물(물이 용매이면 수용액이라 한다)

② 용액의 분류

㉮ 포화용액 : 일정한 온도에서 일정량의 용매에 최대한 용질이 녹아 있는 용액

㉯ 불포화용액 : 일정한 온도에서 일정량의 용매에 용질이 더 녹을 수 있는 용액
㉰ 과포화용액 : 일정한 온도에서 용질이 용해도 이상의 녹아 있는 용액

> **(예) 20℃의 물 100g에 소금이 36g이 용해한다고 하면**
> • 불포화용액 : 소금 36g 이하를 녹인 용액
> • 포화용액 : 소금 36g을 녹인 용액
> • 과포화용액 : 소금 36g 이상이 녹아 있는 상태

2) 용해도
① 용해도의 정의 : 일정한 온도에서 용매 100g에 녹을 수 있는 용질의 g수

$$용해도 = \frac{용질의\ g수}{용매의\ g수} \times 100$$

② 고체의 용해도 : 고체의 용해도는 압력에 영향을 받지 않고 온도상승에 따라 증가한다.
㉮ NaCl의 용해도는 온도에 영향을 받지 않는다.
㉯ $Ca(OH)_2$는 용해할 때 발열반응을 하므로 온도상승에 따라 감소한다.
③ 액체의 용해도
㉮ 액체의 용해도는 온도와 압력에는 무관하다.
㉯ 극성물질은 극성용매에 잘 녹고 비극성물질은 비극성용매에 잘 녹는다.
  ㉠ 극성용매 : 물(H_2O), 아세톤(CH_3COCH_3), 에틸알코올(C_2H_5OH)
    (극성물질 : HCl, NH_3, HF, H_2S)
  ㉡ 비극성용매 : 벤젠(C_6H_6), 사염화탄소(CCl_4), 에터($C_2H_5OC_2H_5$)
    (비극성물질 : CH_4, H_2, O_2, CO_2, N_2)
④ 기체의 용해도 : 기체의 용해도는 온도가 낮고, 압력이 높을수록 용해도는 증가한다.
㉮ 헨리의 법칙
  ㉠ 용해도가 적은 물질, 묽은 농도에만 성립한다.
  ㉡ 용해량 W = kP(k : 헨리의 정수, P : 압력)

> 기체의 용해도는 압력에 비례한다.

㉯ 헨리의 법칙에 적용되는 기체(용해도가 적은 물질) : H_2(수소), O_2(산소), N_2(질소), CO_2(이산화탄소)
㉰ 헨리의 법칙에 적용되지 않는 기체(용해도가 큰 물질) : 플루오린화수소(HF), 암모니아(NH_3), 염산(HCl), 황화수소(H_2S), 일산화탄소(CO), 메테인(CH_4), 아세틸렌(C_2H_2), 에틸렌(C_2H_4)

3) 용해도적(용해도곱)
① 용해도적의 정의 : 구성이온의 몰농도 곱인데 평형식에서 나타나는 이온들의 화학양론적 계수를 지수배한 몰농도의 곱으로서 Ksp로 표시한다.

② 용해도적의 예
  ㉮ AgCl
    $AgCl(S) = Ag^+(aq) + Cl^-(aq)$
    물에 용해된 AgCl은 모두 Ag^+이온과 Cl^-이온으로 완전히 해리되므로 용해도곱(Ksp)는 다음과 같다.

$$Ksp = [Ag^+][Cl^-]$$

  ㉯ Ag_2CO_3
    $Ag_2CO_3(S) = 2Ag^+(aq) + CO_3^{-2}(aq)$

$$Ksp = [Ag^+]^2[CO_3^{-2}]$$

  ㉰ MgF_2
    $MgF_2(S) = Mg^{+2}(aq) + 2F^-(aq)$

$$Ksp = [Mg^{+2}][F^-]^2$$

2. 용액의 농도

1) 백분율

① 중량백분율(wt%농도) : 용액 100g 중 녹아 있는 용질의 g수

$$wt\% = \frac{용질의\ 중량}{용액의\ 중량} \times 100$$

② 용적백분율(vol%농도) : 용액 1ℓ 중 녹아 있는 용질의 부피 ℓ수

$$vol\% = \frac{용질의\ 부피}{용액의\ 부피} \times 100$$

③ ppm : 용액 1ℓ 중에 녹아 있는 용질의 mg수

$$ppm = mg/\ell = g/m^3 = mg/kg = \frac{용질의\ 질량(mg)}{용액의\ 부피(L)}$$

2) 농도

① 몰농도(M) : 용액 1ℓ(1000ml) 속에 녹아 있는 용질의 몰수
② 규정농도(N) : 용액 1ℓ(1000ml) 속에 녹아 있는 용질의 g 당량수

③ 몰랄농도(m) : 용매 1000g 속에 녹아 있는 용질의 몰수

㉮ 몰농도(M) = $\dfrac{\text{용질의 무게(g)}}{\text{용질의 분자량(g)}} \times \dfrac{1000}{\text{용액의 부피(ml)}}$

㉯ 규정농도(N) = $\dfrac{\text{용질의 무게(g)}}{\text{용질의 g당량}} \times \dfrac{1000}{\text{용액의 부피(ml)}}$

㉰ 몰랄농도(m) = $\dfrac{\text{용질의 몰수}}{\text{용매의 질량(g)}} \times 1000(g)$

㉱ 당량수 = 규정농도 × 부피(ℓ)

㉲ 농도환산방법

  ㉠ %농도 → 몰농도로 환산, $M = \dfrac{10ds}{\text{분자량}}$ (d : 비중, s : %농도)

  ㉡ %농도 → 규정농도로 환산, $N = \dfrac{10ds}{\text{당량}}$ (d : 비중, s : %농도)

  ㉢ 규정농도 = 몰농도 × 산도(염기도)

> **[참고] 두 용액(A, B)을 혼합하여 C를 제조할 때**
>
> A ＼　　／ C − B = ⓐ
> 　　C
> B ／　　＼ A − C = ⓑ
>
> ∴ A용액 ⓐg과 B용액 ⓑg을 혼합하면 C용액을 제조할 수 있다.
>
> (예) 96% 황산을 물로 희석하여 50%의 황산을 제조하려면 물과 96% 황산의 혼합비율은?
> (풀이)
> 96 ＼　　／ 50 − 0 = 50g
> 　　50
> 0 ／　　＼ 96 − 50 = 46g
>
> ∴ 96%황산 50g에 물 46g을 혼합하면 50%황산 96g이 된다.

④ 몰분율 : 용액의 단위 몰속에 들어 있는 용질의 몰수

3. 묽은 용액과 콜로이드용액

1) 묽은 용액

① 라울의 법칙 : 비휘발성이나 비전해질인 용질이 녹아 있는 용액의 증기압내림은 용질의 몰랄 농도에 비례한다는 법칙

② 비점상승(ΔT_b)

$$\Delta T_b = K_b \cdot m = K_b \times \dfrac{\dfrac{W_B}{M}}{W_A} \times 1000 \qquad M = K_b \times \dfrac{W_B}{W_A \Delta T_B} \times 1000$$

여기서 · K_b : 비점상승계수(물 : 0.52)　· m : 몰랄농도
　　　· W_B : 용질의 무게　　　　　　　· W_A : 용매의 무게
　　　· M : 분자량

③ 빙점강하(ΔT_f)

$$\Delta T_f = K_f \times m = K_f \times \frac{\frac{W_B}{M}}{W_A} \times 1000$$

여기서 • K_f : 빙점강하계수(물 : 1.86)   • m : 몰랄농도
       • W_B : 용질의 무게   • W_A : 용매의 무게
       • M : 분자량

2) 콜로이드 용액

① 콜로이드 용액 : 분산질(용질) 입자가 분산매(용매)에 분산되어 있는 용액으로 불투명하게(뿌옇게) 보인다.

> **참고** 콜로이드용액 = 분산매(용매) + 분산질(용질)

㉮ 입자의 지름은 대략 0.1μ~1mμ이다.
㉯ 입자는 (+) 혹은 (-)로 대전하고 있다.
㉰ 콜로이드 용액의 성질
  ㉠ 입자의 크기에 의한 현상 또는 성질 : 다알리시스(투석), 흡착, 틴들현상
  ㉡ 분산매분자의 운동에 의해 나타내는 현상 : 브라운 운동
  ㉢ 전하를 가지고 있기 때문에 나타내는 현상 : 전기영동, 염석, 응석
㉱ **거름종이**는 통과하지만 투석막은 **통과하지 못한다.**
  ㉠ 브라운 운동 : 입자의 불규칙적인 운동
  ㉡ 틴들(Tyndall) 현상 : 콜로이드 용액에 광선을 비추게 되면 입자들이 빛을 산란시켜서 광선의 진로를 알 수 있는 현상
  ㉢ 다이알리시스(투석) : 콜로이드 입자는 용액은 반투막을 통과하지 못하므로 이것을 이용하여 이온과 콜로이드 입자를 분리시키는 방법으로 삼투압 측정에 이용한다.
  ㉣ 전기영동 : 콜로이드 입자가 전극에 의하여 이동하는 현상
  ㉤ 응석 : 소수콜로이드 용액에 전해질을 넣었을 때 엉김(침전) 현상
  ㉥ 에멀젼 : 우유와 같이 액체가 분산되어 있는 현상
  ㉦ 염석 : 비누나 두부를 만들 때 진한 소금물이나 간수를 가하는 것
  ㉧ 엉김을 일으키는데 효과가 있는 것 : $Al_2(SO_4)_3$

② 콜로이드 용액의 종류
  ㉮ 소수콜로이드 : 물과의 친화력이 좋지 않고 소량의 전해질을 넣으면 침전이 일어나는 무기질 콜로이드 (-콜로이드)로서 염화은, 수산화알루미늄 흙탕물, 먹물 등
  ㉯ 친수콜로이드 : 물과의 친화력이 좋고 다량의 전해질을 넣으면 침전이 일어나는 유기실 콜로이드 (+콜로이드)로서 비누, 녹말, 단백질, 아교, 젤라딘 등
  ㉰ 보호콜로이드 : 친수콜로이드를 가하여 소수콜로이드를 둘러싸 보호하여 침전이 일어나지 않도록 하는 콜로이드(아교)

4. 전해질, 비전해질

1) 전해질

산이나 염기가 물에 용해되었을 때 즉 수용액상태에서 전류가 흐르는 물질
① 약전해질 : 초산, 의산, 수산화암모늄 등 전리도가 작은 물질
② 강전해질 : 소금, 수산화나트륨, 염산 등 전리도가 큰 물질

2) 비전해질

수용액에서 전류가 통하지 않는 물질로서 에탄올, 설탕, 포도당, 메탄올이 있다.

STEP 05 산화, 환원

1. 산화와 환원

1) 산화와 환원

구분 / 관계	산화	환원
산소	산소와 결합할 때 $S + O_2 \rightarrow SO_2$	산소를 잃을 때 $MgO + H_2 \rightarrow Mg + H_2O$
수소	수소를 잃을 때 $H_2S + Br_2 \rightarrow 2HBr + S$	수소와 결합할 때 $H_2S + Br_2 \rightarrow 2HBr + S$
전자	전자를 잃을 때 $Mg^{++} + ZnO \rightarrow MgO + Zn^{++}$	전자를 얻을 때 $Mg^{++} + ZnO \rightarrow MgO + Zn^{++}$
산화수	산화수 증가할 때 $CuO + H_2 \rightarrow Cu + H_2O$	산화수 감소할 때 $CuO + H_2 \rightarrow Cu + H_2O$

참고 산화, 환원의 예

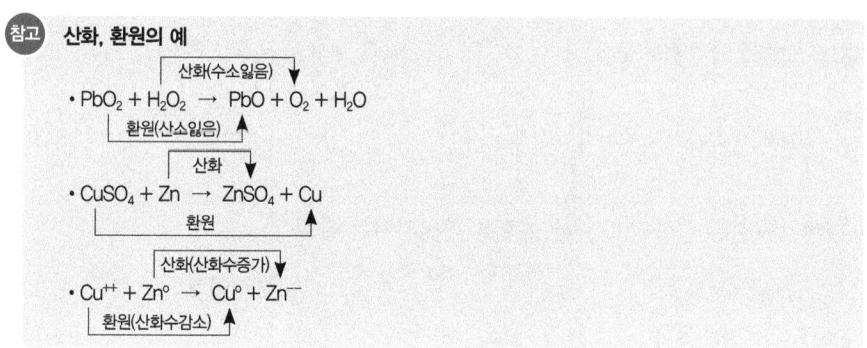

2) 산화수

① 단체의 산화수는 0이다.

예 단체의 산화수 : $H_2^°$, $Fe^°$, $Mg^°$, $O_2^°$, $O_3^°$, $N_2^°$

② 중성화합물을 구성하는 각 원자의 산화수의 합은 0이다.

예
- $K\underline{Mn}O_4$　　$(+1) + x + (-2) \times 4 = 0$　　　$x(Mn) = +7$
- $H_3\underline{P}O_4$　　$(+1) \times 3 + x + (-2) \times 4 = 0$　　$x(p) = +5$
- $K_2\underline{Cr}_2O_7$　　$(+1) \times 2 + 2x + (-2) \times 7 = 0$　$x(Cr) = +6$
- $K_3[\underline{Fe}(CN)_6]$　$(+1) \times 3 + x + (-1) \times 6 = 0$　$x(Fe) = +3$
- $H_2\underline{S}O_4$　　$(+1) \times 2 + x + (-2) \times 4 = 0$　　$x(S) = +6$
- $H\underline{Cl}O_4$　　$(+1) + x + (-2) \times 4 = 0$　　　$x(Cl) = +7$
- $\underline{Cr}(OH)_3$　　$x + (-1) \times 3 = 0$　　　　　　$x(Cr) = +3$

③ 이온의 산화수는 그 이온의 가수와 같다.

예
- $\underline{Mn}O_4^-$　　$x + (-2) \times 4 = -1$　　　$\therefore x = +7$
- $(\underline{Cr}_2O_7)^{-2}$　$2x + (-2) \times 7 = -2$　　　$\therefore x = +6$

④ 산소화합물에서 산소의 산화수는 -2이다.

예 CO_2, H_2O

⑤ 과산화물에서 산소의 산화수는 -1이다.

예 H_2O_2, BaO_2, MgO_2, $HClO_2$

⑥ 금속과 화합되어 있는 수소화합물의 수소의 산화수는 -1이다.

예 NaH, CaH_2, MgH_2

2. 산화제와 환원제

1) 산화제 : 자신은 환원되고 다른 물질을 산화시키는 물질

산화제의 조건	해당 물질
산소를 내기 쉬운 물질	H_2O_2, $KClO_3$, $NaClO_3$
수소와 결합하기 쉬운 물질	O_2, Cl_2, Br_2
전자를 얻기 쉬운 물질	MnO_4^-, $(Cr_2O_7)^{-2}$
발생기산소를 내기 쉬운 물질	O_2, O_3, Cl_2, MnO_2, HNO_3, H_2SO_4, $KMnO_4$, $K_2Cr_2O_7$

 산화제 : H_2O_2, HNO_3, $KMnO_4$, $K_2Cr_2O_7$

2) 환원제 : 자신은 산화되고 다른 물질을 환원시키는 물질

환원제의 조건	해당 물질
수소를 내기 쉬운 물질	H_2S
산소와 결합하기 쉬운 물질	SO_2, H_2O_2
전자를 잃기 쉬운 물질	H_2SO_3
발생기수소를 내기 쉬운 물질	H_2, CO, H_2S, $C_2H_2O_4$

 환원제 : SO_2, H_2O_2

STEP 06 전지 및 전기분해

1. 전지

1) 정의
두 개의 전극을 연결하여 화학반응에 의한 화학에너지를 전기에너지로 변환시키는 장치

> 전류의 방향은 전자의 이동방향과 반대이다.

2) 전지의 종류

① 볼타전지
  ㉮ 아연(Zn)판과 구리(Cu)판을 도선으로 연결하고 묽은 황산을 넣어 두 전극에서 산화, 환원반응으로 전기에너지로 변환시키는 장치
  ㉯ 분극현상 : 볼타전지에서 갑자기 전류가 약해지는 현상
  ㉰ 분극현상의 감극제(분극작용을 방지하기 위해서 넣어주는 물질) : 이산화망가니즈(MnO_2), 이산화납(PbO_2)
  ㉱ **Zn판**(-극)에서는 **산화**, **Cu판**(+극)에서는 **환원**이 일어난다.

$$(-)\ Zn\ \|\ H_2SO_4\ \|\ Cu(+)$$

② 다니엘전지 : 아연전극에서 산화가 일어나므로 음극이고 구리전극에서는 환원이 일어나므로 양극이다.
  ㉮ Zn(-) 전극 : $Zn \rightarrow Zn^{++} + 2e^-$ (산화)
  ㉯ Cu(+) 전극 : $Cu^{++} + 2e^- \rightarrow Cu$ (환원)
  ∴ 전체의 전지반응 : $Zn + Cu^{++} \rightarrow Zn^{++} + Cu$

$$(-)\ Zn\ |\ ZnSO_4\text{용액}\ \|\ CuSO_4\text{용액}\ |\ Cu(+)$$

③ 건전지 : 중심부에 양극인 탄소봉이 있고 그 둘레에는 고체인 염화암모늄, 이산화망가니즈(MnO_2), 탄소분말의 혼합물에 염화암모늄용액을 흡수시킨 것을 음극인 아연봉에 넣은 것
  ㉮ Zn(+) 전극 : $Zn \rightarrow Zn^{++} + 2e^-$
  ㉯ 탄소(-) 전극 : $2NH_4^+(aq) + 2MnO_2 + 2e^- \rightarrow Mn_2O_3 + 2NH_3(aq) + H_2O$
  ∴ 전체 전지반응 : $Zn + 2NH_4^+ + 2MnO_2 \rightarrow Zn^{++} + 2NH_3(aq) + H_2O + Mn_2O_3$

$$(-)\ Zn\ \|\ NH_4Cl\ \text{용액}\ \|\ Cu(+)$$

④ 납(연)축전지 : 자동차에 사용하는 납 축전지는 여섯 개의 같은 전지가 직렬로 연결되어 있고 각 건전지에는 납 양극과 금속판에 이산화납(PbO_2)를 채운 음극이 있다. 양극과 음극은 황산용액(전해액)에 담겨져 있다.

㉮ Pb(+) 반응 : $Pb + SO_4^{--} \rightarrow PbSO_4 + 2e^-$

> **참고** **납축전지**
> • 방전 : (+), (−)극의 질량은 모두 증가하고 용액의 비중은 감소한다.
> • 충전 : (+), (−)극의 질량은 모두 감소하고 용액의 비중은 증가한다.

㉯ $PbO_2(-)$반응 : $PbO_2 + 4H^+ + SO_4^{--} + 2e^- \rightarrow PbSO_4 + 2H_2O$
∴ 전체 전지반응 : $Pb + PbO_2 + 4H^+ + 2SO_4^{--} \rightarrow 2PbSO_4 + 2H_2O$

$$(-)\ Pb\ \|\ H_2SO_4\ 20\%용액\ \|\ PbO_2\ (+)$$

2. 전기분해

1) 정의
전해질의 수용액에 전류를 통하면 양이온은 음극으로 음이온은 양극으로 끌려가서 용액과 접촉하는 전극의 표면에서 화학변화가 일어나는 현상

2) 각 물질의 전기분해

① 물의 전기분해 : 순수한 물은 전류가 거의 통하지 않으므로 전해할 수 없으나 황산이나 수산화나트륨의 묽은 수용액을 전해하면 양극에서는 산소, 음극에서는 수소를 얻을 수 있다.
㉮ 양극반응 : $2H_2O^- \rightarrow O_2(g) + 4H^+(aq) + 4e^-$
㉯ 음극반응 : $2H^+ + 2e^- \rightarrow H_2\uparrow$
∴ 전체 전지반응 : $2H_2O \rightarrow 2H_2 + O_2$
　　　　　　　　　　(−)극　　(+)극

② 소금물의 전기분해 : 산화(+)전극에서는 염소(Cl^-)이온들이 염소기체로 산화반응이 일어나고 환원(−)전극에서는 수소기체가 생성된다.
㉮ 산화반응(+) : $2Cl^-(aq) \rightarrow Cl_2(g) + 2e^-$
㉯ 환원반응(−) : $2H_2O + 2e^- \rightarrow H_2(g) + 2OH^-(aq)$
∴ 전체 전지반응 : $2Cl^-(aq) + 2H_2O(\ell) \rightarrow Cl_2(g) + H_2(g) + 2OH^-(aq)$
　　　　　　　　　　　(−)극　　　　　　(+)극

$$2NaCl + 2H_2O \rightarrow 2NaOH + H_2 + Cl_2$$
　　　　　　　　　　(−)극　　(+)극

3. 패러데이 전해의 법칙

1) 제 1 법칙
전해에 의해 생기는 물질의 질량은 전기량에 비례한다.

2) 제 2 법칙
   ① 같은 전기량에 의하여 분해될 때 생성되는 물질의 질량은 그 화학당량에 비례한다.
   ② 1F(패러데이) : 각 물질 1g당량을 얻는데 필요한 전기량
      ㉮ 1F = 96494coulomb = 96500coulomb = 1g당량
      ㉯ 전기량(coulomb) = 전류의 세기(ampere) × 시간(sec)
      ㉰ 1개의 전하량 e = $\dfrac{96500}{6.0238 \times 10^{23}}$ = 1.6021×10^{-19} coulomb

STEP 07 화학반응과 화학평형

1. 화학반응속도

1) 정의

   시간에 따른 반응물 또는 생성물의 농도변화(반응속도 = $\dfrac{농도변화량}{반응시간}$)

2) 반응속도의 영향인자
   ① 농도 : 분자들의 농도가 크면 클수록 단위시간당 충돌횟수가 커지기 때문에 반응속도가 증가한다.
   ② 온도 : 아레니우스의 반응속도론에 의하면 온도가 10℃ 상승하면 반응속도는 약 2배 정도 증가한다.
   ③ 촉매 : 촉매는 그 자체는 소모되지 않고 화학반응속도를 증가시키는 물질

   > **참고** 화학반응속도의 **영향인자** : 농도, 온도, 압력, 촉매

3) 반응속도의 예
   ① A + 2B → 3C + 4D의 식에서 A와 B의 농도를 각각 2배로 하면
      반응속도 V = [A][B]² = 2 × 2² = 8배
   ② 2A + 3B → C + 2D의 식에서 B의 농도를 2배로 하면
      반응속도 V = [A]²[B]³ = 1² × 2³ = 8배

4) 반응열의 종류
   ① 생성열 : 어떤 물질 1mol의 성분원소의 결합으로 생성될 때 따르는 열량

   $$H_2(g) + \dfrac{1}{2}O_2(g) \rightarrow H_2O(\ell) + 68.3\text{kcal} \qquad \Delta H = -68.3\text{kcal}$$

   ② 연소열 : 어떤 물질 1mol이 완전연소 할 때 발생하는 열량

   $$C(s) + O_2(g) \rightarrow CO_2(g) + 94.2\text{kcal} \qquad \Delta H = -94.2\text{cal}$$

③ 분해열 : 어떤 물질 1mol을 성분원소로 분해할 때 발생하는 열량

$$H_2O(\ell) \rightarrow H_2(g) + \frac{1}{2}O_2(g) - 68.3\text{kcal} \quad \Delta H = +68.3\text{kcal}$$

④ 융해열 : 어떤 물질 1mol이 용매에 용해할 때 발생하는 열량

$$HCl + 물 \rightarrow HCl(aq) + 17.3\text{kcal} \quad \Delta H = -17.3\text{kcal}$$

⑤ 중화열 : 산과 염기 1g당량이 중화할 때 발생하는 열량

$$HCl(aq) + NaOH(aq) \rightarrow NaCl(aq) + H_2O + 13.7\text{kcal} \quad \Delta H = -13.7\text{kcal}$$

> **참고** **열량 표시**
> • 방정식에 붙여 쓰는 경우 : (+) : 발열, (−) : 흡열반응
> • 방정식에 띄워 쓰는 경우 : $\Delta H = -$: 발열반응, $\Delta H = +$: 흡열반응

5) 총열량불변의 법칙

일정조건에서 화학 반응에 따른 열은 최초의 상태와 최후의 상태가 같으면 그 경로에는 무관하다.

> **참고** 단체의 생성열은 0이다.

6) 반응 차수

① 1차 반응 : 반응속도가 반응물의 농도에 1차 제곱으로 따르는 반응이다.

$$A \rightarrow 생성물 \quad 속도 V = k[A]$$

② 2차 반응 : 반응속도가 한 반응물의 농도의 2차 제곱에 의존하거나 각각이 1차인 두 반응물에 의존하는 반응이다.

㉮ $A \rightarrow 생성물 \quad 속도 V = k[A]^2$
㉯ $A + B \rightarrow 생성물 \quad 속도 V = k[A][B]$

2. 화학평형

1) 정의

정반응과 역반응의 속도가 같고 반응물과 생성물의 농도가 시간에 따라 더 이상 변화가 없을 때의 반응으로 정반응속도와 역반응속도가 같아진다.

$$A + B \underset{\text{역반응}}{\overset{\text{정반응}}{\rightleftharpoons}} C$$

① 가역반응 : 정반응과 역반응이 모두 일어나는 반응
② 비가역반응 : 정반응만 일어나는 반응

2) 평형상수

평형상수(K)는 생성물질의 속도의 곱을 반응물질의 속도의 곱으로 나눈 값으로서 반응물과 생성물의 농도와 관련이 있다

① $CO + 2H_2 \rightarrow CH_3OH \quad K = \dfrac{[CH_3OH]}{[CO][H_2]^2}$

② $N_2 + 3H_2 \rightarrow 2NH_3 \quad K = \dfrac{[NH_3]^2}{[N_2][H_2]^3}$

3) Le Chatelier 평형이동의 법칙

평형상태에서 외부의 조건(온도, 압력, 농도)이 변화시키면 이 변화를 방해하는 방향으로 평형이 이동한다.

$$N_2 + 3H_2 \rightleftharpoons 2NH_3$$

① 온도
　㉮ 상승 : 온도가 내려가는 방향 (흡열반응쪽, ←)
　㉯ 강하 : 온도가 올라가는 방향 (발열반응쪽, →)
② 압력
　㉮ 상승 : 분자수가 감소하는 방향 (몰수가 감소하는 방향, →)
　㉯ 강하 : 분자수가 증가하는 방향 (몰수가 증가하는 방향, ←)

참고   반응물의 몰수의 합과 생성물의 몰수의 합이 같으면 압력에는 영향을 받지 않는다.

③ 농도
　㉮ 증가 : 정방향(→)
　㉯ 감소 : 역방향(←)
④ 기타
　㉮ NH_3 제거 : 정방향(→)
　㉯ H_2, N_2 첨가 : 정방향(→)

제01부_ 물질의 상태
출제예상문제

01 밀도가 2g/mL인 고체의 비중은 얼마인가?

① 0.002 ② 2
③ 20 ④ 200

🔍 비중은 단위가 없고 밀도는 단위가 있다.
비중이 1이면 밀도는 CGS의 기본단위인 $1g/cm^3$(1g/mL)이다.
∴ 밀도가 2g/mL인 물질의 비중은 2이다.
※ 1L = $1000cm^3$ = 1000mL

02 한 고체 유기물질을 정제 하려고 할 때 정제과정에서 이 물질에 순수한 상태로 되었나를 알아보기 위한 조사 방법으로 가장 정확한 방법은 무엇인가?

① 비례분석
② 녹는점 측정
③ 분리분석
④ 용해도 측정

🔍 고체 유기물 정제 시에는 MP(Melting Point, 녹는 점)를 조사하여야 한다.

03 질산칼륨 수용액 속에 소량의 염화나트륨이 불순물로 포함된 결정이 있다. 이 불순물을 제거하는 방법으로 적당한 것은?

① 증류 ② 막분리
③ 재결정 ④ 전기분해

🔍 재결정 : 질산칼륨 수용액 속에 소량의 염화나트륨의 불순물을 제거하는 방법

04 혼합물의 분리방법 중 액체의 용해도를 이용하여 미량의 불순물을 제거하는 방법은?

① 증류 ② 증발
③ 재결정 ④ 추출

🔍 추출 : 액체의 용해도를 이용하여 미량의 불순물을 제거하는 방법으로 순도를 올리는 방법

05 원소 질량의 표준이 되는 것은?

① ^1H ② ^{12}C
③ ^{16}O ④ ^{235}U

🔍 원소 질량의 표준 : 탄소(^{12}C)

06 다음 물질 중 동소체가 없는 것은?

① N ② C
③ S ④ P

🔍 동소체 : 같은 원소로 되어 있으나 성질과 모양이 다른 단체
• 동소체의 종류
 - 탄소(C) : 흑연, 숯, 다이아몬드
 - 산소(O) : 산소(O_2), 오존(O_3)
 - 황(S) : 사방황, 단사황, 고무상황
 - 인(P) : 황린(P_4), 적린(P)
• 동소체 확인 : 연소생성물로 확인
 - 황린의 연소 : $P_4 + 5O_2 \rightarrow 2P_2O_5$
 - 적린의 연소 : $4P + 5O_2 \rightarrow 2P_2O_5$

07 다음과 같은 화학 변화를 무엇이라 하는가?

$$AgNO_3 + HCl \rightarrow AgCl + HNO_3$$

① 화합
② 분해
③ 치환
④ 복분해

🔍 복분해 : 두가지 이상의 성분이 서로 교체되는 현상
AB + CD → AD + BC
※ $AgNO_3 + HCl \rightarrow AgCl + HNO_3$

08 다음 중 원자핵을 구성하는 물질이 아닌 것은?

① 전자 ② 양성자
③ 중간자 ④ 중성자

🔍 원자핵을 구성하는 물질 : 양성자, 중성자, 중간자

정답 01 ② 02 ② 03 ③ 04 ④ 05 ② 06 ① 07 ④ 08 ①

09 원자를 구성하는 입자 중 음전하(-)를 띠고 있는 것은 무엇인가?

① 중성자
② 양전자
③ 전자
④ 양성자

🔍 원자는 (+)전기를 띤 원자핵(양성자, 중간자, 중성자)과 주위를 돌고 있는 (-)전기를 띤 전자로 구성되어 있다.

10 F^-이온의 전자수, 양성자수, 중성자수는 각각 얼마인가? (단, F의 원자량은 19이다)

① 9, 9, 10
② 9, 9, 19
③ 10, 9, 10
④ 10, 10, 10

🔍 플루오린의 원자량 19, 원자번호 : 9이므로
- 전자수 : 10(F^-)는 외부로부터 전자 1개를 받아들여 10개가 된다.
- 양성자수 = 원자번호 = 9
- 중성자수 = 질량수 - 원자번호 = 19 - 9 = 10

11 방위양자수(l)는 원자궤도함수의 모양이 결정된다. 방위양자수가 0, 1, 2, 3 순서로 구성될 때 문자 기호가 올바른 것은?

① s, p, d, f
② j, f, p, s
③ d, s, p, g
④ p, e, s, f

🔍 전자껍질 : 원자핵을 이루고 있는 에너지 준위가 다른 전자층

전자껍질	K껍질 (n=1)	L껍질 (n=2)	M껍질 (n=3)	N껍질 (n=4)
오비탈	s	s, p	s, p, d	s, p, d, f
	$1s^2$	$2s^2, 2p^6$	$3s^2, 3p^6, 3d^{10}$	$4s^2, 4p^6, 4d^{10}, 4f^{14}$
최대 수용 전자수($2n^2$)	2	8	18	32

12 0°C, 1기압에서 수소(H_2) 1.12ℓ 속에 포함된 수소 원자의 수는?

① 6.02×10^{23}개
② 3.01×10^{22}개
③ 2.05×10^{23}개
④ 1.04×10^{22}개

🔍 $22.4 : 6.0238 \times 10^{23} = 1.12 : x$ ∴ $x = 3.01 \times 10^{22}$

13 주기율표에서 0족의 최외각 궤도의 전자수는 몇 개인가?

① 1개
② 4개
③ 6개
④ 8개

🔍 0족의 최외각 궤도의 전자수 : 8개(족수와 같다)

14 원자번호가 19이며, 원자량이 39인 칼륨(K) 원자의 원자핵 속에 들어 있는 중성자와 양성자수는 얼마인가?

① 중성자 19개, 양성자 19개
② 중성자 19개, 양성자 20개
③ 중성자 20개, 양성자 20개
④ 중성자 20개, 양성자 19개

🔍 중성자수 = 질량수 - 원자번호 = 39 - 19 = 20,
양성자수 = 원자번호 = 19

15 중수소($_1^2D$)의 원자핵 구조를 올바르게 설명한 것은?

① 양성자2, 중성자2
② 양성자1, 중성자2
③ 양성자2, 중성자1
④ 양성자1, 중성자1

🔍 원자구조
질량수 = 2, 양성자수(원자번호) : 1
질량수 = 양성자수(원자번호) + 중성자수
중성자수 = 질량수 - 원자번호 = 2 - 1 = 1

16 $_1H^2$와 $_8O^{18}$로 만들어진 중수의 분자량은 얼마인가?

① 18
② 20
③ 22
④ 24

🔍 중수(D_2O)의 분자량 $2 \times 2 + 18 = 22$

정답 09 ③ 10 ③ 11 ① 12 ② 13 ④ 14 ④ 15 ④ 16 ③

17 염소는 2가지 동위원소로 구성되어 있는데 원자량이 35인 염소는 75% 존재하고, 37인 염소는 25% 존재한다고 가정할 때, 이 염소의 평균원자량은 얼마인가?

① 4.5
② 35.5
③ 36.5
④ 37.5

🔍 평균분자량 = (35×0.75) + (37×0.25) = 35.5

18 수소분자 1mole 중에 양성자 수는 다음 어느 것과 같은가?

① $\frac{1}{4}O_2$ 중의 양성자수
② NaCl 1mole 중 이온의 총수
③ 수소 $\frac{1}{2}$mole 중의 원자수
④ CO_2 1mole 중의 원자수

🔍 양성자수는 전자수와 같다.

19 $_{88}Ra^{226}$ α붕괴할 때 생기는 원소는 무엇인가?

① $_{86}Rn^{222}$
② $_{90}Rn^{232}$
③ $_{90}Rn^{226}$
④ $_{91}Rn^{231}$

🔍 α붕괴하면 원자번호 2감소 질량수 4감소하므로
$_{88}Ra^{226}$(α 붕괴) → $_{86}Rn^{222}$

20 어떤 원자핵반응에서 방출된 에너지(원자력)가 $9×10^{18}$erg였다면, 새로운 원자핵을 이룰 때 생긴 질량결손은 얼마인가?

① 10^{-1}g
② 10^{-2}g
③ 10^{-3}g
④ 10^{-4}g

🔍 에너지 $E = mc^2$ (C : 광속도 $3×10^{10}$cm/sec)
$m = \frac{E}{C^2} = \frac{9×10^{18}}{(3×10^{10})^2} = 10^{-2}$g

21 다음 방사선중 투과력이 가장 강한 것은?

① α선
② β선
③ γ선
④ χ선

🔍 투과력 : α < β < γ

22 방사선 원소에서 방사하는 방사선의 파장이 가장 짧고 투과력과 방출 속도가 가장 큰 것은 어느 것인가?

① α선
② β선
③ γ선
④ δ선

🔍 γ선 : 투과력이 가장 크다.

23 다음 핵화학 반응에서 ( ) 속에 채워져야 하는 것은?

$$_4Be^9 + _2He^4 \rightarrow _6C^{12} + (\quad)$$

① $_1H^1$
② $_0n^1$
③ e^+
④ $_1D^2$

🔍 $_4Be^9 + _2He^4 \rightarrow _6C^{12} + _0n^1$

24 Be의 원자핵에 입자를 충격하였더니 중성자 이 방출되었다. 다음 반응식을 완결하기 위하여 ( ) 속에 알맞은 것은?

$$e + _2^4He \rightarrow (\quad) + _0^1n$$

① Be
② B
③ C
④ N

🔍 $_4^9Be + _2^4He \rightarrow _6^{12}C + _0^1n$

25 방사선 원소의 α선에 대한 다음 설명 중 틀린 것은?

① 감광작용, 전리작용이 가장 강하다.
② 본체는 헬륨의 원자핵이다.
③ 방사선 원소에 따라 속도는 다르다.
④ 투과력이 가장 강하다.

🔍 γ선이 투과력이 가장 강하다.

정답 17 ② 18 ② 19 ① 20 ② 21 ③ 22 ③ 23 ② 24 ③ 25 ④

26 $^{237}_{93}$Np 방사선원소가 β선을 1회 방출한 경우 생성되는 원소는?

① Pa
② U
③ Po
④ Pu

🔍 $^{237}_{93}$Np(넵튜늄)이 β선 1회 방출은 원자번호가 1증가하므로 $^{237}_{94}$Pu(피우토늄)이 된다.

27 방사선 원소에서 방출되는 방사선 중 전기장의 영향을 받지 않아 휘어지지 않는 선은?

① α선
② β선
③ γ선
④ α, β, γ선

🔍 γ선 : 방출되는 방사선 중 전기장의 영향을 받지 않아 휘어지지 않는 선으로 투과력이 가장 세다.

28 표준상태에서 어떤 기체 xO_2의 밀도는 산소기체의 2배이다. 산소의 원자량이 16이라 가정할 때, 기체 xO_2의 성분원소인 x의 원자량은?

① 16
② 24
③ 32
④ 48

🔍 xO_2의 분자량 = 32×2배 = 64
x의 원자량 = 64 − 32 = 32

29 사방황, 단사황 등이 동소체임을 알아보기 위한 실험으로 가장 좋은 방법은?

① 밀도를 비교한다.
② 용해도를 비교한다.
③ 연소생성물을 비교한다.
④ 전기 전도도를 비교한다.

🔍 연소생성물을 비교하여 동소체임을 구분한다.

30 다음 중 성분원소는 같으나 모양이나 성질이 맞지 않는 것은?

① 산소와 오존
② 적린과 황린
③ 흑연과 다이아몬드
④ 물과 과산화수소

🔍 동소체 : 같은 원소로 되어 있으나 성질과 모양이 다른 것
• 산소와 오존
• 적린과 황린
• 흑연과 다이아몬드

31 다음 기체 중에서 최외각 전자가 2개 또는 8개로서 불활성인 것은?

① F_2와 Br_2
② N_2와 Cl_2
③ I_2와 H_2
④ He과 Xe

🔍 최외각전자 8개, 불활성기체 : He, Ne, Ar, Kr, Xe, Rn

32 염소원자(Cl)의 최외각 전자궤도의 전자 수는 몇 개인가?

① 1개
② 2개
③ 7개
④ 8개

🔍 염소원자(Cl, 원자번호 17)의 최외각 전자궤도의 전자 수 : 7개 (7족)

33 어떤 금속의 원자가가 +3이며 그 산화물의 조성은 금속이 52.94%이다. 이 금속의 원자량은?

① 17
② 27
③ 31
④ 34

🔍 원자량 = 당량 × 원자가
당량은 산소 : 금속 의 비례식으로 계산하면
47.06 : 52.94 = 8 : x   x = 9.0
∴ 금속의 원자량 = 당량 × 원자가 = 9 × 3 = 27

34 Mn의 산화물을 분석한 결과 69.6%의 Mn을 함유하고 있다. 이 산화물의 조성은 다음 어느 화학식에 해당되는가?(단, Mn의 원자량은 54.9로 함)

① MnO
② Mn_3O_4
③ Mn_2O_3
④ MnO_2

🔍 금속의 당량을 x, 산소의 당량 8이므로
금속 : 산소 = 69.6 : 30.4 = x : 8 x = 18.31
금속의 원자가 = 원자량/당량 = 54.9/18.31 = 3
∴ 금속의 원자가가 3가이므로 화학식은 Mn_2O_3이다.

정답 26 ④ 27 ③ 28 ③ 29 ③ 30 ④ 31 ④ 32 ③ 33 ② 34 ③

35 다음 설명 중 옳지 않은 것은?

① 산 1g 당량은 H^+를 6.02×10^{23}개를 낼 수 있는 양을 말한다.
② 산, 염기의 반응은 당량 대 당량으로 반응한다.
③ H_2SO_4(분자량 98) 1g 당량은 98g이다.
④ 알칼리는 물에 녹아 OH^-를 낸다.

> H_2SO_4(분자량 98) 1g 당량은 49g(원자량/원자가 = 98/2 = 49g)이다.

36 $2HNO_3$(묽은 질산) → $H_2O + 2NO + 3O$ 화학반응에서 산화제의 당량은 얼마인가?(단, 원자량은 H=1, N=14, O=16임)

① 21
② 48
③ 63
④ 126

> 산화제의 당량 = 산화제의 분자량/산화수의 변화 = 63/3 = 21

37 원자에서 복사되는 빛은 선 스펙트럼을 만드는데 이것으로부터 알 수 있는 사실은?

① 빛에 의한 광전자의 방출
② 빛이 파동의 성질을 가지고 있다는 사실
③ 전자껍질의 에너지의 불연속성
④ 원자핵 내부의 구조

> 원자에서 복사되는 빛은 선 스펙트럼을 만드는 과정에서 전자껍질의 에너지의 불연속성을 알 수 있다.

38 옥텟규칙(octet rule)에 따르면 게르마늄이 반응할 때, 다음 중 어떤 원소의 전자수와 같아지려고 하는가?

① Kr
② Si
③ Sn
④ As

> 옥텟규칙은 원자의 가장 바깥쪽 전자껍질에 전자가 8개를 채우려는 원리이므로 주기율표의 18족 원소(He, Ne, Ar, Kr)들이다.

39 수소원자에서 K, L, M, N 껍질의 에너지로만 구성되었다면 전자가 전이할 때 나타나는 스펙트럼의 종류는 몇 종류나 되겠는가?

① 6종류
② 5종류
③ 4종류
④ 3종류

> 전자껍질

전자껍질	K껍질 (n=1)	L껍질 (n=2)	M껍질 (n=3)	N껍질 (n=4)
오비탈	s	s, p	s, p, d	s, p, d, f
	$1s^2$	$2s^2, 2p^6$	$3s^2, 3p^6, 3d^{10}$	$4s^2, 4p^6, 4d^{10}, 4f^{14}$
최대 수용 전자수($2n^2$)	2	8	18	32

※ 전자가 전이할 때 나타나는 스펙트럼의 종류는 주 전자껍질의 수에 따라 이루어진다.

40 다음 화합물중 sp^3 혼성오비탈을 가지고 있는 것은?

① BCl_3
② NO_3^-
③ C_2H_4
④ CH_4

> 메테인(CH_4) : sp^3 혼성오비탈을 가지고 있다.

41 원소들 중 원자가 전자배열이 $ns^2 np^3$(n = 2, 3, 4)인 것은?

① N, P, As
② C, Si, Ge
③ Li, Na, K
④ Be, Mg, Ca

> 전자배열(N, P, As)
> • N(7) : $1S^2, 2S^2, 2P^3$
> • P(15) : $1S^2, 2S^2, 2P^6, 3S^2, 3P^3$
> • As(33) : $1S^2, 2S^2, 2P^6, 3S^2, 3P^6, 4S^2, 3d^{10}, 4P^3$

42 원자번호가 14(Si)인 원소의 전자 배치가 올바른 것은?

① $1S^2, 2S^2, 2P^6, 3S^2, 3P^2$
② $1S^2, 2S^2, 2P^6, 3S^1, 3P^2$
③ $1S^2, 2S^2, 2P^5, 3S^1, 3P^2$
④ $1S^2, 2S^2, 2P^6, 3S^2$

> 14(Si) : $1S^2, 2S^2, 2P^6, 3S^2, 3P^2$

정답 35 ③ 36 ① 37 ③ 38 ① 39 ③ 40 ④ 41 ① 42 ①

43 다음과 같은 전자배열을 가진 원자는?

$1S^2$ $2S^2$ $2P^6$ $3S^1$

① K ② F
③ Ne ④ Na

🔍 전자배열
- K(원자번호 19) : $1S^2$, $2S^2$, $2P^6$, $3S^2$, $3P^6$, $4S^1$
- F(원자번호 9) : $1S^2$, $2S^2$, $2P^5$
- Ne(원자번호 10) : $1S^2$, $2S^2$, $2P^6$
- Na(원자번호 11) : $1S^2$, $2S^2$, $2P^6$, $3S^1$

44 다음 중 전자의 수가 같은 것으로 나열된 것은?

① Ne와 Cl^-
② Mg^{+2}와 O^{-2}
③ F와 Ne
④ Na와 Cl^-

🔍 전자배치
원자번호 = 전자의 수
- Ne와 Cl^-
  - Ne(원자번호 10) : $1S^2$, $2S^2$, $2P^6$
  - Cl^-(원자번호 17) : 전자 1개를 얻어 18개의 전자를 가진다.($1S^2$, $2S^2$, $2P^6$, $3S^2$, $3P^6$)
- Mg^{+2}와 O^{-2}
  - Mg^{+2}(원자번호 12) : 전자 2개를 잃어 10개의 전자를 가진다.($1S^2$, $2S^2$, $2P^6$)
  - O^{-2}(원자번호 8) : 전자 2개를 얻어 10개의 전자를 가진다.($1S^2$, $2S^2$, $2P^6$)
- F와 Ne
  - F(원자번호 9) : $1S^2$, $2S^2$, $2P^5$
  - Ne(원자번호 10) : $1S^2$, $2S^2$, $2P^6$
- Na와 Cl^-
  - Na(원자번호 11) : $1S^2$, $2S^2$, $2P^6$, $3S^1$
  - Cl^-(원자번호 17) : 전자 1개를 얻어 18개의 전자를 가진다.($1S^2$, $2S^2$, $2P^6$, $3S^2$, $3P^6$)

45 다음 중 질량보존의 법칙, 배수비례의 법칙, 기체반응의 법칙을 모두 설명할 수 있는 반응식은 무엇인가?

① $2SO_2(g) + O_2(g) \rightarrow 2SO_3(g)$
② $N_2(g) + 3H_2(g) \rightarrow 2NH_3(g)$
③ $C(s) + O_2(g) \rightarrow CO_2(g)$
④ $2H_2(g) + O_2(g) \rightarrow 2H_2O(g)$

🔍 법칙
- 질량보존의 법칙(라보아제) : 화학반응에 있어서 반응물의 질량 총합은 생성물의 질량 총합과 같다.
  $N_2(28g) + 3H_2(6g) \rightarrow 2NH_3(2 \times 17g)$
- 배수비례의 법칙(돌턴) : 두 원소가 결합하여 2개 이상의 화합물을 만들 때 다른 원소의 질량과 결합하는 원소의 질량사이에는 간단한 정수비가 성립한다.
- 기체반응의 법칙(게이뤼삭) : 반응물의 부피와 생성물의 부피 사이에는 간단한 정수비가 성립한다.
  $N_2(1Vol) + 3H_2(3Vol) \rightarrow 2NH_3(2Vol)$

46 수소와 산소가 화합하여 물이 생성될 때 수소와 산소의 무게비는 항상 1 : 8이라는 사실로부터 다음의 어느 법칙을 설명할 수 있는가?

① 일정성분비의 법칙 ② 질량불변의 법칙
③ 배수비례의 법칙 ④ 기체반응의 법칙

🔍 일정성분비의 법칙(프루스트) : 순수한 화합물에 있어서 성분원소의 중량비는 항상 일정하다.
$2H_2 + O_2 \rightarrow 2H_2O$
4g 32g 36g
∴H와 O사이의 4 : 32 = 1 : 8의 중량비가 성립한다.

47 배수비례의 법칙이 성립되는 예를 나타낸 것은?

① O_2와 O_3 ② H_2SO_4와 H_2SO_3
③ H_2O와 H_2S ④ SO_2와 SO_3

🔍 배수비례의 법칙 : 두 원소가 결합하여 2개 이상의 화합물을 만들 때 다른 원소의 질량과 결합하는 원소의 질량사이에는 간단한 정수비가 성립한다.

48 다음 이론은 누구의 법칙인가?

같은 에너지 준위에 있는 오비탈이 여러 개가 있고, 여기에 여러 개의 전자가 들어갈 때는 모든 오비탈이 분산되어 들어가려고 한다.

① 러터퍼드의 법칙(Rutheford's law)
② 보일의 법칙(Boyle's law)
③ 헨리의 법칙(Henry's law)
④ 훈트의 법칙(Hunt's law)

🔍 훈트의 법칙의 설명이다.

정답 43 ④ 44 ② 45 ② 46 ① 47 ④ 48 ④

49 "두 가지 기체가 퍼지는 확산속도는 그 기체의 밀도(분자량)의 제곱근에 반비례 한다" 라는 법칙과 연관성이 있는 것은?

① 미지의 기체 분자량을 측정에 이용된다.
② 보일-샤를이 정립한 법칙이다.
③ 기체상수 값을 구할 수 있다.
④ 기체상태방정식으로 표현된다.

> 그레이엄의 확산속도법칙 : 확산속도는 분자량의 제곱근에 반비례, 밀도의 제곱근에 반비례 한다.
> $\frac{U_B}{U_A} = \sqrt{\frac{M_A}{M_B}} = \sqrt{\frac{d_A}{d_B}}$
> 여기서
> • U_B : B기체의 확산속도 • U_A : A기체의 확산속도
> • M_B : B기체의 분자량   • M_A : A기체의 분자량
> • d_B : B기체의 밀도   • d_A : A기체의 밀도

50 두 기체의 확산속도의 비가 1 : 2라면 이들의 분자량의 비는 얼마인가?

① $\sqrt{2}$: 1   ② 2 : 1
③ 4 : 1   ④ 1 : 1

> 그레이엄의 확산속도법칙 : 확산속도는 분자량의 제곱근에 반비례, 밀도의 제곱근에 반비례 한다.
> $\frac{U_B}{U_A} = \sqrt{\frac{M_A}{M_B}} = \sqrt{\frac{d_A}{d_B}}$
> 여기서
> • U_B : B기체의 확산속도 • U_A : A기체의 확산속도
> • M_B : B기체의 분자량   • M_A : A기체의 분자량
> • d_B : B기체의 밀도   • d_A : A기체의 밀도
> ∴ $\frac{U_B}{U_A} = \sqrt{\frac{M_A}{M_B}}$ $\frac{2}{1} = \sqrt{\frac{4}{1}}$
> ∴ A : B = 4 : 1

51 메테인의 확산속도는 18m/sec이고 같은 조건에서 기체 A의 확산속도는 12m/sec 이다. 기체 A의 분자량은 얼마인가?

① 16   ② 32
③ 36   ④ 72

> 그레이엄의 확산속도법칙
> $\frac{U_B}{U_A} = \sqrt{\frac{M_A}{M_B}} = \sqrt{\frac{d_A}{d_B}}$
> ∴ $\frac{18}{12} = \sqrt{\frac{M_A}{16}}$
> $M_A = 36$

52 어떤 기체의 확산 속도는 SO_2의 2배 이다 이 기체의 분자량은 얼마인가?

① 8   ② 16
③ 32   ④ 64

> 그레이엄의 확산 속도법칙
> $\frac{U_B}{U_A} = \sqrt{\frac{M_A}{M_B}} = \sqrt{\frac{d_A}{d_B}}$
> A : 어떤 기체, B : 이산화황(SO_2)으로 가정을 하면
> $\frac{1}{2} = \sqrt{\frac{M_A}{64}}$
> ∴ $M_B = 16$

53 같은 조건하에서 다음 기체들을 동시에 확산시킬 때 확산속도가 가장 빠른 것은?

① CO_2 ② CH_4
③ NO_2 ④ SO_2

> 확산속도는 분자량의 제곱근에 반비례하므로 분자량이 적을수록 빠르다.

54 CH_4 16g 중에는 C가 몇 mol 포함되었는가?

① 1   ② 2
③ 3   ④ 4

> C(탄소)가 1개이므로 원자량 12g/12 = 1 mol이다.

55 물 500mℓ에 포도당 0.9g을 용해시킨 용액의 삼투압이 23℃에서 0.241atm이었다. 이 포도당의 분자량은?

① 18   ② 45
③ 181   ④ 500

> 이상기체 상태방정식
> $PV = \frac{W}{M}RT$ $M = \frac{WRT}{PV}$
> 여기서 P : 압력(atm), V : 부피(ℓ), M : 분자량, W : 무게,
> R : 기체상수(0.08205ℓ · atm/g-mol · K),
> T : 절대온도(273+℃, K)
> ∴ $M = \frac{WRT}{PV} = \frac{0.9 \times 0.08205 \times (273+23)}{0.241 \times 0.5} = 181.4$

정답 49 ① 50 ③ 51 ③ 52 ① 53 ② 54 ③ 55 ③

56 730mmHg, 100℃에서 257mL, 부피의 용기 속에 어떤 기체가 채워져 있다. 그 무게는 1.67g이다. 이 물질의 분자량은 얼마인가?

① 28
② 56
③ 207
④ 257

🔍 이상기체 상태방정식

$PV = nRT = \frac{W}{M}RT$ $M(분자량) = \frac{WRT}{PV}$

여기서 P : 압력(atm), V : 부피(ℓ, m³), n : mol수, M : 분자량, W : 무게, R : 기체상수(0.08205ℓ · atm/g-mol · K), T : 절대온도(273+℃, K)

$\therefore M = \frac{WRT}{PV} = \frac{1.67 \times 0.08205 \times (273+100)K}{(730/760) \times 1atm \times 0.257\ell} = 207.15$

57 어떤 기체가 탄소원자 1개당 2개의 수소원자를 함유하고 0℃, 1기압에서 밀도가 1.25g/L 일 때 이 기체에 해당하는 것은?

① CH_2
② C_2H_4
③ C_3H_6
④ C_4H_8

🔍 이상기체 상태방정식

$PV = nRT = \frac{W}{M}RT$ $PM = \frac{W}{V}RT = \rho RT$ $M = \frac{\rho RT}{P}$

여기서 P : 압력(atm), V : 부피(ℓ, m³), n : mol수, M : 분자량, W : 무게, R : 기체상수(0.08205ℓ · atm/g-mol · K), T : 절대온도(273+℃)

$\therefore M = \frac{\rho RT}{P} = \frac{1.25 \times 0.08205 \times (273+0)K}{1atm} = 28(C_2H_4)$

58 이상기체의 밀도에 대한 설명으로 옳은 것은?

① 절대온도에 비례하고 압력에 반비례한다.
② 절대온도와 압력에 반비례한다.
③ 절대온도에 반비례하고 압력에 비례한다.
④ 절대온도와 압력에 비례한다.

🔍 이상기체상태방정식

$PV = \frac{W}{M}RT$ $PM = \frac{W}{V}RT = \rho RT$ $\rho = \frac{PM}{RT}$

여기서 P : 압력(atm), V : 부피(ℓ, m³), n : mol수, M : 분자량, W : 무게, R : 기체상수(0.08205ℓ · atm/g-mol · K), T : 절대온도(273+℃)

∴ 밀도는 압력에 비례하고, 절대온도에 반비례한다.

59 어떤 기체의 무게는 30g인데 같은 조건에서 같은 부피의 이산화탄소의 무게는 11g이었다. 이 기체의 분자량은 얼마인가?

① 110
② 120
③ 130
④ 140

🔍 $\frac{W_B}{W_A} = \frac{M_B}{M_A}$

$M_B = M_A \times \frac{W_B}{W_A} = 44 \times \frac{30g}{11g} = 120g$

60 어떤 비전해질 3.0g을 녹여 1ℓ로 한 용액의 삼투압을 측정하였더니 27℃에서 1.0기압이었다. 이 물질의 분자량은 얼마인가?

① 73.8
② 78.9
③ 84.0
④ 89.1

🔍 삼투압

$PV = nRT = \frac{W}{M}RT$ $M = \frac{WRT}{PV}$

$\therefore M = \frac{WRT}{PV} = \frac{3 \times 0.08205 \times (273+27)}{1atm \times 1\ell} = 73.8$

61 요소 6g을 물에 녹여 1,000ℓ로 만든 용액의 27℃에서 삼투압은 약 얼마인가?(단, 요소의 분자량은 60이고, 기체 상수는 0.082ℓ · atm/mol · K이다.)

① 1.26×10^{-1} atm
② 1.26×10^{-2} atm
③ 2.46×10^{-3} atm
④ 2.56×10^{-4} atm

🔍 삼투압

$PV = nRT = \frac{W}{M}RT$ $P = \frac{WRT}{VM}$

$\therefore P = \frac{WRT}{VM} = \frac{6 \times 0.08205 \times (273+27)K}{1,000 \times 60} = 2.46 \times 10^{-3} atm$

정답 56 ③ 57 ② 58 ③ 59 ② 60 ① 61 ③

62 무극성 분자인 액체 A와 B가 있다. 동일한 온도에서 액체 A가 B에 비해 증기압이 높다고 할 때 A와 B의 비교 설명이 옳은 것은?

① 액체 A가 액체 B에 비하여 분자간의 인력이 크다.
② 액체 A가 액체 B에 비하여 분자량이 크다.
③ 액체 A가 액체 B에 비하여 몰 증발열이 크다.
④ 액체의 성질로서 액체의 증기압이 높을수록 휘발하기 쉽다.

🔍 액체의 증기압이 높을수록 휘발하기 쉽다.

63 기체 암모니아를 27°C, 760mmHg에서 용적을 측정한 결과 800mL였다. 이것을 100mL의 물에 흡수시켜 암모니아 수용액을 만들 경우 NH_3의 중량 %와 수용액의 몰은 얼마인가?(단, NH_3 분자량 17g이다.)

① 6.7%, 2M
② 0.5525%, 0.325M
③ 0.607%, 0.357M
④ 5.5%, 3M

🔍 먼저 무게를 구하면
$PV = nRT = \frac{W}{M}RT \quad PM = \frac{W}{V}RT$
여기서 P : 압력(atm), V : 부피(ℓ, m³), n : mol수, M : 분자량, W : 무게, R : 기체상수(0.08205ℓ·atm/g-mol·K), T : 절대온도(273+°C)

- $W = \frac{PVM}{RT} = \frac{1atm \times 0.8 \times 17}{0.08205 \times (273+27)} = 0.5525g$

∴ 중량 = $\frac{0.5525g}{100mℓ(g)} \times 100 = 0.5525\%$

- $NH_3 + H_2O \rightarrow NH_4OH$
17g — 35g
0.5525g — x

∴ $x = \frac{0.5525 \times 35}{17g} = 1.1375g$

1M — 35g — 1000mℓ
x — 1.1375g — 100mℓ

∴ $x = \frac{1.1375 \times 1,000}{35 \times 100} = 0.325M$

64 0.1M HCl 10mL을 중화시키는데 필요한 0.05M NaOH 수용액의 부피는 얼마인가?

① 10mℓ
② 20mℓ
③ 30mℓ
④ 40mℓ

🔍 NV = N'V'
0.1N × 10mℓ = 0.05N × x
∴ x = 20mℓ(1M NaOH = 1N NaOH)

65 수소 1g과 산소 16g의 혼합기체에 연소시켜 물을 만들었다. 이 때 반응하지 않고 남은 기체의 부피는 0°C, 1기압에서 얼마인가?

① 2.8L
② 5.6L
③ 11.2L
④ 22.4L

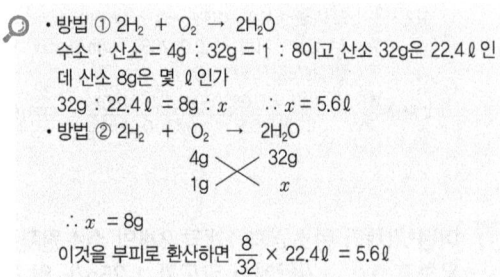

🔍 ・방법 ① $2H_2 + O_2 \rightarrow 2H_2O$
수소 : 산소 = 4g : 32g = 1 : 8이고 산소 32g은 22.4ℓ인데 산소 8g은 몇 ℓ인가
32g : 22.4ℓ = 8g : x   ∴ x = 5.6ℓ
・방법 ② $2H_2 + O_2 \rightarrow 2H_2O$
4g — 32g
1g — x

∴ x = 8g
이것을 부피로 환산하면 $\frac{8}{32} \times 22.4ℓ = 5.6ℓ$

66 수소 2.24ℓ가 염소와 완전히 반응했다면 표준 상태에서 생성한 염화수소의 부피는 몇 ℓ가 되는가?

① 2.24
② 4.48
③ 6.72
④ 11.2

🔍 $H_2 + Cl_2 \rightarrow 2HCl$
22.4ℓ — 2 × 22.4ℓ
2.24ℓ — x
∴ x = 4.48ℓ

67 질산암모늄(NH_4NO_3) 100kg이 가열, 충격으로 단독 폭발하여 생기는 산소는 740mmHg, 27°C에서 부피로 몇 m³인가?

① 15.80m³
② 21.34m³
③ 23.60m³
④ 28.26m³

🔍 질산암모늄의 분해반응식
$2NH_4NO_3 \rightarrow 4H_2O + O_2 + N_2$
160kg — 22.4m³
100kg — x

∴ $x = \frac{100kg \times 22.4m^3}{160kg} = 14m^3$

여기에 온도와 압력을 보정하면 보일-샤를의 법칙이 적용된다.

∴ $V_2 = V_1 \times \frac{P_1}{P_2} \times \frac{T_2}{T_1} = 14 \times \frac{760}{740} \times \frac{(273+27)}{273} = 15.8m^3$

정답 62 ④ 63 ② 64 ② 65 ② 66 ② 67 ①

68 17g의 NH_3로부터 만들어지는 황산암모늄[$(NH_4)_2SO_4$]의 양은 얼마인가?

① 66g
② 106g
③ 115g
④ 132g

🔍 $2NH_3 + H_2SO_4 \rightarrow (NH_4)_2SO_4$
  $2 \times 17g$ ╳ $132g$
  $17g$ x
  $\therefore x = \dfrac{17 \times 132}{2 \times 17} = 66g$

69 드라이아이스 1kg이 완전히 기화하면 몇 몰의 탄산가스(이산화탄소)가 되는가?(단, C=12, O=16이다.)

① 약 23몰
② 약 51.52몰
③ 약 230몰
④ 약 515.2몰

🔍 몰수 = 무게/분자량 = 1000g ÷ 44 = 22.7몰

70 0℃, 일정 압력하에서 1L의 물에 이산화탄소 10.8g을 녹인 탄산음료가 있다. 동일한 온도에서 압력을 1/4로 낮추면 방출되는 이산화탄소의 질량은 몇 g인가?

① 2.7
② 5.4
③ 8.1
④ 10.8

🔍 압력을 1/4로 낮추면 방출되는 이산화탄소는 3/4이므로 10.8g × 3/4 = 8.1g

71 다음 반응식은 질산의 공업적 제법에 관한 반응식이다. 이 반응식에서 암모니아 34kg으로 얻을 수 있는 질산의 양은 얼마인가?

$4NH_3 + 5O_2 \rightarrow 4NO + 6H_2O$ ·········· ①
$2NO + O_2 \rightarrow 2NO_2$ ·················· ②
$3NO_2 + H_2O \rightarrow 2HNO_3 + NO$ ·········· ③

① 17kg
② 34kg
③ 63kg
④ 126kg

🔍 반응식을 정리하면
  $2NH_3 + 4O_2 \rightarrow 2HNO_3 + 2H_2O$
  $2 \times 17kg$ ╳ $2 \times 63kg$
  $34kg$ x
  $\therefore x = \dfrac{34 \times 2 \times 63}{34} = 126g$

72 다음 중 황화철(FeS)과 반응하여 H_2S를 발생시킬 수 있는 반응은 무엇인가?

① $H_2SO_4 + KOH$
② $HNO_3 + NaOH$
③ $FeS + 2HCl$
④ $HCl + H_2O$

🔍 $FeS + 2HCl \rightarrow FeCl_2 + H_2S$

73 C_3H_8 22g을 완전 연소시켰을 때 필요한 공기의 부피는 얼마인가?(단, 공기 중의 산소량은 21%이다.)

① 56ℓ
② 112ℓ
③ 224ℓ
④ 267ℓ

🔍 프로페인의 연소식
  $C_3H_8 + 5O_2 \rightarrow 3CO_2 + 4H_2O$
  $44g$ $5 \times 22.4ℓ$
  $22g$ ╳ x
  $\therefore x = 56ℓ$(산소의 양)
  공기의 부피를 계산하면 56ℓ ÷ 0.21 = 266.67ℓ

74 오존(O_3)의 성질에 해당하는 것은 무엇인가?

① 금속과 염을 생성
② 바닷물의 전기분해시 발생
③ 환원제
④ 우주선과 자외선 흡수

🔍 오존 : 우주선과 자외선 흡수

75 온도 27℃, 압력 735mmHg의 상태에서 어떤 기체 2ℓ는 온도 30℃, 압력 760mmHg에서는 몇 ℓ가 되는가?

① 1ℓ
② 8ℓ
③ 2ℓ
④ 3ℓ

🔍 $V_2 = V_1 \times \dfrac{P_1}{P_2} \times \dfrac{T_2}{T_1} = 2ℓ \times \dfrac{735}{760} \times \dfrac{(273+30)}{(273+27)} = 1.95ℓ$

정답 68 ① 69 ① 70 ③ 71 ④ 72 ③ 73 ④ 74 ④ 75 ③

76
20℃에서 부피가 1L를 차지하는 기체를 압력의 변화 없이 3배로 팽창할 때 온도(K)는 얼마인가?(단, 이상기체로 가정함)

① 549K
② 659K
③ 769K
④ 879K

🔍 $V_2 = V_1 \times \frac{P_1}{P_2} \times \frac{T_2}{T_1}$ 에서

$3 = 1\ell \times \frac{T_2}{293}$

∴ $T_2 = 3 \times 293 = 879K$

77
1atm, 100℃에서 300mL, 부피의 용기 속에 어떤 기체가 채워져 있다. 그 무게는 16.7g이다. 이 물질의 분자량은 얼마인가?

① 28
② 560
③ 1704
④ 2000

🔍 이상기체상태방정식

$PV = nRT = \frac{W}{M}RT \quad PM = \frac{W}{V}RT = \rho RT \quad M = \frac{WRT}{PV}$

여기서 P : 압력(atm), V : 부피(ℓ, m³), n : mol수, M : 분자량, W : 무게, R : 기체상수(0.08205ℓ·atm/g-mol·K), T : 절대온도(273+℃)

∴ $M = \frac{WRT}{PV} = \frac{1.67 \times 0.08205 \times (273+100)K}{1atm \times 0.3\ell} = 1703.7$

78
다음 금속들 중 표준 전극전위가 가장 높은 것은?

① Fe
② Al
③ Li
④ Cu

🔍 표준전위
- 이온화 경향이 큰 것(Li)은 표준전위가 높다.
- 금속의 이온화 경향

Li K Ca Na Mg Al Zn Fe Ni Sn Pb H Cu Hg Ag Pt Au
크다 ←   → 작다

79
전기음성도가 큰 원소의 결합력은 액체의 끓는점이 분자량으로 예측되는 값보다 훨씬 높다. 그 이유는 무엇인가?

① 공유결합
② 이온결합
③ 분자량
④ 수소결합

🔍 수소결합은 비점과 융점이 높다.

80
물분자들 사이에 작용하는 수소결합에 의해 나타나는 현상과 관계가 없는 것은?

① 물의 기화열이 크다.
② 물의 끓는점이 높다.
③ 무색, 투명한 액체이다.
④ 얼음이 물 위에 뜬다.

🔍 수소결합 : 전기음성도가 큰 F, N, O와 작은 수소원자가 결합하여 원자단(HF, H₂O)을 포함하는 결합

81
다음은 이온결합성 물질의 성질을 설명한 것이다. 틀린 것은?

㉠ mp와 bp가 낮다.
㉡ 용융상태에서는 전해질이다.
㉢ 극성 용매에 잘 녹는다.
㉣ 결정상태에서 분자성

① ㉠과 ㉡
② ㉡와 ㉣
③ ㉠과 ㉣
④ ㉠과 ㉡와 ㉣

🔍 이온결합의 특성
- 이온결합 화합물에는 분자의 형태가 존재하지 않는다.
- 비점(끓는점)과 융점(녹는점)이 높다.
- 결정상태는 전기전도성이 없으나 수용액이나 용융상태에서는 전기전도성이 크다.
- 극성용매에 잘 녹는다.
- 용융상태에서는 전해질이다.

82
4℃의 물이 얼음의 밀도보다 큰 이유는 물분자의 무슨결합 때문인가?

① 이온결합
② 공유결합
③ 배위결합
④ 수소결합

🔍 수소결합 : 전기음성도가 큰 F, N, O와 작은 수소원자가 결합하여 원자단(HF, H₂O)을 포함하는 결합으로서 물의 비점과 밀도가 큰 이유는 수소결합 때문이다.

83
다음은 이온결합 물질의 성질에 관한 설명이다. 틀린 것은?

① 녹는점이 비교적 높다.
② 단단하여 부스러지기 쉽다.

정답 76 ④ 77 ③ 78 ③ 79 ④ 80 ③ 81 ③ 82 ④ 83 ③

③ 고체와 액체 상태에서 모두 도체이다.
④ 물과 같은 극성용매에 용해되기 쉽다.

🔍 이온결합은 고체는 부도체이고 수용액은 도체이다.

84 CH_4, NH_3 및 H_2O의 결합각은 각각 109°, 107°, 105°의 순으로 작아진다. 그 이유는 무엇인가?

① 분자간의 거리
② 이온화 전위
③ 수소결합
④ 비공유전자쌍

🔍 각 분자의 결합각이 작아지는 것은 분자간의 거리 중 비공유전자쌍 때문이다.

85 한 분자 내에 배위결합과 이온결합을 동시에 가지고 있는 것은?

① NH_4Cl
② K_2CO_3
③ $CHCl_3$
④ $NaClO_3$

🔍 NH_4Cl : 한 분자 내에 배위결합과 이온결합을 동시에 가지고 있다.

86 다음 물질 중 이온결합을 하고 있는 것은 무엇인가?

① SiO_2
② 흑연
③ 다이아몬드
④ $CuSO_4$

🔍 이온결합 : 금속과 비금속간의 결합(NaCl, KCl, CaO, MgO, $CuSO_4$)

87 다음 중 공유결합 화합물이 아닌 것은?

① NaCl
② HCl
③ CH_3COOH
④ CCl_4

🔍 공유결합 : 비금속과 비금속의 결합으로 두 원자가 같은 수의 전자를 제공하여 전자쌍을 이루어 서로 공유하므로써 이루어진 결합(HCl, NH_3, CCl_4, H_2S, CH_3COOH, CH_3COCH_3, Cl_2, O_2, CO_2)
※ NaCl(염화나트륨, 소금) : 이온결합

88 다음 이온이 혼합된 용액에 암모니아를 첨가하여도 착이온을 만들지 못하는 이온은?

① Cu^{2+}
② Zn^{2+}
③ Al^{3+}
④ Ag^+

🔍 알루미늄(Al^{3+})은 암모니아와 반응하여 착이온을 생성하지 못한다.

89 다음 중 비극성 분자는 어느 것인가?

① HF
② H_2O
③ NH_3
④ CH_4

🔍 비극성 분자 : 메테인(CH_4), 극성분자 : 플루오린화수소(HF), 물(H_2O), 암모니아(NH_3)

90 암모니아 분자의 구조는?

① 평면
② 선형
③ 피라밋
④ 사각형

🔍 암모니아(NH_3)의 구조 : 피라밋

91 다음 중 착이온의 리간드(배위자)가 될 수 없는 것은 무엇인가?

① 시안 이온(CN^-)
② 암모늄 이온(NH_4^+)
③ 암모니아(NH_3)
④ 염소 이온(Cl^-)

🔍 리간드(배위자)는 착이온과 대칭적으로 배위결합 하는 원자 (CN^-, NH_3, Cl^-, OH^-)

92 같은 주기에서 원자번호가 증가할수록 감소하는 것은?

① 이온화에너지
② 원자반지름
③ 비금속성
④ 전기음성도

🔍 원소의 성질

항목 \ 구분	같은 주기에서 원자번호가 증가할수록
이온화에너지	증가한다.
원자반지름	작아진다.
비금속성	증가한다.
전기음성도	증가한다.

정답 84 ④ 85 ① 86 ④ 87 ① 88 ③ 89 ④ 90 ③ 91 ② 92 ②

93 다음 물질 중 비공유전자쌍을 가장 많이 가지고 있는 것은?

① CH_4
② NH_3
③ H_2O
④ CO_2

🔍 이산화탄소(CO_2)는 비공유전자쌍(고립전자쌍)을 가장 많이 가지고 있다.
- CH_4 : 없다
- NH_3 : 1개
- H_2O : 2개
- CO_2 : 4개

94 다음 중 이온의 반경을 크기 순으로 올바르게 나열한 것은?

$$B^{3+}, Al^{3+}, Ga^{3+}, In^{3+}$$

① $B^{3+} < Al^{3+} < Ga^{3+} < In^{3+}$
② $B^{3+} > Al^{3+} > Ga^{3+} > In^{3+}$
③ $Ga^{3+} < In^{3+} < B^{3+} < Al^{3+}$
④ $Ga^{3+} > In^{3+} > B^{3+} > Al^{3+}$

🔍 분자량이 클수록 이온반경이 크다(분자량 B : 5, Al : 13, Ga : 31, In : 49)

95 다음 화합물의 0.1몰 수용액 중에서 가장 약한 산성을 나타내는 것은?

① H_2SO_4
② H_3PO_4
③ CH_3COOH
④ H_2CO_3

🔍 같은 수용액에서는 전리도가 약한 초산(CH_3COOH)이 가장 약하다.

96 산(acid) 표준용액을 표정하려고 할 때 사용되는 용액은 무엇인가?

① Na_2CO_3
② $Na_2C_2O_4$
③ $K_2Cr_2O_7$
④ $H_2C_2O_4$

🔍 산(acid) 표준용액의 표정시 사용되는 용액 : 수산(옥살산, $H_2C_2O_4$)

97 다음 화합물 중 수용액이 산성을 나타내는 것은 어느 것인가?

① OH
② NH_3
③ NO_2
④ CH_4

🔍 이산화질소(NO_2)는 물에 녹아 산성이 된다.

98 산(Acid)의 성질을 잘못 설명한 것은?

① 수용액 속에서 H^+로 되는 H를 가진 화합물이다.
② 신맛이 있고 푸른색 리트머스 종이를 붉게 변화시킨다.
③ 금속과 반응하여 수소를 발생하는 것이 많다.
④ 쓴맛이 있고 붉은색 리트머스 종이를 푸르게 변화시킨다.

🔍 산의 성질
- 수용액은 신맛이 난다(초산)
- 전기분해하면 (-)극에서 수소를 발생한다.
- 리트머스종이의 변색(청색 → 적색)
- 염기와 반응하면 염과 물이 생성된다.
- pH가 7보다 작다.

99 다음 설명 중에서 산(acid)의 표현이 잘못된 것은?

① 수용액은 신맛이며 다른 물질에 H^+를 줄 수 있다.
② 푸른색 리트머스 시험지를 붉은색으로 변화시키며 pH가 7보다 크다.
③ 수소보다 이온화 경향이 큰 금속과 반응하여 수소를 발생시킨다.
④ 수소 화합물 중에서 수용액은 전리되어 H+이온을 방출한다.

🔍 문제 98번 참조

정답 93 ④ 94 ① 95 ③ 96 ④ 97 ③ 98 ④ 99 ②

100 다음 중 수용액의 액성이 산성이 아닌 것은?

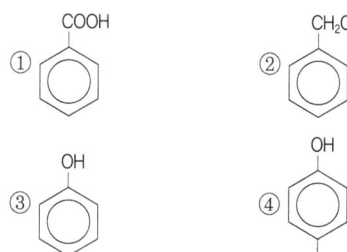

🔍 액성 구분
- 산성 : ① 벤조산(안식향산), ③ 페놀(석탄산), ④ p-cresol
- 알칼리성 : ② 벤질알코올

101 다음 중 산성이 가장 강한 것은?

① $[H^+] = 2 \times 10^{-3}$ mole/ℓ
② pH = 3
③ $[OH^-] = 2 \times 10^{-3}$ mole/ℓ
④ 0.1M-HF(이온화도 = 0.0001)

🔍
① $[H^+] = 2 \times 10^{-3}$ mole/ℓ
  pH = $-\log[H^+] - \log[2 \times 10^{-3}] = 3 - \log 2 = 2.7$
② pH = 3
③ $[OH^-] = 2 \times 10^{-3}$ mole/ℓ
  pOH = $-\log[OH^-] = -\log[2 \times 10^{-3}] = 3 - \log 2 = 2.7$
  ∴ pH + pOH = 14이므로 pH = 14 - 2.7 = 11.3
④ 0.1M-HF(이온화도 = 0.0001)
  $[H^+] = 0.1 \times 0.0001 = 1 \times 10^{-4}$
  pH = $-\log[H^+] = -\log[1 \times 10^{-4}] = 4 - \log 1 = 4$
※ 산성이 강하다는 것은 pH의 숫자가 작은 것이다.

102 물이 브뢴스테드의 산으로 작용한 것은?

① $HCl + H_2O \rightleftharpoons H_3O^+ + Cl^-$
② $HCOOH + H_2O \rightleftharpoons HCOOO^- + H_3O^+$
③ $NH_3 + H_2O \rightleftharpoons NH_4^+ + OH^-$
④ $3Fe + 4H_2O \rightleftharpoons Fe_3O_4 + 4H_2$

🔍 산의 정의
- 아레니우스 : 물에 녹아 수소이온[H^+]을 내는 물질
- 루이스 : 비공유 전자쌍을 받을 수 있는 물질
- 브뢴스테드 : 양성자[H^+]를 줄 수 있는 물질

103 루이스 염기로 작용하는 물질은?

① NH_3 ② BF_3
③ $AlCl_3$ ④ CO_2

🔍 루이스 염기 : 비공유 전자쌍을 줄 수 있는 물질(CO_2)

104 다음 물질의 수용액이 알칼리성을 나타내는 것은 무엇인가?

① $CuSO_4$ ② NH_4Cl
③ $FeSO_4$ ④ CH_3COONa

🔍 초산나트륨(CH_3COONa) : 약알칼리성

105 다음 설명 중 염기가 될 수 없는 조건은?

① H^+를 받아들일 수 있다.
② OH^-을 내어 놓을 수 있다.
③ 비공유 전자쌍을 가지고 있다.
④ 물에 녹아 H_3O^+을 내어 놓을 수 있다.

🔍 염기의 정의
- 아레니우스 : 물에 녹아 수산이온[OH^-]을 내는 물질
- 루이스 : 비공유 전자쌍을 줄 수 있는 물질(CO_2)
- 브뢴스테드 : 양성자[H^+]를 받아들일 수 있는 물질

106 다음 중 염의 설명으로 올바른 것은 무엇인가?

① 산과 염기가 중화할 때 생기는 물질
② 소금과 같이 짠 물질
③ 물에 잘 녹는 물질
④ 금속과 산의 음이온이 결합된 물질

🔍 염 : 금속과 산의 음이온이 결합된 물질

107 금속산화물과 비금속산화물이 결합하여 생성되는 화합물은 무엇인가?

① 염기 ② 산
③ 산화물 ④ 염

🔍 염 : 금속산화물과 비금속산화물이 결합하여 생성되는 화합물

정답 100 ② 101 ① 102 ③ 103 ④ 104 ④ 105 ④ 106 ④ 107 ④

108 다음 중 염(salt)을 만드는 화학반응식이 아닌 것은?

① $HCl + NaOH \rightarrow NaCl + H_2O$
② $Zn + H_2SO_4 \rightarrow ZnSO_4 + H_2$
③ $CuO + H_2 \rightarrow Cu + H_2O$
④ $H_2SO_4 + MgO \rightarrow MgSO_4 + H_2O$

🔍 $NaCl$, $ZnSO_4$, $MgSO_4$는 염(salt)이다.

109 다음 산화물 중 산성 산화물은?

① Na_2O
② MgO
③ Al_2O_3
④ P_2O_5

🔍 산화물의 종류
• 산성 산화물 : CO_2, SO_2, SO_3, NO_2, P_2O_5, SiO_2 등
• 염기성 산화물 : CaO, BaO, MgO, Na_2O, K_2O, CuO 등
• 양쪽성 산화물 : ZnO, Al_2O_3, SnO, PbO 등

110 다음 중 산성염으로만 묶은 것은?

① $NaHSO_4$, $Ca(HCO_3)_2$
② $Ca(OH)Cl$, $Cu(OH)Cl$
③ $NaHSO_4$, $Cu(OH)Cl$
④ $Ca(OH)Cl$, $Ca(HCO_3)_2$

🔍 산성염은 분자식내 수소원자가 있는 것으로 $NaHSO_4$, $Ca(HCO_3)_2$ 이다.

111 다음 산화물중 염기성 산화물에 해당되는 것은?

① ZnO ② Al_2O_3
③ CO_2 ④ CaO

🔍 염기성 산화물 : CaO, CuO, BaO, MgO, Na_2O, K_2O, Fe_2O_3

112 다음 중에서 염기성 산화물로만 묶어진 것은?

① CaO, Fe_2O_3 ② K_2O, SO_2
③ CO_2, SO_3 ④ Al_2O_3, N_2O_5

🔍 산화물의 종류
• 염기성산화물 : CaO, CuO, BaO, MgO, Na_2O, K_2O, Fe_2O_3
• 산성산화물 : CO_2, SO_2, SO_3, NO_2, SiO_2, P_2O_5
• 양쪽성산화물 : ZnO, Al_2O_3, SnO, PbO, Sb_2O_3

113 다음 중 염기성 산화물로만 되어 있는 것은?

① CO_2, SO_2, P_2O_5
② CaO, Na_2O, CuO
③ Fe_2O_3, SO_2, MgO
④ Al_2O_3, N_2O_3, CaO

🔍 문제 112 번 참조

114 다음 물질 중 물과 반응하여 산(acid)을 만드는 물질은?

① CO_2
② Na_2O
③ NH_3
④ MgO

🔍 산성산화물 : CO_2, SO_2, SO_3, NO_2, SiO_2, P_2O_5

115 $[H^+] = 2 \times 10^{-6}M$ 인 용액의 pH는 약 얼마인가?

① 5.7
② 4.7
③ 3.7
④ 2.7

🔍 $pH = -\log[H^+] = -\log[2 \times 10^{-6}] = 6 - \log 2 = 6 - 0.3 = 5.7$

116 수소이온농도(pH)가 10.3일 때 염기의 농도는?

① 1×10^{-4} ② 2×10^{-4}
③ 3×10^{-4} ④ 4×10^{-4}

🔍 $pH = -\log[H^+]$ $pH + pOH = 14$
$pOH = 14 - pH = 14 - 10.3 = 3.7$
$pOH = -\log[OH^-]$
$[OH^-] = 10^{-pOH} = 10^{-3.7} = 2 \times 10^{-4}$

정답 108 ③ 109 ④ 110 ① 111 ④ 112 ① 113 ② 114 ① 115 ① 116 ②

117 pH = 5인 산성 수용액을 물로써 1000배 묽게 한 용액의 pH는 다음 중 어느 것인가?

① pH = 8
② 5 < pH < 7
③ pH = 2
④ 2 < pH < 5

🔍 $[H^+] = \dfrac{(10^{-5} \times 1) + (10^{-7} \times 1000)}{1001} = 1.1 \times 10^{-7}$
∴ pH = $-\log[H^+]$ = 1.1×10^{-7} = $7 - \log 1.1$ = $7 - 0.04 = 6.96$
그러므로 pH : 5 < pH < 7

118 0.1N − HCl 0.1mℓ를 물로 1,000mℓ로 하면 pH는 얼마나 되는가?

① 2
② 3
③ 4
④ 5

🔍 중화적정공식에서 NV = N'V'
$0.1 \times 0.1 m\ell = N' \times 1000 m\ell$
$N' = 1 \times 10^{-5}$
pH = $-\log[H^+]$ = $-\log[1 \times 10^{-5}]$ = $5 - \log 1 = 5$

119 pH 5인 염산수용액과 pH 10인 수산화나트륨 용액을 어떤 부피의 비율로 섞으면 pH 7이 되겠는가?

① 2 : 1
② 10 : 1
③ 100 : 1
④ 1000 : 1

🔍 • pH = 5 → pH = 7   100배
• pH = 10 → pH = 7   1000배
∴ 1000배 : 100배 = 10 : 1

120 pH가 2인 용액은 pH가 4인 용액의 수소이온농도와 비교하여 몇 배의 용액이 되는가?

① 100배
② 10배
③ 5배
④ 2배

🔍 pH = $-\log[H^+]$이므로
• pH = 2 $[H^+]$ = 0.01
• pH = 4 $[H^+]$ = 0.0001
∴ 0.01과 0.0001은 100배의 차이다.

121 0.001N−HCl의 pH는?

① 2
② 3
③ 4
④ 5

🔍 pH = $-\log[H^+]$ = $-\log[1 \times 10^{-3}]$ = $3 - 0 = 3$
※ pH = $-\log[H^+]$
pOH = $-\log[OH^-]$
∴ pH + pOH = 14

122 0.5M−HCl 100mℓ와 0.1M−NaOH 100mℓ를 혼합한 용액의 pH는 얼마인가?

① 0.5
② 0.6
③ 0.7
④ 0.8

🔍 HCl의 g의 당량 $0.5 \times \dfrac{100}{1000} = 0.05 = 5 \times 10^{-2}$
중화 후 남은 산의 당량 : 4×10^{-2}
200mℓ의 혼합액속에 남아 있는 산의 노르말농도는
NV = 4×10^{-2}이 $N \times 0.2\ell = 4 \times 10^{-2}$
N = 0.2
∴ pH = $-\log[H^+]$ = $-\log[2 \times 10^{-1}]$ = $1 - \log 2 = 0.7$

123 10.0mL의 0.1M−NaOH은 25.0mL의 0.1M−HCl에 혼합하였을 때 이 혼합 용액의 pH는 얼마인가?

① 1.37
② 2.82
③ 3.37
④ 4.82

🔍 혼합용액의 pH
• NaOH의 g당량
$0.1 \times \dfrac{10}{1000} = 0.001 = 1 \times 10^{-3}$
• HCl의 g의 당량
$0.1 \times \dfrac{25}{1000} = 0.0025 = 2.5 \times 10^{-3}$
• 중화 후 남은 산의 당량 : 1.5×10^{-3}
• 35mℓ의 혼합액속에 남아 있는 산의 노르말농도는
NV = 1.5×10^{-3}이므로 $N \times 0.035\ell = 1.5 \times 10^{-3}$
N = 0.0428
∴ pH = $-\log[H^+]$ = $-\log[4.28 \times 10^{-2}]$ = $2 - \log 4.28 = 1.37$

124 0.001mol/L NaOH 수용액의 pH는 얼마인가?

① 3
② 10
③ 11
④ 12

🔍 pOH = $-\log[OH^-]$ = $-\log[1 \times 10^{-3}]$ = $3 - \log 1 = 3$
∴ pH = 14 − pOH = 14 − 3 = 11

정답 117 ② 118 ④ 119 ② 120 ① 121 ② 122 ③ 123 ① 124 ③

125 pH = 9인 NaOH 용액 10ℓ 중에 Na⁺ ion의 수는 몇 개인가?

① 3.01×10^{20}개 ② 6.02×10^{20}개
③ 3.01×10^{22}개 ④ 6.02×10^{19}개

🔍 pH = 9인 NaOH 용액 10ℓ는
$1 \times 10^{-5} \times 10\ell = 1 \times 10^{-4}$ mol/ℓ
∴ 1×10^{-4} mol/ℓ × $6.02 \times 10^{23} = 6.02 \times 10^{19}$개

126 다음 지시약 중 산성 용액에서 색깔을 나타내지 않는 것은 어느 것인가?

① 메틸오렌지   ② 페놀프탈레인
③ 페놀레드   ④ 티몰블루

🔍 지시약 : 산과 염기의 중화 적정 시 종말점(end point)을 알아내기 위하여 용액의 액성을 나타내는 시약

지시약	변색		변색 pH
	산성색	염기성색	
티몰블루	적색	노랑색	1.2~1.8
메틸오렌지(M.O)	적색	오렌지색	3.1~4.4
메틸레드(M.R)	적색	노랑색	4.8~6.0
브로모티몰블루	노랑색	청색	6.0~7.6
페놀레드	노랑색	적색	6.4~8.0
페놀프탈레인(P.P)	무색	적색	8.0~9.6

127 다음 중 완충용액에 해당하는 것은?

① CH_3COONa와 CH_3COOH
② NH_4Cl와 HCl
③ CH_3COONa와 $NaOH$
④ $HCOONa$와 Na_2SO_4

🔍 완충 용액(buffer solution) : 산이나 염기를 가해도 공통 이온 효과에 의해 그 용액의 pH가 크게 변하지 않는 용액으로 아세트산(CH_3COOH)과 아세트산나트륨(CH_3COONa)은 수용액에서 이온화하여 모두 아세트산 이온(CH_3COO-)을 형성한다.

128 극성인 용매 P와 비극성인 용매 N이 있다. 다음 중 옳은 것은?

① P와 N은 서로 섞인다.
② P는 물에 섞인다.
③ CCl_4는 P와 N에 섞인다.
④ NaCl은 P와 N에 녹는다.

🔍 극성용매(아세톤, 알콜)는 물에 섞인다.

129 다음 바닷물에 관한 설명 중 틀린 것은?

① 바닷물의 밀도는 순수한 물의 밀도보다 크다.
② 순수한 물보다 낮은 온도에서 언다.
③ 순수한 물보다 높은 온도에서 끓는다.
④ 물이 증발되므로 끓는점이 일정하다.

🔍 바닷물은 끓는점이 물보다는 높지만 시간이 지날수록 끓는점이 높아진다.

130 물의 끓는점을 낮출 수 있는 방법으로 옳은 것은?

① 밀폐된 그릇에서 물을 끓인다.
② 끓임쪽을 넣어준다.
③ 설탕을 넣어준다.
④ 외부 압력을 낮추어 준다.

🔍 외부의 압력을 낮추면 비점을 낮출 수 있다.

131 다음 중 용해도와 관련된 설명으로 옳지 않은 것은?

① 기체의 액체에 대한 용해도는 일반적으로 온도가 올라가면 줄어든다.
② 용매 100g에 녹는 용질의 최대량을 g수로 표시한 것을 그 온도에서의 용해도라 한다.
③ 고체가 물에 녹을 때 흡열반응을 하는 물질은 온도가 올라감에 따라 용해도는 작아진다.
④ 압력의 변화는 액체나 고체의 용해도에 거의 영향을 미치지 않으나, 기체는 압력을 높이면 용해도는 증가한다.

🔍 고체의 용해도는 온도 증가에 따라 증가한다. 수산화칼슘 제조 시 발열반응을 하므로 용해도를 증가 시키려면 온도를 낮추어야 한다.

정답 125 ④ 126 ② 127 ① 128 ② 129 ④ 130 ④ 131 ③

132 포화용액 200g에 어떤 물질이 40g이 녹아 있다면 이 물질의 용해도는 얼마인가?

① 20 ② 25
③ 40 ④ 50

🔍 용해도 = $\frac{용질}{용매} \times 100 = \frac{40}{200-40} \times 100 = 25$

133 물에 녹였을 때 전도성을 띠는 물질은 무엇인가?

① 설탕 ② 유당
③ 초산나트륨 ④ 폴리염화비닐

🔍 초산나트륨(CH_3COONa)은 물에 녹였을 때 전도성을 띤다.

134 용해도가 그다지 크지 않은 기체가 있다. 압력 P일 때 일정량의 액체에 a 그램의 기체가 녹으면 압력 nP일 때는 몇 그램 녹는가?

① $\frac{a}{n}$ 그램 ② na그램
③ a그램 ④ $\frac{a}{\sqrt{n}}$ 그램

🔍 기체의 용해도는 압력이 높을수록 용해도는 증가한다. 압력 nP 일 때 na g이 녹는다.

135 질산칼륨의 용해도는 10℃에서 20, 100℃에서 247이다. 100℃에서 100g의 물에 질산칼륨을 포화시킨 후 10℃로 냉각시키면 몇 g의 질산칼륨이 석출되는가?

① 127g ② 147g
③ 227g ④ 267g

🔍 석출량 = 247 - 20 = 227g

136 80℃와 40℃에서 물에 대한 용해도가 각각 50, 30인 물질이 있다. 80℃의 이 포화용액 75g을 40℃로 냉각시키면 몇 g의 물질이 석출되겠는가?

① 25 ② 20
③ 15 ④ 10

🔍 40℃로 냉각시키면 50 - 30 = 20g이 석출되므로
(100 + 50)g : 20g = 75g : x
∴ x = 10g

137 NaOH 4g을 중화시키는데 필요한 $1N-H_2SO_4$의 양은?

① 100ml ② 50ml
③ 10ml ④ 1ml

🔍 중화반응은 당량 대 당량의 반응으로 g당량수가 같아야 한다.
NaOH 4g = 4g/40g = 0.1당량,
$1N-H_2SO_4$ = 100ml/1000ml = 0.1g당량이다.

138 용액의 농도 단위 N은 무엇을 의미하는가?

① 용액 1ℓ 속의 용질의 분자수
② 용액 1ℓ 속의 용질의 g식량수
③ 용액 1000g에 대한 용질의 몰수
④ 용액 1ℓ 속의 용질의 g당량수

🔍 N농도 : 용액 1ℓ 속의 용질의 g당량수

139 용매 1kg에 녹아 있는 용질의 몰수로 정의되는 용액의 농도는?

① 몰랄농도 ② 몰농도
③ 퍼센트농도 ④ 노르말농도

🔍 몰랄농도 : 용매 1kg에 녹아 있는 용질의 몰수

140 96%의 H_2SO_4으로 $2N-H_2SO_4$ 250mℓ를 만들려고 한다. H_2SO_4 약 몇 g이 필요한가?

① 12.7g ② 25.5g
③ 51.0g ④ 102.0g

🔍 $1N-H_2SO_4$은 1ℓ(1000mℓ)속에 황산 49g이 녹아있는 것이므로
1N ⤫ 49g ⤫ 1000mℓ
2N x 250mℓ
∴ $x = \frac{2N \times 49g \times 250mℓ}{1N \times 1000mℓ} = 24.5g$
96%의 황산으로 제조하므로 24.5g/0.96 = 25.52g

141 1N-NaOH용액 10ℓ를 만드는데 필요한 NaOH의 질량은 얼마인가?

① 10g
② 40g
③ 80g
④ 400g

🔍 수산화나트륨 제조
1N ✕ 40g ✕ 1ℓ
1N   x   10mℓ
∴ x = 400g

142 용액 1ℓ 중에 황산이 49g 녹아 있다면 이때의 노르말 농도는 얼마인가?

① 1N
② 2N
③ 3N
④ 4N

🔍 노르말 농도
1N ✕ 49g ✕ 1ℓ
x   49g   1ℓ
∴ x = 1N

143 0.5N 황산(비중 1.01)은 몇 % 용액인가?

① 0.24%
② 0.48%
③ 1.21%
④ 2.43%

🔍 %농도 → 규정농도로 환산
$N = \frac{10ds}{당량}$ (d : 비중, s : %농도)
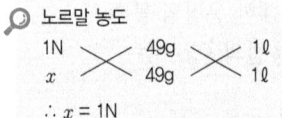
∴ S = 2.43%

144 28% 황산용액은 몇 mole인가?(단, 20℃에서 28% 황산용액 1mℓ의 질량은 1.202g이며, 황산의 분자량은 98.02g임)

① 3.43몰
② 3.97몰
③ 4.11몰
④ 5.16몰

🔍 몰농도 $M = \frac{10ds}{분자량}$ (d : 비중, s : %농도)
몰농도 $M = \frac{10 \times 1.202 \times 28}{98.02} = 3.43M$

145 30%인 진한 HCl 비중은 1.1이다. 이 진한 HCl의 몰농도는 얼마인가?(단, HCl의 화학식량은 36.5이다.)

① 7.21
② 9.04
③ 11.3.6
④ 13.08

🔍 %농도 → 몰농도로 환산
몰농도 $M = \frac{10ds}{분자량}$ (d : 비중, s : %농도)
몰농도 $M = \frac{10 \times 1.1 \times 30}{36.5} = 9.04M$

146 황산의 수용액 400mℓ 속에 순황산이 98g 녹아 있다면 이 용액은 몇 N(규정농도)인가?(단, H, O, S 원소의 원자량은 각각 1, 16, 32 이다.)

① 3N
② 4N
③ 5N
④ 6N

🔍 규정농도(N) : 용액 1ℓ(1000mℓ)속에 녹아있는 용질의 g당량수
1N ✕ 49g ✕ 1000mℓ
x   98g   400mℓ
∴ $x = \frac{98 \times 1000}{49 \times 400} = 5N$

147 0.1M-HCl 10mℓ를 중화시키는데 필요한 0.05M-NaOH 수용액의 부피는 얼마인가?

① 10mℓ
② 20mℓ
③ 30mℓ
④ 40mℓ

🔍 중화적정 NV = N'V'에서
0.1N × 10mℓ = 0.05N × x
∴ x = 20mℓ
※ (참고) 0.1M-HCl = 0.1N-HCl이고
0.05M-NaOH = 0.05N-NaOH이다.

148 0.2N-NaOH 용액 50mℓ에 0.6NaOH 용액을 얼마나 가하면 0.3N-NaOH 용액이 되겠는가?

① 85mℓ
② 34mℓ
③ 25.5mℓ
④ 17mℓ

🔍 혼합용액
NV + N'V' = N"V"에서
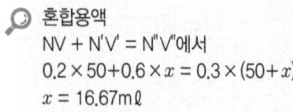
x = 16.67mℓ

정답 141 ④ 142 ① 143 ④ 144 ① 145 ② 146 ③ 147 ② 148 ④

149 수소 1몰과 염소 3몰이 반응하는 경우 반응에 참여하지 못하고 남아 있는 염소의 몰수는 얼마인가?

① 1몰
② 2몰
③ 3몰
④ 4몰

🔍 $H_2 + Cl_2 \rightarrow 2HCl$
  1mol   1mol   2mol
여기서 염소는 1mol 반응이므로 3mol이 반응하면
3 − 1 = 2mol이 미반응물로 남는다.

150 수소 1.2몰과 염소 2몰이 반응할 경우 생성되는 염화수소의 몰수는 얼마인가?

① 1.2몰
② 2몰
③ 2.4몰
④ 4.3몰

🔍 염화수소 생성반응식
  $H_2 + Cl_2 \rightarrow 2HCl$
  1mol   1mol
  1.2mol + 1.2mol → 2.4mol

151 0℃, 1기압(표준상태)에서 수소 20ℓ와 산소 32.4ℓ를 반응시켜 물을 생성하였다. 수소가 모두 반응하면 남은 산소는 몇 g인가?(단, 반응식은 $2H_2(g) + O_2(g) \rightarrow 2H_2O(\ell)$이고, H와 O 원자량은 각각 1, 16이다.)

① 16g
② 32g
③ 48g
④ 64g

🔍 $2H_2(g) + O_2(g) \rightarrow 2H_2O(\ell)$
  20ℓ   10ℓ
∴ 32.4ℓ − 10ℓ = 22.4ℓ
산소 22.4ℓ는 1g−mol이므로 산소의 무게는 32g이다.

152 0.2M H_2SO_4 50mℓ와 0.2M NaOH 50mℓ를 섞은 용액의 농도는 얼마인가?

① 1.0M
② 0.2M
③ 0.3M
④ 0.4M

🔍 혼합액의 농도 = $\frac{(0.2 \times 50) + (0.2 \times 50)}{50 + 50}$ = 0.2M

153 NaOH 2g을 물에 녹여 2N-HCl 용액으로 중화시키는 데 필요한 HCl은 몇 mℓ인가?(단, NaOH=40)

① 100
② 75
③ 50
④ 25

🔍 NaOH의 농도를 구하면

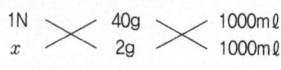

$x = 2/40g = 0.05N$
∴ $NV = N'V'$
  $0.05N \times 1000mℓ = 2N \times xmℓ$
  $x = 25mℓ$

154 1기압의 순수한 물은 100℃에서 끓는다. 다음의 물의 끓는점을 높이기 위한 방법 중 옳다고 생각되는 것은 무엇인가?

① 메틸에터를 가함
② 물을 저으면서 끓임
③ 강압하에서 끓임
④ 밀폐한 그릇으로 끓임

🔍 가압반응기와 같은 밀폐한 그릇으로 끓이면 증기압이 증가하여 비점이 높아진다.

155 0.01M-HCl 용액의 [OH⁻] 농도는 얼마인가?

① 10^{-2}g이온/ℓ
② 10^{-7}g이온/ℓ
③ 10^{-12}g이온/ℓ
④ 10^{-13}g이온/ℓ

🔍 $[H^+][OH^-] = 10^{-14}$
  $[OH^-] = \frac{10^{-14}}{10^{-2}} = 10^{-12}$g이온/ℓ

156 100mℓ 메스플라스크로 10ppm용액 100mℓ를 만들려고 한다. 1000ppm용액 몇 mℓ를 취해야 하는가?

① 1
② 2
③ 9
④ 10

🔍 $100mℓ \times 10ppm = xmℓ \times 1000ppm$
∴ $x = 1mℓ$

정답 149 ② 150 ③ 151 ② 152 ② 153 ④ 154 ④ 155 ③ 156 ①

157 실험실에서 NaOH 1g이 250mL 메스플라스크에 녹아 있을 때 NaOH 수용액의 농도는?(단, NaOH는 100%로 간주하고 NaOH 분자량은 40임.)

① 0.1N
② 0.3N
③ 0.5N
④ 0.7N

🔍
```
1N    ><    40g    ><    1000mℓ
 x          1g           250mℓ
```
$$\therefore x = \frac{1000}{40 \times 250} = 0.1N$$

158 3N - NaOH 100mℓ에는 몇 g의 NaOH가 들어 있는가?(단, NaOH의 분자량은 40g임.)

① 4g
② 6g
③ 8g
④ 12g

🔍 수산화나트륨의 제조
```
1N    ><    40g    ><    1000mℓ
3N           x            100mℓ
```
$$\therefore x = \frac{3 \times 40 \times 100}{1000} = 12g$$

159 pH 13인 수산화나트륨 수용액 25mL를 중화시키는데 미지 농도의 염산 50mL 사용되었다면 이 염산의 농도는?

① 0.01N   ② 0.02N
③ 0.05N   ④ 0.1N

🔍 pH 13인 수산화나트륨 수용액은 0.1N 용액이므로
NV = N'V'
$\therefore 0.1 \times 25 = x \times 50 \quad x = 0.05N$

160 어떤 비전해질 12g을 물 60g에 녹였다. 이 용액이 -1.88℃의 빙점강하를 보였을 때 이 물질의 분자량을 계산하시오(단, 물의 K_f = 1.86, $\triangle T_f$ = 1.88임)

① 297   ② 202
③ 198   ④ 16.5

🔍 빙점강하
$$\triangle T_f = K_f \times \frac{\frac{W_B}{M}}{W_A} \times 1000$$
$$M = K_f \times \frac{M}{W_A \triangle T_f} \times 1000$$

여기서 K_f : 빙점강하계수(물 : 1.86), W_B : 용질의 무게,
W_A : 용매의 무게, M : 분자량

$$\therefore M = K_f \times \frac{M}{W_A \triangle T_f} \times 1000$$
$$= 1.86 \times \frac{12}{60 \times 1.88} \times 1000 = 197.87$$

161 물 200g에 아세톤 2.9g을 녹인 용액의 빙점은 얼마인가?(단, 아세톤의 분자량 58, 물의 몰내림은 1.86임)

① -0.465℃   ② -0.932℃
③ -1.871℃   ④ -2.453℃

🔍 빙점강하도
$$\triangle T_f = K_f \times \frac{\frac{W_B}{M}}{W_A} \times 1000$$

여기서 K_f : 빙점강하계수(물 : 1.86), W_B : 용질의 무게,
W_A : 용매의 무게, M : 분자량

$$\therefore \triangle T_f = K_f \cdot M = K_f \times \frac{\frac{W_B}{M}}{W_A} \times 1000$$
$$= 1.86 \times \frac{\frac{2.9}{58}}{200} \times 1000 = 0.465℃$$

162 다음 중 어는점(빙점)이 가장 낮은 것은 무엇인가?

① 0.1M-$C_2H_{12}O_6$ ② 0.1M-$C_{12}H_{22}O_{11}$
③ 0.01M-NaCl   ④ 0.1M-$CaCl_2$

🔍 $CaCl_2 \rightarrow Ca^{++} + 2Cl^-$로서 이온수가 가장 많으므로 빙점이 가장 낮다.

163 다음 수용액 중 빙점(어는 점)이 제일 낮은 것은? (단, 수용액의 농도는 모두 0.1mol/L이다.)

① NaCl   ② $CaCl_2$
③ 포도당   ④ 아세트산

🔍 몰수가 같을 때에는 비전해질보다 전해질의 빙점이 낮고 같은 전해질끼리는 이온의 수가 많은 것($CaCl_2$)이 빙점이 낮다.

정답 157 ① 158 ④ 159 ③ 160 ③ 161 ① 162 ④ 163 ②

164 같은 몰 농도의 비전해질 용액은 같은 몰 농도의 전해질 용액보다 비등점 상승도의 변화추이는?

① 높다.
② 작다.
③ 같다.
④ 물질에 따라 클 때도 있고 작을 때도 있다.

🔍 몰수가 같을 때에는 비전해질은 전해질보다 비점상승도가 낮다.

165 다음 물질 중 비전해질에 해당되는 것은?

① HCl
② HNO_3
③ C_2H_5OH
④ CH_3COOH

🔍 전해질, 비전해질
• 전해질 : 수용액 상태에서 전류가 통하는 물질(전리가 되는 물질)
• 비전해질 : 수용액 상태에서 전류가 통하지 않는 물질
  – 전해질 : 소금(NaCl), 염산(HCl), 초산, 의산, 수산화암모늄
  – 비전해질 : 메틸알코올, 에틸알코올, 설탕, 포도당, 글리세린 등

166 다음 중 어느 경우에 순수한 물의 끓는점 오름 현상이 나타나는가?

① 설탕을 넣었을 때
② 세게 가열할 때
③ 구리가루를 넣었을 때
④ 에터를 넣었을 때

🔍 압력이 높거나 비휘발성, 비전도체를 첨가하는 경우 비점이 상승힌다.

167 콜로이드 용액의 대전성을 이용한 성질이 아닌 것은?

① 다이알리시스(투석)
② 전기영동
③ 응석
④ 염석

🔍 콜로이드용액의 성질 : 전기영동, 응석, 염석

168 콜로이드의 응석(coagulation)을 일으키는 데 효과가 큰 것은 무엇인가?

① NaCl
② $Al_2(SO_4)_3$
③ KNO_3
④ $BaCl_2$

🔍 황산알루미늄[$Al_2(SO_4)_3$]은 응석을 일으키는데 효과가 있다.

169 비누나 두부를 만들 때 진한 소금물이나 간수를 가하는 것은 콜로이드의 어떤 성질을 이용한 것인가?

① 브라운 운동
② 틴들 현상
③ 전기 분해
④ 염석

🔍 염석 : 비누나 두부를 만들 때 진한 소금물이나 간수를 가하는 것

170 다음 중 산화에 대한 설명 중 틀린 것은?

① 산소와 결합하는 것
② 원자의 산화수가 증가하는 것
③ 원자가 전자를 잃는 것
④ 수소와 결합하는 것

🔍 산화와 환원의 비교

구분	산화	환원
산소	산소와 결합할 때 $S + O_2 \rightarrow SO_2$	산소를 잃을 때 $MgO + H_2 \rightarrow Mg + H_2O$
수소	수소를 잃을 때 $H_2S + Br_2 \rightarrow 2HBr + S$	수소와 결합할 때 $H_2S + Br_2 \rightarrow 2HBr + S$
전자	전자를 잃을 때 $Mg^{++} + Zn_0 \rightarrow Mg_0 + Zn^{++}$	전자를 얻을 때 $Mg^{++} + Zn_0 \rightarrow Mg_0 + Zn^{++}$
산화수	산화수 증가할 때 $CuO + H_2 \rightarrow Cu + H_2O$	산화수 감소할 때 $CuO + H_2 \rightarrow Cu + H_2O$

171 산화에 해당하지 않는 것은?

① 산화수가 증가할 때
② 물질이 산소와 화합할 때
③ 수소화합물이 수소를 잃을 때
④ 원자나 원자단 또는 이온이 전자를 잃을 때

🔍 산화
• 산소와 결합할 때
• 전자를 잃을 때
• 수소를 잃을 때
• 산화수 증가할 때

정답 164 ② 165 ③ 166 ① 167 ① 168 ② 169 ④ 170 ④ 171 ④

172 산화-환원에 대한 설명 중 틀린 것은?

① 한 원소의 산화수가 증가하였을 때 산화되었다고 한다.
② 전자를 잃은 반응을 산화라 한다.
③ 산화제는 다른 화학종을 환원시키며, 그 자신의 산화수는 증가하는 물질을 말한다.
④ 중성인 화합물에서 모든 원자와 이온들의 산화수의 합은 0이다.

🔍 산화제 : 자신은 환원하고 다른 물질을 산화시키는 물질

173 다이크로뮴산 이온($Cr_2O_7^{-2}$)의 Cr의 산화수는 얼마인가?

① +3　　② +6
③ +7　　④ +12

🔍 이온의 산화수는 그 이온의 가수와 같다.
∴ $Cr_2O_7^{-2}$　$2x+(-2) \times 7 = -2$
　x(Cr) = +6

174 다음 화합물 중 크로뮴(Cr)의 산화수가 +3인 것은 무엇인가?

① $Cr(OH)_3$　　② CrO_3^{2-}
③ Cr_2O_7　　④ CrO_4^{2-}

🔍 크로뮴의 산화수
・$Cr(OH)_3$의 산화수 → $x+(-1) \times 3 = 0$　∴ $x=+3$
・CrO_3^{2-}의 산화수 → $x+(-2) \times 3 = -2$　∴ $x=+4$
・Cr_2O_7의 산화수 → $2x+(-2) \times 7 = 0$　∴ $x=+7$
・CrO_4^{2-}의 산화수 → $x+(-2) \times 4 = -2$　∴ $x=+6$
- 중성화합물을 구성하는 각 원자의 산화수의 합은 0이다.
- 이온의 산화수는 그 이온의 가수와 같다.

175 다음 화합물 중 크로뮴의 산화수가 +6 인 것은?

① $Cr(OH)_3$　　② CrO_3^{2-}
③ Cr_2O_7　　④ CrO_4^{2-}

🔍 CrO_4^{2-}의 산화수 → $x+(-2) \times 4 = -2$　∴ $x=+6$

176 강산화제인 과망가니즈산칼륨($KMnO_4$)에서 망가니즈(Mn)의 산화수는?

① +5　　② -5
③ +7　　④ -7

🔍 $KMnO_4$에서 망가니즈(Mn)의 산화수
K : +1, O : -2이고, 화합물에 포함되어 있는 원자의 산화수의 합은 0이므로
$1 + x(Mn) + (-2 \times 4) = 0$
∴ $x = +7$

177 과산화수소(H_2O_2)는 20℃에서 촉매에 의하여 다음과 같이 분해한다. 이 반응에서 수소의 산화수는 어떻게 변했는가?

$$2H_2O_2 \rightarrow 2H_2O + O_2$$

① +2에서 +1로 감소
② -1에서 +로 증가
③ 0에서 +1로 증가
④ 반응 전후 변함없이 +1임

🔍 $2H_2O_2$는 $2x+(-1) \times 2 = 0$
∴ $x = 1$이므로 H의 산화수는 불변이다.

178 다음 반응식 중 산화환원반응이 아닌 것은 무엇인가?

① $Cu + 2H_2SO_4 \rightarrow CuSO_4 + SO_2 + 2H_2O$
② $2H_2S + SO_2 \rightarrow 2H_2O + 3S$
③ $I_2 + 2Na_2S_2O_3 \rightarrow Na_2S_4O_6 + 2NaI$
④ $Na_2SO_3 + 2HCl \rightarrow 2NaCl + H_2O + SO_2$

🔍 산화수의 변화가 없는 것이 산화환원반응이 아니다.

179 다음 중 산소의 산화수가 가장 큰 것은?

① O_2　　② $KClO_4$
③ H_2SO_4　　④ H_2O_2

🔍 산화수
・산소(O_2) : 0
・과염소산칼륨($KClO_4$) = -2
・황산(H_2SO_4) : -2
・과산화수소(H_2O_2) : 과산화물은 -1

정답　172 ③　173 ②　174 ①　175 ④　176 ③　177 ④　178 ④　179 ①

180 다음의 할로젠 원소 중에서 산화제로 사용할 때 산화력이 가장 큰 원소는?

① F_2
② Cl_2
③ Br_2
④ I_2

🔍 산화력의 크기 : $F_2 > Cl_2 > Br_2 > I_2$

181 이산화납과 과산화수소는 $PbO_2 + H_2O_2 \rightarrow PbO + O_2 + H_2O$와 같이 반응하여 산소를 발생한다. 이 반응에 대한 설명 중 옳은 것은?

① 산화, 환원 반응이 아니다.
② PbO_2나 H_2O_2는 산화제로 작용한다.
③ PbO_2나 H_2O_2는 환원제로 작용한다.
④ PbO_2는 산화제, H_2O_2는 환원제로 작용한다.

🔍 납축전지에서 PbO_2는 산화제, H_2O_2는 환원제로 작용한다.

182 다음 중 환원제로 작용할 수 없는 물질은 무엇인가?

① 수소원자를 내기 쉬운 물질
② 산소와 화합하기 쉬운 물질
③ 전자를 잃기 쉬운 물질
④ 발생기 산소를 내는 물질

🔍 환원제 : 자신은 산화되고 다른 물질을 환원시키는 물질

환원제의 조건	해당 물질
수소를 내기 쉬운 물질	H_2S
산소와 결합하기 쉬운 물질	SO_2, H_2
전자를 잃기 쉬운 물질	H_2SO_3
발생기 수소를 내기 쉬운 물질	H_2, CO, H_2S, $C_2H_2O_4$

183 다음 중 환원제로 이용되는 물질은?

① H_2SO_4 ② HNO_3
③ $KMnO_4$ ④ SO_2

🔍 문제 182 번 참조

184 환원제가 될 수 있는 물질이 아닌 것은?

① 수소를 내기 쉬운 물질
② 전자를 얻기 쉬운 물질
③ 산소와 화합하기 쉬운 물질
④ 발생기의 수소를 내는 물질

🔍 문제 182번 참조

185 다음 화학반응 중 이산화황(SO_2)이 산화제로 작용하는 것은?

① $SO_2 + H_2O \rightarrow H_2SO_3$
② $SO_2 + NaOH \rightarrow NaHSO_3$
③ $SO_2 + 2H_2S \rightarrow 3S + 2H_2O$
④ $SO_2 + Cl_2 + 2H_2O \rightarrow H_2SO_4 + 2HCl$

🔍 $SO_2 + 2H_2S \rightarrow 3S + 2H_2O$에서 산소를 잃을 때(산화수 감소 : 환원)는 환원이므로 산화제로 작용한다.

186 다음은 산화-환원에 대한 설명이다. 잘못 된 것은?

① 한 원소의 산화수가 증가하였을 때 산화되었다고 말한다.
② 산화-환원 반응은 꼭 전하를 띤 물질만을 포함 할 필요는 없다.
③ 산화제는 다른 화학종을 산화시키며, 그 자신의 산화수는 증가하는 물질을 말한다.
④ 산화상태가 0인 대부분의 비금속 원소를 센 염기로 처리하면 자동산화가 일어난다.

🔍 산화제 : 자신은 환원하고 다른 물질을 산화시키는 물질

187 볼타전지에서 갑자기 전류가 약해지는 현상을 "분극현상"이라 한다. 분극현상을 방지해 주는 감극제로 사용되는 물질은?

① MnO_2 ② $CuSO_3$
③ $NaCl$ ④ $Pb(NO_3)_2$

🔍 분극현상 감극제 : 이산화망가니즈(MnO_2)

정답 180 ① 181 ④ 182 ④ 183 ④ 184 ② 185 ③ 186 ③ 187 ①

188 다음은 볼타전기를 나타낸 것이다. 볼타전기에 관한 설명으로 옳은 것은?

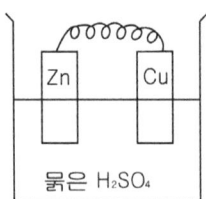

① (−)극은 Cu, (+)극은 Zn판이다.
② 전자는 Cu판에서 Zn판으로 이동한다.
③ Zn판에서는 산화, Cu판에서는 환원이 일어난다.
④ 용액 중의 SO_4^{-2}가 감소한다.

🔍 볼타전지
- 아연(Zn)판과 구리(Cu)판을 도선으로 연결하고 묽은 황산을 넣어 두 전극에서 산화, 환원반응으로 전기에너지로 변환시키는 장치
- 분극현상 : 볼타전지에서 갑자기 전류가 약해지는 현상
- 분극현상의 감극제 : 이산화망가니즈(MnO_2)
- Zn판(−극)에서는 산화, Cu판(+극)에서는 환원이 일어난다.
  (−) Zn ∥ H_2SO_4 ∥ Cu(+)

189 다음은 납축전지를 충전할 때 일어나는 현상을 설명한 것이다. 옳은 것은?

① 액의 비중은 변하지 않는다.
② 황산이 없어지므로 액의 비중은 작아진다.
③ 황산이 더 많이 생기므로 액의 비중은 커진다.
④ 납(Pb)의 이온의 많이 생기므로 액의 비중은 커진다.

🔍 납축전지를 충전하면 황산이 더 많이 생기므로 액의 비중은 커진다.

190 다음 반응에서 1F의 전기량을 통했을 때 (+) 극에서 발생하는 총 부피는 표준상태에서 몇 ℓ가 되는가?

$$2NaCl + 2H_2O \rightarrow 2NaOH + H_2 + Cl_2$$

① 5.6L
② 11.2L
③ 22.4L
④ 44.8L

🔍 (+)극에서는 Cl_2가 0.5M 발생하므로 22.4ℓ × 0.5 = 11.2ℓ

191 백금 전극을 사용하여 물을 전기분해할 때 (+)극에서 5.6L의 기체가 발생하는 동안 (−)에서 발생하는 기체의 부피는?

① 5.6L
② 11.2L
③ 22.4L
④ 44.8L

🔍 물의 전기분해
$2H_2O \rightarrow 2H_2 + O_2$
         (−극)   (+극)
물을 전기분해하면 산소가 1mol이 발생하므로 산소 1g당량 5.6ℓ가 발생하고 수소는 11.2ℓ가 생성된다.

192 $CuCl_2$의 용액에 5A의 전류를 1시간 동안 통해 주면 몇 g의 Cu가 석출되겠는가?(단, Cu의 원자량은 63.54g이다.)

① 3.17g
② 4.83g
③ 5.93g
④ 6.35g

🔍 Coul = 전류(A) × 시간(sec) = 5A × 60 × 60sec = 18000Coul
Cu는 +2가이므로 63.54/2 = 37.77g
∴ 96500 : 31.77g = 18000 : x
x = 5.93g

193 황산구리 수용액에 10[A]의 전류를 16분 5초 동안 통하여 전기분해 하였을 때 (−)극에서 석출되는 구리의 질량은?(단, Cu : 63.5)

① 3.175
② 31.75
③ 317.5
④ 63

🔍 Cou = A × sec = 10 × (60 × 16 + 5) = 9650Coul
9650/96500 = 0.1F
1g당량 = 63.5/2 = 31.75g당량
∴ 0.1F = 3.175g

194 소금(NaCl 수용액)을 전기분해시 얻을 수 있는 3가지 물질로서 맞는 것은?

① Na, H_2, Cl_2
② NaOH, H_2, Cl_2
③ HCl_3, HCl, H_2O
④ $NaNO_3$, H_2, HCl

🔍 소금의 전기분해
$2NaCl + 2H_2O \rightarrow 2NaOH + H_2↑ + Cl_2↑$

정답 188 ③ 189 ③ 190 ② 191 ② 192 ③ 193 ① 194 ②

195 염화나트륨 수용액의 전기 분해시 음극(cathode)에서 일어나는 반응식을 옳게 나타낸 것은?

① $2H_2O(L) + 2Cl^-(aq) \rightarrow H_2(g) + Cl_2(g) + 2OH^-(aq)$
② $2Cl^-(aq) \rightarrow Cl_2(g) + 2e^-$
③ $2H_2O(L) + 2e^- \rightarrow H_2(g) + 2OH^-(aq)$
④ $2H_2O \rightarrow O_2 + 4H^+ + 4e^-$

🔍 염화나트륨의 전기분해
• (+)극 : $2Cl^-(aq) \rightarrow Cl_2(g) + 2e^-$
• (−)극 : $2H_2O(L) + 2e^- \rightarrow H_2(g) + 2OH^-(aq)$

196 $AgNO_3$와 $CuSO_4$의 수용액에 각각 같은 양의 전기량을 통했을 때 Cu가 63.5g 석출되었다면 Ag는 몇 g이 석출되는가?

① 63.5g   ② 108g
③ 127g   ④ 216g

🔍 Cu의 1g 당량 = 원자량/원자가 = 63.5/2g = 31.75g
Cu 63.5g = 2g 당량 = 2F
그러면 Ag가 2F전기량이 필요하므로 2 × 108 = 216g

197 다음 상태 중에서 어떤 경우가 황산전리도가 가장 큰가?

① 농도가 진하고 온도가 낮은 경우
② 농도가 묽고 온도가 높은 경우
③ 황산과 염기가 중화할 경우
④ 농도 및 온도가 일정한 경우

🔍 전리도는 농도가 묽고 온도가 높은 경우에 크다.

198 다음 중 1패러데이의 전기량을 설명한 것으로 맞는 것은?

① 아보가드로 수만큼 전자가 가지는 전기량
② 전자 96,500개가 갖는 전기량
③ $6 \times 10^{23}C$의 전기량
④ 1암페어(A)의 전류로 1초간 전기분해시 흐르는 전기량

🔍 1패러데이의 전기량 : 1g 당량을 석출하는데 필요한 전기량을 말하며 96500Coulomb이다.
즉, 아보가드로 수만큼 전자가 가지는 전기량을 말한다.

199 물을 전기분해하여 표준상태에서 산소 22.4ℓ을 얻으려고 한다. 10A의 전류가 몇 초 동안 흘러야 하는가?

① 9650초   ② 19300초
③ 38160초   ④ 38600초

🔍 산소 22.4ℓ는 4당량(산소 1g당량 5.6ℓ)이므로
시간(t) = 전기량/ 전류 = $\frac{4 \times 96500}{10A}$ = 38600sec

200 질산은($AgNO_3$)수용액에 2F의 전기량을 통하였을 때 음극에서 석출하는 은(Ag)은 몇 g 당량인가?

① 1g 당량   ② 2g 당량
③ 3g 당량   ④ 4g 당량

🔍 1g 당량을 석출하는데 1F가 필요하므로 2F의 전기량을 통하면 2g 당량이 필요하다.

201 다음 중 화학반응 속도에 영향을 미치는 요소가 아닌 것은?

① 농도   ② 부피
③ 온도   ④ 촉매

🔍 화학반응속도에 영향을 주는 인자 : 농도, 온도, 압력, 촉매

202 다음 중 화학반응의 속도에 영향을 미치지 않는 것은?

① 부촉매를 사용하는 경우
② 반응계의 온도변화
③ 일정한 농도하에서의 부피의 변화
④ 반응물질의 농도의 변화

🔍 화학반응속도의 영향 인자
• 농도 : 반응속도는 물질의 농도의 곱에 비례한다.
• 온도 : 온도 10℃ 상승하면 아레니우스식에 의하여 반응속도는 약 2배 정도 빨라진다.
• 촉매 : 정촉매는 반응속도를 빠르게 하고 부촉매는 반응속도를 느리게 한다.

정답 195 ③ 196 ④ 197 ② 198 ① 199 ④ 200 ② 201 ② 202 ③

203 반응속도와 온도와의 정량적인 관계는 누구에 의해 실험적으로 확립되었는가?

① 아레니우스 ② 르샤틀리에
③ 반트호프 ④ 패러데이

🔍 아레니우스의 화학반응속도론은 반응속도와 온도와의 정량적인 관계를 설명한 것이다.

204 다음을 읽고 속도식에 대한 설명으로 옳지 않은 것은?(단, 정반응만 일어난다고 한다.)

> 1℃에서 수소와 아이오딘가 다음과 같이 반응하고 있을 때
> $H_2(g) + I_2(g) \rightarrow 2HI(g)$,
> 정반응 속도식 $V_1 = K_1[H_2] \times [I_2]$

① $[H_2]$와 $[I_2]$는 시간의 흐름에 따라 감소한다.
② [ ]는 몰농도(mol/ℓ)를 나타낸다.
③ K_1은 정반응 속도 상수이다.
④ 온도가 일정하면 시간이 흘러도 V_1은 변하지 않는다.

🔍 반응속도는 온도가 일정하여도 시간이 지나면 변한다.

205 다음 반응속도식에서 2차 반응인 것은?

① $V=K[A]^{1/2}[B]^{1/2}$ ② $V=K[A][B]$
③ $V=K[A][B]^2$ ④ $V=K[A]^2[B]^2$

🔍 2차 반응은 반응속도가 한 반응물 농도의 2차 제곱에 의존하거나 각각이 1차인 두 반응물에 의존하는 반응
 A + B → 생성물
 2차 반응은 속도법칙에 의하여 속도 V = k[A][B]가 된다.

206 반응 "$A_2(g) + 2B_2(g) \rightarrow 2AB_2(g) + 열$"에서 평행을 왼쪽으로 이동시킬 수 있는 조건은?

① 압력 감소, 온도 감소
② 압력 증가, 온도 증가
③ 압력 감소, 온도 증가
④ 압력 증가, 온도 감소

🔍 압력을 증가하는 반응으로 오른쪽으로 진행되며 압력을 감소하고, 온도를 증가시키면 왼쪽으로 이동한다.

207 $CO + 2H_2 \rightarrow CH_3OH$의 반응에 있어서 평형상수 K를 나타내는 식은?

① $K = \dfrac{[CH_3OH]}{[CO][H_2]}$

② $K = \dfrac{[CH_3OH]}{[CO][H_2]^2}$

③ $K = \dfrac{[CO][H_2]}{[CH_3OH]}$

④ $K = \dfrac{[CO][H_2]^2}{[CH_3OH]}$

🔍 평형상수(K)는 생성물질의 속도의 곱을 반응물질의 속도의 곱으로 나눈 값으로서 반응물과 생성물의 농도와 관련이 있다.
 $CO + 2H_2 \rightarrow CH_3OH$
 $K = \dfrac{[CH_3OH]}{[CO][H_2]^2}$

208 다음과 같은 반응에서 A와 B의 농도를 각각 2배로 해주면 반응속도는 몇 배가 되겠는가?

> $A + 2B \rightarrow 3C + D$

① 2배
② 4배
③ 6배
④ 8배

🔍 $A + 2B \rightarrow 3C + D$의 식에서 A와 B의 농도를 각각 2배로 하면
반응속도 $V = [A][B]^2 = 2 \times 2^2 = 8$배

209 $CH_4(g) + 2O_2(g) \rightarrow CO_2 + 2H_2O$의 반응에서 메테인의 농도를 일정하게 하고 산소의 농도를 2배로 하면 동일한 온도에서 반응속도는 몇 배로 되는가?

① 2배 ② 4배
③ 6배 ④ 8배

🔍 반응식에서 산소의 농도를 2배로 하면
반응속도 $V = [CH_4][O_2]^2 = 1 \times 2^2 = 4$배

정답 203 ① 204 ④ 205 ② 206 ③ 207 ② 208 ④ 209 ②

210 일정한 온도하에서 물질 A와 B가 반응할 때 A의 농도만 2배로 하면 반응속도가 2배가 되고, B의 농도만 2배로 하면 반응속도가 4배로 된다. 이반응의 속도식은?(단, 반응속도 상수는 K이다.)

① $V=K[A][B]^2$
② $V=K[A]^2[B]$
③ $V=K[A][B]^{0.5}$
④ $V=K[A][B]$

🔍 반응속도 V = K[A][B]₂(A의 농도를 2배로 하면 반응속도는 2배, B의 농도를 2배로 하면 반응속도는 4배로 된다.)

211 다음은 열역학 제 몇 법칙에 대한 내용인가?

> 0K(절대영도)에서 물질의 엔트로피는 0이다.

① 열역학 제0법칙
② 열역학 제1법칙
③ 열역학 제2법칙
④ 열역학 제3법칙

🔍 열역학 제 3법칙 : 0K(절대영도)에서 완전한 결정을 이루고 있는 물질의 엔트로피는 0이다.

212 표준상태에서 생성엔탈피가 다음과 같다고 가정할 때 가장 안정한 것은?

① $\Delta H_{HF} = -269 \text{kcal/mol}$
② $\Delta H_{HCl} = -92.30 \text{kcal/mol}$
③ $\Delta H_{HBR} = -36.2 \text{kcal/mol}$
④ $\Delta H_{HI} = -25.21 \text{kcal/mol}$

🔍 생성엔탈피는 에너지를 의미하므로 에너지가 작을수록 차분하므로 안정하다.

정답 210 ① 211 ④ 212 ④

SECTION 02 금속 및 비금속 원소

STEP 01 금속과 그 화합물

1. 일반적인 특성

1) 금속과 비금속의 구분

족 주기	1 1A	2 2A	3 3B	4 4B	5 5B	6 6B	7 7B	8, 9, 10 8B	11 1B	12 2B	13 3A	14 4A	15 5A	16 6A	17 7A	18 8A
분류	알칼리금속	알칼리토금속	희토류	티탄족	토산금속	크로뮴	망가니즈족	철족(3개) 백금족(6개)	구리족	아연족	알루미늄족	탄소족	질소족	산소족	할로젠족	불활성기체
1	1 H															2 He
2	3 Li	4 Be									5 B	6 C	7 N	8 O	9 F	10 Ne
3	11 Na	12 Mg									13 Al	14 Si	15 P	16 S	17 Cl	18 Ar
4	19 K	20 Ca	21 Sc	22 Ti	23 V	24 Cr	25 Mn	26 27 28 Fe Co Ni	29 Cu	30 Zn	31 Ga	32 Ge	33 As	34 Se	35 Br	36 Kr
5	37 Rb	38 Sr	39 Y	40 Zr	41 Nb	42 Mo	43 Tc	44 45 46 Ru Rh Pd	47 Ag	48 Cd	49 In	50 Sn	51 Sb	52 Te	53 I	54 Xe
6	55 Cs	56 Ba	57 La	72 Hf	73 Ta	74 W	75 Re	76 77 78 Os Ir Pt	79 Au	80 Hg	81 Ti	82 Pb	83 Bi	84 Po	85 At	86 Rn
7	87 Fr	88 Ra	89 Ac	104 Rf	105 Db	106 Sg	107 Bh	108 109 Hs Mt	란탄족, 악티늄족 : 생략							

※표에서 ▨ : 금속원소 □ : 비금속원소

2) 일반적 성질

① 상온에서 고체이고 비중은 1보다 크다.
② 이온화 에너지와 전기음성도가 작고 원자 반지름은 크다.
③ 수소와 반응하여 화합물을 만들기 어렵다.
④ 염기성산화물이며 산에 녹는 것이 많다.

⑤ 열전도성과 전기전도성이 있다.

 아말감 : 수은과의 다른 금속(철, 백금, 망가니즈, 코발트, 니켈을 제외한)과의 합금

3) 금속원소와 비금속원소의 비교

금속 원소	비금속 원소
상온에서 고체이고 비중은 1보다 크다.	상온에서 고체 또는 기체이다(브로민은 액체이다).
이온화 에너지와 전기음성도가 작다.	이온화 에너지와 전기음성도가 크다.
원자 반지름은 크다.	비중은 1보다 작다.
수소와 반응하여 화합물을 만들기 어렵다.	수소와는 반응하기가 쉽다.
염기성산화물이며 산에 녹는 것이 많다.	산성산화물을 만들며 산과는 반응하기 힘들다.
열전전도성과 전기전도성이 있다.	열전도성과 전기전도성이 없다.

4) 금속의 불꽃반응

원소	불꽃색상	원소	불꽃색상
리튬(Li)	적색	나트륨(Na)	노랑색
칼륨(K)	보라색	칼슘(ca)	황적색
스트론듐(Sr)	심적색	구리(Cu)	청록색
바륨(Ba)	황록색		

2. 금속화합물의 종류

1) 알칼리금속(1족)과 그 화합물
  ① 알칼리금속의 특성
    ㉮ 은백색의 경금속으로 융점이 낮다.
    ㉯ **가전자수**는 1개이다(원자가전자 : +1가).
    ㉰ 이온화에너지가 작고 전자를 쉽게 잃는다.
    ㉱ 원자번호가 증가함에 따라 융점과 비점은 낮고 원자 반지름은 증가한다.
    ㉲ 물과 반응하여 수소가스를 발생하고 수산화물이 된다.
    ㉳ 산화되면 비활성기체(0족 원소)와 같은 전자배치를 갖는다.
      ㉠ 알칼리금속 : Li(리튬), Na(나트륨), K(칼륨), Rb(루비듐), Cs(세슘), Fr(프란슘)
      ㉡ 노란색의 불꽃반응을 하고 수용액에 $AgNO_3$용액을 가하니 흰색침전이 생기는 물질
         : 염화나트륨(NaCl)
      ㉢ 반응성의 순서는 Cs > Rb > K > Na > Li이다.
  ② 알칼리금속의 화합물
    ㉮ 수산화나트륨(NaOH) : 백색의 고체로써 조해성이 강하며 수용액은 강알칼리성이다. 제법으로는 가성화법과 전해법이 있다.

㉠ 가성화법 : 소오다회용액을 석회수를 가하여 생성되는 탄산칼슘을 제거하고 농축하여 가성소다를 제조하는 방법

$$NaCO_3 + Ca(OH)_2 \rightarrow 2NaOH + CaCO_3$$

㉡ 전해법 : 소금물을 직접 전기분해하여 제조하는 방법으로 다량의 염소가 부산물로 생성된다. 소금물의 전기분해는 수은법과 격막법이 있는데 격막법이 주로 많이 사용한다.

$$2NaCl + 2H_2O \rightarrow 2NaOH + H_2(-\Rightarrow) + Cl_2(+\Rightarrow)$$

㉰ 탄산나트륨(Na_2CO_3) : 중탄산암모늄에 소금의 포화용액을 가하면 중탄산나트륨이 생성된다. 이것을 가열분해하면 탄산나트륨이 생성된다.
  ㉠ $NH_4HCO_3 + NaCl \rightarrow NaHCO_3 + NH_4Cl$
  ㉡ $2NaHCO_3 \rightarrow Na_2CO_3 + CO_2 + H_2O$

참고 **탄산나트륨의 제법** : 솔베이법, 르블랑법, 전해소다법

2) 알칼리토금속(2족)과 그 화합물

① 알칼리토금속의 특성
  ㉮ 은회백색의 경금속이다.
  ㉯ **가전자 수는 2개**이다.
  ㉰ 물에 녹지 않는 것이 많다.
  ㉱ Ca(칼슘), Sr(스트론튬), Ba(바륨), Ra(라듐)은 물에 녹아 수소를 발생한다.

참고 **알칼리토금속** : Be(베릴륨), Mg(마그네슘), Ca(칼슘), Sr(스트론튬), Ba(바륨), Ra(라듐)

② 알칼리토금속의 화합물
  ㉮ 칼슘화합물
    ㉠ 산화칼슘 : 탄산칼슘($CaCO_3$)을 900℃로 가열하면 이산화탄소와 산화칼슘이 생성된다.

$$CaCO_3 \rightarrow CaO + CO_2$$

    ㉡ 수산화칼슘 : 산화칼슘(CaO)에 물을 가하면 수산화칼슘이 생성되면서 발열한다.

$$CaO + H_2O \rightarrow Ca(OH)_2 + 발열$$

  ㉯ 염화마그네슘 : $MgCl_2 \cdot 6H_2O$로서 간수라고도 하며 조해성이 있고 단백질을 응고시킨다.

3) 알루미늄(3족)과 그 화합물
　① 알루미늄의 특성
　　㉮ 은백색의 경금속으로 양쪽성원소이다.
　　㉯ 연성, 전성이 크다.
　　㉰ 산과 알칼리와 반응하여 수소가스를 발생한다.
　　㉱ 공기 중에서 산화알루미늄(Al_2O_3)의 피막을 형성하여 내부를 보호한다.
　② 알루미늄의 화합물
　　㉮ 산화알루미늄(Al_2O_3)
　　㉯ 황산알루미늄[$Al_2(SO_4)_3$]

STEP 02 비금속과 그 화합물

1. 비금속원소의 특성

1) 일반적인 성질
　① 상온에서 고체 또는 기체이다(브로뮴은 액체이다).
　② 비중은 1보다 작다.
　③ 산성산화물을 만들며 산과는 반응하기 힘들다.
　④ 수소와는 반응하기가 쉽다
　⑤ 전자를 받아들여 공유결합을 한다.

2) 물리적인 성질
　① 열, 전기전도성, 원자반지름이 작다.
　② 이온화에너지와 전기음성도가 크다.

2. 비금속화합물의 종류

1) 불활성기체(8족)
　① 이온화경향이 가장 작은 족이다.
　② 실온에서 무색의 기체이며 단원자 분자이다.
　③ 최외각전자는 S_2P_6로 **8개**이고 반응성은 대단히 작다.
　④ 저압에서 방전되면 색을 나타낸다.
　⑤ 화합물을 만들지 못한다.

2) 수소(1족)
　① 무색, 무취의 가장 가벼운 기체이다.
　② 공기 중에서 점화원에 의하여 폭발적으로 연소(수소폭명기)한다.

$$2H_2 + O_2 \rightarrow 2H_2O$$

③ 가열 또는 일광에 의하여 염소폭명기를 형성 한다.

$$H_2 + Cl_2 \rightarrow 2HCl$$

④ 제법
  ㉮ 물의 전기분해

$$2H_2O \rightarrow 2H_2(-극) + O_2(+극)$$

  ㉯ 수성가스법 : 코크스에 수증기를 작용시키는 방법

$$C + H_2O \rightarrow CO + H_2 \uparrow$$

> **참고** $CO + H_2$: 수성가스(Water gas)

  ㉰ 양쪽성원소에 산과 알칼리를 작용시키면 수소가스를 얻는다.

$$Zn + 2HCl \rightarrow ZnCl_2 + H_2 \uparrow$$

> **참고** **양쪽성원소** : Zn, Al, Sn, Pb

3) 할로젠원소(7족)

① 특성
  ㉮ 최외각 전자수가 7개(S_2, P_5)이고 전자 1개를 받아 이원자분자가 된다.
  ㉯ 원자번호가 증가함에 따라 비점과 융점이 증가하고, 금속과 반응성은 작아진다.
  ㉰ 크기
    ㉠ 산의 세기 : $HI > HBr > HCl > HF$
    ㉡ **산화력의 순서** : $F_2 > Cl_2 > Br_2 > I_2$
    ㉢ **반응성의 크기** : $F > Cl > Br > I$
    ㉣ 용해도의 크기 : $F > Cl > Br$

종류	상태(25℃)	녹는점	끓는점	색상	물과의 반응	수소화합물
F_2	기체	−217.9℃	−188℃	담황색	빠르게 반응, 산소 발생	HF, 약산성
Cl_2	기체	−100.9℃	−34.1℃	황록색	느리게 반응, 표백 및 살균작용	HCl, 강산성
Br_2	액체	−7.9℃	58.8℃	적갈색	매우 느리게 반응, 표백작용	HBr, 강산성
I_2	고체	113.6℃	184.4℃	흑자색	거의 반응하지 않음	HI, 강산성

② 할로젠원소의 화합물
  ㉮ 플루오린화수소(HF)
    ㉠ 자극성이 있는 무색의 기체로서 물에 잘 녹는다.
    ㉡ 수용액은 약산이고 불산이라 한다.
  ㉯ 염화수소(HCl)
    ㉠ 자극성이 있는 무색의 기체로서 물에 잘 녹는다.
    ㉡ 수용액은 강한 산성을 나타낸다.
    ㉢ 암모니아와 반응하면 흰 연기를 발생한다.

$$NH_3 + HCl \rightarrow NH_4Cl$$

4) 산소족원소(6족)
  ① 산소의 특성
    ㉮ 무색, 무취로서 공기 중에 약 21% 포함되어 있다
    ㉯ 액체공기는 산소 −183℃, 질소는 −195℃에서 분별증류 하여 분리 한다.
    ㉰ 맛과 냄새가 없는 조연성가스이다.
  ② 산소원소의 화합물
    ㉮ 오존
      ㉠ 마늘냄새를 가진 담청색의 기체로서 산소와 동소체이다.
      ㉡ 소독제, 산화제, 표백제 등으로 이용한다.
    ㉯ 이산화황
      ㉠ 무색 자극성의 기체로서 물에 잘 녹는다.
      ㉡ 수용액에서는 발생기 산소를 내어 강한 환원작용을 한다.
    ㉰ **과산화수소**
      ㉠ 무색의 액체로서 물에 잘 녹는다.
      ㉡ **환원제**로도 사용한다.
      ㉢ **살균제, 표백제, 산화작용**을 한다.

> 참고
> 과산화수소는 자신이 분해하여 발생기 산소를 발생시켜 강한 산화작용을 한다. 이는 아이오딘화칼륨 녹말 종이를 보라색으로 변화시키는 것으로 확인되며, 이 과산화수소는 과산화바륨 등에 황산을 작용시켜 얻는다.

5) 질소족원소(5족)
  ① 특성
    ㉮ 무색, 무취의 기체로서 공기 중에 약 78%가 존재한다.
    ㉯ 불연성 가스이며 상온에서 화합력이 약하다.
    ㉰ 액체 공기를 분류하면 산소 −183℃, 질소는 −195℃에서 분별증류하여 얻는다.

② 질소원소의 화합물
　㉮ 암모니아
　　㉠ 무색의 자극성이 있는 기체로서 수용액은 암모니아수(약 알칼리성)이다.
　　㉡ 물에 잘 녹고 액화하기 쉽다.
　　㉢ 염화수소와 반응하여 흰 연기를 발생한다.

$$NH_3 + HCl \rightarrow NH_4Cl$$

　㉯ 제법
　　• 하버보쉬법 : $N_2 + 3H_2 \rightarrow 2NH_3$
　　• 석회질소법 : $CaCN_2 + 3H_2O \rightarrow 2NH_3 + CaCO_3$
　㉰ 질산
　　㉠ 무색의 발연성 액체이며 수용액은 강산성이다.
　　㉡ 빛에 의해 분해 되므로 갈색병에 보관하여야 한다.
　　㉢ 분해 시 발생기 산소를 발생한다.
　　㉣ 철(Fe), 니켈(Ni), 크롬(Cr), 알루미늄(Al)은 묽은 질산에 녹고, 왕수는 백금과 금은 녹인다.

> **참고** **왕수** : 염산(3) + 질산(1)

3. 기체의 포집 및 건조

1) 포집방법의 종류
　① 상방치환 : 공기보다 **가벼운 기체**를 포집하는 방법

> **참고** **상방치환** : 수소(H_2), 메테인(CH_4), 암모니아(NH_3)

　② 하방치환 : 공기보다 **무거운 기체**를 포집하는 방법

> **참고** **하방치환** : 이산화탄소(CO_2), 이산화황(SO_2), 이산화질소(NO_2), 염산(HCl), 염소(Cl_2), 황화수소(H_2S)

　③ 수상치환 : 물에 녹지 않는 기체를 포집하는 방법

> **참고** **수상치환** : 수소(H_2), 메테인(CH_4), 산소(O_2), 질소(N_2), 일산화탄소(CO), 아세틸렌(C_2H_2)

2) 건조기체의 종류
① 산성기체 : 산성기체(CO_2, SO_2, NO_2, HCl, Cl_2, H_2S)를 건조시키려면 산성건조제를 사용하여야 한다.

> **참고** **산성건조제** : 황산(H_2SO_4), 오산화인(P_2O_5)

② 염기성기체 : 염기성기체(NH_3)를 건조시킬려면 염기성건조제를 사용하여야 한다.

> **참고** **염기성건조제** : 수산화칼륨(KOH), 수산화나트륨(NaOH), 염화칼슘($CaCl_2$)

③ 중성기체 : 중성기체(H_2, O_2, N_2, C_2H_2, CO)를 건조시키려면 중성건조제를 사용하여야 한다.

> **참고** **중성건조제** : 염화칼슘($CaCl_2$), 실리카겔

④ 기타 건조제
　㉮ 메탄올, 에탄올의 건조제 : 산화칼슘(CaO)
　㉯ 아세톤, 클로로폼, 에스터의 건조제 : 탄산칼슘($CaCO_3$)
　㉰ 암모니아, 아민류의 건조제 : 수산화나트륨(NaOH)

제02부_ 금속 및 비금속 원소
출제예상문제

01 다음 중 알칼리금속 원소의 성질에 해당되는 것은 어느 것인가?

① 매우 안정하여 물과 반응하지 않음
② 물과 반응하여 산소를 발생
③ 산화되면 비활성기체와 같은 전자배치
④ 반응성의 크기는 K 〉 Na 〉 Li 순

🔍 알칼리금속이 산화되면 전자를 잃어 비활성기체(0족 원소)와 같은 전자배치가 된다.

02 무색투명한 용액을 질산은 용액에 넣으니 백색침전이 생기고 불꽃반응 결과 노란색이 나타났다. 이 용액은 포함된 물질은?

① Na_2SO_4 ② $CaCl_2$
③ $NaCl$ ④ KCl

🔍 불꽃반응의 노란색은 Na이고 염소(Cl)이온이 존재 할 때 질산은 용액을 넣으면 백색침전이 생기므로 염화나트륨(NaCl)이다.

03 불꽃 반응시 보라색을 나타내는 것은?

① Li   ② K
③ Na   ④ Ba

🔍 금속의 불꽃반응

원소	불꽃 색상	원소	불꽃 색상
리튬(Li)	적색	나트륨(Na)	노랑색
칼륨(K)	보라색	칼슘(ca)	황적색
스트론튬(Sr)	심적색	구리(Cu)	청록색
바륨(Ba)	황록색		

04 다음 설명 중 전이원소의 특성을 나타내는 것이 아닌 것은?

① 착화물을 만드는 것이 많다.
② 마지막 전자가 p궤도 함수에서 끝나는 원소들이다.
③ 이온이나 화합물에 색깔이 있는 것이 많다.
④ d나 f궤도의 전자도 결합을 이용한다.

🔍 전이원소 : d, f 오비탈에 전자가 채워지는 원소

05 다음 중 전이금속의 공통적인 특성이 아닌 것은?

① 산화상태가 다양하다.
② 대부분의 화합물은 상자성이다.
③ 대부분의 화합물은 색이 있다.
④ 전이원소는 착이온을 만드는 경향이 없다.

🔍 전이원소의 특성
• 모두 금속, 녹는점이 높고, 밀도가 크다.
• 산화상태가 다양하다.
• 대부분의 화합물은 색이 있다.
• 착이온을 생성한다.
• 촉매로 사용한다.

06 다음 카바이드에서 아세틸렌가스를 제조하는 반응식 중 옳은 것은?

① $CaC_2 + 2H_2O \rightarrow Ca(OH)_2 + C_2H_2$
② $CaC_2 + H_2O \rightarrow CaO + C_2H_2$
③ $2CaC_2 + 6H_2O \rightarrow 2Ca(OH)_2 + 2C_2H_3$
④ $CaC_2 + 3H_2O \rightarrow CaCO_3 + 2CH_3$

🔍 카바이트와 물과의 반응
$CaC_2 + 2H_2O \rightarrow Ca(OH)_2 + C_2H_2 \uparrow$

07 빨갛게 달군 철(Fe)에 수증기를 통하였을 때의 반응식은?

① $3Fe + 4H_2O \rightarrow Fe_3O_4 + 4H_2 \uparrow$
② $2Fe + 3H_2O \rightarrow Fe_2O_3 + 3H_2 \uparrow$
③ $Fe + H_2O \rightarrow FeO + H_2 \uparrow$
④ $Fe + 2H_2O \rightarrow FeO_2 + FeO_2 + 2H_2 \uparrow$

🔍 빨갛게 달군 철(Fe)에 수증기를 통하였을 때의 반응식
$3Fe + 4H_2O \rightarrow Fe_3O_4 + 4H_2 \uparrow$

정답 01 ③ 02 ③ 03 ② 04 ② 05 ④ 06 ① 07 ①

08 수은(Hg)과 혼합하여 아말감을 만들지 못하는 것은 무엇인가?

① 아연(Zn)   ② 은(Ag)
③ 구리(Cu)   ④ 철(Fe)

🔍 아말감 : 철(Fe), 백금(Pt), 망가니즈(Mn), 코발트(Co), 니켈(Ni)을 제외한 수은과의 다른 금속과의 합금

09 분광기로 관찰하였을 때 어떤 경우에 선스펙트럼이 나타나는가?

① 백열된 고체상태의 빛
② 백열된 고체상태의 기체나 액체를 거쳐 나온 빛
③ 햇빛이나 텅스텐 전구가 내는 빛
④ 발광된 기체상태의 빛

🔍 백열된 고체상태의 기체나 액체를 거쳐 나온 빛의 경우에 선스펙트럼이 나타난다.

10 공유 결정(원자 결정)으로 되어 있어 녹는점이 매우 높은 것은?

① 얼음   ② 수정
③ 소금   ④ 나프탈렌

🔍 공유 결정(원자 결정) : 수정, 흑연, 다이아몬드로서 녹는점과 끓는점이 높다.

11 다음 반응 중 수소를 발생하지 않는 반응은?

① 철과 묽은 황산
② 소금물의 전기분해
③ 은과 묽은 황산
④ 알루미늄과 수산화나트륨

🔍 철과 황산, 소금물의 전기분해, Al과 강알칼리(수산화나트륨)과 반응하면 수소가스를 발생한다.
※ 이온화경향이 적은 금속은 수소를 발생하지 못한다.

12 다음 중 알칼리금속 원소만으로 된 것은?

① Al와 Be   ② Na과 Mg
③ Sr과 Ca   ④ Li과 K

🔍 알칼리금속 : K(칼륨), Na(나트륨), Li(리튬)

13 다음 중 황화수소(H_2S)를 통하면 노란색 침전으로 되는 것은?

① $Cd(NO_3)_2$ ② $Cu(NO_3)_2$
③ $Bi(NO_3)_2$ ④ $Pb(NO_3)_2$

🔍 질산카드뮴[$Cd(NO_3)_2$]에 황화수소를 통과시키면 노란색(CdS)의 침전이 된다.
$Cd(NO_3)_2 + H_2S \rightarrow CdS + 2HNO_3$

14 다음 원소들 중 전기음성도 값이 가장 큰 것은?

① C   ② N
③ O   ④ F

🔍 플루오린(F)은 전기음성도가 가장 크다.
※ 전기음성도 : F > Cl > Br > I

15 $Fe(CN)_6^{4-}$와 4개의 K^+이온으로 이루어진 물질 $K_4[Fe(CN)_6]$를 무엇이라고 하는가?

① 착화합물   ② 할로젠 화합물
③ 유기화합물   ④ 소화합물

🔍 착화합물 : $K_4[Fe(CN)_6]$

16 노란색(황색)의 불꽃반응을 나타내며, 수용액에 $AgNO_3$용액을 넣었더니 흰색침전이 생겼다. 이 물질은 무엇인가?

① NaCl   ② $BaCl_2$
③ $CuSO_4$ ④ K_2SO_4

🔍 노란색(황색)의 불꽃반응은 나트륨(Na)이고, 수용액에 $AgNO_3$용액을 넣었더니 흰색침전이 생기는 것은 염소(Cl)이므로 이물질은 염화나트륨(NaCl)이다.
$NaCl + AgNO_3 \rightarrow AgCl\downarrow + NaNO_3$
염화은(흰색침전)

정답 08 ④ 09 ② 10 ② 11 ③ 12 ④ 13 ① 14 ④ 15 ① 16 ①

17 염소의 실험제법으로 가장 적당한 원료는?

① CuO + HCl
② CaOCl₂ + HCl
③ MnO₂ + HCl
④ NaCl + MnO₂ + H₂SO₄

🔍 염소의 제법
$MnO_2 + 4HCl \rightarrow MnCl_2 + Cl_2 + 2H_2O$

18 조해성이 있으며 Na₂CO₃ 수용액이나 Na₂SO₄ 수용액의 어느 것을 넣어도 백색의 침전이 생기는 물질은?

① MgCl₂   ② BaCl₂
③ CaCl₂   ④ NH₄Cl

🔍 $Na_2CO_3 + BaCl_2 \rightarrow BaSO_4 + 2NaCl$

19 SiO₂의 특성 중 틀리는 것은?

① 무색투명한 육방정계에 속한다.
② 안정한 화합물로서 산에는 잘 녹는다.
③ 수정, 석영, 마노, 규사 등이 주성분이다.
④ 고체의 수산화칼륨과 함께 가열하여 물유리의 원료인 규산나트륨을 만든다.

🔍 규산나트륨은 석영(SiO₂)과 탄산나트륨(Na₂CO₃)의 혼합물을 1,000℃로 가열 융해하여 고체화(固體化)시켜서 만든다.

20 산소족 원소가 아닌 것은?

① S   ② Se
③ Te   ④ Bi

🔍 산소족 원소(6족 원소) : O, S, Se, Te, Po
※ 비스무스(Bi) : 제5족 원소

21 다음 중 평면구조를 갖는 물질은?

① BCl₃   ② H₃O⁺
③ NH₃   ④ PH₃

🔍 BCl₃(삼염소화봉소)는 평면구조이며 결합각은 120°이다.

22 다음 고체 물질 중 결정의 종류가 분자결정인 것은?

① 다이아몬드   ② 드라이아이스
③ 염화나트륨   ④ 황산구리

🔍 드라이아이스 : 분자결정

23 다음 할로젠 원소에 대한 설명 중 옳지 않은 것은?

① 아이오딘의 최외각전자는 7개이다.
② 할로젠 원소 중 원자 반지름이 가장 작은 원소는 F이다.
③ 염화이온은 염화은의 흰색침전의 생성에 관여한다.
④ 브로뮴은 상온에서 적갈색 기체로 존재한다.

🔍 브로뮴(Br)은 주기율표 17족에 속하는 할로젠 원소, 진홍색의 발연 액체이다.

24 제논(Xe)화합물에 대한 설명이다. 잘못 설명된 것은?

① Xe[PtF₆]은 오렌지색의 고체이다.
② XeF₄은 무색의 고체로서 상온에서 안정하다.
③ XeF₄ 0℃의 저온에서 2F₂와 Xe로부터 생성된다.
④ XeF₄은 플루오린화수소에 녹으며 수소와 고온에서 반응한다.

🔍 테트라플루오르화제논(XeF₄)은 플루오린(F₂)과 제논(Xe)이 5 : 1의 비율로 400℃로 가열한 후 −78℃로 급냉하여 만든 것이다.

25 비활성 기체의 설명으로 적당하지 않는 것은?

① 저압에서 방전되면 색을 나타낸다.
② 화합물을 잘 만든다.
③ 대부분 최외각 전자는 8개이다.
④ 단원자 분자이다.

🔍 불활성기체(8족)
• 이온화에너지가 가장 큰 족이다.
• 실온에서 무색의 기체이며 단원자 분자이다.
• 최외각전자는 S^2P^6로 8개 이고 반응성은 대단히 작다.
• 저압에서 방전되면 색을 나타낸다.

정답 17 ③ 18 ② 19 ④ 20 ④ 21 ① 22 ② 23 ④ 24 ③ 25 ②

26 구리와 묽은 질산을 반응시키면 주로 발생하는 기체는?

① 일산화질소
② 이산화탄소
③ 이산화수소
④ 이황화탄소

🔍 구리와 묽은 질산을 반응시키면 일산화질소(NO)가 발생한다.

27 상방치환으로 모으는 기체는 무엇인가?

① CO_2
② NO_2
③ O_2
④ NH_3

🔍 포집방법의 종류
- 상방치환
  - 공기보다 가벼운 기체를 포집하는 방법
  - 상방치환 : 수소(H_2), 메테인(CH_4), 암모니아(NH_3)
- 하방치환
  - 공기보다 무거운 기체를 포집하는 방법
  - 하방치환 : 이산화탄소(CO_2), 이산화황(SO_2), 이산화질소(NO_2), 염산(HCl), 염소(Cl_2), 황화수소(H_2S)
- 수상치환
  - 물에 녹지 않는 기체를 포집하는 방법
  - 수상치환 : 수소(H_2), 메테인(CH_4), 산소(O_2), 질소(N_2), 일산화탄소(CO), 아세틸렌(C_2H_2)

28 황화수소(H_2S) 기체를 건조하는데 적당한 건조제는 어느 것인가?

① P_2O_5
② NaOH
③ C-H_2SO_4
④ CaO

🔍 산성기체(CO_2, SO_2, NO_2, HCl, Cl_2, H_2S)를 건조 시키려면 산성 건조제를 사용하여야 한다.
※ 산성건조제 : 황산(H_2SO_4), 오산화인(P_2O_5)

29 다음 중 CO_2가스의 건조제로 사용할 수 있는 것은?

① CaO
② NaOH
③ H_2SO_4
④ KOH

🔍 CO_2가스의 건조제 : H_2SO_4

30 다음 물질 중 건조제로 사용할 수 있는 것은?

① 염화나트륨
② 질산은
③ 염화칼슘
④ 염화나트륨

🔍 염화칼슘($CaCl_2$)은 중성건조제이다.

31 솔베이법으로 만들어지는 물질이 아닌 것은?

① Na_2CO_3
② NH_4Cl
③ $CaCl_2$
④ H_2SO_4

🔍 솔베이법으로 제조 : 탄산나트륨(Na_2CO_3), 염화암모늄(NH_4Cl), 염화칼슘($CaCl_2$)
※ 황산(H_2SO_4) 제법 : 질산법, 접촉법

32 연소 시 노란색 불꽃을 내면서 연소하는 물질은?

① Na
② K
③ Ca
④ Li

🔍 불꽃 색상

원소의 종류	불꽃 색상	원소의 종류	불꽃 색상
Li(리튬)	적색	Na(나트륨)	노란색
K(칼륨)	보라색	Rb(루비듐)	연적색
Cs(세슘)	연파랑		

33 염화나트륨은 조해성이 있는 것은 염화나트륨 중에 무엇이 혼합되어 있는가?

① $NaHCO_3$
② Na_2CO_3
③ $MgCl_2$
④ $NH_4H_2PO_4$

🔍 염화나트륨(소금)에는 조해성이 있는 염화마그네슘(간수, $MgCl_2$)이 혼합되어 있으므로 축축한 상태가 된다.

34 수산화나트륨의 제법으로 적합하지 않은 것은?

① 수은법
② 솔베이법
③ 격막법
④ 가성화법

🔍 수산화나트륨의 제법 : 수은법, 격막법, 가성화법
※ 솔베이법 : 탄산나트륨의 제법

정답 26 ① 27 ④ 28 ① 29 ③ 30 ③ 31 ④ 32 ① 33 ③ 34 ②

35 오존의 성질로 적합한 것은?

① 환원제로 사용한다.
② 자외선과 우주선을 흡수한다.
③ 금속과 염을 생성한다.
④ 바닷물을 전기분해할 때 발생한다.

🔍 대기 중의 오존층은 자외선과 우주선을 흡수한다.

36 다음 중 진한 질산과 부동태를 만들지 못하는 금속은?

① 알루미늄   ② 철
③ 니켈   ④ 구리

🔍 진한질산에 한번 담근 쇠등이 반응하지 않고 아무런 변화가 없이 산에 녹지 않는 현상
※ 부동태를 만드는 금속 : 알루미늄(Al), 철(Fe), 니켈(Ni), 코발트(Co), 크롬(Cr)

37 다음 중 할로젠원소가 아닌 것은?

① F   ② Cl
③ Br   ④ Xe

🔍 할로젠원소(7족 원소) : F(플루오린), Cl(염소), Br(브로민), I(아이오딘)
※ Xe : 제논(0족원소, 불활성 기체)

38 염소는 다음 중 어느 물질과 혼합하였을 때 폭발의 위험성이 있는가?

① 산소   ② 수소
③ 일산화탄소 ④ 이산화탄소

🔍 수소(1)과 염소(1)의 혼합기체 : 염소폭명기

39 다음 중 수성가스가 발생하는 반응은?

① $C + H_2O \rightarrow$
② $CO + H_2O \rightarrow$
③ $CO_2 + C \rightarrow$
④ $2CO + O_2 \rightarrow$

🔍 수성가스는 $CO + H_2$를 발생하는 가스를 말한다.
※ $C + H_2O \rightarrow CO + H_2$

40 고체에 액체를 넣어 가열하지 않고 기체를 발생시킬 때 킵장치(Kopp Apparatus)를 사용한다. 아래 화학반응식 중 킵장치를 사용할 필요가 없는 것은?

① $Cu + H_2SO_4 \rightarrow CuSO_4 + H_2$
② $Zn + H_2SO_4 \rightarrow ZnSO_4 + H_2$
③ $CaCO_3 + 2HCl \rightarrow CaCl_2 + H_2O + CO_2$
④ $FeS + 2HCl \rightarrow FeCl_2 + H_2S$

🔍 Cu(구리)는 이온화경향이 작아 산과 반응하여 수소를 발생하지 않는다.

41 귀금속인 금이나 백금등을 녹이는 왕수의 제조비율로 옳은 것은?

① 질산 3부피 + 염산 1부피
② 질산 3부피 + 염산 2부피
③ 질산 1부피 + 염산 3부피
④ 질산 2부피 + 염산 3부피

🔍 왕수 : 질산 1부피 + 염산 3부피로 혼합한 것으로 백금을 녹인다.

정답 35 ② 36 ④ 37 ④ 38 ② 39 ② 40 ① 41 ③

SECTION 03 유기화합물

STEP 01 유기화합물

1. 유기화합물

1) 정의

유기화합물은 주로 탄소와 수소분자로 이루어지며 그 외에 질소, 산소, 황 등 기타 원소들이 포함되어 있는 것이다.

> 참고 일산화탄소(CO), 이산화탄소(CO_2), 탄산염 : 무기화합물

2) 특성
① C, H, O가 주성분이며 그 외 N, P, S등으로 구성되어 있다.
② 물에는 녹기 어려우며(일부 용해함) 알코올, 벤젠, 아세톤, 에터 등 유기용제에는 잘 녹는다.
③ 융점은 300℃ 이하로 낮고, 비점이 낮다.
④ 연소하면 완전 연소하여 이산화탄소(CO_2)와 (H_2O)을 생성한다.
⑤ 대부분 비전해질이고 공유결합을 하고 있다(초산, 의산, 옥살산은 전해질).
⑥ 반응속도가 느리고 이성체의 종류가 많다.

2. 유기화합물의 분류 및 명명

1) 탄화수소의 분류

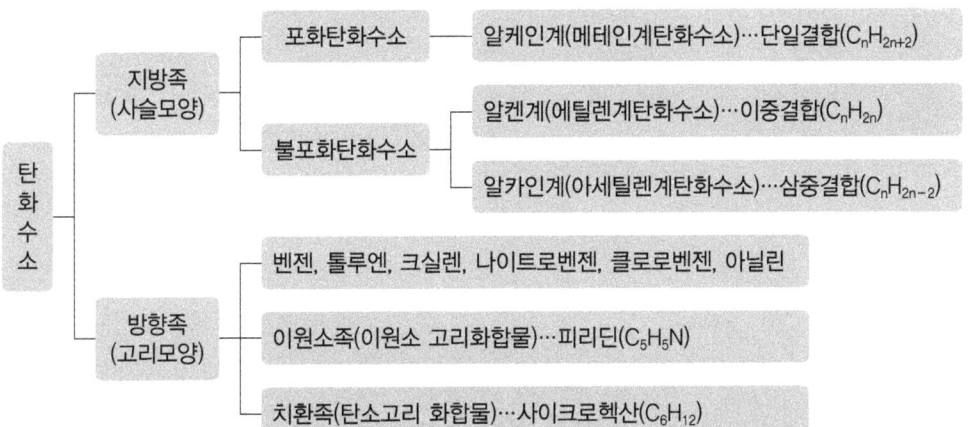

① 지방족탄화수소 : 벤젠고리가 없는 탄소와 수소의 두 원소로 이루어진 탄화수소
② 방향족탄화수소 : 벤젠고리가 1개 이상이 존재하는 탄화수소
  ㉮ 착화합물 : $Fe(CN)_4^{-6}$와 4개의 K^+이온으로 이루어진 물질[$K_4Fe(CN)_6$]
  ㉯ 암모니아를 첨가하여 착이온이 생성되는 이온 : Cu^{++}, Zn^{++}, Ag^+
  ㉰ 커플링 반응시 생성되는 작용기 : 아조기($-N=N-$)

2) 유기화합물의 명명법
① 수에 관한 접두어
  1개 : mono, 2개 : di, 3개 : tri, 4개 : tetra, 5개 : penta
② 지방족(사슬모양) 화합물의 명명

구분 C의 수	포화 탄화수소		불포화 탄화수소			
	알케인계(C_nH_{2n+2}), -ane		알켄계(C_nH_{2n}), -ene		알카인계(C_nH_{2n-2}), -yne	
1	CH_4	methane	–	–	–	–
2	C_2H_6	ethane	C_2H_4	ethene	C_2H_2	ethyne
3	C_3H_8	propane	C_3H_6	propene	C_3H_4	propyne
4	C_4H_{10}	butane	C_4H_8	butene	C_4H_6	butyne
5	C_5H_{12}	pentane	C_5H_{10}	pentene	C_5H_8	pentyne

③ 작용기

작용기	명칭	해당물질
CH_3-	메틸기	메틸알코올(CH_3OH), 초산메틸(CH_3COOCH_3)
C_2H_5-	에틸기	에틸알코올(C_2H_5OH), 초산에틸($CH_3COOC_2H_5$)
C_3H_7-	프로필기	프로필알코올(C_3H_7OH), 초산프로필($CH_3COOC_3H_7$)
C_4H_9-	부틸기	부틸알코올(C_4H_9OH), 초산부틸($CH_3COOC_4H_9$)
$C_5H_{11}-$	아밀기	아밀알코올($C_5H_{11}OH$)
$-CO$	케톤기(카르보닐기)	아세톤(CH_3COCH_3), 메틸에틸케톤($CH_3COC_2H_5$)
$-OH$	하이드록실기	메틸알코올(CH_3OH), 에틸알코올(C_2H_5OH)
$-O-$	에터기	에터($C_2H_5OC_2H_5$)
$-CHO$	알데하이드기	아세트알데하이드(CH_3CHO), 폼알데하이드($HCHO$)
C_6H_5-	페닐기	페놀(C_6H_5OH)
$-COO-$	에스터기	초산메틸(CH_3COOCH_3), 의산메틸($HCOOCH_3$)
$-COOH$	카복실기	초산(CH_3COOH), 의산($HCOOH$)
$-NO_2$	나이트로기	나이트로벤젠($C_6H_5NO_2$)
$-NH_2$	아미노기	아닐린($C_6H_5NH_2$)
$-N=N-$	아조기	아조벤젠($C_6H_5N=NC_6H_5$)

> **참고 명명의 예**
> 2,3-Dimethyl-1,3-Butadiene $CH_2 = C - C = CH_2$
> $\quad\quad\quad\quad\quad\quad\quad\quad\;\; |\quad\; |$
> $\quad\quad\quad\quad\quad\quad\quad\quad CH_3\; CH_3$

3) 이성질체

분자식은 같으나 원자배열 및 입체구조가 달라 화학적, 물리적 성질이 다른 물질

① 구조이성질체 : 분자식은 같으나 분자구조가 다른 화합물

㉮ 위치에 따른 분류

㉠ 크실렌의 경우

㉡ 부틸렌의 경우

$$\underset{1-butene}{\overset{1\quad 2\quad 3\quad 4}{CH_2 = CH-CH_2-CH_3}} \qquad \underset{2-butene}{\overset{1\quad 2\quad 3\quad 4}{CH_3-CH = CH-CH_3}}$$

참고 **이성질체가 존재하는 물질** : 크실렌, 다이클로로벤젠, 크레졸, 프탈산디부틸

㉯ 위치에 따른 분류(펜테인의 경우)

$$CH_3-CH_2-CH_2-CH_2-CH_3 \qquad \underset{\underset{CH_3}{|}}{CH_3-CH_2-CH-CH_3} \qquad CH_3-\underset{\underset{CH_3}{|}}{\overset{\overset{CH_3}{|}}{C}}-CH_3$$

$$\text{n-pentan} \qquad\qquad \text{iso-pentan} \qquad\qquad \text{neo-pentan}$$

참고 **펜테인의 구조이성질체 수** : 3개

② 기하이성질체 : 원자들의 결합형태와 개수, 순서는 같으나 원자들의 공간위치가 다른 것으로 시스(cis)형와 트랜스(trans)형이 있다. 알켄에서 주로 일어난다.

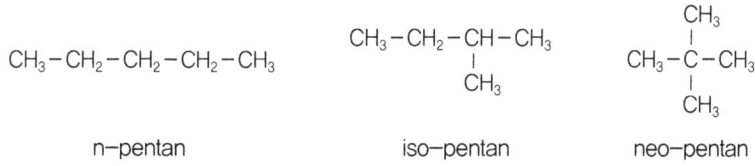

cis-1,2-다이클로로에틸렌   trans-1,2-다이클로로에틸렌

$$\underset{㉢}{\overset{㉠}{}}C = C\underset{㉣}{\overset{㉡}{}}$$

㉮ 시스(cis)형 : ㉠ = ㉣, ㉡ = ㉢
㉯ 트랜스(trans)형 : ㉠ = ㉢, ㉡ = ㉣

③ 광학이성질체 : 같은 분자식을 가지면서 각각을 서로 겹치게 할 수 없는 거울상의 구조를 갖는 분자

STEP 02 지방족 탄화수소

1. 메테인계 탄화수소(알케인계, C_nH_{2n+2}, 파라핀계, -ane)

1) 성질

① 단일공유결합을 하며 모든 원자는 σ결합으로 되어 있다.
② 탄소원자는 SP^3결합을 갖는다.
③ 탄소수가 증가하면 이성질체수도 증가한다.
④ 할로젠원소와 치환반응을 한다.
⑤ 포화탄화수소의 구분

C의 수	상태
$C_1 \sim C_4$	기체
$C_5 \sim C_{16}$	액체
C_{17} 이상	고체

⑥ 대표적인 물질로는 메테인(CH_4), 에테인(C_2H_6), 프로페인(C_3H_8)이 있다.

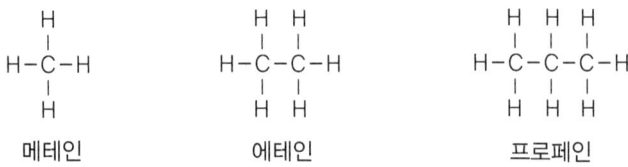

메테인   에테인   프로페인

㉮ σ결합 : 결합력이 강하여 결합이 끊어지지 않는 결합
㉯ π결합 : 결합력이 약하여 결합이 끊어지기 쉬운 결합

2) 메테인과 염소와 치환반응

메테인(CH_4)의 수소원자를 염소로 치환한 화합물
① 1개염소로 치환 : CH_3Cl(염화메테인 - 냉동제)
② 2개염소로 치환 : CH_2Cl_2(염화메틸렌 - 추출용제)
③ 3개염소로 치환 : $CHCl_3$(클로로폼 - 용제)
④ 4개염소로 치환 : CCl_4(사염화탄소 - 소화약제)

> **참고** 메테인의 수소원자와 염소가 치환할 수 있는 수 : 4개

2. 에틸렌계 탄화수소(알켄계, C_nH_{2n}, 올레핀계, -ene)

① 이중결합을 하며 σ결합 하나와 π결합 하나로 이루어져 있다.
② 탄소 원자는 SP^2결합을 갖는다.
③ 대표적인 물질로는 에틸렌(C_2H_4)이다.
④ 첨가반응을 한다.

> **참고** 첨가반응 : 한 분자가 다른 분자에 첨가되어 하나의 새로운 생성물을 형성하는 반응

3. 아세틸렌계 탄화수소(알카인계, C_nH_{2n-2}, -yne)

① 삼중결합을 하며 σ결합 하나와 π결합 두 개로 이루어져 있다.
② 탄소 원자는 SP결합을 갖는다.
③ 대표적인 물질은 아세틸렌(C_2H_2)이다.

> **참고** 탄소-탄소사이의 길이
> 결합차이에 의한 탄소-탄소사이의 길이 : 단일결합 > 이중결합 > 삼중결합
>
> $H-C \equiv C-H$ $CH_2=CH_2$ CH_3-CH_3
> $\quad 1.20 Å$ $\quad 1.34 Å$ $\quad 1.54 Å$

4. 지방족 탄화수소의 유도체

1) 알코올류(R-OH)

탄화수소에서 하나 이상의 H원자를 -OH기로 치환한 화합물

① 물에 잘 녹으며 비전해질이다.
② 알코올은 -OH의 수에 따라 1가, 2가, 3가 알코올로 분류하고 알킬기(R)의 수에 따라 1차(급), 2차(급), 3차(급) 알코올로 분류한다.

$$CH_3OH \qquad \begin{array}{c} CH_2-OH \\ | \\ CH_2-OH \end{array} \qquad \begin{array}{c} CH_2-OH \\ | \\ CH-OH \\ | \\ CH_2-OH \end{array}$$

메틸알코올　　　에틸렌글라이콜　　　글리세린
(1가알코올)　　　(2가알코올)　　　　(3가알코올)

③ 에탄올에 진한 황산을 180℃에서 작용시키면 에틸렌이 생성된다.

$$C_2H_5OH \rightarrow C_2H_4 + H_2O$$

④ 산과 반응하면 에스터와 물을 만든다.

$$R-OH + R'-COOH \rightarrow R-COO-R' + H_2O$$

⑤ 알코올의 산화

㉮ 1차 알코올 $\xrightarrow{산화}$ 알데하이드 $\xrightarrow{산화}$ 카복실산

$$CH_3OH \rightarrow HCHO \rightarrow HCOOH$$
$$C_2H_5OH \rightarrow CH_3CHO \rightarrow CH_3COOH$$

㉯ 2차 알코올 → 케톤

$$2(CH_3-\underset{\underset{OH}{|}}{CH}-CH_3) + O_2 \rightarrow 2(CH_3-CO-CH_3) + 2H_2O$$

㉰ 3차 알코올 : 산화되기 어렵다.
⑥ 변성알코올 : 메탄올이나 다른 독성물질이 섞인 에탄올

2) 에터류(R-O-R')

① 두개의 알킬기(R)에 하나의 산소원자가 결합된 상태이다.
② 물에는 녹지 않고 유기용제로 사용한다.
③ 휘발성이 강하고 비점이 낮다.
④ 인화성과 마취성이 있다.
⑤ 알코올과 탈수 축합 반응하여 생성한다.

$$R-OH + R'-OH \rightarrow R-O-R' + H_2O$$
$$CH_3OH + C_2H_5OH \rightarrow CH_3OC_2H_5 + H_2O$$

3) 케톤류(R-CO-R')

① 두개의 알킬기와 하나의 카르보닐(케톤)기가 결합된 상태이다.
② 2차(급)알코올을 산화하여 얻는다.

$$\begin{matrix} R \\ \diagdown \\ CHOH \\ \diagup \\ R \end{matrix} \xrightarrow{\text{산화}} R-CO-R' + H_2O$$

③ 환원성이 없어 은거울반응이나 펠링반응은 하지 않는다.

4) 에스터류(R-COO-R')

① 산과 알코올이 반응하여 물이 빠지고 생성된 물질이다.

$$R-COOH + R'-OH \underset{\text{가수분해}}{\overset{\text{에스터화}}{\rightleftharpoons}} R-COO-R' + H_2O$$
$$CH_3COOH + C_2H_5OH \rightarrow CH_3COOC_2H_5 + H_2O$$

② 무색의 향기가 나며 알칼리에 의해 비누화된다.

$$\underset{\text{스테아르산에틸}}{C_{17}H_{35}COOC_2H_5} + NaOH \rightarrow \underset{\text{스테아르산나트륨}}{C_{17}H_{35}COONa} + C_2H_5OH$$

5) 카복실산류(R-COOH)

① 탄화수소의 하나 이상의 수소원자를 카복실기(-COOH)로 치환하여 얻어지는 것
② 물에 녹아 약산성을 나타낸다.
③ 수소결합을 하며 비점이 높다.

④ 알데하이드를 산화하면 카복실산이 된다.
⑤ 알코올과 반응하면 에스터가 생성된다.

$$CH_3COOH + C_2H_5OH \rightarrow CH_3COOC_2H_5 + H_2O$$

⑥ 알칼리금속과 반응하여 수소가스를 발생한다.

$$2CH_3COOH + 2Na \rightarrow 2CH_3COONa + H_2 \uparrow$$

⑦ 카복실산의 종류는 다음과 같다.
  ㉮ 의산(개미산) : $HCOOH$
  ㉯ 초산(식초) : CH_3COOH
  ㉰ 젖산(신우유) : $CH_3CHOHCOOH$
  ㉱ 옥살산(대합, 시금치) : $HOOC-COOH$
    ㉠ 아미노산에 포함하는 원자단 : $-COOH$, $-NH_2$
    ㉡ 개미산 : 에탄올과 반응하니 에스터 형성, 펠링 용액과 반응시켰더니 붉은 침전이 발생, 진한황산과 함께 가열하니 일산화탄소 발생

6) 알데하이드류($R-CHO$)
① 알킬기에 하나의 알데하이드기가 결합된 상태
② 1차 알코올을 산화하면 알데하이드가 생성되고 계속 산화하면 카복실산이 된다.

$$R-OH \rightarrow R-CHO \rightarrow R-COOH$$

③ 강한 환원성을 가지며 은거울반응과 펠링반응을 한다.

> **참고** **아세트알데하이드(CH_3CHO) : 은거울반응, 아이오도폼반응, 펠링 반응**
> • 은거울반응 : 알데하이드(아세트알데하이드, CH_3CHO)는 환원성이 있어서 암모니아성 질산은 용액을 가하면 쉽게 산화되어 카복실산이 되며 은 이온을 은으로 환원시킨다.
> $CH_3CHO + 2Ag(NH_3)_2OH \rightarrow CH_3COOH + 2Ag + 4NH_3 + H_2O$
> 알데하이드기 암모니아성 질산은 용액
> • 아이오도폼반응 : 분자 중에 $CH_3CH(OH)-$나 CH_3CO-(아세틸기)를 가진 물질은 I_2와 KOH나 NaOH를 넣고 60℃~80℃로 가열하면, 황색의 아이오도폼(CHI_3) 침전이 생김(C_2H_5OH, CH_3CHO, CH_3COCH_3 등)
> – 아세톤 : $CH_3COCH_3 + 3I_2 + 4NaOH \rightarrow CH_3COONa + 3NaI + CHI_3 \downarrow + 3H_2O$
> – 아세트알데하이드 : $CH_3CHO + 3I_2 + 4NaOH \rightarrow HCOONa + 3NaI + CHI_3 \downarrow + 3H_2O$
> – 에틸알코올 : $C_2H_5OH + 4I_2 + 6NaOH \rightarrow HCOONa + 5NaI + CHI_3 \downarrow + 5H_2O$
> • 펠링 반응 : 알데하이드를 펠링용액(황산구리(II)수용액, 수산화나트륨수용액)에 넣고 가열하면 Cu_2O의 붉은색 침전이 생성됨
> $CH_3CHO + 2Cu^{2+} + H_2O + NaOH \rightarrow CH_3COONa + 4H^+ + Cu_2O \downarrow$ (붉은색)

STEP 03 방향족 탄화수소

1. 방향족탄화수소 및 벤젠

1) 방향족 탄화수소
방향족 탄화수소란 벤젠고리를 가진 것으로 석탄을 건류하여 생기는 콜타르를 분별 증류하여 얻은 화합물로서 BTX(benzene, toluene, xylene)가 대표적이다.

2) 벤젠(C_6H_6)
① 구조식

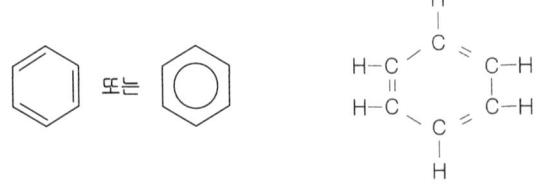

② 무색, 특유의 냄새를 가진 휘발성 액체이다.
③ 물보다 가볍고 물에 녹지 않고 비극성 공유결합물질이다.
④ 벤젠에 불을 붙이면 H의 수보다 C의 수가 많기 때문에 그을음이 많다.

$$2C_6H_6 + 15O_2 \rightarrow 12CO_2 + 6H_2O$$

⑤ 반응성이 적고 부가반응은 하지 않고 치환반응을 한다.
⑥ 한 탄소원자가 다른 두 탄소원자와 형성하는 결합각은 120°이다.
⑦ 6개의 탄소-탄소 결합 중 3개는 단일 결합이고 나머지 3개는 이중결합이다.

참고

치환반응
- 나이트로화 : 벤젠을 진한질산과 반응하여 나이트로벤젠 생성하는 반응

  ⬡ + HNO_3 $\xrightarrow{H_2SO_4}$ ⬡-NO_2 + H_2O
  　　　　　　　　　　　　나이트로벤젠

- 할로젠화 : 벤젠과 염소와 반응하여 클로로벤젠을 생성하는 반응

  ⬡ + Cl_2 $\xrightarrow{Fe}$ ⬡-Cl + HCl
  　　　　　　　　　클로로벤젠

- 술폰화 : 벤젠과 황산을 반응하여 벤젠술폰산을 생성하는 반응

  ⬡ + H_2SO_4 $\xrightarrow[\text{가열}]{SO_3}$ ⬡-SO_3H + H_2O
  　　　　　　　　　　　　벤젠술폰산

2. 벤젠의 유도체

[톨루엔] — CH$_3$
[O-크실렌] — CH$_3$, CH$_3$
[클로로벤젠] — Cl
[나이트로벤젠] — NO$_2$
[아닐린] — NH$_2$
[페놀] — OH
[O-크레졸] — OH, CH$_3$
[에틸벤젠] — C$_2$H$_5$

> **참고** **아닐린**: 나이트로벤젠을 수소로서 환원하여 제조한다.
>
> $C_6H_5NO_2 + 3H_2 \longrightarrow C_6H_5NH_2 + 2H_2O$

1) 톨루엔

① 방향성을 가진 무색의 액체이다.

② 벤젠에 AlCl$_3$ 촉매 하에 염화메테인을 반응시켜 톨루엔을 얻는다.

$$C_6H_6 + CH_3Cl \xrightarrow{AlCl_3} C_6H_5CH_3 + HCl$$

> **참고** **프리델-그라프츠반응**
> 벤젠에 AlCl$_3$(염화알루미늄)촉매하에서 할로젠화알킬을 반응시키면 알킬벤젠(톨루엔)을 얻는 반응

③ 진한질산과 진한황산으로 나이트로화시기면 TNT(Tri Nitro Toluene)의 폭약이 된다.

$$C_6H_5CH_3 + 3HNO_3 \xrightarrow[\text{나이트로벤젠}]{C-H_2SO_4} C_6H_2(NO_2)_3CH_3 + 3H_2O$$

④ 톨루엔과 산화제를 작용시키면 산화되어 벤즈알데하이드가 되고 산화되어 벤조산(안식향산)이 된다.

CH$_3$ → CHO → COOH

⑤ 톨루엔과 염소를 반응시키면 클로로톨루엔(o-, m-, p-)이 된다.

톨루엔 + 염소 → O-클로로톨루엔

2) 크실렌

① 코울타르를 분류 증류할 때 얻을 수 있는 방향 있는 무색의 액체로서 o-크실렌, m-크실렌, p-크실렌의 3가지 이성질체가 있다.

O-크실렌   m-크실렌   P-크실렌

② 크실렌이 산화하면 프탈산이 된다.

3. 페놀의 유도체

1) 페놀(석탄산)

① 성질
  ㉮ 특유의 냄새를 가진 무색의 결정으로 물에 조금 녹아 약산성이다
  ㉯ 수소결합을 한다.
  ㉰ 진한질산과 진한 황산으로 나이트로화시키면 피크린산(Tri Nitro Phenol)이 된다.

$+ 3HNO_3 \xrightarrow[\text{나이트로화}]{C-H_2SO_4}$ (트라이나이트로톨루엔) $+ 3H_2O$

> **참고** **페놀성 수산기** : $FeCl_3$ 용액과 특유한 정색반응을 한다.

② 제법
   ㉮ 알칼리용융법

   ㉯ 쿠멘법

STEP 04 고분자화합물

1. 탄수화물

1) 정의

   탄소(C), 수소(H), 산소(O)로 구성되어 있으며 일반식이 $C_m(H_2O)n$의 식을 가진다.

2) 종류

구분 항목	정의	분자식	종류
단당류	물에 용해, 가수분해되지 않는 탄수화물	$C_6H_{12}O_6$ $C_6(H_2O)_6$	포도당, 과당, 갈락토오스
이당류	물에 용해, 가수분해하는 탄수화물	$C_{12}H_{22}O_{11}$ $C_{12}(H_2O)_{11}$	설탕, 맥아당, 젖당
다당류	물에 불용, 가수분해하는 탄수화물	$(C_6H_{10}O_5)_n$ $[C_6(H_2O)_5]_n$	녹말(전분), 셀룰로스

2. 단백질과 아미노산

1) 단백질

   ① 물에는 녹지 않으나 산·알칼리 등에 의하여 가수분해되어 아미노산이 된다.
   ② 펩티드결합으로 된 고분자물질이 가수분해하여 아미노산을 생성한다.
   ③ 정색반응을 한다.
      ㉮ 펩티드결합 : 단백질 중에 **펩티드결합**($-C-N-$)을 말하며 나일론, 단백질, 양모, 아미드가 펩티드결합을 가지고 있다.

㉰ 단백질 검출법 : 뷰렛반응, 잔토프로테인반응, 난히드린반응
  ㉠ **뷰렛반응** : NaOH와 $CuSO_4$용액을 가하면 적자색(붉은 보라색)으로 변화는 반응
  ㉡ **잔토프로테인반응** : 단백질에 진한 질산을 가하면 노란색으로 변하고 알칼리를 작용시키면 오렌지색으로 변하는 반응

2) 아미노산
① 카복실기(-COOH)의 산성과 아미노기($-NH_2$)의 염기를 가진 양쪽성물질이다
② 물에는 잘 녹으나 에터, 벤젠 등 유기용제에는 잘 녹지 않는다.
③ 밀도나 녹는점이 비교적 높다.
④ 수용액은 중성이고 알라닌, 글리신 등이 있다.

3. 합성고분자 화합물
① 열가소성 수지
   열에 의하여 변형되는 수지(폴리에틸렌수지, 폴리스틸렌 수지, PVC 수지 등)
② 열경화성 수지
   열에 의하여 굳어지는 수지(페놀수지, 요소수지, 메라민수지)

4. 유지와 비누

1) 유지
① 고급지방산과 글리세린의 에스터 화합물로서 지방 또는 기름을 말한다.
② 물, 알코올에 녹지 않고, 벤젠, 사염화탄소, 에터 등 유기용제에는 잘 녹는다.
③ 염기에 의해 비누화되어 비누와 글리세린이 된다.

> **참고** **비누화**
> $(C_{15}H_{31}COO)_3C_3H_5 + 3NaOH \rightarrow 3C_{15}H_{31}COONa + C_3H_5(OH)_3$
>   유지   염   비누   글리세린

2) 비누
① 고급지방산의 알칼리 금속염을 말한다.
② 물에는 잘 녹으며 수용액은 알칼리성이다.

> **참고**
> • **비누화값** : 유지 1g을 비누화하는데 필요한 KOH의 mg수
> • **아이오딘값** : 유지 100g에 흡수되는 아이오딘의 g수
> • **아세틸값** : 유지 1g을 아세틸화 시키는데 필요한 KOH의 mg 수
> • **산 값** : 유지 1g에 포함된 유리지방산을 중화하는데 필요한 KOH의 mg 수

제03부_ 유기화합물
출제예상문제

01 다음 유기화합물의 설명 중 틀린 것은 어느 것인가?

① 사이클로 알케인은 불포화 고리 화합물이다.
② 원자 사이의 결합은 대부분 강한 공유결합이다.
③ 대부분 유기화합물은 반응성이 약하고 반응이 느리다.
④ 주로 C_2H_2O로 구성되어 있으며 N_2S_2O가 첨가되기도 한다.

🔍 사이클로 알케인 : 포화 고리 화합물

02 유기화합물간의 반응이 무기화합물간의 반응에 비하여 일반적으로 느린 이유는 무엇인가?

① 이온결합화합물이기 때문이다.
② 높은 비등점을 가진 화합물이기 때문이다.
③ 공유결합화합물이기 때문이다.
④ 큰 분자량을 가진 화합물이기 때문이다.

🔍 유기화합물은 공유결합 화합물이므로 반응이 느리다.

03 다음 물질 중 환원성이 없는 물질은 무엇인가?

① 설탕   ② 맥아당
③ 젖당   ④ 갈락토오스

🔍 설탕($C_6H_{12}O_6$)은 환원성이 없다.

04 2,3-Dimethyl-1,3-Butadiene의 화학식(구조식)으로 올바른 것은?

① $CH_2 = C - CH = CH_2$
      |
      CH_3

② $CH_2 = C - C = CH_2$
      | |
      CH_3 CH_3

③ $CH_2 = C - CH = CH_3$
      |
      CH_3

④ $CH - CH = CH_2$

🔍 2,3-Dimethyl-1,3-Butadiene의 화학식
   1   2   3   4
$CH_2 = C - C = CH_2$
        | |
       CH_3 CH_3

05 $CH_3 - CHCl - CH_3$의 명명법으로 맞는 것은?

① 2-mono-chloro-propane
② di-chloro-ethylene
③ di-methyl-methane
④ di-methyl-ethane

🔍 2-mono-chloro-propane : $CH_3-CHCl-CH_3$

06 다음 각 화합물 1몰이 연소할 때 3몰의 산소를 필요로 하는 것은 어느 것인가?

① C_2H_6 ② C_2H_4
③ C_6H_6 ④ C_2H_2

🔍 연소 반응식
 • 에테인 : $C_2H_6 + 3.5O_2 \rightarrow 2CO_2 + 3H_2O$
 • 에틸렌 : $C_2H_4 + 3O_2 \rightarrow 2CO_2 + 2H_2O$
 • 벤젠 : $C_6H_6 + 7.5O_2 \rightarrow 6CO_2 + 3H_2O$
 • 아세틸렌 : $C_2H_2 + 2.5O_2 \rightarrow 2CO_2 + H_2O$

07 다음 관능기(작용기) 중에서 메틸(methyl)기는 어느 것인가?

① $-C_2H_5$ ② $-COCH_3$
③ $-NH_2$ ④ $-CH_3$

🔍 관능기
 • $-C_2H_5$: 에틸기
 • $-NH_2$: 아미노기
 • $-CH_3$: 메틸기

정답 01 ① 02 ③ 03 ① 04 ② 05 ① 06 ② 07 ④

08 아세틸렌계열 탄화수소에 해당되는 것은?

① C_5H_8
② C_6H_{12}
③ C_4H_8
④ C_3H_{12}

🔍 아세틸렌계열 탄화수소 : C_nH_{2n-2}

09 마르코니코프 법칙(Markowmnikoff law)은 어느 것을 나타내는가?

① 요소의 활동도
② 친전자쌍 방향족 치환반응
③ 이중결합에 대한 산의 첨가도
④ 자유 라디칼의 안정도

🔍 마르코코프 법칙 : 이중결합에 대한 산의 첨가도

10 C_2H_5OH(에탄올)에 빨갛게 달군 구리선을 넣어 산화시킬 때 생성되는 물질은?

① CH_3OCH_3
② CH_3CHO
③ $HCOOH$
④ C_3H_7OH

🔍 에틸알코올을 산화하면 아세트알데하이드(CH_3CHO)가 된다.
$C_2H_5OH \xrightleftharpoons[\text{환원}]{\text{산화}} CH_3CHO \xrightleftharpoons[\text{환원}]{\text{산화}} CH_3COOH$

11 다음 물질들에서 이웃하는 두 탄소간의 결합 길이가 가장 짧은 것은?

① $CH \equiv CH$
② $CH_2 = CH_2$
③ $CH_3 - CH_3$
④ C_6H_6

🔍 결합차이에 의한 탄소-탄소사이의 길이관계 : 단일결합 > 이중결합 > 삼중결합
$H - C \equiv C - H$ $CH_2 = CH_2$ $CH_3 - CH_3$
1.20Å   1.34Å   1.54Å

12 2차 알코올이 산화되어 생성되는 물질은?

① 알데하이드
② 에터
③ 카복실산
④ 케톤

🔍 알코올의 산화반응
• 1차 알코올 : $R-OH \rightarrow R-CHO \rightarrow R-COOH$
• 2차 알코올 : $R_2-OH \rightarrow R-CO-R'$(케톤)

13 알코올을 산화하면 알데하이드가 생성된다. 이 때 알데하이드를 얻을 수 없는 알코올은?

① CH_3CH_2OH
② CH_3CHCH_2OH
         |
        CH_3
③ CH_3CHOH
      |
     CH_3
④ $CH_3CH_2CH_2OH$

🔍 2차 알코올이 산화하면 케톤이 된다.
$2(CH_3 - CH - OH) + O_2 \rightarrow 2(CH_3 - CO - CH_3) + 2H_2O$
        |
       CH_3

14 메테인(CH_4)의 수소원자 1개가 염소와 치환될 때 생기는 물질의 수는 몇 개인가?

① 2개
② 3개
③ 4개
④ 5개

🔍 메테인의 수소원자와 염소와 치환 시 생기는 물질
• 염화메테인(CH_3Cl)
• 염화메틸렌(CH_2Cl_2)
• 클로로폼($CHCl_3$)
• 사염화탄소(CCl_4)

15 다음 중 이성질체가 존재하지 않는 물질은?

① 크실렌
② 다이클로로벤젠
③ 다이에틸아민
④ 프탈산디부틸

🔍 다이에틸아민[$(C_2H_5)_2NH$은 이성질체가 없다.

정답 08 ① 09 ③ 10 ② 11 ① 12 ④ 13 ③ 14 ③ 15 ③

16 다음 중 3가 알코올에 해당되는 것은?

① $H-\underset{H}{\overset{H}{C}}-\underset{H}{\overset{H}{C}}-\underset{H}{\overset{H}{C}}-OH$

② $H-\overset{H}{C}-OH$
   $H-\overset{}{C}-OH$
   $\overset{}{H}$

③ $H-\overset{H}{\underset{H}{C}}-OH$

④ $H-\overset{H}{C}-OH$
   $H-\overset{}{C}-OH$
   $H-\overset{}{C}-OH$
   $\overset{}{H}$

🔍 ①와 ③는 1가 알코올이고, ②는 2가 알코올, ④는 3가 알코올이다.

17 식초산과 알코올의 혼합물에 소량의 진한 황산을 가하여 가열하면 어떤 화합물이 생성되는가?

① 과당
② 나프탈렌
③ 에스터
④ 알데하이드

🔍 초산 + 에틸알코올 → 초산에틸 + 물
$CH_3COOH + C_2H_5OH → CH_3COOC_2H_5 + H_2O$

18 다음 중 아세트산과 에탄올의 혼합물에 소량의 진한 황산을 가하여 가열하면 생성되는 물질은?

① 아세트산에틸 ② 메테인산에틸
③ 글리세롤   ④ 에틸에터

🔍 아세트산 + 에틸알코올 → 아세트산에틸 + 물
$CH_3COOH + C_2H_5OH → CH_3COOC_2H_5 + H_2O$

19 나일론은 다음 어떤 결합이 들어 있는가?

① $-S-S-$ ② $-O-$
③ $O=C-O-$ ④ $-C=O-H-N-$

🔍 나일론 : 펩티드결합($-\underset{\underset{O}{\|}}{C}-\underset{\underset{H}{|}}{N}-$)

20 포르말린의 제조에 있어 가장 일반적으로 사용하는 원료는 무엇인가?

① 에틸알코올
② 에틸렌
③ 개미산
④ 메틸알코올

🔍 메틸알코올을 산화하면 HCHO(포르말린, 폼알데하이드)가 되고 2차 산화하면 폼산이 된다.

메틸알코올 $\xrightarrow{산화}$ 포르말린 $\xrightarrow{산화}$ 의산(폼산)

21 무색 바늘 모양의 결정으로 용융점이 159℃이며, 카복실산이나 알코올과 각각 에스터를 만드는 것은 무엇인가?

① $C_6H_4(OH)COOH$
② $C_6H_4(OH)_2$
③ $C_6H_4(CH_3)COOH$
④ $C_6H_4(CH_3)OH$

🔍 살리실산[$C_6H_4(OH)COOH$]의 융점 : 159℃

22 카니자로(Cannizzaro) 반응에서 생성되는 물질은?

① 카복실산과 케톤
② 카복실산과 알코올
③ 알코올과 에스터
④ 알코올과 물

🔍 카니자로(Cannizzaro) 반응 : 2분자의 알데하이드에서 카복실산 1분자, 알코올 1분자를 생성하는 반응

23 다음 화합물중 동족체가 아닌 것은 무엇인가?

① C_2H_4
② C_3H_6
③ C_6H_{18}
④ $C_{10}H_{20}$

🔍 알켄족(C_nH_{2n})의 물질이므로 ③는 아니다.

정답 16 ④ 17 ③ 18 ① 19 ④ 20 ④ 21 ① 22 ② 23 ③

24 차가운 탄산음료수의 병마개를 뽑으면 거품이 솟아오르는 이유는?

① 수증기가 생기기 때문이다.
② 이산화탄소가 분해하기 때문이다.
③ 용기 내부압력이 줄어들면서 용해도가 줄기 때문이다.
④ 온도가 내려가게 되면 포화용해도가 줄기 때문이다.

🔍 탄산음료수의 마개를 뽑으면 거품이 오르는 것은 용기 내부압력이 줄어들면서 용해도가 줄기 때문이다.

25 다음 물질 중에서 은거울반응과 아이오도폼반응을 모두 할 수 있는 것은?

① CH_3OH
② C_2H_5OH
③ CH_3CHO
④ CH_3ClOCH_3

🔍 아세트알데하이드(CH_3CHO) : 은거울반응, 아이오도폼반응

26 다음 중 암모니아성 질산은($AgNO_3$) 용액을 반응하여 거울을 만드는 것은?

① CH_3CH_2OH
② CH_3OCH_3
③ CH_3COCH_3
④ CH_3CHO

🔍 은거울반응 : 알데하이드 검출법으로 아세트알데하이드가 해당된다.

27 상온에서 무색의 액체상태의 유기화합물을 에탄올과 반응시켰더니 에스터를 형성하였으며, 펠링 용액과 반응시켰더니 붉은 침전이 생겼다. 또한 진한 황산과 함께 가열하였더니 일산화탄소가 발생하였다. 이 화합물은 무엇인가?

① 에터
② 개미산
③ 아세톤
④ 폼알데하이드

🔍 개미산(HCOOH)
• 에탄올과 반응 시 에스터 생성
 $HCOOH + C_2H_5OH \rightarrow HCOOC_2H_5 + H_2O$
• 펠링 용액과 반응시켰더니 붉은 침전이 생긴다.
• 황산과 가열하여 분해하면 일산화탄소가 발생한다.
 $HCOOH \rightarrow H_2O + CO \uparrow$

28 다음 중 아세틸렌(C_2H_2)을 원료로 하지 않는 것은?

① 아세트산
② 염화비닐
③ 에탄올
④ 메탄올

🔍 $C_2H_2 + 2H_2O \rightarrow C_2H_5OH$(에틸알코올)
아세틸렌을 원료로 하여 에틸알코올은 제조할 수 있으나 메탄올은 제조할 수 없다.

29 다음 중 에스터화 반응에 해당하는 것은?

① 나이트로벤젠 → 아닐린
② 아세트산 + 에틸알코올 → 초산에틸 + 물
③ 단백질 → 아미노산
④ 페놀 + 폼알데하이드 → 베크라이트

🔍 에스터화 반응
아세트산 + 에틸알코올 → 초산에틸 + 물
CH_3COOH C_2H_5OH $CH_3COOC_2H_5$ H_2O

30 아미노산이 꼭 포함하고 있는 원자단만을 짝지어 놓은 것은?

① $-COOH$와 $-NH_2$
② $-COOH$와 $-OH$
③ $-COOH$와 $-NO_2$
④ $-SO_3$와 $-NH_2$

🔍 아미노산 : 분자내에 카복실기($-COOH$)와 아미노기($-NH_2$)를 갖는 화합물

31 우유와 같이 액체가 분산되어 있을 때를 무엇이라고 하는가?

① 서스펜젼
② 에멀젼
③ 소수콜로이드
④ 친수콜로이드

🔍 에멀젼 : 우유와 같이 액체가 분산되어 있는 현상

정답 24 ③ 25 ③ 26 ④ 27 ② 28 ④ 29 ② 30 ① 31 ②

32 탄소수가 5개인 포화탄화수소 펜테인의 구조이성질체 수는 몇 개인가?

① 2개 ② 3개
③ 4개 ④ 5개

🔍 펜테인의 구조이성질체(3가지)
- $CH_3-CH_2-CH_2-CH_2-CH_3$
  n-pentan
- $CH_3-CH-CH_2-CH_3$
  $\quad\quad |$
  $\quad\quad CH_3$
  iso-pentan
- $\quad\quad CH_3$
  $\quad\quad |$
  CH_3-C-CH_3
  $\quad\quad |$
  $\quad\quad CH_3$
  neo-pentan

33 CO와 CO_2의 성질에 대한 설명 중 잘못된 것은?

① CO_2는 공기보다 무겁고 CO는 가볍다.
② CO_2와 CO는 석회수와 작용하여 탄산칼슘이 된다.
③ CO_2는 타지 않으나, CO는 타서 파란색의 불꽃을 낸다.
④ CO_2는 빵을 부풀게 하는데 사용하며, CO는 금속산화물을 환원시키는데 사용한다.

🔍 $Ca(OH)_2 + CO_2 \rightarrow CaCO_3 + H_2O$

34 아래 (㉠)과 (㉡)에 알맞은 용어는 무엇인가?

"과산화수소는 자신이 분해하여 발생기 산소를 발생시켜 강한 산화작용을 한다. 이는 (㉠) 종이를 보라색으로 변화시키는 것으로 확인되며, 이 과산화수소는 (㉡) 등에 황산을 작용시켜 얻는다."

① ㉠ 리트머스 ㉡ 염소산칼륨
② ㉠ 아이오딘화칼륨 녹말 ㉡ 염소산칼륨
③ ㉠ 리트머스 ㉡ 과산화바륨
④ ㉠ 아이오딘화칼륨 녹말 ㉡ 과산화바륨

🔍 과산화수소는 자신이 분해하여 발생기 산소를 발생시켜 강한 산화작용을 한다. 이는 (아이오딘화칼륨 녹말) 종이를 보라색으로 변화시키는 것으로 확인되며, 이 과산화수소는 (과산화바륨) 등에 황산을 작용시켜 얻는다.

35 알코올성 수산기와 페놀성 수산기의 비교한 것을 서술한 것이다. 이 중 페놀성 수산기의 특성 나타낸 것은?

① 수용액이 중성이다.
② NaOH를 가하면 반응하지 않는다.
③ 할로젠과는 반응하지 않는다.
④ $FeCl_3$용액과 특유한 정색 반응을 한다.

🔍 페놀성 수산기는 $FeCl_3$용액과 특유한 정색 반응을 한다.

36 단백질의 검출에 사용되는 것으로서 단백질에 진한 질산을 가하면 노란색으로 변하고 알칼리를 작용시키면 오렌지색으로 변하는 반응을 무슨 반응이라 하는가?

① 뷰렛 반응 ② 닌하드린 반응
③ 아담키바이츠 반응 ④ 잔토프로테인 반응

🔍 잔토프로테인 반응 : 단백질에 진한질산을 가하면 노란색으로 변하고 알칼리를 작용시키면 오렌지색으로 변하는 반응

37 페놀(C_6H_5OH)의 특성에 관계없는 항목은 무엇인가?

① 자극성 냄새를 지닌 무색결정
② 진한 용액은 피부를 부식하고, 묽은 용액은 소독제로 사용
③ 일명 "석탄산"이라고 하며, 탄산보다 강한 산임
④ 페놀의 용액에 $FeCl_3$의 용액을 가하면 보라색으로 변색

🔍 페놀(석탄산)은 C_6H_5OH로서 탄산보다 약한 산이다.

38 다음 벤젠에 관한 설명 중 틀린 것은?

① 화학식은 C_6H_{12}이다.
② 아세틸렌 3분자를 중합하여 얻는다.
③ 물에 녹지 않고 여러 가지 유기용제로 사용한다.
④ 콜타르를 분류 증류하여 얻은 경유 속에 포함되어 있다.

🔍 벤젠의 화학식 : C_6H_6

정답 32 ② 33 ② 34 ④ 35 ④ 36 ④ 37 ③ 38 ①

39 아래 내용에 해당하는 화합물 A의 명칭은?

- 화합물 A는 HCl과 반응하여 염산을 만든다.
- 화합물 A는 나이트로벤젠을 수소로 환원하여 만든다.
- 화합물 A는 $CaOCl_2$ 용액에서 붉은 보라색을 띤다.

① 페놀 ② 아닐린
③ 톨루엔 ④ 벤젠술폰산

🔍 아닐린 : 나이트로벤젠을 수소를 환원하여 만든다.

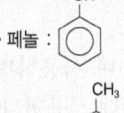

40 나이트로벤젠을 수소로써 환원하면 생성되는 물질은 어느 것인가?

① 아닐린 ② 페놀
③ 나프톨 ④ 크레졸

🔍 문제 39번 참조

41 아닐린의 제법(실험실)으로 알맞은 것은?

① 톨루엔을 산화시킨다.
② 나이트로벤젠을 환원시킨다.
③ 벤젠에 진한 황산을 가하고 가열한다.
④ 벤젠에 암모니아수를 가하고 가열한다.

🔍 아닐린 : 나이트로벤젠을 수소로서 환원하여 제조 한다.

42 벤젠을 공기 중에서 태우면 매연이 발생하는 이유는?

① 벤젠이 기체 연료이기 때문에
② 벤젠이 어느 정도 수분이 포함되어 있기 때문에
③ 벤젠의 조성이 수소에 비해 탄소를 많이 포함하고 있기 때문에
④ 벤젠이 공기 중 수증기와 반응하여 나이트로벤젠과 살리실산이 합성되기 때문에

🔍 벤젠(C_6H_6)은 수소에 비해 탄소를 많이 포함하고 있기 때문에 매연이 많이 발생한다.

43 벤젠(C_6H_6)의 유도체가 아닌 것은 무엇인가?

① 아닐린 ② 피크린산
③ BHC ④ PVC

🔍 PVC[Poly vinyl chloride, $(-CH_2=CHCl-)_n$]

44 다음 중 커플링(coupling) 반응 시 생성되는 작용기는?

① $-NH_2$ ② $-CH_3$
③ $-COOH$ ④ $-N=N-$

🔍 커플링(coupling) 반응 시 생성되는 작용기 : 아조기($-N=N-$)

45 다음 중 벤젠의 유도체가 아닌 것은?

① 페놀 ② 톨루엔
③ 아세톤 ④ 크실렌

🔍 벤젠의 유도체 : 벤젠고리가 있는 물질

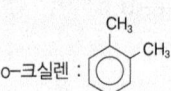

※ 아세톤 : CH_3COCH_3(제4류 위험물 제1석유류)

46 다음은 벤젠에 관한 성질이다. 옳은 것은?

① 불을 붙이면 그을음이 많은 불꽃을 내며 타는데 그 이유는 H의 수에 비해 C의 수가 많기 때문이다.
② 이중 결합이 있으니, 분자가 공명되어 있어 불안정하다.
③ sp혼성오비탈을 형성하여 평면형 구조이다.
④ 물과 같은 극성용매에 잘 녹는다.

🔍 벤젠은 알코올에 비해 C의 수가 많기 때문에 그을음이 많다.

정답 39 ② 40 ① 41 ② 42 ③ 43 ④ 44 ④ 45 ③ 46 ①

47 벤젠 구조에 대한 설명이다. 틀린 것은?

① 탄소-탄소 결합의 길이는 모두 같다.
② 같은 탄소수를 가진 포화탄화수소보다 8개의 수소가 부족하다.
③ 한 탄소원자가 다른 두 탄소원자와 형성하는 결합각은 120℃이다.
④ 6개의 탄소-탄소 결합 중 2개는 단일결합이고 나머지 4개는 이중결합이다.

🔍 6개의 탄소-탄소 결합 중 3개는 단일결합이고 나머지 3개는 이중결합이다.

48 $FeCl_3$의 존재하에서 톨루엔과 염소를 반응시키면 어떤 물질이 생기는가?

① O-클로로톨루엔
② p-살리실산메틸
③ 아세트아닐라드
④ 염화벤젠디아조늄

🔍 톨루엔과 염소를 반응시키면 O-클로로톨루엔이 된다.

49 가공성, 가황법 및 가황제의 물리적 성질들이 천연고무와 거의 동일한 합성 천연고무로서 타이어에 주로 이용되는 고무류는?

① 아크릴로니트릴부타디엔 고무(NBR)
② 스틸렌부타디엔 고무(SBR)
③ 아이소프렌 고무(IR)
④ 우레탄 고무(UR)

🔍 아이소프렌 고무 : 천연고무와 거의 동일한 합성 천연고무로서 타이어에 이용

50 다음은 엔트로피를 증가시키는 과정들에 대한 설명(예)이다. 잘못된 것은?

① 액체의 고화
② 순수한 액체의 증발 과정
③ 큰 분자를 작은 분자로 쪼개는 과정
④ 계에 있는 기체의 몰수를 증가시키는 과정

🔍 엔트로피 로서 온도에 따른 열량의 변화로서 액체의 고화는 엔트로피가 감소한다.

51 $C_2H_6(g) \rightarrow 2C(s) + 3H_2(g)$
$\triangle H = +20.4 kcal$
$2C(s) + 2O_2(g) \rightarrow 2CO_2(g)$
$\triangle H = -188.0 kcal$
$3H_2(g) + \frac{3}{2}O_2(g) \rightarrow 3H_2O(g)$
$\triangle H = -173.0 kcal$ 일 때 에테인이 산소 중에서 타서 CO_2와 수증기로 탈 때의 연소열을 계산하면?

① $\triangle H = -340.6 kcal$
② $\triangle H = 340.6 kcal$
③ $\triangle H = -35.4 kcal$
④ $\triangle H = 35.4 kcal$

🔍 $\triangle H = [(-188) + (-173)] - (+20.4) = -340.6 kcal$

52 유지 1mol을 비누화 하는데 필요한 NaOH 무게는? (단, 반응식은 $(RCOO)_3C_3H_5 + 3NaOH \rightarrow 3RCOONa + C_3H_5(OH)_3$이고 NaOH 분자량은 40이다.)

① 80g
② 100g
③ 120g
④ 140g

🔍 유지 1mol을 비누화하는데 필요한 NaOH g수는 1mol : 3mol 이므로 3 × 40g = 120g

53 다음 보기와 같은 유기화합물의 화학반응식을 무슨 반응이라 하는가?

$(C_{15}H_{31}COO)_3C_3H_5 + 3NaOH \rightarrow 3C_{15}H_{31}COONa + C_3H_5(OH)_3$

① 중화
② 산화
③ 발효화
④ 비누화

🔍 비누화
$(C_{15}H_{31}COO)_3C_3H_5 + 3NaOH \rightarrow 3C_{15}H_{31}COONa + C_3H_5(OH)_3$

정답 47 ④ 48 ① 49 ③ 50 ① 51 ① 52 ③ 53 ④

54 비누의 분자식 중 소수성(기름과 친한 성질)의 원자단은 어느 것인가?

① $C_nH_{2n+1}^-$
② $C_nH_{2n+1}COO^-$
③ Na^+
④ $-COONa$

🔍 비누는 소수성인 탄화수소기(C_nH_{2n+1})와 친수성기($-COONa$)를 모두 가지고 있다.

55 $Na_2CO_3 \cdot 10H_2O$을 건조한 공기 중에 놓아두면 일부분의 결정수를 잃어 $Na_2CO_3 \cdot H_2O$의 조성으로 된다. 이와 같은 현상을 무엇이라 하는가?

① 산화
② 풍해
③ 융융
④ 삼투

🔍 풍해 : $Na_2CO_3 \cdot 10H_2O$을 건조한 공기 중에 놓아두면 일부분의 결정수를 잃어 $Na_2CO_3 \cdot H_2O$의 조성으로 되는 현상

56 다음은 할로젠화수소의 결합에너지 크기를 비교하여 나타낸 것이다. 올바르게 표시된 것은?

① HI > HBr > HCl > HF
② HBr > HI > HF > HCl
③ HF > HCl > HBr > HI
④ HCl > HBr > HF > HI

🔍 할로젠화수소의 결합에너지 크기 : HF > HCl > HBr > HI

57 염소산칼륨을 가열하면 다음의 반응이 일어난다. $2KClO_3 \rightleftharpoons 2KCl + 3O_2$이 반응을 이용하여 실제로 산소를 발생시키기 위해 MnO_2를 가하는 이유를 가장 올바르게 설명한 것은?

① MnO_2가 이 평형을 유지시킨다.
② MnO_2가 들어가지 않으면 폭발할 염려가 있다.
③ MnO_2가 활성화에너지를 감소시켜 반응속도가 빨라진다.
④ MnO_2가 부촉매 역할을 하여 반응을 느리게 하여 산소가 더 많이 생성된다.

🔍 MnO_2가 활성화에너지를 감소시켜 반응속도가 빨라지므로 MnO_2를 가한다.

58 분자식이 같으면서도 구조가 다른 유기화합물을 무엇이라고 하는가?

① 이성질체
② 동소체
③ 동위원소
④ 방향족화합물

🔍 이성질체 : 분자식은 같으나 구조식이 다른 화합물로서 에탄올(C_2H_5OH)과 디메틸에테르(CH_3OCH_3)이다.

59 같은 분자식을 가지면서 각각을 서로 겹치게 할 수 없는 거울상의 구조를 갖는 분자를 무엇이라 하는가?

① 구조이성질체
② 기하이성질체
③ 광학이성질체
④ 분자이성질체

🔍 광학 이성질체(enantiomer) : 같은 분자식을 가지면서 각각을 서로 겹치게 할 수 없는 거울상의 구조를 갖는 분자

60 가열하면 부드러워져서 소성을 나타내고 식히면 경화하는 수지는?

① 페놀 수지
② 멜라민 수지
③ 요소 수지
④ 폴리염화비닐 수지

🔍 폴리염화비닐 수지 : 가열하면 부드러워져서 소성을 나타내고 식히면 경화하는 수지

61 다음 중 기하 이성질체가 존재하는 것은?

① C_5H_{12}
② $CH_3CH=CHCH_3$
③ C_3H_7Cl
④ $CH \equiv CH$

🔍 기하이성질체는 2중 결합을 축으로 하여 동일한 원자나 기를 가지는 것으로 원자들의 결합형태와 개수, 순서는 같으나 원자들의 공간위치가 다른 것으로 시스(cis)형(원자단이 같은 쪽에 있는 것)와 트란스(trans)형(원자단이 다른 쪽에 있는 것)이 있다. 알켄에서 주로 일어난다.

정답 54 ① 55 ② 56 ③ 57 ③ 58 ① 59 ③ 60 ④ 61 ②

CHAPTER 02

화재예방과 소화방법

Section 01 화재예방
Section 02 소화방법
Section 03 소방시설의 설치 및 운영

SECTION 01 화재예방

Industrial Engineer Hazardous material

STEP 01 화재의 종류 및 특성

1. 화재의 특성과 원인

1) 화재의 정의
   ① 자연 또는 인위적인 원인에 의해 물체를 연소시키고 인간의 신체, 재산, 생명의 손실을 초래하는 재난
   ② 사람의 의도에 반하여 출화 또는 방화에 의하여 불이 발생하고 확대되는 현상
   ③ 불을 사용하는 사람의 부주의와 불안정한 상태에서 발생하는 현상

2) 화재의 발생현황(연도마다 약간씩 다르다)
   ① 원인별 화재발생 현황 : 전기 〉담배 〉방화 〉불티 〉불장난 〉유류
   ② 장소별 화재발생 현황 : 주택, 아파트 〉차량 〉공장 〉음식점 〉점포
   ③ 계절별 화재발생 현황 : 겨울 〉봄 〉가을 〉여름

2. 화재의 종류

구분 급수	화재의 종류	원형 표시색
A급	일반화재	백색
B급	유류화재	황색
C급	전기화재	청색
D급	**금속화재**	**무색**

1) 일반화재
   목재, 종이, 합성수지류 등의 일반가연물의 화재

   > 참고 **한옥의 화재** : A급 화재

2) 유류화재
   제4류 위험물(특수인화물, 제1석유류~제4석유류, 알코올류, 동식물유류)의 화재

   > 참고 **유류화재 시 주수소화 금지 이유** : 연소면(화재면) 확대

3) 전기화재

전기화재는 양상이 다양한 원인 규명의 곤란이 많은 전기가 설치된 곳의 화재

 전기화재의 발생원인 : 합선(단락), 과부하, 누전, 스파크, 배선불량, 전열기구의 과열

4) 금속화재

칼륨(K), 나트륨(Na), 마그네슘(Mg), 아연(Zn)등 물과 반응하여 가연성 가스를 발생하는 물질의 화재

① 금수성 물질의 반응식
  ㉮ $2K + 2H_2O \rightarrow 2KOH + H_2 \uparrow$
  ㉯ $2Na + 2H_2O \rightarrow 2NaOH + H_2 \uparrow$
  ㉰ $Mg + 2H_2O \rightarrow Mg(OH)_2 + H_2 \uparrow$
  ㉱ $Zn + 2H_2O \rightarrow Zn(OH)_2 + H_2 \uparrow$
② 금속화재시 주수소화를 금지하는 이유 : 수소(H_2)가스 발생
③ D급 화재 : 강화액 소화기는 부적합하다.

3. 가연성가스의 폭발범위

1) 폭발범위(연소범위)

가연성 물질이 기체상태에서 공기와 혼합하여 일정농도 범위 내에서 연소가 일어나는 범위
① 하한값(하한계) : 연소가 계속되는 최저의 용량비
② 상한값(상한계) : 연소가 계속되는 최대의 용량비

 폭발범위와 화재의 위험성
- 하한계가 낮을수록 위험
- 상한계가 높을수록 위험
- 연소범위가 넓을수록 위험
- 온도(압력)가 상승할수록 위험(압력이 상승하면 하한계는 불변, 상한계는 증가(단, 일산화탄소는 압력상승시 연소범위가 감소)

2) 공기 중의 폭발범위(연소범위)

종류	하한계(%)	상한계(%)
아세틸렌(C_2H_2)	2.5	81.0
수소(H_2)	4.0	75.0
일산화탄소(CO)	12.5	74.0
암모니아(NH_3)	15.0	28.0
메테인(CH_4)	5.0	15.0
에테인(C_2H_6)	3.0	12.4
프로페인(C_3H_8)	2.1	9.5
뷰테인(C_4H_{10})	1.8	8.4
이황화탄소(CS_2)	1.0	50

3) 혼합가스의 폭발한계값

$$L_n = \dfrac{100}{\dfrac{V_1}{L_1} + \dfrac{V_2}{L_2} + \dfrac{V_3}{L_3} + \dfrac{V_n}{L_n}}$$

여기서 L_n : 혼합가스의 폭발한계(하한값, 상한값의 용량%)
  V_1, V_2, V_3, V_n : 가연성가스의 용량(용량%)
  L_1, L_2, L_3, L_n : 가연성가스의 하한값 또는 상한값(용량%)

4) 위험도(Degree of hazards)

$$\text{위험도} \quad H = \dfrac{U-L}{L}$$

여기서 • U : 폭발 상한계   • L : 폭발 하한계

5) 폭굉과 폭연
 ① 폭연(Deflagration) : 발열반응으로서 연소의 전파속도가 **음속보다 느린 현상**
 ② 폭굉(Detonation) : 발열반응으로서 연소의 전파속도가 **음속보다 빠른 현상**

> **참고** **분진폭발** : 밀가루, 금속분, 플라스틱분, 마그네슘분

6) 폭굉유도거리가 짧아지는 요건
 ① 압력이 높을수록
 ② 관경이 작을수록
 ③ 관속에 장애물이 있는 경우
 ④ 점화원의 에너지가 강할수록
 ⑤ 정상연소속도가 큰 혼합물일수록

4. 화재의 피해 및 손실정도

1) 화재피해의 감소방안
 ① 화재의 효과적인 예방
 ② 화재의 효과적인 발견
 ③ 화재의 효과적인 진압

2) 위험물과 화재위험의 상호관계

제반사항	위험성
온도, 압력	높을수록 위험
인화점, 착화점, 융점, 비점	**낮을수록 위험**
연소범위	**넓을수록 위험**
연소속도, 증기압, 연소열	클수록 위험

3) 화재의 손실정도
   ① 부분소 화재 : 전소, 반소화재에 해당되지 않는 것
   ② **반소** 화재 : 건물의 **30% 이상 70% 미만**이 소실된 경우
   ③ 전소 화재 : 건물의 70% 이상(입체면적에 대한 비율)이 소실되었거나 또는 그 미만이라도 잔존부분을 보수하여도 재사용이 불가능한 것

5. 화상의 종류
① 1도 화상(홍반성) : 최외각의 피부가 손상되어 그 부위가 분홍색이 되며 심한 통증을 느끼는 정도
② 2도 화상(수포성) : 화상부위가 분홍색으로 되고 분비액이 많이 분비되는 화상의 정도
③ 3도 화상(괴사성) : 화상부위가 벗겨지고 열이 깊숙이 침투하여 검게 되는 정도
④ 4도 화상 : 전기화재로 인하여 화상을 입은 부위 조직이 탄화되어 검게 변한 정도

STEP 02 연소의 이론과 실제

1. 연소

1) 연소의 정의

   가연물이 공기 중에서 산소와 반응하여 열과 빛을 동반하는 급격한 산화현상

2) 연소의 색과 온도

색상	온도(℃)	색상	온도(℃)
담암적색	520	암적색	700
적색	850	휘적색	950
황적색	1100	백적색	1300
휘백색	1500 이상		

3) 연소의 3요소
   ① 가연물 : 목재, 종이, 석탄, 플라스틱 등과 같이 산소와 반응하여 발열반응하는 물질
      ㉮ 가연물의 조건
         ㉠ **열전도율**이 **적을 것**
         ㉡ 발열량이 클 것
         ㉢ 표면적이 넓을 것
         ㉣ 산소와 친화력이 좋을 것
         ㉤ **활성화에너지**가 **작을 것**

   참고 열전도율이 크면 열이 한 곳에 모이지 않기 때문에 가연물의 조건이 아니다.

④ 가연물이 될 수 없는 물질
  ㉠ 산소와 더 이상 반응하지 않는 물질 : CO_2, H_2O, Al_2O_3 등
  ㉡ **질소** 또는 질소산화물 : 산소와 반응은 하나 **흡열반응**을 하기 때문

$$N_2 + 1/2O_2 \rightarrow N_2O - Qkcal$$

  ㉢ **18족(0족) 원소**(불활성 기체) : 헬륨(He), 네온(Ne), 아르곤(Ar), 크립톤(Kr), 제논(Xe), 라돈(Rn)

> 참고 사염화탄소는 가연물이 아니고 소화약제이다(현재는 생산 중지)

② 산소공급원 : 산소, 공기, 제1류 위험물, 제5류 위험물, 제6류 위험물
③ 점화원 : 전기불꽃, 정전기불꽃, 충격마찰의 불꽃, 단열압축, 나화 및 고온표면 등
  ㉮ 연소의 3요소 : 가연물, 산소공급원, 점화원
  ㉯ 연소의 4요소 : 가연물, 산소공급원, 점화원, 순조로운 연쇄반응
  ㉰ 정전기의 방지대책 : 접지, 상대습도 70% 이상 유지, 공기이온화
  ㉱ 정전기의 발화과정 : 전하의 발생 → 전하의 축적 → 방전 → 발화

2. 연소의 형태

1) 고체의 연소

① **표면연소** : **목탄, 코크스, 숯, 금속분** 등이 열분해에 의하여 가연성가스를 발생하지 않고 그 물질 자체가 연소하는 현상
② **분해연소** : **석탄, 종이, 목재, 플라스틱** 등의 연소시 열분해에 의해 발생된 가스와 공기가 혼합하여 연소하는 현상
③ **증발연소** : **황, 나프탈렌, 왁스, 파라핀** 등과 같이 고체를 가열하면 열분해는 일어나지 않고 고체가 액체로 되어 일정온도가 되면 액체가 기체로 변화하여 기체가 연소하는 현상
④ **자기연소**(내부연소) : **제5류 위험물**인 나이트로셀룰로스, 질화면 등 그 물질이 가연물과 산소를 동시에 가지고 있는 가연물이 연소하는 현상

> 참고
> • **촛불의 연소** : 증발연소
> • **금속분** : 표면연소
> • **나이트로셀룰로스의 연소** : 내부연소

2) 액체의 연소

① 증발연소 : 아세톤, 휘발유, 등유, 경유와 같이 액체를 가열하면 증기가 되어 증기가 연소하는 현상
② 액적연소 : 벙커C유와 같이 가열하여 점도를 낮추어 버너 등을 사용하여 액체의 입자를 안개상으로 분출하여 연소하는 현상

> 참고 **알코올** : 증발연소

3) 기체의 연소
① **확산연소** : 수소, 아세틸렌, 프로페인, 뷰테인 등 화염의 안정범위가 넓고 조작이 용이하며 역화의 위험이 없는 연소현상
② **폭발연소** : 밀폐된 용기에 공기와 혼합가스가 있을 때 점화되면 연소속도가 증가하여 폭발적으로 연소하는 현상
③ **예혼합연소** : 가연성기체와 공기 중의 산소를 미리 혼합하여 연소하는 현상

> 참고 **확산연소** : 불꽃은 있으나 불티가 없는 연소

3. 연소에 따른 제반사항

1) 비열(Specific heat)
① 1g의 물체를 1℃ 올리는데 필요한 열량(cal)
② 1lb의 물체를 1℉ 올리는데 필요한 열량(BTU)

> 참고 **물을 소화약제로 사용하는 이유** : 비열과 증발잠열이 크기 때문

2) 잠열(Latent heat)
어떤 물질이 온도는 변하지 않고 상태만 변화할 때 발생하는 열($Q = r \cdot m$)
① **증발잠열** : 액체가 기체로 될 때 출입하는 열(물의 **증발잠열** : $539\ cal/g$)
② **융해잠열** : 고체가 액체로 될 때 출입하는 열(물의 융해잠열 : $80 cal/g$)

> 참고 **현열** : 어떤 물질이 상태는 변화하지 않고 온도만 변화할 때 발생하는 열($Q = mC \cdot t$)
>
> 01. 0℃의 물 1g을 100℃의 수증기로 되는데 필요한 열량 : 639cal
> $Q = mc\varDelta t + r \cdot m = 1g \times 1cal/g \cdot ℃ \times (100 - 0)℃ + 539cal/g \times 1g = 639ca$
>
> 02. 0℃의 얼음 1g을 100℃의 수증기로 되는데 필요한 열량 : 719cal
> $Q = r \cdot m + mc\varDelta t + r \cdot m$
> $= (80cal/g \times 1g) + [1g \times 1cal/g \cdot ℃ \times (100 - 0)℃] + (539cal/g \times 1g) = 719cal$

3) 인화점(Flash point)
휘발성 물질에 불꽃을 접하여 발화 될 수 있는 최저의 온도

> 참고 **인화점** : 가연성 증기를 발생할 수 있는 최저의 온도

4) 발화점(Ignition point)
가연성 물질에 점화원을 접하지 않고도 불이 일어나는 최저의 온도
① **자연발화의 형태**
  ㉮ **산화열**에 의한 발화 : **석탄, 건성유**, 고무분말

④ **분해열**에 의한 발화 : 셀룰로이드, 나이트로셀룰로스
⑤ **미생물**에 의한 발화 : 퇴비, 먼지
⑥ **흡착열**에 의한 발화 : 목탄, 활성탄

> **참고** 자연발화의 형태 : 산화열, 분해열, 미생물, 흡착열

② **자연발화의 조건**
   ㉮ 주위의 온도가 높을 것
   ㉯ **열전도율이 적을 것**
   ㉰ 발열량이 클 것
   ㉱ 표면적이 넓을 것

> **참고** 자연발화 방지법
> - 습도를 낮게 할 것
> - 통풍을 잘 시킬 것
> - 주위의 온도를 낮출 것
> - 불활성가스를 주입하여 공기와 접촉을 피할 것

③ 발화점이 낮아지는 이유
   ㉮ 분자구조가 복잡할 때
   ㉯ 산소와 친화력이 좋을 때
   ㉰ 열전도율이 낮을 때
   ㉱ 증기압이 낮을 때

5) **연소점**(Fire point)
   어떤 물질이 공기 중에서 열을 받아 지속적인 연소를 일으킬 수 있는 온도로서 인화점 보다 10℃높다.

6) **증기밀도**(Vapor density)

$$\text{증기밀도(비중)} = \frac{\text{분자량}}{29}$$

① 공기의 조성 : 산소(O_2) 21%, 질소(N_2) 78%, 아르곤(Ar)등 1%
② 공기의 평균분자량 = $(32 \times 0.21) + (28 \times 0.78) + (40 \times 0.01) = 28.96 ≒ 29$

4. 연소생성물이 인체에 미치는 영향

1) 일산화탄소(CO)의 영향

농도	인체에 미치는 영향
600 ~ 700 ppm	1시간 노출로 영향을 인지
2000 ppm(0.2%)	1시간 노출로 생명이 위험
4000 ppm(0.4%)	1시간 이내에 치사

2) 이산화탄소(CO_2)의 영향

농도	인체에 미치는 영향
0.1%	공중위생상의 상한선
2%	불쾌감 감지
3%	호흡수 증가
4%	두부에 압박감 감지
6%	두통, 현기증, 호흡곤란
10%	시력장애, 1분 이내에 의식불명하여 방치시 사망
20%	중추신경이 마비되어 사망

3) 주요 연소생성물의 영향

가스	현상
$COCl_2$(포스겐)	매우 독성이 강한 가스로서 연소시에는 거의 발생하지 않으나 사염화탄소 약제사용시 발생한다.
CH_2CHCHO(아크로레인)	석유제품이나 유지류가 연소할 때 생성
SO_2(아황산가스)	**황**을 함유하는 유기화합물이 **완전연소시**에 발생
H_2S(황화수소)	**황**을 함유하는 유기화합물이 **불완전연소시**에 발생, 달걀 썩는 냄새가 나는 가스
CO_2(이산화탄소)	연소가스 중 가장 많은 양을 차지, **완전연소**시 생성
CO(일산화탄소)	**불완전연소**시에 다량 발생, 혈액중의 헤모글로빈(Hb)과 결합하여 혈액 중의 산소운반 저해하여 사망
HCl(염화수소)	PVC와 같이 염소가 함유된 물질의 연소시 생성

5. 열에너지(열원)의 종류

1) 화학열
① 연소열 : 어떤 물질이 완전히 산화되는 과정에서 발생하는 열
② **분해열** : 어떤 **화합물**이 **분해할 때** 발생하는 열
③ 용해열 : 어떤 물질이 액체에 용해될 때 발생하는 열
④ 자연발화 : 어떤 물질이 외부열의 공급 없이 온도가 상승하여 발화점 이상에서 연소하는 현상

> **참고** 기름걸레를 빨래줄에 걸어 놓으면 자연발화가 되지 않는다(산화열의 미축척으로).

2) 전기열
① 저항열 : 도체에 전류가 흐르면 전기저항 때문에 전기에너지의 일부가 열로 변할 때 발생하는 열

② 유전열 : 누설전류에 의해 절연물질이 가열하여 절연이 파괴되어 발생하는 열
③ 유도열 : 도체주위에 변화하는 자장이 존재하면 전위차를 발생하고 이 전위차로 전류의 흐름이 일어나 도체의 저항 때문에 열이 발생하는 것
④ 정전기열 : 정전기가 방전할 때 발생하는 열

 정전기
- 방전시간은 짧다.
- 많은 열을 발생하지 않으므로 종이와 같은 가연물을 점화시키지 못한다.
- 가연성증기나 기체 또는 가연성분진은 발화 시킬 수 있다.

⑤ 아크열 : 아크의 온도는 매우 높기 때문에 가연성이나 인화성물질을 점화시킬 수 있다.

3) 기계열
① 마찰열 : 두 물체를 마주대고 마찰시킬 때 발생하는 열
② 압축열 : 기체를 압축할 때 발생하는 열
③ 마찰스파크 : 금속과 고체물체가 충돌할 때 발생하는 열

6. 열의 전달

1) 전도(Conduction)
하나의 물체가 다른 물체와 직접 접촉하여 전달되는 현상

 전도 : 화재 시 화염과 격리된 인접 가연물에 불이 옮겨 붙는 것

2) 대류(Convection)
화로에 의해서 방안이 더워지는 현상은 대류현상에 의한 것이다.

3) 복사(Radiation)
양지바른 곳에 햇볕을 쬐면 따뜻함을 느끼는 현상

 스테판-볼쯔만(Stefan-boltzman) 법칙
복사열은 절대온도차의 4제곱에 비례하고 열전달면적에 비례한다.
$Q = aAF(T_1^4 - T_2^4)$ kcal/hr
$Q_1 : Q_2 = (T_1 + 273)^4 : (T_2 + 273)^4$

7. 유류탱크(가스탱크)에서 발생하는 현상

1) 보일 오버(Boil over)
① 중질유 탱크에서 장시간 조용히 연소하다가 탱크의 잔존기름이 갑자기 분출(over flow)하는 현상
② 유류탱크 바닥에 물 또는 물-기름에 에멀젼이 섞여 있을 때 화재가 발생하는 현상
③ 연소유면으로부터 100℃ 이상의 열파가 탱크저부에 고여 있는 물을 비등하게 하면서 연소유를 탱크 밖으로 비산하며 연소하는 현상

2) 스롭 오버(Slop over)
물이 연소유의 뜨거운 표면에 들어갈 때 기름 표면에서 화재가 발생하는 현상

3) 프로스 오버(Froth over)
물이 뜨거운 기름 표면 아래서 끓을 때 화재를 수반하지 않는 용기에서 넘쳐 흐르는 현상

4) 블레비(BLEVE, Boilling Liquid Expanding Vapour Explosion)
액화가스 저장탱크의 누설로 부유 또는 확산된 액화가스가 착화원과 접촉하여 액화가스가 공기 중으로 확산, 폭발하는 현상

제01부 _ 화재예방
출제예상문제
CHECK POINT QUESTION

01 화재를 잘 일으킬 수 있는 일반적인 경우에 대한 설명 중 틀린 것은?

① 산소와 친화력이 클수록 연소가 잘 일어난다.
② 온도가 상승하면 연소가 잘 된다.
③ 연소범위가 넓을수록 연소가 잘된다.
④ 발화점이 높을수록 연소가 잘 된다.

🔍 발화점이 낮을수록 연소가 잘 되고 위험하다.

02 B급 화재에 사용되는 소화기의 표시 색깔은?

① 황색
② 백색
③ 청색
④ 초록색

🔍 B급 화재의 바탕색 : 황색

03 화재의 종류 중 유류화재로서 연소 후 아무 것도 남지 않는 화재를 어떤 화재라고 하는가?

① A급화재
② B급화재
③ C급화재
④ D급화재

🔍 화재의 종류

구분 급수	화재의 종류	원형 표시색
A급	일반화재	백색
B급	유류화재	황색
C급	전기화재	청색
D급	금속화재	무색

04 유류화재용 소화기에 적혀 있는 문자표시의 바탕색은?

① 백색
② 황색
③ 청색
④ 흑색

🔍 유류화재 : 황색

05 화재 중 가연성액체, 반고체, 유지 등의 화재는 다음 중 어느 것에 해당하는가?

① A급 화재
② B급 화재
③ C급 화재
④ D급 화재

🔍 B급(유류) 화재 : 제4류위험물, 반고체, 유지 등의 화재로서 연소 후 재가 없는 화재

06 D급 화재는 어디에 속하는가?

① 일반화재
② 유류화재
③ 전기화재
④ 금속화재

🔍 D급 화재 : 금속화재

07 화재의 종류에서 원형의 바탕색과 연결이 잘못 된 것은?

① A급 - 백색
② B급 - 황색
③ C급 - 청색
④ D급 - 적색

🔍 D급(금속) 화재의 원형 색상 : 무색

08 D급 화재와 관련 있는 위험물질의 종류는?

① 목재, 의류, 종이
② 휘발유, 시너, 석유
③ 황, CS_2, 피리딘
④ 마그네슘, 철분, Al분

🔍 D급 화재(금속화재) : 마그네슘, 철분, Al분

정답 01 ④ 02 ① 03 ② 04 ② 05 ② 06 ④ 07 ④ 08 ④

09 다음은 화재 위험에 관한 위험물 제조, 저장, 취급소 주변의 환경 조건에 대한 설명으로 틀린 것은?

① 온도가 높을 때에는 위험하다.
② 풍향은 풍상 쪽이 위험하다.
③ 같은 것을 취급하는 경우에도 그 취급여하에 따라서 위험의 정도가 다르게 된다.
④ 압력이 클 때에는 위험하다.

🔍 화재는 풍상에서 풍하로 이동하므로 풍하가 위험하다.

10 위험물의 화재위험에 관한 제반조건을 설명한 것으로 맞는 것은?

① 비열이 클수록 위험하다.
② 착화에너지는 작을수록 위험하다.
③ 물에 대한 용해도가 작으면 소화가 용이하다.
④ 전기전도율이 크면 정전기 등에 의한 화재위험도 크다.

🔍 화재위험
- 비열이 작을수록 위험하다.
- 착화에너지가 작을수록 위험하다.
- 용해도가 크면 소화가 용이하다.(용해도가 적으면 물과 섞이지 않으므로 소화가 어렵다)
- 전기 전도율이 크면 열이 축적되지 않으므로 정전기 화재위험도가 감소한다.

11 유류화재의 예방대책이 아닌 것은?

① 가솔린 등 인화점이 높은 물질은 용도에 맞게 사용한다.
② 열기구는 사용 중 다른 장소로 이동하시 않는다.
③ 석유난로에 주전자를 올려놓을 때 물이 끓어 넘치는가 주의한다.
④ 적당한 용량의 전기제품을 선택하여 사용한다.

🔍 전기제품 선택은 전기화재의 예방대책이다.

12 다음 중 폭발에 대한 내용을 바르게 설명한 것은?

① 가연성 기체 또는 액체의 열의 발생속도가 열의 일산속도를 상회하는 현상
② 가연성 기체 또는 액체의 열의 일산속도가 열의 발생속도를 상회하는 현상
③ 가연성 기체 또는 액체의 열의 발생속도가 열의 연소속도를 상회하는 현상
④ 가연성 기체 또는 액체의 열의 연소속도가 열의 발생속도를 상회하는 현상

🔍 폭발 : 가연성 기체 또는 액체의 열의 발생속도가 열의 일산속도를 상회하는 현상

13 폭굉 현상에 대한 설명으로 틀린 것은?

① 폭굉 범위는 1,000~3,500m/s이다.
② 하이드라진, 아세틸렌 등은 고압하에서 폭굉 현상을 일으킨다.
③ 순수한 물질에 있어서도 그 분해열이 정압일 때는 폭굉을 일으킨다.
④ 폭굉파의 속도가 3,000m/s일 때 충동압력은 0.7~0.8MPa정도이다.

🔍 폭굉파의 속도 : 1,000 ~ 3,500m/s

14 분진폭발의 위험이 없는 것은?

① 아연분
② 황산알루미늄
③ 철분
④ 마그네슘

🔍 분진폭발 : 아연분, 철분, 마그네슘, 알루미늄 등

15 분진폭발을 방지하기 위한 방법은?

① 햇빛을 막아야 한다.
② 위험물의 분말과 공기와의 접촉을 막아야 한다.
③ 습한 공기를 피해야 한다.
④ 저온을 피해야 한다.

🔍 분진폭발은 가연물이 공기 중에 분포되어 있다가 점화원이 있으며 폭발하므로 공기와의 접촉을 막아야 한다.

정답 09 ② 10 ② 11 ④ 12 ① 13 ④ 14 ② 15 ②

16 다음 중 분진폭발의 위험이 없는 것은?

① 금속분 ② 밀가루
③ 플라스틱 분 ④ 염소산칼륨의 가루

🔍 분진폭발의 위험이 있는 것 : 금속분(알루미늄분, 아연분), 철분, 밀가루, 플라스틱분, 황

17 다음 중 분진폭발을 일으키지 않는 것은?

① 생석회 ② 마그네슘
③ 티탄 ④ 알루미늄

🔍 분진폭발을 일으키는 물질
• 마그네슘 • 티탄
• 알루미늄 • 황
• 적인
※분진폭발을 하지 않는 물질 : 생석회, 석회석, 시멘트분

18 분진폭발의 상한값은 대체로 어느 정도인가?

① 25mg/ℓ ② 45mg/ℓ
③ 80mg/ℓ ④ 100mg/ℓ

🔍 분진폭발의 범위 : 25 ~ 80mg/ℓ

19 다음 중 분진폭발의 위험성이 가장 적은 것은 어느 것인가?

① 황분 ② 알루미늄분
③ 석탄분 ④ 석회분

🔍 분진폭발 : 황, 알루미늄, 석탄, 밀가루, 마그네슘

20 다음 그림에서 C_1과 C_2사이를 무엇이라 하는가?

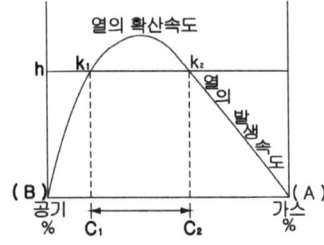

① 폭발범위 ② 발열량
③ 흡열량 ④ 안전범위

🔍 $C_1 \sim C_2$: 폭발범위

21 다음 위험물 중 물과 반응하여 연소범위가 약 2.5 ~ 81%인 위험한 가스를 발생시키는 것은?

① Na ② P
③ CaC_2 ④ Na_2O_2

🔍 탄화칼슘은 물과 반응하면 가연성가스인 연소범위가 2.5~81%인 아세틸렌가스를 발생한다.
$CaC_2 + 2H_2O \rightarrow Ca(OH)_2 + C_2H_2\uparrow$
(소석회, 수산화칼슘) (아세틸렌)

22 다음 중 연소범위가 가장 넓은 것은?

① 휘발유
② 톨루엔
③ 에틸알코올
④ 다이에틸에터

🔍 연소범위

종류	인화점	종류	인화점
휘발유	1.2 ~ 7.6%	톨루엔	1.27 ~ 7.0%
에틸알코올	3.1 ~ 27.7%	다이에틸에터	1.7 ~ 48%

23 프로페인 50[%], 뷰테인 40[%], 프로필렌 10[%]로 된 혼합가스의 폭발하한계는 약 몇 [%]인가?(단, 각 가스의 폭발하한계는 프로페인은 2.2[%], 뷰테인은 1.9[%], 프로필렌은 2.4[%]이다)

① 0.83 ② 2.09
③ 5.05 ④ 9.44

🔍 혼합가스의 폭발범위
$$\frac{100}{L_m} = \frac{V_1}{L_1} + \frac{V_2}{L_2} + \frac{V_3}{L_3}$$
여기서, L_1, L_2, L_3, L_4 : 가연성 가스의 폭발한계[vol%]
V_1, V_2, V_3, V_4 : 가연성 가스의 용량[vol%]
L_m : 혼합가스의 폭발한계[vol%]
∴ 하한값 $\frac{100}{L_m} = \frac{V_1}{L_1} + \frac{V_2}{L_2} + \frac{V_3}{L_3} = \frac{50}{2.2} + \frac{40}{1.9} + \frac{10}{2.4}$
$L_m = 2.09[\%]$

정답 16 ④ 17 ① 18 ③ 19 ④ 20 ① 21 ③ 22 ④ 23 ②

24 가스 A가 40[vol%], 가스 B가 60[vol%]로 혼합된 가스의 연소하한계는 몇 [vol%]인가?(단, 가스 A의 연소하한계는 4.9[vol%]이며, 가스 B의 연소하한계는 4.15[vol%]이다.)

① 1.82
② 2.02
③ 3.22
④ 4.42

🔍 혼합가스의 폭발범위
$$L_m = \frac{100}{\frac{V_1}{L_1} + \frac{V_2}{L_2}} = \frac{100}{\frac{40}{4.9} + \frac{60}{4.15}} = 4.42\%$$

25 연소할 때 고온체가 발하는 색깔로 온도를 측정할 수 있다. 다음 중 높은 온도의 순서대로 바르게 나열된 것은?

① 적색 < 황적색 < 암적색 < 휘적색 < 백적색
② 적색 < 황적색 < 휘적색 < 백적색 < 휘백색
③ 적색 < 휘적색 < 황적색 < 휘백색 < 백적색
④ 암적색 < 적색 < 휘적색 < 황적색 < 백적색

🔍 연소 시 불꽃의 온도

색상	온도(℃)	색상	온도(℃)
담암적색	520	암적색	700
적색	850	휘적색	950
황적색	1100	백적색	1300
휘백색	1500 이상		

26 고온체의 색깔과 온도관계에서 다음 중 가장 낮은 온도의 색깔은?

① 적색
② 암적색
③ 휘적색
④ 백적색

🔍 문제 25번 참조

27 고온체의 색깔과 온도의 연결이 잘못된 것은?

① 적색 – 850℃
② 휘적색 – 1,000℃
③ 황적색 – 1,100℃
④ 백적색 – 1,300℃

🔍 휘적색 : 950℃

28 연소가 잘 이루어지는 조건 중 옳지 않은 것은?

① 가연물의 발열량이 클 것
② 가연물의 열전도율이 클 것
③ 가연물의 표면적이 클 것
④ 가연성가스가 많이 발생하는 것

🔍 열전도율이 크면 열이 축적되지 않으므로 연소가 잘 일어나지 않는다.

29 다음 중 연소에 대한 설명으로 옳은 것은?

① CO_2를 발생하면서 반응한다.
② 반응하면서 열을 수반한다.
③ 물질이 산소와 반응하여 산화한다.
④ 물질이 산소와 반응하면서 빛과 열을 수반한다.

🔍 연소 : 가연물이 산소와 반응하여 열과 빛을 동반하는 급격한 산화현상

30 다음 중 연소의 3요소와 관계없는 것은 어느 것인가?

① 셀룰로이드
② 질산칼륨
③ 마찰
④ 대기압

🔍 연소의 3요소 : 가연물(셀룰로이드), 질산칼륨(산소공급원), 마찰(점화원)

31 연소의 3요소가 아닌 것은?

① 가연물
② 산소공급원
③ 점화원
④ 순조로운 연쇄반응

🔍 연소의 3요소 : 가연물, 산소공급원, 점화원
※연소의 4요소 : 가연물, 산소공급원, 점화원, 순조로운 연쇄반응

32 산소공급원이 될 수 없는 것은?

① 공기
② 염소산칼륨
③ 산화칼륨
④ 질산칼륨

🔍 산소공급원 : 공기, 제1류위험물(염소산칼륨, 질산칼륨), 제6류 위험물

정답 24 ④ 25 ④ 26 ② 27 ② 28 ② 29 ④ 30 ④ 31 ④ 32 ③

33 다음 중 점화원이 될 수 없는 것은?

① 산화열 ② 마찰에 의한 불꽃
③ 정전기접지 ④ 전기불꽃

🔍 점화원 : 전기불꽃, 정전기불꽃, 산화열, 충격·마찰에 의한 불꽃
※ 기화열, 액화열 : 점화원이 아니다.

34 가연물의 구비조건으로 볼 수 없는 것은?

① 열전도율이 클 것
② 연소열량이 클 것
③ 화학적 활성이 강할 것
④ 활성화 에너지가 적을 것

🔍 가연물의 구비조건
• 열전도율이 적을 것
• 연소열량이 클 것
• 화학적 활성이 강할 것
• 활성화 에너지가 적을 것

35 가연물의 구비조건으로 볼 수 없는 것은?

① 표면적이 커야 한다.
② 열전도도가 커야 한다.
③ 최소 점화 에너지가 작아야 한다.
④ 산소와의 친화력이 커야 한다.

🔍 가연물은 열전도가 적어야 한다.

36 다음 중 가연물이 될 수 있는 것은?

① Ar ② SiO_2
③ N_2 ④ Rb

🔍 루비듐(Rb)은 가연물이다.

37 가연물에 대한 설명으로 옳지 않은 것은?

① 산소와의 친화력이 클수록 가연물이 되기 쉽다.
② 산소가 구성 원소로 되어 있는 유기물은 가연물이 될 수 있다.
③ 활성화 에너지가 적을수록 가연물이 되기 쉽다.
④ 산화반응이지만 발열반응인 것은 가연물이 될 수 없다.

🔍 가연물 : 산화반응을 하고 발열반응을 하는 물질

38 점화원이 될 수 없는 것은?

① 산화열 ② 마찰에 의한 불꽃
③ 중화열 ④ 전기불꽃

🔍 산과 염이 반응하여 염과 물이 생성될 때 발생하는 중화열은 점화원이 아니다.

39 점화원인 중 화학적인 현상에 의해 발생하는 것은 무엇인가?

① 누전 ② 정전기
③ 분해 ④ 마찰

🔍 화학적인 현상 : 분해열, 연소열, 융해열

40 착화온도 600℃의 의미를 가장 잘 표현한 것은?

① 600℃로 가열하면 점화원이 있으면 볼 탄다.
② 600℃로 가열하면 비로소 인화된다.
③ 600℃ 이하에서는 점화원이 있어도 인화되지 않는다.
④ 600℃로 가열하면 공기 중에서 스스로 불타기 시작한다.

🔍 착화온도 600℃ : 600℃로 가열하면 공기 중에서 스스로 불타기 시작한다.

41 금속이 덩어리 상태일 때보다 가루상태일 때 연소위험성이 증가하는 이유로 볼 수 없는 것은?

① 표면적의 증가 ② 겉보기 체적의 증가
③ 비열의 증가 ④ 대전성의 증가

🔍 가루상태일 때 연소의 위험성
• 표면적의 증가
• 겉보기 체적의 증가
• 대전성의 증가

정답 33 ③ 34 ① 35 ② 36 ④ 37 ④ 38 ③ 39 ③ 40 ④ 41 ③

42 다음 중 자연발화의 위험이 없는 것은?

① 표면적이 넓고 발열량이 클 것
② 열전도율이 클 것
③ 주위온도가 높을 것
④ 습도가 높을 것

🔍 자연발화의 조건
  • 주위온도가 높을 것
  • 열전도율이 적을 것
  • 발열량이 클 것
  • 표면적이 넓을 것

43 자연발화가 일어날 수 있는 조건으로 가장 옳은 것은?

① 주위의 온도가 낮을 것
② 표면적이 작을 것
③ 열전도율이 작을 것
④ 발열량이 작을 것

🔍 자연발화의 조건
  • 주위의 온도가 높을 것
  • 열전도율이 적을 것
  • 발열량이 클 것
  • 표면적이 넓을 것

44 자연발화를 일으키는 인자로서 거리가 먼 것은?

① 열의 축적
② 표면연소
③ 퇴적방법
④ 발열량

🔍 자연발화를 일으키는 인자 : 열의 축적, 퇴적방법, 열량, 공기의 유동

45 자연발화의 형태 중 4가지로 볼 때 자연발화와 관련이 없는 것은?

① 산화열에 의한 발열
② 흡착열에 의한 발열
③ 융합열에 의한 발열
④ 미생물에 의한 발열

🔍 자연발화의 형태 : 분해열, 산화열, 흡착열, 미생물에 의한 발열

46 화재예방상 정전기의 축적에 의한 불꽃방전의 방지방법으로서 옳지 않은 것은?

① 습도를 높인다.
② 접지한다.
③ 공기를 이온화한다.
④ 온도를 높인다.

🔍 불꽃방전의 방지법
  • 접지한다.
  • 상대습도를 70% 이상으로 한다.
  • 공기를 이온화 한다.

47 다음 중 정전기 발생방지법이 아닌 것은?

① 이동속도는 가능한 빠르게 한다.
② 상대습도를 70% 이상으로 한다.
③ 접지한다.
④ 공기를 이온화 한다.

🔍 정전기 방지법
  • 접지
  • 상대습도를 70% 이상 유지
  • 공기를 이온화

48 위험물의 자연발화를 예방하기 위한 방법으로 적당하지 않은 것은?

① 유기금속화합물은 적절한 용제 또는 불활성의 가스를 봉입한다.
② 발화가 잘 되지 않도록 가급적 습도가 높은 곳에 저장한다.
③ 활성이 강한 황린은 물속에 저장한다.
④ 금속분은 황산, 질산, 클로로술폰산 등의 강산류와의 접촉을 방지한다.

🔍 습도가 높은 곳을 피하여 저장하여야 자연발화를 방지한다.

49 파라핀의 연소형태는 어느 것인가?

① 표면연소   ② 분해연소
③ 자기연소   ④ 증발연소

🔍 증발연소 : 파라핀, 황, 나프탈렌, 왁스

정답 42 ② 43 ③ 44 ② 45 ③ 46 ④ 47 ① 48 ② 49 ④

50 화재 예방 시 자연발화를 방지하기 위한 일반적인 방법으로 틀린 것은?

① 통풍을 막는다.
② 저장실의 온도를 낮춘다.
③ 습도가 높은 장소를 피한다.
④ 열의 축척을 막는다.

🔍 통풍을 잘 시켜야 자연발화를 방지할 수 있다.

51 인화성 액체 위험물의 성질과 화재위험에 직접적으로 관계가 있는 것은?

① 수용성과 인화성
② 비중과 인화성
③ 비중과 착화온도
④ 비중과 화재 확대성

🔍 인화성 액체(제4류 위험물)의 화재 위험 : 비중과 화재 확대성

52 고체연료(무연탄, 목탄, 코크스)가 처음에는 화염을 내면서 연소하다가 점차 화염이 없어지고 공기접촉으로 계속되는 연소는?

① 확산연소
② 증발연소
③ 분해연소
④ 표면연소

🔍 표면연소 : 무연탄, 목탄, 코크스가 처음에는 화염을 내면서 연소하다가 점차 화염이 없어지고 공기접촉으로 계속되는 연소

53 불꽃은 있으나 불티가 없는 연소를 무엇이라고 하는가?

① 혼합연소
② 표면연소
③ 자기연소
④ 확산연소

🔍 확산연소 : 불꽃은 있으나 불티가 없는 연소

54 다음 중 고체물질의 연소형태가 아닌 것은?

① 확산연소
② 분해연소
③ 표면연소
④ 증발연소

🔍 고체의 연소형태
- 표면연소 : 목탄, 코크스, 숯, 금속분등이 열분해에 의하여 가연성가스를 발생하지 않고 그 물질 자체가 연소하는 현상
- 분해연소 : 석탄, 종이, 목재, 플라스틱 등의 연소시 열분해에 의해 발생된 가스와 공기가 혼합하여 연소하는 현상
- 증발연소 : 황, 나프탈렌, 왁스, 파라핀 등과 같이 고체를 가열하면 열분해는 일어나지 않고 고체가 액체로 되어 일정온도가 되면 액체가 기체로 변화하여 기체가 연소하는 현상
- 자기연소(내부연소) : 제5류 위험물인 나이트로셀룰로스, 질화면 등 그 물질이 가연물과 산소를 동시에 가지고 있는 가연물이 연소하는 현상

55 다음 중 표면연소에 의하여 연소되는 물질은?

① 밀랍
② 알루미늄분
③ 황
④ 아세틸렌

🔍 연소 형태

종류	연소 구분	종류	연소 구분
밀랍	증발연소	알루미늄분	표면연소
황	증발연소	아세틸렌	불꽃연소

56 다음 중 조연성 물질이 아닌 것은?

① 산소(O_2)
② 공기
③ 수소(H_2)
④ 염소(Cl_2)

🔍 수소 : 압축성 가스로서 가연성 가스
※조연성 가스 : 자신은 연소하지 않고 연소를 도와주는 가스 (산소, 공기, 염소, 플루오린, 오존)

57 가연물을 가열할 때 가연성 증기를 발생하는 최저 온도는?

① 발화점
② 폭발점
③ 인화점
④ 연소점

🔍 인화점 : 가연물을 가열할 때 가연성증기를 발생하는 최저온도

58 같은 의미의 것을 조합해 놓은 것은?

① 화합과 혼합
② 농축과 액화
③ 산화와 환원
④ 연소한계와 폭발범위

🔍 연소한계 = 연소범위 = 폭발한계 = 폭발범위

정답 50 ① 51 ④ 52 ④ 53 ④ 54 ① 55 ② 56 ③ 57 ③ 58 ④

59 다음 인화성 액체 위험물의 위험 인자 중에서 그 정도가 작거나 낮을수록 위험한 것은?

① 비열
② 증기압
③ 연소열
④ 연소범위(폭발범위)

🔍 비열은 정도가 작거나 낮을수록 위험하다.

60 석유류가 연소할 때 불쾌한 냄새를 내며 취급 장치를 부식시키는 불순물은?

① 수소화합물　　② 산소화합물
③ 질소화합물　　④ 황화합물

🔍 황화합물 : 연소할 때 불쾌한 냄새를 내며 장치를 부식시킨다.
※황화수소(H_2S) : 계란 썩는 냄새

61 공기의 평균분자량을 29라 할 때 에탄올 증기의 비중은?

① 1.59　　② 1.2
③ 15.9　　④ 2.3

🔍 증기비중 = $\frac{분자량}{29}$ = $\frac{46}{29}$ = 1.586

※참고
• 에탄올(C_2H_5OH)의 분자량 : 46
• 공기의 평균분자량
　공기의 조성 : 산소 21%, 질소 78%, 아르곤 등 1%
　∴ 평균분자량 = 32 × 0.21 + 28 × 0.78 + 40 × 0.01
　　　　　　　 = 28.96 ≒ 29

62 다음 물질 중 혼합물인 것은?

① 염화수소　　② 암모니아
③ 공기　　　　④ 이산화탄소

🔍 공기는 혼합물이고, 염화수소(HCl), 암모니아(NH_3), 이산화탄소(CO_2)는 화합물이다.
※공기의 조성 : 산소 21%, 질소 78%, 아르곤, 이산화탄소 등 1%

63 프로페인가스의 연소방정식은 아래와 같다. 프로페인가스 1g을 연소시켰을 때 나오는 열량은 몇 kcal인가?

$$C_3H_8 + 5O_2 \rightarrow 3CO_2 + 4H_2 + 530.6\text{kcal}$$

① 1.21　　② 10.05
③ 12.05　　④ 120.5

🔍 프로페인의 분자량 : 44
∴ 530.6 ÷ 44 = 12.06kcal

정답 59 ①　60 ④　61 ①　62 ③　63 ③

SECTION 02 소화방법

STEP 01 소화원리

1. 소화의 원리
연소의 3요소 중 어느 하나를 없애주어 소화하는 방법

2. 소화 방법

1) **냉각소화** : 화재 현장에 물을 주수하여 발화점 이하로 온도를 낮추어 소화하는 방법
   ① 물 1ℓ/min는 건물 내의 일반가연물을 진화할 수 있는 양 : $0.75m^3$
   ② 물을 소화제로 이용하는 이유 : **비열과 증발잠열**이 크기 때문
   ③ 소화약제 : 산화반응을 하고 발열반응을 갖지 않는 물질

2) **질식소화** : 공기 중의 산소의 농도를 21%에서 **15% 이하**로 낮추어 소화하는 방법(공기차단)

    질식소화시 산소의 유효 한계농도 : 10 ~ 15 %

3) **제거소화** : 화재 현장에서 가연물을 없애주어 소화하는 방법
4) **화학소화(부촉매 효과)** : 연쇄반응을 차단하여 소화하는 방법

   > 화학소화(부촉매 효과)
   > • 화학소화방법은 불꽃연소에만 한한다.
   > • 화학소화제는 연쇄반응을 억제하면서 동시에 냉각, 산소희석, 연료제거 등의 작용을 한다.
   > • 화학소화제는 불꽃연소에는 매우 효과적이나 표면연소에는 효과가 없다.

5) **희석소화** : **알코올, 에터, 에스터, 케톤류** 등 **수용성 물질**에 다량의 물을 방사하여 가연물의 농도를 낮추어 소화하는 방법
6) **유화효과** : 물분무소화설비를 중유에 방사하는 경우 유류표면에 얇은 막으로 유화층을 형성하여 화재를 소화하는 방법
7) **피복효과** : 이산화탄소 약제 방사 시 가연물의 구석까지 침투하여 피복하므로 연소를 차단하여 소화하는 방법

    소화 효과
   • 물(적상,봉상) 방사 : 냉각효과   • 물(무상)방사 : 질식, 냉각, 희석, 유화효과
   • 포말 : 질식, 냉각효과   • 이산화탄소 : 질식, 냉각, 피복효과
   • 할로젠화합물, 분말 : 질식, 냉각, 억제(부촉매)효과

STEP 02 소화방법

1. 소화기의 분류

1) 가압방식에 의한 분류
① **축압식** : 항상 소화기의 용기내부에 소화약제와 압축공기 또는 불연성 Gas(질소, CO_2)를 축압시켜 그 압력에 의해 약제가 방출되며, CO_2 소화기 외에는 모두 **지시압력계가 부착**되어 있으며 녹색(적색)의 지시가 정상 상태이다.
② 가압식 : 소화약제의 방출을 위한 가압가스 용기를 소화기의 내부나 외부에 따로 부설하여 가압Gas의 압력에서 소화약제가 방출된다.

2) 소화능력 단위에 의한 분류
① 소형 소화기 : 능력단위 1단위 이상이면서 대형 소화기의 능력단위 이하인 소화기
② **대형 소화기** : 능력단위가 **A급 화재**는 **10단위** 이상, **B급 화재**는 **20단위** 이상인 것으로서 소화약제 충전량은 아래 표에 기재한 이상인 소화기

종별	소화약제의 충전량	종별	소화약제의 충전량
포	20ℓ	강화액	60ℓ
물	80ℓ	분말	20kg
할로젠화합물	30kg	이산화탄소	50kg

3) 소화약제에 의한 분류
① 물소화기
② 산·알칼리소화기
③ 강화액소화기
④ 이산화탄소소화기
⑤ 할로젠화합물소화기
⑥ 분말소화기

2. 소화기의 종류

종류	소화 약제	적응 화재	소화 효과
산·알칼리 소화기	H_2SO_4, $NaHCO_3$	A급(무상 : C급)	냉각효과
강화액 소화기	H_2SO_4, K_2CO_3	A급(무상 : A, B, C급)	냉각(무상 : 질식)효과
이산화탄소 소화기	CO_2	B, C 급	질식, 냉각, 피복효과
할론 소화기	할론1301 할론1211 할론2402	B, C 급	질식, 냉각, 부촉매(억제) 효과
분말 소화기	제1종, 제2종, 제3종, 제4종	A, B, C 급	질식, 냉각, 부촉매(억제) 효과
포말 소화기	$Al_2(SO_4)_3 \cdot 18H_2O$ $NaHCO_3$	A, B 급	질식, 냉각효과

1) 물소화기
   ① 종류
      ㉮ 수동펌프식 : 수조에 공기실을 가진 수동펌프를 설치하여 물을 상하로 움직여서 방사하는 방식
      ㉯ 축압식 : 수조(본체용기)에 압력공기와 함께 충전되어 물과 공기를 축압시킨 것을 방사하는 방식
      ㉰ 가압식 : 본체용기와는 별도로 가압용가스(탄산가스)를 이용하여 그 가스압력으로 물을 방출하는 방식으로 대형소화기에 사용된다.
   ② 소화 원리 : 냉각작용에 의한 소화효과가 가장 크며 증발하여 수증기로 되므로 원래 물의 용적의 약 1,700배의 불연성 기체로 되기 때문에 가연성 혼합기체의 희석작용도 하게 된다.

2) 산·알칼리 소화기
   ① 종류
      ㉮ 전도식 : 내부의 상부에 합성수지용기에 황산을 넣어놓고 용기본체에는 탄산수소나트륨 수용액을 넣어 사용할 때 황산 용기의 마개가 자동적으로 열려 혼합되면 화학반응을 일으켜서 방출구로 방사하는 방식
      ㉯ 파병식 : 용기본체의 중앙부 상단에 황산이 든 앰플을 파열시켜 용기 본체 내부의 중탄산나트륨 수용액과 화합하여 반응시 생성되는 탄산가스의 압력으로 약제를 방출하는 방식
   ② 소화 원리

$$H_2SO_4 + 2NaHCO_3 \rightarrow Na_2SO_4 + 2H_2O + 2CO_2 \uparrow$$

> **참고** **산·알칼리 소화기 무상일 때** : 전기화재 가능

3) 강화액 소화기
   ① 종류
      ㉮ 축압식 : 강화액 소화약제(탄산칼륨수용액)를 정량적으로 충전시킨 소화기로서 압력을 용이하게 확인할 수 있도록 압력지시계가 부착되어 있으며 방출방식은 봉상 또는 무상인 소화기이다.
      ㉯ 가스가압식 : 축압식에서와 같으며 단지 압력지시계가 없으며 안전밸브와 액면표시가 되어 있는 소화기이다.
      ㉰ 반응식 : 용기의 재질과 구조는 산·알칼리 소화기의 파병식과 동일하며 탄산칼륨수용액의 소화약제가 충전되어 있는 소화기이다.

> **참고**
> • **축압식의 가압원** : 공기
> • **사용압력(정상) 범위** : 0.81 ~ 0.98MPa

② 소화 원리 : 강화액은 −25℃에서도 동결하지 않으므로 한랭지에서도 보온의 필요가 없을 뿐 만 아니라 탈수, 탄화작용으로 목재, 종이 등을 불연화하고 재연방지의 효과도 있다.

$$H_2SO_4 + K_2CO_3 \rightarrow K_2SO_4 + H_2O + CO_2 \uparrow$$

> **참고** **강화액 소화기 무상일 때** : A, B, C급 화재

4) 이산화탄소 소화기
   ① 소화약제(액화탄산가스)
      ㉮ 탄산가스의 함량 : 99.5% 이상
      ㉯ 수분 : 0.05 중량% 이하

> **참고** **수분 0.05 % 이상** : 수분 결빙하여 노즐 폐쇄(줄 – 톰슨 효과)

   ② 소화 원리 : 질식, 냉각, 피복작용에 의해 소화된다. CO_2 Gas가 방출되면 드라이아이스 상태가 될 때 온도는 −78.5℃까지 급격히 냉각된다. CO_2 소화기는 **유류화재** 및 전기절연성이 아주 좋기 때문에 **전기화재**에도 효과가 있다.

> **참고** **이산화탄소의 주된 소화효과** : 산소공급 차단(질식소화)

5) 할로젠 화합물 소화기
   ① 종류
      ㉮ 수동펌프식
      ㉯ 수동축압식
      ㉰ 축압식
   ② 할로젠화합물 **약제**의 **구비조건**
      ㉮ 비점이 낮고 기화되기 쉬울 것
      ㉯ 공기보다 무겁고 불연성일 것
      ㉰ 증발잔유물이 없어야 할 것

> **참고** **할로젠화합물 소화약제의 구비조건** : 자주출제(꼭 암기)

   ③ 할로젠화합물 소화약제의 종류
      ㉮ 할론 104(사염화탄소, CTC, Carbon Tetra Chloride)
         ㉠ 물성

화학식	비점	융점	액 비중	증기비중
CCl_4	76.6℃	22.9℃	1.595	5.3

ⓛ 무색 투명한 불연성 액체이다.
ⓒ **물**에는 **녹지않고**, **알코올**이나 **에터**에는 **녹는다**.
ⓔ 실내에서 사용 시 **포스겐**의 유독성가스를 발생한다.
ⓜ 증기는 독성이 있고 금속을 부식시킨다.

> **참고** **사염화탄소의 반응식**
> • 공기 중 : $2CCl_4 + O_2 \rightarrow 2COCl_2 + 2Cl_2$
> • 수분 중 : $CCl_4 + H_2O \rightarrow COCl_2 + 2HCl$
> • 탄산가스 중 : $CCl_4 + CO_2 \rightarrow 2COCl_2$
> • 산화철과 접촉 : $3CCl_4 + Fe_2O_3 \rightarrow 3COCl_2 + 2FeCl_3$

㉯ 할론 1301(CF_3Br)

```
      F
      |
  F — C — F
      |
      Br
```

㉰ 할론1211(CF_2ClBr)

```
      Cl
      |
  F — C — F
      |
      Br
```

㉱ 할론1011(CH_2ClBr)

```
      Cl
      |
  H — C — H
      |
      Br
```

㉲ 할론2402($C_2F_4Br_2$)

```
      F    F
      |    |
  Br — C — C — Br
      |    |
      F    F
```

> **참고** **할로젠화합물 소화약제** : 메테인(CH_4), 에테인(C_2H_6)의 수소원자를 할로젠원소(F, Cl, Br)로 치환한 화합물

④ 소화 원리
㉮ **질식효과** : 연소물의 주위에 체류하여 소화
㉯ **억제효과**(부촉매작용) : 활성물질에 작용하여 그 활성을 빼앗아 연쇄반응을 차단하는 효과
㉰ **냉각효과**

[탄산가스 소화기]

[할로젠화합물 소화기]

6) 분말 소화기

분말 소화기는 소화약제로 건조한 미분말을 방습제 및 분산제에 의해 처리하여서 방습과 유동성을 부여한 것이다.

① 종류
  ㉮ 축압식 : 용기의 재질은 철제로서 본체내부를 내식 가공 처리한 것으로 용기에 분말 약제를 채우고 약제를 질소(N_2) 가스로 충전되어 있으며 압력 지시계가 부착된 소화기이다.
  ㉯ 가스가압식 : 용기는 철제이고 용기본체 내부 또는 외부에 설치된 봄베 속에 충전되어 있는 탄산가스(CO_2)를 압력원으로 사용하는 소화기이다.

참고 **축압식 분말소화기의 사용압력 범위** : 0.7 ~ 0.98MPa

[축압식 분말 소화기]

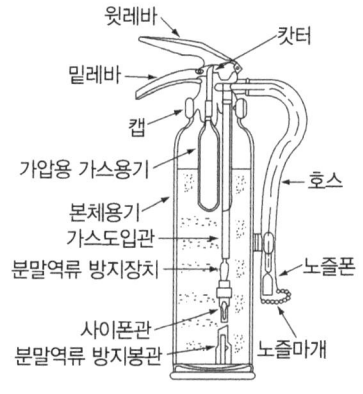
[가스 가압식 분말 소화기]

② 열분해 반응식
  ㉮ 제1종 분말 : $2NaHCO_3 \rightarrow Na_2CO_3 + H_2O\uparrow + CO_2\uparrow$
  ㉯ 제2종 분말 : $2KHCO_3 \rightarrow K_2CO_3 + H_2O\uparrow + CO_2\uparrow$
  ㉰ 제3종 분말 : $NH_4H_2PO_4 \rightarrow HPO_3$(메타인산) $+ NH_3\uparrow + H_2O\uparrow$
  ㉱ 제4종 분말 : $2KHCO_3 + (NH_2)_2CO \rightarrow K_2CO_3 + 2NH_3\uparrow + 2CO_2\uparrow$

③ 약제의 적응화재 및 착색

종류	주성분	적응화재	착색(분말색)
제1종 분말	$NaHCO_3$(중탄산나트륨, 탄산수소나트륨)	B, C급	백색
제2종 분말	$KHCO_3$(중탄산칼륨, 탄산수소칼륨)	B, C급	담회색
제3종 분말	$NH_4H_2PO_4$(인산암모늄, 제일인산암모늄)	A, B, C급	담홍색, 황색
제4종 분말	$KHCO_3 + (NH_2)_2CO$(요소)	B, C급	회색

④ 소화효과
  ㉮ 이산화탄소와 수증기에 의한 산소차단에 의한 **질식효과**
  ㉯ 이산화탄소와 수증기 발생 시 흡수열에 의한 **냉각효과**

㉰ 나트륨염(Na^+), 칼륨염(K^+)의 금속이온에 의한 **부촉매효과**

> **참고** **제3종 분말약제의 소화효과**
> - 열분해시 암모니아와 수증기에 의한 질식효과
> - 열분해에 의한 냉각효과
> - 유리된 암모늄염(NH_4^+)에 의한 부촉매효과
> - 메타인산에 의한 방진작용과 탈수효과

7) 포소화기(포말소화기)

① 종류(화학포)
  ㉮ 보통 전도식
  ㉯ 내통 밀폐식
  ㉰ 내통 밀봉식

② 포말의 조건
  ㉮ 기름보다 가벼우며, 유류와의 접착성이 좋아야 한다.
  ㉯ 바람 등에 견디는 응집성과 안정성이 있어야 한다.
  ㉰ 열에 대한 센막을 가지며 유동성이 좋아야 한다.
  ㉱ 독성이 적어야 한다.

③ 소화약제
  ㉮ 내약제(B제) : 황산알루미늄[$Al_2(SO_4)_3$]
  ㉯ 외약제(A제) : 중탄산나트륨($NaHCO_3$), 기포안정제

> **참고** **기포안정제** : 계면활성제, 사포닌, 젤라틴, 가수분해단백질

④ 반응식 및 소화원리
  ㉮ 반응식

$$6NaHCO_3 + Al_2(SO_4)_3 \cdot 18H_2O \rightarrow 3Na_2SO_4 + 2Al(OH)_3 + 6CO_2 + 18H_2O$$

> **참고** **포핵** : 이산화탄소(CO_2)

  ㉯ 소화효과 : 질식효과, 냉각효과

8) 간이 소화제

① 건조된 모래(만능 소화제)

> **참고** **건조된 모래의 보관방법**
> - 반드시 건조되어 있을 것
> - 가연물이 함유되어 있지 않을 것
> - 부속 기구로서는 삽과 양동이를 비치할 것

② 팽창질석, 팽창진주암 : 발화점이 낮은 **알킬알루미늄** 등의 화재에 사용되는 불연성 고체로서 비중이 아주 적다.

> **알킬알루미늄과 물과 접촉시 반응식**
> $(CH_3)_3Al + 3H_2O \rightarrow Al(OH)_3 + 3CH_4 \uparrow$
> $(C_2H_5)3Al + 3H_2O \rightarrow Al(OH)_3 + 3C_2H_6 \uparrow$

3. 소화기의 유지관리

1) 소화기 사용법
① 적응화재에만 사용할 것
② 성능에 따라서 불 가까이 접근하여 사용할 것
③ 바람을 등지고 **풍상**에서 **풍하**로 **방사**할 것
④ 비로 쓸 듯이 양옆으로 골고루 사용할 것

2) 소화기의 유지 관리
① 바닥면으로부터 1.5m 이하가 되는 지점에 설치할 것
② 통행, 피난에 지장이 없고, 사용 시 쉽게 반출하기 쉬운 곳에 설치할 것
③ 소화제의 동결, 변질 또는 분출할 우려가 없는 곳에 설치할 것
④ 설치지점은 잘 보이도록 「소화기」 표시를 할 것

3) 소화기의 본체용기 표시사항
① 종별 및 형식
② 형식승인번호
③ 제조년월 및 제조번호, 내용연한(분말소화약제를 사용하는 소화기에 한함)
④ 제조업체명 또는 상호, 수입업체명(수입품에 한함)
⑤ 사용온도범위
⑥ 소화능력단위
⑦ 충전된 소화약제의 주성분 및 중(용)량
⑧ 방사시간, 방사거리
⑨ 가스용기의 가스 종류 및 가스량(가압식 소화기에 한함)
⑩ 총 중량
⑪ 취급상의 주의사항
⑫ 사용방법
⑬ 소화기의 원산지

4. 각 위험물의 소화방법

1) 제1류 위험물
① 산화성고체로서 주수에 의한 냉각 소화
② **알칼리금속의 과산화물 : 마른 모래**로 피복소화, 탄산수소염류의 질식소화

2) 제2류 위험물
① 가연성고체로서 주수에 의한 냉각 소화
② 철분, 마그네슘, 금속분 : 마른 모래, 탄산수소염류의 질식소화

3) 제3류 위험물
① 자연발화성물질 및 금수성물질
② 불연성, 일부 가연성
③ 소화방법 : 마른 모래, 팽창질석, 팽창진주암, 탄산수소염류의 질식(피복)소화

4) 제4류 위험물
① 인화성 액체로서 가연성
② 소화방법 : **질식소화**(포말, 이산화탄소, 할로젠화합물, 분말약제, 안개상의 분무주수)

> 참고 **수용성 액체** : 알코올형포(내알코올포, 알코올포) 포소화약제

5) 제5류 위험물
① 자기반응성 물질로서 가연성
② 소화방법 : **냉각소화**

6) 제6류 위험물
① 산화성 액체로서 불연성
② 소화방법 : **다량의 물**(냉각소화)

출제예상문제

제02부_ 소화방법

01 물을 소화약제로 사용하는 이유는?

① 기화잠열이 크기 때문에
② 부촉매효과가 있으므로
③ 환원성이 있으므로
④ 기화하기 쉬우므로

🔍 물은 비열과 기화(증발)잠열이 크므로 소화약제로 사용한다.
※ 물의 비열 : 1cal/g · ℃
※ 물의 증발잠열 : 539cal/g

02 소화에 대한 조치에 들지 않는 것은?

① 가연물의 제거
② 산소공급원의 차단
③ 냉각에 의한 온도저하
④ 신속한 발염상태 확인

🔍 소화방법
 • 제거소화 : 가연물의 제거
 • 질식소화 : 산소공급원의 차단
 • 냉각소화 : 냉각에 의한 온도저하
 • 부촉매소화 : 연쇄반응 차단

03 소화 작용에 대한 설명으로 옳지 않은 것은?

① 냉각소화법 : 물을 뿌려서 온도를 저하시키는 방법
② 질식소화법 : 불연성 포말로 연소물을 덮어씌우는 방법
③ 제거소화법 : 가연물을 제거하여 소화시키는 방법
④ 희석소화법 : 산·알칼리를 중화시켜 소화시키는 방법

🔍 소화 방법
 • 냉각소화 : 화재 현장에 물을 주수하여 발화점 이하로 온도를 낮추어 소화하는 방법
 • 질식소화 : 공기 중의 산소의 농도를 21%에서 15% 이하로 낮추어 소화하는 방법(공기차단)
 • 제거소화 : 화재 현장에서 가연물을 없애주어 소화하는 방법
 • 희석소화 : 알코올, 에터, 에스터, 케톤류 등 수용성 물질에 다량의 물을 방사하여 가연물의 농도를 낮추어 소화하는 방법

04 다음 중 각류에 공통으로 사용할 수 있는 소화제는?

① CO_2 소화제   ② 포말소화제
③ 할론소화제   ④ 건조사

🔍 건조사 : 만능소화제(1류 ~ 6류까지 공통사용)

05 다음 물질 중 소화제로 사용되지 않는 것은?

① 탄산가스   ② 공기
③ 물   ④ 팽창질석

🔍 공기 : 자신은 연소하지 않고 연소를 도와주는 조연성가스

06 다음 소화방법에 대한 설명으로 틀린 것은?

① 제거소화란 가연물을 연소구역에서 없애주는 방법이다.
② 억제소화란 연소의 계속은 가연물의 분자가 활성화되어 느리게 용매를 사용하는 방법이다.
③ 냉각소화란 연소물로부터 열을 빼앗아 발화점 이하로 온도를 낮추는 방법이다.
④ 질식소화란 공기 중 산소농도를 약 20%에서 5% 이하로 떨어뜨려 연소를 중단 시키는 방법이다.

🔍 질식소화 : 공기 중 산소농도를 약 21%에서 15% 이하로 낮추어 소화하는 방법

07 가연성가스의 산소농도나 가연물의 조성을 연소점 한계 이하로 낮추어 소화하는 방법은?

① 희석작용   ② 제거작용
③ 질식작용   ④ 냉각작용

🔍 질식작용 : 산소농도를 21%에서 15% 이하로 낮추어 소화하는 방법

정답 01 ① 02 ④ 03 ④ 04 ④ 05 ② 06 ④ 07 ③

08 소화효과에 대하여 옳지 못한 것은?

① 산소공급에 차단에 의한 소화는 제거효과이다
② 물에 의한 효과는 냉각효과이다
③ 가연물을 제거하는 효과는 제거효과이다
④ 소화분말에 의한 효과는 분말의 가열분해에 의한 질식 및 억제, 냉각의 상승효과이다.

🔍 질식효과 : 산소공급의 차단에 의한 소화

09 D급 화재 시 소화 적응성이 가장 적당한 것은?

① 포소화제　　② 마른 모래
③ 소화탄　　　④ 산·알칼리포

🔍 D급(금속) 화재 : 마른 모래

10 소화 작업을 할 때 모래나 모포 등으로 덮는 이유는?

① 공기 속에 있는 산소와의 화합을 막기 위해서이다.
② 공기 속의 질소를 공급하여 산소량을 적게 하기 위해서이다.
③ 모래나 모포 중에 있는 산소를 공급하기 위해서이다.
④ 공기 속에 있는 질소와의 화합을 막기 위해서이다.

🔍 화재 시 공기 속에 있는 산소와의 화합을 막기 위해서 모래나 모포로 덮어 질식소화 한다.

11 사람의 몸에 붙은 불을 끄는 방법 중 가장 위험한 것은?

① 물속에 뛰어 든다.
② 젖은 모포 등을 덮어 쓴다.
③ 이산화탄소 소화기로 끈다.
④ 석면포를 뒤집어 쓴다.

🔍 사람의 몸에 이산화탄소를 방사하면 동상의 우려가 있어 아주 위험하다.

12 대량의 제4류 위험물 화재에 물로서 소화하는 것은 적당하지 않는 이유 중 가장 옳은 것은?

① 가연성 가스를 발생한다.
② 연소면을 확대한다.
③ 인화점이 강하다.
④ 물이 열분해 한다.

🔍 제4류 위험물 화재시 주수소화하면 연소면(화재면)확대로 적당하지 않다.

13 질식소화를 할 경우 공기 중 산소농도의 유효한계는?

① 10 ~ 15%
② 15 ~ 20%
③ 20 ~ 25%
④ 25 ~ 30%

🔍 질식소화 시 산소농도의 유효한계 : 10 ~ 15%

14 불연성이면서 소화제로 이용되는 물질은?

① 산화반응을 하고 발열반응을 하는 물질
② 산화반응을 하지 않으나 발열반응은 하는 물질
③ 산화반응을 하고 발열반응을 하지 않는 물질
④ 산화, 환원반응을 동시에 하는 물질

🔍 소화제 : 산화반응을 하고 흡열반응을 하는 물질

15 소화작용에 대한 설명으로 옳지 않은 것은?

① 연소에 필요한 산소의 공급원을 차단하는 소화는 제거작용이다.
② 물에 의한 온도를 낮추는 소화는 냉각작용이다.
③ 연소현상이 계속되지 않을 정도로 가연물을 제거하는 것은 제거작용이다.
④ 연소에 필요한 산소공급원을 차단하는 것은 질식작용이다.

🔍 질식소화 : 연소에 필요한 산소의 공급원을 차단하는 소화

정답　08 ①　09 ②　10 ①　11 ③　12 ②　13 ①　14 ③　15 ①

16 은백색의 연한 금속으로 전성과 가단성이 좋고 활성이 커서 알콜레이드를 만드는 물질로 화재발생시 주수소화를 하여서는 안 되는 이유는 무엇인가?

① 수소가 발생하여 연소가 확대되기 때문
② 유독 가스가 발생하여 연소가 확대되기 때문
③ 산소의 발생으로 연소가 확대되기 때문
④ 분말의 수증기에 함께 날아가기 때문

🔍 금속(K, Na)은 주수소화하면 수소가스를 발생하므로 위험하다.

17 화재시 가연물의 온도를 발화점 이하로 낮추어 소화하는 방법은 무엇인가?

① 희석소화
② 제거소화
③ 질식소화
④ 냉각소화

🔍 냉각소화 : 가연물의 온도를 발화점 이하로 낮추어 소화하는 방법

18 다음 소화제를 사용할 때 적당하지 않은 것은 어느 것인가?

① 분말소화약제는 셀룰로이드 화재에 가장 적합하다.
② 마른 모래(건조사)는 위험물 전류의 화재에 적용 가능하다.
③ 물은 탄화칼슘의 화재에 사용하여서는 아니 된다.
④ 사염화탄소는 유류화재에 적당하다.

🔍 셀룰로이드 화재 : 제5류 위험물로서 냉각소화

19 유류화재의 소화방법으로 가장 많이 쓰이는 방법은?

① 냉각
② 주수
③ 공기차단
④ 가연물제거

🔍 유류화재의 소화방법 : 질식소화(공기 차단)

20 다음 중 소화 시 주의하여야 할 소포성 액체는 어느 것인가?

① 가솔린
② 아세톤
③ 크레오소트유
④ 이황화탄소

🔍 소포성액체 : 수용성 액체(아세톤)

21 가연성 액체류의 화재시 소화 설비의 적응성에 맞지 않는 것은?

① 포소화 설비
② 인산염류
③ 이산화탄소 설비
④ 스프링클러 설비

🔍 가연성 액체류는 수(水)계소화설비가 부적합하다.

22 위험물 화재에 대한 소화방법으로 적당하지 않은 것은?

① 증발 잠열을 이용한 주수로 냉각한다.
② 열전도율이 좋은 금속분말로 온도를 낮춘다.
③ 불연성 기체를 방사하여 산소공급을 차단한다.
④ 불연성 분말을 뿌려 산소 공급을 차단한다.

🔍 위험물 화재 : 증발잠열을 이용한 냉각소화, 불연성가스 또는 분말로 산소공급차단에 의한 질식소화

23 위험물에 대한 주된 소화방법이 잘못 짝지어진 것은?

① 제1류 위험물 : 냉각소화(일부 주수금지)
② 제2류 위험물 : 냉각소화(일부 주수금지)
③ 제3류 위험물 : 질식소화
④ 제5류 위험물 : 질식소화

🔍 제5류 위험물 : 냉각소화

24 알칼알루미늄의 화재 시 소화약제로서 가장 적당한 것은?

① 이산화탄소
② 물
③ 팽창 질석
④ 산·알칼리

🔍 알킬알루미늄의 소화약제 : 팽창질석, 팽창진주암

정답 16 ① 17 ④ 18 ① 19 ③ 20 ② 21 ④ 22 ② 23 ④ 24 ③

25 알칼리금속의 과산화물인 과산화나트륨의 화재 시 소화방법으로 적당한 것은 어느 것인가?

① 포소화제 ② 물
③ 마른 모래 ④ 탄산가스

🔍 과산화나트륨(Na_2O_2)의 소화약제 : 마른 모래

26 금속나트륨 화재에 적응성이 있는 소화설비는?

① 팽창질석
② 할로젠화물소화설비
③ 분말소화설비
④ 불활성가스소화설비

🔍 나트륨의 소화 : 마른 모래, 팽창질석을 덮어 질식소화

27 다음 중 소화약제로 사용할 수 없는 것은?

① $BaCl_2$ ② KCl
③ $KHCO_3$ ④ CaC_2

🔍 카바이트(CaC_2)는 제3류 위험물이다.

28 다음 중 알코올, 벤젠 및 에터 등과 접촉하면 순간적으로 발열 또는 발화하는 위험물은?

① 삼산화크로뮴(CrO_3)
② 질산나트륨($NaNO_3$)
③ 아이오딘산칼륨(KIO_3)
④ 염소산암모늄(NH_4ClO_3)

🔍 삼산화크로뮴(CrO_3) : 알코올, 벤젠 및 에터 등과 접촉하면 순간적으로 발열 또는 발화한다.

29 위험물의 적응 소화 방법으로 맞지 않는 것은?

① 산화성 고체 : 질식 소화
② 가연성 고체 : 냉각 소화
③ 인화성 액체 : 질식 소화
④ 자기반응성 물질 : 냉각 소화

🔍 산화성 고체(제1류 위험물) : 냉각소화

30 금수성 위험 물질에 적응성이 있는 소화 설비는?

① 할로젠화합물 소화기
② 인산염류 소화기
③ 이산화탄소 소화기
④ 탄산수소염류 소화기

🔍 금수성 물질의 적응 : 탄산수소염류 소화기

31 다음 위험물 화재 시 주수 소화로 인하여 위험성이 있는 것은?

① 염소산칼륨 ② 알칼리 금속산화물
③ 과염소산 나트륨 ④ 과산화수소

🔍 알칼리금속의 과산화물(과산화칼륨, 과산화나트륨)은 물과 반응하면 산소를 발생하므로 위험하다.

32 다음 중 화재 시 질식소화가 적당한 위험물은?

① $C_6H_2(NO_2)_2CH_3$ ② $C_2H_5ONO_2$
③ $C_3H_5(ONO_2)_3$ ④ $C_6H_5NO_2$

🔍 ①, ②, ③는 제5류 위험물로서 냉각소화, 나이트로벤젠($C_6H_5NO_2$)은 제4류 위험물로서 질식소화 하여야 한다.

33 가연성 고체 위험물의 소화방법 등에 대한 설명으로 옳지 않은 것은?

① 적린과 황은 물에 의한 냉각소화가 적당하다.
② 금속분, 철분, 마그네슘은 주수소화하면 폭발의 위험성이 있으므로 마른 모래 등으로 질식소화한다.
③ 연소 시 발생하는 다량의 유독성 가스의 흡입을 방지하기 위하여 반드시 공기 호흡기를 착용한다.
④ 금속분, 마그네슘분은 밀폐공간에서 보관할 때 발화시 분진폭발을 일으킬 염려가 크므로 수시로 주수하여 분진 비산을 방지한다.

🔍 금속분과 마그네슘은 주수하면 가연성가스인 수소가 발생하므로 위험하다.

정답 25 ③ 26 ① 27 ④ 28 ① 29 ① 30 ④ 31 ② 32 ④ 33 ④

34 과산화나트륨의 화재 시 가장 적당한 소화제는?

① 포소화제 ② 마른 모래
③ 소화분말 ④ 젖은 피복물

🔍 과산화나트륨(Na_2O_2)의 소화약제 : 마른모래

35 K_2O_2의 화재 시 소화제로서 적당하지 않은 것은?

① 암분 ② 마른 모래
③ 이산화탄소소화기 ④ 탄산수소염류소화기

🔍 무기과산화물(K_2O_2, Na_2O_2)의 소화약제 : 암분, 마른모래, 탄산수소염류소화기

36 위험물 화재 시 주수소화에 의하여 오히려 위험이 따르는 물질은?

① P_2S_5(황화인) ② 황린(P)
③ 황(S) ④ 마그네슘분(Mg)

🔍 마그네슘 + 물 → 수산화마그네슘 + 수소
$Mg + 2H_2O → Mg(OH)_2 + H_2$

37 통신기기실에 화재가 발생하였을 경우에 적응성을 가지는 소화기는?

① 이산화탄소소화기 ② 탄산수소염류소화기
③ 인산염류소화기 ④ 마른 모래

🔍 통신기기실, 전산실, 전기실등 전기설비 : 가스계(이산화탄소, 할로젠화합물)소화기

38 인화성액체 위험물의 화재 시 가장 많이 쓰이는 소화 방법은?

① 물을 뿌린다.
② 공기를 차단한다.
③ 연소물을 제거한다.
④ 인화점 이하로 냉각한다.

🔍 인화성 액체(제4류 위험물) : 질식소화(공기 차단)

39 어떤 소화기에 다음과 같은 내용이 표시되어 있었다. 알 수 있는 사실이 아닌 것은?(단, A-3, B-5, C 적용)

① 일반화재인 경우 이 소화기의 능력단위는 5단위이다.
② 유류화재에 적용할 수 있는 소화기이다.
③ 전기화재에 적용할 수 있는 소화기이다.
④ ABC 소화기이다.

🔍 A-3, B-5, C적용 : A급(일반)화재의 능력단위 3단위, B급(유류)화재의 능력단위 5단위, C급(전기)화재에 적용

40 목재, 종이 및 섬유화재에 가장 적합한 소화기는?

① 포말소화기
② 사염화탄소소화기
③ 탄산가스소화기
④ 할로젠화합물소화기

🔍 일반화재(종이, 목재, 섬유, 플라스틱) : 포말소화기

41 소화기의 사용 방법으로 잘못된 것은?

① 성능에 따라 불 가까이 접근하여 사용할 것
② 바람이 불어오는 쪽을 보고 소화 작업을 할 것
③ 양옆으로 비로 쓸 듯이 골고루 사용할 것
④ 적응 화재에만 사용할 것

🔍 소화기는 풍상에서 풍하로 방사하여야 한다.

42 수산화나트륨은 주수소화가 부적당하다. 그 이유는 무엇인가?

① 발열반응을 일으킴
② 수화반응을 일으킴
③ 중화반응을 일으킴
④ 중합반응을 일으킴

🔍 수산화나트륨 + 물 = 수산화나트륨용액 + 발열

정답 34 ② 35 ③ 36 ④ 37 ① 38 ② 39 ① 40 ① 41 ② 42 ①

43 다음 물질 중 소화제로 사용할 수 없는 물질은 어느 것인가?

① 액화 이산화탄소 ② 인산암모늄
③ 탄산수소나트륨 ④ 아세톤

🔍 아세톤은 제4류 위험물 제1석유류로 인화성 액체이다.

44 다음 위험물 화재 시 주수소화가 적당하지 않은 것은 무엇인가?

① CH_3ONO_2 ② $KClO_3$
③ Ca_3P_2 ④ P_4S_3

🔍 인화석회와 물과의 반응
$Ca_3P_2 + 6H_2O \rightarrow 2PH_3 + 3Ca(OH)_2$

45 물이 소화제로 많이 사용되는 이유는 무엇인가?

① 기화열로 가연물을 냉각하기 때문
② 물이 공기를 차단하기 때문
③ 물이 환원성이 있기 때문
④ 물이 가연물을 제거하기 때문

🔍 물은 기화열과 비열이 크기 때문에 가연물을 냉각하므로 많이 사용한다.

46 제5류 위험물의 화재 시 적합한 소화제는 다음 중 어느 것인가?

① 사염화탄소 ② 탄산가스
③ 물 ④ 질소

🔍 제5류 위험물의 소화약제 : 물

47 인화성 액체류의 화재 시 소화설비의 적응성에 맞지 않는 것은?

① 스프링클러 설비 ② 이산화탄소 설비
③ 포소화 설비 ④ 인산염류 설비

🔍 인화성 액체(재4류 위험물)는 수(水)계 소화설비는 부적합하다.

48 강화액 소화기는 방식에 따라 축압식, 가압식, 반응식이 있다. 축압식의 경우 가스는?

① 탄산가스 ② 물
③ 공기 ④ 질소

🔍 강화액소화기(축압식)의 가스 : 공기

49 강화액소화기의 소화약제의 액성은?

① 산성 ② 강알칼리성
③ 중성 ④ 강산성

🔍 수용액의 pH : 12(알칼리성)

50 산·알칼리 소화약제의 화학반응식으로 옳은 것은?

① $2NaHCO_3 + H_2SO_4 \rightarrow Na_2SO_4 + 2CO_2 + 2H_2O$
② $2CCl_4 + CO_2 \rightarrow 2COCl_2$
③ $2K + 2H_2O \rightarrow 2KOH + H_2$
④ $2Na + 2C_2H_5OH \rightarrow 2C_2H_5ONa + H_2$

🔍 산·알칼리 소화약제
$2NaHCO_3 + H_2SO_4 \rightarrow Na_2SO_4 + 2CO_2 + 2H_2O$

51 다음 중 이산화탄소의 주된 소화효과는 어느 것인가?

① 가연물 제거 ② 인화점 인하
③ 산소공급 차단 ④ 점화원 파괴

🔍 이산화탄소의 주된 소화효과 : 질식소화(산소공급 차단)

52 다음 중 소화약제로 사용할 수 없는 것은?

① 이산화탄소
② 이너젠
③ 염소
④ 브로모트라이플루오로메테인

🔍 소화약제 : 이산화탄소, 이너젠, 브로모트라이플루오로메테인(할론1301)

정답 43 ④ 44 ③ 45 ① 46 ③ 47 ① 48 ③ 49 ② 50 ① 51 ③ 52 ③

53 표준상태에서 2kg의 이산화탄소가 소화약제로 방사될 경우 부피(ℓ)는?

① 1.018
② 10.18
③ 101.8
④ 1,018

🔍 (2000g / 44g) × 22.4ℓ = 1018ℓ

54 축압식 소화기가 아닌 것은?

① 강화액 소화기
② 이산화탄소 소화기
③ 분말 소화기
④ 증발성액체 소화기

🔍 이산화탄소 소화기는 가스로 축압시키는 것이 아니고 이산화탄소 자체가 액체로 저장 하였다가 기체로 방사되는 소화기이다.

55 할로겐화합물 소화약제의 조건으로 옳은 것은?

① 비점이 높을 것
② 기화되기 쉬울 것
③ 공기보다 가벼울 것
④ 연소성이 좋을 것

🔍 할로겐화합물 소화약제의 구비조건
• 비점이 낮고 기화되기 쉬울 것
• 공기보다 무겁고 불연성일 것
• 증발잔유물이 없어야 할 것

56 소화제로 할로겐화합물을 사용하는 이유가 아닌 것은?

① 비점이 낮다.
② 공기보다 가볍고 불연성이다.
③ 증기가 되기 쉽다.
④ 공기의 접촉을 차단한다.

🔍 할로겐화합물소화약제는 공기보다 무겁고 불연성이어야 한다.

57 할로겐화합물 소화약제의 특성으로 틀린 설명은 어느 것인가?

① 금속에 대한 부식성이 적음
② 비전도성으로 전기화재에 적합
③ 정촉매작용으로 연쇄반응을 억제
④ 소화약제의 분해 및 변질이 없음

🔍 할로겐화합물 소화약제 : 부촉매에 의한 연쇄반응의 억제 작용

58 다음 소화제의 약칭과 분자식이 올바르게 된 것은 어느 것인가?

① $CBrF_3$ - BCF
② $C_2F_4Br_2$ - CTC
③ CH_3Br - MB
④ CCl_4 - CB

🔍 약제의 명칭
• 할론1301($CBrF_3$) : MTB(Bromo Trifluoro Methane)
• 할론2402($C_2F_4Br_2$) : FB(Di Bromo Tetrafluoro ethane)
• 할론1211(CF_2ClBr) : BCF(Bromo chloro difluoro Methane)
• 할론1011(CH_2ClBr) : CB(chloro Bromo Methane)
• 브로민화메테인(CH_3Br) : MB(Bromo Methane)
• 사염화탄소(CCl_4) : CTC(Carbon Tetra Chloride)

59 할로겐화합물 소화약제가 아닌 것은?

① 다이브로모테트라플루오로에테인
② 사염화탄소
③ 브로모클로로메테인
④ 탄산가스

🔍 탄산가스는 이산화탄소(CO_2)소화약제이다.

60 할로겐화합물 소화약제의 일반적인 특징에 대한 설명으로 옳지 않은 것은?

① 전기의 불량도체이다.
② 열분해 시 생성되는 가스는 무해하다.
③ 수명이 반영구적이다.
④ 부촉매에 의한 연소의 억제작용이 크다.

🔍 할로겐화합물소화약제는 열분해 시 생성가스는 유해하다.

정답 53 ④ 54 ② 55 ④ 56 ② 57 ③ 58 ③ 59 ④ 60 ②

61 A, B, C, D가 의미하는 것 중 옳지 않은 것은?

할론	1	3	0	1
	A	B	C	D

① A – H(수소)의 수
② B – F(플루오린)의 수
③ C – Cl(염소)의 수
④ D – Br(브로민)의 수

🔍 A : 탄소의 수

62 Halon 1011 속에 함유되지 않은 원소는?

① H
② Cl
③ Br
④ F

🔍 Halon 1011은 CH_2ClBr로서 플루오린(F)는 없다.

63 사염화탄소 소화약제는 화염에 분해 되어 맹독성인 가스를 발생하므로 사용하지 못하도록 하고 있다. 이 때 발생한 가스는?

① $COCl_2$
② HCN
③ PH_3
④ HBr

🔍 사염화탄소(CCl_4)는 실내에 사용 시 포스겐($COCl_2$)이 발생하므로 사용을 금지하고 있다.

64 사염화탄소의 소화 역할로서 옳은 것은?

① 가연물의 제거
② 산소공급원의 차단
③ 냉각에 의한 온도저하
④ 사염화탄소에 의한 환원작용

🔍 사염화탄소 : 질식소화(산소공급원의 차단)

65 화재 시 밀폐된 장소에서 사용 시 유독한 기체를 발생시키는 소화약제는 무엇인가?

① 공기포
② 사염화탄소
③ 이산화탄소
④ 소화분말

🔍 사염화탄소(CCl_4)는 물, 공기, 이산화탄소와 반응하면 포스겐($COCl_2$)의 독가스를 발생한다.

66 CCl_4(사염화탄소)로 소화할 때 $COCl_2$와 HCl이 발생하는 경우는?

① 건조된 공기 중
② 습기가 존재하는 공기 중
③ 유기물이 존재할 때
④ 철이 존재할 때

🔍 사염화탄소의 반응식
• 공기 중 : $CCl_4 + O_2 \rightarrow 2COCl_2 + 2Cl_2$
• 수분 중 : $CCl_4 + H_2O \rightarrow COCl_2 + 2HCl$
• 탄산가스 중 : $CCl_4 + CO_2 \rightarrow 2COCl_2$
• 산화철과 접촉 : $3CCl_4 + Fe_2O_3 \rightarrow 3COCl_2 + 2FeCl_3$

67 다음 중 사염화탄소 소화기를 사용할 수 있는 장소는?

① 밀폐된 거실
② 지하층
③ 무창층
④ 환기가 잘되는 설비

🔍 이산화탄소 또는 할론을 방사하는 소화기구(자동확산소화기는 제외)는 지하층이나 무창층 또는 밀폐된 거실로서 그 바닥면적이 $20m^2$ 미만의 장소에는 설치할 수 없다.

68 다음 분말소화약제 중 제3종 약제는?

① $NaHCO_3$
② $KHCO_3$
③ $NH_4H_2PO_4$
④ $KHCO_3 + (NH_2)_2CO$

🔍 분말약제의 종류

종류	분자식	화학명
제1종 분말	$NaHCO_3$	중탄산나트륨
제2종 분말	$KHCO_3$	중탄산칼륨
제3종 분말	$NH_4H_2PO_4$	인산암모늄
제4종 분말	$KHCO_3 + (NH_2)_2CO$	중탄산칼륨 + 요소

정답 61 ① 62 ④ 63 ① 64 ② 65 ② 66 ② 67 ④ 68 ③

69 ABC급 분말소화 약제의 주성분은?

① 탄산수소나트륨(NaHCO₃)
② 제1인산암모늄(NH₄P₂PO₄)
③ 인산칼륨(K₃PO₄)
④ 탄산수소칼륨(KHCO₃)

🔍 ABC급 분말소화 약제(제3종 분말) : 제1인산암모늄(NH₄P₂PO₄)

70 분말소화약제(위험물)의 저장용기의 충전비는 얼마 이상으로 하여야 하는가?

① 0.85   ② 0.6
③ 0.4   ④ 0.2

🔍 분말소화약제의 충전비 : 0.85 이상

71 분말소화약제의 소화효과에 대하여 가장 적당하게 표현한 것은?

① 주로 화재의 열을 흡수하는 냉각효과이다.
② 분말에 의한 억제, 냉각의 상승효과와 열분해로 발생하는 탄산가스의 질식효과로 소화한다.
③ 연소물을 급속하게 냉각시켜 소화한다.
④ 열분해에 의하여 생긴 유리기의 불연성가스가 연소물에 접촉하여 불연성물질로 변화시켜 소화한다.

🔍 분말약제의 소화효과 : 질식, 냉각, 억제작용

72 분말소화기는 어떤 미립자를 방습 가공한 것을 탄산가스나 질소가스를 압력으로 분사되도록 만든 것이다. 이 미립자는 무엇인가?

① 탄산수소나트륨
② 탄산나트륨
③ 탄산칼슘
④ 탄산알루미늄

🔍 탄산수소나트륨(NaHCO₃) : 어떤 미립자를 방습 가공한 것을 탄산가스나 질소가스를 압력으로 분사되도록 만든 것

73 마그네슘에 적응성이 있는 소화설비는 무엇인가?

① 할로젠화합물 소화기
② 인산염류 소화기
③ 이산화탄소 소화기
④ 탄산수소염류 소화기

🔍 마그네슘의 적응 소화
• 탄산수소염류
• 건조사
• 팽창질석과 팽창진주암

74 탄산수소나트륨에 황산을 가했을 때 어떤 변화가 일어나는가?

① 온도가 내려가서 얼음이 생긴다.
② 아무런 변화가 일어나지 않는다.
③ 탄산가스가 발생한다.
④ 가연성 수소가스가 발생한다.

🔍 탄산수소나트륨과 황산이 반응하면 탄산가스(CO₂)가 발생한다.
2NaHCO₃ + H₂SO₄ → Na₂SO₄ + 2H₂O + 2CO₂↑

75 드라이 케미컬(dry chemical)로 10m³의 탄산가스를 얻고자 표준상태에서 몇 kg의 중탄산나트륨을 사용하면 되겠는가?

① 18.75kg   ② 37.5kg
③ 56.25kg   ④ 75kg

🔍 중탄산나트륨의 열분해반응식
2NaHCO₃ → Na₂CO₃ + CO₂ + H₂O
2 × 84kg ─── 22.4m³
x ─── 10m³
$\therefore x = \dfrac{10 \times 2 \times 84\text{kg}}{22.4} = 75\text{kg}$

76 분말 소화약제의 가압용 및 축압용 가스는?

① 네온가스   ② 프로페인가스
③ 수소가스   ④ 질소가스

🔍 분말 소화약제의 가압용 및 축압용 가스 : 질소가스

정답 69 ② 70 ① 71 ② 72 ① 73 ④ 74 ③ 75 ④ 76 ④

77 분말소화제로서 B, C급 화재에 효과가 있는 드라이케미컬의 주성분은?

① 인산염류
② 할로젠화합물
③ 탄산수소나트륨
④ 수산화알루미늄

🔍 탄산수소나트륨(제1종 분말) : B, C급 화재

78 분말소화기 중 호스를 부착하지 않아도 되는 소화약제의 중량은?

① 1kg 미만
② 2kg 미만
③ 3kg 미만
④ 4kg 미만

🔍 분말소화기는 1kg 미만일 때에는 호스를 부착하지 않아도 된다.

79 분말소화기의 소화약제로 사용되지 않는 것은?

① 탄산수소나트륨
② 탄산수소칼륨
③ 인산암모늄
④ 인산나트륨

🔍 분말소화약제 : 제1종분말(탄산수소나트륨), 제2종분말(탄산수소칼륨), 제3종분말(인산암모늄)

80 드라이케미컬(Dry chemical)을 소화제로 쓸 수 있는 공통 성질은?

① 열분해하면 가스가 발생하여 질식소화를 한다.
② 열분해하면 흡열 반응을 일으켜 냉각소화를 한다.
③ 고체 용융층이 불꽃심을 덮어 씌운다.
④ 공기 중의 습기를 다량 흡수하여 주수 소화 효과를 낸다.

🔍 드라이케미컬은 분말소화약제로서 열분해하여 발생한 가스가 질식소화를 한다.

81 다음 약품 중 소화제로 사용하지 못하는 것은?

① 탄산칼슘
② 탄산수소나트륨
③ 황산알루미늄
④ 탄산수소칼륨

🔍 분말소화약제
• 황산알루미늄 : 화학포 소화약제
• 탄산수소나트륨 : 제1종분말
• 탄산수소칼륨 : 제2종 분말

82 분말소화약제의 식별색으로 옳게 짝지어 진 것은?

① $BaCl_2$: 분홍색
② $KHCO_3$: 회색
③ $NaHCO_3$: 백색
④ $NH_4H_2PO_4$: 보라색

🔍 분말소화약제의 착색
• $NaHCO_3$: 백색
• $KHCO_3$: 담회색
• $NH_4H_2PO_4$: 담홍색
• $BaCl_2$: 회색

83 분말소화약제의 소화효과를 가장 적당하게 설명한 것은?

① 연소물을 급격하게 냉각시켜 소화한다.
② 주로 화재의 열을 흡수하는 냉각효과가 있다.
③ 열분해로 생긴 불연성가스에 의한 질식효과가 크며, 일부는 냉각효과도 있다.
④ 분말은 화재를 억제하고 열분해로 발생하는 탄산가스가 질식효과로 소화한다.

🔍 분말소화약제 : 질식, 냉각, 부촉매(억제)효과

84 분말소화약제의 특성에 대한 설명으로 옳지 않은 것은?

① 제1종 분말 - 식용유, 지방질유의 화재소화 시 가연물과의 비누화 반응으로 소화효과가 증대된다.
② 제2종 분말 - 소화성능이 제1종 분말보다 떨어진다.
③ 제3종 분말 - 일반화재에도 소화효과가 있으며, 수명이 반영구적이다.
④ 제4종 분말 - 값이 비싸고, A급 화재에는 소화효과가 없다.

🔍 소화효과 : 제4종 > 제3종 > 제2종 > 제1종

정답 77 ③ 78 ① 79 ④ 80 ① 81 ① 82 ③ 83 ④ 84 ②

85 분말소화약제인 인산암모늄을 사용하였을 때 열분해하여 부착성인 막을 만들어 공기를 차단시키는 것은?

① HPO_3
② PH_3
③ NH_3
④ P_2O_3

🔍 제3종 분말(인산암모늄)이 열분해하여 메타인산(HPO_3)이 발생하므로 부착성인 막을 만들어 공기를 차단한다.

86 제1종 분말 소화약제는 노즐 1개에서 1분당 방사되는 소화약제의 양은 얼마인가?

① 45kg
② 39kg
③ 27kg
④ 18kg

🔍 분말소화약제 분당 방사량
- 제1종 분말 : 45kg
- 제2종, 제3종 분말 : 27kg
- 제4종 분말 : 18kg

87 다음 중 포소화약제가 아닌 것은?

① 단백포 소화약제
② 수성막포 소화약제
③ 합성계면활성제
④ 드라이케미칼

🔍 포소화약제
- 단백포
- 수성막포
- 합성계면활성제포
- 플루오린화단백포
- 알코올형포(내알코올포, 알코올포)

88 화학포 소화약제의 주성분은?

① 황산알루미늄과 탄산수소나트륨
② 황산알루미늄과 탄산나트륨
③ 황산나트륨과 탄산나트륨
④ 황산나트륨과 탄산수소나트륨

🔍 화학포 소화약제의 주성분 : 황산알루미늄[$Al_2(SO_4)_3 \cdot 18H_2O$]과 탄산수소나트륨($NaHCO_3$)

89 황산알루미늄과 중탄산나트륨으로 포말소화기를 만들고자 할 때 혼합비는 몰비(mole%)로 얼마인가?

① 1 : 2
② 1 : 4
③ 1 : 6
④ 1 : 8

🔍 화학포소화기의 반응식
$6NaHCO_3 + Al_2(SO_4)_3 + 18H_2O$
$\rightarrow 3Na_2SO_4 + 2Al(OH)_3 + 6CO_2 + 18H_2O$
∴ 황산알루미늄($Al_2(SO_4)_3$)과 중탄산나트륨($NaHCO_3$) = 1 : 6

90 $6NaHCO_3 + Al_2(SO_4)_3 + 18H_2O \rightarrow$ (①)Na_2SO_4 + (②)$Al(OH)_3$ + (③)CO_2 + (④)H_2O에서 (①), (②), (③), (④) 안에 들어갈 반응계수는?

① 6, 2, 3, 18
② 3, 2, 6, 18
③ 2, 3, 6, 18
④ 3, 6, 2, 18

🔍 문제 89번 참조

91 포말소화기를 사용할 때 소화기 내부에서 일어나는 반응식으로 옳은 것은?

① $Na_2CO_3 + H_2SO_4 \rightarrow Na_2SO_4 + H_2O + CO_2$
② $6NaHCO_3 + Al_2(SO_4)_3 \rightarrow 3Na_2SO_4 + 2Al(OH)_3 + 6CO_2$
③ $2NaHCO_3 + H_2SO_4 \rightarrow Na_2SO_4 + 2H_2O + 2CO_2$
④ $3Na_2CO_3 + Al_2(SO_4)_3 \rightarrow 3Na_2SO_4 + Al_2(CO_3)_3$

🔍 문제 89번 참조

92 탄산수소나트륨과 황산알루미늄의 수용액이 화학반응하여 생성되지 않는 것은?

① 황산나트륨
② 탄산수소알루미늄
③ 수산화알루미늄
④ 이산화탄소

🔍 포말소화기
$6NaHCO_3 + Al_2(SO_4)_3 \cdot 18H_2O$
$\rightarrow 3Na_2SO_4 + 2Al(OH)_3 + 6CO_2 + 18H_2O$

정답 85 ① 86 ① 87 ④ 88 ① 89 ③ 90 ② 91 ② 92 ②

93 $NaHCO_3$ A(외약)약제와 $Al_2(SO_4)_3$ B(내약)약제로 되어 있는 소화기는?

① 산·알칼리소화기
② 드라이켐미칼소화기
③ 탄산가스소화기
④ 포말소화기

> 화학포(포말)소화기 : $NaHCO_3$ A(외약)약제와 $Al_2(SO_4)_3$ B(내약)약제로 되어 있는 소화기

94 화학포에 사용되는 기포안정제로서 적당한 것은 어느 것인가?

① 황산알루미늄　② 탄산수소나트륨
③ 사포닌　　　　④ 이산화탄소

> 기포안정제 : 사포닌, 젤라틴, 카세인, 단백질분해물 등

95 화학포에 사용되는 기포 안정제가 아닌 것은?

① 탄산수소나트륨　② 단백질 분해물
③ 계면활성제　　　④ 사포닌

> 기포안정제 : 단백질분해물, 계면활성제, 사포닌, 젤라틴

96 포말소화기를 사용할 수 없는 화재형태는 어느 것인가?

① 일반화재　② 유류화재
③ 가스화재　④ 금속화재

> 포말소화기는 물이 많이 함유되어 있으므로 금속화재에는 적합하지 않다.

97 축압식을 사용하는 ABC 분말소화기의 압력지시계의 지시압력은 몇 MPa를 유지해야 하는가?

① 1.5MPa　② 0.7~0.8MPa
③ 6MPa　　④ 0.7~0.98MPa

> 축압식 분말소화기의 정상 상태 : 0.7~0.98MPa

98 인화점이 높은 화합물의 화재시 액온이 높아져 포 및 주수 등으로 소화시 수분이 비등하여 증발하여 포의 파괴(소포)로 소화가 곤란해지는 현상을 무엇이라 하는가?

① 슬롭 오버(slop over)
② 프로스 오버(froth over)
③ 파이어 볼(fire ball)
④ 베이퍼 록(vapor rock)

> 슬롭 오버(slop over) : 인화점이 높은 화합물의 화재시 액온이 높아져 포 및 주수 등으로 소화시 수분이 비등하여 증발하여 포의 파괴(소포)로 소화가 곤란해지는 현상

99 소화기구는 바닥으로부터 얼마의 높이에 설치하는가?

① 1m 이하의 곳　　② 1.5m 이하의 곳
③ 2m 이하의 곳　　④ 0.5m 이하의 곳

> 소화기구의 설치 : 바닥으로부터 1.5m 이하에 설치

정답 93 ④　94 ③　95 ①　96 ④　97 ④　98 ①　99 ②

SECTION 03 소방시설의 설치 및 운영

STEP 01 소방시설의 종류(소방시설 설치 및 관리에 관한 법률 시행령)

1. 소화설비

1) 정의 : 물 그 밖의 소화약제를 사용하여 소화하는 기계, 기구 또는 설비
2) 종류
   ① 소화기구
      ㉮ 소화기
      ㉯ 간이용소화용구 : 에어로졸식 소화용구, 투척용 소화용구 및 소화약제 외의 것을 이용한 간이 소화용구
      ㉰ 자동확산소화기
   ② 자동소화장치
      ㉮ 주방용 자동소화장치   ㉯ 상업용 자동소화장치
      ㉰ 캐비닛형 자동소화장치   ㉱ 가스자동소화장치
      ㉲ 분말자동소화장치   ㉳ 고체에어로졸자동소화장치
   ③ 옥내소화전선설비(호스릴옥내소화전설비를 포함한다)
   ④ 스프링클러설비등
      ㉮ 스프링클러설비
      ㉯ 간이스프링클러설비(캐비닛형 간이스프링클러설비를 포함한다)
      ㉰ 화재조기진압용 스프링클러설비
   ⑤ **물분무등소화설비**(물분무소화설비, 미분무소화설비, 포소화설비, 불활성가스소화설비, 할론소화설비, 할로젠화합물 및 불활성기체 소화설비, 분말소화설비, 강화액소화설비, 고체에어로졸소화설비)
   ⑥ 옥외소화전설비

2. 경보설비

1) 정의 : 화재발생 사실을 통보하는 기계, 기구 또는 설비
2) 종류
   ① 단독경보형 감지기
   ② 비상경보설비 : 비상벨설비, 자동식사이렌설비
   ③ 시각경보기

④ 자동화재탐지설비
⑤ 화재알림설비
⑥ 비상방송설비
⑦ 자동화재속보설비
⑧ 통합감시시설
⑨ 누전경보기
⑩ 가스누설경보기

3. 피난구조설비

1) 정의 : 화재가 발생할 경우 피난하기 위하여 사용하는 기구 또는 설비
2) 종류
   ① 피난기구
      ㉮ 피난사다리
      ㉯ 구조대
      ㉰ 완강기
      ㉱ 그 밖에 법 제9조제1항에 따라 소방청장이 정하여 고시하는 화재안전기준(이하 "화재안전기준"이라 한다)으로 정하는 것
   ② 인명구조기구
      ㉮ 방열복, 방화복(안전모, 보호장갑, 안전화 포함)
      ㉯ 공기호흡기
      ㉰ 인공소생기
   ③ 피난유도선, 피난구유도등, 통로유도등, 객석유도등, 유도표지
   ④ 비상조명등 및 휴대용비상조명등

4. 소화용수설비

1) 정의 : 화재를 진압하는데 필요한 물을 공급하거나 저장하는 설비
2) 종류
   ① 상수도 소화용수설비
   ② 소화수조, 저수조 그 밖의 소화용수설비

5. 소화활동설비

1) 정의 : 화재를 진압하거나 인명 구조활동을 위하여 사용하는 설비
2) 종류
   ① **제연설비**   ② **연결송수관설비**
   ③ **연결살수설비**   ④ 비상콘센트설비
   ⑤ 무선통신보조설비   ⑥ **연소방지설비**

STEP 02 소방시설의 설치 기준 (위험물 대상)

1. 소화기구(소방)

1) 소화기의 설치 기준
    ① 각층마다 설치할 것
    ② 소방대상물의 각 부분으로부터 소화기까지의 보행거리
        ㉮ **소형소화기** : 20m **이내**
        ㉯ **대형소화기** : 30m **이내**가 되도록 배치할 것
    ③ 소화기구(자동소화장치는 제외)는 바닥으로부터 높이 1.5m 이하의 곳에 비치할 것
    ④ 소화기에 있어서는 "소화기", 투척용소화용구등에 있어서는 "투척용소화용구등", 마른모래에 있어서는 "소화용 모래", 팽창진주암 및 팽창질석에 있어서는 "소화질석"이라고 표시한 표지를 보기 쉬운 곳에 게시할 것

     소형소화기 설치 장소
    - 지하탱크저장소
    - 간이탱크저장소
    - 이동탱크저장소
    - 주유취급소
    - 판매취급소

2) 이산화탄소, 할로젠화합물(할론)을 방사하는 소화기구(자동확산소화기는 제외)설치 금지 장소
    ① 지하층
    ② 무창층
    ③ 밀폐된 거실로서 그 바닥면적이 20m² 미만의 장소
    ※ 다만, 배기를 위한 유효한 개구부가 있는 장소인 경우에는 그러하지 아니하다.

2. 옥내소화전설비

1) 옥내소화전 설비의 설치기준
    ① 옥내소화전은 제조소등의 건축물의 층마다 당해 층의 각 부분에서 하나의 호스접속구까지의 **수평거리가 25m 이하**가 되도록 설치할 것. 이 경우 옥내소화전은 각층의 출입구 부근에 1개 이상 설치하여야 한다.
    ② 옥내소화전의 개폐밸브, 호스접속구의 설치 위치 : 바닥면으로부터 1.5m 이하
    ③ 옥내소화전의 개폐밸브 및 방수용기구를 격납하는 상자(소화전함)는 불연재료로 제작하고 점검에 편리하고 화재발생시 연기가 충만할 우려가 없는 장소 등 쉽게 접근이 가능하고 화재 등에 의한 피해를 받을 우려가 적은 장소에 설치할 것
    ④ 가압송수장치의 기동을 알리는 **표시등**(기동표시등)은 **적색**으로 하고 옥내소화전함의 내부 또는 그 직근의 장소에 설치할 것(자체소방대를 둔 제조소등으로서 가압송수장치의 기동장치를 기동용 수압개폐장치로 사용하는 경우에는 시동표시등을 설치하지 아니할 수 있다)
    ⑤ 옥내소화전함에는 그 표면에 "소화전"이라고 표시할 것

⑥ 옥내소화전함의 **상부**의 벽면에 **적색의 표시등**을 설치하되, 당해 표시등의 부착면과 15° 이상의 각도가 되는 방향으로 10m 떨어진 곳에서 용이하게 식별이 가능하도록 할 것

2) 물올림장치의 설치 기준
① 설치 : **수원의 수위**가 **펌프**(수평회전식의 것에 한함)보다 **낮은 위치**에 있을 때 설치
② 물올림장치에는 전용의 물올림탱크를 설치할 것
③ 물올림탱크의 용량은 가압송수장치를 유효하게 작동할 수 있도록 할 것
④ 물올림탱크에는 감수경보장치 및 물올림탱크에 물을 자동으로 보급하기 위한 장치가 설치되어 있을 것

3) 옥내소화전설비의 비상전원
① 종류 : 자가발전설비, 축전지설비
② 용량 : 옥내소화전설비를 유효하게 **45분 이상** 작동시키는 것이 가능할 것

4) 배관의 설치 기준
① 전용으로 할 것
② 가압송수장치의 토출측 직근부분의 배관에는 체크밸브 및 개폐밸브를 설치할 것
③ 주배관 중 **입상관**은 관의 직경이 **50mm 이상**인 것으로 할 것
④ 개폐밸브에는 그 개폐방향을, 체크밸브에는 그 흐름방향을 표시할 것

5) 가압송수장치의 설치 기준
① 고가수조를 이용한 가압송수장치
  ㉮ 낙차(수조의 하단으로부터 호스접속구까지의 수직거리)는 다음 식에 의하여 구한 수치 이상으로 할 것

$$H = h_1 + h_2 + 35m$$

여기서 • H : 필요낙차 (단위 m)
• h_1 : 소방용 호스의 마찰손실수두 (단위 m)
• h_2 : 배관의 마찰손실수두 (단위 m)

  ㉯ 고가수조에는 **수위계, 배수관, 오버플로우용 배수관, 보급수관** 및 **맨홀**을 설치할 것
② 압력수조를 이용한 가압송수장치
  ㉮ 압력수조의 압력은 다음 식에 의하여 구한 수치 이상으로 할 것

$$P = p_1 + p_2 + p_3 + 0.35MPa$$

여기서 • P : 필요한 압력 (단위 MPa)
• p_1 : 소방용호스의 마찰손실수두압 (단위 MPa)
• p_2 : 배관의 마찰손실수두압 (단위 MPa)
• p_3 : 낙차의 환산수두압 (단위 MPa)

  ㉯ 압력수조의 수량은 당해 압력수조 체적의 2/3 이하일 것
  ㉰ 압력수조에는 **압력계, 수위계, 배수관, 보급수관, 통기관** 및 **맨홀**을 설치할 것

③ 펌프를 이용한 가압송수장치
  ㉮ 펌프의 토출량은 옥내소화전의 설치개수가 가장 많은 층에 대해 당해 설치개수(설치개수가 5개 이상인 경우에는 5개로 한다)에 260ℓ/min를 곱한 양 이상이 되도록 할 것
  ㉯ 펌프의 전양정은 다음 식에 의하여 구한 수치 이상으로 할 것

$$H = h_1 + h_2 + h_3 + 35m$$

  여기서 • H : 펌프의 전양정 (단위 m)
         • h_1 : 소방용 호스의 마찰손실수두 (단위 m)
         • h_2 : 배관의 마찰손실수두 (단위 m)
         • h_3 : 낙차 (단위 m)

  ㉰ 펌프의 **토출량**이 정격토출량의 150%인 경우에는 **전양정**은 정격전양정의 65% 이상일 것
  ㉱ 펌프는 전용으로 할 것
  ㉲ 펌프에는 **토출측**에 **압력계**, **흡입측**에 **연성계**를 설치할 것
  ㉳ 가압 송수장치에는 정격부하 운전시 펌프의 성능을 시험하기 위한 배관설비를 설치할 것
  ㉴ 가압송수장치에는 체절 운전시에 수온상승방지를 위한 **순환배관**을 설치할 것
④ 가압송수장치에는 당해 옥내소화전의 노즐 끝부분에서 방수압력이 0.7MPa을 초과하지 아니하도록 할 것
⑤ 방수량, 방수압력, 수원 등

항목	방수량	방수압력	토출량	수원	비상전원
옥내소화전설비	260ℓ/min 이상	0.35MPa 이상	N(최대 5개) ×260ℓ/min	N(최대 5개)×7.8m³ (260ℓ/min×30min)	45분

3. 옥외소화전설비

1) 옥외소화전의 설치기준
① 옥외소화선의 **개폐밸브** 및 호스접속구는 지반면으로부터 **1.5m 이하**의 높이에 설치할 것
② 방수용기구를 격납하는 함(이하 "**옥외소화전함**"이라 함)은 불연재료로 제작하고 옥외소화전으로부터 **보행거리 5m 이하**의 장소로서 화재발생시 쉽게 접근가능하고 화재 등의 피해를 받을 우려가 적은 장소에 설치할 것
③ 옥외소화전함에는 그 표면에 "호스격납함"이라고 표시할 것. 다만, 호스접속구 및 개폐밸브를 옥외소화전함의 내부에 설치하는 경우에는 "소화전"이라고 표시할 수도 있다.
④ 옥외소화전에는 직근의 보기 쉬운 장소에 "소화전"이라고 표시할 것
⑤ **자체소방대**를 둔 **제조소등**으로서 옥외소화전함 부근에 설치된 옥외전등에 비상전원이 공급되는 경우에는 옥외소화전함의 **적색 표시등**을 설치하지 아니할 수 있다.
⑥ 옥외소화전설비는 습식으로 하고 동결방지조치를 할 것. 다만, 동결방지조치가 곤란한 경우에는 습식 외의 방식으로 할 수 있다.

2) 방수량, 방수압력, 수원 등

항목	방수량	방수압력	토출량	수원	비상전원
옥외소화전설비	450ℓ/min 이상	0.35MPa 이상	N(최대 4개)× 450ℓ/min	N(최대4개)×13.5m³ (450ℓ/min×30min)	45분

3) 가압송수장치, 시동표시등, 물올림장치, 비상전원, 조작회로의 배선, 배관 등 : 옥내소화전설비의 기준에 준한다.

4. 스프링클러설비

1) **개방형스프링클러헤드**

  방호대상물의 모든 표면이 헤드의 유효사정 내에 있도록 설치하고, 다음 각목에 정한 것에 의하여 설치할 것

  ① 스프링클러헤드의 반사판으로부터 **하방**으로 **0.45m**, **수평방향**으로 **0.3m**의 공간을 보유할 것

  ② 스프링클러 헤드는 헤드의 축심이 당해 헤드의 부착면에 대하여 직각이 되도록 설치할 것

2) **폐쇄형스프링클러헤드의 설치 기준**

  ① 스프링클러헤드의 반사판과 당해 헤드의 부착면과의 거리는 0.3m 이하일 것

  ② 급배기용 덕트 등의 긴변의 길이가 1.2m를 초과하는 것이 있는 경우에는 당해 덕트 등의 아래면에도 스프링클러헤드를 설치할 것

  ③ 건식 또는 준비작동식의 유수검지장치의 2차측에 설치하는 스프링클러헤드는 상향식스프링클러헤드로 할 것. 다만, 동결할 우려가 없는 장소에 설치하는 경우는 그러하지 아니하다.

  ④ 스프링클러헤드는 그 부착장소의 평상시의 최고주위온도에 따라 다음 표에 정한 표시온도를 갖는 것을 설치할 것

부착장소의 최고주위온도(단위 ℃)	표시온도(단위 ℃)
28 미만	58 미만
28 이상 39 미만	**58 이상 79 미만**
39 이상 64 미만	79 이상 121 미만
64 이상 106 미만	121 이상 162 미만
106 이상	162 이상

3) **일제개방밸브의 기동조작부 및 수동식개방밸브** : 화재시 쉽게 접근 가능한 바닥면으로부터 1.5m 이하의 높이에 설치할 것

4) **스프링클러설비의 제어밸브**

  ① 개방형스프링클러헤드 : 방수구역마다

  ② 폐쇄형스프링클러헤드 : 방화대상물의 층마다

  ③ **제어밸브**는 바닥면으로부터 **0.8m 이상 1.5m 이하**의 높이에 설치할 것

  ④ 제어밸브에는 직근의 보기 쉬운 장소에 "스프링클러설비의 제어밸브"라고 표시할 것

5) 가압송수장치, 물올림장치, 비상전원, 조작회로의 배선, 배관 : 옥내소화전설비의 기준에 준한다.

6) 방수량, 방수압력, 수원 등

항목	방수량	방수압력	토출량	수원	비상전원
스프링클러설비	80ℓ/min 이상	0.1MPa 이상	헤드수 ×80ℓ/min	헤드수×2.4m³ (80ℓ/min×30min)	45분

참고 일반건축물과 위험물제조소등의 비교

종류	항목	방수량	방수압력	토출량	수원	비상전원
옥내소화전설비	일반건축물	130ℓ/min (호스릴동일)	0.17MPa (호스릴동일)	N(최대 2개)×130ℓ/min	N(최대 2개)×2.6m³ (130ℓ/min×20min)	20분
	위험물제조소등	260ℓ/min	0.35MPa (350kPa)	N(최대 5개)×260ℓ/min	N(최대 5개)×7.8m³ (260ℓ/min×30min)	45분
옥외소화전설비	일반건축물	350ℓ/min	0.25MPa	N(최대 2개)×350ℓ/min	N(최대 2개)×7m³ (350ℓ/min×20min)	–
	위험물제조소등	450ℓ/min	0.35MPa (350kPa)	N(최대 4개)×450ℓ/min	N(최대 4개)×13.5m³ (450ℓ/min×30min)	45분
스프링클러설비	일반건축물	80ℓ/min	0.1MPa	헤드수×80ℓ/min	헤드수×1.6m³ (80ℓ/min×20min)	20분
	위험물제조소등	80ℓ/min	0.1MPa (100kPa)	헤드수×80ℓ/min	헤드수×2.4m³ (80ℓ/min×30min)	45분

5. 포 소화설비

1) 고정식 방출구의 종류

고정식 포방출구방식은 탱크에서 저장 또는 취급하는 위험물의 화재를 유효하게 소화할 수 있도록 하는 포 방출구

① Ⅰ형 : 고정지붕구조의 탱크에 **상부포주입법**(고정포방출구를 탱크옆판의 상부에 설치하여 액표면상에 포를 방출하는 방법)을 이용하는 것으로 방출된 포가 액면 아래로 몰입되거나 액면을 뒤섞지 않고 액면상을 덮을 수 있는 통계단 또는 미끄럼판 등의 설비 및 탱크내의 위험물 증기가 외부로 역류되는 것을 저지할 수 있는 구조·기구를 갖는 포방출구

② Ⅱ형 : 고정 지붕구조 또는 부상덮개부착 고정지붕 구조의 탱크에 **상부포주입법**을 이용하는 것으로 방출된 포가 탱크옆판의 내면을 따라 흘러내려가면서 액면 아래로 몰입되거나 액면을 뒤섞지 않고 액면상을 덮을 수 있는 반사판 및 탱크내의 위험물 증기가 외부로 역류되는 것을 저지할 수 있는 구조·기구를 갖는 포방출구

③ 특형 : **부상지붕구조**의 탱크에 **상부포주입법**을 이용하는 것으로 부상지붕의 부상 부분상에 높이 0.9m 이상의 금속제의 칸막이를 탱크옆판의 내측으로부터 1.2m 이상 이격하여 설치하고 탱크옆판과 칸막이에 의하여 형성된 환상부분에 포를 주입하는 것이 가능한 구조의 반사판을 갖는 포방출구

④ **Ⅲ형** : 고정 지붕구조의 탱크에 **저부포주입법**(탱크의 액면하에 설치된 포방출구부터 포를 탱크 내에 주입하는 방법)을 이용하는 것으로 송포관으로부터 포를 방출하는 포방출구
⑤ **Ⅳ형** : 고정 지붕구조의 탱크에 **저부포주입법**을 이용하는 것으로 평상시에는 탱크의 액면하의 저부에 격납통에 수납되어 있는 특수호스 등이 송포관의 말단에 접속되어 있다가 포를 보내어 선단의 액면까지 도달한 후 포를 방출하는 포방출구

2) 보조포소화전의 설치
① 보조포소화전의 상호간의 보행거리가 **75m 이하**가 되도록 할 것
② 보조포소화전은 3개(3개 미만은 그 개수)의 노즐을 동시에 방사 시
  ㉮ 방수압력 : 0.35MPa 이상
  ㉯ 방사량 : 400ℓ/min 이상

3) 연결송수구 설치개수

$$N = \frac{Aq}{C}$$

여기서 • N : 연결송수구의 설치개수
  • A : 탱크의 최대수평단면적(m^2)
  • q : 탱크의 액표면적 $1m^2$당 방사하여야 할 포수용액의 방출율(ℓ/min)
  • C : 연결송수구 1구당의 표준 송액량(800ℓ/min)

4) 포소화약제의 혼합장치

기계포 소화약제에는 비례혼합장치와 정량혼합장치가 있는데 비례혼합장치는 소화원액이 지정농도의 범위 내로 방사 유량에 비례하여 혼합하는 장치를 말하고 정량 혼합장치는 방사구역 내에서 지정 농도 범위내의 혼합이 가능한 것만을 성능으로 하지 않는 것으로 지정농도에 관계없이 일정한 양을 혼합하는 장치이다.

[포 혼합장치(Foam Mixer)]

① **펌프 프로포셔너 방식**(pump proportioner, 펌프 혼합방식)
  펌프의 토출관과 흡입관사이의 배관도중에 설치한 흡입기에 펌프에서 토출된 물의 일부를 보내고 농도조정 밸브에서 조정된 포소화약제의 필요량을 포소화약제 탱크에서 펌프 흡입측으로 보내어 약제를 혼합하는 방식

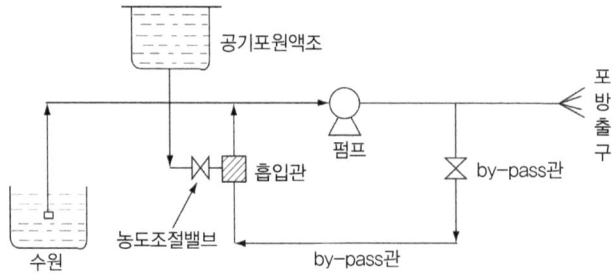

② **라인 프로포셔너 방식**(line proportioner, 관로 혼합방식)
펌프와 발포기의 중간에 설치된 벤츄리관의 **벤츄리 작용**에 따라 포 소화약제를 **흡입·혼합**하는 방식. 이 방식은 옥외 소화전에 연결 주로 1층에 사용하며 원액 흡입력 때문에 송수압력의 손실이 크고, 토출측 호스의 길이, 포원액 탱크의 높이 등에 민감하므로 아주 정밀설계와 시공을 요한다.

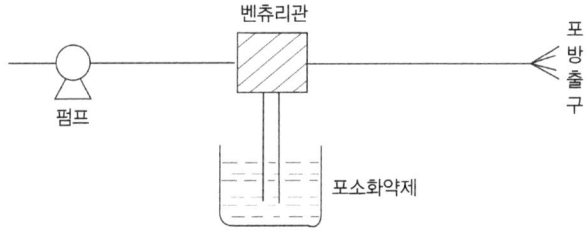

③ **프레져 프로포셔너 방식**(pressure proportioner, 차압 혼합방식)
펌프와 발포기의 중간에 설치된 벤츄리관의 **벤츄리작용**과 펌프 가압수의 포소화약제 저장탱크에 대한 **압력에 따라** 포소화약제를 **흡입·혼합**하는 방식. 현재 우리나라에서는 3% 단백포 차압혼합방식을 많이 사용하고 있다.

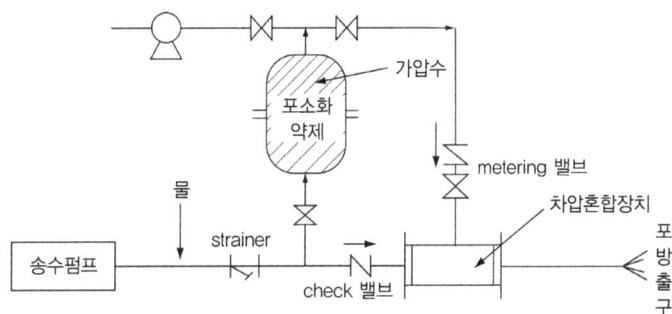

④ **프레져 사이드 프로포셔너 방식**(pressure side proportioner, 압입 혼합방식)
펌프의 토출관에 **압입기를 설치**하여 포소화 약제 압입용 펌프로 포소화약제를 압입시켜 혼합하는 방식

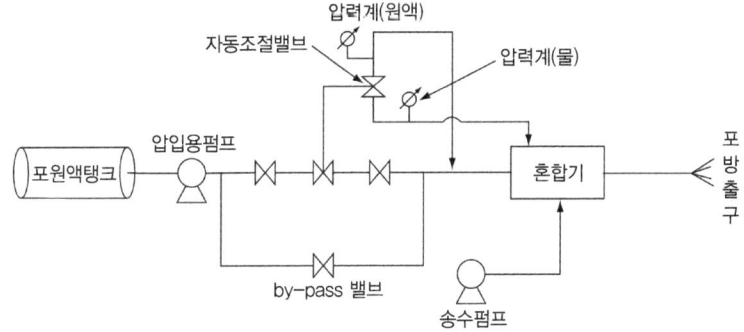

⑤ **압축공기포 믹싱챔버 방식** : 물, 포소화약제 및 공기를 믹싱챔버로 강제주입시켜 챔버 내에서 포수용액을 생성한 후 포를 방사하는 방식

5) 가압송수장치의 설치 기준

① 고가수조를 이용하는 가압송수장치

㉮ 가압송수장치의 낙차(수조의 하단으로부터 포방출구까지의 수직거리)는 다음 식에 의하여 구한 수치 이상으로 할 것

$$H = h_1 + h_2 + h_3$$

여기서
- H : 필요한 낙차(단위 m)
- h_1 : 고정식포방출구의 설계압력 환산수두 또는 이동식포소화설비 노즐방사압력 환산수두(단위 m)
- h_2 : 배관의 마찰손실수두(단위 m)
- h_3 : 이동식포소화설비의 소방용 호스의 마찰손실수두(단위 m)

㉯ **고가수조**에는 **수위계, 배수관, 오버플로우용 배수관, 보급수관** 및 **맨홀**을 설치할 것

② 압력수조를 이용하는 가압송수장치

㉮ 가압송수장치의 압력수조의 압력은 다음 식에 의하여 구한 수치 이상으로 할 것

$$P = p_1 + p_2 + p_3 + p_4$$

여기서
- P : 필요한 압력(단위 MPa)
- p_1 : 고정식포방출구의 설계압력 또는 이동식포소화설비 노즐방사압력(단위 MPa)
- p_2 : 배관의 마찰손실수두압(단위 MPa)
- p_3 : 낙차의 환산수두압(단위 MPa)
- p_4 : 이동식포소화설비의 소방용 호스의 마찰손실수두압(단위 MPa)

㉯ **압력수조의 수량**은 당해 **압력수조 체적의 2/3 이하**일 것

㉰ **압력수조**에는 **압력계, 수위계, 배수관, 보급수관, 통기관** 및 **맨홀**을 설치할 것

③ 펌프를 이용하는 가압송수장치

㉮ 펌프의 토출량은 고정식포방출구의 설계압력 또는 노즐의 방사압력의 허용범위로 포수용액을 방출 또는 방사하는 것이 가능한 양으로 할 것

㉯ 펌프의 전양정은 다음 식에 의하여 구한 수치 이상으로 할 것

$$H = h_1 + h_2 + h_3 + h_4$$

여기서
- H : 펌프의 전양정(단위 m)
- h_1 : 고정식포방출구의 설계압력환산수두 또는 이동식포소화설비 노즐선단의 방사압력 환산수두(단위 m)
- h_2 : 배관의 마찰손실수두(단위 m)
- h_3 : 낙차(단위 m)
- h_4 : 이동식포소화설비의 소방용호스의 마찰손실수두(단위 m)

㉰ 펌프의 토출량이 정격토출량의 150%인 경우에는 전양정은 정격전양정의 65% 이상일 것

㉱ 펌프는 전용으로 할 것. 다만, 다른 소화설비와 병용 또는 겸용하여도 각각의 소화설비의 성능에 지장을 주지 아니하는 경우에는 그러하지 아니하다.

㉲ 펌프에는 토출측에 압력계, 흡입측에 연성계를 설치할 것

⑪ 가압송수장치에는 정격부하 운전시 펌프의 성능을 시험하기 위한 배관설비를 설치할 것
⑫ 가압송수장치에는 체절운전시에 수온상승방지를 위한 순환배관을 설치할 것
⑬ 펌프를 시동한 후 5분 이내에 포수용액을 포방출구 등까지 송액할 수 있도록 하거나 또는 펌프로부터 포방출구 등까지의 수평거리를 500m 이내로 할 것

6. 불활성가스 소화설비

1) 전역방출방식 분사헤드 방사압력, 방사시간

구분	전역방출방식		국소방출방식
	고압식	저장식	
방사압력	2.1MPa 이상	1.05MPa 이상	-
방사시간	60초 이내	60초 이내	30초 이내

2) 이동식 불활성가스소화설비의 약제량(하나의 노즐 당)
   ① **저장량 : 90kg 이상**
   ② 방사량 : 90kg/min 이상

3) 저장용기의 충전비

구분	이산화탄소의 충전비		IG-100, IG-55, IG-541의 충전압력
	고압식	저장식	
기준	1.5 이상 1.9 이하	1.1 이상 1.4 이하	32MPa 이하

4) 저장용기의 설치 기준
   ① **방호구역 외의 장소**에 설치할 것
   ② 온도가 **40℃ 이하**이고 온도 변화가 적은 장소에 설치할 것
   ③ 직사일광 및 빗물이 침투할 우려가 적은 장소에 설치할 것
   ④ 저장용기에는 안전장치(용기밸브에 설치되어 있는 것을 포함)를 설치할 것

5) 배관의 설치 기준
   ① 강관의 배관[압력배관용 탄소강관(KS D 3562)]
      ㉮ 고압식 : 스케줄 80 이상
      ㉯ 저압식 : 스케줄 40 이상의 것을 사용할 것
   ② 동관의 배관[이음매 없는 구리 및 구리합금관(KS D 5301)]
      ㉮ 고압식 : 16.5MPa 이상
      ㉯ 저압식 : 3.75MPa 이상의 압력에 견딜 수 있는 것을 사용할 것

6) 저압식 저장용기의 설치 기준
   ① 저압식 저장용기에는 액면계 및 압력계를 설치할 것

② 저압식 저장용기에는 **2.3MPa 이상**의 압력 및 **1.9MPa 이하**의 압력에서 작동하는 **압력경보장치**를 설치할 것
③ 저압식 저장용기에는 용기내부의 온도를 **– 20℃ 이상 –18℃ 이하**로 유지할 수 있는 **자동냉동기**를 설치할 것
④ 저압식 저장용기에는 파괴판 및 방출밸브를 설치할 것

7) 기동용가스용기
① 기동용가스용기는 25MPa 이상의 압력에 견딜 수 있는 것일 것
② **기동용가스용기**
  ㉮ 내용적 : **1ℓ 이상**
  ㉯ 이산화탄소의 양 : **0.6kg 이상**
  ㉰ 충전비 : **1.5 이상**
③ 기동용가스용기에는 안전장치 및 용기밸브를 설치할 것

8) 수동식의 기동장치(이산화탄소)
① 기동장치는 당해 방호구역 밖에 설치하되 당해 방호구역 안을 볼 수 있고 조작을 한 자가 쉽게 대피할 수 있는 장소에 설치할 것
② 기동장치는 하나의 방호구역 또는 방호대상물마다 설치할 것
③ 기동장치의 **조작부**는 바닥으로부터 **0.8m 이상 1.5m 이하**의 높이에 설치할 것
④ 기동장치에는 직근의 보기 쉬운 장소에 "불활성가스 소화설비의 수동식 기동장치"임을 표시할 것
⑤ 기동장치의 외면은 적색으로 할 것
⑥ 기동장치 또는 직근의 장소에 방호구역의 명칭, 취급방법, 안전상의 주의사항 등을 표시할 것

9) 비상전원
① 종류 : 자가발전설비, 축전지설비
② **비상전원의 용량 : 1시간 작동**

7. 할로젠화합물 소화설비

1) 전역 · 국소방출방식
① 할론 2402를 방출하는 분사헤드는 소화약제가 무상으로 방사하는 것일 것
② 분사헤드의 방사압력

약제	방사압력
할론2402	0.1MPa 이상
할론1211	0.2MPa 이상
할론1301	**0.9MPa 이상**
HFC-227ea, FK-5-1-12	0.3MPa 이상
HFC-23	0.9MPa 이상
HFC-125	0.9MPa 이상

③ 전역 · 국소방출방식에 의한 약제 방사시간

약제	방사압력
할론2402	30초 이내
할론1211	
할론1301	
HFC-227ea, FK-5-1-12	10초 이내
HFC-23	
HFC-125	

2) 약제 저장량

① 전역방출방식의 할로젠화합물소화설비

㉮ 자동폐쇄장치가 설치된 경우

$$약제량(\text{kg}) = 방호구역체적(\text{m}^3) \times 필요가스량(\text{kg}/\text{m}^3) \times 계수$$

㉯ 자동폐쇄장치가 설치되지 않는 경우

$$약제량(\text{kg}) = [방호구역체적(\text{m}^3) \times 필요가스량(\text{kg}/\text{m}^3) + 개구부면적(\text{m}^2) \times 가산량(\text{kg}/\text{m}^2)] \times 계수$$

㉰ 전역방출방식의 할론 필요가스량

소화약제	필요가스량	가산량(자동폐쇄장치 미설치시)
할론 2402	0.40kg/m³	3.0kg/m²
할론 1211	0.36kg/m³	2.7kg/m²
할론 1301	0.32kg/m³	2.4kg/m²
HFC-23	0.52kg/m³	-
HFC-125	0.52kg/m³	-
HFC-227ea	0.55kg/m³	-
FK-5-1-12	0.84kg/m³	-

② 국소 방출방식의 할로젠화합물소화설비

소방대상물		약제 저장량(kg)		
		Halon 2402	Halon 1211	할론 1301
면적식 국소방출 방식	액체 위험물을 상부를 개방한 용기에 저장하는 경우 등 화재시 연소면이 한 면에 한정되고 위험물이 비산할 우려가 없는 경우	방호대상물의 표면적(m^2) × 8.8kg/m^2 × 1.1 × 계수	방호대상물의 표면적(m^2) × 7.6kg/m^2 × 1.1 × 계수	방호대상물의 표면적(m^2) × 6.8kg/m^2 × 1.25 × 계수
용적식 국소방출 방식	상기 이외의 것	방호공간의 체적(m^3) × $(X - Y\frac{a}{A})$kg/m^3 × 1.1 × 계수	방호공간의 체적(m^3) × $(X - Y\frac{a}{A})$kg/m^3 × 1.1 × 계수	방호공간의 체적(m^3) × $(X - Y\frac{a}{A})$kg/m^3 × 1.25 × 계수

- 방호 공간 : 방호 대상물의 각 부분으로부터 0.6m의 거리에 따라 둘러싸인 공간
- Q : 단위체적당 소화약제의 양 $[(X - Y\frac{a}{A})$kg/$m^3]$
- a : 방호대상물의 주위에 실제로 설치된 고정벽의 면적의 합계(m^2)
- A : 방호공간의 전체둘레의 면적(m^2)
- x 및 Y : 소화약제의 종류에 따른 수치(생략)

③ 이동식의 할로젠화합물소화설비

소화약제의 종별	소화약제의 양	분당 방사량
할론 2402	50kg	45kg
할론 1211	45kg	40kg
할론 1301	45kg	35kg

3) 저장용기의 압력, 충전비

① 축압식 저장용기의 압력

약제명	저압식	고압식
할론1301, HFC-227ea, FK-5-1-12	2.5MPa	S4.2MPa
할론1211	1.1MPa	2.5MPa

② 저장용기의 충전비

약제의 종류		충전비
할론 2402	가압식	0.51 이상 0.67 이하
	축압식	0.67 이상 2.75 이하
할론 1211		0.7 이상 1.4 이하
할론 1301, HFC-227ea		0.9 이상 1.6 이하
HFC-23, HFC-125		1.2 이상 1.5 이하
FK-5-1-12		0.7 이상 1.6 이하

③ 가압용 가스용기
   ㉮ 충전가스 : 질소(N_2)
   ㉯ 안전장치와 용기밸브를 설치할 것
④ 가압식 저장용기 : 2.0MPa 이하의 압력조정장치를 설치할 것

8. 분말소화설비

1) 전역방출방식, 국소방출방식의 분사헤드
   ① 전역방출방식의 분사헤드의 방사압력 : 0.1MPa 이상
   ② 전역방출방식, 국소방출방식의 방사 시간 : 30초 이내

2) 분말소화설비 사용하는 소화약제
   ① 제1종분말
   ② 제2종분말
   ③ 제3종분말
   ④ 제4종분말
   ⑤ 제5종분말

3) 저장용기등의 충전비

소화약제의 종별	충전비의 범위
제1종 분말	0.85 이상 1.45 이하
제2종 분말 또는 제3종 분말	1.05 이상 1.75 이하
제4종 분말	1.50 이상 2.50 이하

4) 전역방출방식의 분말 소화약제량

$$약제량(kg) = 방호구역체적(m^3) \times 소화약제량(kg/m^3) + 개구부의 면적(m^2) \times 가산량(kg/m^2)$$

약제의 종류	소화약제량	가산량
제1종 분말	0.60kg/m^3	4.5kg/m^2
제2종 분말 제3종 분말	0.36kg/m^3	2.7kg/m^2
제4종 분말	0.24kg/m^3	1.8kg/m^2

5) 저장용기등으로부터 배관의 굴곡부까지의 거리 : 관경의 20배 이상 되도록 할 것
6) 낙차 : 50m 이상일 것

9. 경보설비

1) 제조소등별로 설치하여야 하는 경보설비의 종류

제조소등의 구분	제조소등의 규모, 저장 또는 취급하는 위험물의 종류 및 최대수량 등	경보설비
1. 제조소 및 일반취급소	• 연면적 500m² 이상인 것 • 옥내에서 지정수량의 100배 이상을 취급하는 것(고인화점 위험물만을 100℃ 미만의 온도에서 취급하는 것을 제외한다) • 일반취급소로 사용되는 부분 외의 부분이 있는 건축물에 설치된 일반취급소(일반취급소와 일반취급소 외의 부분이 내화구조의 바닥 또는 벽으로 개구부 없이 구획된 것을 제외한다)	자동화재 탐지설비
2. 옥내저장소	• 지정수량의 100배 이상을 저장 또는 취급하는 것(고인화점 위험물만을 저장 또는 취급하는 것을 제외한다) • 저장창고의 연면적이 150m²를 초과하는 것[당해 저장창고가 연면적 150m² 이내마다 불연재료의 격벽으로 개구부 없이 완전히 구획된 것과 제2류 또는 제4류의 위험물(인화성고체 및 인화점이 70℃ 미만인 제4류 위험물을 제외한다)만을 저장 또는 취급하는 것에 있어서는 저장창고의 연면적이 500m² 이상의 것에 한한다] • 처마높이가 6m 이상인 단층건물의 것 • 옥내저장소로 사용되는 부분 외의 부분이 있는 건축물에 설치된 옥내저장소[옥내저장소와 옥내저장소 외의 부분이 내화구조의 바닥 또는 벽으로 개구부 없이 구획된 것과 제2류 또는 제4류의 위험물(인화성고체 및 인화점이 70℃ 미만인 제4류 위험물을 제외한다)만을 저장 또는 취급하는 것을 제외한다]	
3. 옥내탱크저장소	단층 건물 외의 건축물에 설치된 옥내탱크저장소로서 소화난이도등급 Ⅰ에 해당하는 것	
4. 주유취급소	옥내주유취급소	
5. 옥외탱크저장소	특수인화물, 제1석유류 및 알코올류를 저장 또는 취급하는 탱크의 용량이 1000만ℓ 이상인 것	자동화재탐지설비, 자동화재속보설비
6. 제1호부터 제5호까지의 자동화재탐지설비 설치대상에 해당하지 아니하는 제조소등	지정수량의 10배 이상을 저장 또는 취급하는 것	자동화재탐지설비, 비상경보설비, 확성장치 또는 비상방송설비 중 1종 이상

2) 자동화재탐지설비의 설치기준

① 자동화재탐지설비의 경계구역(화재가 발생한 구역을 다른 구역과 구분하여 식별할 수 있는 최소단위의 구역을 말한다)은 건축물 그 밖의 공작물의 2 이상의 층에 걸치지 아니하도록 할 것. 다만, 하나의 경계구역의 면적이 500m² 이하이면서 당해 경계구역이 두개의 층에 걸치는 경우이거나 계단·경사로·승강기의 승강로 그 밖에 이와 유사한 장소에 연기감지기를 설치하는 경우에는 그러하지 아니하다.

② 하나의 경계구역의 면적은 600m² 이하로 하고 그 **한변의 길이는 50m(광전식분리형 감지기를 설치할 경우에는 100m) 이하로** 할 것. 다만, 당해 건축물 그 밖의 공작물의 주요한 출입구에서 그 내부의 전체를 볼 수 있는 경우에 있어서는 그 면적을 1,000m² 이하로 할 수 있다.
③ 자동화재탐지설비의 감지기는 지붕(상층이 있는 경우에는 상층의 바닥) 또는 벽의 옥내에 면한 부분(천장이 있는 경우에는 천장 또는 벽의 옥내에 면한 부분 및 천장의 뒷 부분)에 유효하게 화재의 발생을 감지할 수 있도록 설치할 것
④ 자동화재탐지설비에는 비상전원을 설치할 것

10. 피난설비

① 주유취급소 중 건축물의 2층 이상의 부분을 점포·휴게음식점 또는 전시장의 용도로 사용하는 것에 있어서는 당해 건축물의 2층 이상으로부터 직접 주유취급소의 부지 밖으로 통하는 출입구와 당해 출입구로 통하는 **통로·계단** 및 **출입구에 유도등을 설치**하여야 한다.
② 옥내주유취급소에 있어서는 당해 사무소 등의 출입구 및 피난구와 당해 피난구로 통하는 **통로·계단** 및 **출입구에 유도등을 설치**하여야 한다.
③ 유도등에는 비상전원을 설치하여야 한다.

제03부_ 소방시설의 설치 및 운영
출제예상문제

01 다음 중 소방시설이 아닌 것은?
① 피난설비 ② 소화설비
③ 방화설비 ④ 경보설비

🔍 소방시설 : 소화설비, 경보설비, 피난설비, 소화용수설비, 소화활동설비

02 화재 발생을 통보하는 경보설비가 아닌 것은?
① 자동식 사이렌설비 ② 비상방송설비
③ 비상조명등설비 ④ 확성장치

🔍 위험물의 경보설비(4종류) : 자동화재탐지설비, 비상경보설비, 비상방송설비, 확성장치
※위험물제조소등과 일반건축물의 경보설비는 다른데 출제자가 때로는 일반건축물의 소방시설로 출제하는 경향이 있으니 참고하시기 바랍니다.

03 다음 중 피난설비가 아닌 것은?
① 무선통신보조설비 ② 인명구조장구
③ 미끄럼대 ④ 유도등

🔍 무선통신 보조설비 : 소화활동 설비

04 화재가 발생하였을 때 피난하기 위한 설비가 아닌 것은?
① 공기안전매트 ② 완강기
③ 미끄럼대 ④ 연결송수관설비

🔍 연결송수관설비 : 소화활동설비

05 다음 소화시설 중에서 소화활동설비가 아닌 것은?
① 무선통신보조설비 ② 연결살수설비
③ 연결송수관설비 ④ 비상벨설비

🔍 비상벨 설비 : 경보 설비

06 화재진압에 필요한 소화용수설비가 아닌 것은?
① 소화수조 ② 저수조
③ 연결송수조 ④ 상수도소화용수설비

🔍 소화용수설비의 종류 : 소화수조, 저수조, 상수도 소화용수설비

07 소방대상물의 각 부분으로부터 1개의 소화기구까지의 보행거리는 대형소화기에 있어서는 몇 m이내가 되도록 배치하여야 하는가?
① 30 ② 35
③ 40 ④ 45

🔍 소화기의 설치 기준
• 소형소화기 : 20m 이내
• 대형소화기 : 30m 이내

08 다음 (　) 속에 들어갈 숫자들끼리 바르게 묶어 놓은 것은?

• 소방대상물의 각 부분에서 옥내소화전 호스접속구까지의 수평거리는 (㉠)m 이하로 한다.
• 옥외소화전은 하나의 호스접결구까지의 수평거리는 (㉡)m 이하로 한다.
• 대형소화기는 보행거리 (㉢)m 이내에 1개 설치한다.
• 소형소화기는 보행거리 (㉣)m 이내에 1개 설치한다.

① ㉠ 25 ㉡ 40 ㉢ 30 ㉣ 20
② ㉠ 40 ㉡ 25 ㉢ 30 ㉣ 20
③ ㉠ 25 ㉡ 40 ㉢ 20 ㉣ 30
④ ㉠ 30 ㉡ 40 ㉢ 25 ㉣ 20

🔍 소화기 및 소화전의 설치 기준
• 옥내소화전의 각 부분에서 하나의 호스접결구까지의 수평거리 : 25m 이하
• 옥외소화전은 각 부분에서 하나의 호스접결구까지의 수평거리 : 40m 이하
• 소화기 설치 기준
 - 대형소화기 : 보행거리 30m 이내
 - 소형소화기 : 보행거리 20m 이내

정답 01 ③ 02 ③ 03 ① 04 ④ 05 ④ 06 ③ 07 ① 08 ①

09 제조소의 어느 층에 있어서도 당해 층의 옥내소화전을 동시에 사용할 경우 각 소화전의 노즐선단에서의 방수압력이 몇 MPa 이상이어야 하는가?

① 0.12　　② 0.17
③ 0.35　　④ 0.45

🔍 규격 방수압력

구분	방수압력
옥내소화전설비	0.35MPa
옥외소화전설비	0.35MPa
스프링클러설비	0.1MPa

10 위험물제조소에 옥내소화전의 설치 개수가 가장 많은 층의 설치 개수(5개 이상인 경우 5개)에 몇 m^3을 곱한 양 이상으로 확보하여야 하는가?

① 1.6　　② 2.6
③ 3.6　　④ 7.8

🔍 수원의 양

종류	방수량	기준 수원량
옥내소화전설비	260ℓ/min	260ℓ/min×30min = 7800ℓ = 7.8m^3
옥외소화전설비	450ℓ/min	450ℓ/min×30min = 13,500ℓ = 13.5m^3
스프링클러설비	80ℓ/min	80ℓ/min×30min = 2400ℓ = 2.4m^3

11 옥내소화전설비가 2개 설치된 제조소에 필요한 수원의 수량은 몇 m^3인가?(단, 분당방수량 : 260ℓ)

① 2.6m^3 이상　　② 15.6m^3 이상
③ 7.8m^3 이상　　④ 13.0m^3 이상

🔍 옥내소화전설비의 수원
260ℓ/min × 30min × 2개 = 15,600ℓ = 15.6m^3

12 옥내소화전의 방수구는 소방대상물의 층마다 설치하되 당해 소방대상물의 각 부분으로부터 하나의 옥내소화전 방수구까지의 수평거리가 얼마 이하가 되도록 설치하여야 하는가?

① 10m　　② 15m
③ 20m　　④ 25m

🔍 소화전과 방수구까지의 거리
• 옥내소화전의 방수구까지의 수평거리 : 25m 이하
• 옥외소화전의 방수구까지의 수평거리 : 40m 이하

13 위험물제조소에서 옥내소화전이 1층에 4개, 2층에 6개가 설치되어 있을 때 수원의 수량은 몇 L 이상이 되도록 설치하여야 하는가?

① 13000　　② 15600
③ 39000　　④ 46800

🔍 옥내소화전설비의 수원
수원 = N(소화전수, 최대 5개) × 260ℓ/min × 30min
　　= N(소화전수, 최대 5개) × 7800ℓ
∴ 수원 = N(소화전수, 최대 5개) × 7800ℓ = 5 × 7800ℓ
　　　= 39000ℓ

14 위험물제조소에 옥내소화전이 가장 많이 설치된 층의 옥내소화전 설치개수가 6개이다. 위험물안전관리법령의 옥내소화전설비 설치기준에 의하면 수원의 수량은 얼마 이상이 되어야 하는가?

① 10.6m^3　　② 15.6m^3
③ 20.6m^3　　④ 39.0m^3

🔍 옥내소화전설비의 수량, 방수압력, 수원 등

항목	방수량	방수압력	수원	비상전원
옥내소화전설비	260ℓ/min 이상	0.35 MPa 이상	N(최대 5개)× 7.8m^3 (260ℓ/min ×30min)	45분

∴ 수원 = N(최대 5개) × 7.8m^3 = 5 × 7.8m^3 = 39.0m^3

15 옥내소화전 설비에는 소방펌프 자동차로부터 그 설비에 송수할 수 있는 송수구를 설치해야 한다. 송수구는 지면으로부터 높이가 몇 미터 이상에서 몇 미터 이하에 설치하는가?

① 0.5m ~ 1m　　② 1 ~ 1.5m
③ 1.5 ~ 2m　　④ 2 ~ 2.5m

🔍 송수구의 설치 위치 : 지면으로부터 0.5m 이상 1m 이하

정답　09 ③　10 ④　11 ②　12 ④　13 ③　14 ④　15 ①

16 옥내소화전설비의 표시등은 함의 상부에 설치하되 10m이내에서 쉽게 식별할 수 있는 표시등의 색상으로 맞는 것은?

① 청색 ② 적색
③ 백색 ④ 녹색

🔍 옥내소화전함
- 위치표시등 : 항상 적색등으로 점등되어 있을 것
- 기동표시등 : 펌프 기동시에만 적색등으로 점등된다.

17 위험물 제조소에 옥내소화전을 설치할 경우 비상전원은 몇 분간 작동하여야 하는가?

① 10분 ② 30분
③ 45분 ④ 60분

🔍 옥내소화전설비의 비상전원 : 45분 이상 작동

18 위험물제조소등에 설치하는 옥내소화전설비의 기준으로 옳지 않은 것은?

① 옥내소화전함에는 그 표면에 "소화전"이라고 표시하여야 한다.
② 옥내소화전함의 상부의 벽면에 적색의 표시등을 설치하여야 한다.
③ 표시등 불빛은 부착면과 10도 이상의 각도가 되는 방향으로 8m이내에서 쉽게 식별할 수 있어야 한다.
④ 호스접속구는 바닥면으로부터 1.5m 이하의 높이에 설치하여야 한다.

🔍 옥내소화전함의 상부의 벽면에 적색의 표시등을 설치하되 해당 표시등 불빛은 부착면과 15도 이상의 각도가 되는 방향으로 10m 떨어진 곳에서 용이하게 식별이 가능하도록 하여야 한다.

19 옥외소화전설비 배관 호스의 구경은?

① 55mm ② 50mm
③ 65mm ④ 60mm

🔍 옥외소화전설비 배관 호스의 구경 : 65mm
※옥내소화전설비 배관 호스의 구경 : 40mm

20 제조소에 옥외소화전이 2개가 설치되어 있다면 수원의 수량은 얼마이어야 하는가?

① $8m^3$
② $13.5m^3$
③ $12m^3$
④ $27.0m^3$

🔍 옥외소화전설비의 수원
N(최대 4개) × $13.5m^3$(450ℓ/min × 30min = 13,500ℓ = $13.5m^3$)
= 2 × $13.5m^3$ = $27.0m^3$

21 옥외소화전설비의 가압송수장치에서 노즐 끝부분의 방수량은 분당 몇 ℓ 이상인가?

① 450ℓ/min
② 400ℓ/min
③ 350ℓ/min
④ 300ℓ/min

🔍 소화설비의 분당방수량과 방수압력

종류	방수량	방수압력
옥내소화전설비	260ℓ/min	0.35MPa
옥외소화전설비	450ℓ/min	0.35MPa
스프링클러설비	80ℓ/min	0.1MPa

22 폐쇄형 스프링클러 헤드는 설치장소의 평상시 최고 주위 온도가 39℃ 미만일 경우 표시온도는 얼마로 설치하여야 하는가?

① 70℃ 미만 ② 73℃ 미만
③ 76℃ 미만 ④ 79℃ 미만

🔍 폐쇄형 스프링클러 헤드는 설치장소의 평상시 최고 주위 온도

부착장소의 최고주위온도 (단위 ℃)	표시온도 (단위 ℃)
28 미만	58 미만
28 이상 39 미만	58 이상 79 미만
39 이상 64 미만	79 이상 121 미만
64 이상 106 미만	121 이상 162 미만
106 이상	162 이상

정답 16 ② 17 ③ 18 ③ 19 ③ 20 ④ 21 ① 22 ④

23 위험물안전관리법령에 따라 폐쇄형 스프링클러헤드를 설치하는 장소의 평상시의 최고 주위온도가 28℃ 이상 39℃ 미만일 경우 헤드의 표시온도는?

① 52℃ 이상 76℃ 미만
② 52℃ 이상 79℃ 미만
③ 58℃ 이상 76℃ 미만
④ 58℃ 이상 79℃ 미만

🔍 문제 22번 참조

24 스프링클러 설비의 특징에 대한 것 중 옳지 않은 것은?

① 화재의 초기 진압이 효율적이다.
② 조작이 간편하다.
③ 감지부의 구조가 기계적으로 작동이 정확하다.
④ 다른 소화 설비보다 구조가 간단하고 값이 싸다.

🔍 스프링클러 설비는 다른 소화 설비보다 구조가 복잡하고 값이 비싸다.

25 개방형스프링클러설비에 대하여 옳은 것은?

① 하나의 방수구역은 2개 층에 미치지 아니할 것
② 스프링클러기구에는 건식에만 있다.
③ 자동 조작할 수 없다.
④ 취부장소의 온도제한이 있다.

🔍 개방형스프링클러설비는 하나의 방수구역은 2개 층에 미치지 아니하여야 한다.

26 인화점이 38℃ 이상인 제4류 위험물 취급을 주된 작업내용으로 하는 장소에 스프링클러설비를 설치할 경우 확보하여야 하는 1분당 방사밀도는 몇 L/m² 이상이어야 하는가?(단, 살수기준면적은 250m²이다.)

① 12.2   ② 13.9
③ 15.5   ④ 16.3

🔍 살수밀도

살수 기준면적 (m²)	방사밀도(ℓ/m²)		비고
	인화점 38℃ 미만	인화점 38℃ 이상	
279 미만	16.3 이상	12.2 이상	살수기준면적은 내화구조의 벽 및 바닥으로 구획된 하나의 실의 바닥면적을 말하고, 하나의 실의 바닥면적이 465m² 이상인 경우 살수기준면적은 465m²로 한다. 다만, 위험물의 취급을 주된 작업내용으로 하지 아니하고 소량의 위험물을 취급하는 설비 또는 부분이 넓게 분산되어 있는 경우에는 방사밀도는 8.2ℓ/m²분 이상, 살수기준 면적은 279m² 이상으로 할 수 있다.
279 이상 372 미만	15.5 이상	11.8 이상	
372 이상 465 미만	13.9 이상	9.8 이상	
465 이상	12.2 이상	8.1 이상	

27 위험물제조소등의 스프링클러설비의 기준에 있어 개방형스프링클러헤드는 스프링클러헤드의 반사판으로부터 하방과 수평방향으로 각각 몇 m의 공간을 보유하여야 하는가?

① 하방 0.3m, 수평방향 : 0.45m
② 하방 0.3m, 수평방향 : 0.3m
③ 하방 0.45m, 수평방향 : 0.45m
④ 하방 0.45m, 수평방향 : 0.3m

🔍 개방형스프링클러헤드의 설치기준
- 방호대상물의 모든 표면이 헤드의 유효사정 내에 있도록 설치할 것
- 스프링클러헤드의 반사판으로부터 하방으로 0.45m, 수평방향으로 0.3m의 공간을 보유할 것
- 스프링클러헤드는 헤드의 축심이 딩해 헤드의 부착면에 대하여 직각이 되도록 설치할 것

28 물분무소화설비의 방사구역은 몇 m² 이상으로 하여야 하는가?(단, 방호대상물의 표면적은 200m²이다.)

① 50   ② 100
③ 150   ④ 200

🔍 물분무소화설비의 방사구역 : 150m² 이상(단, 방호대상물의 표면적이 150m² 미만인 경우에는 당해 표면적으로 한다.)

정답 23 ④ 24 ④ 25 ① 26 ① 27 ④ 28 ③

29 물분무소화설비의 방사압력은 몇 kPa 이상으로 하여야 하는가?

① 260
② 350
③ 450
④ 100

🔍 물분무소화설비의 방사압력 : 350kPa(0.35MPa) 이상

30 물분무소화설비의 제어밸브는 바닥으로부터 어느 위치에 설치하여야 하는가?

① 0.5m 이상 1.5m 이하
② 0.8m 이상 1.5m 이하
③ 1m 이상 1.5m 이하
④ 1.5m 이상

🔍 물분무소화설비의 제어밸브 : 0.8m 이상 1.5m 이하

31 다음 중 포소화설비의 특징이 아닌 것은?

① 옥외 소화에도 소화 효력을 충분히 발휘한다.
② 재연소가 예상되는 화재에도 소화가 가능하다.
③ 인접되는 방호대상물에 연소 방지책으로 최적격이다.
④ 기화할 때의 체적 팽창율이 1700배로 연소면을 덮어 산소를 차단한다.

🔍 물이 기화할 때 부피가 약 1700배로 팽창한다.

32 포(거품) 방출구의 종류는 포의 팽창비율로 나눈다. 고발포용고정포 방출구의 팽창비는?

① 10 이상 ~ 20 미만
② 20 이상 ~ 40 미만
③ 80 이상 ~ 1,000 미만
④ 1,000 이상

🔍 고정포 방출구의 팽창비

구분	팽창비
저발포	20 이하
고발포	80 이상 ~ 1000미만

33 공기포 발포배율을 측정하기 위해 중량 : 340g, 용량 : 1800mL 의 포 시료 용기에 가득히 포를 채취하여 측정한 용기의 무게가 540g이었다면 발포배율은?(단, 포 수용액의 비중은 1로 가정한다.)

① 3배
② 5배
③ 7배
④ 9배

🔍 발포배율 = $\dfrac{1800}{540-340}$ = 9배

34 고정지붕구조 위험물 옥외탱크저장소의 탱크 안에 설치하는 고정포방출구가 아닌 것은?

① 특형포방출구
② Ⅰ형 방출구
③ Ⅱ형 방출구
④ 표면하주입식 방출구

🔍 고정식 방출구의 종류
- 고정 지붕구조 : Ⅰ형, Ⅱ형, Ⅲ형, Ⅳ형
- 부상지붕구조 : 특형

35 이동식포소화설비의 노즐을 동시에 사용할 경우에 각 노즐의 방사압력은?

① 0.15MPa
② 0.25MPa
③ 0.35MPa
④ 0.45MPa

🔍 이동식포소화설비의 노즐의 방사압력 : 0.35MPa

36 위험물제조소등에 설치하는 포 소화설비에 있어서 포헤드 방식의 포헤드는 방호대상물의 표면적(m^2) 얼마 당 1개 이상의 헤드를 설치하여야 하는가?

① 3
② 6
③ 9
④ 12

🔍 포헤드는 방호대상물의 표면적 $9m^2$당 1개 이상의 헤드를 설치하여야 한다.

37 처마의 높이가 6m 이상인 단층건물에 설치된 옥내저장소의 소화설비로 고려될 수 없는 것은?

① 고정식 포소화설비
② 옥내소화전설비
③ 고정식 불활성가스소화설비

정답 29 ② 30 ② 31 ④ 32 ③ 33 ④ 34 ① 35 ③ 36 ③ 37 ②

④ 고정식 할로젠화합물소화설비

🔍 처마의 높이가 6m 이상인 단층건물에 설치된 옥내저장소의 소화설비
- 스프링클러설비
- 이동식외의 물분무등소화설비(포소화설비, 할로젠화합물소화설비, 불활성가스소화설비, 분말소화설비)

38 위험물안전관리법령에 따른 이산화탄소 소화약제의 저장용기 설치장소에 대한 설명으로 틀린 것은?

① 방호구역 내의 장소에 설치하여야 한다.
② 직사일광 및 빗물이 침투할 우려가 적은 장소에 설치하여야 한다.
③ 온도 변화가 적은 장소에 설치하여야 한다.
④ 온도가 40℃ 이하인 곳에 설치하여야 한다.

🔍 이산화탄소 저장용기의 설치 기준
- 방호구역 외의 장소에 설치할 것
- 온도가 40℃ 이하이고 온도 변화가 적은 장소에 설치할 것
- 직사일광 및 빗물이 침투할 우려가 적은 장소에 설치할 것
- 저장용기에는 안전장치를 설치할 것

39 불활성가스 소화설비에 있어서 저압식 저장용기의 내부온도를 몇 도 이하로 유지 할 수 있는 자동냉동기를 설치하여야 하는가?

① −20℃ 이상 −18℃ 이하
② 0℃ 이상 40℃ 이하
③ −18℃ 이상 20℃ 이하
④ 40℃ 이하

🔍 저압식 저장용기에는 용기내부의 온도를 −20℃ 이상 −18℃ 이하로 유지할 수 있는 자동냉동기를 설치하여야 한다.

40 전역방출방식 불활성가스 소화설비의 이산화탄소 분사헤드의 방사압력은 얼마 이상이어야 하는가? (단, 저압식 제외)

① 2.1MPa 이상
② 1.8MPa 이상
③ 1.5MPa 이상
④ 1.2MPa 이상

🔍 이산화탄소 분사헤드의 방사압력
- 저압식 : 1.05MPa 이상
- 고압식 : 2.1MPa 이상

41 불활성가스 소화설비의 배관에 대한 기준으로 옳은 것은?

① 원칙적으로 겸용이 가능하도록 할 것
② 동관의 배관은 고압식인 경우 16.5MPa 이상의 압력에 견딜 것
③ 관이음새는 저압식의 경우 5.0MPa 이상의 압력에 견딜 것
④ 배관의 가장 높은 곳과 낮은 곳의 수직거리는 30m 이하일 것

🔍 불활성가스 소화설비의 배관기준
- 전용으로 할 것
- 동관의 배관은 「이음매 없는 구리 및 구리합금관」(KS D 5301) 또는 이와 동등 이상의 강도를 갖는 것으로서 고압식인 것은 16.5MPa 이상, 저압식인 것은 3.75MPa 이상의 압력에 견딜 수 있는 것을 사용할 것
- 관이음쇠는 고압식인 것은 16.5MPa 이상, 저압식인 것은 3.75MPa 이상의 압력에 견딜 수 있는 것으로서 적절한 방식처리를 한 것을 사용할 것
- 낙차(배관의 가장 낮은 위치로부터 가장 높은 위치까지의 수직거리를 말한다)는 50m 이하일 것

42 전역방출방식의 할로젠화합물 소화설비의 분사헤드에서 할론1211을 방사하는 것으로 몇 MPa인가?

① 0.1
② 0.2
③ 0.3
④ 0.4

🔍 분사헤드의 방사압력

약제종류	방사압력(MPa)	약제종류	방사압력(MPa)
할론 2402	0.1	할론 1211	0.2
할론 1301	0.9		

43 할로젠화합물 소화설비의 배관설치 기준으로 틀린 것은?

① 압력배관용 탄소강관
② 아연도금강관
③ 구리합금관
④ PVC관

🔍 할로젠화합물소화설비의 배관
- 압력배관용 탄소강관
- 아연도금강관
- 구리합금관

정답 38 ① 39 ① 40 ① 41 ② 42 ② 43 ④

44 할로젠화합물 소화설비의 작동 경로가 바르게 된 것은?

① 화재발생 – 기동장치 – 수신반 – 감지기동작 – 선택밸브 – 할로젠화합물방출
② 화재발생 – 수신반 – 감지기동작 – 기동장치 – 선택밸브 – 할로젠화합물방출
③ 화재발생 – 감지기동작 – 수신반 – 선택밸브 – 기동장치 – 할로젠화합물방출
④ 화재발생 – 감지기동작 – 수신반 – 기동장치 – 선택밸브 – 할로젠화합물방출

🔍 할로젠화물소화설비의 작동 순서 : 화재발생 – 감지기 동작 – 수신반 – 기동장치 – 선택밸브 – 약제방출

45 다음 할로젠화합물이나 이산화탄소를 방사하는 화학소방차에서 방사능력은 매초 몇 kg 이상인가?

① 10kg
② 20kg
③ 30kg
④ 40kg

🔍 화학소방자동차의 기준(방사능력)
• 포말을 방사하는 차 : 2000ℓ/min 이상
• 분말을 방사하는 차 : 35kg/sec 이상
• 할로젠화합물이나 이산화탄소를 방사하는 차 : 40kg/sec 이상

46 분말소화약제의 저장용기의 충전비는 얼마 이상으로 하는가(위험물)?

① 0.85
② 0.6
③ 0.4
④ 0.2

🔍 충전비

소화약제의 종별	충전비의 범위
제1종분말	0.85 이상 1.45 이하
제2종분말 또는 제3종분말	1.05 이상 1.75 이하
제4종분말	1.50 이상 2.50 이하

47 제1종 분말 소화약제는 노즐 1개에서 1분당 방사하는 소화약제의 양은?

① 45kg
② 39kg
③ 27kg
④ 18kg

🔍 분말약제의 방사량

종류	분당 방사량
제1종 분말	45kg
제2종, 제3종 분말	27kg
제4종 분말	18kg

48 분말소화설비에 사용되는 소화약제 종별을 방호구역의 체적 1m³에 대한 제4종 분말소화약제의 양은?

① 0.15kg
② 0.20kg
③ 0.24kg
④ 0.30kg

🔍 분말 소화약제량(kg)= 방호구역체적(m³) × 소화약제량(kg/m³) + 개구부의 면적(m²) × 가산량(kg/m²)

약제의 종류	소화약제량	가산량
제1종 분말	0.60kg/m³	4.5kg/m²
제2종, 제3종 분말	0.36kg/m³	2.7kg/m²
제4종 분말	0.24kg/m³	1.8kg/m²

49 분말 소화약제의 분말입도와 소화성능에 대하여 옳은 것은?

① 미세할수록 소화성능이 우수하다.
② 입도가 클수록 소화성능이 우수하다.
③ 입도와 소화성능과는 별개의 관계이다.
④ 입도가 너무 미세하거나 너무 커도 소화성능이 저하된다.

🔍 분말입도가 너무 미세하거나 너무 커도 소화성능이 저하된다.
※분말약제의 입도 : 20 ~ 25미크론(10^{-6}m)

50 다음 중 분말소화설비의 전역방출방식에 있어서 방호구역의 용적이 500m³일 때 적당한 분사헤드의 수는? (단, 제1종 분말로서 분사헤드의 방출율은 20kg/분·개이다)

① 35개
② 134개
③ 9개
④ 30개

정답 44 ④ 45 ④ 46 ① 47 ① 48 ③ 49 ④ 50 ④

🔍 **전역방출방식의 약제량**

약제 종류	체적당 방사량(kg/m³)
제1종 분말	0.60
제2종, 제3종 분말	0.36
제4종 분말	0.24

∴ 500m³ × 0.6kg/m³ ÷ 10kg/min·sec = 30개
※ 분말약제는 30sec내에 전량 방출하여야 하는데 문제는 1분에 20kg이므로 30초는 10kg 방출한다.

51 피난구 유도등의 조명도는 피난구로부터 몇 m의 거리에서 문자 및 색채를 쉽게 식별할 수 있어야 하는가?

① 5m
② 10m
③ 20m
④ 30m

🔍 유도등의 조명도 식별거리 : 30m

52 피난구유도등은 피난구의 밑바닥으로부터 높이가 얼마 이상의 곳에 설치하는가?

① 0.5m
② 1.0m
③ 1.5m
④ 2.0m

🔍 피난구 유도등의 설치 기준 : 1.5m 이상

53 피난방향을 표시하는 통로 유도등의 색깔은?

① 녹색
② 청색
③ 황색
④ 적색

🔍 통로 유도등 : 백색바탕에 녹색으로 피난방향을 표시한 등

54 위험물안전관리법령상 지정수량의 10배 이상의 위험물을 저장, 취급하는 제조소등에 설치하여야 할 경보설비 종류에 해당되지 않는 것은?

① 확성장치
② 비상방송설비
③ 자동화재탐지설비
④ 무선통신보조설비

🔍 무선통신보조설비 : 소화활동설비

55 제조소에 연면적이 얼마일 때 자동화재탐지설비를 설치하여야 하는가?

① 500m² 이상
② 500m² 이하
③ 1,000m² 이상
④ 1,000m² 이하

🔍 제조소나 일반취급소의 자동화재탐지설비 설치기준 : 연면적 500m² 이상

56 다음 제조소에 경보설비인 자동화재탐지설비를 꼭 설치하여야 하는 것은?

① 에터 4500ℓ 제조
② 아세트알데하이드 4500ℓ 제조
③ 아세톤 20,000ℓ 제조
④ 휘발유 20,000ℓ 제조

🔍 제조소의 옥내에서 지정수량의 100배 이상을 취급 시 : 자동화재탐지설비 설치(고인화점 위험물만을 100℃ 미만의 온도에서 취급하는 것을 제외한다)
[지정수량의 배수를 구하면]

$$지정배수 = \frac{저장량}{지정수량}$$

• 에터 4500ℓ 제조(지정수량 : 특수인화물 50ℓ)
  ∴ 지정수량의 배수 = $\frac{4500}{50}$ = 90배
• 아세트알데하이드 4500ℓ 제조(지정수량 : 특수인화물 50ℓ)
  ∴ 지정수량의 배수 = $\frac{4500}{50}$ = 90배
• 아세톤 20,000ℓ 제조[지정수량 : 제1석유류(수용성) 400ℓ]
  ∴ 지정수량의 배수 = $\frac{20,000}{400}$ = 50배
• 휘발유 20,000ℓ 제조[지정수량 : 제1석유류(비수용성) 200ℓ]
  ∴ 지정수량의 배수 = $\frac{20,000}{200}$ = 100배

57 옥외탱크저장소에 중유를 50,000리터를 저장하고자 한다. 이 저장소에 설치하여야 하는 경보설비로 맞는 것은?

① 확성장치
② 자동화재속보설비
③ 가스누설경보기
④ 단독경보형감지기

🔍 중유(제3석유류, 비수용성) : 2,000ℓ
50,000/2,000ℓ = 25배이므로 확성장치를 설치하면 된다.

정답 51 ④ 52 ③ 53 ① 54 ④ 55 ① 56 ④ 57 ①

58 자동화재 탐지설비의 감지기로 정온점이 감지기 주위의 평상시 최고 온도보다 20℃ 이상 높은 감지기는?

① 차동식 감지기
② 바이메탈식 감지기
③ 공기식 감지기
④ 보상식 스포트형 감지기

🔍 보상식 스포트형 감지기 : 감지기로 정온점이 감지기 주위의 평상시 최고 온도보다 20℃ 이상 높은 감지기

59 자동화재 탐지설비의 하나의 경계구역의 면적은 얼마로 하여야 하는가?

① 1,000m² 이상
② 1,000m² 이하
③ 600m² 이상
④ 600m² 이하

🔍 하나의 경계구역의 면적은 600m² 이하

60 위험물제조소등에 설치하는 자동화재탐지설비의 설치기준으로 틀린 것은?

① 원칙적으로 경계구역은 건축물의 2 이상의 층에 걸치지 아니하도록 한다.
② 원칙적으로 상층이 있는 경우에는 감지기 설치를 하지 않을 수 있다.
③ 원칙적으로 하나의 경계구역의 면적은 600m² 이하로 하고 그 한변의 길이는 50m 이하로 한다.
④ 비상전원을 설치하여야 한다.

🔍 감지기는 지붕(상층이 있는 경우에는 상층의 바닥) 또는 벽의 옥내에 면하는 부분에 설치할 것

61 건축물의 주요한 출입구에서 그 내부의 전체를 볼 수 있는 경우에 자동화재탐지설비의 경계구역의 면적을 몇 m² 이하로 하여야 하는가?

① 300
② 500
③ 1,000
④ 2,000

🔍 하나의 경계구역 면적(내부전체가 보이는 경우) : 1000m² 이하

62 자동화재탐지설비의 광전식분리형감지기를 설치하는 경우에 경계구역의 한 변의 길이는 몇 m 이하로 하여야 하는가?

① 30
② 50
③ 100
④ 200

🔍 경계구역 한 변의 길이(광전식 분리형 감지기 설치 시) 100m 이하

63 자동화재 탐지설비의 축전지설비는 몇 분 이상 경보할 수 있는 용량이어야 하는가?

① 2분
② 5분
③ 10분
④ 20분

🔍 자동화재 탐지설비의 축전지설비 : 10분 이상 자동

64 자동화재 탐지설비의 수신기의 조작 스위치는 바닥으로부터의 높이가 몇 m 이상과 몇 m 이하인 곳이 적당한가?

① 0.5m ~ 1.2m
② 0.8m ~ 1.5m
③ 1.2m ~ 1.8m
④ 1.5m ~ 2.2m

🔍 수신기 : 0.8m 이상 1.5m 이하

65 자동화재 탐지설비의 수신기의 설치위치 중 적당한 장소는?

① 수위실
② 계단 및 경사로
③ 복도 및 통로
④ 변전실 출입구

🔍 수신기의 설치장소 : 수위실

정답 58 ④ 59 ④ 60 ② 61 ③ 62 ③ 63 ③ 64 ② 65 ①

CHAPTER 03

Industrial Engineer **Hazardous material**

위험물 성상 및 취급

Section 01 제1류 위험물
Section 02 제2류 위험물
Section 03 제3류 위험물
Section 04 제4류 위험물
Section 05 제5류 위험물
Section 06 제6류 위험물

SECTION 01 제1류 위험물

STEP 01 제1류 위험물 물성

1. 종류

류별	성질	품명	위험등급	지정수량
제1류	산화성 고체	1. 아염소산염류, 염소산염류, 과염소산염류, 무기과산화물	I	50kg
		2. 브로민산염류, 질산염류, 아이오딘산염류	II	300kg
		3. 과망가니즈산염류, 다이크로뮴산염류	III	1,000kg
		4. 그 밖에 행정안전부령이 정하는 것 ㉮ 과아이오딘산염류 ㉯ 과아이오딘산 ㉰ 크로뮴, 납 또는 아이오딘의 산화물 ㉱ 아질산염류 ㉲ 염소화아이소사이아누르산 ㉳ 퍼옥소이황산염류 ㉴ 퍼옥소붕산염류	II	300kg 300kg 300kg 300kg 300kg 300kg 300kg
		차아염소산염류	I	50kg

2. 일반적인 성질

① 모두 **무기화합물**로서 대부분 **무색** 결정 또는 **백색분말**의 **산화성 불연성고체**이다.
② 가열, 충격, 마찰, 타격으로 분해하여 **산소**를 **방출**하여 가연물의 연소를 도와준다.
③ **비중은 1보다 크며 물에 녹는 것도** 있고 질산염류와 같이 조해성이 있는 것도 있다.

3. 위험성

① 가열 또는 제6류 위험물과 혼합하면 산화성이 증대된다.
② NH_4NO_3, NH_4ClO_3은 가연물과 접촉·혼합으로 분해폭발 한다.
③ 무기과산화물은 물과 반응하여 산소를 방출하고 심하게 발열한다.

4. 저장 및 취급방법

① 가열, 마찰, 충격 등을 피한다.
② **환원제**인 제2류 위험물과의 **접촉을 피한다**.
③ **조해성 물질**은 방습하고 수분과의 접촉을 피한다.
④ 무기과산화물은 공기나 물과의 접촉을 피한다.
⑤ 무기과산화물은 분말약제를 사용하여 질식소화 한다.

5. 소화 방법

① 제1류 위험물 : **냉각(주수)소화**
② 알칼리금속의 과산화물 : 마른 모래, 탄산수소염류분말약제, 팽창질석, 팽창진주암

> **참고** **제1류 위험물의 반응식**
> ① 염소산칼륨의 열분해 반응
>   · $2KClO_3 \rightarrow KClO_4 + KCl + O_2$
>   · $2KClO_3 \rightarrow 2KCl + 3O_2\uparrow$
> ② 아염소산나트륨과 산과의 반응 $3NaClO_2 + 2HCl \rightarrow 3NaCl + 2ClO_2 + H_2O_2$
> ③ 염소산나트륨과 산과의 반응 $2NaClO_3 + 2HCl \rightarrow 2NaCl + 2ClO_2 + H_2O_2$
> ④ 과산화칼륨
>   · 물과의 반응 $2K_2O_2 + 2H_2O \rightarrow 4KOH + O_2\uparrow$
>   · 가열분해반응 $2K_2O_2 \rightarrow 2K_2O + O_2\uparrow$
>   · 탄산가스와의 반응 $2K_2O_2 + 2CO_2 \rightarrow 2K_2CO_3 + O_2\uparrow$
>   · 초산과의 반응 $K_2O_2 + 2CH_3COOH \rightarrow 2CH_3COOK + H_2O_2$
>   · 염산과의 반응 $K_2O_2 + 2HCl \rightarrow 2KCl + H_2O_2$
> ⑤ 과산화나트륨
>   · 물과의 반응 $2Na_2O_2 + 2H_2O \rightarrow 4NaOH + O_2\uparrow$
>   · 가열분해반응 $2Na_2O_2 \rightarrow 2Na_2O + O_2\uparrow$
>   · 탄산가스와의 반응 $2Na_2O_2 + 2CO_2 \rightarrow 2Na_2CO_3 + O_2\uparrow$
>   · 초산과의 반응 $Na_2O_2 + 2CH_3COOH \rightarrow 2CH_3COONa + H_2O_2$
>   · 염산과의 반응 $Na_2O_2 + 2HCl \rightarrow 2NaCl + H_2O_2$
> ⑥ 과산화마그네슘
>   · 가열분해반응 $2MgO_2 \rightarrow 2MgO + O_2\uparrow$
>   · 산과의 반응 $MgO_2 + 2HCl \rightarrow MgCl_2 + H_2O_2$
> ⑦ 과산화칼슘
>   · 분해반응식 $2CaO_2 \rightarrow 2CaO + O_2\uparrow$
>   · 물과의 반응 $2CaO_2 + 2H_2O \rightarrow 2Ca(OH)_2 + O_2\uparrow$
>   · 산과의 반응 $CaO_2 + 2HCl \rightarrow CaCl_2 + H_2O_2\uparrow$
> ⑧ 과산화바륨
>   · 분해반응식 $2BaO_2 \rightarrow 2BaO + O_2\uparrow$
>   · 물과의 반응 $2BaO_2 + 2H_2O \rightarrow 2Ba(OH)_2 + O_2\uparrow$
>   · 산과의 반응 $BaO_2 + H_2SO_4 \rightarrow BaSO_2 + H_2O_2\uparrow$
> ⑨ 질산칼륨의 열분해 반응(400℃) $2KNO_3 \rightarrow 2KNO_2 + O_2\uparrow$
> ⑩ 질산암모늄의 열분해 반응 $2NH_4NO_3 \rightarrow 2N_2 + 4H_2O + O_2\uparrow$
> ⑪ 과망가니즈산칼륨
>   · 분해 반응(240℃) $2KMnO_4 \rightarrow K_2MnO_4 + MnO_2 + O_2\uparrow$
>   · 묽은 황산과 반응 $4KMnO_4 + 6H_2SO_4 \rightarrow 2K_2SO_4 + 4MnSO_4 + 6H_2O + 5O_2\uparrow$
>   · 염산과 반응 $2KMnO_4 + 16HCl \rightarrow 2KCl + 2MnCl_2 + 8H_2O + 5Cl_2\uparrow$

STEP 02 각 위험물의 물성 및 특성

1. 아염소산염류

1) 아염소산칼륨

① 물성

화학식	분자량	분해 온도
$KClO_2$	106.5	160℃

② 백색의 침상결정 또는 분말이다.
③ 부식성과 조해성이 있다.
④ 고온에서 분해하면 **이산화염소**(ClO_2)의 유독가스가 발생 한다.

$$3KClO_2 + 2HCl \rightarrow 3KCl + 2ClO_2 + H_2O_2 \uparrow$$

2) 아염소산나트륨

① 물성

화학식	분자량	분해 온도
$NaClO_2$	90.5	120~130℃

② 무색 결정성 분말이다.
③ **산과 반응**하면 **이산화염소**(ClO_2)의 유독가스가 발생 한다.

$$3NaClO_2 + 2HCl \rightarrow 3NaCl + 2ClO_2 + H_2O_2 \uparrow$$

④ 황, 유기물, 이황화탄소 등과 접촉 또는 혼합에 의하여 발화 또는 폭발한다.

2. 염소산염류

1) 염소산칼륨

① 물성

화학식	분자량	비중	융점	분해 온도
$KClO_3$	122.5	2.32	약 368℃	400℃

② 무색의 단사정계 **판상결정** 또는 **백색분말**로서 상온에서 안정한 물질이다.
③ 염소산칼륨은 분해하면 염화칼륨과 산소를 발생한다.
㉮ 분해반응식

$$2KClO_3 \rightarrow 2KCl + 3O_2 \uparrow$$

㉯ 540 ~ 560℃에서 분해반응식

$$2KClO_3 \rightarrow KCl + KClO_4 + O_2\uparrow$$
$$KClO_4 \rightarrow KCl + 2O_2\uparrow$$

④ **산과 반응**하면 **이산화염소**(ClO_2)의 유독가스를 발생한다.

$$2KClO_3 + 2HCl \rightarrow 2KCl + 2ClO_2 + H_2O_2\uparrow$$

⑤ **냉수, 알코올**에는 녹지않고, 온수나 글리세린에는 녹는다.
⑥ 가열, 충격, 마찰 등에 의해 폭발한다
⑦ **목탄과 혼합**하면 **발화, 폭발**의 **위험**이 있다.

2) 염소산나트륨

① 물성

화학식	분자량	비중	융점	분해 온도
$NaClO_3$	106.5	2.49	248℃	300℃

② 무색, 무취의 결정 또는 분말로서 **물, 알코올, 에터**에는 **녹는다**.
③ 조해성이 강하므로 수분과의 접촉을 피한다.
④ 염소산나트륨은 분해하면 염화나트륨(소금)과 산소를 발생한다.

$$2NaClO_3 \rightarrow 2NaCl + 3O_2\uparrow$$

⑤ **산과 반응**하면 **이산화염소**(ClO_2)의 유독가스를 발생한다.

$$2NaClO_3 + 2HCl \rightarrow 2NaCl + 2ClO_2 + H_2O_2\uparrow$$

3) 염소산암모늄

① 물성

화학식	분자량	분해 온도
NH_4ClO_3	101.5	100℃

② 수용액은 산성으로서 금속을 부식시킨다.
③ **조해성**이 있고 폭발성이 있다.

3. 과염소산염류

1) 과염소산칼륨

① 물성

화학식	분자량	비중	융점	분해 온도
$KClO_4$	138.5	2.52	400℃	400℃

② 무색, 무취의 사방정계 결정으로서 **물, 알코올, 에터에 녹지 않는다.**
③ 탄소, 황, 유기물과 혼합하였을 때 가열, 마찰, 충격에 의하여 폭발한다.
④ 400℃에서 서서히 분해가 시작되어 610℃에서 완전 분해하여 **산소(O_2)**를 발생한다.

$$KClO_4 \rightarrow KCl + 2O_2 \uparrow$$

2) 과염소산나트륨

① 물성

화학식	분자량	비중	융점	분해 온도
$NaClO_4$	122.5	2.02	482℃	400℃

② 무색 또는 백색의 결정으로서 조해성이 있다.
③ **물, 아세톤, 알코올**에는 녹고, 에터에는 녹지 않는다.

3) 과염소산암모늄

① 물성

화학식	분자량	비중	분해 온도
NH_4ClO_4	117.5	2.0	130℃

② 무색의 수용성 결정으로 충격에 비교적 안정하다.
③ **물, 에탄올, 아세톤**에는 녹고 **에터에는 녹지 않는다.**
④ 폭약이나 성냥원료로 쓰인다.
⑤ **130℃**에서 **분해**하기 시작하여 300℃에서 급격히 분해하여 폭발한다.

$$NH_4ClO_4 \rightarrow NH_4Cl + 2O_2 \uparrow$$
$$2NH_4ClO_4 \rightarrow N_2 + Cl_2 + 2O_2 + 4H_2O$$

4. 무기과산화물

> **과산화물의 분류**
> - 무기과산화물(제1류 위험물)
>   - 알칼리금속의 과산화물(과산화칼륨, 과산화나트륨)
>   - 알칼리금속외(알칼리토금속)의 과산화물(과산화칼슘, 과산화바륨, 과산화마그네슘)
> - 유기과산화물(제5류 위험물)
>   ※ 알칼리금속의 과산화물 : M_2O_2, 알칼리외의 금속의 과산화물 : MO_2

1) 과산화칼륨
   ① 물성

화학식	분자량	비중	분해 온도
K_2O_2	110	2.9	490℃

   ② 무색 또는 오렌지색의 결정이다.
   ③ **에틸알코올**에 녹는다.
   ④ 피부 접촉 시 피부를 부식 시키고 **탄산가스**를 흡수하면 **탄산염**이 된다.
   ⑤ 다량일 경우 폭발의 위험이 있고 소량의 물과 접촉 시 발화의 위험이 있다.
   ⑥ 소화방법 : 마른 모래, 암분, 탄산수소염류 분말약제, **팽창질석, 팽창진주암**

   - **분해 반응식** : $2K_2O_2 \rightarrow 2K_2O + O_2\uparrow$
   - **물과의 반응** : $2K_2O_2 + 2H_2O \rightarrow 4KOH + O_2\uparrow +$ 발열
   - **탄산가스와의 반응** : $2K_2O_2 + 2CO_2 \rightarrow 2K_2CO_3 + O_2\uparrow$
   - **초산과의 반응** : $K_2O_2 + 2CH_3COOH \rightarrow 2CH_3COOK + H_2O_2$(과산화수소)
   - **염산과의 반응** : $K_2O_2 + 2HCl \rightarrow 2KCl + H_2O_2\uparrow$
   - **알코올과의 반응** : $K_2O_2 + 2C_2H_5OH \rightarrow 2C_2H_5OK + H_2O_2\uparrow$
   - **황산과의 반응** : $K_2O_2 + H_2SO_4 \rightarrow K_2SO_4 + H_2O_2\uparrow$

2) 과산화나트륨
   ① 물성

화학식	분자량	비중	융점	분해 온도
Na_2O_2	78	2.8	460℃	460℃

   ② 순수한 것은 **백색**이지만 보통은 **황백색**의 **분말**이다.
   ③ **에틸알코올**에 **녹지 않는다**.
   ④ 백색 분말로서 **흡습성**이 있다.
   ⑤ 목탄, 가연물과 접촉하면 발화되기 쉽다.
   ⑥ **산과 반응**하면 **과산화수소**를 생성한다.

   $$Na_2O_2 + 2HCl \rightarrow 2NaCl + H_2O_2\uparrow$$

   ⑦ 물과 반응하면 산소가스를 발생하고 많은 열을 발생한다.

   $$2Na_2O_2 + 2H_2O \rightarrow 4NaOH + O_2\uparrow + 발열$$

   ⑧ 소화방법 : **마른 모래**, 탄산수소염류 분말약제, **팽창질석, 팽창진주암**

   - **분해 반응식** : $2Na_2O_2 \rightarrow 2Na_2O + O_2\uparrow$
   - **물과의 반응** : $2Na_2O_2 + 2H_2O \rightarrow 4NaOH + O_2\uparrow +$ 발열
   - **탄산가스와의 반응** : $2Na_2O_2 + 2CO_2 \rightarrow 2Na_2CO_3 + O_2\uparrow$
   - **초산과의 반응** : $Na_2O_2 + 2CH_3COOH \rightarrow 2CH_3COONa + H_2O_2$(과산화수소)
   - **염산과의 반응** : $Na_2O_2 + 2HCl \rightarrow 2NaCl + H_2O_2\uparrow$
   - **알코올과의 반응** : $Na_2O_2 + 2C_2H_5OH \rightarrow 2C_2H_5ONa + H_2O_2\uparrow$
   - **황산과의 반응** : $Na_2O_2 + H_2SO_4 \rightarrow Na_2SO_4 + H_2O_2\uparrow$

3) 과산화칼슘

① 물성

화학식	분자량	비중	분해 온도
CaO_2	72	1.7	275℃

② 백색 분말로서 물, 알코올, 에터에 녹지 않는다.
③ 수분과 접촉으로 산소를 발생한다.
④ 기타 과산화칼륨에 준한다.

> **참고**
> - **분해반응식** : $2CaO_2 \rightarrow 2CaO + O_2 \uparrow$
> - **물과의 반응** : $2CaO_2 + 2H_2O \rightarrow 2Ca(OH)_2 + O_2 \uparrow + 발열$
> - **산과의 반응** : $CaO_2 + 2HCl \rightarrow CaCl_2 + H_2O_2 \uparrow$

4) 과산화바륨

① 물성

화학식	분자량	비중	분해 온도
BaO_2	169	4.95	840℃

② 백색 분말로서 냉수에는 약간 녹고, 묽은 산에는 녹는다.
③ 수분과 접촉으로 산소를 발생한다.
④ 유기물, 산과의 접촉을 피해야 한다.

> **참고**
> - **분해반응식** : $2BaO_2 \rightarrow 2BaO + O_2 \uparrow$
> - **물과의 반응** : $2BaO_2 + 2H_2O \rightarrow 2Ba(OH)_2 + O_2 \uparrow + 발열$
> - **산과의 반응** : $BaO_2 + 2HCl \rightarrow BaCl_2 + H_2O_2 \uparrow$
> $BaO_2 + H_2SO_4 \rightarrow BaSO_4 + H_2O_2 \uparrow$

5) 과산화마그네슘

① 백색 분말로서 물에는 녹지 않고 화학식은 MgO_2이다.
② 시판품은 15~20%의 MgO_2를 함유한다.
③ 유기물의 혼입, 가열, 마찰, 충격을 피해야 한다.
④ **산화제와 혼합**하여 가열하면 **폭발 위험**이 있다.

> **참고**
> - **분해반응식** : $2MgO_2 \rightarrow 2MgO + O_2 \uparrow$
> - **물과의 반응** : $2MgO_2 + 2H_2O \rightarrow 2Mg(OH)_2 + O_2 \uparrow + 발열$
> - **산과의 반응** : $MgO_2 + 2HCl \rightarrow MgCl_2 + H_2O_2 \uparrow$

5. 브로민산염류

물질명	화학식	분자량	분해 온도
브로민산칼륨	$KBrO_3$	167	370℃

물질명	화학식	분자량	분해 온도
브로민산나트륨	$NaBrO_3$	151	381℃
브로민산바륨	$Ba(BrO_3)_2 \cdot H_2O$	411	414℃

6. 질산염류

1) 질산칼륨

① 물성

화학식	분자량	비중	융점	분해 온도
KNO_3	101	2.1	339℃	400℃

② 무색 무취의 결정 또는 **백색결정**으로 **초석**이라고도 한다.
③ **물, 글리세린에 잘 녹으나, 알코올에는 녹지 않는다.**
④ 강산화제이며 가연물과 접촉하면 위험하다.
⑤ **황과 숯가루와 혼합하여 흑색화약을 제조**한다.
⑥ 분해반응식

$$2KNO_3 \rightarrow 2KNO_2 + O_2 \uparrow$$

2) 질산나트륨

① 물성

화학식	분자량	비중	융점	분해 온도
$NaNO_3$	85	2.27	308℃	380℃

② 무색, 무취의 결정으로 **칠레초석**이라고도 한다.
③ **조해성**이 있는 **강산화제**이다.
④ **물, 글리세린에 잘 녹고, 무수알코올에는 녹지 않는다.**
⑤ **가연물, 유기물과 혼합하여 가열하면 폭발**한다.
⑥ 분해반응식

$$2NaNO_3 \rightarrow 2NaNO_2 + O_2 \uparrow$$

3) 질산암모늄

① 물성

화학식	분자량	비중	융점	분해 온도
NH_4NO_3	80	1.73	165℃	220℃

② 무색, 무취의 결정으로 조해성 및 흡수성이 강하다.
③ 물, 알코올에 녹는다(물에 용해 시 **흡열반응**)
④ **조해성**이 있어 수분과 접촉을 피해야 한다.
⑤ **유기물**과 혼합하여 가열하면 **폭발**한다.
⑥ 반응식

- 가열 시 $NH_4NO_3 \rightarrow N_2O + 2H_2O$
- 분해반응식 $2NH_4NO_3 \rightarrow 4H_2O + 2N_2 + O_2 \uparrow$

7. 아이오딘산염류

물질명	화학식	분자량
질산니켈	$Ni(NO_3)_2$	290
질산구리	$Cu(NO_3)_2$	242
질산코발트	$Co(NO_3)_2$	291
질산은	$AgNO_3$	169

1) 아이오딘산칼륨

① 물성

화학식	분자량
KIO_3	214

② 광택이 나는 무색의 결정성 분말이다.
③ 염소산칼륨보다는 위험성이 적다.
④ 융점 이상으로 가열하면 산소를 방출하며 가연물과 혼합하면 폭발위험이 있다.

2) 기타

명칭	화학식	분자량
아이오딘산암모늄	NH_4IO_3	193
아이오딘산은	$AgIO_3$	283

8. 과망가니즈산염류

1) 과망가니즈산칼륨

① 물성

화학식	분자량	비중	분해 온도
$KMnO_4$	158	2.7	200~250℃

② 흑자색의 주상결정으로 산화력과 살균력이 강하다.
③ 물, 알코올에 녹으면 진한 보라색을 나타낸다.
④ 진한 황산과 접촉하면 폭발적으로 반응한다.
⑤ 강알칼리와 접촉시키면 산소를 방출한다.
⑥ 알코올, 에터, 글리세린등 유기물과의 접촉을 피한다.
⑦ 목탄, 황 등의 환원성물질과 접촉 시 충격에 의해 폭발의 위험성이 있다.
⑧ 살균소독제, 산화제로 이용된다.
⑨ 반응식

- 분해반응식 $2KMnO_4 \rightarrow K_2MnO_4 + MnO_2 + O_2 \uparrow$
  (망가니즈산칼륨) (이산화망가니즈)
- 묽은 황산과 반응식 $4KMnO_4 + 6H_2SO_4 \rightarrow 2K_2SO_4 + 4MnSO_4 + 6H_2O + 5O_2 \uparrow$
- 진한 황산과 반응식 $2KMnO_4 + H_2SO_4 \rightarrow K_2SO_4 + 2HMnO_4$
- 염산과 반응식 $4KMnO_4 + 16HCl \rightarrow 2KCl + 2MnCl_2 + 8H_2O + 5Cl_2$

2) 과망가니즈산나트륨

① 물성

화학식	분자량	분해 온도
$NaMnO_4$	142	170℃

② 적자색의 결정으로 물에 잘 녹는다.
③ 조해성이 강하므로 수분에 주의하여야 한다.

9. 다이크로뮴산염류

1) 다이크로뮴산칼륨

① 물성

화학식	분자량	비중	융점	분해 온도
$K_2Cr_2O_7$	294	2.69	398℃	500℃

② 등적색의 판상결정이다.
③ 물에 녹고, 알코올에는 녹지 않는다.
④ 가열에 의해 삼산화이크로뮴(Cr_2O_3)과 크로뮴산칼륨(K_2CrO_4)으로 분해한다.

$$4K_2Cr_2O_7 \rightarrow 2Cr_2O_3 + K_2CrO_4 + 3O_2$$

2) 다이크로뮴산나트륨

① 물성

화학식	분자량	비중	융점	분해 온도
$Na_2Cr_2O_7$	262	2.52	356℃	400℃

② **등적색**의 **결정**이다.
③ 유기물과 혼합되어 있을 때 가열, 마찰에 의해 발화 또는 폭발한다.

3) 다이크로뮴산암모늄

① 물성

화학식	분자량	비중	분해 온도
$(NH_4)_2Cr_2O_7$	252	2.15	180℃

② 적색 또는 등적색(오렌지색)의 단사정계 침상결정이다.
③ **약 225℃**에서 가열하면 분해하여 **질소가스**를 발생한다.
④ 그라비아 인쇄의 사진제판, 매염제, 피혁가공, 석유정제, 불꽃놀이의 제조 등의 용도로 사용 한다.
⑤ 에틸렌, 수산화나트륨, 하이드라진과는 혼촉, 발화한다.

10. 무수크로뮴산, 삼산화크로뮴(크로뮴의 산화물)

① 물성

화학식	분자량	융점	분해 온도
CrO_3	100	196℃	250℃

② **암적색**의 **침상결정**으로 **조해성**이 있다.
③ 물, 알코올, 에터, 황산에 잘 녹는다.
④ 크로뮴산화성의 크기 : $CrO < Cr_2O_3 < CrO_3$
⑤ 황, 목탄분, 적린, 금속분, 강력한 산화제, 유기물, 인, 목탄분, 피크린산, 가연물과 혼합하면 폭발의 위험이 있다.
⑥ 제4류 위험물과 접촉시 발화한다.
⑦ 물과 접촉 시 격렬하게 발열한다.
⑧ 유기물과 환원제와는 격렬히 반응하며 강한 환원제와는 폭발한다.
⑨ 피부에 접촉하면 피부를 부식시킨다.
⑩ 소화방법 : 소량일 때에는 다량의 물로 냉각소화

출제예상문제

제01부_ 제1류 위험물

CHECK POINT QUESTION

01 위험물안전관리법상 제1류 위험물의 특징이 아닌 것은?

① 외부 충격 등에 의해 가연성 가스의 산소를 발생한다.
② 가열에 의해 산소를 방출한다.
③ 다른 가연물의 연소를 돕는다.
④ 가연물과 혼재하면 화재 시 위험하다.

🔍 제1류 위험물은 충격에 의하여 조연성 가스인 산소를 발생한다.

02 다음 위험물 중 제1류 위험물에 속하지 않는 것은?

① NH_4ClO_3
② BaO_2
③ CH_3ONO_2
④ $NaNO_3$

🔍 위험물의 구분

종류	품명	구분
NH_4ClO_3	염소산암모늄	제1류 위험물
BaO_2	과산화바륨	제1류 위험물
CH_3ONO_2	질산메틸	제5류 위험물
$NaNO_3$	질산나트륨	제1류 위험물

03 위험물안전관리법에 의한 위험물 분류상 제1류 위험물에 속하지 않는 것은?

① 아염소산염류
② 질산염류
③ 유기과산화물
④ 무기과산화물

🔍 유기과산화물 : 제5류 위험물

04 제1류 위험물의 취급 방법으로서 잘못된 사항은?

① 환기가 잘되는 찬 곳에 저장한다.
② 가열, 충격, 마찰 등의 요인을 피한다.
③ 가연물과 접촉은 피해야 하나 습기는 관계없다.
④ 화재 위험이 있는 장소에서 떨어진 곳에 저장한다.

🔍 제1류 위험물 : 조해성이므로 습기에 주의하여야 한다.

05 제1류 위험물의 화재 시 조치방법으로 옳지 않은 것은?

① 소화방법은 분해온도 이하로 냉각하는 주수를 사용한다.
② 가연물과 혼합하여 연소하는 경우는 접근하여 가연물과 분리한다.
③ 소화 작업 시에는 공기호흡기, 보안경 등의 보호장구를 착용한다.
④ 소량의 화재 시에는 분말, 이산화탄소 등에 의한 질식소화도 효과가 있다.

🔍 제1류 위험물이 가연물과 혼합하여 연소하는 경우는 접근하여 가연물과 분리하는 것은 위험하다.

06 제1류 위험물에 대한 일반적인 화재 예방방법이 아닌 것은?

① 반응성이 크므로 가열, 마찰, 충격 등에 주의한다
② 불연성이므로 화기접촉은 관계없다
③ 가연물의 접촉, 혼합 등을 피한다.
④ 질식소화는 효과가 없다

🔍 제1류 위험물은 산화성 고체로서, 가열·마찰에 의하여 산소를 발생하므로 화기접촉을 피하여야 한다.

07 위험물의 적응 소화방법으로 맞지 않는 것은?

① 산화성고체 – 질식소화
② 가연성고체 – 냉각소화
③ 인화성액체 – 질식소화
④ 자기반응성물질 – 냉각소화

🔍 산화성 고체(제1류 위험물) : 냉각소화

정답 01 ① 02 ③ 03 ③ 04 ③ 05 ② 06 ② 07 ①

08 제1류 위험물 중 알칼리금속의 과산화물에 가장 효과가 큰 소화약제는?

① 건조사
② 물
③ 분말소화기
④ CO_2

🔍 알칼리금속의 과산화물 소화약제 : 탄산수소염류분말, 건조사

09 제1류 위험물 중 무기과산화물 450Kg, 질산염류 150Kg, 다이크로뮴산염류 3000Kg을 저장하려고 한다. 지정수량의 몇 배인가?

① 4배
② 8배
③ 11.5배
④ 12.5배

🔍 지정수량의 배수 = $\frac{저장수량}{지정수량}$ = $\frac{450kg}{50kg}$ + $\frac{150kg}{300kg}$ + $\frac{3000kg}{1000kg}$
= 12.5배

10 위험물을 제조소에서 아래와 같이 위험물을 저장하고 있는 경우 지정수량의 몇 배가 보관되어 있는 것인가?

- 염소산염류 : 200kg
- 무기과산화물 : 50kg
- 다이크로뮴산염류 : 1500kg

① 3.5배
② 4.5배
③ 5.5배
④ 6.5배

🔍 지정수량의 배수 = $\frac{저장수량}{지정수량}$ = $\frac{200}{50}$ + $\frac{50}{50}$ + $\frac{1500}{1000}$
= 6.5배

11 혼합위험을 가져오는 위험물의 혼합형태가 나머지 셋과 다른 것은?

① $KClO_3$ + P
② CrO_3 + CH_3OH
③ $KMnO_4$ + HNO_3
④ 발연 HNO_3 + C_6H_5N

🔍 제1류 위험물과 제6류 위험물은 혼재 가능하다.

12 다음은 각 위험물의 저장 및 취급 때의 주의사항을 설명한 것이다. 틀린 것은?

① K_2O_2 : 물속에 저장한다.
② H_2O_2 : 햇빛의 직사를 막고 찬 곳에 저장한다.
③ M_2O_2 : 습기의 존재 하에서 산소를 발생하므로 특히 방습에 주의를 하여야 한다.
④ $NaNO_3$: 조해성이 크고 흡습성이 강하므로 습도에 주의해야 한다.

🔍 과산화칼륨(K_2O_2)은 물과 반응하면 조연성 가스인 산소를 발생한다.

13 다음은 제1류 위험물인 염소산염에 대한 설명이다. 옳지 않은 것은?

① 일광(햇빛)에 장기간 방치하였을 때는 분해하여 아염소산염이 생성된다.
② 녹는점 이상의 높은 온도가 되면 분해되어 조연성 기체인 수소가 발생한다.
③ NH_4ClO_3는 물보다 무거운 무색의 결정이며, 조해성이 있다.
④ 염소산염을 가열, 충격 및 산을 첨가시키면 폭발 위험성이 나타난다.

🔍 염소산염은 분해되면 조연성 가스인 산소를 발생한다.

14 제1류 위험물 중 가열시 분해온도가 가장 낮은 물질은 무엇인가?

① $KClO_3$
② Na_2O_2
③ NH_4ClO_4
④ KNO_3

🔍 분해온도

종류	분해온도(℃)	종류	분해온도(℃)
염소산칼륨 ($KClO_3$)	400	과산화나트륨 (Na_2O_2)	460
과염소산암모늄 (NH_4ClO_4)	130	질산칼륨 (KNO_3)	400

정답 08 ① 09 ④ 10 ④ 11 ③ 12 ① 13 ② 14 ③

15 아염소산나트륨의 성상에 관한 설명 중 잘못 된 것은?

① 사신은 불연성이다.
② 불안정하여 140℃ 이상 가열하면 산소를 방출한다.
③ 수용액 상태에서도 강력한 환원력을 가지고 있다.
④ 티오황산나트륨, 다이에틸에터등과 혼합하면 혼촉 발화의 위험이 있다.

🔍 아염소산나트륨 : 산화성 고체

16 아염소산나트륨의 위험성을 맞게 설명한 것은?

① 단독으로는 폭발하지 않는다.
② 시판품은 140℃ 이상에서 발열 분해한다.
③ 환원성 금속분과는 안전하다
④ 수용액은 강한 산성이다

🔍 아염소산나트륨($NaClO_2$)는 단독으로 폭발하고 140℃ 이상에서 발열 분해한다.

17 염소산칼륨이 고온으로 가열되었을 때 현상으로 가장 거리가 먼 것은?

① 분해한다.
② 산소를 발생한다.
③ 염소를 발생한다.
④ 염화칼륨이 생성된다.

🔍 염소산칼륨의 분해반응식
$2KClO_3 \rightarrow KCl + KClO_4 + O_2$

18 염소산칼륨과 염소산나트륨의 성질에 대한 설명 중 옳지 않은 것은?

① 융점 이상으로 가열하면 산소를 방출한다.
② 무색이나 백색의 분말로 물에 녹지 않는다.
③ 황, 목탄, 유기물 등과의 혼합은 연소의 우려가 있다.
④ 산과 반응하거나 중금속의 혼합은 폭발의 위험이 있다.

🔍 염소산염류의 비교

구분	색상	용해성
염소산칼륨	백색분말	물에 약간 용해
염소산나트륨	무색 주상 결정	물에 녹해

19 염소산칼륨의 성질 중 옳지 않은 것은?

① 무색 단사판상의 결정 또는 백색분말이다.
② 냉수에 조금 녹고 온수에 잘 녹는다.
③ 800℃부근에서 분해하여 염소를 발생한다.
④ 융점 370℃로 강산의 첨가는 위험하다.

🔍 염소산칼륨의 성질
• 무색 단사정계 판상결정 또는 백색분말
• 냉수에 조금 녹고 온수에 잘 녹는다.
• 융점 370℃
• 열분해반응식(400℃)
  $2KClO_3 \rightarrow KCl + KClO_4 + O_2 \uparrow$
  (염소산칼륨)   (염화칼륨) (과염소산칼륨) (산소)

20 산화성 위험물인 염소산칼륨의 성질이 아닌 것은?

① 백색 분말의 단상결정이다.
② 강산과 혼재해 있으면 폭발 위험성이 있다.
③ 알코올에 잘 녹는다.
④ 400℃에서 분해한다.

🔍 염소산칼륨($KClO_3$) : 온수, 글리세린에 잘 녹고, 알코올에는 잘 녹지 않는다.

21 염소산칼륨의 일반적인 성질에 해당하지 않는 것은?

① 온수에 잘 녹는다.
② 알코올에 잘 녹는다.
③ 글리세린에 잘 녹는다.
④ 광택이 있는 무취, 무색의 관상결정 또는 백색의 분말이다.

🔍 염소산칼륨($KClO_3$) : 온수, 글리세린에 녹고, 냉수, 알코올에는 녹지 않는다.

정답 15 ③ 16 ② 17 ③ 18 ② 19 ③ 20 ③ 21 ②

22 염소산칼륨의 일반적 성질에서 옳지 못한 것은?

① 물에 잘 녹는다.
② 가열하면 과염소산염물이 된다.
③ 400℃에서 분해되어 산소를 발생시킨다.
④ MnO_2의 촉매가 존재할 때 분해가 빠르다.

🔍 염소산칼륨은 냉수에 녹지 않고, 온수나 글리세린에 녹는다.

23 염소산칼륨과 혼합했을 때 발화, 폭발의 위험이 있는 물질은?

① 금
② 유리
③ 석면
④ 목탄

🔍 염소산칼륨($KClO_3$)은 목탄, 적린과 혼합하였을 때 발화, 폭발의 위험이 있다.

24 과염소산칼륨의 위험성 설명 중 잘못된 것은?

① 상온에서 비교적 안정성이 높다.
② 진한 황산과 반응하여 폭발한다.
③ 수산화나트륨 용액과의 혼합은 극히 위험하다.
④ 황, 마그네슘, 알루미늄 등과의 혼합은 극히 위험하다.

🔍 과염소산칼륨과 수산화나트륨(NaOH)과는 안정하다.

25 실험실에서 산소를 얻고자 할 때 $KClO_3$에 MnO_2를 가하고 가열하여 얻는다. 그 이유로서 가장 적당한 것은?

① O_2를 많이 얻기 위함이다.
② $KClO_3$를 완전분해하기 위함이다.
③ 저온에서 반응속도를 증가시키기 때문이다.
④ MnO_2를 가하지 않으면 O_2를 얻을 수 없기 때문이다.

🔍 $KClO_3$에 저온에서 반응 속도를 증가시키기 위하여 MnO_2를 가하고 가열하여 산소를 얻는다.

26 무색, 무취이며 알코올, 에터, 물에 잘 녹고 조해성이 있으며 산과 반응하여 유독한 산화염소(ClO_2)를 발생하는 위험물은 어느 것인가?

① 염소산칼륨
② 염소산암모늄
③ 염소산나트륨
④ 과염소산칼륨

🔍 염소산나트륨의 성질
• 무색, 무취의 주상결정
• 알코올, 에터, 물에 잘 녹고 조해성이 있다.
• 산과 반응하여 유독한 산화염소(ClO_2)를 발생한다.

27 과염소산칼륨과 제2류 위험물이 혼합되는 것은 대단히 위험하다. 그 이유가 타당한 것은?

① 전류가 발생하고 자연발화하기 때문이다.
② 혼합하면 과염소산칼륨이 불연성 물질로 바뀌기 때문이다.
③ 가열, 충격 및 마찰에 의하여 착화 폭발하기 때문이다.
④ 혼합하면 용해하기 때문이다.

🔍 과염소산칼륨(제1류 위험물)과 제2류 위험물(제2류 위험물)과 혼합하면 가열, 충격 및 마찰에 의하여 착화 폭발하기 때문에 위험하다.

28 염소산나트륨과 무엇과 반응하면 폭발성가스를 발생시키는가?

① 이황화탄소
② 사염화탄소
③ 진한황산용액
④ 수산화나트륨

🔍 염소산나트륨은 산과 반응하면 이산화염소(ClO_2)의 폭발성가스를 발생 한다.
• $2NaClO_3 + 2HCl \rightarrow 2NaCl + 2ClO_2 + H_2O_2 \uparrow$
• $2NaClO_3 + H_2SO_4 \rightarrow Na_2SO_4 + 2ClO_2 + H_2O_2 \uparrow$

29 염소산나트륨($NaClO_3$)의 성상에 관한 설명으로 올바른 것은?

① 황색의 결정이다.
② 비중은 1.0이다.
③ 환원력이 강한 물질이다.
④ 물, 알코올에 잘 녹으며 조해성이 강하다.

정답 22 ① 23 ④ 24 ③ 25 ③ 26 ③ 27 ③ 28 ③ 29 ④

🔍 염소산나트륨(NaClO₃)
- 무색, 무취의 주상 결정
- 산화성 고체
- 비중 : 2.49
- 물, 에터, 알코올에 잘 녹으며 조해성이 강하다.

30 제1류 위험물인 염소산나트륨($NaClO_3$)의 저장 및 취급 시 주의사항 중 옳지 않은 것은?

① 조해성이므로 용기의 밀폐, 밀봉에 주의한다.
② 공기와의 접촉을 피하기 위하여 물속에 저장한다.
③ 분해를 촉진하는 약품류와의 접촉을 피한다.
④ 가열, 충격, 마찰 등을 피한다.

🔍 염소산나트륨($NaClO_3$)은 조해성이 크므로 물속에 저장하면 안 되고 용기는 밀폐, 밀봉하여 저장한다.

31 과염소산염류 중 분해온도가 가장 낮은 것은?

① $KClO_4$
② $NaClO_4$
③ NH_4ClO_4
④ $Mg(ClO_4)_2$

🔍 분해온도

종류	분해온도(℃)	종류	분해온도(℃)
과염소산칼륨 ($KClO_4$)	400℃	과염소산나트륨 ($NaClO_4$)	400℃
과염소산암모늄 (NH_4ClO_4)	130℃	과염소산마그네슘 [$Mg(ClO_4)_2$]	400℃

32 과염소산암모늄(NH_4ClO_4)에 대한 설명 중 틀린 것은?

① 폭약이나 성냥 원료로 쓰인다.
② 130℃ 정도에서 분해되어 염소가스를 방출한다.
③ 비중은 2.0이고 분해온도가 130℃ 정도이다.
④ 상온에서 비교적 안정하다.

🔍 과염소산암모늄(NH_4ClO_4)은 130℃정도에서 분해 되어 300℃에서는 산소를 방출한다.

33 다음 중 녹는 점이 가장 높은 것은?

① Na_2O_2
② $KClO_4$
③ $KClO_3$
④ $NaClO_3$

🔍 녹는점(Melting point)

종류	녹는점	종류	녹는점
Na_2O_2	460℃	$KClO_4$	400℃
$KClO_3$	368℃	$NaClO_3$	248℃

34 과염소산암모늄의 일반적인 성질에 맞지 않는 것은 어느 것인가?

① 무색 결정 또는 백색 분말
② 130℃에서 분해하기 시작함
③ 300℃에서 급격히 분해함
④ 물에 용해되지 않음

🔍 과염소산암모늄은 물, 에탄올, 아세톤에 잘 녹는다.

35 알칼리금속은 화재예방상 주로 어떤 기(원자단)를 가지고 있는 물질들과 접촉을 금해야 하는가?

① $-H$
② $-O$
③ $-COO-$
④ $-NO_2$

🔍 알칼리금속은 수소(H), 수산기(OH)와 접촉하면 수소가스를 발생하므로 금해야 한다.

36 물과 만나면 알칼리성 물질과 산소가 생성되어 발열하는 물질은?

① 과산화칼륨
② 과산화수소
③ 과염소산나트륨
④ 과망가니즈산칼륨

🔍 과산화칼륨이 물과의 반응
$2K_2O_2 + 2H_2O \rightarrow 4KOH + O_2\uparrow + 발열$

정답 30 ② 31 ③ 32 ② 33 ① 34 ④ 35 ① 36 ①

37 다음 중 과산화칼륨(2mol)과 물(2mol)을 반응 시킬 때 일어나는 화학반응에 관한 설명 중 옳은 것은?

① 흡열반응을 한다.
② 산성물질이 생성된다.
③ 산소(g)를 발생시킨다.
④ 불연성가스가 발생한다.

🔍 과산화칼륨은 물과 반응하면 산소가스를 발생한다.
$2K_2O_2 + 2H_2O \rightarrow 4KOH + O_2$

38 과산화칼륨의 저장 및 취급 시 주의사항에 관한 설명이다. 틀린 것은?

① 가열, 충격, 마찰을 피하고 용기의 파손을 주의하여야 한다.
② 흡습성이 크므로 저장용기는 투명한 유리병에 저장하여야 한다.
③ 분진을 흡입하는 것을 피하고 눈을 보호하는 안경을 착용한다.
④ 공기 중 수분의 침입을 막기 위해 용기는 밀봉, 밀전하여 보관한다.

🔍 과산화칼륨은 흡습성이 없다.

39 다음 중 주수소화가 적당하지 않은 것은?

① $NaNO_3$
② $AgNO_3$
③ K_2O_2
④ $(C_6H_5CO)_2O_2$

🔍 과산화칼륨(K_2O_2)은 물(H_2O)과 반응하여 산소를 발생한다.
$2K_2O_2 + 2H_2O \rightarrow 4KOH + O_2\uparrow$

40 알칼리금속의 과산화물 화재 시 적당하지 않는 소화제는?

① 건조사
② 물
③ 암분
④ 소다회

🔍 알칼리금속의 과산화물(K_2O_2, Na_2O_2)은 물과의 접촉시 산소를 발생하므로 주수소화는 적합하지 않다.
※ 알칼리 금속의 반응식
· $2K_2O_2 + 2H_2O \rightarrow 4KOH + O_2$
· $2Na_2O_2 + 2H_2O \rightarrow 4NaOH + O_2$

41 다음 Na_2O_2의 설명 중 옳지 않은 것은?

① 흡습성이 강하고 조해성이 있다.
② 황산과 반응하여 과산화수소가 발생한다.
③ 금, 니켈을 제외한 다른 금속을 침식하여 산화물로 만든다.
④ 순수한 것은 백색이나, 일반적으로는 엷은 녹색을 띤 분말이다.

🔍 과산화칼륨(Na_2O_2) : 무색 또는 오렌지색의 결정

42 과산화칼륨(K_2O_2), 과산화나트륨(Na_2O_2)의 공통되는 성질로서 옳은 것은?

① 백색 침상 결정이다
② 가열하면 산소를 발생한다.
③ 공기 중의 CO_2를 흡수하면 탄산염이 된다.
④ 물에는 난용이나 알코올에는 쉽게 녹는다.

🔍 과산화칼륨과 과산화나트륨의 비교

구분\종류	과산화칼륨	과산화나트륨
외관	무색 또는 오랜지색의 결정	백색 또는 황백색의 분말
물과 접촉	산소 발생	산소 발생
CO_2 흡수	탄산염(K_2CO_3)	탄산염(Na_2CO_3)
용해성	에틸알코올에 용해	에틸알코올에 불용

43 Na_2O_2와 혼합하여도 발화되지 않고 폭발로 인한 화재 위험이 없는 물질은?

① $C_2H_5OC_2H_5$
② CH_3COOH
③ CaC_2
④ C_2H_5OH

🔍 과산화나트륨(Na_2O_2)은 에틸알코올(C_2H_5OH)에 용해하지 않으니까 위험하지 않다.

44 과산화나트륨에 대한 일반적 설명으로 옳지 않는 것은?

① 공기 중에 습기와 반응하여 나트륨과 수소, 산소를 발생한다.

정답 37 ③ 38 ② 39 ③ 40 ② 41 ④ 42 ③ 43 ④ 44 ①

② 백색이나 담황색 분말로 산화제 표백제, 살균제 등으로 쓰인다.
③ 취급 시 가열, 마찰 충격을 피한다.
④ 묽은 산과 반응하여 과산화수소를 발생한다.

🔍 과산화나트륨은 물과 반응하면 수산화나트륨, 산소를 발생한다.
$2Na_2O_2 + 2H_2O \rightarrow 4NaOH + O_2$
(과산화나트륨) (물) (수산화나트륨) (산소)

45 과산화나트륨의 화재 시 가장 적당한 소화제는?

① 포소화제
② 마른 모래
③ 소화분말
④ 물

🔍 과산화나트륨(Na_2O_2)의 소화제 : 마른 모래, 소화분말

46 [보기]의 물질이 K_2O_2와 반응하였을 때 주로 생성되는 가스의 종류가 같은 것으로만 나열된 것은?

물, 이산화탄소, 아세트산, 염산

① 물, 이산화탄소
② 산소, 과산화수소
③ 물, 아세트산
④ 이산화탄소, 아세트산, 염산

🔍 K_2O_2의 반응
- 분해 반응식 : $2K_2O_2 \rightarrow 2K_2O + O_2 \uparrow$
- 물과의 반응 : $2K_2O_2 + 2H_2O \rightarrow 4KOH + O_2 \uparrow$
- 탄산가스와의 반응 : $2K_2O_2 + 2CO_2 \rightarrow 2K_2CO_3 + O_2 \uparrow$
- 초산(아세트산)과의 반응
  $K_2O_2 + 2CH_3COOH \rightarrow 2CH_3COOK + H_2O_2 \uparrow$
  (초산) (초산칼륨) (과산화수소)
- 염산과의 반응 : $K_2O_2 + 2HCl \rightarrow 2KCl + H_2O_2 \uparrow$

47 과산화나트륨에 무엇을 작용시키면 과산화수소가 발생하는가?

① 탄산가스
② 염산
③ 물
④ 수산화나트륨 용액

🔍 과산화나트륨은 산과 반응하면 과산화수소(H_2O_2)를 발생한다.
$Na_2O_2 + 2HCl \rightarrow 2NaCl + H_2O_2 \uparrow$

48 공기 중에서 흡습성이 큰 물질로 화재 시 물을 사용해서는 안 되는 것은?

① $NaClO_4$
② Na_2O_2
③ KNO_3
④ $KMnO_4$

🔍 알칼리금속의 과산화물(Na_2O_2, K_2O_2) : 주수금지(산소 발생)

49 과산화바륨의 취급에서 틀린 것은?

① 직사광선을 피하고, 냉암소에 둔다.
② 유기물, 산 등의 접촉을 피한다.
③ 금속용기에 밀봉해 둔다.
④ 화재 시 물을 사용하고, 사염화탄소는 쓸 수 없다.

🔍 과산화바륨(BaO_2)은 물과 반응하면 산소를 발생하므로 적합하지 않다.

50 과산화바륨이 분해할 때의 반응식이 옳은 것은?

① $2BaO_2 \rightarrow 2BaO + O_2$
② $2BaO_2 \rightarrow Ba_2O + O_3$
③ $2BaO_2 \rightarrow 2Ba + 2O_2$
④ $2BaO_2 \rightarrow Ba_2O_3 + O$

🔍 과산화바륨의 분해반응식
$2BaO_2 \rightarrow 2BaO + O_2$

51 과산화마그네슘의 저장 및 취급 시 주의사항이 아닌 것은?

① 습기의 접촉이 없도록 밀봉한다.
② 유기물질의 혼입, 가열, 충격, 마찰을 피한다.
③ 산과 접촉은 무방하나 용기파손에 의한 누출이 없도록 주의한다.
④ 시판품은 15 ~ 20%의 MgO_2를 함유한다.

🔍 과산화마그네슘은 산과 접촉 시 과산화수소(H_2O_2)가 발생한다.
$MgO_2 + 2HCl \rightarrow MgCl_2 + H_2O_2$

정답 45 ② 46 ① 47 ② 48 ② 49 ④ 50 ① 51 ③

52 다음 중 브로민산칼륨과 아이오딘산아연의 공통 성질은?

① 물에 잘 녹는다.
② 분해온도가 500℃ 이상이다
③ 가연물과 혼합 가열하면 폭발한다.
④ 알코올에 잘 녹는다.

🔍 브로민산칼륨과 아이오딘산아연은 가연물과 혼합 가열하면 폭발한다.

53 브로민산칼륨의 취급 시 주의 사항에 해당하는 것은?

① 폭발 방지로 밀봉하지 않는다.
② 습기는 관계없으나 열원을 멀리한다.
③ 혈액 속에서 메타 헤모그로빈 증세를 일으킨다.
④ 흡입해도 위장에는 해가 없다.

🔍 브로민산칼륨($KBrO_3$)을 흡입 시 혈액 속에서 메타 헤모그로빈 증세를 일으킨다.

54 다음 질산염류의 성질로서 옳은 것은?

① 일반적으로 흡습성이며 가열하면 산소와 아질산염이 되며 알코올에 용해하지 않는다.
② 일반적으로 물에 잘 녹고 가열하면 산소를 발생하며 질산염의 특유의 냄새가 난다.
③ 일반적으로 물에 잘 녹고 가열하면 폭발하며 무수알코올에도 잘 녹는다.
④ 일반적으로 물에 잘 안 녹으며 가열하면 폭발하며 질산염의 특유의 냄새가 난다.

🔍 질산염류는 흡습성이며 가열하면 산소와 아질산염이 되며 알코올에 용해하지 않는다.
※질산칼륨 : 조해성

55 KNO_3의 일반적 성질을 표현한 것이다. 틀린 것은?

① 무색 또는 백색 결정 분말이다.
② 물이나 알코올에는 잘 녹는다.
③ 단독으로는 분해하지 않지만 가열하면 산소와 아질산칼륨을 생성한다.
④ 차가운 자극성의 짠맛이 있고 산화성이 있다.

🔍 질산칼륨(KNO_3)은 물에는 잘 녹고 알코올에는 녹지 않는다.

56 질산칼륨(KNO_3)의 저장 및 취급 시 주의사항에 있어서 옳지 못한 것은?

① 공기와의 접촉을 피하기 위하여 석유류 속에 보관한다.
② 용기는 밀전하고 위험물의 누출을 막는다.
③ 가열, 충격, 마찰 등을 피한다.
④ 환기가 좋은 냉암소에 저장한다.

🔍 질산칼륨은 환기가 좋은 냉암소에 저장한다.
※칼륨, 나트륨 ; 석유 중에 저장

57 다음 중 질산암모늄의 성상이 올바른 것은?

① 상온에서 황색의 액체이다.
② 상온에서 폭발성의 액체이다.
③ 물을 흡수하면 흡열반응을 한다.
④ 녹색, 무취의 결정으로 알코올에 녹는다.

🔍 질산암모늄(NH_4NO_3)의 물성
• 무색 · 무취의 결정
• 조해성 · 흡수성이 강하다.
• 물 · 알코올에 녹는다(물에 용해시 흡열반응).
• 분해반응식 : $2NH_4NO_3 \rightarrow 2N_2\uparrow + 4H_2O + O_2\uparrow$

58 질산암모늄의 분해 · 폭발 시 생성되는 것이 아닌 것은

① 질소   ② 산소
③ 이산화질소   ④ 물

🔍 질산암모늄의 분해 · 폭발식
$2NH_4NO_3 \rightarrow 2N_2 + 4H_2O + O_2\uparrow$

59 제1류 위험물 중 취급할 때 특히 습기에 주의하여야 하는 것은?

① 염소산염류   ② 과염소산칼륨
③ 과망가니즈산염류 ④ 질산염류

🔍 질산염류는 조해성이므로 습기에 주의하여야 한다.

정답 52 ③ 53 ③ 54 ① 55 ② 56 ① 57 ③ 58 ③ 59 ④

60 다음 위험물 중에서 지정수량이 다른 것은?

① KNO_3
② $KClO_3$
③ $KClO_4$
④ MgO_2

🔍 위험물의 분류

종류	구분	지정수량
질산칼륨(KNO_3)	질산염류	300kg
염소산칼륨($KClO_3$)	염소산염류	50kg
과염소산칼륨($KClO_4$)	과염소산염류	50kg
과산화마그네슘(MgO_2)	무기과산화물	50kg

61 다음 중 사진감광제, 사진제판, 보온병 제조 등에서 사용되는 위험물은?

① 질산칼륨(KNO_3)
② 질산나트륨($NaNO_3$)
③ 질산은($AgNO_3$)
④ 염소산칼륨($KClO_3$)

🔍 질산은($AgNO_3$)의 용도 : 사진감광제, 사진제판, 보온병 제조

62 흑색 감공제로 사용하는 질산염은?

① $AgNO_3$
② $Fe(NO_3)_3$
③ $NaNO_3$
④ KNO_3

🔍 질산은($AgNO_3$) : 흑색 감공제로 사용하는 질산염

63 질산암모늄에 대한 설명 중 옳은 것은?

① 물에 녹을 때에는 발열반응을 하므로 위험하다.
② 가열하면 폭발적으로 분해하여 산소와 암모니아를 생성한다.
③ 소화방법으로는 질식소화가 좋다.
④ 단독으로도 급격한 가열, 충격으로 분해, 폭발하는 수도 있다.

🔍 질산암모늄의 성질
• 무색, 무취의 결정
• 조해성이다.
• 물에 녹을 때에는 흡열반응을 한다.
• 단독으로도 급격한 가열, 충격으로 분해, 폭발한다.

64 다음 중 강산화제로 작용하는 것은?

① $KMnO_4$
② H_2
③ CO
④ H_2S

🔍 강산화제(제1류 위험물) : 과망가니즈산칼륨($KMnO_4$)

65 과망가니즈산칼륨에 대한 설명 중 옳지 않은 것은?

① 알코올등 유기물과의 접촉을 피한다.
② 수용액은 강한 환원력과 살균력이 있다.
③ 흑자색의 주상 결정이다.
④ 일광을 차단하여 저장한다.

🔍 과망가니즈산칼륨($KMnO_4$)의 물성
• 흑자색의 주상결정으로 산화력과 살균력이 강하다.
• 물, 알코올에 잘 녹으며, 진한 보라색을 나타낸다.
• 알코올, 에터, 글리세린 등 유기물과 접촉을 피한다.

66 과망가니즈산칼륨이 240℃의 분해온도에서 분해하였을 때 생길 수 없는 물질은?

① O_2
② MnO_2
③ K_2O
④ K_2MnO_4

🔍 과망가니즈산칼륨이 240℃의 분해식
$2KMnO_4 \rightarrow K_2MnO_4 + MnO_2 + O_2$
(과망가니즈산칼륨) (망가니즈산칼륨) (이산화망가니즈) (산소)

67 다음에서 과망가니즈산칼륨($KMnO_4$)의 성질에 맞지 않는 것은?

① 물과 에탄올에 녹는다.
② 가열분해 시 이산화망가니즈과 물이 생성된다.
③ 강한 알칼리와 접촉시키면 산소를 방출한다.
④ 흑자색의 결정으로 강한 산화력과 살균력을 나타낸다.

🔍 과망가니즈산칼륨의 분해반응식
$2KMnO_4 \rightarrow K_2MnO_4 + MnO_2 + O_2 \uparrow$

정답 60 ① 61 ③ 62 ① 63 ④ 64 ① 65 ② 66 ③ 67 ②

68 어떤 물질에 과망가니즈산칼륨을 묻혀 알코올램프의 심지에 접하면 점화한다. 이 물질은 어느 것인가?

① 진한 황산
② 과산화나트륨
③ 알코올
④ 금속나트륨

🔍 과망가니즈산칼륨에 황산(강산화제)을 첨가하면 점화한다.

69 과망가니즈산칼륨에 의해 쉽게 산화되는 유기 화합물은?

① C_2H_5OH
② CH_3COOH
③ CH_3CHO
④ $CH_3CH_2CH_3$

🔍 아세트알데하이드(CH_3CHO)는 과망가니즈산칼륨에 의해 쉽게 산화된다.

70 다음 중 과망가니즈산칼륨과 혼촉하였을 때 위험성이 가장 낮은 물질은?

① 물
② 에터
③ 글리세린
④ 염산

🔍 과망가니즈산칼륨은 물이나 알코올에 녹으므로 혼촉하여도 위험하지 않다.

71 그라비아 인쇄의 사진제판, 매염제, 피혁가공, 석유정제, 불꽃놀이의 제조 등의 용도로 사용하며 적색 또는 등적색의 침상 결정으로서 180℃에서 분해하는 다이크로뮴산 염류는?

① 다이크로뮴산나트륨($Na_2Cr_2O_7 \cdot 2H_2O$)
② 다이크로뮴산칼륨($K_2Cr_2O_7$)
③ 다이크로뮴산암모늄[$(NH_4)_2Cr_2O_7$]
④ 다이크로뮴산칼슘($CaCr_2O_7 \cdot 3H_2O$)

🔍 다이크로뮴산암모늄의 성질
- 적색 또는 등적색(오렌지색)의 침상 결정
- 180℃에서 분해
- 용도 : 그라비아 인쇄의 사진제판, 매염제, 피혁가공, 석유정제

72 무수크로뮴산에 대한 설명 중 맞지 않는 것은?

① 암적색의 침상 결정
② 물, 알코올에 녹는다.
③ 제4류 위험물과 접촉하여도 관계없다.
④ 물과 접촉시 격렬하게 발열한다.

🔍 제4류 위험물과 접촉하면 발화한다.

73 위험물인 무수크로뮴산의 성상에 관한 설명 중 맞는 것은?

① 물, 황산에 잘 녹는다.
② 가열하면 CO_2가 발생한다.
③ 유기물과 접촉해도 반응하지 않는다.
④ 오래 저장해두면 자연 발화되는 경우는 없다.

🔍 무수크로뮴산(CrO_3)
- 물, 알코올, 에터, 황산에 잘 녹는다.
- 가열분해식 : $4CrO_3 \rightarrow 2Cr_2O_3 + 3O_2\uparrow$
- 황, 목탄분, 적린, 금속분, 유기물, 인, 목탄분, 피크린산, 가연물과 혼합하면 폭발의 위험이 있다.

정답 68 ① 69 ③ 70 ① 71 ③ 72 ③ 73 ①

SECTION 02 / 제2류 위험물

STEP 01 제2류 위험물의 물성

1. 종류

류별	성질	품명	위험등급	지정수량
제2류	가연성 고체	1. 황화인, 적린, 황	Ⅱ	100kg
		2. 철분, 금속분, 마그네슘	Ⅲ	500kg
		3. 인화성고체	Ⅲ	1,000kg

2. 정의

① **황** : 순도가 **60중량% 이상**인 것을 말하며 순도측정을 하는 경우 불순물은 활석등 불연성물질과 수분으로 한정한다.
② **철분** : 철의 분말로서 **53마이크로미터**의 표준체를 통과하는 것(50중량% 미만인 것은 제외)
③ **금속분** : 알칼리금속·알칼리토류금속·철 및 마그네슘 외의 금속의 분말(구리분·니켈분 및 150 마이크로미터의 체를 통과하는 것이 50중량% 미만인 것은 제외)

> **참고** 마그네슘에 해당하지 않는 것
> - 2mm의 체를 통과하지 아니하는 덩어리 상태의 것
> - 직경 2mm 이상의 막대 모양의 것

④ **인화성고체** : 고형알코올 그 밖에 1기압에서 인화점이 **40℃ 미만**인 고체

3. 일반적인 성질

① 비교적 낮은 온도에서 착화하기 쉬운 **가연성 고체**로서 **환원성물질**이다.
② 비중은 1보다 크고 물에 녹지 않는다.
③ 연소 시 연소열이 크고 연소온도가 높고 **연소속도가 빠르다**.

4. 위험성

① 착화온도가 낮아 저온에서 발화가 용이하다.
② 연소속도가 빠르고 연소 시 다량의 빛과 열을 발생한다.

③ 수분과 접촉하면 자연발화하고 금속분은 산, 할로젠원소, 황화수소와 접촉하면 발열·발화한다.
④ 산화제(1류, 6류)와 혼합한 것은 가열·충격·마찰에 의해 발화 폭발위험이 있다.

5. 저장 및 취급방법

① 화기를 피하고 불티, 불꽃, 고온체와의 **접촉을 피한다.**
② 산화제(제1류와 제6류 위험물)와의 혼합 또는 접촉을 피한다.
③ 철분, 마그네슘, 금속분은 물, 습기, 산과의 접촉을 피하여 저장한다.
④ 통풍이 잘 되는 냉암소에 보관, 저장한다.
⑤ **황**은 물에 의한 **냉각소화**가 적당하다.

> **참고** 제2류 위험물의 반응식
> ① 삼황화인의 연소반응
> $P_4S_3 + 8O_2 \rightarrow 2P_2O_5 + 3SO_2 \uparrow$
> ② 오황화인의 반응
> - 연소반응
> $2P_2S_5 + 15O_2 \rightarrow 2P_2O_5 + 10SO_2 \uparrow$
> - 물과 반응
> $P_2S_5 + 8H_2O \rightarrow 5H_2S + 2H_3PO_4$
> ③ 적린의 연소반응
> $4P + 5O_2 \rightarrow 2P_2O_5$
> ④ 철의 반응
> - 물과 반응
> $2Fe + 6H_2O \rightarrow 2Fe(OH)_3 + 3H_2 \uparrow$
> - 산과 반응
> $Fe + 2HCl \rightarrow FeCl_2 + H_2 \uparrow$
> ⑤ 알루미늄의 반응
> - 연소반응
> $4Al + 3O_2 \rightarrow 2Al_2O_3$
> - 물과 반응
> $2Al + 6H_2O \rightarrow 2Al(OH)_3 + 3H_2 \uparrow$
> - 산과 반응
> $2Al + 6HCl \rightarrow 2AlCl_3 + 3H_2 \uparrow$
> ⑥ 마그네슘의 반응
> - 연소반응
> $2Mg + O_2 \rightarrow 2MgO$
> - 온수와 반응
> $Mg + 2H_2O \rightarrow Mg(OH)_2 + H_2 \uparrow$
> - 염산과 반응
> $Mg + 2HCl \rightarrow MgCl_2 + H_2 \uparrow$
> - 황산과 반응
> $Mg + H_2SO_4 \rightarrow MgSO_4 + H_2 \uparrow$

STEP 02 각 위험물의 물성 및 특성

1. 황화인

1) 종류

항목 종류	외관	화학식	비점	비중	융점	착화점
삼황화인	황록색 결정	P_4S_3	407℃	2.03	172.5℃	약 100℃
오황화인	담황색 결정	P_2S_5	514℃	2.09	290℃	142℃
칠황화인	담황색 결정	P_4S_7	523℃	2.03	310℃	–

2) 삼황화인
   ① 황록색의 결정 또는 분말로서 **조해성**이 **없다**.
   ② **이황화탄소**(CS_2), 알칼리, 질산에는 **녹고**, **물**, 염소, 염산, 황산에는 **녹지 않는다**.
   ③ 삼황화인은 공기 중 약 **100°C**에서 **발화**하고 마찰에 의해서도 쉽게 연소하며 자연발화 가능성도 있다.
   ④ **삼황화인**은 **자연발화성**이므로 가열, 습기 방지 및 산화제와의 접촉을 피한다.
   ⑤ 용도는 성냥, 유기합성 등에 쓰인다.

   > **참고** 삼황화인의 연소반응식
   > $P_4S_3 + 8O_2 \rightarrow 2P_2O_5 + 3SO_2 \uparrow$

3) 오황화인
   ① 담황색의 결정으로 **조해성**과 **흡습성**이 있다.
   ② 알코올, 이황화탄소에 녹는다.
   ③ 물 또는 알칼리에 분해하여 **황화수소**와 **인산**이 된다.

   $$P_2S_5 + 8H_2O \rightarrow 5H_2S + 2H_3PO_4$$

   ④ 물에 의한 냉각소화는 부적합하며(H_2S 발생), 분말, CO_2, 건조사 등으로 질식소화 한다.
   ⑤ 용도로는 선광제, 윤활유 첨가제, 의약품 등에 쓰인다.

4) 칠황화인
   ① 담황색 결정으로 **조해성**이 있다
   ② CS_2에 약간 녹으며 수분을 흡수하거나 냉수에서는 서서히 분해된다.
   ③ 더운 물에서는 급격히 분해하여 황화수소와 인산을 발생한다.

2. 적린(붉은인)

① 물성

화학식	분자량	비중	착화점	융점
P	31	2.2	260°C	600°C

② 황린의 동소체로 암적색의 분말이다.
③ 물, 알코올, 에터, CS_2, 암모니아에 녹지 않는다.
④ 강알칼리와 반응하여 유독성의 포스핀(PH_3, 인화수소) 가스를 발생한다.
⑤ 질산칼륨(KNO_3), 질산나트륨($NaNO_3$), 이황화탄소(CS_2), 황(S), 암모니아(NH_3)와 접촉하면 발화한다.
⑥ 염소산염류 및 과염소산염류 등 강산화제와 혼합하면 불안정한 물질이 되어 약간의 가열, 충격, 마찰에 의해 폭발한다.

⑦ 공기 중에 방치하면 자연발화는 않지만 260℃ 이상 가열하면 발화하고 400℃ 이상에서 승화한다.
⑧ 다량의 물로 냉각소화 하며 소량의 경우 모래나 CO_2도 효과가 있다.

> **참고** **적린의 연소반응식**
> $4P + 5O_2 \rightarrow 2P_2O_5$(오산화인)

3. 황

1) 황의 동소체

종류 \ 항목	결정형	비중	융점	착화점	용해도(물)
단사황	바늘모양의 결정	1.96	119℃	–	불용
사방황	팔면체	2.07	113℃	–	불용
고무상황	무정형	–	–	360℃	불용

2) 황의 물성

① **황색**의 **결정** 또는 **미황색**의 **분말**이다.
② 물이나 산에는 녹지 않으나 알코올에는 조금 녹고 **고무상황**을 **제외**하고는 CS_2에 **잘 녹는다**.
③ 공기 중에서 연소하면 푸른빛을 내며 **아황산가스(SO_2)**를 발생한다.

$$S + O_2 \rightarrow SO_2$$

④ 분말상태로 밀폐 공간에서 공기 중 부유 시에는 **분진폭발**을 일으킨다.
⑤ 황은 고온에서 다음 물질과 반응으로 격렬히 발열한다.
  ㉮ $H_2 + S \rightarrow H_2S\uparrow$ + 발열
  ㉯ $Fe + S \rightarrow FeS$ + 발열
  ㉰ $C + 2S \rightarrow CS_2$ + 발열
⑥ 소규모 화재시는 건조된 모래로 질식소화하며, 주수시는 다량의 물로 분무주수한다.

> **참고** **황화합물** : 석유류의 불쾌한 냄새를 가지며 장치를 부식시킨다.

⑦ 고무상황은 CS_2(이황화탄소)에 녹지 않고, 350℃로 가열하여 용해 한 것을 찬물에 넣으면 생성된다.

4. 철분(Fe)

① 은백색의 광택금속분말이다.

② 산이나 물과 반응하면 수소가스를 발생한다.

$$Fe + 2HCl \rightarrow FeCl_2 + H_2 \uparrow$$
$$2Fe + 6H_2O \rightarrow 2Fe(OH)_3 + 3H_2 \uparrow$$

③ 공기 중에서 서서히 산화하여 산화철(Fe_2O_3)되어 백색의 광택이 황갈색으로 변한다.

$$2Fe + 1.5O_2 \rightarrow Fe_2O_3$$

④ 연소하기 쉬우며 기름(절삭유) 묻은 철분을 장기간 방치하면 자연발화하기 쉽다.
⑤ 환원철은 산화되기 쉽고 공기 중 500~700℃에서 자연발화한다.
⑥ 무기과산화물과 혼합한 것은 소량의 물에 의해 발화한다.
⑦ 주수소화는 절대금물이며 건조된 모래, 탄산수소염류분말로 질식소화한다.

5. 금속분

1) 알루미늄분

① 물성

화학식	분자량	비중	비점
Al	27	2.7	2327℃

② **은백색**의 **경금속**이다.
③ **수분, 할로젠원소**와 접촉하면 **자연발화**의 위험이 있다.
④ 산화제와 혼합하면 가열, 마찰, 충격에 의하여 발화한다.
⑤ **산이나 물**과 반응하면 **수소**(H_2)가스를 발생한다.

$$2Al + 6HCl \rightarrow 2AlCl_3 + 3H_2$$
$$2Al + 6H_2O \rightarrow 2Al(OH)_3 + 3H_2$$

⑥ 묽은 질산, 묽은 염산, 황산은 알루미늄분을 침식한다.
⑦ 연성과 전성이 가장 풍부하다.

2) 아연분

① 물성

화학식	분자량	비중	비점
Zn	65.4	7.0	907℃

② **은백색**의 **분말**이다.
③ 공기 중에서 표면에 산화피막을 형성한다.
④ 유리병에 넣어 건조한 곳에 저장한다.

6. 마그네슘

① 물성

화학식	분자량	비중	융점	비점
Mg	24.3	1.74	651℃	1100℃

② 은백색의 광택이 있는 금속이다.
③ 공기 중 부식성은 적으나 알칼리에 안정하다.
④ 물과 반응하면 수소가스를 발생한다.

$$Mg + 2H_2O \rightarrow Mg(OH)_2 + H_2 \uparrow$$

⑤ 가열하면 연소하기 쉽고 순간적으로 맹렬하게 폭발한다.

$$2Mg + O_2 \rightarrow 2MgO$$

⑥ 이산화탄소와 반응하면 가연성 가스(유독성)인 일산화탄소(CO)가 발생하므로 위험하다.

$$Mg + CO_2 \rightarrow MgO + CO$$

⑦ Mg분이 공기 중에 부유하면 화기에 의해 분진폭발의 위험이 있다.
⑧ 할로젠원소 및 강산화제와 혼합하고 있는 것은 약간의 가열, 충격 등에 의해 발화, 폭발한다.
⑨ 무기과산화물과 혼합하면 마찰, 약간의 수분에 의해 발화한다.
⑩ 소화방법 : 마른 모래, 탄산수소염류 등으로 질식소화

7. 인화성 고체

1) 정의 : 고형알코올 그 밖에 1기압에서 인화점이 **40℃ 미만**인 고체

2) 종류

① 고형알코올 : 합성수지에 메탄올을 혼합 침투시켜 한천상(寒天狀)으로 만든 것
  ㉮ 30℃ 미만에서 가연성의 증기를 발생하기 쉽고 매우 인화되기 쉽다.
  ㉯ 가열 또는 화염에 의해 화재위험성이 매우 높다.
  ㉰ 화기에 주의하고 서늘하고 건조한 곳에 저장한다.
  ㉱ 강산화제와의 접촉을 방지한다.
  ㉲ 소화방법은 알코올형포(내알코올포, 알코올포), CO_2, 건조분말이 적합하다.

② 제삼부틸알코올
  ㉮ 물성

화학식	분자량	인화점	융점	비점
$(CH_3)_3COH$	74	11℃	25.6℃	83℃

  ㉯ 무색의 고체로서 물보다 가볍고 물에 잘 녹는다.
  ㉰ 상온에서 가연성의 증기발생이 용이하고 증기는 공기보다 무거워서 낮은 곳에 체류한다.
  ㉱ 밀폐공간에서는 인화·폭발의 위험이 크다.
  ㉲ 연소열량이 커서 소화가 곤란하다.

제02부_ 제2류 위험물
출제예상문제

01 제2류 위험물의 일반적 성질을 옳게 설명한 것은?

① 비교적 낮은 온도에서 착화되기 쉬운 가연성 물질이며 대단히 연소속도가 빠른 고체이다.
② 비교적 낮은 온도에서 착화되기 쉬운 가연성 물질이며 대단히 연소속도가 빠른 액체이다.
③ 비교적 높은 온도에서 착화되는 가연성물질이며 연소속도가 비교적 느린 고체이다.
④ 비교적 높은 온도에서 착화되는 가연성물질이며 연소속도가 빠른 액체이다.

🔍 제2류 위험물의 성질
- 가연성 고체로서 비교적 낮은 온도에서 착화하기 쉬운 가연성, 속연성 물질이다.
- 비중은 1보다 크고 물에 불용성이며 산소를 함유하지 않기 때문에 강력한 환원성물질이다.
- 산소와 결합이 용이하여 산화되기 쉽고 연소속도가 빠르다.
- 연소 시 연소열이 크고 연소온도가 높다.

02 제2류 위험물의 공통적인 성질이다. 다음 중 틀린 것은?

① 가연성 고체이다.
② 산화제와 접촉하거나 가열하면 위험하다.
③ 물질 자체가 유독하거나 또는 연소시 유독가스를 발생하는 것이 있다.
④ 주수소화는 위험하다.

🔍 제2류 위험물의 공통적 성질
- 낮은 온도에서 착화하기 쉬운 가연성 고체이다.
- 산화제와 접촉하거나 가열하면 위험하다.
- 물질 자체가 유독하거나 또는 연소시 유독가스를 발생하는 것이 있다.
- 제2류위험물은 주수소화를 한다.
※ 마그네슘, 금속분, 철분 : 주수소화 금지

03 다음 제2류 위험물 성질에 관한 설명 중 틀린 것은?

① 가열이나 산화제를 멀리한다.
② 금속분은 산이나 물과는 반응하지 않는다.
③ 연소 시 유독한 가스에 주의하여야 한다.
④ 금속분의 화재 시에는 건조사의 피복 소화가 좋다.

🔍 금속분은 산이나 물과 반응하면 가연성가스인 수소를 발생한다.

04 다음 중 제2류, 제5류 위험물의 공통점에 해당하는 것은 어느 것인가?

① 산화력이 강하다.
② 산소 함유물질이다.
③ 가연성 물질이다.
④ 유기물이다.

🔍 제2류와 제5류 위험물은 가연물이고 제1류, 제3류(일부 가연성), 제6류는 불연성이다.

05 제2류 위험물과 제4류 위험물의 공통적인 성질로 맞는 것은?

① 모두 물에 의해 소화가 가능하다.
② 모두 산소원소를 포함하고 있다.
③ 모두 물보다 가볍다.
④ 모두 가연성 물질이다

🔍 제2류 위험물과 제4류 위험물의 공통적인 성질
- 제2류는 냉각소화, 제4류 위험물은 질식소화가 가능하다.
- 제1류와 제6류 위험물은 산소원소를 포함하고 있다.
- 제4류 위험물(액체)은 물보다 가벼운 것이 많다.
- 제2류와 제4류 위험물은 모두 가연성 물질이다.

06 제2류 위험물의 취급 시 주의사항과 소화방법을 기술한 것이다. 틀린 것은?

① 가열이나 산화제와의 접촉을 피한다.
② 금속분은 물속에 저장한다.
③ 연소시에 발생하는 유독가스에 주의하여야 한다.
④ 마그네슘, 금속분의 화재시에는 마른 모래의 피복소화가 높다.

정답 01 ① 02 ④ 03 ② 04 ③ 05 ④ 06 ②

금속분(아연, 알루미늄)은 물과 반응하면 수소(H_2)가스를 발생하므로 위험하다.

07 가연성 고체 위험물에 산화제를 혼합하면 위험한 이유는 다음 중 어느 것인가?

① 온도가 올라가며 자연 착화되기 때문에
② 즉시 착화폭발하기 때문에
③ 약간의 가열, 충격, 마찰에 의하여 착화폭발하기 때문에
④ 가연성가스를 발생하기 때문

가연성 고체(제2류 위험물)와 산화제(제1류 위험물)와 혼합하면 약간의 가열, 충격, 마찰에 의하여 착화폭발하기 때문에 위험하다.

08 다음 중 제2류 위험물에 속하지 않는 것은?

① 철분
② 마그네슘
③ 인화칼슘
④ 인화성 고체

인화칼슘 : 제3류 위험물

09 2류 위험물의 저장 및 취급방법으로 옳지 않는 것은 어느 것인가?

① 산화제와의 접촉을 피할 것
② 타격 및 충격을 치할 것
③ 점화원 또는 가열을 피할 것
④ 물 또는 습기와의 접촉을 피할 것

제3류 위험물 : 물과 습기와의 접촉금지

10 제2류 위험물인 금속분, 철분, 마그네슘 화재 시 조치방법은?

① 금속분은 대량 주수에 의해 냉각소화를 할 것
② 과산화물은 분무성 물에 의한 질식소화를 할 것
③ 가연성 액체는 인화점 이하로 냉각소화를 할 것
④ 마른 모래에 의한 피복소화를 할 것

금속분, 철분, 마그네슘(금수성물질) : 마른 모래에 의한 피복소화

11 다음 제2류 위험물 화재 시 주수에 의한 소화방법으로 적당하지 않은 것은?

① 황화인
② 적린
③ 알루미늄
④ 황

알루미늄(Al)은 물과 반응하면 가연성가스인 수소를 발생한다.

12 위험물을 운반 할 때 혼재하여도 상관없는 것은?

① 1류와 2류
② 2류와 6류
③ 3류와 5류
④ 4류와 2류

혼재 가능 : 제1류와 제6류 위험물, 제5류와 제4류와 제2류 위험물, 제3류와 제4류위험물

13 황이 연소하여 발생하는 가스는?

① 이황화질소
② 일산화탄소
③ 이황화탄소
④ 이산화황

황이 연소하면 아황산가스(SO_2)를 발생한다.
$S + O_2 \rightarrow SO_2$

14 다음 위험물 중 화재시 주수에 의한 소화방법이 적당하지 않는 것은?

① 황린
② 적린
③ 마그네슘
④ 황

마그네슘은 물과 반응하면 수소가스를 발생 한다.
$Mg + 2H_2O \rightarrow Mg(OH)_2 + H_2$

15 다음 위험물 중 지정수량이 다른 것은?

① KNO_3
② P_4S_3
③ CrO_3
④ CaC_2

지정수량

종류	류별	지정수량
KNO_3	질산염류	300kg
P_4S_3	삼황화인	100kg
CrO_3	삼산화크로뮴	300kg
CaC_2	탄화칼슘	300kg

정답 07 ③ 08 ③ 09 ④ 10 ④ 11 ③ 12 ④ 13 ④ 14 ③ 15 ②

16 다음 제2류 위험물인 황화인에 대한 설명 중 옳지 않은 것은?

① 황화인은 P_4S_3, P_2S_5, P_4S_7 세 종류가 있으며 미립자는 기관지 및 눈의 점막을 자극한다.
② 삼황화인은 과산화물, 과망가니즈산염, 황린, 금속분과 혼합하면 자연발화 한다.
③ 모든 황화인은 공기 중에서 연소하여 황화수소 가스를 발생한다.
④ 황화인은 소량의 경우 유리병에 저장하고, 대량의 경우에는 양철통에 넣은 후 나무상자에 보관한다.

🔍 황화인은 공기 중에서 연소하면 아황산가스(SO_2)를 발생한다.

17 황화인을 취급 시 주의사항에 관한 설명으로 잘못된 것은?

① P_4S_3는 황색 결정으로 조해성이 있고, 50℃에서 자연 분해한다.
② P_2S_5는 담황색 결정으로 조해성이 있고, 알칼리와 분해하여 H_2S와 H_3PO_4가 된다.
③ P_4S_7은 담황색 결정으로 조해성이 있고, 물에 녹아 유독한 H_2S를 발생한다.
④ P_4S_3과 P_2S_5의 연소생성물은 P_2O_5와 SO_2가 발생한다.

🔍 삼황화인(P_4S_3)는 100℃에서 자연 발화한다.

18 황화인의 저장 시 멀리하여야 하는 것은?

① 물 ② 금속분
③ 염산 ④ 황산

🔍 황화인은 금속분, 과산화물과 접촉 시 자연발화 한다.

19 황화인에 관한 설명 중 옳지 않은 것은?

① 충격, 마찰에 의해 착화한다.
② 공기 중에서 자연 발화하는 일이 있다.
③ 냉수와 작용하여 가연성가스를 발생한다.
④ 황록색의 결정이다.

🔍 황화인 : 삼황화인(황색 결정), 오황화인(담황색 결정), 칠황화인(담황색 결정)

20 다음 물질에 대한 설명 중 틀린 것은?

① 적린은 인의 단체이다.
② 황린은 인의 단체이다.
③ 사방황은 황의 단체이다.
④ 황화인은 인의 단체이다.

🔍 황화인은 삼황화인, 오황화인, 칠황화인의 3종류가 있으며 인과 황과의 화합물이다.

21 다음 위험물 중 발화점이 약 100℃이고, 이황화탄소, 질산에 녹지만 물, 염소, 염산, 황산에는 용해되지 않는 물질은?

① 적린
② 오황화인
③ 황린
④ 삼황화인

🔍 삼황화인 : 발화점이 약 100℃, 이황화탄소, 질산에 녹고 물, 염소, 염산, 황산에는 녹지 않는다.

22 삼황화인(P_4S_3)은 다음 중 어느 물질에 녹는가?

① 물 ② 염산
③ 질산 ④ 황산

🔍 삼황화인은 이황화탄소(CS_2), 알칼리, 질산에는 녹고, 물, 염소, 염산, 황산에는 녹지 않는다.

23 삼황화인의 성질에 관한 설명이다. 옳지 않은 것은?

① 황록색의 결정 또는 분말이다.
② 물과 작용해서 SO_2 가스를 발생한다.
③ 연소할 때 유독한 기체를 발생하는 것도 있다.
④ 비교적 낮은 온도에서 착화하기 쉬운 가연성 물질이다.

🔍 삼황화인(P_4S_3)는 끓는 물에서 분해한다.

정답 16 ③ 17 ① 18 ② 19 ④ 20 ④ 21 ④ 22 ③ 23 ②

24 오황화인이 물과 반응하였을 때 발생하는 물질로 옳은 것은?

① 황화수소, 오산화인 ② 황화수소, 인산
③ 이산화황, 오산화인 ④ 이산화황, 인산

🔍 오황화인은 물 또는 알칼리에 분해하여 황화수소(H_2S)와 인산(H_3PO_4)이 된다.
$P_2S_5 + 8H_2O \rightarrow 5H_2S + 2H_3PO_4$

25 다음 중 오황화인(P_2S_5)의 성질에 관한 설명이다. 옳은 것은?

① 물과 반응하면 불연성 기체가 발생된다.
② 담황색 결정으로서 흡습성과 조해성이 있다.
③ 황색의 결정으로 물, 황산 등에 녹지 않는다.
④ 제3류 위험물이므로 공기 중에서 자연 발화된다.

🔍 오황화인(P_2S_5) : 담황색 결정으로서 흡습성과 조해성이 있다.

26 다음 위험물 중 연소 시 오산화인(P_2O_5)이 발생하지 않은 위험물은?

① 황린(P_4) ② 삼황화인(P_4S_3)
③ 적린(P) ④ 산화납(PbO)

🔍 연소반응식
• 황린 : $P_4 + 5O_2 \rightarrow 2P_2O_5$
• 삼황화인 : $P_4S_3 + 8O_2 \rightarrow 2P_2O_5 + 3SO_2\uparrow$
• 적린 : $4P + 5O_2 \rightarrow 2P_2O_5$

27 칠황화인(P_4S_7)에 관한 설명 중 틀린 것은?

① 담황색의 결정이다.
② 이황화탄소에 약간 녹는다.
③ 냉수와 작용해서 불연성 가스를 발생시킨다.
④ 조해성이 있고, 수분을 흡수하면 분해한다.

🔍 칠황화인
• 담황색 결정으로 조해성이 있다.
• CS_2에 약간 녹으며 수분을 흡수하거나 냉수에서는 서서히 분해된다.
• 더운 물에서는 급격히 분해하여 황화수소와 인산을 발생한다.

28 적린의 성상은?

① 암적색의 분말 ② 황색의 무독성 결정
③ 담황색의 결정 ④ 암적색 무취의 결정

🔍 적린 : 암적색의 분말

29 적린의 성상에 대하여 틀린 것은?

① 물이나 알코올에 녹지 않는다.
② 착화온도는 약 260℃이다.
③ 연소할 때 인화수소가스가 발생한다.
④ 산화제와 섞여 있으면 착화하기 쉽다.

🔍 적린(P)이 연소할 때 오산화인(P_2O_5)이 발생한다.
인화석회 + 물 → 인화수소 + 수산화칼슘

30 적린의 성상에 관한 설명 중 옳은 것은?

① 공기 중에 방치하면 자연 발화한다.
② 물과 반응하여 고열을 발생한다.
③ 마찰 충격에 의하여 발화한다.
④ 수소와 반응하여 발화한다.

🔍 적린(P)은 마찰 충격에 의하여 발화한다.

31 적린이 공기 중에서 연소할 때 생성되는 물질은?

① P_2O ② PO_2
③ PO_3 ④ P_2O_5

🔍 적린의 연소반응식 : $4P + 5O_2 \rightarrow 2P_2O_5$(오산화인)

32 다음 중에서 적린과 황린의 공통적인 사항은 어느 것인가?

① 연소할 때는 오산화인(P_2O_5)의 흰 연기를 낸다.
② 어두운 곳에서 인광을 낸다.
③ 독성이 있어 피부에 닿는 것은 위험하다.
④ 자연발화성이 있다.

🔍 연소반응식
• 적린 : $4P + 5O_2 \rightarrow 2P_2O_5$(오산화인)
• 황린 : $P_4 + 5O_2 \rightarrow 2P_2O_5$

정답 24 ② 25 ② 26 ④ 27 ③ 28 ① 29 ③ 30 ③ 31 ④ 32 ①

33 다음 황린과 적린이 공통되는 성질은?

① 맹독성이다.
② 주수소화는 위험하다.
③ 융점은 100℃ 이하이다.
④ 같은 원소로 된 물질이다.

> 황린(P_4)과 적린(P)은 동소체이다.
> ※ 동소체 : 같은 원소로 되어 있으나 성질과 모양이 다른 단체

34 다음 물질 중에서 분쇄 도중 마찰에 의하여 폭발할 염려가 있는 물질은 어느 것인가?

① 탄산칼슘
② 탄산마그네슘
③ 황
④ 산화티탄

> 황(S)은 가열, 마찰에 의하여 폭발의 우려가 있다.

35 다음 중 황 분말과 혼합했을 때 폭발의 위험이 있는 것은?

① 소화제
② 산화제
③ 가연물
④ 환원제

> 황(제2류 위험물)과 산화제(제1류 위험물)과 혼합하면 폭발의 위험이 있다.

36 황의 성질에 대한 설명으로 옳은 것은?

① 상온에서 가연성 액체물질이다.
② 전기도체로서 연소할 때 황색불꽃을 보인다.
③ 고온에서 용융된 황은 수소와 반응하여 황화수소가 발생한다.
④ 물이나 산에 잘 녹으며, 환원성 물질과 혼합하면 폭발의 위험이 있다.

> 황 + 수소 → 황화수소 + 발열
> $S + H_2 → H_2S$ + 발열

37 황(S)에 대한 설명으로 옳은 것은?

① 불연성이지만 산화제 역할을 하기 때문에 가연물 접촉은 위험하다.
② 유기용제, 알코올, 물 등에 매우 잘 녹는다.
③ 사방황, 고무상황과 같은 동소체가 있다.
④ 전기도체이므로 감전에 주의한다.

> 황(S)의 특성
> • 제2류 위험물로서 가연성 고체이다.
> • 물이나 산에는 녹지 않으나 알코올에는 조금 녹고 고무상황을 제외하고는 CS_2에 잘 녹는다.
> • 공기 중에서 연소하면 푸른빛을 내며 아황산가스(SO_2)를 발생한다.
> $S + O_2 → SO_2$
> • 단사황, 사방황, 고무상황과 같은 동소체가 있다.
> • 전기부도체이다.
> • 고무상황은 CS_2(이황화탄소)에 녹지 않고, 350℃로 가열하여 용해 한 것을 찬물에 넣으면 생성된다.

38 황에 관한 설명 중 옳지 않은 것은?

① 황은 5종류의 동소체가 존재한다.
② 황은 연소하면 모두 이산화황으로 된다.
③ 황의 동소체는 오래 방치하면 사방황으로 된다.
④ 황은 물에는 녹지 않으나 알코올에는 약간 녹는다.

> 황의 동소체 : 3종류(사방황, 단사황, 고무상황)

39 황의 성질로서 옳은 것은?

① 전기의 양도체이다.
② 태우면 유독한 기체를 발생한다.
③ 습기가 없으면 타지 않는다.
④ 보통 물에 잘 녹는다.

> 황은 연소시 아황산가스(SO_2)를 발생한다.
> $S + O_2 → SO_2$

40 황의 동소체 중 이황화탄소에 녹지 않고 350℃로 가열하여 용해한 것을 찬물에 넣으면 생성되는 것은?

① 고무상황
② 단사황
③ 노란색 유동성 황
④ 사방황

> 고무상황 : 이황화탄소에 녹지 않는다.

정답 33 ④ 34 ③ 35 ② 36 ③ 37 ③ 38 ① 39 ② 40 ①

41 황이 산화제의 혼합에 의해 폭발, 화재가 발생했을 때 가장 적당한 소화방법은?

① 포의 방사에 의한 소화
② 분말 소화제에 의한 소화
③ 다량의 물에 의한 소화
④ 할로젠화합물의 방사에 의한 소화

🔍 황(제2류 위험물)의 화재 : 다량의 물에 의한 소화

42 자연에서 산출되는 황을 가열하여 녹인 다음 냉각시키면 노란 갈색의 바늘 모양의 결정을 얻는다. 이것의 이름은?

① 삼방황
② 단사황
③ 고무상황
④ 무정형황

🔍 단사황 : 자연에서 산출되는 황을 가열하여 녹인 다음 냉각시키면 노란갈색의 바늘 모양의 결정

43 다음 물질 중 황을 녹일 수 있는 것은?

① 황산
② 석유
③ 이황화탄소
④ 에틸알코올

🔍 이황화탄소(CS_2)는 황을 녹인다.

44 다음 중 공기 중에서 서서히 산화되어 황갈색으로 되는 은백색의 분말로 기름이 묻은 분말일 경우에는 자연발화의 위험이 있는 것은?

① 철분
② 적린
③ 황화인
④ 황

🔍 철분은 연소하기 쉬우며 기름(절삭유) 묻은 철분을 장기간 방치하면 자연발화하기 쉽다.

45 다음 중 착화온도가 가장 낮은 것은?

① 황
② 적린
③ 황린
④ 삼황화인

🔍 착화온도

종류	착화온도(℃)	종류	착화온도(℃)
황	232.2	적린	260
황린	34	삼황화인	100

46 철분과 황린의 지정수량을 합한 값은?

① 1050kg
② 520kg
③ 220kg
④ 70kg

🔍 지정수량
• 철분 : 500kg
• 황린 : 20kg

47 마그네슘 리본에 불을 붙여 다음의 기체에 넣었을 때 계속 탈 수 있는 기체는?

① 탄산가스
② 헬륨기체
③ 수소기체
④ 네온기체

🔍 $Mg + CO_2 \rightarrow MgO + CO$
※이산화탄소 : CO_2

48 다음 중 금속분의 연소 시 주수 소화하면 위험한 이유는?

① 물에 녹아 산이 된다.
② 물과 작용하여 유독가스를 발생 한다.
③ 물과 작용하여 수소가스를 발생 한다.
④ 물과 작용하여 산소가스를 발생 한다.

🔍 금속분은 물과 작용하면 수소(H_2)가스를 발생한다.
$Mg + 2H_2O \rightarrow Mg(OH)_2 + H_2 \uparrow$

정답 41 ③ 42 ② 43 ③ 44 ① 45 ③ 46 ② 47 ① 48 ③

49 마그네슘분의 화재위험성을 설명한 것 중에서 맞지 않는 것은?

① 점화하면 맹렬히 연소한다.
② 화재가 났을 때 바로 주수 소화하여도 된다.
③ 공기 중에서 습기와 작용하면 자연발화 할 때가 있다
④ 온수에 작용하면 H_2를 발생하고 H_2로 발화한다.

🔍 마그네슘분에 주수 소화를 하면 수소가스가 발생하여 위험하다.

50 마그네슘분에 관한 설명 중 옳은 것은?

① 가벼운 금속분으로 비중은 물보다 약간 작다.
② 금속이므로 연소하지 않는다.
③ 산 및 알칼리와 반응하여 산소를 발생한다.
④ 분진폭발의 위험이 있다.

🔍 분진폭발 : 마그네슘분, 아연분, 알루미늄분

51 제2류 위험물인 마그네슘분의 성질에 관한 설명 중 틀린 것은?

① 상온에서는 물을 분해하지 못해 안정하다.
② 강산과 반응하여 수소가스를 발생시킨다.
③ 알칼리토금속에 속하는 은백색의 경금속이다.
④ 공기 중 연소 시 CO_2와 같은 질식성가스로 소화한다.

🔍 마그네슘의 연소 시 마른 모래로 피복소화한다.

52 금속분(Al분)의 화재에 가열 수증기와 반응하여 발생하는 가스는?

① 질소
② 산소
③ 수소
④ 염소

🔍 $2Al + 6H_2O \rightarrow 2Al(OH)_3 + 3H_2 \uparrow$

53 아연 분말, 알루미늄 분말의 저장 방법 중 옳은 것은?

① 에틸알코올 수용액에 넣어 보관
② 유리병에 넣어 건조한 곳에 저장
③ 폴리에틸렌병에 넣어 수분이 많은 곳에 보관
④ 염산 수용액에 넣어 보관한다.

🔍 아연, 알루미늄 분말은 유리병에 넣어 건조한 곳에 저장한다.

54 알루미늄분의 저장 및 취급상 주의사항 중 옳지 않는 것은?

① 산화제와 격리시켜 저장한다.
② 황과 저장할 수도 있다
③ 할로젠원소와 접촉하면 자연발화하지 않는다.
④ 분진폭발에 주의한다.

🔍 알루미늄분은 할로젠원소, 수분과 접촉하면 자연발화 한다.

55 열과 전기의 양도체로 산과 알칼리에 녹아 수소를 발생하여 은백색의 광택을 가지는 연한 금속은?

① Fe
② Cs
③ Al
④ Sb

🔍 Al(알루미늄)은 산과 알칼리에 녹아 수소를 발생한다.

56 금속분 중 연성과 전성이 가장 풍부한 것은?

① 마그네슘분
② 알루미늄분
③ 아연분
④ 철분

🔍 알루미늄분 : 연성과 전성이 가장 풍부하다.

57 인화성 고체에 속하지 않는 것은?

① 고무풀
② 락카퍼티
③ 장뇌
④ 고형알코올

🔍 장뇌 : 특수가연물 중 가연성 고체

정답 49 ② 50 ④ 51 ④ 52 ③ 53 ② 54 ③ 55 ③ 56 ② 57 ③

SECTION 03 제3류 위험물

STEP 01 제3류 위험물의 물성

1. 종류

류별	성질	품명	위험등급	지정수량
제3류	자연발화성 물질 및 금수성물질	1. 칼륨, 나트륨, 알킬알루미늄, 알킬리튬	I	10kg
		2. 황린	I	20kg
		3. 알칼리금속(칼륨 및 나트륨을 제외한다) 및 알칼리토금속, 유기금속화합물(알킬알루미늄 및 알킬리튬을 제외한다)	II	50kg
		4. 금속의 수소화물, 금속의 인화물, 칼슘 또는 알루미늄의 탄화물	III	300kg
		5. 염소화규소화합물	III	300kg

2. 일반적인 성질

① 대부분 **무기화합물**이며 **고체** 또는 **액체**이다.
② **칼륨(K), 나트륨(Na), 알킬알루미늄, 알킬리튬**은 물보다 가볍고 나머지는 물보다 무겁다.
③ **칼륨, 나트륨, 황린, 알킬알루미늄**은 **연소**하고 나머지는 연소하지 않는다.

3. 위험성

① 황린을 제외한 **금수성물질**은 물과 반응하여 **가연성 가스**(수소, 아세틸렌, 포스핀)를 발생하고 발열한다.
② 자연발화성물질은 물 또는 공기와 접촉하면 폭발적으로 연소하여 가연성가스를 발생한다.

4. 저장 및 취급방법

① 저장용기는 공기와의 접촉을 방지하고 수분과의 접촉을 피한다.
② 칼륨이나 나트륨은 석유류(등유, 경유, 유동파라핀) 속에 저장한다
③ 자연발화성 물질의 경우는 불티, 불꽃 또는 고온체와 접근을 방지한다.

5. 소화방법

① 황린은 주수소화가 가능하나 나머지는 물에 의한 냉각소화는 위험하다.
② 소화약제 : 마른 모래, 탄산수소염류, 팽창질석, 팽창진주암

 제3류 위험물의 반응식

① 칼륨의 반응
- 연소반응 $4K + O_2 \rightarrow 2K_2O$
- 물과의 반응 $2K + 2H_2O \rightarrow 2KOH + H_2 \uparrow$
- 알코올과 반응 $2K + 2C_2H_5OH \rightarrow 2C_2H_5OK + H_2 \uparrow$
- 초산과 반응 $2K + 2CH_3COOH \rightarrow 2CH_3COOK + H_2 \uparrow$
- 염산과 반응 $2K + 2HCl \rightarrow 2KCl + H_2 \uparrow$
- 이산화탄소와 반응 $4K + 3CO_2 \rightarrow 2K_2CO_3 + C$
- 사염화탄소와 반응 $4K + CCl_4 \rightarrow 4KCl + C$

② 나트륨의 반응
- 연소반응 $4Na + O_2 \rightarrow 2Na_2O$
- 물과의 반응 $2Na + 2H_2O \rightarrow 2NaOH + H_2 \uparrow$
- 알코올과 반응 $2Na + 2C_2H_5OH \rightarrow 2C_2H_5ONa + H_2 \uparrow$
- 초산과 반응 $2Na + 2CH_3COOH \rightarrow 2CH_3COONa + H_2 \uparrow$
- 이산화탄소와 반응 $4Na + 3CO_2 \rightarrow 2Na_2CO_3 + C$
- 사염화탄소와 반응 $4Na + CCl_4 \rightarrow 4NaCl + C$
- 암모니아와 반응 $2Na + 2NH_3 \rightarrow 2NaNH_2(나트륨아미드) + H_2 \uparrow$

③ 알킬알루미늄의 반응
- 공기와의 반응
  - 트라이메틸알루미늄 $2(CH_3)_3Al + 12O_2 \rightarrow Al_2O_3 + 9H_2O + 6CO_2 \uparrow$
  - 트라이에틸알루미늄 $2(C_2H_5)_3Al + 21O_2 \rightarrow Al_2O_3 + 15H_2O + 12CO_2 \uparrow$
- 물과의 반응
  - 트라이에틸알루미늄 $(C_2H_5)_3Al + 3H_2O \rightarrow Al(OH)_3 + 3C_2H_6 \uparrow$
  - 트라이메틸알루미늄 $(CH_3)_3Al + 3H_2O \rightarrow Al(OH)_3 + 3CH_4 \uparrow$

④ 황린의 연소반응 $P_4 + 5O_2 \rightarrow 2P_2O_5$
⑤ 리튬과 물과 반응 $2Li + 2H_2O \rightarrow 2LiOH + H_2 \uparrow$
⑥ 칼슘과 물과 반응 $Ca + 2H_2O \rightarrow Ca(OH)_2 + H_2 \uparrow$
⑦ 인화석회와 물과 반응 $Ca_3P_2 + 6H_2O \rightarrow 2PH_3 + 3Ca(OH)_2$
                               $2PH_3 + 4O_2 \rightarrow P_2O_5 + 3H_2O$
⑧ 수소화칼륨과 물과 반응 $KH + H_2O \rightarrow KOH + H_2 \uparrow$
⑨ 탄화칼슘과 물과 반응 $CaC_2 + 2H_2O \rightarrow Ca(OH)_2 + C_2H_2 \uparrow$

       아세틸렌의 연소반응식 $2C_2H_2 + 5O_2 \rightarrow 4CO_2 + 2H_2O$

⑩ 물과의 반응
- 인화알루미늄 $AlP + 3H_2O \rightarrow Al(OH)_3 + PH_3 \uparrow$
- 탄화알루미늄 $Al_4C_3 + 12H_2O \rightarrow 4Al(OH)_3 + 3CH_4 \uparrow$
- 탄화망가니즈 $Mn_3C + 6H_2O \rightarrow 3Mn(OH)_2 + CH_4 + H_2 \uparrow$
- 탄화베릴륨 $Be_2C + 4H_2O \rightarrow 2Be(OH)_2 + CH_4 \uparrow$

⑪ 생석회와 물과 반응 $CaO + H_2O \rightarrow Ca(OH)_2 + 발열$

STEP 02 각 위험물의 물성 및 특성

1. 칼륨

① 물성

화학식	원자량	비점	융점	비중	불꽃색상
K	39	774℃	63.7℃	0.86	보라색

② **은백색**의 광택이 있는 **무른 경금속**으로 **보라색 불꽃**을 내면서 연소한다.
③ 할로젠 및 산소, 수증기 등과 접촉하면 발화위험이 있다.
④ 습기 존재 하에서 CO와 접촉하면 폭발한다.
⑤ **석유, 경유, 유동파라핀** 등의 **보호액**을 넣은 내통에 밀봉 저장한다.

 칼륨을 석유 속에 보관하는 이유 : 수분과 접촉을 차단하여 공기 산화를 방지하려고

⑥ **마른 모래, 건조된 소금, 탄산수소염류분말**로 피복하여 **질식소화**한다.
⑦ 피부에 접촉하면 화상을 입는다.
⑧ 이온화 경향이 큰 금속이다.

- **연소 반응** : $4K + O_2 \rightarrow 2K_2O$(회백색)
- **물과의 반응** : $2K + 2H_2O \rightarrow 2KOH + H_2 \uparrow$
- **이산화탄소와 반응** : $4K + 3CO_2 \rightarrow 2K_2CO_3 + C$(폭발)
- **사염화탄소와 반응** : $4K + CCl_4 \rightarrow 4KCl + C$(폭발)
- **알코올과 반응** : $2K + 2C_2H_5OH \rightarrow 2C_2H_5OK$(칼륨에틸라이트) $+ H_2 \uparrow$
- **초산과 반응** : $2K + 2CH_3COOH \rightarrow 2CH_3COOK + H_2 \uparrow$
- **염소와 반응** : $2K + Cl_2 \rightarrow 2KCl$

2. 나트륨

① 물성

화학식	원자량	비점	융점	비중	불꽃색상
Na	23	880℃	97.7℃	0.97	노란색

② **은백색**의 광택이 있는 **무른 경금속**으로 **노란색 불꽃**을 내면서 연소한다.
③ 보호액(석유, 경유, 유동파라핀)을 넣은 내통에 밀봉 저장한다.
④ **알코올**이나 **산과 반응**하면 **수소가스**를 발생한다.
⑤ 소화방법 : 마른 모래, 건조된 소금, 탄산칼슘분말

- **연소 반응** : $4Na + O_2 \rightarrow 2Na_2O$(회백색)
- **물과의 반응** : $2Na + 2H_2O \rightarrow 2NaOH + H_2 \uparrow$
- **이산화탄소와 반응** : $4Na + 3CO_2 \rightarrow 2Na_2CO_3 + C$(연소폭발)
- **사염화탄소와 반응** : $4Na + CCl_4 \rightarrow 4NaCl + C$(폭발)
- **염소와 반응** : $2Na + Cl_2 \rightarrow 2NaCl$
- **알코올과 반응** : $2Na + 2C_2H_5OH \rightarrow 2C_2H_5ONa$(나트륨에틸라이트) $+ H_2 \uparrow$
- **초산과의 반응** : $2Na + 2CH_3COOH \rightarrow 2CH_3COONa + H_2 \uparrow$

3. 알킬알루미늄

① 알킬기($R = C_nH_{2n+1}$)와 알루미늄의 화합물로서 유기금속 화합물이다.
② 알킬기의 탄소 1개에서 4개까지의 화합물은 공기와 접촉하면 자연발화를 일으킨다.
③ 알킬기의 탄소수가 5개까지는 점화원에 의해 불이 붙고 탄소수가 6개 이상인 것은 공기 중에서 서서히 산화하여 흰 연기가 난다.
④ 저장 용기의 상부는 불연성가스로 봉입하여야 한다.
⑤ 소화방법 : 팽창질석, 팽창진주암, 건조된 모래
⑥ 알킬알루미늄의 반응
  ㉮ 공기와의 반응
    ㉠ 트라이메틸알루미늄 : $2(CH_3)_3Al + 12O_2 \rightarrow Al_2O_3 + 9H_2O + 6CO_2 \uparrow$
    ㉡ 트라이에틸알루미늄 : $2(C_2H_5)_3Al + 21O_2 \rightarrow Al_2O_3 + 15H_2O + 12CO_2 \uparrow$
  ㉯ 물과의 반응
    ㉠ 트라이에틸알루미늄 : $(C_2H_5)_3Al + 3H_2O \rightarrow Al(OH)_3 + 3C_2H_6 \uparrow$
    ㉡ 트라이메틸알루미늄 : $(CH_3)_3Al + 3H_2O \rightarrow Al(OH)_3 + 3CH_4 \uparrow$
  ㉰ 염산과의 반응
    ㉠ $(CH)_3Al + 3HCl \rightarrow AlCl_3 + 3CH_4 \uparrow$
    ㉡ $(C_2H_5)_3Al + 3HCl \rightarrow AlCl_3 + 3C_2H_6 \uparrow$

4. 알킬리튬

① 종류 : 메틸리튬(CH_3Li), 에틸리튬(C_2H_5Li), 부틸리튬(C_4H_9Li)
② 알킬리튬은 알킬기와 리튬금속의 화합물로 유기금속 화합물이다.
③ 자연발화성 물질 및 금수성물질이다.
④ 은백색의 연한 금속이며 비중 0.534, 융점 180℃, 비점은 1336℃이다.
⑤ 물과 만나면 심하게 발열하고 가연성 메테인, 에테인, 뷰테인가스를 발생한다.
⑥ 제3류 위험물 중 물과의 반응 시 반응열이 52.7kcal로 가장 크다.

5. 황린

① 물성

화학식	발화점	비점	융점	비중	증기비중
P_4	34℃	280℃	44℃	1.82	4.4

② 백색 또는 담황색의 자연발화성 고체이다.
③ 벤젠, 알코올에는 일부 녹고, 이황화탄소(CS_2), 삼염화인, 염화황에는 잘 녹는다.

④ 증기는 공기보다 무겁고 자극적이며 맹독성인 물질이다.
⑤ 발화점이 매우 낮고 산소와 결합시 산화열이 크며 공기 중에 방치하면 액화되면서 자연발화를 일으킨다.

> **참고** 황린은 발화점(착화점)이 낮기 때문에 자연발화를 일으킨다.

⑥ 물과 반응하지 않기 때문에 pH=9(약알칼리)정도의 물속에 저장하며 보호액이 증발되지 않도록 한다.

> **참고** 황린은 포스핀(PH_3)의 생성을 방지하기 위하여 pH9인 물속에 저장한다.

⑦ 공기 중에서 연소 시 오산화인의 흰 연기를 발생한다.

$$P_4 + 5O_2 \rightarrow 2P_2O_5$$

⑧ 강알칼리 용액과 반응하면 유독성의 포스핀가스(PH_3)를 발생한다.

$$P_4 + 3KOH + 3H_2O \rightarrow PH_3\uparrow + 3KH_2PO_2$$

⑨ 초기소화에는 물, 포, CO_2, 건조분말 소화약제가 유효하다.

6. 알칼리금속(K, Na 제외)류 및 알칼리토금속

1) 종류
   ① 알칼리금속 : 리튬(Li), 루비듐(Ru), 세슘(Ce), 프란슘(Fr)
   ② 알칼리토금속 : 베릴륨(Be), 칼슘(Ca), 스트론튬(St), 바륨(Ba), 라듐(Ra)

2) 리튬
   ① 물성

화학식	발화점	비점	융점	비중	불꽃색상
Li	179℃	1336℃	180℃	0.543	적색

   ② 은백색의 무른 경금속이다.
   ③ **물과 반응하면 수소(H_2)가스를 발생한다.**

$$2Li + 2H_2O \rightarrow 2LiOH + H_2\uparrow$$

   ④ 2차 전지의 원료로 사용한다.

3) 칼슘

① 물성

화학식	비점	융점	비중	불꽃색상
Ca	1420℃	845℃	1.55	황적색

② 은백색의 무른 경금속이다.

③ 물과 반응하면 수소(H_2)가스를 발생한다.

$$Ca + 2H_2O \rightarrow Ca(OH)_2 + H_2\uparrow$$

7. 유기금속화합물

① 저급 유기금속화합물은 반응성이 풍부하다.

② 공기 중에서 자연발화를 하므로 위험하다.

③ 종류

    ㉮ 사에틸납 : $[Pb(C_2H_5)_4]$

    ㉯ 디메틸아연 : $[Zn(CH_3)_2]$

    ㉰ 다이에틸아연 : $[Zn(C_2H_5)_2]$

8. 금속의 수소화물

1) 수소화칼륨

① 회백색의 결정분말이다.

② **물과 반응**하면 **수산화칼륨(KOH)과 수소(H_2)가스를 발생한다.**

③ 고온에서 **암모니아(NH_3)와 반응**하면 **칼륨아미드(KNH_2)**와 수소가 생성된다.

 참고
- **물과의 반응** : $KH + H_2O \rightarrow KOH + H_2\uparrow$
- **암모니아와 반응** : $KH + NH_3 \rightarrow KNH_2(칼륨아미드) + H_2\uparrow$

2) 기타

종류	형태	화학식	분자량
수소화나트륨	은백색의 결정	NaH	24
수소화리튬	투명한 고체	LiH	7.9
수소화칼슘	무색 결정	CaH_2	42
수소화알루미늄리튬	회백색 분말	$LiAlH_4$	37.9

3) 물과의 반응식

① 수소화나트륨

$$NaH + H_2O \rightarrow NaOH + H_2 \uparrow$$

② 수소화리튬

$$LiH + H_2O \rightarrow LiOH + H_2 \uparrow$$

③ 수소화칼슘

$$CaH_2 + 2H_2O \rightarrow Ca(OH)_2 + 2H_2 \uparrow$$

9. 금속의 인화물

① **인화칼슘**

㉮ 물성

화학식	분자량	융점	비중
Ca_3P_2	182	1600℃	2.51

㉯ **적갈색의 괴상 고체로서 인화석회**라고도 한다.
㉰ **알코올**, 에테르에는 **녹지 않는다.**
㉱ **물**이나 **약산과 반응**하여 **포스핀(PH_3)의 유독성가스**를 발생한다.

$$Ca_3P_2 + 6H_2O \rightarrow 3Ca(OH)_2 + 2PH_3 \uparrow$$

② 인화알루미늄(AlP), 인화아연(Zn_3P_2)도 물과 반응하면 포스핀, 인화수소(PH_3)를 발생한다.

$$AlP + 3H_2O \rightarrow Al(OH)_3 + PH_3 \uparrow$$
$$Zn_3P_2 + 6H_2O \rightarrow 3Zn(OH)_2 + 2PH_3 \uparrow$$

10. 칼슘 또는 알루미늄의 탄화물

1) 탄화칼슘(카바이트, CaC_2)

① 물과 반응하면 가연성가스인 아세틸렌을 발생한다.

$$CaC_2 + 2H_2O \rightarrow Ca(OH)_2 + C_2H_2 \uparrow$$
(소석회, 수산화칼슘)(아세틸렌)

② 700℃ 이상에서 반응

$$CaC_2 + N_2 \rightarrow CaCN_2 + C$$
(석회질소)

③ 아세틸렌은 은, 수은 동(구리)과 접촉하면 금속성 아세틸라이트를 생성하여 폭발의 위험이 있다.

$$C_2H_2 + 2Cu \rightarrow Cu_2C_2 + H_2$$
(동 아세틸라이트)

④ 아세틸렌의 연소반응식

$$C_2H_2 + O_2 \rightarrow CO_2 + H_2O$$

2) 탄화알루미늄

① 황색(순수한 것은 백색)의 단단한 결정 또는 분말이고 화학식은 Al_4C_3이다.
② 비중은 2.36이고 1400℃ 이상 가열시 분해한다.
③ 밀폐용기에 저장하여야 하며 용기 등에는 질소가스 등 불연성가스를 봉입시켜야 빗물 침투 우려가 없는 안전한 장소에 저장하여야 한다.

$$Al_4C_3 + 12H_2O \rightarrow 4Al(OH)_3 + 3CH_4 \uparrow$$
(수산화알루미늄) (메테인)

3) 기타 금속탄화물

① 물과 반응 시 **아세틸렌(C_2H_2) 가스**를 발생하는 물질 : Li_2C_2, Na_2C_2, K_2C_2, MgC_2, CaC_2
② 물과 반응 시 **메테인가스**를 발생하는 물질 : Be_2C, Al_4C_3
③ 물과 반응 시 **메테인과 수소가스**를 발생하는 물질 : Mn_3C

> 참고 **물과 반응**
> • $MgC_2 + 2H_2O \rightarrow Mg(OH)_2 + C_2H_2 \uparrow$
> • $Be_2C + 4H_2O \rightarrow 2Be(OH)_2 + CH_4 \uparrow$
> • $Mn_3C + 6H_2O \rightarrow 3Mn(OH)_2 + CH_4 \uparrow + H_2 \uparrow$

제03부_ 제3류 위험물
출제예상문제

01 위험물별에 따른 위험성의 관계를 바르게 나타내지 않은 것은?

① 제1류 위험물 – 강산화성 물질
② 제3류 위험물 – 환원성 물질
③ 제4류 위험물 – 가연성 증기를 발생하는 액체
④ 제5류 위험물 – 자기연소성 물질

🔍 제3류 위험물 – 자연발화성 및 금수성물질

02 다음은 제3류 위험물의 공통된 물성에 대한 설명이다. 옳은 것은?

① 일반적으로 불연성물질이고 강산화제이다.
② 가연성이고 자기연소성 물질이다.
③ 저온에서 발화하기 쉬운 가연성물질이며 산과 접촉하면 발화한다.
④ 물과 반응하여 가연성 가스를 발생하는 것이 많다.

🔍 제3류 위험물의 특징
  • 자연발화성 및 금수성 물질이다.
  • 물과 반응하면 수산화물과 가연성가스(아세틸렌, 수소, 포스핀)를 발생한다.
  • 칼륨, 나트륨, 황린, 알킬알루미늄은 연소하고 나머지는 연소하지 않는다.

03 제3류 위험물의 일반적인 성질로서 옳은 것은?

① 모두 불연성 액체이다.
② 물과 반응하여 수산화물을 생성한다.
③ 승화되기 쉽다.
④ 물과 접촉시에는 모두 수소를 발생한다.

🔍 물과의 반응식
  • 나트륨 : $2Na + 2H_2O \rightarrow 2NaOH + H_2 \uparrow$
  • 칼륨 : $2K + 2H_2O \rightarrow 2KOH + H_2 \uparrow$
  • 인화석회 : $Ca_3P_2 + 6H_2O \rightarrow 3Ca(OH)_2 + 2PH_3 \uparrow$
  • 카바이트(탄화칼슘) : $CaC_2 + 2H_2O \rightarrow Ca(OH)_2 + C_2H_2 \uparrow$
  • 탄화망가니즈 : $Mn_3C + 6H_2O \rightarrow 3Mn(OH)_2 + CH_4 + H_2 \uparrow$

04 제3류 위험물의 성질로서 적합한 것은?

① 산화력이 강하다.
② 물과 접촉하면 가연성가스 또는 발열반응을 한다.
③ 전부 보호액 중에 보관하여야 한다.
④ 전부 무기물이며 금속이다.

🔍 제3류 위험물은 물과 접촉하면 가연성가스 또는 발열반응을 한다.

05 제3류 위험물의 일반 성질로서 다음 가운데 잘못된 것은?

① 금속칼슘은 적회색의 금속으로 전성과 연성이 없다.
② 금속나트륨은 은백색의 경금속으로 비중은 물보다 작다.
③ 금속칼륨은 은백색의 경금속으로서 비중은 물보다 작다.
④ 인화석회는 적갈색의 괴상이며 물과 반응하여 인화수소를 낸다.

🔍 금속칼슘(Ca) : 은백색의 경금속

06 제3류 위험물 중의 K(칼륨)의 저장 및 취급 시 주의사항으로 부적당한 것은?

① 통풍이 잘되고 건조한 암냉소에 밀봉하여 저장한다.
② 저장 중 PH_3가스 발생 유무를 조사한다.
③ 보호액속에 저장한다.
④ 용기의 파손 부식에 주의하고 피부에 닿지 않도록 한다.

🔍 칼륨의 저장 및 취급 시 주의사항
  • 통풍이 잘되고 건조한 암냉소에 밀봉하여 저장한다.
  • 보호액(석유)속에 저장한다.
  • 용기의 파손 부식에 주의하고 피부에 닿지 않도록 한다.

정답 01 ② 02 ④ 03 ② 04 ② 05 ① 06 ②

07 다음은 제3류 위험물 저장 및 취급 시 주의사항이다. 적합하지 않는 것은?

① 모든 품목은 수분과 반응하여 수소를 발생한다.
② K, Na 및 알칼리금속은 산소가 포함되지 않은 석유류에 저장한다.
③ 유별이 다른 위험물과는 동일한 위험물저장소에 함께 저장해서는 아니 된다.
④ 소화방법은 건조사, 팽창질석, 건조석회를 상황에 따라 조심스럽게 사용하여 질식소화 한다.

🔍 제3류 위험물이 물과 반응 시
  • 칼륨과 나트륨 : 수소가스 발생
  • 카바이트 : 아세틸렌 가스 발생
  • 인화석회 : 포스핀가스 발생
  • 탄화망가니즈 : 메테인과 수소가스 발생

08 제3류 위험물 화재의 진압대책으로 옳지 않은 것은?

① 대부분의 물에 의한 냉각소화는 불가능하다.
② K, Na 등은 특별한 소화수단이 없으므로 연소 확대 방지에 주력한다.
③ 알킬알루미늄은 물과 반응하여 산소를 발생하므로 주수소화는 좋지 않다.
④ 인화칼슘은 물과 반응하여 포스핀가스가 발생하므로 마른모래로 피복 소화한다.

🔍 트라이에틸알루미늄
$(C_2H_5)_3Al + 3H_2O \rightarrow Al(OH)_3 + 3C_2H_6 \uparrow$

09 제3류 위험물의 화재 시 조치방법으로 올바른 것은?

① 황린을 포함한 모든 물질은 절대 주수를 엄금하여 냉각소화는 불가능하다.
② 포, CO_2, 할로젠화합물 소화약제가 적합하다.
③ 건조분말, 마른모래, 팽창질석, 건조석회를 사용하여 질식소화 한다.
④ K, Na은 격렬히 연소하기 때문에 초기단계에 물에 의한 냉각소화를 실시하여야 한다.

🔍 제3류 위험물 : 주수금지, 질식소화(건조분말, 마른모래, 팽창질석, 건조석회)

10 운반 시 제3류 위험물과 함께 저장 가능한 위험물은?

① 제1류 위험물   ② 제2류 위험물
③ 제3류 위험물   ④ 제4류 위험물

🔍 운반시 혼재가능 위험물
  • 제1류 위험물 + 제6류 위험물
  • 제2류 위험물 + 제4류 위험물 + 제5류위험물
  • 제3류 위험물 + 제4류 위험물

11 다음 물질의 저장방법 중 틀린 것은 어느 것인가?

① 탄화칼슘 – 밀폐용기
② 나트륨 – 석유에 보관
③ 칼륨 – 석유에 보관
④ 알킬알루미늄 – 물에 보관

🔍 알킬알루미늄의 저장 시 용기는 완전 밀봉하고 물과의 접촉을 피할 것

12 다음 3류 위험물중 물과 반응할 때 반응열이 가장 큰 것은?

① 리튬   ② 탄화칼슘
③ 금속나트륨   ④ 금속칼슘

🔍 반응열

종류	반응열	종류	반응열
리튬	52.7kcal	탄화칼슘	27.8kcal
금속나트륨	44.1kcal	금속칼슘	102kcal

13 알킬리튬 30kg, 유기금속화합물 100kg, 금속수소화물 600kg을 한 장소에 취급한다면 지정수량의 몇 배에 해당되는가?

① 3배   ② 5배
③ 7배   ④ 9배

🔍 지정수량의 배수 = $\frac{저장수량}{지정수량} = \frac{30}{10} + \frac{100}{20} + \frac{600}{300} = 2$단위
※지정수량
  • 알킬리튬 : 10kg
  • 유기금속화합물 : 50kg
  • 금속수소화물 : 300kg

정답 07 ① 08 ③ 09 ③ 10 ④ 11 ④ 12 ④ 13 ③

14 제3류 위험물에 물을 가했을 때 일어나는 공통현상은 어느 것인가?

① 산화반응　　② 환원반응
③ 발열반응　　④ 흡열반응

🔍 제3류 위험물(금수성물질) + 물 → 염 + 가연성가스 + 발열반응

15 다음 중 금수성 물질이 아닌 것은?

① Sr　　　　　② $(CH_3)_3Al$
③ C_4H_9Li　　　④ $(CH_3)_2S$

🔍 금수성물질 : 스트론튬(Sr), 알킬알루미늄, 리튬(Li)

16 알칼리금속의 과산화물, 철분, 금속분, 마그네슘, 금수성 물품에 공통적으로 적응성이 있는 소화제는?

① 인산염류　　② 이산화탄소
③ 할로젠화합물　④ 탄산수소염류

🔍 금수성물질에 적합한 소화약제 : 탄산수소염류, 팽창질석, 팽창진주암, 마른 모래

17 칼륨의 화학적 성질로 옳은 것은?

① 물과 반응하여 질소가스를 발생한다.
② 물과 반응하여 산소를 발생한다.
③ 물과 반응하여 수소를 발생한다.
④ 화학적으로 안전한 금속이다.

🔍 칼륨이 물과의 반응식
$2K + 2H_2O \rightarrow 2KOH + H_2 + Q$(발열반응)

18 다음 중 칼륨의 성질에 관한 설명 중 옳은 것은?

① 연소하면 빨간 화염을 낸다.
② 비중은 1보다 작다.
③ 물과 작용하여 흡열반응을 일으킨다.
④ 물과 작용하여 산소를 발생한다.

🔍 칼륨의 물성
- 연소시 보라색 불꽃을 내면서 연소한다.
- 비중이 0.86으로 1보다 작다.
- 물과 반응시 수소를 발생하며 발열반응을 한다.

19 다음은 금속칼륨의 취급 시 주의사항이다. 틀린 것은?

① 석유에 보관한다.
② 피부에 닿지 않도록 한다.
③ 소분하여 보관한다.
④ 화재시에는 강화액 소화제를 사용한다.

🔍 칼륨은 물을 주성분으로 하는 약제를 사용하면 가연성가스인 수소(H_2)를 발생한다.
$2K + 2H_2O \rightarrow 2KOH + H_2$
※금속칼륨이라고 하였으나 위험물안전관리법 시행령이 개정되면서 금속칼륨 → 칼륨, 금속나트륨 → 나트륨으로 개정됨
(위험물안전관리법시행령 별표 1)

20 금속칼륨 표면이 회백색으로 변한다. 이 표면물질의 화학식은?

① KOH　　　　② KCl
③ K_2O　　　　④ KNO_3

🔍 칼륨(K)은 산소와 반응하면 K_2O(산화칼륨)의 표면에 피막을 형성한다.

21 물에 넣어도 폭발성 기체를 발생시키지 않는 것은?

① K　　　　　　② Na
③ Ca　　　　　④ Ca_3P_2

🔍 물과의 반응식
- $2K + 2H_2O \rightarrow 2KOH + H_2\uparrow$
- $2Na + 2H_2O \rightarrow 2NaOH + H_2\uparrow$
- $Ca + 2H_2O \rightarrow Ca(OH)_2 + H_2\uparrow$
- $Ca_3P_2 + 6H_2O \rightarrow 3Ca(OH)_2 + 2PH_3\uparrow$
※수소(H_2) : 폭발성 기체

22 금속칼륨(K)을 석유에 넣어 보관하는 이유는?

① 산화력이 커서
② 취급이 위험하므로
③ 습기를 차단하고 공기산화를 방지하려고
④ 마찰 충격을 방지하려고

🔍 금속칼륨(K)은 습기를 차단하고 공기산화를 방지하려고 석유(등유)중에 저장 한다.

정답　14 ③　15 ④　16 ④　17 ③　18 ②　19 ④　20 ③　21 ④　22 ③

23 다량 저장된 곳에 화재가 발생하였을 때 물로 소화하면 안 되는 물질은?

① K
② $KClO_3$
③ $NaClO_3$
④ KNO_3

🔍 칼륨(K)에 주수 소화하면 가연성가스인 수소가 발생한다.
$2K + 2H_2O \rightarrow 2KOH + H_2$

24 자연발화성물질인 칼륨이 알코올과 반응하면 생성되는 물질은?

① CH_3COOK
② CH_2CHK
③ C_2H_5OK
④ CH_3CHK

🔍 칼륨이 알코올과 반응하면 칼륨에틸레이트(C_2H_5OK)와 수소를 발생한다.
$2K + 2C_2H_5OH \rightarrow 2C_2H_5OK + H_2$

25 물과 반응하여 폭발할 염려가 있는 물질은 어느 것인가?

① Hg
② Ba
③ Zn
④ K

🔍 칼륨이 물과 반응하면 수소가스를 발생하므로 폭발의 우려가 있다.
$2K + 2H_2O \rightarrow 2KOH + H_2\uparrow$

26 다음은 금속칼륨과 물이 반응하여 생성된 화학반응식을 나타낸 것이다. 옳은 것은?

① 산화칼륨 + 수소 + 발열반응
② 산화칼륨 + 수소 + 흡열반응
③ 수산화칼륨 + 수소 + 흡열반응
④ 수산화칼륨 + 수소 + 발열반응

🔍 칼륨 + 물 → 수산화칼륨 + 수소 + 발열반응
$2K + 2H_2O \rightarrow 2KOH + H_2\uparrow$

27 나트륨은 보호액 속에 저장한다. 그 이유는?

① 탈수를 막기 위하여
② 화기를 피하기 위하여
③ 습기와의 접촉을 막기 위하여
④ 산소발생을 막기 위하여

🔍 나트륨은 보호액인 석유 중에 저장하여 습기와의 접촉을 막아야 한다.

28 칼륨, 나트륨의 보호액으로 가장 적당하지 않은 것은?

① 경유
② 석유
③ 메틸알코올
④ 유동성파라핀

🔍 칼륨, 나트륨의 보호액 : 석유, 광유, 경유, 유동성 파라핀
칼륨, 나트륨 + 메틸알코올 → 수소가스 발생

29 금속칼륨이나 금속나트륨의 취급상 주의사항이 아닌 것은 어느 것인가?

① 보호액속에 노출되지 않게 저장할 것
② 수분, 습기 등과의 접촉을 피할 것
③ 용기의 파손에 주의할 것
④ 손으로 꺼낼 때는 손을 잘 씻은 다음 취급할 것

🔍 칼륨, 나트륨은 피부에 접촉하면 화상을 입는다.

30 금속칼륨과 금속나트륨의 공통적인 성질로서 틀리는 것은?

① 경유 속에 저장한다.
② 피부 접촉 시 화상을 입는다.
③ 물과 반응하여 수소를 발생한다.
④ 알코올과 반응하여 포스핀 가스를 발생한다.

🔍 칼륨과 나트륨이 알코올과 반응하면 칼륨에틸레이트, 나트륨에틸레이트를 생성한다.

정답 23 ① 24 ③ 25 ④ 26 ④ 27 ③ 28 ③ 29 ① 30 ④

31 금속칼륨과 금속나트륨에 대한 설명 중 잘못된 것은?

① 비중, 녹는점, 끓는점 모두 금속나트륨이 금속칼륨보다 크다.
② 물과 반응 할 때 이온화 경향이 큰 나트륨보다 급격히 반응한다.
③ 두 물질 모두 청색의 광택이 있는 경금속으로 비중은 물보다 크다.
④ 두 물질 모두 공기 중의 수분과 반응하여 수소(g)를 발생하며 자연발화를 일으키기 쉬우므로 석유 속에 저장한다.

🔍 칼륨과 나트륨의 비중은 물보다 작다.

32 은백색의 광택이 물질로 물과 반응하여 수소 가스를 발생시키는 것은 어느 것인가?

① CaC_2 ② P
③ Na_2O_2 ④ Na

🔍 나트륨이 물과 반응하면 수소가스를 발생하므로 폭발의 우려가 있다.
$2Na + 2H_2O \rightarrow 2NaOH + H_2 \uparrow$

33 다음 위험물 중 제일 가벼운 것은?

① Li ② Na
③ K ④ Ca

🔍 비중

종류	비중	종류	비중
Li(리튬)	0.54	Na(나트륨)	0.97
K(칼륨)	0.86	Ca(칼슘)	1.55

34 다음 물질이 물과 반응하였을 때 생성되는 물질이 연소되지 않는 것은?

① 탄화칼슘 ② 생석회
③ 나트륨 ④ 탄화알루미늄

🔍 생석회와 물과의 반응식
$CaO + H_2O \rightarrow Ca(OH)_2 + 발열$
※물과 반응시 탄화칼슘은 아세틸렌, 나트륨은 수소, 탄화알루미늄은 메테인을 생성하므로 생성가스는 가연성가스이다.

35 제3류 위험물을 취급할 때 물과 접촉하여 발생되는 가스로서 틀린 것은?

① 금속나트륨 – 수소
② 탄산칼슘 – 아르곤
③ 금속칼륨 – 수소
④ 인화석회 – 인화수소

🔍 물과의 반응식
• $2Na + 2H_2O \rightarrow 2NaOH + H_2 \uparrow$
• $CaCO_3 + 2H_2O \rightarrow Ca(OH)_2 + H_2CO_3$
• $2K + 2H_2O \rightarrow 2KOH + H_2 \uparrow$
• $Ca_3P_2 + 6H_2O \rightarrow 3Ca(OH)_2 + 2PH_3$

36 트라이에틸알루미늄[$(C_2H_5)_3Al$]은 물과 폭발적으로 반응한다. 이때 발생하는 기체는 무엇인가?

① 메테인
② 에테인
③ 아세틸렌
④ 수산화알루미늄

🔍 트라이에틸알루미늄이 물과 반응하면 수산화알루미늄과 가연성 가스인 에테인을 발생한다.
$(C_2H_5)_3Al + 3H_2O \rightarrow Al(OH)_3 + 3C_2H_6(에테인)$

37 알킬알루미늄 화재 시 적당한 소화제는 무엇인가?

① 물 ② 이산화탄소
③ 사염화탄소 ④ 팽창질석

🔍 알킬알루미늄의 소화약제 : 팽창질석, 팽창진주암

38 다음 물질 중 물과 접촉 시 가연성 가스인 C_2H_6 가스를 발생하는 것은 어느 것인가?

① $[C_6H_3(NO_2)_3]$ ② $(C_2H_5)_3Al$
③ CaC_2 ④ $C_2H_5ONO_2$

🔍 알킬알루미늄의 반응식
• 공기와의 반응
$2(C_2H_5)_3Al + 21O_2 \rightarrow Al_2O_3 + 15H_2O + 12CO_2 \uparrow$
• 물과의 반응
$(C_2H_5)_3Al + 3H_2O \rightarrow Al(OH)_3 + 3C_2H_6 \uparrow$

정답 31 ③ 32 ④ 33 ① 34 ② 35 ② 36 ② 37 ④ 38 ②

39 다음 중 두 물질이 혼합하여도 위험하지 않는 것은?

① 적린과 염소산칼륨
② 황린과 물
③ 나트륨과 알코올
④ 아세틸렌과 은

🔍 황린과 이황화탄소는 물속에 저장한다.

40 다음 위험물 중 물과 접촉 시켰을 때 위험성이 가장 큰 것은?

① 칠황화인
② 다이크로뮴산칼륨
③ 질산암모늄
④ 알킬알루미늄

🔍 알킬알루미늄은 물과 반응하면 에테인의 가연성가스를 발생하므로 위험하다.

41 아래 위험물들을 작업자가 취급하다 실수로 물과 접촉하였다. 이 때 에테인(g)이 발생되는 물질은 어느 것인가?

① CaC_2
② $(C_2H_5)_3Al$
③ $C_6H_3(NO_2)_3$
④ $C_2H_5ONO_2$

🔍 트라이에틸알루미늄 + 물 → 수산화알루미늄 + 에테인
$(C_2H_5)_3Al + 3H_2O → Al(OH)_3 + 3C_2H_6↑$

42 황린의 성상으로 잘못된 것은?

① 이황화탄소(CS_2)나 알코올에 잘 녹는다.
② 담황색의 액체로 계란 썩은 냄새가 난다.
③ 독성이 있는 물질이며 공기 중에서 인광을 낸다.
④ 물속에 저장할 때는 약 알칼리성으로 하는 것이 좋다.

🔍 황린 : 백색 또는 담황색의 고체
※ 황화수소(H_2S) : 계란 썩는 냄새

43 담황색의 고체로서 물속에 보관하여야 하며 치사량 0.02~0.05g이면 사망하는 제3류 위험물은?

① 황린
② 석면
③ 황
④ 마그네슘

🔍 황린 : 제3류 위험물로서 물속에 저장

44 흰린(황린)을 잘 녹이는 액체는?

① 물
② 삼염화인
③ 벤젠
④ 알코올

🔍 삼염화인(PCl_3)은 흰린을 녹인다.

45 황린의 저장 및 취급에 있어서 주의사항으로 옳지 않는 것은?

① 물과의 접촉은 피한다.
② 독성이 강하므로 취급에 주의한다.
③ 산화제와의 접촉은 피한다.
④ 발화점이 낮으므로 화기의 접근을 피한다.

🔍 황린은 물속에 저장한다.

46 다음 황린의 화재설명에 대하여 맞지 않는 것은 어느 것인가?

① 황린이 발화하면 검은 악취가 있는 연기를 발생
② 황린은 공기 중에서 산화하고 산화열이 축적되어 자연발화 함
③ 황린 자체와 증기는 모두 인체에 유독
④ 황린의 저장은 수중

🔍 황린의 연소하면 오산화인(P_2O_5)의 흰 연기를 발생한다.

47 다음 중 착화 온도가 가장 낮은 것은?

① 황린
② 적린
③ 황
④ 삼황화인

🔍 황린의 착화온도 : 34℃

정답 39 ② 40 ④ 41 ② 42 ② 43 ① 44 ② 45 ① 46 ① 47 ①

48 황린과 보호액의 pH값의 한계는?

① 6
② 7
③ 8
④ 9

🔍 황린 보호액의 pH : 9(약 알칼리성)

49 다음 가연성 고체 위험물로 상온에서 증기를 발생하고 벤젠, 에터, 테레핀유 등에 녹는 물질은 어느 것인가?

① P_4S_7
② P_4
③ P_2S_5
④ Mg

🔍 황린(P_4)은 제3류 위험물로 가연성고체이며 벤젠, 에터 등에 잘 녹는다.

50 황린은 공기 속에서 서서히 산화하여 착화온도에 달하면 자연발화 하는데 이때 생기는 흰 연기는 어느 것인가?

① P_2O_5
② PH_3
③ PO_2
④ P_2O

🔍 황린은 공기 중에서 연소하면서 흰 연기의 오산화인을 발생한다.
$P_4 + 5O_2 \rightarrow 2P_2O_5$

51 황린이 자연발화하기 쉬운 이유는 어느 것인가?

① 비등점이 낮고 증기의 비중이 작기 때문
② 녹는점이 낮고 상온에서 액체로 되어있기 때문
③ 산소와 결합력이 강하고 착화온도가 낮기 때문
④ 인화점이 낮고 가연성 물질이기 때문

🔍 황린은 산소와 결합력이 강하고 착화온도가 낮기 때문에 자연발화하기 쉽다.

52 다음 위험물에 화기를 직접, 접근시켜도 위험이 없는 것은?

① Mg분
② CS_2
③ P_4S_3
④ CaO

🔍 생석회(CaO)는 화기와는 관계가 없고 물기와 접촉하면 발열 한다.

53 다음과 같은 위험물을 취급할 때 반응 생성물 중 인화의 위험이 가장 적은 것은?

① $CaO + H_2O \rightarrow Ca(OH)_2$
② $CaC_2 + 2H_2O \rightarrow Ca(OH)_2 + C_2H_2$
③ $2Na + 2H_2O \rightarrow 2NaOH + H_2$
④ $Ca_3P_2 + 6H_2O \rightarrow 2PH_3 + 3Ca(OH)_2$

🔍 생석회(CaO)와 물과 반응하면 소석회가 생성되고 많은 열만 발생하고 가스는 발생하지 않는다.

54 인화석회의 일반 성상에 맞지 않는 것은?

① 적갈색의 고체
② 비중은 1보다 크다
③ 융점은 1600℃이다.
④ 황색 액체이다.

🔍 인화석회의 성상
• 적갈색의 고체
• 비중 : 2.51 융점 : 1600℃
• 물과 반응하면 포스핀(PH_3)가스를 발생한다.
$Ca_3P_2 + 6H_2O \rightarrow 2PH_3 + 3Ca(OH)_2$

55 인화석회에 의한 화재 시 가장 알맞은 것은?

① 건조사로 덮어 소화 한다.
② 봉상의 물로 소화 한다.
③ 안개상의 물로 소화 하나.
④ 산·알칼리로 소화 한다.

🔍 소화방법

소화약제	적응위험물	소화효과	응 소화설비
건조사	인화석회, 카바이트 등 제3류 위험물	질식	–
봉상의 물	종이, 목재 등 일반화재	냉각	옥내소화전설비 옥외소화전설비 스프링클러설비
안개상의 물	일반화재, 유류화재	질식, 냉각, 희석, 유화	물분무 소화설비

정답 48 ④ 49 ② 50 ① 51 ③ 52 ④ 53 ① 54 ④ 55 ①

56 인화칼슘(Ca_3P_2)의 위험성으로서 옳은 것은?

① 물과 반응하여 수소를 발생한다.
② 산소와 반응하여 불연성의 사이안가스를 발생한다.
③ 물과 반응하여 독성이 있는 가연성 기체를 발생한다.
④ 물과 맹렬히 반응하여 유독성인 아황산가스를 발생한다.

🔍 인화석회와 물과의 반응
$Ca_3P_2 + 6H_2O \rightarrow 2PH_3 + 3Ca(OH)_2$

57 인화석회(Ca_3P_2) 취급 시 가장 주의해야 할 사항은?

① 화기의 접근
② 습기 및 수분
③ 일광
④ 충격 및 마찰

🔍 인화석회는 물과 만나면 포스핀(PH_3)가스가 발생한다.

58 포스핀이라는 별명을 가진 가스의 명칭은

① 탄화수소
② 인화수소
③ 황화수소
④ 질화수소

🔍 포스핀(PH_3) : 인화수소

59 다음 반응 중 포스핀(PH_3)을 생성하게 되는 것은?

① 삼황화인과 물과 반응 시
② 인화나트륨과 묽은황산과 반응 시
③ 인화석회와 물과 반응 시
④ 오산화인에 물을 가하고 가열 시

🔍 인화석회(인화칼슘)는 물과 반응하면 포스핀(PH_3)의 가연성가스를 발생한다.

60 인화석회와 물이 반응할 때의 반응식으로 맞는 것은?

① $Ca_3P_2 + 3H_2O \rightarrow 2PH_3 + 3Ca(OH)_2 + Qkcal$
② $Ca_3P_2 + 6H_2O \rightarrow 2PH_3 + 3Ca(OH)_2 + Qkcal$
③ $Ca_3P_2 + 4H_2O \rightarrow 2PH_3 + 3Ca(OH)_2 + Qkcal$
④ $Ca_3P_2 + 5H_2O \rightarrow 2PH_3 + 3Ca(OH)_2 + Qkcal$

🔍 인화석회가 물과 반응하면 포스핀(PH_3)의 유독성(가연성)가스를 발생한다.

61 다음 제3류 위험물 중 물과 작용하여 메테인가스를 발생시키는 것은?

① 수소화나트륨
② 탄화알루미늄
③ 수소화칼륨
④ 칼슘실리콘

🔍 물과의 반응식
• 수소화나트륨 : $NaH + H_2O \rightarrow NaOH + H_2 \uparrow$
• 탄화알루미늄 : $Al_4C_3 + 12H_2O \rightarrow 4Al(OH)_3 + 3CH_4 \uparrow$
• 수소화칼륨 : $KH + H_2O \rightarrow KOH + H_2 \uparrow$

62 수소화나트륨 화재발생 시 주수소화가 부적당한 가장 큰 이유는?

① 발열반응을 일으킴
② 수화반응을 일으킴
③ 중화반응을 일으킴
④ 중합반응을 일으킴

🔍 수소화나트륨(NaH)이 물과의 반응
$NaH + H_2O \rightarrow NaOH + H_2 +$ 발열반응

63 수소화칼륨이 암모니아와 고온에서 반응시키면 어떤 물질이 되는가?

① KNH_2
② KH_2
③ KOH
④ K_2H

🔍 수소화칼륨과 암모니아와의 반응
$KH + NH_3 \rightarrow KNH_2 + H_2 \uparrow$

정답 56 ③ 57 ② 58 ② 59 ③ 60 ② 61 ② 62 ① 63 ①

64 다음은 칼슘카바이트(CaC_2)의 성질을 설명한 것이다. 틀린 것은?

① 순수한 것은 백색의 고체이나 보통은 회흑색 고체이다.
② 물과 반응하여 생석회와 에틸렌 가스가 생성된다.
③ 고온에서 질소 가스와 반응하여 석회질소가 된다.
④ 습한 공기와는 상온에서도 반응한다.

🔍 카바이트는 물과 반응하면 소석회와 아세틸렌가스를 발생한다.
$CaC_2 + H_2O \rightarrow Ca(OH)_2 + C_2H_2$

65 카바이드의 소화방법으로 적당하지 않은 것은?

① 아세틸렌가스가 발생하여 연소하고 있는 경우는 주위 가연물을 제거한다.
② 다량의 건조사나 분말로서 소화한다.
③ 포 소화약제를 사용한다.
④ 발생된 아세틸렌가스가 대류에 의한 2차 폭발이 없도록 충분히 고려하여 소화를 실시한다.

🔍 포 소화약제는 포 원액과 물이 혼합되어 있는 약제로서 카바이트와 반응하면 아세틸렌가스가 발생하므로 위험하다.

66 카바이트를 오래 저장할 용기에 충전용으로 사용되는 가스는 다음 중 어느 것인가?

① 인화수소   ② 포스겐
③ 질소가스   ④ 아황산가스

🔍 카바이트의 충전가스 : 불연성가스인 질소(N_2)

67 다음 중 카바이드에서 아세틸렌가스 제조반응식으로 옳은 것은?

① $CaC_2 + 2H_2O \rightarrow Ca(OH)_2 + C_2H_2 \uparrow$
② $CaC_2 + H_2O \rightarrow CaO + C_2H_2 \uparrow$
③ $2CaC_2 + 6H_2O \rightarrow 3Ca(OH)_2 + 2C_2H_2 \uparrow$
④ $CaC_2 + 3H_2O \rightarrow CaCO_3 + 2CH_4 \uparrow$

🔍 아세틸렌가스 제조 : $CaC_2 + 2H_2O \rightarrow Ca(OH)_2 + C_2H_2 \uparrow$

68 카바이트와 생석회의 공통사항에 대한 설명으로 틀린 것은?

① 물과 반응하여 가연성가스를 발생시킨다.
② 물과 반응하여 발열한다.
③ 칼슘의 화합물이다.
④ 불연성 고체이다.

🔍 카바이트(CaC_2)는 아세틸렌(C_2H_2)인 가연성가스를 발생하고, 생석회(CaO)는 발열하고 가연성가스는 발생하지 않는다.
$CaC_2 + 2H_2O \rightarrow Ca(OH)_2 + C_2H_2$
$CaO + H_2O \rightarrow Ca(OH)_2 + 발열$

69 탄화칼슘 60,000kg를 소요단위로 산정하면?

① 10 단위
② 20 단위
③ 30 단위
④ 40 단위

🔍 소요단위 = 저장수량/(지정수량×10)
= 60,000kg/(300kg×10) = 20단위

70 카바이트 3몰과 물 6몰이 완전히 반응하면 몇 ℓ의 아세틸렌이 발생하는가?

① 22.4ℓ ② 44.8ℓ
③ 67.2ℓ ④ 84.6ℓ

🔍 아세틸렌과 물과의 반응식
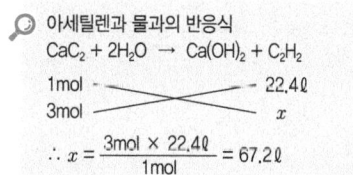

71 다음 제3류 위험물 중 살충제로 사용되며 순수한 물질일 때 암회색의 결정으로서 이황화탄소에 녹는 물질은?

① 인화아연(Zn_3P_2)   ② 수소화나트륨(NaH)
③ 금속칼륨(K)   ④ 금속나트륨(Na)

🔍 인화아연(Zn_3P_2) : 살충제, 암회색의 결정으로서 이황화탄소에 녹는 물질

72 다음 금속탄화물 중 물과 접촉 시 메테인이 주로 생성되는 물질은?

① CaC_2　　　　② Al_4C_3
③ K_2C_2　　　　④ MgC_2

🔍 물과의 반응식
- $CaC_2 + 2H_2O \rightarrow Ca(OH)_2 + C_2H_2 \uparrow$
- $Al_4C_3 + 12H_2O \rightarrow 4Al(OH)_3 + 3CH_4 \uparrow$
- $K_2C_2 + 2H_2O \rightarrow 2KOH + C_2H_2 \uparrow$
- $MgC_2 + 2H_2O \rightarrow Mg(OH)_2 + C_2H_2 \uparrow$

73 다음 카바이트류 중 물(6mol)과 작용하여 CH_4와 H_2 가스를 발생하는 것은?

① K_2C_2　　　　② MgC_2
③ Al_4C_3　　　　④ Mn_3C

🔍 탄화망가니즈과 물과 반응하면 메테인과 수소가스가 발생한다.
$Mn_3C + 6H_2O \rightarrow 3Mn(OH)_2 + CH_4 \uparrow + H_2 \uparrow$

74 물과 작용해서 유독성 가스를 발생하는 것은?

① AlP　　　　② Mg
③ Na　　　　④ K

🔍 AlP(인화알루미늄)와 물과의 반응식
$AlP + 3H_2O \rightarrow Al(OH)_3 + PH_3 \uparrow$

75 탄화알루미늄(Al_4C_3)이 물과 반응하여 생성되는 가연성 가스는 어느 것인가?

① H_2　　　　② CH_4
③ $Al(OH)_3$　　　　④ C_2H_2

🔍 탄화알루미늄과 물과 반응식
$Al_4C_3 + 12H_2O \rightarrow 3CH_4 + 4Al(OH)_3$

정답　72 ②　73 ④　74 ①　75 ②

SECTION 04 제4류 위험물

STEP 01 제4류 위험물의 특성

1. 종류

류별	성질	품명		위험등급	지정수량
제4류	인화성 액체	1. 특수인화물		I	50ℓ
		2. 제1석유류	비수용성액체	II	200ℓ
			수용성액체	II	400ℓ
		3. 알코올류		II	400ℓ
		4. 제2석유류	비수용성액체	III	1,000ℓ
			수용성액체	III	2,000ℓ
		5. 제3석유류	비수용성액체	III	2,000ℓ
			수용성액체	III	4,000ℓ
		6. 제4석유류		III	6,000ℓ
		7. 동식물유류		III	10,000ℓ

2. 분류

① 특수인화물
  ㉮ 1기압에서 발화점이 100℃ 이하인 것
  ㉯ 인화점이 영하 20℃ 이하이고 비점이 40℃ 이하인 것

> **참고** 특수인화물 : 이황화탄소, 다이에틸에터, 아세트알데하이드, 산화프로필렌, 아이소프렌, 아이소펜테인

② 제1석유류 : 1기압에서 인화점이 21℃ 미만인 것
  ㉮ 제1석유류 : 아세톤, 휘발유, 벤젠, 톨루엔, 메틸에틸케톤(MEK), 피리딘, 초산메틸, 초산에틸, 의산에틸, 콜로디온, 사이안화수소, 에틸벤젠, 아세토나이트릴 등
  ㉯ 수용성 : 아세톤, 피리딘, 의산메틸, 사이안화수소, 아세토나이트릴

> **참고** 수용성 액체 : 20℃, 1기압에서 동일한 양의 증류수와 완만하게 혼합하여 혼합액의 유동이 멈춘 후 당해 혼합액이 균일한 외관을 유지하는 것

③ **알코올류** : 1분자를 구성하는 **탄소원자의 수가 1개부터 3개까지인 포화1가 알코올**(**변성알코올** 포함)로서 농도가 60% 이상

> **참고** **알코올류** : 메틸알코올, 에틸알코올, 프로필알코올

④ **제2석유류** : 1기압에서 **인화점이 21℃ 이상 70℃ 미만**인 것

> **참고**
> - **제2석유류** : 등유, 경유, 초산, 의산, 테레핀유, 클로로벤젠, 스타이렌(스틸렌), 벤젠, 메틸셀로솔브, 에틸셀로솔브, 크실렌, 아크릴산, 장뇌유, 송근유 등
> - **수용성** : 초산, 의산, 아크릴산, 메틸셀로솔브, 에틸셀로솔브, 하이드라진
> - **제2석유류 제외** : 도료류 그 밖의 물품에 있어서 가연성 액체량이 40중량% 이하이면서 인화점이 40℃ 이상인 동시에 연소점이 60℃ 이상인 것

⑤ **제3석유류** : 1기압에서 **인화점이 70℃ 이상 200℃ 미만**인 것

> **참고**
> - **제3석유류** : 중유, 크레오소트유, 나이트로벤젠, 아닐린, 메타크레졸, 글리세린, 에틸렌글라이콜, 에탄올아민 등
> - **수용성** : 글리세린, 에틸렌글라이콜, 에탄올아민
> - **제3석유류 제외** : 도료류 그 밖의 물품은 가연성 액체량이 40중량% 이하인 것

⑥ **제4석유류** : 1기압에서 **인화점이 200℃ 이상 250℃ 미만**일 것

> **참고**
> - **제4석유류** : 기어유, 실린더유, 가소제, 담금질유, 절삭유, 방청류, 윤활유
> - **제4석유류 제외** : 도료류 그 밖의 물품은 가연성 액체량이 40중량% 이하인 것

⑦ **동식물유류** : 동물의 지육 등 또는 식물의 종자나 과육으로부터 추출한 것으로서 1기압에서 **인화점이 250℃ 미만**인 것

> **참고** **동식물유류** : 건성유, 반건성유, 불건성유

3. 일반적인 성질

① 대단히 **인화하기 쉽다**.
② **물보다 가볍고 물에 녹지 않는다**.
③ 증기비중은 **공기보다 무겁기 때문**에 낮은 곳에 체류하여 연소, 폭발의 위험이 있다.
④ 연소범위의 하한이 낮기 때문에 공기 중 소량 누설되어도 연소한다.

> **참고**
> - 증기비중 = 분자량/29
> - 증기밀도 = 분자량/22.4ℓ (표준상태)

4. 위험성

① 인화위험이 높아 화기의 접근을 피하여야 한다.
② 증기는 공기와 약간만 혼합되어도 연소한다.
③ 발화점이 낮고 연소범위의 하한이 낮다.
④ 전기 부도체이므로 정전기 발생에 주의한다.

5. 저장 및 취급방법

① 누출방지를 위하여 밀폐용기를 사용하여야 한다.
② 점화원을 제거한다.
③ **소화방법** : 포말, 이산화탄소, 할로젠화합물, 분말소화약제로 **질식소화**한다.
④ **수용성 위험물**은 **알코올형포(내알코올포, 알코올포)** 소화약제를 사용한다.

> **참고** 제4류 위험물의 반응식
> ① 이황화탄소의 반응
> - 연소반응 $CS_2 + 3O_2 \rightarrow CO_2 + 2SO_2 \uparrow$
> - 물과의 반응 $CS_2 + 2H_2O \rightarrow CO_2 + 2H_2S \uparrow$
> ② 아세트알데하이드의 연소반응 $2CH_3CHO + 5O_2 \rightarrow 4CO_2 + 4H_2O$
> ③ 아세톤의 연소반응 $CH_3COCH_3 + 4O_2 \rightarrow 3CO_2 + 3H_2O$
> ④ 벤젠의 연소반응 $C_6H_6 + 7.5O_2 \rightarrow 6CO_2 + 3H_2O$
> ⑤ 톨루엔의 연소반응 $C_6H_5CH_3 + 9O_2 \rightarrow 7CO_2 + 4H_2O$
> ⑥ 메틸알코올의 반응
> - 산화 반응 $CH_3OH + 1.5O_2 \rightarrow CO_2 + 2H_2O$
> - 알칼리금속과 반응 $2Na + 2CH_3OH \rightarrow 2CH_3ONa + H_2 \uparrow$
> ⑦ 에틸알코올의 산화 $C_2H_5OH + 3O_2 \rightarrow 2CO_2 + 3H_2O$
> ⑧ 아이오도폼반응 $C_2H_5OH + 6KOH + 4I_2 \rightarrow CHI_3(\text{아이오도폼}) + 5KI + HCOOK + 5H_2O$
> ⑨ 클로로벤젠의 연소반응 $C_6H_5Cl + 7O_2 \rightarrow 6CO_2 + 2H_2O + HCl$
> ⑩ 하이드라진의 분해반응 $2N_2H_4 \rightarrow 2NH_3 + N_2 + H_2$
> ⑪ 에틸렌글라이콜의 연소반응 $CH_2OHCH_2OH + 2.5O_2 \rightarrow 2CO_2 + 3H_2O$
> ⑫ 글리세린의 연소반응 $CH_2OHCHOHCH_2OH + 3.5O_2 \rightarrow 3CO_2 + 4H_2O$

STEP 02 각 위험물의 물성 및 특성

1. 특수인화물

1) 다이에틸에터(Di Ethyl Ether, 에터)

① 물성

화학식	분자량	비중	비점	인화점	착화점	증기비중	연소범위
$C_2H_5OC_2H_5$	74.12	0.7	34℃	−40℃	180℃	2.55	1.7 ~ 48%

② 휘발성이 강한 무색투명한 특유의 향이 있는 액체이다.
③ **물에 약간 녹고**, 알코올에 잘 녹으며 발생된 증기는 **마취성**이 있다.
④ 공기와 장기간 접촉하면 **과산화물**이 생성되므로 **갈색병**에 저장하여야 한다.

⑤ 에터는 **전기불량도체**이므로 정전기가 발생에 주의한다.
⑥ **이산화탄소, 할로젠화합물, 포말**에 의한 **질식소화**를 한다.
⑦ 용기의 공간용적을 **2% 이상**으로 하여야 한다.

> **참고**
> • 에터의 일반식 : R-O-R' (R : 알킬기)
> • 에터의 구조식
>
> • 과산화물 생성 방지 : 40mesh의 구리망을 넣어 준다.
> • 과산화물 검출시약 : 10% 옥화칼륨(KI)용액(검출시 황색)
> • 과산화물 제거시약 : 황산제일철 또는 환원철

2) 이황화탄소(Carbon DiSulfide)

① 물성

화학식	분자량	비중	비점	인화점	착화점	연소범위
CS_2	76	1.26	46℃	-30℃	90℃	1.0 ~ 50%

② 순수한 것은 **무색투명한 액체**이며 시판용은 **담황색**이다.
③ **4류 위험물** 중 착화점이 낮고 증기는 유독하다.
④ 물에 녹지 않고, 알코올, 에터, 벤젠 등의 **유기용매에 잘 녹는다**.
⑤ **가연성 증기** 발생을 억제하기 위하여 **물 속**에 저장한다.
⑥ 연소 시 아황산가스를 발생하며 **파란 불꽃**을 나타낸다.
⑦ 황, 황린, 생고무, 수지 등을 잘 녹인다.
⑧ 물 또는 이산화탄소, 할론(할로젠), 분말소화약제 등에 의한 질식소화한다.

> **참고**
> • 연소반응식 : $CS_2 + 3O_2 \rightarrow CO_2 + 2SO_2$
> • 물과의 반응(150℃) : $CS_2 + 2H_2O \rightarrow CO_2 + 2H_2S$

3) 아세트알데하이드(Acet Aldehyde)

① 물성

화학식	분자량	비중	비점	인화점	착화점	연소범위
CH_3CHO	44	0.78	21℃	-40℃	175℃	4.0 ~ 60%

② 무색 투명한 액체이며 **자극성 냄새**가 난다.
③ 공기와 접촉하면 가압에 의해 폭발성의 **과산화물**을 생성한다.
④ **에틸알코올**을 산화하면 아세트알데하이드가 된다.
⑤ **펠링반응, 은거울반응**을 한다.
⑥ **구리(Cu), 마그네슘(Mg), 은(Ag), 수은(Hg)**과 반응하면 **아세틸레이트**를 생성한다.
⑦ 저장용기 내부에는 **불연성가스** 또는 **수증기** 봉입장치를 하여야 한다.

⑧ 소화약제는 **알코올형포(내알코올포, 알코올포)**, 이산화탄소, 분말소화가 효과가 있다.

> • **아세트알데하이드의 구조식**
>
> $$H-\underset{\underset{H}{|}}{\overset{\overset{H}{|}}{C}}-C\overset{H}{\underset{O}{\diagdown\!\!\diagup}}$$
>
> • **연소반응식** : $2CH_3CHO + O_2 \rightarrow 2CH_3COOH$

4) 산화프로필렌(Propylene Oxide)

① 물성

화학식	분자량	비중	비점	인화점	착화점	연소범위
CH_3CHCH_2O	58	0.82	35℃	-37℃	449℃	2.8 ~ 37%

② 무색, 투명한 **자극성 액체**이다.
③ **구리(Cu), 마그네슘(Mg), 은(Ag), 수은(Hg)**과 반응하면 **아세틸레이트**를 생성한다.
④ 저장용기 내부에는 **불연성가스** 또는 **수증기 봉입장치**를 할 것
⑤ 소화약제는 **알코올형포(내알코올포, 알코올포)**, 이산화탄소, 분말소화가 효과가 있다.

> **산화프로필렌의 구조식**
>
> $$H-\underset{\underset{H}{|}}{\overset{\overset{H}{|}}{C}}-\underset{\underset{O}{|}}{\overset{\overset{H}{|}}{C}}-\overset{\overset{H}{|}}{\underset{\underset{}{}}{C}}-H$$

2. 제1석유류

1) 아세톤(Acetone, DiMethyl Ketone)

① 물성

화학식	지정수량	분자량	비중	비점	인화점	착화점	연소범위
$(CH_3)_2CO$	400ℓ	58	0.79	56℃	-18.5℃	465℃	2.5 ~ 12.8%

② **무색, 투명**한 **자극성 휘발성액체**이다.
③ 물에 잘 녹으므로 **수용성**이다.
④ 피부에 닿으면 **탈지작용**을 한다.
⑤ 공기와 장기간 접촉하면 과산화물이 생성되므로 **갈색병**에 저장하여야 한다.
⑥ 분무상의 주수, **알코올형포(내알코올포, 알코올포)**, 이산화탄소소화약제로 질식소화한다.

> **아세톤의 구조식**
>
> $$H-\underset{\underset{H}{|}}{\overset{\overset{H}{|}}{C}}-\overset{\overset{O}{\|}}{C}-\underset{\underset{H}{|}}{\overset{\overset{H}{|}}{C}}-H$$

2) 휘발유(Gasoline)

① 물성

화학식	지정수량	비중	증기비중	인화점	착화점	연소범위
$C_5H_{12} \sim C_9H_{20}$	200ℓ	0.7~0.8	3~4	-43℃	280~456℃	1.2~7.6%

② 무색투명한 휘발성이 강한 인화성 액체이다.
③ 탄소와 수소의 **지방족 탄화수소**이다.
④ **정전기**에 의한 인화의 폭발우려가 있다.
⑤ 가솔린 제법 : 직류법, 접촉개질법, 열분해법
⑥ 이산화탄소, 할로젠화합물, 분말, 포말(대량일 때)이 효과가 있다.

3) 벤젠(Benzene, 벤졸)

① 물성

화학식	지정수량	비중	비점	융점	인화점	착화점	연소범위
C_6H_6	200ℓ	0.95	79℃	7℃	-11℃	498℃	1.4~8.0%

② 무색, 투명한 **방향성**을 갖는 **액체**이며, 증기는 독성이 있다.
③ **물에는 녹지 않고** 알코올, 아세톤, 에터에는 녹는다.
④ 비전도성이므로 **정전기의 화재 발생** 위험이 있다.
⑤ 포말, 분말, 이산화탄소, 할로젠화합물소화가 효과가 있다.

> **참고**
> • 벤젠의 구조식
>
>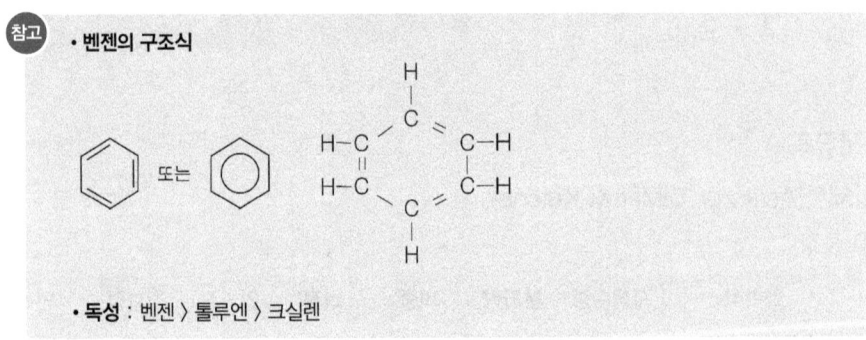
>
> • **독성** : 벤젠 〉 톨루엔 〉 크실렌

4) 톨루엔(Toluene, 메틸벤젠)

① 물성

화학식	지정수량	비중	비점	인화점	착화점	연소범위
$C_6H_5CH_3$	200ℓ	0.86	110℃	4℃	480℃	1.27~7.0%

② **무색투명한 독성이 있는 액체**이다.
③ 증기는 **마취성**이 있고 인화점이 낮다.
④ **물에 녹지 않고**, 아세톤, 알코올 등 유기용제에는 잘 녹는다.
⑤ **고무, 수지를 잘 녹인다.**

⑥ 벤젠보다 독성은 약하다.
⑦ **T.N.T의 원료**로 사용하고, 산화하면 안식향산(벤조산)이 된다.

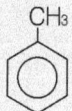

참고 **툴루엔의 구조식**
BTX : Benzene, Toluene, Xylene

5) 콜로디온[Collodion, $Cl_2H_{16}O_6(NO_3)_4$–$Cl_3H_{17}(NO_3)_3$]
① 질화도가 낮은 **질화면**(나이트로셀룰로스)에 부피비로 **에탄올 3**과 **에터 1**의 혼합용액으로 녹여 교질상태로 만든 것이다.
② 무색투명한 끈기 있는 액체이며 **인화점**은 −18℃이다.
③ 콜로디온의 성분 중 에틸알코올, 에터 등은 상온에서 인화의 위험이 크다.
④ 알코올형포(내알코올포, 알코올포), 이산화탄소, 분무주수 등으로 소화한다.

6) 메틸에틸케톤(Methyl Ethyl Keton, MEK)
① 물성

화학식	지정수량	비중	비점	융점	인화점	착화점	연소범위
$CH_3COC_2H_5$	200ℓ	0.8	80℃	−80℃	−7℃	505℃	1.8 ~ 10.0%

② 휘발성이 강한 무색의 액체이다.
③ 물에 대한 **용해도**는 **26.8**이다.
④ **물, 알코올**, 에터. 벤젠 등 유기용제에 **잘 녹고**, 수지, 유지를 잘 녹인다.
⑤ **탈지작용**이 있으므로 피부에 닿지 않도록 주의한다.
⑥ 분무주수가 가능하고 **알코올형포(내알코올포, 알코올포)**로 질식소화를 한다.

참고 **MEK의 구조식**

R−CO−R′

H O H H
| ‖ | |
H−C−C−C−C−H
| | |
H H H

케톤의 일반식

7) 피리딘(pyridine)
① 물성

화학식	지정수량	비중	비점	융점	인화점	착화점	연소범위
C_5H_5N	400ℓ	0.99	115.4℃	−41.7℃	16℃	482℃	1.8 ~ 12.4%

② 순수한 것은 무색의 액체로 강한 **악취**와 **독성**이 있다.
③ **약 알칼리성**을 나타내며 수용액 상태에서도 인화의 위험이 있다.

④ 산, 알칼리에 안정하고, 물, 알코올, 에터에 잘 녹는다(수용성).
⑤ 질산과 같이 가열하여도 분해하지 않는다.
⑥ 공기 중에서 **최대 허용농도** : 5ppm

> **참고** 피리딘의 구조식
>
>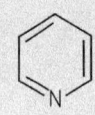

8) 초산에스터류

① 초산메틸(Methyl Acetate, 아세트산메틸)

㉮ 물성

화학식	지정수량	비중	비점	인화점	착화점	연소범위
CH₃COOCH₃	200ℓ	0.93	58℃	-10℃	502℃	3.1 ~ 16%

㉯ 초산에스터류 중 **물에 가장 잘 녹는다**(용해도 : 24.5).
㉰ **무색, 투명한 휘발성 액체**로서 **마취성**과 향긋한 냄새가 난다.
㉱ 물, 알코올, 에터 등에 잘 섞인다.
㉲ **초산과 메틸알코올의 축합물**로서 가수분해하면 초산과 메틸알코올로 된다.

$$CH_3COOCH_3 + H_2O \rightarrow CH_3COOH + CH_3OH$$
$$\text{(초산)} \quad \text{(메틸알코올)}$$

㉳ 피부에 접촉하면 **탈지작용**을 한다.
㉴ 물에 잘 녹으므로 **알코올형포(내알코올포, 알코올포)**를 사용한다.

> **참고**
> • **초산메틸의 구조식**
>
> ```
>     H O   H
>     | ||  |
>  H-C-C-O-C-H
>     |     |
>     H     H
> ```
>
> • **분자량이 증가할수록 나타나는 현상**
>   - 인화점, 증기비중, 비점, 점도가 커진다.
>   - 착화점, 수용성, 휘발성, 연소범위, 비중이 감소한다.
>   - 이성질체가 많아진다.

② 초산에틸(Ethyl Acetate, 아세트산에틸)

㉮ 물성

화학식	지정수량	비중	비점	인화점	착화점	연소범위
CH₃COOC₂H₅	200ℓ	0.9	77.5℃	-3℃	429℃	2.2 ~ 11.5%

㉯ 딸기 냄새가 나는 **무색, 투명한 액체**이다.
㉰ 알코올, 에터, 아세톤과 잘 섞이며 물에 약간 녹는다(용해도 : 8.7).
㉱ 휘발성, 인화성이 강하다.
㉲ 유지, 수지, 셀룰로스 유도체 등을 잘 녹인다.

9) 의산에스터류
  ① **의산메틸(개미산메틸)**
    ㉮ 물성

화학식	지정수량	비중	비점	인화점	착화점	연소범위
HCOOCH₃	400ℓ	0.97	32℃	−19℃	449℃	5 ~ 23%

    ㉯ 럼주와 같은 향기를 가진 **무색, 투명한 액체**이다.
    ㉰ 증기는 **마취성이 있으나 독성은 없다.**
    ㉱ 에터, 벤젠, 에스터에 잘 녹으며 물에는 잘 녹는다(용해도 : 23.3).
    ㉲ **의산과 메틸알코올의 축합물**로서 가수분해하면 의산과 메틸알코올이 된다.

$$HCOOCH_3 + H_2O \rightarrow CH_3OH + HCOOH$$
$$\text{(메틸알코올)} \quad \text{(의산)}$$

  ② **의산에틸(개미산에틸)**
    ㉮ 물성

화학식	지정수량	비중	비점	인화점	착화점	연소범위
HCOOC₂H₅	200ℓ	0.92	54℃	−19℃	440℃	2.7 ~ 16.5%

    ㉯ 복숭아향의 냄새를 가진 무색, 투명한 액체이다.
    ㉰ 에터, 벤젠, 에스터에 잘 녹으며 물에는 일부 녹는다(용해도 : 13.6).
    ㉱ 가수분해하면 의산과 에틸알코올이 된다.

$$HCOOC_2H_5 + H_2O \rightarrow C_2H_5OH + HCOOH$$
$$\text{(에틸알코올)} \quad \text{(의산)}$$

> **참고** 의산에스터류의 구조식

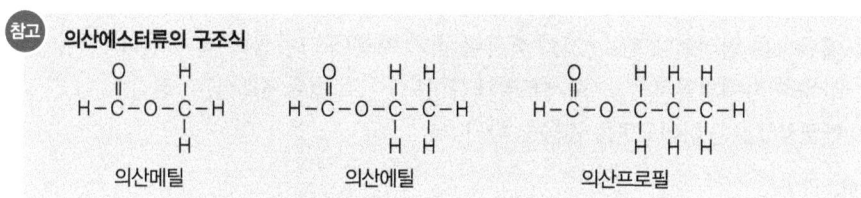

의산메틸 의산에틸 의산프로필

6. 알코올류

1) 메틸알코올(Methyl alcohol, Methanol, 목정)

① 물성

화학식	지정수량	비중	증기비중	비점	인화점	착화점	연소범위
CH_3OH	400ℓ	0.79	1.1	64.7℃	11℃	464℃	6.0 ~ 36%

② **무색, 투명한 휘발성이 강한** 액체이다.
③ 알코올류 중에서 **수용성이 가장 크다**(수용성).
④ 인화점 이상이 되면 밀폐된 상태에서도 폭발한다.
⑤ **메틸알코올은 독성이 있으나 에틸알코올은 독성이 없다.**
⑥ 알칼리금속(Na)과 반응하면 수소를 발생한다.
⑦ **산화**하면 **메틸알코올 → 폼알데하이드(HCHO) → 폼산**(개미산, HCOOH)이 된다.
⑧ 8~20g을 먹으면 눈이 멀고 30~50g을 먹으면 생명을 잃는다.
⑨ 화재 시에는 **알코올포**를 사용한다.

> **참고** 메틸알코올의 반응식
> • 연소반응식 : $2CH_3OH + 3O_2 \rightarrow 2CO_2 + 4H_2O$
> • 알칼리금속과 반응 : $2Na + 2CH_3OH \rightarrow 2CH_3ONa + H_2 \uparrow$
> • 산화, 환원반응식
> – 메틸알코올
> $CH_3OH \underset{환원}{\overset{산화}{\rightleftarrows}} HCHO \underset{환원}{\overset{산화}{\rightleftarrows}} HCOOH$
> – 에틸알코올
> $C_2H_5OH \underset{환원}{\overset{산화}{\rightleftarrows}} CH_3CHO \underset{환원}{\overset{산화}{\rightleftarrows}} CH_3COOH$

2) 에틸알코올(Ethyl alcohol, Ethanol, 주정)

① 물성

화학식	지정수량	비중	증기비중	비점	인화점	착화점	연소범위
C_2H_5OH	400ℓ	0.79	1.59	80℃	13℃	423℃	3.1 ~ 27.7%

② 무색, 투명한 향의 냄새를 지닌 휘발성이 강한 액체이다.
③ 물에 잘 녹으므로 **수용성**이다.
④ 에탄올은 벤젠보다 탄소(C)의 함량이 적기 때문에 그을음이 적게 난다.
⑤ 산화하면 에틸알코올 → 아세트알데하이드 → 초산(아세트산)이 된다.
⑥ **에틸알코올은 아이오도폼 반응**을 한다.

> **참고** 아이오도폼 반응 : 수산화칼륨과 아이오딘를 가하여 아이오도폼의 황색 침전이 생성되는 반응
> $C_2H_5OH + 6KOH + 4I_2 \rightarrow CHI_3 + 5KI + HCOOK + 5H_2O$
> (아이오도폼 : 황색침전)

3) 아이소프로필알코올(Iso Propyl Alcohol)
① 물성

화학식	지정수량	비중	증기비중	비점	인화점	연소범위
C_3H_7OH	400ℓ	0.78	2.07	83	12℃	2 ~ 12%

② 물과는 임의의 비율로 섞이며 아세톤, 에터 등 유기용제에 잘 녹는다.
③ 산화하면 아세톤이 되고, 탈수하면 프로필렌이 된다.

4. 제2석유류

1) 등유(Kerosine)
① 물성

화학식	지정수량	비중	증기비중	인화점	착화점	연소범위
C_9 ~ C_{18}	1,000ℓ	0.78 ~ 0.8	4 ~ 5	39℃ 이상	210℃ 이상	0.7 ~ 5.0%

② 무색 또는 담황색의 약한 취기가 있는 액체이다.
③ **물에 녹지 않고**, 석유계 용제에는 잘 녹는다.
④ 원유 증류 시 휘발유와 경유 사이에서 유출되는 **포화·불포화 탄화수소혼합물**이다.
⑤ 정전기 불꽃으로 인화의 위험이 있다.
⑥ 소화방법으로는 **포말, 이산화탄소, 할로젠화합물, 분말**이 적합하다.

2) 경유(디젤유)
① 물성

화학식	지정수량	비중	증기비중	인화점	착화점	연소범위
C_{15}~C_{20}	1,000ℓ	0.82 ~ 0.84	4 ~ 5	41℃ 이상	257℃	0.6 ~ 7.5%

② 탄소수가 15개에서 20개까지의 포화·불포화 탄화수소혼합물이다.
③ 물에 녹지 않고, 석유계 용제에는 잘 녹는다.
④ 품질은 **세탄값**으로 정한다.
⑤ 소화방법으로는 포말, 이산화탄소, 할로젠화합물, 분말이 적합하다.

3) 초산(Acetic acid, 아세트산)
① 물성

화학식	지정수량	비중	증기비중	인화점	착화점	응고점	연소범위
CH_3COOH	2,000ℓ	1.05	2.07	40℃	485℃	16.2℃	6.0 ~ 17%

② **자극성 냄새와 신맛이 나는 무색, 투명한 액체**이다.
③ 물, 알코올, 에터에 잘 녹으며 물보다 무겁다(수용성).
④ 피부와 접촉하면 **수포상의 화상**을 입는다.
⑤ **식초 : 3~5%의 수용액**
⑥ 저장용기 : **내산성 용기**

⑦ 소화방법 : **알코올형포(내알코올포, 알코올포)**, 이산화탄소, 할로젠화합물, 분말

4) 의산(Formic acid, 폼산, 개미산)

① 물성

화학식	지정수량	비중	증기비중	인화점	착화점	연소범위
HCOOH	2,000ℓ	1.2	1.59	55℃	540℃	18~51%

② 물에 잘 녹고 물보다 무겁다(**수용성**).
③ 초산보다 산성이 강하며 신맛이 있다.
④ 피부와 접촉하면 수포상의 화상을 입는다.
⑤ 저장용기 : **내산성 용기**
⑥ 소화방법 : 알코올형포(내알코올포, 알코올포), 이산화탄소, 할로젠화합물, 분말
⑦ 연소 시 **푸른 불꽃**을 내고, **위험등급**은 Ⅲ이다.

5) 크실렌(Xylene)

① 물성

구분	지정수량	구조식	비중	인화점	착화점	품명
o-크실렌	1,000ℓ	CH₃,CH₃	0.88	32℃	106.2℃	제2석유류
m-크실렌	1,000ℓ	CH₃,CH₃	0.86	25℃	-	제2석유류
p-크실렌	1,000ℓ	CH₃,CH₃	0.86	25℃	-	제2석유류

② **물에 녹지 않고**, 알코올, 에터, 벤젠 등 유기용제에는 잘 녹는다.
③ 무색 투명한 액체로서 톨루엔과 비슷하다.
④ **BTX**(Benzene, Toluene, Xylene) 중에서 **독성**이 가장 **약하다**.
⑤ 크실렌의 이성질체로는 o-xylene, m-xylene, p-xylene가 있다.

> **참고** **이성질체** : 화학식은 같으나 구조식이 다른 것

6) 테레핀유(송정유)

① 물성

화학식	지정수량	비중	비점	인화점	착화점	연소범위
$C_{10}H_{16}$	1,000ℓ	0.86	155℃	35℃	253℃	0.8 ~ 6.0%

② 피넨($C_{10}H_{16}$)이 80~90% 함유된 소나무과 식물에 함유된 기름으로 **송정유**라고도 한다.
③ 무색 또는 **엷은 담황색의 액체**이다.
④ **물에 녹지 않고** 알코올, 에터, 벤젠, 클로로폼에는 녹는다.
⑤ 헝겊 또는 종이에 스며들어 **자연발화**한다.

7) 스타이렌(Styrene)
① 물성

화학식	지정수량	비중	비점	인화점	착화점
$C_6H_5CH=CH_2$	1,000ℓ	0.9	146℃	32℃	490℃

② 톡특한 냄새의 **무색액체**이다.
③ **물에 녹지 않고 알코올, 에터, 이황화탄소에는 녹는다.**
④ 빛, 가열, 과산화물과 중합반응하여 무색의 고상물이 된다.

8) 클로로벤젠(Chlorobenzene)
① 물성

화학식	지정수량	비중	비점	인화점	착화점
C_6H_5Cl	1,000ℓ	1.1	132℃	27℃	638℃

② 마취성이 조금 있는 석유와 비슷한 냄새가 나는 무색액체이다.
③ **물에 녹지 않고** 알코올, 에터 등 유기용제에는 녹는다.
④ **연소하면 염화수소(HCl)가스**를 발생한다.

$$C_6H_5Cl + 7O_2 \rightarrow 6CO_2 + 2H_2O + HCl$$

⑤ 고온에서 진한황산과 반응하여 P-클로로술폰산을 만든다.

9) 메틸셀로솔브(Methyl Cellosolve)
① 물성

화학식	지정수량	비중	비점	인화점	착화점
$CH_3OCH_2CH_2OH$	2,000ℓ	0.937	124℃	43℃	288℃

② 무색의 상쾌한 냄새가 나는 약간의 휘발성을 지닌 액체이다.
③ **물, 에터, 벤젠, 사염화탄소, 아세톤, 글리세린에 용해**한다.
④ 저장용기는 철분의 혼입을 피하기 위하여 **스테인레스를 용기**로 사용한다.

 메틸셀로솔브의 구조식

```
      H   H   H
      |   |   |
  H - C - O - C - C - OH
      |       |   |
      H       H   H
```

10) 에틸셀로솔브(Ethyl Cellosolve)

① 물성

화학식	지정수량	비중	비점	인화점	착화점
$C_2H_5OCH_2CH_2OH$	2,000ℓ	0.93	135℃	40℃	238℃

② 무색의 상쾌한 냄새가 나는 액체이다.

③ 가수분해하면 에틸알코올과 에틸렌글라이콜을 생성한다.

> **참고** 에틸셀로솔브의 구조식
>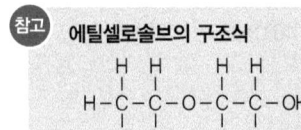

11) 하이드라진

① 물성

화학식	지정수량	비점	융점	인화점	비중
N_2H_4	2,000ℓ	113℃	2℃	38℃	1.01

② 무색의 맹독성 가연성 액체이다.

③ 물이나 **알코올에는 잘 녹고** 에터에는 **녹지 않는다**.

④ 유리를 침식하고 코르크나 고무를 분해하므로 사용하지 말아야 한다.

⑤ 약알칼리성으로 공기 중에서 약 180℃에서 암모니아와 질소로 분해 된다.

$$2N_2H_4 \rightarrow 2NH_3 + N_2 + H_2$$

⑥ **발암성물질**로서 피부, 호흡기에 심하게 침해하므로 유독하다.

5. 제3석유류

1) 중유

① 직류중유

㉮ 물성

비중	지정수량	유출온도	인화점	착화점
0.85 ~ 0.93	2,000ℓ	300 ~ 405℃	60 ~ 150℃	254 ~ 405℃

㉯ 300 ~ 350℃ 이상의 중유의 잔류물과 경유의 혼합물이다.

㉰ 비중과 점도가 낮다.

㉱ 분무성이 좋고 착화가 잘된다.

② 분해중유
  ㉮ 물성

비중	인화점	착화점
0.95 ~ 0.97	70 ~ 150℃	380℃

  ㉯ 중유 또는 경유를 열분해하여 가솔린의 제조 잔유와 분해경유의 혼합물이다.
  ㉰ 비중과 점도가 높다.
  ㉱ 분무성이 나쁘다.

2) 크레오소트유
  ① 물성

비중	지정수량	비중	비점	인화점
1.02 ~ 1.05	2,000ℓ	1.03	194 ~ 400℃	73.9℃

  ② 일반적으로 타르류, 액체피치유라고도 한다.
  ③ **황록색** 또는 **암갈색**의 **기름모양**의 **액체**이며 **증기**는 **유독**하다.
  ④ **주성분**은 **나프탈렌, 안트라센**이다.
  ⑤ 물에는 녹지 않고 알코올, 에터, 벤젠, 톨루엔에는 잘 녹는다.
  ⑥ 물보다 무겁고 독성이 있다.
  ⑦ **타르산**이 함유되어 용기를 부식시키므로 **내산성용기**를 사용하여야 한다.
  ⑧ 소화방법은 중유에 준한다.

3) 에틸렌글라이콜(Ethylene Glycol)
  ① 물성

화학식	지정수량	비중	비점	인화점	착화점
CH_2OHCH_2OH	4,000ℓ	1.11	198℃	120℃	398℃

  ② 무색의 끈기 있는 흡습성의 액체이다.
  ③ 사염화탄소, 에터, 벤젠, 이황화탄소, 클로로폼에 녹지않고, 물, 알코올, 글리세린, 아세톤, 초산, 피리딘에는 잘 녹는다(**수용성**).
  ④ **2가 알코올**로서 **독성**이 있으며 **단맛**이 난다.
  ⑤ 무기산 및 유기산과 반응하여 에스터를 생성한다.

4) 글리세린(Glycerine)
  ① 물성

화학식	지정수량	비중	비점	인화점	착화점
$C_3H_5(OH)_3$	4,000ℓ	1.26	182℃	160℃	370℃

  ② 무색, 무취의 점성 액체로서 **흡수성**이 있다.
  ③ 물, 알코올에는 잘 녹지만(**수용성**) 벤젠, 에터, 클로로폼에는 잘 녹지 않는다.

④ 3가 알코올로서 독성이 없으며 단맛이 난다.
⑤ 소화방법으로는 알코올형포(내알코올포, 알코올포), 분말, 이산화탄소, 사염화탄소가 효과적이다.

참고 에틸렌글라이콜과 글리세린 비교

항목 명칭	에틸렌글라이콜	글리세린
구조식	CH₂-OH / CH₂-OH H-C-C-H (OH OH)	CH₂-OH / CH-OH / CH₂-OH H-C-C-C-H (OH OH OH)
외관	무색의 점성 액체	무색의 점성 액체
맛	단 맛	단 맛
용해성	물, 알코올에 용해	물, 알코올에 용해
OH의 가수	2가 알코올	3가 알코올
독성	있다	없다
소화방법	질식소화(알코올포)	질식소화(알코올포)

5) 아닐린(Aniline)

① 물성

화학식	지정수량	비중	융점	비점	인화점
$C_6H_5NH_2$	2,000ℓ	1.02	-6℃	184℃	70℃

② **황색** 또는 **담황색**의 **기름성의 액체**이다.
③ 물에는 약간 녹고, **알코올, 아세톤, 벤젠**에는 **잘 녹는다**(물의 용해도 : 3.5).
④ 물보다 무겁고 독성이 강하다.

6) 나이트로벤젠(Nitrobenzene)

① 물성

화학식	지정수량	비중	비점	인화점	착화점
$C_6H_5NO_2$	2,000ℓ	1.2	211℃	88℃	482℃

② 암갈색 또는 갈색의 특이한 냄새가 나는 액체이다.
③ 물에는 녹지 않으며 알코올, 벤젠, 에터에는 잘 녹는다.
④ **나이트로화제 : 황산과 질산**

참고 아닐린과 나이트로벤젠의 구조식

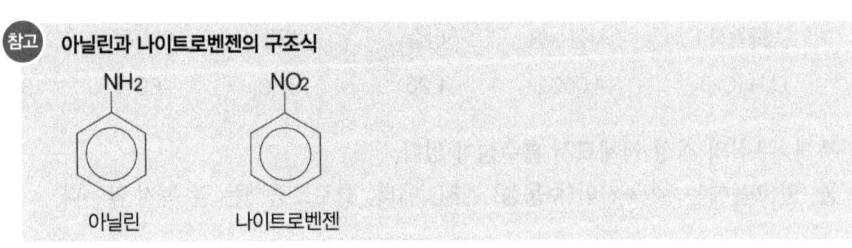

7) 메타크레졸(m-Cresol)

① 물성

화학식	지정수량	비중	비점	인화점	융점
$C_6H_4CH_3OH$	2,000ℓ	1.03	203℃	86℃	8℃

② 무색 또는 황색의 **페놀의 냄새**가 나는 **액체**이다.
③ **물에 녹지 않고**, 알코올, 에터, 클로로폼에는 녹는다.
④ 크레졸은 o-Cresol, m-Cresol, p-Cresol의 **3가지 이성질체**가 있다.

> **참고** 크레졸의 이성질체

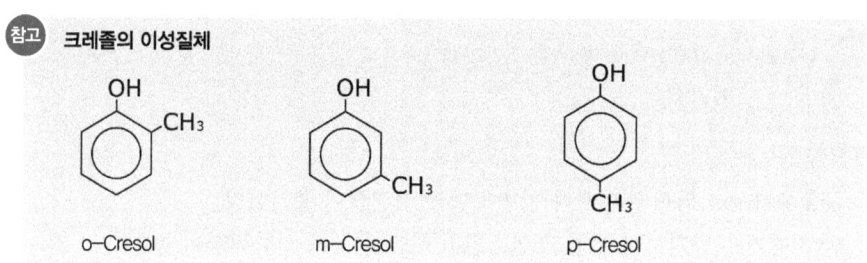

6. 제4석유류

1) 위험성
① 실온에서 인화위험은 없으나 가열하면 연소위험이 증가한다.
② 일단 연소하면 액온이 상승하여 연소가 확대된다.

2) 저장·취급
① 화기를 엄금하고 발생된 증기의 누설을 방지하고 환기를 잘 시킨다.
② 가연성 물질, 강산화성 물질과 격리한다.

3) 소화방법
① 초기 화재 시 분말, 할로젠화합물, 이산화탄소가 적합하다.
② 대형 화재 시 포소화약제에 의한 질식소화를 한다.

4) 종류
① **윤활유** : 기어유, 실린더유, 스핀들유, 터빈유, 모빌유, 엔진오일, 콤프레셔오일 등
② **가소제**(합성수지나 합성고무에 가소성을 주는 물질) : DOP, DNP, DINP, DBS, DOS, TCP, TOP, DINP 등

7. 동·식물유류

1) 종류

항목 구분	아이오딘값	반응성	불포화도	종류
건성유	130 이상	크다	크다	해바라기유, 동유, 아마인유, 정어리기름, 들기름
반건성유	100~130	중간	중간	채종유, 목화씨기름(면실유), 참기름, 콩기름
불건성유	100 이하	적다	적다	야자유, 올리브유, 피마자유, 동백유

 아이오딘값 : 유지 100g에 흡수되는 아이오딘의 g수

2) 위험성
① 상온에서 인화위험은 없으나 가열하면 연소위험이 증가한다.
② 발생 증기는 공기보다 무겁고 연소범위 하한이 낮아 인화위험이 높다.
③ **아마인유**는 **건성유**이므로 **자연발화 위험**이 있다.
④ 화재시 액온이 높아 소화가 곤란하다.

3) 저장·취급 ① 화기에 주의하여야 하며 발생 증기는 인화되지 않도록 한다.
② 건성유의 경우 자연발화 위험이 있으므로 다공성 가연물과 접촉을 피한다.

4) 소화방법
① 초기화재시 분말, 할로젠화합물, 이산화탄소가 유효하고 분무주수도 가능하다.
② 대형화재시 포에 의한 질식소화를 한다.

제04부_ 제4류 위험물
출제예상문제

01 제4류 위험물의 공통적인 성질이 아닌 것은 어느 것인가?

① 증기는 공기보다 무겁다.
② 연소하기 어려운 물질이다.
③ 착화온도가 낮은 것은 위험하다.
④ 물보다 가볍고 물에 녹기 어렵다.

🔍 제4류 위험물은 인화성액체로서 연소하기 쉬운 물질이다.

02 제4류 위험물의 물성을 설명한 것이다. 잘못된 것은?

① 증기비중은 대부분 공기보다 무겁다.
② 산소의 농도가 증가하면 연소범위가 증가한다.
③ 낮은 연소범위에서도 점화원에 의해 연소한다.
④ 연소형태는 액체 자체의 분해 연소이다.

🔍 제4류 위험물 : 증발연소

03 제4류 위험물 취급 시 주의사항으로 틀린 것은?

① 통풍이 잘되는 냉암소에 저장한다.
② 석유류는 전기의 양도체이므로 정전기가 잘 흐르도록 한다.
③ 증기가 낮은 곳에 고이기 쉬우므로 환기에 주의한다.
④ 빈 용기라 할지라도 가연성 증기가 남아 있으므로 취급에 주의한다.

🔍 석유류는 전기의 부도체이다.

04 제4류 위험물의 일반적인 취급상의 주의사항으로 옳은 것은?

① 화기가 없어도 정전기가 축적되어 있으며 불꽃 방전에 의해서 착화되는 수가 있으므로 정전기가 축적되지 않도록 한다.
② 증기의 배출은 지표로 향하게 할 것
③ 위험물이 유출되었을 때 액면이 확대되지 않게 흙 등으로 조치한 후 자연증발 시킬 것
④ 물에 녹지 않는 위험물을 폐기할 경우 물을 섞어 하수구에 버릴 것

🔍 제4류 위험물은 정전기발생에 주의하여야 한다.

05 제4류 위험물 취급 시 주의사항 중 틀린 것은 어느 것인가?

① 인화위험은 액체보다 증기에 있다.
② 증기는 공기보다 무거우므로 높은 곳으로 배출하는 것이 좋다.
③ 아세톤 수용액은 유체마찰에 의한 정전기발생의 위험이 있다.
④ 밀폐된 용기에 가득 찬 것보다 공간이 남아 있는 것이 폭발의 위험이 크다.

🔍 위험물은 저장 시 공간용적(5 ~ 10%)를 두고 용기에 담아야 한다.

06 제4류 위험물의 석유류 분류는 다음 어느 성질에 따라 구분하는가?

① 비등점
② 증기압
③ 착화점
④ 인화점

🔍 • 제4류 위험물의 제1석유류 ~ 제4석유류 분류 : 인화점
• 제4류 위험물을 분류하는 척도 : 인화점
※ 인화점 : 가연성증기를 발생할 수 있는 최저온도

07 인화성액체 위험물 중 화재발생 시 자극성 유독가스를 발생시키는 것은?

① 에틸에터
② 이황화탄소
③ 콜로디온
④ 아세트알데하이드

🔍 이황화탄소 : 화재 발생시 자극성 유독가스인 아황산가스가 생성되므로 위험하다.

정답 01 ② 02 ④ 03 ② 04 ① 05 ④ 06 ④ 07 ②

08 제4류 위험물 중 석유류의 분류가 옳은 것은?

① 제1석유류 : 아세톤, 가솔린, 이황화탄소
② 제2석유류 : 등유, 경유, 장뇌유
③ 제3석유류 : 중유, 송근유, 크레오소트유
④ 제4석유류 : 윤활유, 가소제, 글리세린

🔍 이황화탄소 : 특수인화물, 송근유 : 제2석유류, 글리세린 : 제3석유류

09 다음 중 제4류 위험물이 아닌 것은?

① 특수인화물   ② 알코올류
③ 동·식물유류   ④ 유기과산화물

🔍 유기과산화물 : 제5류 위험물

10 제4류 위험물에 속하지 않는 것은?

① 아세트알데하이드
② 과산화수소
③ 이황화탄소
④ 에터

🔍 과산화수소 : 제6류 위험물

11 다음 화학식의 이름이 잘못된 것은?

① CH_3COCH_3 - 아세톤
② CH_3COOH - 아세트알데하이드
③ $C_2H_5OC_2H_5$ - 다이에틸에터
④ C_2H_5OH - 에틸알코올

🔍 CH_3COOH : 초산, CH_3CHO : 아세트알데하이드

12 다음 중 수용성 위험물 화재 시 소화제로 적당한 것은?

① 석면포   ② 알코올형포
③ 모래주머니 ④ 드라이아이스

🔍 수용성 위험물 화재 : 알코올형포(내알코올포, 알코올포)

13 다음 중에서 제4류 위험물의 물에 대한 성질과 화재 위험성과 직접 관계가 있는 것은?

① 수용성과 인화성
② 비중과 인화성
③ 비중과 착화온도
④ 비중과 화재 확대성

🔍 제4류 위험물의 주수소화 금지 이유 : 비중과 화재 확대성(4류 위험물은 물보다 가볍고 물과 섞이지 않는다)

14 위험물과 그 소화에 있어서 옳게 짝지어진 것은?

① 냉각소화가 적당한 것 - 톨루엔
② 알코올포가 적당한 것 - 메틸알코올
③ 탄산가스가 효과 없는 것 - 피리딘
④ 봉상의 물로 소화되는 것 - 가솔린

🔍 소화방법
• 톨루엔 - 질식소화
• 메틸알코올, 피리딘 - 알코올형포(내알코올포, 알코올포)
• 가솔린 - 질식소화

15 다음 위험물 중 화재 발생 시 적당한 소화제로서 틀린 것은?

① CH_3COCH_3 - 물
② $(C_2H_5)_3Al$ - 건조사
③ $C_6H_5CH_3$ - 포 또는 CO_2
④ 테레핀유 - 봉상주수

🔍 테레핀유 : 분말, CO_2, 할로젠화합물

16 대량의 제4류 위험물 화재에 있어서 물로 소화하는 것은 적절하지 못한데 그 이유는 무엇인가?

① 가연성 가스를 발생한다.
② 연소면을 확대시킨다.
③ 인화점이 강하다.
④ 물이 열분해한다.

🔍 제4류 위험물은 물과 섞이지 않으므로 화재 시 물을 방사하면 연소면 확대로 적절하지 못하다.

정답 08 ② 09 ④ 10 ② 11 ② 12 ② 13 ④ 14 ② 15 ④ 16 ②

17 이황화탄소, 다이에틸에터 등 1기압에서 발화점이 100℃ 이하인 것 또는 인화점이 -20℃ 이하이고 비점이 40℃ 이하인 위험물은?

① 특수인화물　　② 질산에스터류
③ 과염소산염류　④ 나이트로화합물

🔍 특수인화물
- 종류 : 이황화탄소, 다이에틸에터, 아세트알데하이드, 산화프로필렌
- 성상 : 발화점이 100℃ 이하인 것 또는 인화점 -20℃ 이하이고 비점이 40℃ 이하

18 특수 인화물에 속하지 않는 것은?

① 이황화탄소
② 아세트알데하이드
③ 에터
④ 아세톤

🔍 아세톤 : 제4류 위험물 제1석유류

19 다음 물질 중 인화점이 가장 낮은 것은?

① 에터　　② 이황화탄소
③ 아세톤　④ 벤젠

🔍 인화점

종류	인화점	종류	인화점
에터	-40℃	이황화탄소	-30℃
아세톤	-18.5℃	벤젠	-11℃

20 에터 중 과산화물을 검출할 때 그 검출시약과 검색반응의 색이 알맞게 짝지워진 것은?

① 아이오딘화칼륨 - 적색
② 아이오딘화칼륨 - 황색
③ 브로민화칼륨 - 황색
④ 브로민화칼륨 - 적색

🔍 에터 중 과산화물 검출
- 검출시약 : 아이오딘화칼륨
- 검색반응의 색 : 황색

21 다음 조건에 맞는 위험물은 어느 것인가?

> 증기의 비중은 2.55 정도이며, 전기불량도체로서 알코올에 잘 녹는 물질

① 이황화탄소　② 에틸알코올
③ 다이에틸에터　④ 콜로디온

🔍 다이에틸에터 : 증기의 비중은 2.55(74/29) 정도이며, 전기불량도체로서 알코올에 잘 녹는 물질

22 에터, 가솔린, 벤젠의 공통적인 성질에서 옳지 않은 것은 어느 것인가?

① 인화점이 0℃보다 낮다.
② 증기는 공기보다 무겁다.
③ 착화온도는 100℃ 이하이다.
④ 연소범위 하한은 2% 이하이다.

🔍 위험물의 성질

항목 종류	인화점	증기비중	착화점	연소범위
에터	-40℃	2.55	180℃	1.7~48%
가솔린	-43℃	3~4	280~456℃	1.2~7.6%
벤젠	-11℃	2.69	498℃	1.4~8.0%

23 다이에틸에터의 성질 및 저장, 취급할 때 주의사항으로 틀린 것은?

① 장시간 공기와 접촉하면 과산화물이 생성되어 폭발위험이 있다.
② 연소범위는 가솔린보다 좁지만 발화점이 낮아 위험하다.
③ 정전기 생성방지를 위해 약간의 $CaCl_2$를 넣어준다.
④ 이산화탄소 소화기는 적응성이 있다.

🔍 연소범위

종류	연소범위	발화점
다이에틸에터	1.9~48%	180℃
가솔린	1.4~7.6%	약 300℃

정답　17 ①　18 ④　19 ①　20 ②　21 ③　22 ③　23 ②

24 다음 설명은 ether의 성상 및 보관방법에 대한 설명이다. 틀린 것은?

① 휘발성이 큰 액체로서 마취작용이 있다.
② 무색의 액체로 인화점이 상온보다 높다.
③ 보관할 때는 적갈색 병에 넣고 냉암소에 보관한다.
④ 햇빛에 노출하거나 장시간 공기와 접촉하면 과산화물이 생성 될 수 있다.

🔍 에터의 인화점 : -40℃

25 위험물저장소에 특수인화물 200ℓ, 제1석유류(비수용성) 400ℓ, 제2석유류(비수용성) 2000ℓ를 저장할 경우 지정수량은 몇 배인가?

① 9배　　② 8배
③ 7배　　④ 6배

🔍 지정수량의 배수 = $\frac{저장수량}{지정수량}$
= $\frac{200ℓ}{50ℓ} + \frac{400ℓ}{200ℓ} + \frac{2000ℓ}{1000ℓ}$ = 7배

26 다이에틸에터의 성상 중 틀리는 것은?

① 인화성이 강하다.
② 착화온도가 가솔린보다 낮다.
③ 연소범위가 가솔린보다 넓다.
④ 증기밀도가 가솔린보다 크다.

🔍 증기밀도는 분자량/22.4이므로 분자량이 클수록 증기밀도가 크다.

27 다음 [보기]에서 설명하는 위험물은?

- 순수한 것은 무색, 투명한 액체이다.
- 물에 녹지 않고 벤젠에는 녹는다.
- 물보다 무겁고 독성이 있다.

① 아세트알데하이드　② 다이에틸에터
③ 아세톤　　　　　　④ 이황화탄소

🔍 아세트알데하이드나 아세톤은 물에 잘녹으므로 제외되고 물보다 무겁고 독성이 있는 것은 이황화탄소이다.

28 CS_2를 물속에 저장하는 이유는 어느 것인가?

① 불순물을 용해시키기 위해
② 가연성 증기의 발생을 방지하기 위해
③ 상온에서 수소 가스를 방출하기 때문
④ 공기와 접촉하면 즉시 폭발하기 때문

🔍 이황화탄소(CS_2)는 가연성 증기의 발생을 방지하기 위해 물속에 저장한다.

29 이황화탄소에 대한 설명으로 잘못된 것은?

① 순수한 것은 황색을 띠고 불쾌한 냄새가 난다.
② 증기는 유독하며 피부를 해치고 신경계통을 마비시킨다.
③ 물에는 녹지 않으나 유지, 황, 고무 등을 잘 녹인다.
④ 인화되기 쉬우며 점화되면 연한 파란 불꽃을 나타낸다.

🔍 이황화탄소(CS_2) 순수한 것은 무색 투명한 액체이나 직사광선을 쪼이면 황색이 된다.
※이황화탄소 : 물 속에 저장

30 제4류 위험물 중 착화온도가 낮고 대단히 휘발하기 쉬우므로 용기나 탱크에 저장시 물로 덮어서 증발을 막는 위험물은 어느 것인가?

① 이황화탄소　② 콜로디온
③ 에터　　　　④ 가솔린

🔍 이황화탄소 : 제4류 위험물 중 착화온도가 낮고 물속에 저장

31 비스코스레이온 원료로서, 비중이 1.26, 끓는점이 약 46℃이고, 연소시 유독한 아황산가스를 발생시키는 위험물은?

① 황린　　　② 이황화탄소
③ 테레핀유　④ 미네랄스피릿

🔍 이황화탄소(CS_2) : 비중이 1.26, 비점 46℃, 비스코스레이온 원료

정답　24 ②　25 ③　26 ④　27 ④　28 ②　29 ①　30 ①　31 ②

32 연소 시 자극성이 강한 유해가스를 발생하는 위험물은?

① 석유벤젠 ② 에터
③ 메틸알코올 ④ 이황화탄소

🔍 이황화탄소의 연소반응식
$CS_2 + 3O_2 \rightarrow CO_2 + 2SO_2$ (아황산가스)

33 다음 중 인화점이 -20℃ 이하인 것은?

① 경유 ② 등유
③ 테레핀유 ④ 이황화탄소

🔍 인화점

종류	인화점	종류	인화점
경유	39℃ 이상	등유	41℃ 이상
테레핀유	35℃	이황화탄소	-30℃

34 비중이 1보다 작고, 인화점이 0℃ 이하인 것은?

① $C_2H_5ONO_2$ ② $C_2H_5OC_2H_5$
③ CS_2 ④ C_6H_5Cl

🔍 위험물의 물성

종류	명칭	비중	인화점
$C_2H_5ONO_2$	질산에틸	1.1	-
$C_2H_5OC_2H_5$	다이에틸에터	0.7	-40℃
CS_2	이황화탄소	1.26	-30℃
C_6H_5Cl	클로로벤젠	1.1	27℃

35 다음 물질 중 증기비중이 가장 작은 것은?

① 이황화탄소 ② 아세톤
③ 아세트알데하이드 ④ 다이에틸에터

🔍 증기비중

종류	화학식	분자량	증기비중
이황화탄소	CS_2	76	2.6
아세톤	CH_3COCH_3	58	2.9
아세트알데하이드	CH_3CHO	44	1.52
다이에틸에터	$C_2H_5OC_2H_5$	74.12	2.56

36 다음 중 에터의 성상에 대하여 틀린 것은?

① 휘발성이 높은 물질이다.
② 증기에는 마취성이 있다.
③ 연소범위가 가장 작다.
④ 인화점이 -40℃, 착화온도 180℃이다.

🔍 에터의 성상
- 무색 투명한 액체로서 휘발성이 높은 물질이다.
- 증기는 마취성이 있다.
- 연소범위는 1.7 ~ 48%로 크다.
- 인화점 -40℃, 착화온도 180℃, 비점 34℃이다.

37 에터가 공기와 장시간 접촉 시 생성하는 물질은?

① 수산화물
② 과산화물
③ 질소화합물
④ 황화합물

🔍 에터가 공기와 장시간 접촉하면 과산화물이 생성된다.

38 다음 에터의 성질 중 옳은 것은?

① 비등점이 100℃이다.
② 물보다 비중이 크다.
③ 인화점이 15℃이다.
④ 알코올에 잘 용해되며 물에도 약간 녹는다.

🔍 에터의 성질
- 비점 : 34℃
- 비중 : 0.7
- 인화점 : -40℃
- 알코올에 잘 용해되며 물에도 약간 녹는다.

39 특수인화물인 에터의 소화에 있어서 가장 소화효과가 적은 것은?

① 인화점이 낮으므로 CO_2 소화가 적당하다.
② 분무소화가 적당하다.
③ 불활성가스의 질식소화가 좋다.
④ 알코올형포로 소화하는 것이 좋다.

🔍 에터의 소화 : CO_2, 할로젠화합물, 불활성가스의 질식소화, 분무주수

정답 32 ④ 33 ④ 34 ② 35 ③ 36 ③ 37 ② 38 ④ 39 ④

40 다음은 제4류 위험물의 어떤 물질에 대한 설명인가?

- 여기에 과산화물이 생성되면 제5류 위험물과 같은 위험성을 갖는다.
- 이것을 동식물유로 여과할 경우 정전기 발생의 위험이 있다.
- 이것은 갈색병에 저장한다.
- 1기압에서 인화점이 −20℃ 이하이고 비점이 40℃ 이하이다.

① 가솔린 ② 경유
③ 에탄올 ④ 에터

🔍 에터 : 과산화물 생성, 정전기 발생위험, 갈색병에 저장

41 다음 제4류 위험물 특수인화물류 중 물에 잘 녹지 않으며 비중이 물보다 작고, 인화점이 −40℃ 정도인 위험물은?

① 아세트알데하이드 ② 산화프로필렌
③ 다이에틸에터 ④ 나이트로벤젠

🔍 다이에틸에터($C_2H_5OC_2H_5$)의 인화점 : −40℃

42 다음 물질 중 공기보다 증기비중이 낮은 것은?

① 이황화탄소(CS_2)
② 사이안화수소(HCN)
③ 아이오딘산칼륨(KIO_3)
④ 염소산암모늄(NH_4ClO_3)

🔍 사이안화수소의 증기는 공기보다 가볍다(27/29 = 0.932).

43 아세트알데하이드(CH_3CHO)의 성질에 관한 설명이다. 틀린 것은?

① 아이오도폼 반응을 한다.
② 물, 에탄올, 에터에 녹는다.
③ 산화되면 에탄올, 환원되면 아세트산이 된다.
④ 환원성을 이용하여 은거울반응과 펠링반응을 한다.

🔍 에탄올(C_2H_5OH) $\underset{환원}{\overset{산화}{\rightleftharpoons}}$ 아세트알데하이드(CH_3CHO) $\underset{환원}{\overset{산화}{\rightleftharpoons}}$ 아세트산(CH_3COOH)

44 아세트알데하이드는 반응성이 풍부하여 공기 중 산소에 의해 산화되기 쉽다. 이 때의 반응식을 올바르게 나타낸 것은?

① $2CH_3CHO + O_2 \rightarrow 2CH_3COOH$
② $2CH_3CHO + 3O_2 \rightarrow 4HCOOH$
③ $6CH_3CHO + 3O_2 \rightarrow 4C_2H_5OH + 4CO_2$
④ $2CH_3CHO + O_2 \rightarrow 4C + 4H_2O$

🔍 아세트알데하이드의 산화식
$2CH_3CHO + O_2 \rightarrow 2CH_3COOH$

45 아세트알데하이드는 화재의 위험성이 크다, 다음 중 위험성이 맞지 않는 것은?

① 비점이 낮아 휘발하기 쉽다.
② 착화온도가 55℃로 착화하기 쉽다.
③ 인화의 위험이 크다.
④ 연소범위가 넓어서 폭발의 위험이 크다.

🔍 아세트알데하이드의 물성

물성	연소범위	인화점	착화점	비중	비점
규격	4 ~ 60%	−40℃	175℃	0.78	21℃

46 다음 위험물 중 착화온도가 가장 낮은 것은?

① 가솔린
② 이황화탄소
③ 에터
④ 황린

🔍 착화온도

종류	착화온도	종류	착화온도
가솔린	280~456℃	이황화탄소	90℃
에터	180℃	황린	≒ 34℃

정답 40 ④ 41 ③ 42 ② 43 ③ 44 ① 45 ② 46 ④

47 아세트알데하이드의 저장 시 주의점이 아닌 것은?

① 구리나 마그네슘 합금 용기에 저장하여야 한다.
② 화기를 가까이 하여서는 아니된다.
③ 용기의 파손에 주의한다.
④ 찬 곳에 저장한다.

🔍 아세트알데하이드나 산화프로필렌은 구리나 마그네슘 합금 용기를 사용하여서는 아니된다.

48 다음 위험물 중 특수인화물로서 물에 잘 녹는 것은?

① 에터 ② 아세트알데하이드
③ 메틸알코올 ④ 이황화탄소

🔍 아세트알데하이드(CH_3CHO)는 특수인화물로 물에 잘 녹는다.

49 다음 제4류 위험물 중 연소범위가 가장 넓은 것은?

① 아세트알데하이드 ② 산화프로필렌
③ 이황화탄소 ④ 아세톤

🔍 연소범위

종류	연소범위	종류	연소범위
아세트알데하이드	4.0 ~ 60.0%	산화프로필렌	2.8 ~ 37%
이황화탄소	1.0 ~ 50.0%	아세톤	2.5 ~ 12.8%

50 암모니아성 질산은 용액이 들어 있는 유리그릇에 은거울을 만들려면 다음 중 어느 것을 가하여야 하는가?

① CH_3CHOH ② $CH_3CH_2CH_2OH$
③ $CHCOCH_3$ ④ CH_3CHO

🔍 은거울반응 : 아세트알데하이드(CH_3CHO)

51 산화프로필렌의 특징에 대한 설명 중 옳지 않은 것은?

① 구리, 은, 마그네슘 등과 접촉시 폭발성인 아세틸라이드를 생성한다.
② 연소 범위가 넓다.
③ 증기압은 20℃에서 445mmHg이다.
④ 반응성이 작고, 증기밀도가 낮다.

🔍 산화프로필렌은 반응성이 크고 증기밀도(58/22.4ℓ = 2.59)가 크다.

52 산화프로필렌의 설비에 취급을 피하는 금속 또는 그 합금에 해당하는 것은?

① 니켈(Ni) ② 나트륨(Na)
③ 수은(Hg) ④ 코발트(Co)

🔍 산화프로필렌은 수은(Hg), 구리(Cu), 은(Ag), 마그네슘(Mg) 또는 그 합금은 피해야 한다.

53 구리, 은, 마그네슘과 아세틸라이드를 만들고 연소범위가 2.5 ~ 38.5%인 물질은?

① 아세트알데하이드 ② 알킬알루미늄
③ 산화프로필렌 ④ 콜로디온

🔍 산화프로필렌의 연소범위 : 2.5 ~ 38.5%

54 제4류 위험물 중 착화온도가 가장 낮은 것은?

① 에터 ② 이황화탄소
③ 아세톤 ④ 아세트알데하이드

🔍 착화온도

종류	착화온도	종류	착화온도
에터	180℃	이황화탄소	90℃
아세톤	465℃	아세트알데하이드	175℃

55 인화점이 가장 높은 것은?

① 가솔린 ② 이황화탄소
③ 클로로벤젠 ④ 다이에틸에터

🔍 인화점

종류	인화점	종류	인화점
가솔린	-43℃	이황화탄소	-30℃
클로로벤젠	27℃	다이에틸에터	-40℃

정답 47 ① 48 ② 49 ① 50 ④ 51 ④ 52 ③ 53 ③ 54 ② 55 ③

56 다음은 위험물안전관리법에서 정의하는 위험물의 분류를 설명한 것이다. 틀린 것은?

① 황은 순도가 60중량% 미만인 것을 제외한다.
② 제1석유류는 등유, 경유 그 밖에 1기압에서 인화점이 21℃ 미만인 것이다.
③ 철분이라 함은 53메쉬(mesh)의 표준체를 통과하는 것이 50중량% 이상인 것을 말한다.
④ 마그네슘 또는 마그네슘을 함유한 것 중 2mm의 체를 통과하지 아니하는 덩어리를 위험물에서 제외한다.

🔍 제1석유류 : 아세톤, 휘발유 그 밖에 1기압에서 인화점이 21℃ 미만인 것

57 다음 중 방향족 탄화수소가 아닌 것은?

① 벤젠
② 크실렌
③ 메틸벤젠
④ 글리세린

🔍 탄화수소
• 방향족 탄화수소 : 벤젠, 톨루엔, 크실렌, 아닐린 등
• 지방족 탄화수소 : 글리세린, 아세톤과 같이 방향족 이외의 탄화수소

58 제4류 위험물 제1석유류인 휘발유의 지정수량은?

① 200ℓ
② 500ℓ
③ 1,000ℓ
④ 2,000ℓ

🔍 제1석유류(비수용성, 휘발유)의 지정 수량 : 200ℓ

59 다음 위험물 중에서 제1석유류에 속하지 않는 것은?

① CH_3COCH_3
② C_6H_6
③ $C_6H_5NH_2$
④ $C_6H_5CH_3$

🔍 아닐린($C_6H_5NH_2$) : 제3석유류

60 인화점이 20℃ 이하이며, 수용성인 것은 몇 개인가?

아세톤, 아닐린, 아세트알데하이드, 빙초산, 나이트로벤젠

① 1개
② 2개
③ 3개
④ 4개

🔍 인화점 20℃ 이하이고 수용성 위험물 : 아세톤, 아세트알데하이드

61 제1석유류에 속하지 않는 것은?

① 아세톤
② 벤젠
③ 톨루엔
④ 크실렌

🔍 크실렌 : 제4류 위험물 제2석유류

62 다음 물질 중 인화점의 온도가 상온과 비슷한 것은?

① 톨루엔
② 피리딘
③ 가솔린
④ 아세톤

🔍 피리딘의 인화점은 20℃로 상온과 비슷하다.

63 다음 중 인화점이 순서대로 열거된 것은?

① 휘발유 – 크실렌 – 아세톤 – 벤젠
② 휘발유 – 아세톤 – 톨루엔 – 벤젠
③ 휘발유 – 크실렌 – 벤젠 – 아세톤
④ 휘발유 – 아세톤 – 벤젠 – 톨루엔

🔍 인화점

종류	인화점	종류	인화점
휘발유	–43℃	아세톤	–18.5℃
벤젠	–11℃	톨루엔	4℃

정답 56 ② 57 ④ 58 ① 59 ③ 60 ② 61 ④ 62 ② 63 ④

64 제1석유류(수용성)가 400ℓ, 제2석유류(비수용성)가 2000ℓ 저장시 저장량의 합계는 지정수량의 몇 배인가?

① 3 ② 4
③ 5 ④ 6

🔍 지정수량의 배수 = 저장수량/지정수량
= 400/400 + 2000/1000 = 3배

65 다음 중 아세톤의 성질에 맞지 않는 것은?

① 무색, 무취의 액체
② 보관 중 황색으로 변색된다.
③ 일광에 쪼이면 변색된다.
④ 물에 잘 녹는다.

🔍 아세톤의 물성
• 무색, 독특한 냄새가 나는 휘발성 액체
• 물에 잘 녹는다.
• 보관 중 일광에 쪼이면 과산화물이 생성되어 황색으로 변한다.
• 피부와 접촉하면 탈지현상이 있다.

66 아세톤의 물리적 특성으로 틀린 것은?

① 무색, 투명한 액체로서 독특한 자극성의 냄새를 가진다.
② 물에 잘 녹으며 에터, 알코올에도 녹는다.
③ 화재 시 대량 주수소화로 희석소화가 가능하다.
④ 증기는 공기보다 가볍다.

🔍 아세톤의 증기는 공기보다 약 2배(증기비중 = 분자량/29 = 58/29 = 2.0배) 무겁다.

67 아세톤의 일반적 성질에 맞지 않는 것은 어느 것인가?

① 독특한 향기를 낸다.
② 일광에 쪼이면 중합된다.
③ 대단히 휘발하기 쉬운 무색액체이다.
④ 보관 중 황색으로 변한다.

🔍 아세톤은 일광에 쪼이면 분해한다.

68 다음 위험물 중 물 보다 가볍고 인화점이 0℃ 이하인 것은 어느 것인가?

① 아세톤 ② 경유
③ 나이트로벤젠 ④ 아세트산

🔍 위험물의 비교

종류	구분	비중	인화점
아세톤	제1석유류	0.79	-18.5℃
경유	제2석유류	0.82~0.84	41℃ 이상
나이트로벤젠	제3석유류	1.2	88℃
아세트산	제2석유류	1.05	40℃

69 다음 제1석유류 중 장기간 보관 시 황색으로 변색되며 피부 접촉 시 탈지작용을 하는 물질로서 일광(햇빛)에 의해서 분해 되는 위험물질은?

① 에터
② 아닐린
③ 아세톤
④ 알릴알코올

🔍 아세톤 : 탈지작용

70 다음 소화 시 주의하여야 하는 소포성 액체는?

① 가솔린
② $C_6H_4(CH_3)_2$
③ CH_3COCH_3
④ 크레오소트유

🔍 소포성 액체 : 수용성 [아세톤(CH_3COCH_3)]

71 아세톤의 증기밀도 1atm, 0℃에서 얼마인가?(단, C : 12, O : 16, H : 1)

① 0.89g/ℓ ② 1.47g/ℓ
③ 2.59g/ℓ ④ 3.34g/ℓ

🔍 증기밀도 = 58g/22.4ℓ = 2.59g/ℓ

정답 64 ① 65 ① 66 ④ 67 ② 68 ① 69 ③ 70 ③ 71 ③

72 가솔린의 성질 중 옳지 않은 것은?

① 증기는 공기보다 3 ~ 4배 무겁다.
② 가솔린은 화학적으로 단일 물질이다.
③ 휘발성의 무색 액체이지만 오렌지 또는 청색으로 착색된 것도 있다.
④ 착화온도는 300℃이지만 상온에서도 계속 가연성 증기가 나오고 있다.

🔍 가솔린 : 탄소의 수가 5개에서 9개까지의 포화, 불포화탄화수소의 혼합물

73 가솔린의 일반적인 성질에 대한 내용으로 틀린 것은?

① 착화온도는 등유보다 높다.
② 증기밀도는 등유보다 크다.
③ 인화점은 -20℃이다.
④ 여러 가지 포화·불포화 탄화수소의 혼합물 상태로 상온에서 액체이다.

🔍 일반적인 성질

종류	착화온도	증기밀도	인화점
가솔린	280 ~ 456℃	3 ~ 4	-43℃
등유	210℃ 이상	4 ~ 5	39℃ 이상

74 융점보다 인화점이 낮아 응고된 상태에서도 인화의 위험이 있는 물질은?

① 테레핀유   ② 벤젠
③ 경유   ④ 퓨젤유

🔍 벤젠은 융점 7℃, 인화점 -11℃이므로 응고된 상태에서도 인화의 위험이 있다.

75 벤젠의 성질에 대한 설명 중 틀린 것은?

① 증기는 유독하다.
② 물에 녹지 않는다.
③ CS_2보다 인화점이 낮다.
④ 독특한 냄새가 있는 액체이다.

🔍 인화점

종류	인화점	종류	인화점
벤젠	-11℃	이황화탄소	-30℃

76 벤젠의 저장 및 취급시 주의사항 중 틀린 것은?

① 피부에 닿지 않도록 주의한다.
② 정전기에 주의한다.
③ 용기에 저장시 가득 채워 저장한다.
④ 통풍이 잘되는 냉암소에 저장한다.

🔍 • 위험물 용기 저장시 공간용적을 두고 채운다.
• 공간용적 : 5 ~ 10%
※ 100ℓ의 용기에 위험물 저장시 공간용적 5%(5ℓ)을 둔 95ℓ까지만 저장한다.

77 벤젠의 성질 중 맞는 것은?

① 무색, 투명하고 냄새가 없다.
② 겨울에 찬 곳에서 고체가 되는 수가 있다.
③ 휘발성이 강하나 유기용제와 혼합이 안 된다.
④ 불을 붙이면 그을음 없이 연소한다.

🔍 벤젠의 성질
• 무색 투명한 방향성을 갖는 액체
• 융점이 7℃이므로 겨울에는 응고되어 고체가 된다.
• 휘발성이 강하나 유기용제와 혼합이 잘 된다.
• 불을 붙이면 그을름이 발생하면서 증발연소 한다.

78 다음 중 물에 녹지 않은 인화성 액체는 어느 것인가?

① 벤젠   ② 아세톤
③ 메틸알코올 ④ 아세트알데하이드

🔍 벤젠(C_6H_6) : 불용, 인화성액체(제4류 위험물 제1석유류)

79 벤젠에 진한 황산과 진한 질산의 혼산을 가해 반응시키면 생성되는 위험물은 무엇인가?

① 클로로벤젠   ② 나이트로벤젠
③ 질화술폰산   ④ 나이트로셀룰로스

🔍 벤젠(C_6H_6)에 혼산(황산 + 질산)을 가하면 나이트로벤젠($C_6H_5NO_2$)이 된다.

정답 72 ② 73 ② 74 ② 75 ③ 76 ③ 77 ② 78 ① 79 ②

80 가솔린, 에터 및 벤젠의 공통되는 성질에서 옳은 것은?

① 증기밀도는 1보다 크다.
② 인화점은 -10℃ 이상이다.
③ 착화온도는 200℃ 이하이다.
④ 연소범위의 하한이 2% 이상이다.

🔍 위험물의 물성

구분 종류	분류	증기 밀도	인화점	착화온도	연소범위
가솔린	제1석유류	3~4	-43℃	280~ 456℃	1.2~7.6%
에터	특수인화물	2.55	-40℃	180℃	1.7~48%
벤젠	제1석유류	2.69	-11℃	498℃	1.4~8.0%

81 톨루엔($C_6H_5CH_3$)의 일반적 성질에 대하여 다음 중 틀린 것은?

① 증기밀도는 공기보다 가볍다.
② 인화점이 낮고 물에는 녹지 않는다.
③ 휘발성이 있는 무색 투명한 액체이다.
④ 증기는 독성이 있지만 벤젠에 비해 약한 편이다.

🔍 증기밀도는 공기보다 3.17배(92/29 = 3.17)무겁다.

82 인화점이 상온 이하인 것은?

① 톨루엔
② 테레핀유
③ 에틸렌글라이콜
④ 아닐린

🔍 인화점

종류	인화점	종류	인화점
톨루엔	4℃	테레핀유	35℃
에틸렌글라이콜	120℃	아닐린	70℃

83 톨루엔의 위험성을 설명한 것 중 틀린 것은?

① 증기는 마취성이 있다.
② 독성이 벤젠보다 대단히 크다.
③ 인화점이 낮다.
④ 유체마찰 등으로 정전기가 생겨 인화하기도 한다.

🔍 독성의 크기 : 벤젠 > 톨루엔 > 크실렌

84 다음 화합물 중 인화점이 가장 낮은 것은?

① 초산메틸
② 초산에틸
③ 초산부틸
④ 초산아밀

🔍 인화점

종류	인화점	종류	인화점
초산메틸	-10℃	초산에틸	-3℃
초산부틸	23℃	초산아밀	23℃

85 메틸에틸케톤에 관한 설명 중 옳은 것은?

① 융점이 -86.4℃이며 에터에 잘 녹는다.
② 장뇌 냄새가 나며 물에 잘 녹지 않는다.
③ 연소범위가 가솔린보다 좁으므로 인화폭발의 가능성이 적다.
④ 비점이 경유와 비슷하므로 제2석유류에 속하는 물질이다.

🔍 메틸에틸케톤 : 에터에 잘 녹고, 물에는 용해도 27.5, 융점 -86.4℃

86 메틸에틸케톤의 취급상 옳은 것은?

① 인화점이 25℃이므로 여름에만 주의하면 된다.
② 증기는 공기보다 가벼우므로 주의하여야 한다.
③ 탈지작용이 있으므로 직접 피부에 닿지 않도록 한다.
④ 물보다 무거우므로 주의를 요한다.

🔍 메틸에틸케톤(MEK)의 성질
• 인화점 : -7℃
• 증기는 공기보다 무겁고 액체는 물보다 가볍다.
• 탈지작용을 한다.

정답 80 ① 81 ① 82 ① 83 ② 84 ① 85 ① 86 ③

87 콜로디온에 대한 설명 중 옳은 것은?

① 콜로디온은 질화도가 낮은 질화면을 에터 3, 알코올 1의 혼합용제에 녹인 것이다.
② 무색불투명한 점도가 작은 액체이다.
③ 이 용액을 바르면 용매는 서서히 증발하여 나중에는 투명한 질화면 막이 생긴다.
④ 인화점은 0 ℃정도이다.

🔍 콜로디온의 성질
- 무색 투명한 점도가 작은 액체
- 질화도가 낮은 질화면을 에터 1, 알코올 3의 혼합용제에 녹인 것
- 이 용액을 바르면 용매는 서서히 증발하여 나중에는 투명한 질화면 막이 생긴다.
- 인화점 : -18 ℃

88 다음 설명은 어떤 물질을 설명하고 있는가?

- 질화도(窒化度)가 낮은 질화면(窒化綿)을 에틸알코올 3 에터 1의 비율의 혼합액에 녹인 것이다.
- 이 물질의 용제가 알코올, 에터이므로 상온에서 휘발하여 인화되기 쉽고, 연소 할 때는 용제가 휘발한 후에 질화면이 폭발적으로 연소한다.
- 셀룰로이드, 필름의 제조에 사용된다.

① 산화프로필렌
② 에틸나이트라이트
③ 에틸클로라이드
④ 콜로디온

🔍 콜로디온 : 질화도(窒化度)가 낮은 질화면(窒化綿)을 에틸알코올 3 에터 1의 비율의 혼합액에 녹인 것

89 피리딘의 일반 성질에 관한 설명이다. 잘못된 것은?

① 산, 알칼리에 안정하다.
② 인화점이 0℃ 이하, 발화점은 100℃ 이하이다.
③ 순수한 것은 무색의 액체로 센 악취와 독성이 있다.
④ 독성이 있고 급속중독일 경우는 마취, 두통, 식욕감퇴의 증상이 나타난다.

🔍 피리딘의 인화점 16℃, 발화점 482℃

90 초산에스터류의 분자량이 증가할수록 달라지는 성질 중 옳지 않은 것은?

① 인화점이 높아진다.
② 이성질체가 줄어든다.
③ 수용성이 감소된다.
④ 증기비중이 커진다.

🔍 초산 에스터류(의산 에스터류)가 분자량이 증가하면
- 인화점이 높아진다.
- 이성질체가 많아진다.
- 수용성이 감소된다.
- 증기비중이 커진다.
- 비등점이 높아진다.
- 발화점이 낮아진다.
- 연소열이 증가한다.

91 탄화수소에서 탄소의 수가 증가할수록 나타나는 현상들로 옳게 짝 지워 놓은 것은?

㉠ 비등점이 높아진다.
㉡ 발화점이 낮아진다.
㉢ 연소열이 증가한다.
㉣ 폭발하한이 높아진다.

① ㉠
② ㉠, ㉡
③ ㉠, ㉡, ㉢
④ ㉠, ㉡, ㉢, ㉣

🔍 문제 90 번 참조

92 다음 물질 중 에스터류에 속하지 않는 것은?

① 초산에틸
② 초산아밀
③ 낙산메틸
④ 초산나트륨

🔍 초산나트륨(CH_3COONa) : 염

93 초산에틸에 대한 설명 중 틀리는 것은?

① 휘발성이 강하다.
② 인화성이 강하다.
③ 피부에 닿으면 탈진작용을 한다.
④ 공업용 에탄올을 함유하므로 독성이 없다.

🔍 초산에틸($CH_3COOC_2H_5$) : 탈지작용

정답 87 ③ 88 ④ 89 ② 90 ② 91 ③ 92 ④ 93 ③

94 다음 물질 중 클로로폼은 어느 것인가?

① CHCl₃ ② CH₂Cl₂
③ CH₃Cl ④ CCl₄

> 화학식
> • 클로로폼 : CHCl₃
> • 염화메틸렌 : CH₂Cl₂
> • 염화메테인 : CH₃Cl
> • 사염화탄소 : CCl₄

95 개미산 메틸에 대한 설명으로 옳지 못한 것은?

① 럼주의 향기를 가진 무색 액체이다.
② 증기는 마취성은 없으나 독성이 강하다.
③ 가수 분해 되면 CH₃OH와 HCOOH를 만든다.
④ 물, 에스터, 에터에 비교적 잘 녹는다.

> 개미산메틸(의산메틸) : 증기는 마취성이 있다.

96 제4류 위험물 중 알코올에 대한 설명이다. 옳지 않은 것은?

① 수용성이 가장 큰 알코올은 부틸알코올이다.
② 분자량이 증가함에 따라 수용성은 감소한다.
③ 분자량이 커질수록 이성질체도 많아진다.
④ 변성알코올도 알코올류에 포함된다.

> • 메틸알코올이 수용성이 가장 크다.
> • 분자량이 증가할수록 수용성은 감소한다.

97 다음 중 2가 알코올인 것은?

① 메탄올 ② 에탄올
③ 에틸렌글라이콜 ④ 글리세린

> 알코올

종류	화학식	구분
에틸렌글라이콜	CH₂OHCH₂OH	2가 알코올
글리세린	CH₂OHCHOHCH₂OH	3가 알코올
메탄올	CH₃OH	1가 알코올
에탄올	C₂H₅OH	1가 알코올

98 다음 중 위험물 중 알코올류에 속하는 것은?

① 에틸알코올 ② 뷰테인올
③ 퓨젤유 ④ 크레오소트유

> 알코올류 : 1분자내의 탄소 원자수가 3개 이하인 포화 1가 알코올
> ※알코올류 : 메틸알코올, 에틸알코올, 프로필알코올, 변성알코올

99 알코올형포 소화약제로 소화하기에 적합한 위험물은?

① 휘발유 ② 톨루엔
③ 석유 ④ 메탄올

> 알코올형포(내알코올포, 알코올포) 소화약제는 메탄올, 에탄올, 초산, 아세톤 등 수용성액체에는 적합하다.

100 에탄올에 진한 황산을 작용시키면 생성되는 것은?

$$CH_3CH_2OH \rightarrow (\quad) + H_2O$$

① CH₃OH ② CH₄
③ C₂H₆ ④ C₂H₄

> CH₃CH₂OH → C₂H₄ + H₂O

101 메틸알코올을 취급할 때의 위험성에서 틀리는 것은?

① 겨울에는 폭발성의 혼합 가스가 생기지 않는다.
② 연소범위는 에틸알코올보다 좁다.
③ 독성이 있다.
④ 증기는 공기보다 약간 무겁다.

> 연소범위
> • 메틸알코올 : 6.0~36%
> • 에틸알코올 : 3.1~27.7%

102 알코올류 중 폭발범위와 인화점 면으로 보아서 가장 위험성이 큰 것은 어느 것인가?

① 메탄올 ② 에탄올
③ 프로판올 ④ 부탄올

> 메탄올이 인화점이 11℃로서 위험성이 가장 크다.

정답 94 ① 95 ② 96 ① 97 ③ 98 ① 99 ④ 100 ④ 101 ② 102 ①

103 메틸알코올과 에틸알코올이 각각 다른 시험관에 들어 있다. 이 두 화합물을 구별할 수 있는 실험은?

① 산화시켜 나온 물질에 은거울 반응을 하여 본다.
② 금속나트륨을 넣어 본다.
③ NaOH와 I_2의 혼합용액을 넣어 노란색 침전물의 유무를 확인한다.
④ 환원시켜 생성물을 비교하여 본다.

🔍 에틸알코올 검출반응 : 아이오도폼 반응
※아이오도폼 반응
에틸알코올에 NaOH와 I_2의 혼합용액을 넣어 노란색 침전물(아이오도폼)이 생성되는 반응
$C_2H_5OH + 6NaOH + 4I_2$
→ $CHI_3↓ + 5NaI + HCOONa + 5H_2O$
(아이오도폼 : 황색 침전)

104 다음 에탄올 또는 주정이라고 하는 물질의 화학식은?

① $C_5H_{11}OH$
② CH_3COOH
③ CH_3OH
④ C_2H_5OH

🔍 에탄올 : C_2H_5OH
※메탄올(CH_3OH) : 목정
※에탄올(C_2H_5OH) : 주정
※주정뱅이 : 술(에탄올)을 많이 먹고 취하는 사람

105 메탄올의 성질에 맞지 않는 것은?

① 무색, 투명한 무취의 액체이고 휘발성이 있다.
② 먹으면 눈이 멀거나 생명을 잃는다.
③ 물에는 무제한 녹는다.
④ 비중이 물보다 작다.

🔍 메탄올(CH_3OH, 목정)의 성질
• 무색, 투명한 취기가 있는 액체로서 휘발성이 있다.
• 비중이 물보다 작고 물에는 잘 녹는다.
• 먹으면 눈이 멀거나 생명을 잃는다.

106 변성유라고 하는 것은 다음 중 어느 분류에 속하는 것은?

① 제2석유류
② 동식물유류
③ 초산에스터류
④ 알코올류

🔍 알코올류 : 변성유

107 알코올류 중 인화점이 가장 낮은 것은?

① 메틸알코올
② 에틸알코올
③ 아이소프로필알코올
④ 변성알코올

🔍 • 분자량이 커질수록 인화점이 높다.
• 인화점의 크기 : 메틸알코올 < 에틸알코올 < 프로필알코올 < 부틸알코올 < 아밀알코올

108 다음 위험물을 취급하다가 실수로 물질이 혼합되었을 때 발화 또는 폭발의 위험성이 있는 것은?

① 에탄올과 삼산화크로뮴
② 이황화탄소와 증류수
③ 클로로벤젠과 아세톤
④ 금속칼륨과 유동성 파라핀

🔍 에탄올(제4류)과 삼산화크로뮴(제1류)의 혼합은 발화 또는 폭발의 위험성이 있다.

109 알코올류의 일반적 성질에 대한 설명 중 틀린 것은 어느 것인가?

① 탄소수가 증가함에 따라 수용성이 낮아진다.
② 탄소수가 증가함에 따라 점성이 높아진다.
③ 탄소수가 증가함에 따라 비등점이 높아진다.
④ 탄소수가 증가함에 따라 인화점이 낮아진다.

🔍 알코올류의 탄소수가 증가하면 인화점이 높아진다.

110 다음 중 에탄올과 이성질체의 관계가 있는 것은?

① CH_3OCH_3
② CH_3CHO
③ CH_3COOH
④ CH_3OH

🔍 에탄올(C_2H_5OH)와 디메틸에터(CH_3OCH_3)는 동소체이다.

111 지정수량이 1000ℓ인 제2석유류의 인화점으로 옳은 것은?

① 21 ~ 70℃ 미만
② 21℃ 미만
③ 70 ~ 200℃ 미만
④ 200℃ 이상

🔍 제2류 석유류의 인화점 : 21℃ 이상 70℃ 미만

정답 103 ③ 104 ④ 105 ① 106 ④ 107 ① 108 ① 109 ④ 110 ① 111 ①

112 등유의 성질로 맞지 않는 것은?

① 여러 가지 탄화수소의 혼합물이다.
② 석유류 중 가솔린보다 높은 비점 범위를 갖는다.
③ 가솔린보다 휘발하기 쉬운 탄화수소이다.
④ 물에는 녹지 않는다.

🔍 등유는 가솔린보다 휘발하기 어려운 포화 · 불포화탄화수소의 혼합물이다.

113 경유의 성질을 잘못 설명한 것은?

① 비중이 1 이하이다.
② 물에 녹기 어렵다.
③ 인화점은 등유보다 높다.
④ 보통 시판되는 것은 담갈색의 액체이다.

🔍 인화점

종류	인화점	종류	인화점
경유	39℃ 이상	등유	41℃ 이상

114 다음 위험물 중 제4류 위험물 제2석유류에 속하며 독성이 강한 것은?

① CH_3COOH ② C_6H_6
③ $C_6H_5CH = CH_2$ ④ $C_6H_5NH_2$

🔍 위험물의 구분

종류	구분	독성
CH_3COOH(초산)	제2석유류	-
C_6H_6(벤젠)	제1석유류	강하다
$C_6H_5CH = CH_2$(스타이렌)	제2석유류	강하다
$C_6H_5NH_2$(아닐린)	제3석유류	-

115 다음 제4류 위험물 중 제2석유류에 해당하는 것은?

① 등유   ② 크레오소트유
③ 중유   ④ 에틸렌글라이콜

🔍 제2석유류 : 등유

116 경유의 화재 발생 시, 주수소화가 부적당한 이유로서 가장 옳은 것은?

① 경유가 연소할 때 물과 반응하여 수소가스를 발생하여 연소를 돕기 때문에
② 주수 소화하면 경유의 연소열 때문에 분해하여 산소를 발생하여 연소를 돕기 때문에
③ 경유는 물과 반응하여 유독가스를 발생하므로
④ 경유는 물보다 가볍고 또 물에 녹지 않기 때문에 화재가 널리 확대되므로

🔍 경유(인화성액체)화재 시 주수소화 하면 물에 녹지 않기 때문에 화재면 확대로 위험하다.

117 제4류 위험물인 폼산(HCOOH)의 저장 취급 시 필요한 일반적인 물성에 대한 설명 중 틀린 것은 어느 것인가?

① 피부에 닿으면 부풀어 오른다.
② 환원성이 없다.
③ 진한 황산과 가열하면 일산화탄소가 생성된다.
④ 자극성이 있는 무색의 액체로서 물에 잘 녹는다.

🔍 폼산(HCOOH) : 환원성이 있다.

118 다음과 같이 위험물을 저장하는 경우 지정수량의 몇 배에 해당하는가?

- 클로로벤젠 : 600ℓ
- 동 · 식물 유류 : 5,400ℓ
- 제2석유류(비수용성) : 1,200ℓ

① 2.24배   ② 2.34배
③ 3.34배   ④ 3.352배

🔍 지정수량의 배수 = 저장수량 / 지정수량

$= \frac{600ℓ}{1000ℓ} + \frac{5400ℓ}{10000ℓ} + \frac{1200ℓ}{1000ℓ} = 2.34$배

※ 지정수량
- 클로로벤젠 : 1,000ℓ
- 동 · 식물 유류 : 10,000ℓ
- 제2석유류(비수용성) : 1,000ℓ

정답 112 ③ 113 ③ 114 ③ 115 ① 116 ④ 117 ② 118 ②

119 클로로벤젠에 대한 설명 중 옳은 것은?

① 인화점이 32℃이므로 제2석유류에 속한다.
② 독성이 있고 은색의 액체이다.
③ 착화온도는 등유보다 낮다.
④ 물에 잘 녹는다.

🔍 클로로벤젠(C_6H_5Cl)은 인화점이 32℃로 제2석유류이다.

120 다음 중 크실렌의 이성질체가 아닌 것은?

① o-크실렌 ② p-크실렌
③ m-크실렌 ④ q-크실렌

🔍 크실렌의 이성질체 : o-크실렌, m-크실렌, p-크실렌

121 다음 중 테레핀유에 대한 설명이 잘못된 것은?

① 물에 녹지 않으나 알코올, 에터에 녹으며 유지 등을 잘 녹인다.
② 순수한 것은 황색의 액체이고, I_2와 혼합된 것은 가열하여도 발화하지 않는다.
③ 화학적으로는 유지는 아니지만 건성유와 유사한 산화성이기 때문에 공기 중 산화한다.
④ 테레핀유가 묻은 엷은 천에 염소가스를 접촉시키면 폭발한다.

🔍 테레핀유의 순수한 것은 무색의 액체이다.

122 자극성 냄새를 가지며 피부에 닿으면 물집이 생기고 비교적 강한 산으로 환원성이 있는 제2석유류는?

① 개미산 ② 스틸렌
③ 아세톤 ④ 에탄올

🔍 개미산(의산, HCOOH) : 자극성 냄새를 가지며 피부에 닿으면 물집이 생기는 강한 산성으로 제2석유류

123 제3석유류에 속하는 크레오소트유에 대한 설명 중 옳지 않는 것은?

① 제3석유류로 지정수량은 2000리터이다.
② 독특한 냄새를 지녔고 증기는 독성이 없다.
③ 황록색의 기름 모양의 액체이다.
④ 물보다 무겁고 물에 녹지 않는다.

🔍 크레오소트유는 독성이 있다.

124 다음 중 에틸렌글라이콜과 글리세린의 공통점이 아닌 것은?

① 독성이 있다. ② 수용성이다.
③ 무색의 액체이다. ④ 단맛이 있다.

🔍 에틸렌글라이콜은 독성이 있고 글리세린은 독성이 없다.

125 글리세린에 대한 설명 중 옳은 것은?

① 무색, 무취의 고체이다.
② 흡습성이 있다.
③ 에터, 벤젠 등에 잘 녹는다.
④ 불연성물질이다.

🔍 글리세린의 특징
- 무색, 무취의 흡습성 액체
- 물에는 잘 녹으나 에터, 벤젠 등에 녹지 않는다.
- 제4류 위험물로서 가연성물질이다.

126 다음 물질 중 작용기 OH와 CH_3를 함께 포함하고 있는 화합물은?

① p-크레졸 ② o-크실렌
③ 글리세린 ④ 피크린산

🔍 위험물의 분류

종류 \ 항목	구분	화학식	구조식
P-크레졸	특수가연물	$C_6H_4CH_3OH$	OH, CH_3 치환 벤젠
O-Xylene	제4류위험물 제2석유류	$C_6H_4(CH_3)_2$	CH_3, CH_3 치환 벤젠
글리세린	제4류위험물 제3석유류	$C_3H_5(OH)_3$	CH_2-OH / $CH-OH$ / CH_2-OH
피크린산	제5류위험물 나이트로화합물	$C_6H_2OH(NO_2)_3$	OH, $NO_2 \times 3$ 치환 벤젠

정답 119 ① 120 ④ 121 ② 122 ① 123 ② 124 ① 125 ② 126 ①

127 제4석유류의 인화점은 몇 ℃인가?

① 21℃ 미만
② 21℃ 이상 70℃ 미만
③ 70℃ 이상 200℃ 미만
④ 200℃ 이상 250℃ 미만

🔍 제4석유류의 인화점 : 200℃ 이상 250℃ 미만

128 "동·식물유류"라 함은 동물의 지육 등 식물의 종자나 과육으로부터 추출한 것으로서 몇 기압과 인화점이 섭씨 몇도 미만인 것을 뜻하는가?

① 1기압, 250℃
② 1기압, 200℃
③ 2기압, 250℃
④ 2기압, 200℃

🔍 동·식물유류 : 동물의 지육 등 식물의 종자나 과육으로부터 추출한 것으로서 1기압과 인화점이 250℃ 미만인 것

129 동·식물유류의 일반적 성질에 관한 내용이다. 거리가 먼 것은?

① 아마인유는 건성유이므로 자연발화의 위험존재 한다.
② 아이오딘값이 클수록 포화지방산이 많으므로 자연발화의 위험이 적다.
③ 산화제와 격리시켜 저장한다.
④ 동·식물유는 대체로 인화점이 250℃ 미만 정도이므로 연소위험성 측면에서 제4석유류와 유사하다.

🔍 아이오딘값이 클수록 자연발화의 위험이 크다.

130 다음 중 동·식물류의 지정수량으로 맞는 것은?

① 200ℓ
② 2,000ℓ
③ 6,000ℓ
④ 10,000ℓ

🔍 동·식물류의 지정수량 : 10,000ℓ

131 다음 위험물 중 자연발화의 위험성이 가장 큰 물질은?

① 아마인유
② 파라핀
③ 휘발유
④ 피리딘

🔍 아마인유는 건성유(아이오딘값이 130 이상)로서 자연발화의 위험이 있다.

132 건성유에 속하지 않는 것은?

① 동유
② 아마인유
③ 야자유
④ 들기름

🔍 동·식물유류

항목 종류	아이오딘값	반응성	불포화도	종류
건성유	130 이상	크다	크다	해바라기유, 동유, 아마인유, 정어리기름, 들기름
반건성유	100 ~ 130	중간	중간	채종유, 목화씨기름, 참기름, 콩기름
불건성유	100 이하	적다	적다	야자유, 올리브유, 피마자유, 동백유

133 동·식물유류를 취급 및 저장할 때 주의사항으로 옳은 것은?

① 아마인유는 불건성유이므로 옥외저장 시 자연발화의 위험이 없다
② 아이오딘값이 130 이상인 것은 섬유질에 스며들어 있으므로 자연발화의 위험이 있다
③ 아이오딘값이 100 이상인 것은 불건성유이므로 저장할 때 주의를 요한다.
④ 인화점이 상온 이상이므로 소화에는 별 어려움이 없다.

🔍 동·식물유류
• 아마인유는 건성유로서 자연발화의 위험이 있다.
• 아이오딘값이 100 이하가 불건성유이다.

정답 127 ④ 128 ① 129 ② 130 ④ 131 ① 132 ③ 133 ②

SECTION 05 제5류 위험물

STEP 01 제5류 위험물의 물성

1. 종류

류별	성질	품명	지정수량
제5류	자기 반응성물질	1. 유기과산화물, 질산에스터류 2. 하이드록실아민, 하이드록실아민염류 3. 나이트로화합물, 나이트로소화합물, 아조화합물, 다이아조화합물, 하이드라진 유도체 4. 그 밖에 행정안전부령이 정하는 것 　금속의 아지화합물 　질산구아니딘	제1종 : 10kg 제2종 : 100kg

2. 일반적인 성질

① 외부로부터 산소의 공급 없이도 가열, 충격 등에 의해 연소 폭발을 일으킬 수 있는 **자기반응성 물질**이다.
② 하이드라진 유도체를 제외하고는 **유기화합물**이다.
③ 유기과산화물을 제외하고는 질소를 함유한 **유기질소 화합물**이다.
④ 모두 가연성의 액체 또는 고체물질이고 연소할 때는 다량의 가스를 발생한다.
⑤ 시간의 경과에 따라 자연발화의 위험성이 있다.

3. 위험성

① 외부의 산소공급 없이도 **자기연소** 하므로 연소속도가 빠르고 폭발적이다.
② 아조화합물, 다이아조화합물, 하이드라진유도체는 고농도인 경우 충격에 민감하며 연소 시 순간적인 폭발로 이어진다.
③ 나이트로화합물은 화기, 가열, 충격, 마찰에 민감하여 폭발위험이 있다.
④ 강산화제, 강산류와 혼합한 것은 발화를 촉진시키고 위험성도 증가한다.

4. 저장 및 취급방법

① 화염, 불꽃 등 점화원의 엄금, 가열, 충격, 마찰, 타격 등을 피한다.

② 강산화제, 강산류, 기타 물질이 혼입되지 않도록 한다.
③ 소분하여 저장하고 용기의 파손 및 위험물의 누출을 방지한다.

> **참고** 제5류 위험물의 반응식
> ① 나이트로글리세린의 분해반응식 $4C_3H_5(ONO_2)_3 \rightarrow 12CO_2 + 10H_2O + 6N_2 + O_2\uparrow$
> ② TNT의 분해반응식 $2C_6H_5CH_3(NO_2)_3 \rightarrow 12CO + 2C + 3N_2\uparrow + 5H_2\uparrow$
> ③ 피크린산의 분해반응식 $2C_6H_2OH(NO_2)_3 \rightarrow 2C + 3N_2\uparrow + 3H_2\uparrow + 4CO_2 + 6CO$

STEP 02 각 위험물의 물성 및 특성

1. 유기과산화물(Organic Peroxide)

1) 과산화벤조일(Benzoyl Peroxide, 벤조일퍼옥사이드, BPO)

① 물성

화학식	비중	융점	착화점
$(C_6H_5CO)_2O_2$	1.33	105℃	80℃

② **무색, 무취의 백색 결정**으로 **강산화성 물질**이다.
③ 물에는 녹지 않고, 알코올에는 약간 용해한다.
④ **프탈산다이메틸(DMP), 프탈산디부틸(DBP)의 희석제**를 사용한다.
⑤ 발화되면 연소속도가 빠르고 건조상태에서는 위험하다.
⑥ 소화방법은 소량일 때에는 탄산가스, 분말, 건조된 모래로 **대량**일 때에는 **물**이 효과적이다.

> **참고** 과산화벤조일의 구조식
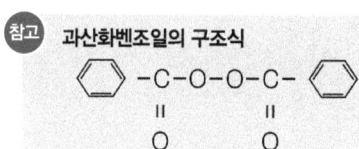

2) 과산화메틸에틸케톤(Methyl Ethyl Keton Peroxide, MEKPO)

① 물성

화학식	비중	융점	착화점
$C_8H_{16}O_4$	1.06	20℃	555.5℃

> **참고** 과산화메틸에틸케톤의 구조식
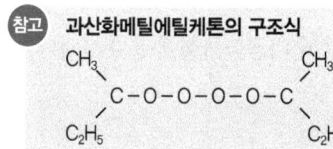

② **무색**, **특이한 냄새**가 나는 **기름 모양**의 **액체**이다.
③ 물에 약간 녹고, 알코올, 에터, 케톤에는 녹는다.
④ 빛, 열, 알칼리금속에 의하여 분해된다.
⑤ 40℃ 이상에서 분해가 시작되어 110℃ 이상이면 발열하고 분해가스가 연소한다.

2. 질산에스터류

1) 나이트로 셀룰로스(Nitro Cellulose, NC)

① 물성

화학식	비중	융점
$[C_6H_7O_2(ONO_2)_3]n$	1.23	165℃

② **셀룰로스**에 진한 황산과 진한질산의 **혼산**으로 **반응시켜 제조한 것**이다.
③ 저장 중에 **물** 또는 **알코올**로 **습윤**시켜 저장한다(통상적으로 아이소프로필알코올 30%습윤 시킴)
④ 가열, 마찰, 충격에 의하여 격렬히 연소, 폭발한다.
⑤ **130℃**에서는 **서서히 분해**하여 180℃에서 불꽃을 내면서 **급격히 연소**한다.
⑥ **질화도가 클수록 폭발성이 크다.**
⑦ 열분해하여 자연발화 한다.
⑧ 용도로는 면약. 락카, 콜로디온의 제조로 쓰인다.

> **참고**
> • **질화도** : 나이트로셀룰로스 속에 함유된 질소의 함유량
>   - 강면약 : 질화도 N > 12.76%
>   - 약면약 : 질화도 N < 10.18 ~ 12.76%
> • NC의 분해반응식
> $2C_{24}H_{29}O_9(ONO_2)_{11} \rightarrow 24CO_2\uparrow + 24CO\uparrow + 12H_2O + 17H_2\uparrow + 11N_2\uparrow$

2) 나이트로 글리세린(Nitro Glycerine, NG)

① 물성

화학식	융점	비점	비중
$C_3H_5(ONO_2)_3$	2.8℃	218℃	1.6

② 무색 투명한 기름성의 액체(공업용 : 담황색)이다.
③ 알코올, 에터, 벤젠, 아세톤, 등 유기용제에는 녹는다.
④ 상온에서 액체이고 겨울에는 동결한다.
⑤ 혀를 찌르는 듯한 단맛이 있다.
⑥ 화재 시 폭굉의 우려가 있다.
⑦ 가열, 마찰, 충격에 민감하다(**폭발을 방지**하기 위하여 **다공성물질에 흡수시킨다**).

> **참고** **다공성물질** : 규조토, 톱밥, 소맥분, 전분

⑧ 규조토에 흡수시켜 다이나마이트를 제조할 때 사용한다.

> **참고** NG의 분해반응식 : $4C_3H_5(ONO_2)_3 \rightarrow 12CO_2\uparrow + 10H_2O + 6N_2\uparrow + O_2\uparrow$

3) 질산메틸

① 물성

화학식	비점	증기비중
CH_3ONO_2	66℃	2.65

② 메틸알코올과 질산을 반응하여 질산메틸을 제조한다.

$$CH_3OH + HNO_3 \rightarrow CH_3ONO_2 + H_2O$$

③ **무색, 투명한** 액체로서 **단맛**이 있으며 **방향성**을 갖는다.
④ 물에는 녹지 않으며 **알코올, 에터에는 잘 녹는다.**
⑤ 폭발성은 거의 없으나 인화의 위험성은 있다.

4) 질산에틸

① 물성

화학식	비점	증기비중
$C_2H_5ONO_2$	88℃	3.14

② **에틸알코올과 질산을** 반응하여 **질산에틸을** 제조한다.

$$C_2H_5OH + HNO_3 \rightarrow C_2H_5ONO_2 + H_2O$$

③ **무색 투명한** 액체로서 **방향성**을 갖는다.
④ 물에는 녹지 않으며 알코올에는 잘 녹는다.

5) 나이트로글라이콜(Nitro Glycol)

① 물성

화학식	비중	융점
$C_2H_4(ONO_2)_2$	1.5	-22℃

② 순수한 것은 무색이나 공업용은 담황색 또는 분홍색의 액체이다.
③ 알코올, 아세톤, 벤젠에는 잘 녹는다.
④ 산이 존재하면 분해가 촉진되며 폭발하는 수도 있다.

3. 나이트로화합물

1) 트라이나이트로 톨루엔(TriNitro Toluene, TNT)

① 물성

화학식	분자량	비점	융점	비중
$C_6H_2CH_3(NO_2)_3$	227	280℃	80.1℃	1.0

② **담황색**의 **결정**으로 강력한 **폭약**이다.
③ **충격에는 민감하지 않으나** 급격한 **타격**에 의하여 **폭발**한다.
④ 물에 녹지 않고, 알코올에는 가열하면 녹고, 아세톤, 벤젠, 에터에는 잘 녹는다.
⑤ 일광에 의해 갈색으로 변하고 가열, 타격에 의하여 폭발한다.
⑥ **충격 감도**는 피크린산보다 약하다.

> 참고
> • TNT의 구조식 및 제법

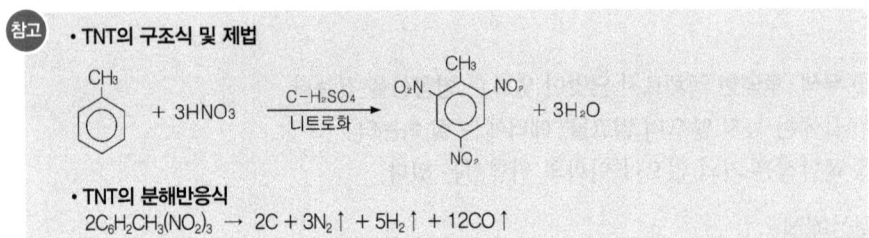

> • TNT의 분해반응식
> $2C_6H_2CH_3(NO_2)_3 \rightarrow 2C + 3N_2\uparrow + 5H_2\uparrow + 12CO\uparrow$

2) 트라이나이트로 페놀(TriNitro Phenol, 피크린산)

① 물성

화학식	비점	융점	착화점	비중
$C_6H_2(OH)(NO_2)_3$	255℃	121℃	300℃	1.8

② 광택있는 **황색**의 **결정**이고 찬물에는 미량 녹고 알코올, 에터 온수에는 잘 녹는다.
③ **쓴맛**과 **독성**이 있다.
④ 단독으로 가열, 마찰 충격에 안정하고 **연소시 검은 연기**를 내지만 **폭발**은 하지 않는다.
⑤ 금속염과 혼합은 폭발이 심하며 가솔린, 알코올, 아이오딘, 황과 혼합하면 마찰, 충격에 의하여 심하게 폭발한다.
⑥ **황색염료**와 **폭약**으로 사용한다.

> 참고
> • 피크린산의 구조식

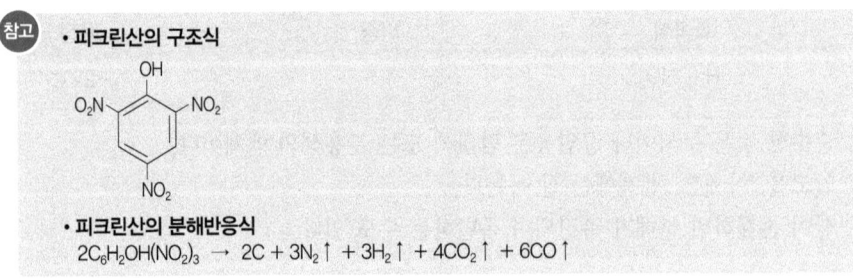

> • 피크린산의 분해반응식
> $2C_6H_2OH(NO_2)_3 \rightarrow 2C + 3N_2\uparrow + 3H_2\uparrow + 4CO_2\uparrow + 6CO\uparrow$

3) 기타

① 다이나이트로 벤젠[di Nitro Benzene, DBN, $C_6H_4(NO_2)_2$]
② 다이나이트로 톨루엔[di Nitro Toluene, DNT, $C_6H_3(NO_2)_2CH_3$]
③ 다이나이트로 페놀[di Nitro Phenol, DNP, $C_6H_4OH(NO_2)_2$]

4. 나이트로소화합물

1) 파라 다이나이트로소 벤젠[para di Nitroso Benzene, $C_6H_4(NO)_2$]
   ① 가열, 마찰, 충격에 의하여 폭발하나 폭발력은 강하지 않다.
   ② 고무 가황제의 촉매로 사용한다.

2) 다이나이트로소 레조르신[di Nitroso Resorcinol, $C_6H_2(OH)_2(NO)_2$]
   ① 회흑색의 광택 있는 결정으로 폭발성이 있다
   ② 162~163℃에서 분해한다.

3) 다이나이트로소 펜타메틸렌테드라민[DPT, $C_5H_{10}N_4(NO)_2$]
   ① 광택 있는 크림색의 분말이다.
   ② 가열 또는 산을 가하면 200~205℃에서 분해하여 폭발한다.

5. 아조화합물

1) 정의 : 아조기(-N=N-)가 탄화수소의 탄소원자와 결합되어 있는 화합물

2) 종류
   ① 아조벤젠(Azo benzene, $C_6H_5N = NC_6H_5$)
   ② 아조비스 아이소부티로 니트릴(azobis iso Butyro Nitrile, AIBN)

6. 다이아조 화합물

1) 정의 : 다이아조기(-N≡N-)가 탄화수소의 탄소원자와 결합되어 있는 화합물

2) 특성
   ① 고농도의 것은 매우 예민하여 가열, 충격, 마찰에 의한 폭발위험이 높다.
   ② 분진이 체류하는 곳에서는 대형 분진폭발 위험이 있으며 다른 물질과 합성 반응시 폭발 위험이 따른다.
   ③ 저장시 안정제로는 황산알루미늄을 사용한다.

3) 종류
   ① 다이아조 다이나이트로 페놀(diazo di Nitro Phenol, DDNP)
   ② 질화납(아지화연)(Lead Azide) [$Pb(N_3)_2$]
   ③ 다이아조 아세토니트릴(diazo Acetonitrile) [C_2HN_3]

7. 하이드라진 유도체

1) 염산 하이드라진(Hydrazine Hydrochloride, $N_2H_4 \cdot HCl$)
    ① 백색 결정성분말로서 흡습성이 강하다.
    ② 물에 녹고, 알코올에는 녹지 않는다.
    ③ 질산은($AgNO_3$)용액을 가하면 백색침전($AgCl$)이 생긴다.

2) 황산 하이드라진(di-Hydrazine Sulfate, $N_2H_4 \cdot H_2SO_4$)
    ① 백색 또는 무색 결정성분말이다.
    ② 물에 녹고, 알코올에는 녹지 않는다.

제05부_ 제5류 위험물
출제예상문제
CHECK POINT QUESTION

01 제5류 위험물의 공통성질이 아닌 것은?

① 자연발화의 위험성을 갖는다.
② 물과의 직접적인 반응 위험성은 적다.
③ 자기연소를 일으키며 연소속도가 빠르다.
④ 산화성 액체로서 가열, 충격, 마찰 등으로 폭발의 위험이 있다.

🔍 제5류 위험물 : 자기연소성 물질

02 제5류 위험물에 해당되지 않는 것은?

① 유기과산화물   ② 질산아민류
③ 셀룰로이드   ④ 아조화합물

🔍 제5류 위험물 : 유기과산화물, 질산에스터류, 나이트로화합물, 나이트로소화합물, 아조화합물 등

03 제5류 위험물의 소화방법으로 틀리는 것은?

① 질식소화 및 냉각소화
② 마른모래에 의한 피복소화
③ 전반적으로 공기차단은 효과가 없다.
④ 물에 의한 냉각소화

🔍 제5류 위험물의 소화방법 : 냉각소화

04 제5류 위험물의 화재 예방 상 주의사항으로서 틀린 것은?

① 화기에 주의할 것
② 소화설비는 질식효과가 있는 것이 좋다.
③ 습기, 실온, 통풍에 주의할 것
④ 자연발화성 물질도 있으니 주변에 가열이 없도록 주의할 것

🔍 제5류 위험물은 냉각소화를 하므로 습기에는 주의를 요하지 않는다.

05 제5류 위험물의 폭발의 위험성에 관한 설명으로 옳지 않은 것은?

① 트라이나이트로톨루엔은 충격을 가하면 폭발한다.
② 피크린산은 대기 중에서 점화하면 그을음이 많은 화염을 내면서 타지만 폭발은 하지 않는다.
③ 셀룰로스는 폭발보다는 오히려 착화하기 쉽고 자연발화를 일으키기 쉽다.
④ 질산에틸은 인화와 동시에 폭발한다.

🔍 질산에틸($C_2H_5ONO_2$)은 인화한 후 연소한다.

06 제5류 위험물의 공통된 취급방법이 아닌 것은?

① 저장 시 가열, 충격, 마찰을 피한다.
② 용기의 파손 및 균열에 주의한다.
③ 포장외부에 "자연발화 주의사항"을 표기한다.
④ 점화원 및 분해를 촉진시키는 물질로부터 멀리한다.

🔍 제5류 위험물의 저장 및 취급방법
• 저장 시 가열, 충격, 마찰을 피할 것
• 용기의 파손 및 균열에 주의할 것
• 포장외부에 "화기엄금, 충격주의"의 주의사항을 표기할 것
• 점화원 및 분해를 촉진시키는 물질로부터 멀리할 것

07 제5류 위험물의 일반적인 취급 및 소화방법으로 틀린 것은?

① 운반용기 외부에는 주의사항으로 화기엄금 및 충격주의 표시를 한다.
② 화재 시 소화방법으로는 질식소화가 가장 이상적이다.
③ 대량 화재 시 소화 곤란하므로 가급적 소분하여 저장한다.
④ 화재 시 폭발의 위험성이 있으므로 충분한 안전거리를 확보하여야 한다.

🔍 자기반응성물질(제5류 위험물) : 다량의 주수소화

정답 01 ④ 02 ② 03 ① 04 ② 05 ④ 06 ③ 07 ②

08 제5류 위험물의 화재 시 소화효과로 적당한 것은?

① 질식효과
② 희석효과
③ 냉각효과
④ 부촉매효과

🔍 제5류 위험물의 소화약제 : 냉각효과

09 제5류 위험물이 소화하기 어려운 이유로 가장 알맞은 것은?

① 물과 발열반응을 일으킨다.
② 발화점이 높다.
③ 자기연소를 일으키며 연소속도가 매우 빠르다.
④ 연소할 때 연소물이 튀어 넓게 퍼진다.

🔍 제5류 위험물은 자기연소성물질로서 연소속도가 매우 빠르다.

10 제5류 위험물에 속하지 않는 물질은?

① 나이트로글리세린
② 나이트로벤젠
③ 나이트로셀룰로스
④ 질산에스터류

🔍 나이트로벤젠 : 제4류 위험물 제3석유류

11 다음 위험물이 연소할 때 자기연소를 일으키지 않는 것은?

① $C_3H_5(ONO_2)_3$
② $[C_6H_7O_2(ONO_2)_3]n$
③ CH_3ONO_2
④ $C_6H_5NO_2$

🔍 위험물의 분류

종류	명칭	구분	연소현상
$C_3H_5(ONO_2)_3$	나이트로글리세린	제5류위험물 질산에스터류	자기연소
$[C_6H_7O_2(ONO_2)_3]n$	나이트로셀룰로스	제5류위험물 질산에스터류	자기연소
CH_3ONO_2	질산에틸	제5류위험물 질산에스터류	자기연소
$C_6H_5NO_2$	나이트로벤젠	제4류위험물 제3석유류	증발연소

12 제5류 위험물 중 위험성 유무와 등급에 따라 제1종으로 분류된 질산에스터류의 지정수량은?

① 10kg
② 100kg
③ 150kg
④ 200kg

🔍 제5류 위험물의 종류 및 지정수량

유별	성질	품명	지정수량
제5류	자기 반응성 물질	1. 유기과산화물 2. 질산에스터류 3. 나이트로화합물 4. 나이트로소화합물 5. 아조화합물 6. 다이아조화합물 7. 하이드라진 유도체 8. 하이드록실아민 9. 하이드록실아민염류 10. 그 밖에 행정안전부령으로 정하는 것	제1종 : 10kg, 제2종 : 100kg

13 다음 4가지 물질들은 모두 제5류 위험물이다. 이중 분자량이 가장 큰 것은?

① 질산에틸
② 나이트로글리세린
③ 피크린산
④ TNT

🔍 물질의 분자량

종류	화학식	분자량
질산에틸	$C_2H_5ONO_2$	91
나이트로글리세린	$C_3H_5(ONO_2)_3$	165
피크린산	$C_6H_2OH(NO_2)_3$	229
TNT	$C_6H_2CH_3(NO_2)_3$	227

14 다음 중 자기반응성 물질끼리 묶여진 것이 아닌 것은?

① 과산화벤조일, 질산메틸
② 나이트로글리세린, 셀룰로이드
③ 아세토니트릴, 트라이나이트로톨루엔
④ 아조벤젠, 파라다이나이트로소벤젠

🔍 아세토니트릴(CH_3CN) : 제4류 제1석유류

정답 08 ③ 09 ③ 10 ② 11 ④ 12 ① 13 ③ 14 ③

15 다음은 위험물안전관리법상 제5류 위험물들이다. 지정수량이 가장 큰 것은?

① 아조화합물
② 트라이나이트로톨루엔
③ 나이트로글리세린
④ 나이트로셀룰로스

🔍 지정수량
  • 아조화합물 : 100kg
  • 트라이나이트로톨루엔(나이트로화합물 제1종), 질산에스터류 (나이트로글리세린, 나이트로셀룰로스) : 10kg

16 제5류 위험물의 지정수량이 다른 것은?

① 트라이나이트로페놀
② 셀룰로이드
③ 과산화벤조일
④ 황산디하이드라진

🔍 지정수량

위험물	품명	종 분류	지정수량
트라이나이트로페놀 (피크린산)	나이트로화합물	1종	10kg
셀룰로이드	질산에스터류	2종	100kg
과산화벤조일	유기과산화물	2종	100kg
황산디하이드라진	하이드라진 유도체	2종	100kg

17 다음 중 유기과산화물에 대한 설명으로 틀린 것은?

① 메틸에틸케톤퍼옥사이드(MEKPO)는 무색 기름상의 액체이다.
② 벤조일퍼옥사이드(BPO)는 황색의 액체로서 물에 잘 녹는다.
③ 메틸에틸케톤퍼옥사이드(MEKPO)는 함유율이 60(중량%) 이상일 때 지정유기과산화물이라 한다.
④ 벤조일퍼옥사이드(BPO)는 수성일 경우 함유율이 80(중량%) 이상일 때 지정유기과산화물이라 한다.

🔍 벤조일퍼옥사이드(BPO) : 무색, 무취의 백색결정, 물에 불용

18 다음 위험물 중 가연물과 산소를 많이 함유함으로 보관 관리상 희석제 및 안정제를 가하여야 하는 물질은?

① $(C_6H_5CO)_2O_2$
② Na_2O_2
③ $NaClO_4$
④ K_2O_2

🔍 과산화벤조일[$(C_6H_5CO)_2O_2$]은 제5류위험물로서 희석제(다이메틸프탈산, 다이부틸프탈산)을 가하여 보관한다.

19 유기과산화물의 저장 시 주의사항으로서 옳은 것은?

① 일광이 드는 건조한 곳에 저장한다.
② 자신은 불연성이지만 다른 가연물이 있으면 폭발의 위험이 있다.
③ 강한 환원제를 가까이 하지 말 것
④ 산화제이므로 다른 산화제와 같이 저장하여도 좋다.

🔍 유기과산화물은 산화제이므로 환원제와는 접촉하지 말 것

20 유기과산화물의 희석제로 널리 사용되는 것은?

① 물
② 벤젠
③ MEKPO
④ 프탈산다이메틸

🔍 유기과산화물의 희석제
  • 프탈산다이메틸
  • 프탈산디부틸

21 유기과산화물의 일반적인 성질 중에서 잘못된 것은?

① 대체적으로 열에 대해 불안정하다.
② 물에 녹지 않고 유기용매에만 녹는다.
③ 느린 속도로 분해하여 다른 과산화물보다 매우 안정하다.
④ 일광을 받으면 반응이 촉진되어 폭발의 위험이 있다.

🔍 유기과산화물 : 열에 불안정

정답 15 ① 16 ① 17 ② 18 ① 19 ③ 20 ④ 21 ③

22 과산화벤조일의 저장 및 취급사항으로서 틀린 것은?

① 단독으로 가연성은 아니지만 다른 물질과 혼합되면 위험하다
② 환기가 잘되는 냉암소에 저장할 것
③ 다른 물질과 혼합을 피할 것
④ 가열, 마찰 및 충격은 피할 것

🔍 과산화벤조일 : 제5류위험물(가연성)

23 다음 위험물을 취급할 때 특히 화기에 주의하여야 할 물질은 무엇인가?

① NH_4NO_3
② $(C_6H_5CO)_2O_2$
③ $NaClO_4$
④ MgO_2

🔍 과산화벤조일[$(C_6H_5CO)_2O_2$] : 화기엄금

24 유기과산화물의 포장 외부에 기재해야 할 주의사항은?

① 물기엄금 및 충격엄금
② 화기엄금 및 충격주의
③ 화기엄금 및 물기주의
④ 취급주의 및 충격주의

🔍 유기과산화물 : 화기엄금, 충격주의

25 과산화벤조일에 대한 설명으로 틀린 것은?

① 발화점이 약 425℃로 상온에서 비교적 안전하다.
② 상온에서 고체이다.
③ 산소를 포함하는 산화성 물질이다.
④ 물을 혼합하면 폭발성이 줄어든다.

🔍 과산화벤조일의 발화점 : 125℃

26 다음 중 질산에스터류에 속하지 않는 것은?

① 나이트로셀룰로스
② 질산에틸
③ 나이트로글리세린
④ 트라이나이트로톨루엔

🔍 트라이나이트로톨루엔(TNT) : 나이트로화합물

27 다음 중 제5류 위험물 중 상온에서 액체인 것은?

① 피크린산
② 셀룰로이드
③ 질산에틸
④ 트라이나이트로톨루엔

🔍 질산메틸, 질산에틸 : 상온에서 액체

28 질산에틸(Ethyl Nitrate)의 성상에 대한 설명으로 옳은 것은?

① 물에는 잘 녹는다.
② 상온에서 액체이다.
③ 알코올에는 녹지 않는다.
④ 황색이고 불쾌한 냄새가 난다.

🔍 질산에틸($C_2H_5ONO_2$)
• 특성

화학식	비점	비중	증기비중
$C_2H_5ONO_2$	88℃	1.1	3.14

• 에틸알코올과 질산을 반응하여 질산에틸을 제조한다.
• 무색투명한 액체로서 방향성을 갖는다.
• 물에는 녹지 않으며 알코올에는 잘 녹는다.

29 표준 상태에서 나이트로글리세린 4mol이 연소할 때 발생하는 기체의 부피는 몇 ℓ인가?

① 6496ℓ
② 649.6ℓ
③ 64.96ℓ
④ 6.496ℓ

🔍 $4C_3H_5(ONO_2)_3 \rightarrow 12CO_2 + 10H_2O + 6N_2 + O_2$
∴ 생성물의 몰수를 전부 합하면
12 + 10 + 6 + 1 = 29mol이다.
∴ 29mol × 22.4ℓ = 649.6ℓ

30 나이트로글리세린에 관한 설명 중 옳은 것은?

① 심하게 가열, 마찰 또는 충격을 주면 격렬하게 폭발하는 위험성이 있다.
② 액체이므로 개방한 용기에 저장하여도 안전하다.

정답 22 ① 23 ② 24 ② 25 ① 26 ④ 27 ③ 28 ② 29 ② 30 ①

③ 유기용매에 잘 녹지 않으므로 물로 씻어 내면 안전하다.
④ 증기밀도가 적어서 공기 중에 쉽게 확산되어 감지하기 쉽다.

🔍 나이트로글리세린은 다이너마이트의 원료로서 심하게 가열, 마찰 또는 충격을 주면 격렬하게 폭발하는 위험성이 있다.

31 자기 반응성 물질로 액체상태인 경우 충격, 마찰에는 매우 예민하나 동결된 경우에는 액체상태보다 충격, 마찰이 둔해지는 물질은?

① 펜트라이트
② 트라이나이트로벤젠
③ 나이트로글리세린
④ 질산메틸

🔍 나이트로글리세린 : 충격, 마찰에는 매우 예민하나 동결된 경우에는 액체상태보다 충격, 마찰이 둔해지는 물질

32 나이트로셀룰로스의 약면약은 질소의 함량이 몇 %인가?

① 11.50 ~ 12.30%
② 10.18 ~ 12.76%
③ 10.50 ~ 11.50%
④ 6.77 ~ 10.18%

🔍 나이트로셀룰로스의 질소 함유량
• 강면약 : 12.76% 이상
• 약면약 : 10.18% ~ 12.76%

33 나이트로셀룰로스는 어느 용제에 가장 잘 용해하는가?

① 테레핀유
② 가솔린과 벤젠의 혼합액
③ 브로모클로로메테인(CH_2ClBr)
④ 알코올과 에터의 혼합액

🔍 나이트로셀룰로스(NC)의 용해액 : 알코올과 에터의 혼합액, 물 또는 알코올

34 질산에스터류의 성상에서 옳은 것은?

① 전부 물에 녹는다.
② 부식성 산이다.
③ 산소 함유물질이며 가연성이다.
④ 산소를 함유하는 무기물이다.

🔍 질산에스터류(제5류 위험물) : 자기반응성물질, 가연성

35 나이트로셀룰로스의 주원료는?

① 톨루엔
② P.V.C.수지
③ 아세트산비닐
④ 정제한 솜

🔍 나이트로셀룰로스(NC)의 주원료 : 정제한 솜

36 나이트로셀룰로스에 대한 설명으로 옳지 않은 것은?

① 직사일광을 피해서 저장한다.
② 알코올수용액 또는 물로 습윤시켜 저장한다.
③ 질화도가 클수록 위험도가 증가한다.
④ 화재 시에는 질식소화가 효과적이다.

🔍 나이트로셀룰로스(NC)의 화재 시 냉각소화가 효과적이다.

37 규조토에 어떤 위험물을 흡수시켜 다이너마이트를 제조하는가?

① 나이트로셀룰로스
② 나이트로글리세린
③ 질산에틸
④ 장뇌

🔍 규조토 + 나이트로글리세린 = 다이너마이트

38 셀룰로스의 수산기 3개가 전부 질산에스터로 된 것은?

① 파이록실
② 면화약
③ 질산 셀룰로스
④ 이질산 셀룰로스

🔍 면화약 : 셀룰로스의 수산기 3개가 전부 질산에스터로 된 것

정답 31 ③ 32 ② 33 ④ 34 ③ 35 ④ 36 ④ 37 ② 38 ②

39 나이트로셀룰로스는 건조하면 발화하기 쉬워 수분 및 알코올 등 습성제로 처리하는데 습성제를 총중량의 몇 % 이상 함유하여 유지시켜야 하는가?

① 5%   ② 10%
③ 15% ④ 20%

🔍 나이트로셀룰로스(NC)의 습윤양 : 총 중량의 20% 이상

40 강질화면과 약질화면을 분류하는 기준은?

① 질화할 때의 온도차
② 분자의 크기
③ 수분 함유량의 차
④ 질소 함유량의 차

🔍 질소(N)의 함유량
・강면약 : N > 12.76%
・약면약 : N < 10.18 ~ 12.76%

41 $C_6H_2(NO_2)_3OH$와 $C_2H_5ONO_2$의 공통성질 중 옳은 것은?

① 위험물안전관리법상 나이트로소화합물이다.
② 인화성이고 폭발성인 액체이다.
③ 무색 또는 담황색의 액체로 방향이 있다.
④ 모두 알코올에 녹는다.

🔍 제5류 위험물의 피크린산과 질산에틸의 비교

항목\\종류	화학식	분류	외관	용해성
피크린산	$C_6H_2(NO_2)_3OH$	나이트로 화합물	황색의 결정	알코올, 에터, 벤젠, 더운물에 용해
질산에틸	$C_2H_5ONO_2$	질산에스터류	무색·투명한 액체	물에 불용, 알코올에 용해

42 화재예방 상 위험물의 저장방법으로 틀리는 것은 어느 것인가?

① Mg, Zn 등의 금속분은 산화성 물질과의 혼합을 피할 것
② CrO_3는 환원제와 접촉을 피할 것
③ HNO_3는 직사광선을 피하고 찬 곳에 저장할 것
④ $C_3H_5(ONO_2)_3$는 흡습성이므로 햇빛이 잘 들고 건조한 장소에 저장할 것

🔍 나이트로글리세린[$C_3H_5(ONO_2)_3$]은 건조하고 서늘한 곳에 저장하여야 한다.

43 온도 및 습도가 높은 장소에서 취급할 때 자연발화의 위험이 가장 큰 물질은?

① 아닐린   ② 황화인
③ 질산나트륨   ④ 셀룰로이드

🔍 셀룰로이드 : 온도 및 습도가 높은 장소에서 취급할 때 자연발화의 위험이 크다.

44 물이나 알코올을 적셔서 저장하는 위험물은?

① 질화면   ② 콜로디온
③ 삼산화크로뮴   ④ 다이에틸에터

🔍 질화면 : 물이나 알코올에 적셔서 저장

45 질화면의 성질로서 맞는 것은?

① 질화도가 클수록 폭발성이 세다.
② 수분이 많이 포함될수록 폭발성이 크다.
③ 외관상 솜과 같은 진한 갈색의 물질이다.
④ 질화도가 낮을수록 아세톤에 녹기 힘들다.

🔍 질화도가 클수록 폭발 위험성이 크다.

46 위험물안전관리법상 위험물 분류할 때 나이트로화합물에 속하는 것은?

① 질산에틸 [$C_2H_5ONO_2$]
② 하이드라진 [N_2H_4]
③ 질산메틸 [CH_3ONO_2]
④ 피크린산 [$C_6H_2(OH)(NO_2)_3$]

🔍 나이트로 화합물 : 피크린산, TNT

정답 39 ④ 40 ④ 41 ④ 42 ④ 43 ④ 44 ① 45 ① 46 ④

47 트라이니트로 톨루엔에 관한 설명으로 틀린 것은?

① 담황색의 결정이다.
② 보통 피크린산이라 한다.
③ 물에는 녹지 않으나 에터에는 잘 녹는다.
④ 충격에는 민감하지 않지만 급격한 타격에 의하여 폭발한다.

🔍 피크린산 : 트라이나이트로페놀

48 트라이나이트로톨루엔에 관한 설명 중 틀린 것은?

① 발화점이 300℃ 정도이다.
② 다이나마이트 제조 원료이다.
③ 충격에 극히 민감하다.
④ 에터에 잘 녹는다.

🔍 트라이나이트로톨루엔은 충격에는 폭발한다.

49 트라이나이트로톨루엔(TNT) 성상에 대한 설명 중 틀린 것은?

① 물에 녹지 않으나 알코올에는 녹는다.
② 중성물질이기 때문에 금속과 반응하지 않는다.
③ 공기 중 수분에 의해 가수분해하여 자연분해된다.
④ 피크린산에 비해 충격, 마찰에 둔감하고 기폭약을 쓰지 않으면 폭발하지 않는다.

🔍 TNT는 물에 녹지 않아 가수분해 되지 않는다.

50 나이트로화합물 중 폭발성 위험물로 중금속과 반응하지 않는 것은?

① 질산에틸
② 나이트로글리세린
③ 나이트로셀룰로스
④ T.N.T

🔍 T.N.T(trinitro toluene)는 중금속과 반응하지 않는다.

51 TNT가 폭발·분해하였을 때 생성되는 가스가 아닌 것은?

① CO ② N_2
③ SO_2 ④ H_2

🔍 TNT의 분해반응식
$2C_6H_2CH_3(NO_2)_3 \rightarrow 2C + 3N_2\uparrow + 12CO\uparrow + 5H_2\uparrow$

52 TNT를 햇볕에 쪼이면 어느 색깔로 변색되는가?

① 갈색   ② 청색
③ 흰색   ④ 적색

🔍 TNT를 햇볕에 쪼이면 갈색으로 변한다.

53 TNT(Tri Nitro Toluene)의 분자량은?(단, H = 1, C = 12, O = 16, N = 14)

① 77   ② 91
③ 227   ④ 239

🔍 TNT의 구조식은 $C_6H_2CH_3(NO_2)_3$이므로
분자량 = $(12 \times 6) + (1 \times 2) + 12 + (1 \times 3) + [14 + (16 \times 2)] \times 3 = 227$

54 다음 물질 중 햇볕에 쪼이면 갈색으로 변하고 아세톤, 벤젠, 알코올에 잘 녹으며, 물에는 불용이고 금속과 반응하지 않는 물질은 어느 것인가?

① $C_6H_2(NO_2)_3OH$ ② $(CH_2)_3(NO_2)_3$
③ $C_6H_2CH_3(NO_2)_3$ ④ $C_6H_3(NO_2)_3$

🔍 TNT$[C_6H_2CH_3(NO_2)_3]$는 햇볕에 쪼이면 갈색으로 변하고 아세톤, 벤젠, 알코올에 잘 녹으며, 물에는 불용이고 금속과 반응하지 않는 물질

55 TNT는 다음 어느 물질의 유도체인가?

① 톨루엔   ② 페놀
③ 아닐린   ④ 벤젠알데하이드

🔍 톨루엔의 유도체 : TNT

정답 47 ② 48 ③ 49 ③ 50 ④ 51 ③ 52 ① 53 ③ 54 ③ 55 ①

56 피크린산의 저장 및 취급 시 위험성이 증가하는 경우는 어느 때인가?

① 냉각할수록
② 통풍이 안 될 때
③ 건조할수록
④ 습(습윤)할수록

🔍 피크린산은 건조하면 위험하므로 약간의 습기를 유지하는 것이 안전하다.

57 피크린산에 대한 설명 중 맞지 않는 것은?

① 노란색 물감으로 폭약에 쓰인다.
② 수용액은 강한 산성으로 쓴맛을 가진다.
③ 황색의 침상 결정이다.
④ 마찰, 타격에 둔감하고 연소 시 흰 연기를 낸다.

🔍 피크린산의 연소 : 검은 연기를 발생

58 피크린산은 무슨 반응으로 제조하는가?

① 할로젠화
② 산화
③ 에스터화
④ 나이트로화

🔍 페놀을 술폰화하고 나이트로화하여 피크린산을 만든다.

59 피크린산($C_6H_2(NO_2)_3OH$)은 다음 중 어떤 물질과 반응하여 피크린산염을 형성하는가?

① 물
② 수소
③ 구리
④ 알루미늄

🔍 피크린산($C_6H_2(NO_2)_3OH$)구리, 납, 아연과 반응하면 피크린산염을 형성한다.

60 트라이나이트로페놀(피크린산)의 성상으로 옳지 않는 것은?

① 융점 81℃, 비점 280℃이다.
② 쓴맛이 있으며 독성이 있다.
③ 단독으로는 마찰, 충격에 안정하다.
④ 알코올, 에터, 벤젠에 잘 녹는다.

🔍 트라이나이트로페놀(피크린산)의 성상
• 착화점 : 300℃, 융점 : 121℃, 비중 : 1.8
• 쓴맛이 있으며 독성이 있다.
• 단독으로는 마찰, 충격에 안정하다.
• 온수, 알코올, 에터, 벤젠에 잘 녹는다.

61 피크린산의 저장 및 취급방법으로 맞는 것은?

① 가솔린에 저장한다.
② 아이오딘에 녹여서 저장한다.
③ 산화성물질과 혼합되지 않게 저장한다.
④ 알코올에 축여서 저장한다.

🔍 피크린산은 산화성물질과 접촉하면 마찰, 충격으로 폭발의 우려가 있어 분리하여 저장하여야 한다.

62 나이트로화합물 중 쓴맛이 있고 유독하며, 물에 전리하여 강한 산이 되며, 뇌관의 첨장약으로 사용되는 것은?

① 나이트로글리세린
② 셀룰로이드
③ 트라이나이트로페놀
④ 트라이메틸렌트라이나이트로아민

🔍 트라이나이트로페놀(피크린산) : 쓴맛, 독성, 폭약(뇌관의 첨장약)

63 다음 중 피크린산 1몰이 분해(폭발)하였을 때 생성되는 생성물을 바르게 나타낸 것은?

① $12CO_2 + 10H_2O + 6N_2 + O_2$
② $2CO_2 + 3CO + 1.5N_2 + 1.5H_2 + C$
③ $12CO + 3N_2 + 5H_2 + 2C$
④ $6CO + 2H_2O + 1.5N_2 + C$

🔍 피크린산의 분해식
$C_6H_2(NO_2)_3OH \rightarrow 2CO_2 + 3CO + 1.5N_2 + 1.5H_2 + C$

64 피크린산에 관한 설명으로 틀린 것은?

① 광택이 있으며 휘황색을 나타낸다.
② 일명 트라이나이트로페놀이라고도 부른다.
③ 나이트로글리세린과 같이 단맛을 낸다.
④ 냉수에는 거의 녹지 않는다.

정답 56 ③ 57 ④ 58 ④ 59 ③ 60 ① 61 ③ 62 ③ 63 ② 64 ③

🔍 피크린산 수용액은 산성으로 쓴맛을 가진다.

65 제5류 위험물로 황색염료와 폭약으로 사용하는 물질은?

① 피크린산
② 나이트로셀룰로스
③ T.N.T
④ 질산에틸

🔍 피크린산 : 황색염료, 폭약으로 사용

66 피크린산은 페놀의 어느 원소와 NO_2가 치환된 것인가?

① O　　　② H
③ C　　　④ OH

🔍 피크린산 : 페놀(C_6H_5OH)의 수소원자 3개를 나이트로기($-NO_2$)로 치환한 화합물

67 다음 제5류 위험물이며 자기반응성 물질로서 목면의 날염에 쓰이는 것은?

① 다이나이트로나프탈렌
② 다이아노나이트로페놀
③ 다이나이트로소레조르신
④ 트라이 메틸렌트라이나이트라민

🔍 다이나이트로소레조르신 : 제5류 위험물이며 자기반응성물질로서 목면의 날염에 사용

68 다음 나이트로소화합물에 대한 설명 중 옳지 않은 것은?

① 고상 물질이다.
② 제5류 위험물에 속한다.
③ 반드시 벤젠핵을 가져야 한다.
④ 가열하여도 폭발의 위험이 없다.

🔍 나이트로소화합물은 가열, 마찰, 충격에 의해 폭발의 위험이 있다.

69 제5류 위험물 중 위험성 유무와 등급에 따라 제2종으로 분류된 나이트로화합물의 지정수량은?

① 10kg　　　② 100kg
③ 150kg　　　④ 200kg

🔍 제5류 위험물의 종류 및 지정수량

유별	성질	품명	지정수량
제5류	자기 반응성 물질	1. 유기과산화물 2. 질산에스터류 3. 나이트로화합물 4. 나이트로소화합물 5. 아조화합물 6. 다이아조화합물 7. 하이드라진 유도체 8. 하이드록실아민 9. 하이드록실아민염류 10. 그 밖에 행정안전부령으로 정하는 것	제1종 : 10kg, 제2종 : 100kg

70 다음은 위험물안전관리법상 제5류 위험물들이다. 지정수량이 가장 큰 것은?

① 염산하이드라진
② 피크린산
③ 나이트로글리세린
④ 나이트로셀룰로오스

🔍 지정수량

위험물	품명	종 분류	지정수량
염산하이드라진	히이드라진 유도체	2종	100kg
트라이나이트로페놀 (피크린산)	나이트로화합물	1종	10kg
나이트로글리세린	질산에스터류	1종	10kg
나이트로셀룰로오스	질산에스터류	1종	10kg

정답　65 ①　66 ②　67 ③　68 ④　69 ②　70 ①

SECTION 06 제6류 위험물

STEP 01 제6류 위험물의 물성

1. 종류

류별	성질	품명	위험등급	지정수량
제6류	산화성액체	과염소산, 과산화수소, 질산 할로젠간화합물(트라이플루오로브로민, 펜타플루오로이오다이드)	I	300kg

2. 정의

① 과산화수소 : 농도가 **36중량% 이상**인 것
② 질산 : 비중이 **1.49 이상**인 것

3. 일반적인 성질

① 무기화합물로 이루어진 **산화성 액체**이다.
② 무색, 투명하며 **비중은 1보다 크고**, 표준상태에서는 모두가 **액체**이다.
③ 과산화수소를 제외하고 **강산성 물질**이며 물에 녹기 쉽다.
④ **불연성 물질**이며 가연물, 유기물 등과의 혼합으로 발화한다.
⑤ 증기는 유독하며 피부와 접촉 시 점막을 부식시킨다.

4. 위험성

① 자신은 **불연성 물질**이지만 산화성이 커 다른 물질의 연소를 돕는다.
② 강환원제, 일반 가연물과 혼합한 것은 접촉발화 하거나 가열 등에 의해 위험한 상태로 된다.
③ 과산화수소를 제외하고 물과 접촉하면 심하게 발열한다.

5. 저장 및 취급방법

① 염, 물과의 접촉을 피한다.
② 직사광선 차단, 강환원제, 유기물질, 가연성위험물과 접촉을 피한다.
③ 저장용기는 **내산성용기**를 사용하여야 한다.
④ 소화방법은 **주수소화**가 적합하다.

STEP 02 각 위험물의 물성 및 특성

1. 과염소산(Perchloric Acid)

① 물성

화학식	비점	융점	비중
$HClO_4$	39℃	-112℃	1.76

② 무색, 무취의 유동하기 쉬운 액체로 **흡습성**이 강하며 **휘발성**이 있다.
③ 물과 반응하면 심하게 발열하며 반응으로 생성된 혼합물도 강한 산화력을 가진다.
④ **불연성 물질**이지만 **자극성, 산화성**이 매우 크다.
⑤ **밀폐용기**에 넣어 저장하고 저온에서 통풍이 잘 되는 곳에 저장한다.
⑥ 다량의 물로 분무주수하거나 분말소화약제를 사용한다.
⑦ **물과 작용**하여 **6종**의 **고체수화물**을 만든다.
　㉮ $HClO_4 \cdot H_2O$
　㉯ $HClO_4 \cdot 2H_2O$
　㉰ $HClO_4 \cdot 2.5H_2O$
　㉱ $HClO_4 \cdot 3H_2O$(2종류)
　㉲ $HClO_4 \cdot 3.5H_2O$

2. 과산화수소(Hydrogen Peroxide)

① 물성

화학식	비점	융점	비중
H_2O_2	152℃	-17℃	1.463(100%)

② **점성이 있는 무색 액체**(다량일 경우 : 청색)이다
③ 투명하며 물보다 무겁고 수용액 상태는 비교적 안정하다.
④ **물, 알코올·에터에는 녹지만**, 벤젠에는 녹지 않는다.
⑤ 유기물 등의 가연물에 접촉하면 연소를 촉진시키고 혼합물에 따라 발화한다.
⑥ 농도 **60% 이상**은 충격, 마찰에 의해서도 단독으로 **분해폭발** 위험이 있다.
⑦ 나이트로글리세린, **하이드라진과 혼촉**하면 분해하여 **발화, 폭발**한다.
⑧ **저장용기**는 밀봉하지 말고 **구멍이 있는 마개**를 사용하여야 한다.

> 참고 상온에서 서서히 분해하여 산소를 발생하여 폭발의 위험이 있어 통기를 위하여 구멍 뚫린 마개를 사용한다.

⑨ 과산화수소의 안정제로는 인산(H_3PO_4)과 요산($C_5H_4N_4O_3$)이 있다.

> 참고
> • **옥시풀** : 과산화수소 3% 용액의 소독약
> • **과산화수소의 분해반응식** : $2H_2O_2 \rightarrow 2H_2O + O_2$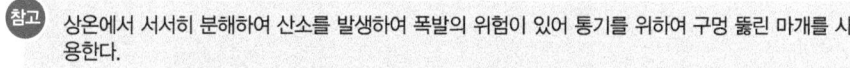
> • **과산화수소의 저장용기** : 착색 유리병

3. 질산

① 물성

화학식	비점	융점	응축결정온도	비중
HNO_3	122℃	−42℃	−42℃	1.49

② **흡습성**이 강하여 습한 공기 중에서 발열하는 무색의 무거운 액체이다.
③ **자극성, 부식성**이 강하며 햇빛에 의해 일부 분해한다.
④ 진한질산을 가열하면 **적갈색**의 **갈색증기**(NO_2)가 발생한다.
⑤ 목탄분, 천, 실, 솜 등에 스며들어 방치하면 자연발화 한다.
⑥ 강산화제, K, Na, NH_4OH, $NaClO_3$와 접촉 시 폭발위험이 있다.
⑦ **물과 반응**하면 **발열**한다.
⑧ 질산은 단백질과 잔토프로테인반응을 하여 노란색으로 변한다.

> **참고** **잔토프로테인 반응**
> 단백질 검출반응의 하나로서 아미노산 또는 단백질에 진한 질산을 가하여 가열하면 황색이 되고 냉각하여 염기성으로 되게 하면 등황색을 띤다.

⑨ 진한질산은 Co, Fe, Ni, Cr, Al을 부동태화 한다.

> **참고** **부동태화** : 금속 표면에 산화피막을 입혀 내식성을 높이는 현상

⑩ 화재 시 다량의 물로 소화한다.

> **참고**
> • **질산에 부식되지 않는 것** : 백금(Pt)
> • **질산의 분해반응식** : $4HNO_3 \rightarrow 2H_2O + 4NO_2 \uparrow + O_2 \uparrow$
> • **발연질산** : 진한 질산에 이산화질소를 녹인 것

제06부 _ 제6류 위험물
출제예상문제

01 제6류 위험물 공통성질 중 잘못된 것은?

① 물과 혼합 시 발열한다.
② 산화성 액체이다.
③ 황화합물이다.
④ 산화력이 강하다.

🔍 제6류 위험물 공통성질
  • 무색, 투명한 액체이다.
  • 부식성이 강한 산화성이다(과산화수소는 제외).
  • 비중이 1보다 크고 물에 잘 녹는다.
  • 가연물과 유기물과의 혼합 발화한다.
  • 물과 혼합 시 발열한다.

02 다음 중 제6류 위험물의 공통적인 성질로 틀린 것은?

① 비중은 1보다 크다.
② 강산성이고 강산화제이다.
③ 불에 잘 탄다.
④ 표준상태에서 모두가 액체이다.

🔍 제6류 위험물의 성질
  • 강산성이고 강산화성 액체이다.
  • 비중은 1보다 크다.
  • 불연성이다.

03 제6류 위험물의 수용액은 공통적인 일반성질이 있다. 다음 중 맞는 것은?

① 액성은 중성이다.
② 무색, 투명하다.
③ 부식성이 강한 산성이다.
④ 비중이 1보다 작다.

🔍 제6류 위험물은 무색, 투명한 액체이다.
  ※3대 강산 : 질산(6류위험물), 황산(유독물), 염산(유독물)

04 다음은 제6류 위험물의 공통적 성질에 대한 설명이다. 틀린 것은?

① 비중은 물보다 크다.
② 피부에 닿으면 매우 위험하다.
③ 분해하면 인체에 유해한 가스가 발생한다.
④ 비휘발성 액체로서 에탄올과 반응시 탈수작용을 한다.

🔍 제6류 위험물은 가연물, 유기물과의 혼합으로 발화한다.

05 다음 중에서 제6류 위험물의 화재예방에 가장 공통적으로 주의하여야 할 사항은 어느 것인가?

① 산화제의 혼입을 막는다.
② 항상 냉각시켜 둔다.
③ 공기와의 접촉을 피한다.
④ 불필요하게 가연물과의 접촉을 피한다.

🔍 제6류 위험물 : 가연물 접촉주의

06 산화성 액체 위험물의 공통성질이 아닌 것은?

① 불연성 물질로 강산화제이며 다른 가연물의 연소를 돕는다.
② 비중이 1보다 크고 물과 접촉하여 발열한다.
③ 가연물 및 유기물과의 혼합 발화한다.
④ 용기는 개방하고 파손과 위험물의 누설에 주의하여야 한다.

🔍 제6류 위험물의 용기는 밀봉하고 파손과 위험물의 누설에 주의하여야 한다(과산화수소는 구멍 뚫린 마개가 달린 용기 사용).

07 산화성액체 위험물의 공통 성질이 아닌 것은?

① 물과 만나면 발열한다.
② 비중이 1보다 크며 물에 안 녹는다.
③ 부식성 및 유독성이 강한 강산화제이다.
④ 산소를 많이 포함하여 다른 가연물의 연소를 돕는다.

🔍 산화성액체(제6류 위험물)는 비중이 1보다 크며 물에 잘 녹는다.

정답 01 ③ 02 ③ 03 ② 04 ④ 05 ④ 06 ④ 07 ②

08 제6류 위험물의 취급방법 중 옳지 않은 것은 어느 것인가?

① 가연물이 없는 곳에서 취급한다.
② 유별을 달리하는 위험물과는 동일한 저장소 내에서 저장하여서는 안 된다.
③ 피부를 심하게 부식시키므로 피부에 접촉하지 않도록 한다.
④ 위험물제조소 등에는 "물기엄금"이라는 주의사항을 표시한 게시판을 설치한다.

🔍 제6류 위험물은 주의사항을 표시한 게시판이 "물기주의"이었는데 2004. 7. 7일 위험물안전관리법 시행규칙이 개정되면서 게시판 설치 기준이 삭제됨.

09 산화성 액체 위험물 취급방법으로 옳지 않는 것은?

① 반드시 습한 방에서 취급한다.
② 피부를 충분히 보호하고 취급한다.
③ 가연물이 존재하지 않는 곳에서 취급한다.
④ 통풍을 좋게 하고 필요에 따라 마스크를 사용한다.

🔍 산화성 액체(제6류위험물)는 물과 반응하면 발열하므로 건조한 장소에서 취급하여야 한다.

10 제6류 위험물의 소화를 위한 처리 사항 중 틀린 것은?

① 할로젠화합물 소화도 효과가 있다.
② 물분무 소화도 효과가 있다.
③ 팽창질석도 효과가 있다.
④ 마른 모래도 효과가 있다.

🔍 제6류 위험물은 불연성이지만 산화성이므로 화재 시 산소를 발생하므로 할로젠화합물, 이산화탄소와 같은 질식소화는 효과가 없다.

11 다음 위험물을 취급할 때 고온체와 접촉하여도 화재 위험이 적은 류의 위험물은?

① 제2류 위험물   ② 제4류 위험물
③ 제5류 위험물   ④ 제6류 위험물

🔍 제6류 위험물은 불연성으로 고온체와 접촉으로 화재 위험성은 적다.

12 제6류 위험물의 지정수량은?

① 20kg   ② 100kg
③ 200kg   ④ 300kg

🔍 제6류 위험물의 지정수량 : 300kg

13 제6류 위험물에 속하지 않는 것은?

① 과산화수소
② 과염소산
③ 황산
④ 질산

🔍 황산은 2004. 5. 29일 위험물안전관리법 시행령 개정으로 제6류 위험물에서 제외 됨

14 다음 중 제6류 위험물에 해당되는 것은?

① 염산(HCl)
② 폼산(HCOOH)
③ 아세트산(CH_3COOH)
④ 과염소산($HClO_4$)

🔍 제6류 위험물 : 질산, 과염소산, 과산화수소

15 [보기]의 물질 중 위험물안전관리법상 제6류 위험물에 해당하는 것은 모두 몇 개인가?

• 비중 1.49인 질산
• 비중 1.7인 과염소산
• 물 60g, 과산화수소 40g을 혼합한 수용액

① 1개   ② 2개
③ 3개   ④ 없음

🔍 제6류 위험물
  • 질산(비중 : 1.49 이상)
  • 과염소산(특별한 기준이 없다)
  • 과산화수소(36중량% 이상)
  ※ 물 60g, 과산화수소 40g을 혼합한 수용액

  중량% = $\dfrac{용질}{용액} \times 100$

  = $\dfrac{40}{(60g \times 40g)} \times 100 = 40\%$

정답 08 ④ 09 ① 10 ① 11 ④ 12 ④ 13 ③ 14 ④ 15 ③

16 산화성 액체 위험물 중 질산의 성질이 틀린 것은?

① 담황색의 액체로서 부식성이 강하다.
② 비점은 86℃, 융점은 −42℃이다.
③ 일광 또는 공기와 만나면 분해하여 갈색의 증기를 발생한다.
④ 물과 반응하면 흡열반응을 한다.

🔍 질산은 물과 반응하면 발열반응을 한다.

17 다음 설명 중 틀린 것은?

① 제1류 위험물은 산화성고체이며 아염소산염류, 염소산염류, 과염소산염류, 무기과산물류의 지정수량은 모두 50kg이다.
② 제3류 위험물 중 칼륨, 나트륨, 알킬알루미늄, 알킬리듐의 지정수량은 모두 10kg이다.
③ 제5류위험물 중 제1종으로 분류된 나이트로화합물의 지정수량은 10kg이다.
④ 제6류 위험물은 산화성액체이며 과염소산, 과산화수소, 질산의 지정수량은 모두 500kg이다.

🔍 제6류 위험물
 • 성상 : 산화성액체
 • 종류 : 과염소산, 과산화수소, 질산
 • 지정수량 : 모두 300kg

18 다음 중 제6류 위험물 중 과염소산의 일반적인 성질로서 맞는 것은?

① 과염소산은 물과 삭용하여 고체수화물을 만든다.
② 수용액은 완전히 전리하지 않는다.
③ 무거운 액체이며 무색, 무취이다.
④ 염소산 중에서 가장 약한 산이다.

🔍 과염소산은 물과 작용하여 6종의 고체수화물을 만든다.

19 다음 중 과염소산의 화학식으로 맞는 것은?

① HClO
② HClO$_2$
③ HClO$_3$
④ HClO$_4$

🔍 화학식

화학식	명명법	화학식	명명법
HClO	차아염소산	HClO$_2$	아염소산
HClO$_3$	염소산	HClO$_4$	과염소산

20 다음은 과염소산의 일반적인 성질을 설명한 것이다. 옳은 것은?

① 수용액은 완전히 전리한다.
② 염소산중에서 가장 약한 산이다.
③ 과염소산은 물과 작용해서 액체수화물을 만든다.
④ 비중이 물보다 가벼운 액체이며, 무색, 무취이다.

🔍 과염소산(HClO$_4$)
 • 수용액은 완전히 전리한다.
 • 염소산 중에서 가장 강한 산이다.
 • 과염소산은 물과 작용해서 6종의 고체수화물을 만든다.
 • 비중이 물보다 무거운 무색의 액체이다.

21 다음 제6류 위험물인 과산화수소의 성질 중 틀린 것은?

① 에터, 알코올에는 용해한다.
② 용기는 구멍이 뚫린 마개를 사용한다.
③ 석유, 벤젠에는 용해하지 않는다.
④ 순수한 것은 담황색 액체이다.

🔍 과산화수소의 물성
 • 순수한 것은 무색 액체이고, 양이 많을 경우 청색을 나타낸다.
 • 에터, 알코올에는 용해하고 석유, 벤젠에는 용해하지 않는다.
 • 용기는 밀전하지 말고 구멍이 뚫린 마개를 사용한다.
 • 직사광선에 의하여 분해한다.

22 과산화수소의 성질에 관한 설명이다. 옳지 않은 것은?

① 순수한 것은 점성이 있는 무색 액체이며, 다량이면 청색빛깔을 띤다.
② 순도가 높은 것은 불순물, 구리, 은, 백금 등의 미립자에 의하여 폭발적으로 분해한다.
③ 에터에 녹지 않으며, 벤젠에는 녹는다.

정답 16 ④ 17 ④ 18 ① 19 ④ 20 ① 21 ④ 22 ③

④ 강력한 산화제이나 환원제로서 작용하는 경우도 있다.

🔍 과산화수소는 물, 알코올, 에터에는 녹지만 벤젠에는 녹지 않는다.

23 염산과 반응하며 석유와 벤젠에 불용성이고, 피부와 접촉 시 수종을 생기게 하는 위험물을 생성시키는 물질은 무엇인가?

① 과산화나트륨 ② 과산화수소
③ 과산화벤조일 ④ 과산화칼륨

🔍 과산화수소(H_2O_2) : 석유와 벤젠에 불용성이고, 피부와 접촉시 수종을 생기게 하는 위험물

24 과염소산과 과산화수소의 공통된 성질이 아닌 것은?

① 비중이 1보다 크다. ② 물에 녹지 않는다.
③ 산화제이다. ④ 산소를 포함한다.

🔍 과염소산과 과산화수소는 물에 잘 녹는다.

25 다음은 과산화수소의 성질 및 취급방법에 관한 설명이다. 틀린 것은?

① 햇볕에 의하여 분해한다.
② 산성에서는 분해가 어렵다.
③ 저장 용기는 마개로 꼭 막아둔다.
④ 에탄올, 에터 등에는 용해되지만 벤젠에는 녹지 않는다.

🔍 과산화수소는 구멍 뚫린 마개를 사용하여야 한다.

26 제6류 위험물인 과산화수소에 대한 설명 중 틀린 것은?

① 유리용기에 장기간 보관하여도 무방하다.
② 냉암소에 저장하고 온도의 상승을 방지한다.
③ 용기에 내압상승을 방지하기 위하여 아주 작은 구멍을 낸다.
④ 농도가 클수록 위험하므로 분해방지 안정제를 넣어 산소분해를 억제한다.

🔍 과산화수소는 착색유리병에 저장하여야 하며 구멍이 있는 마개를 사용하여야 한다.

27 과산화수소 용액의 분해를 방지하기 위한 방법으로 가장 거리가 먼 것은?

① 햇빛을 차단한다.
② 암모니아를 가한다.
③ 인산을 가한다.
④ 요산을 가한다.

🔍 과산화수소의 분해방지제 : 인산이나 요산 첨가, 햇빛차단

28 제6류 위험물은 산화성 액체로서 서서히 분해한다. 이때 안정제를 첨가하는 것은?

① $HClO_4$ ② H_2O_2
③ H_2SO_4 ④ HNO_3

🔍 과산화수소(H_2O_2)의 안정제 : 인산(H_3PO_4), 요산($C_5H_4N_4O_3$)

29 산화제나 환원제로 사용할 수 있는 것은?

① F_2 ② $K_2Cr_2O_7$
③ H_2O_2 ④ $KMnO_4$

🔍 과산화수소(H_2O_2) : 산화제 또는 환원제

30 과산화수소가 분해하여 발생하는 기체의 위험성은?

① 산소이며 가연성이다.
② 수소이며 가연성이다.
③ 산소이며 연소를 도와준다.
④ 수소이며 연소를 도와준다.

🔍 과산화수소의 분해반응식
$2H_2O_2 \rightarrow 2H_2O + O_2$

정답 23 ② 24 ② 25 ③ 26 ① 27 ② 28 ② 29 ③ 30 ③

31 시판 중인 과산화수소 수용액(40%)이 분해하기 쉬우므로 이를 방지하기 위한 안정제로 사용할 수 있는 물질은?

① HgO
② CaO₃
③ MnO₂
④ H₃PO₄

🔍 과산화수소 분해방지제 : 인산(H_3PO_4), 뇨산($C_5H_4N_4O_3$)

32 과산화수소(H_2O_2)가 표백, 산화작용을 하는 이유는 분해할 때 무엇이 생성되기 때문인가?

① 발생기 산소
② 발생기 수소
③ 발생기 염소
④ 이산화황

🔍 과산화수소의 분해 반응식
$2H_2O_2 \rightarrow 2H_2O + O_2$
※ 과산화수소가 표백, 산화작용을 하는 이유는 분해할 때 발생기산소가 생성되기 때문이다.

33 제6류 위험물의 공통적인 물성으로서 틀린 것은? (단, 과산화수소는 제외한다.)

① 센 산화력이 있다.
② 가열하면 발화한다.
③ 물로 희석하면 발열한다.
④ 피부나 의류에 닿으면 부식시킨다.

🔍 제6류 위험물 : 불연성 액체

34 과산화수소의 저장 방법으로 올바르게 나타낸 것은?

① 착색병에 100% 넣고 밀봉해서 건조한 곳에 둔다.
② 폴리에틸렌 병에 90% 이상 넣어 밀봉해서 보관한다.
③ 가스를 빼는 마개가 붙은 폴리에틸렌병에 90% 이하 넣어서 둔다.
④ 가스를 빼는 마개가 붙은 내산 유리병에 100% 넣어서 양지바른 곳에 둔다.

🔍 과산화수소는 가스를 빼는 마개가 붙은 폴리에틸렌병에 90% 이하 넣어서 둔다.

35 질산(HNO_3)의 성질로 맞는 것은?

① 공기 중에서 자연발화 한다.
② 충격에 의하여 자연발화 한다.
③ 인화점이 낮아서 발화하기 쉽다.
④ 물과 반응하여 강한산성을 나타낸다.

🔍 질산(HNO_3)은 물과 반응하여 강한 산성을 나타낸다.

36 다음은 질산의 성상에 관한 설명이다. 맞는 것은?

① 질산은 비휘발성 물질이다.
② $KClO_3$와 혼합하면 안정한 질산염이 생성된다.
③ 자신은 불연성물질로 강한 환원력을 갖고 있다.
④ 위험물안전관리법상 질산의 비중이 1.49 이상을 위험물로 간주하고 있다.

🔍 질산의 비중 : 1.49 이상(위험물)

37 질산의 성질로 틀리는 것은?

① 무색투명하며 공업용은 화색을 띤다.
② 금, 백금을 제외한 모든 금속과 반응하여 질산염을 만든다.
③ 햇빛에 분해 되고 적갈색 가스는 인체에 유해하다.
④ 환원성물질이나 유기물질 등과 반응하여 부동태가 된다.

🔍 질산은 유기물과 반응하면 발화한다.

38 진한 질산에 대한 성질이 옳은 것은?

① 충격에 의해 착화된다.
② 공기 속에서 자연발화한다.
③ 인화점이 낮고 발화하기 쉽다.
④ 직사 광선에 의하여 갈색 증기를 낸다.

🔍 질산은 직사광선에 의하여 이산화질소(NO_2)의 갈색 증기를 발생한다.

정답 31 ④ 32 ① 33 ② 34 ③ 35 ④ 36 ④ 37 ④ 38 ④

39 질산의 비중은 얼마 이상을 위험물로 보는가?

① 1.29　② 1.49
③ 1.62　④ 1.82

🔍 질산의 비중 : 1.49 이상

40 진한 질산을 잘못 취급하여 바닥에 흘러내렸다 이때 어떤 조치를 취한 다음 중화제로 중화시켜야 하는가?

① 톱밥 등에 흡수시킨다.
② 솜에 흡수시킨다.
③ 마른 흙으로 적셔낸다.
④ 밀걸레로 닦아낸다.

🔍 진한 질산 누설시 마른 걸레로 닦아내고 중화제로 처리한다(물이 들어가면 많은 발열을 하기 때문에 위험하다).

41 질산의 위험성에 관한 설명 중 옳은 것은?

① 충격에 의해 착화한다.
② 공기 속에서 자연발화 한다.
③ 인화점이 낮고 발화하기 쉽다.
④ 환원성물질과 혼합 시 발화한다.

🔍 질산(HNO_3)은 환원성물질과 혼합하면 발화한다.

42 질산을 보관할 때 마개로 가장 알맞은 것은?

① 코르크마개　② 도자기마개
③ 무명천　④ 고무마개

🔍 질산은 공기와 접촉하면 이산화질소(NO_2)의 갈색 증기가 발생하므로 도자기 마개를 사용하여야 한다.

43 실험실에서 진한질산과 증류수로 묽은 질산을 만들고자 한다. 다음 중 희석하는 방법으로 가장 좋은 것은?

① 비커에 먼저 진한 질산을 넣고 거기에 조금씩 물을 넣는다.
② 비커에 먼저 진한 질산을 넣고 물로 식히면서 거기에 물을 넣는다.
③ 비커에 물을 넣은 다음 진한 질산을 넣고 나중에 저어 준다.
④ 비커에 물을 넣은 다음 저어 주면서 진한질산을 조금씩 넣는다.

🔍 비커에 물을 넣고 다음 저어 주면서 진한질산을 조금씩 넣어야 발열을 방지 할 수 있다.

44 발연질산에 해당되는 것은?

① 적갈색의 연기를 내며 특유의 냄새가 있다.
② 물에 의한 용해도는 크다.
③ 강산이지만 강산화제는 아니다.
④ 피부나 금속을 부식시키지 않는다.

🔍 발연질산 : 강산, 제6류 위험물, 용해도가 크다.

45 진한 질산에 부식(침식)되지 않는 것은?

① 철　② 구리
③ 백금　④ 아연

🔍 백금(Pt)은 질산에 부식되지 않는다.

46 다음 금속 중 진한 질산에 의하여 부동태가 되는 금속은?

① Fe　② Sb
③ Zn　④ Mg

🔍 Fe(철) : 진한질산에 의하여 부동태가 되는 금속

47 진한 질산을 몇 ℃ 이하로 냉각시키면 응축 결정 되는가?

① 약 −65℃　② 약 −57℃
③ 약 −42℃　④ 약 −31℃

🔍 진한 질산의 응축 결정온도 : 약 −42℃

정답　39 ②　40 ③　41 ④　42 ②　43 ④　44 ②　45 ③　46 ①　47 ③

48 질산의 위험성과 관계가 있는 것은?

① 인화성　　② 가연성
③ 불연성　　④ 조연성

🔍 질산(제6류 위험물) : 불연성

49 진한 질산(2mol)을 가열 분해 시 발생하는 가스는?

① 질소　　② 일산화탄소
③ 이산화질소　　④ 암모늄이온

🔍 질산의 분해반응식
$2HNO_3 \rightarrow H_2O + 2NO_2\uparrow + 1/2O_2\uparrow$

50 진한 질산을 물에 부었을 때 일어나는 현상은 어느 것인가?

① 수소 가스가 발생
② 산소 가스가 발생
③ 많은 열을 발생하고 용기파손을 초래
④ 물과 혼합되지 않고 층이 발생

🔍 물에 진한질산을 넣으면 돌비현상과 많은 열을 발생하고 용기를 파손할 우려가 있다.

정답　48 ③　49 ③　50 ③

CHAPTER 04

위험물안전관리법령·기술기준

Section 01 위험물안전관리법령
Section 02 위험물제조소등의 기술기준

SECTION 01 위험물안전관리법령

Industrial Engineer Hazardous material

STEP 01 위험물

1. 위험물
인화성 또는 **발화성** 등의 성질을 가지는 것으로 **대통령령**이 정하는 물품

2. 제조소등
제조소, 저장소, 취급소

> **참고** 위험물 제조소등을 설치하고자 하는 자 : 시·도지사의 허가를 받아야 한다.

3. 위험물의 취급
① 지정수량 이상의 위험물 : 제조소등에서 취급, 위험물안전관리법 적용

> **참고** 위험물안전관리법령 적용제외 : 항공기, 선박, 철도 및 궤도

② 지정수량 미만의 위험물 : 시·도의 조례

> **참고** 지정수량 이상이면 위험물안전관리법에 적용을 받아 제조소등을 설치하고 안전관리자를 선임하여야 한다.

4. 위험물안전관리자
① 위험물안전관리자 선임권자 : 제조소등의 관계인
② 위험물안전관리자 선임신고 : 소방본부장 또는 소방서장에게 신고
③ 해임 또는 퇴직 시 : 30일이내에 재선임
④ 안전관리자 선임 신고 : 14일 이내
⑤ 안전관리자 여행, 질병 기타사유로 직무 수행이 불가능 시 : 대리자 지정

> **참고** 위험물안전관리자로 선임할 수 있는 위험물취급자격자
> 위험물기능장, 위험물산업기사, 위험물산업기사, 안전관리교육이수자, 소방공무원경력자(소방공무원 경력이 3년 이상)

5. 예방규정을 정하여야 하는 제조소등

① 지정수량의 **10배 이상**의 위험물을 취급하는 **제조소, 일반취급소**
② 지정수량의 **100배 이상**의 위험물을 저장하는 **옥외저장소**
③ 지정수량의 **150배 이상**의 위험물을 저장하는 **옥내저장소**
④ 지정수량의 **200배 이상**의 위험물을 저장하는 **옥외탱크저장소**
⑤ 암반탱크저장소, 이송취급소

 지정수량의 배수 = $\dfrac{\text{저장량(취급량)}}{\text{지정수량}} + \dfrac{\text{저장량(취급량)}}{\text{지정수량}} + \dfrac{\text{저장량(취급량)}}{\text{지정수량}}$

6. 정기점검의 대상인 제조소등

① 예방규정을 정하여야 하는 제조소등
② 지하탱크저장소
③ 이동탱크저장소
④ 위험물을 취급하는 탱크로서 지하에 매설된 탱크가 있는 제조소, 주유취급소, 일반취급소

7. 운송책임자의 감독, 지원을 받아 운송하여야 하는 위험물

① 알킬알루미늄
② 알킬리튬

 위험물운송자 : 신규인 경우에는 한국소방안전협회에서 16시간의 교육을 받은 자

8. 인화성액체의 인화점 시험방법

① 택밀폐식 인화점측정기
② 신속평형법 인화점측정기
③ 클리브랜드개방식 인화점측정기

STEP 02 저장소, 취급소의 구분

1. 저장소의 구분

저장소의 구분	지정수량 이상의 위험물을 저장하기 위한 장소
옥내저장소	옥내(지붕과 기둥 또는 벽 등에 의하여 둘러싸인 곳을 말한다)에 저장(위험물을 저장하는 데 따르는 취급을 포함)하는 장소
옥외탱크저장소	옥외에 있는 탱크에 위험물을 저장하는 장소
옥내탱크저장소	옥내에 있는 탱크에 위험물을 저장하는 장소
지하탱크저장소	지하에 매설한 탱크에 위험물을 저장하는 장소
간이탱크저장소	간이탱크에 위험물을 저장하는 장소
이동탱크저장소	차량에 고정된 탱크에 위험물을 저장하는 장소
옥외저장소	옥외에 다음 각목의 1에 해당하는 위험물을 저장하는 장소 • 제2류 위험물 중 **황** 또는 **인화성고체**(**인화점**이 0℃ 이상인 것에 한한다) • 제4류 위험물 중 **제1석유류**(인화점이 0℃ 이상인 것에 한한다) · **알코올류** · **제2석유류** · **제3석유류** · **제4석유류** 및 **동식물유류** • **제6류 위험물**
암반탱크저장소	암반 내의 공간을 이용한 탱크에 액체의 위험물을 저장하는 장소

2. 취급소의 구분

구분	위험물을 제조 외의 목적으로 취급하기 위한 장소
1. 주유취급소	1. 고정된 주유설비(항공기에 주유하는 경우 차량에 설치된 주유설비를 포함)에 의하여 자동차·항공기 또는 선박 등의 연료탱크에 직접 주유하기 위하여 위험물을 취급하는 장소
2. 판매취급소	2. 점포에서 위험물을 용기에 담아 판매하기 위하여 **지정수량**의 **40배 이하**의 위험물을 취급하는 장소
3. 이송취급소	3. **다음 장소를 제외한 배관** 및 **이에 부속된 설비**에 의하여 위험물을 이송하는 장소 가. 「송유관안전관리법」에 의한 송유관에 의하여 위험물을 이송하는 경우 나. 제조소등에 관계된 시설(배관을 제외) 및 그 부지가 같은 사업소 안에 있고 당해 사업소 안에서만 위험물을 이송하는 경우 다. 사업소와 사업소의 사이에 도로(폭 2m 이상의 일반교통에 이용되는 도로로서 자동차의 통행이 가능한 것)만 있고 이송배관이 그 도로를 횡단하는 경우 라. 사업소와 사업소 사이의 이송배관이 제3자(당해 사업소와 관련이 있거나 유사한 사업을 하는 자에 한함)의 토지만을 통과하는 경우로서 당해 배관의 길이가 100m 이하인 경우 마. 해상구조물에 설치된 배관(이송되는 위험물이 별표 1의 제4류 위험물 중 제1석유류인 경우에는 배관의 내경이 30cm 미만인 것에 한함)으로서 당해 해상구조물에 설치된 배관의 길이가 30m 이하인 경우
4. 일반취급소	4. **제1호 내지 제3호 외의 장소**(「석유 및 석유대체연료사업법」제29조의 규정에 의한 유사석유제품에 해당하는 위험물을 취급하는 경우의 장소를 제외한다)

STEP 03 위험물안전관리자

1. 제조소등에 선임하여야 하는 안전관리자의 자격(2014. 1. 1일부터 시행)

제조소등의 종류 및 규모			안전관리자의 자격
제조소	1. 제4류 위험물만을 취급하는 것으로서 지정수량 5배 이하의 것		위험물기능장, 위험물산업기사, 위험물산업기사, **안전관리자교육이수자**, 소방공무원경력자
	2. 제1호에 해당하지 아니하는 것		위험물기능장, 위험물산업기사, 2년 이상의 실무경력이 있는 위험물산업기사
저장소	1. 옥내저장소	제4류 위험물만(특수인화물, 제1석유류)을 저장하는 것으로서 **지정수량 5배 이하의 것**	위험물기능장, 위험물산업기사, 위험물산업기사, **안전관리자교육이수자**, 소방공무원경력자
		제4류 위험물 중 알코올류·제2석유류·제3석유류·제4석유류·동식물유류만을 저장하는 것으로서 지정수량 40배 이하의 것	
	2. 옥외탱크저장소	제4류 위험물만(특수인화물, 제1석유류, 알코올류)을 저장하는 것으로서 **지정수량 5배 이하의 것**	
		제4류 위험물 중 제2석유류·제3석유류·제4석유류·동식물유류만을 저장하는 것으로서 지정수량 40배 이하의 것	
	3. 옥내탱크저장소	제4류 위험물만(특수인화물, 제1석유류, 알코올류)을 저장하는 것으로서 **지정수량 5배 이하의 것**	
		제4류 위험물 중 **제2석유류·제3석유류·제4석유류·동식물유류**만을 저장하는 것	
	4. 지하탱크저장소	제4류 위험물만(특수인화물)을 저장하는 것으로서 **지정수량 40배 이하의 것**	
		제4류 위험물 중 **제1석유류**·알코올류·제2석유류·제3석유류·제4석유류·동식물유류만을 저장하는 것으로서 **지정수량 250배 이하의 것**	
	5. 간이탱크저장소로서 제4류 위험물만을 저장하는 것		
	6. **옥외저장소** 중 제4류 위험물만을 저장하는 것으로서 **지정수량 40배 이하의 것**		
	7. 보일러, 버너 그 밖에 이와 유사한 장치에 공급하기 위한 위험물을 저장하는 탱크저장소		
	8. 선박주유취급소, 철도주유취급소 또는 항공기주유취급소의 고정주유설비에 공급하기 위한 위험물을 저장하는 탱크저장소로서 지정수량의 250배(제1석유류의 경우에는 지정수량의 100배) 이하의 것		
	9. 제1호 내지 제8호에 해당하지 아니하는 저장소		위험물기능장, 위험물산업기사, 2년 이상의 실무경력이 있는 위험물산업기사

제조소등의 종류 및 규모			안전관리자의 자격
취급소	1. 주유취급소		위험물기능장, 위험물산업기사, 또는 위험물산업기사, **안전관리자교육이수자**, 소방공무원경력자
	2. 판매취급소	제4류 위험물(특수인화물)만을 저장하는 것으로서 지정수량 5배 이하의 것	
		제4류 위험물 중 제1석유류·알코올류·제2석유류·제3석유류·제4석유류·동식물유류만을 취급하는 것	
	3. 제4류 위험물 중 제1석유류·알코올류·제2석유류·제3석유류·제4석유류·동식물유류만을 지정수량 50배 이하로 취급하는 일반취급소(제1석유류·알코올류의 취급량이 지정수량의 10배 이하인 경우에 한한다)로서 다음 각목의 어느 하나에 해당하는 것 가. 보일러, 버너 그 밖에 이와 유사한 장치에 의하여 위험물을 소비하는 것 나. 위험물을 용기 또는 차량에 고정된 탱크에 주입하는 것		
	4. 제4류 위험물(특수인화물, 제1석유류 알코올류)만을 취급하는 **일반취급소로서 지정수량 10배 이하의 것**		
	5. 제4류 위험물 중 **제2석유류·제3석유류·제4석유류·동식물유류**만을 취급하는 **일반취급소로서 지정수량 20배 이하의 것**		
	6.「농어촌전기공급사업촉진법」에 의하여 설치된 자가발전시설용 위험물을 이송하는 이송취급소		
	7. 제1호 내지 제6호에 해당하지 아니하는 취급소		위험물기능장, 위험물산업기사, 2년 이상의 실무경력이 있는 위험물산업기사

2. 위험물안전취급자격자의 자격

위험물취급자격자의 구분	취급할 수 있는 위험물
1.「국가기술자격법」에 따라 위험물기능장, 위험물산업기사, 위험물산업기사 자격을 취득한 사람	시행령 별표 1의 모든 위험물
2. **안전관리자 교육이수자**(소방청장이 실시하는 안전관리자교육을 이수한 자)	시행령 별표 1의 위험물 중 **제4류 위험물**
3. **소방공무원 경력자**(소방공무원으로 근무한 경력이 3년 이상인 자)	시행령 별표 1의 위험물 중 **제4류 위험물**

3. 위험물 안전관리자의 책무

① 위험물의 취급작업에 참여하여 당해 작업이 법 제5조 제3항의 규정에 의한 저장 또는 취급에 관한 기술기준과 법 제17조의 규정에 의한 예방규정에 적합하도록 해당 작업자(당해 작업에 참여하는 위험물취급자격자를 포함한다)에 대하여 지시 및 감독하는 업무
② 화재 등의 재난이 발생한 경우 응급조치 및 소방관서 등에 대한 연락업무

③ 위험물시설의 안전을 담당하는 자를 따로 두는 제조소등의 경우에는 그 담당자에게 다음 각 목의 규정에 의한 업무의 지시, 그 밖의 제조소등의 경우에는 다음 각목의 규정에 의한 업무
  ㉮ **제조소등의 위치·구조 및 설비**를 법 제5조 제4항의 기술기준에 적합하도록 유지하기 위한 **점검**과 **점검상황**의 **기록·보존**
  ㉯ 제조소등의 구조 또는 설비의 이상을 발견한 경우 관계자에 대한 **연락** 및 **응급조치**
  ㉰ 화재가 발생하거나 화재발생의 위험성이 현저한 경우 소방관서 등에 대한 연락 및 응급조치
  ㉱ 제조소등의 **계측장치·제어장치** 및 **안전장치** 등의 적정한 **유지·관리**
  ㉲ 제조소등의 위치·구조 및 설비에 관한 설계도서 등의 정비·보존 및 제조소등의 구조 및 설비의 안전에 관한 사무의 관리
④ 화재 등의 재해의 방지와 응급조치에 관하여 인접하는 제조소등과 그 밖의 관련되는 시설의 관계자와 협조체제의 유지
⑤ 위험물의 취급에 관한 일지의 작성·기록
⑥ 그 밖에 위험물을 수납한 용기를 차량에 적재하는 작업, 위험물설비를 보수하는 작업 등 위험물의 취급과 관련된 작업의 안전에 관하여 필요한 감독의 수행

4. 예방규정 작성 내용

① 위험물의 안전관리업무를 담당하는 자의 직무 및 조직에 관한 사항
② 안전관리자가 여행·질병 등으로 인하여 그 직무를 수행할 수 없을 경우 그 직무의 대리자에 관한 사항
③ 자체소방대를 설치하여야 하는 경우에는 자체소방대의 편성과 화학소방자동차의 배치에 관한 사항
④ 위험물의 안전에 관계된 작업에 종사하는 자에 대한 안전교육에 관한 사항
⑤ 위험물시설 및 작업장에 대한 안전순찰에 관한 사항
⑥ 위험물시설·소방시설 그 밖의 관련시설에 대한 점검 및 정비에 관한 사항
⑦ 위험물시설의 운전 또는 조작에 관한 사항
⑧ 위험물 취급작업의 기준에 관한 사항
⑨ 이송취급소에 있어서는 배관공사 현장책임자의 조건 등 배관공사 현장에 대한 감독체제에 관한 사항과 배관주위에 있는 이송취급소 시설 외의 공사를 하는 경우 배관의 안전확보에 관한 사항
⑩ 재난 그 밖의 비상시의 경우에 취하여야 하는 조치에 관한 사항
⑪ 위험물의 안전에 관한 기록에 관한 사항
⑫ 제조소등의 위치·구조 및 설비를 명시한 서류와 도면의 정비에 관한 사항
⑬ 그 밖에 위험물의 안전관리에 관하여 필요한 사항

STEP 04 자체소방대

1. 자체소방대

1) 자체소방대를 설치하여야 하는 사업소
    ① 제4류 위험물의 최대수량의 합이 지정수량의 3천배 이상을 취급하는 제조소 또는 일반취급소(다만, 보일러로 위험물을 소비하는 일반취급소는 제외)
    ② 제4류 위험물의 최대수량이 지정수량의 50만배 이상을 저장하는 옥외탱크저장소

2) 자체소방대에 두는 화학소방자동차 및 인원(제18조 제3항 관련)

사업소의 구분	화학소방 자동차	자체소방대원의 수
1. 제조소 또는 일반취급소에서 취급하는 제4류 위험물의 최대수량의 합이 지정수량의 **3천배 이상 12만배 미만**인 사업소	1대	5인
2. 제조소 또는 일반취급소에서 취급하는 제4류 위험물의 최대수량의 합이 지정수량의 **12만배 이상 24만배 미만**인 사업소	2대	10인
3. 제조소 또는 일반취급소에서 취급하는 제4류 위험물의 최대수량의 합이 지정수량의 **24만배 이상 48만배 미만**인 사업소	3대	15인
4. 제조소 또는 일반취급소에서 취급하는 제4류 위험물의 최대수량의 합이 지정수량의 **48만배 이상**인 사업소	4대	20인
5. 옥외탱크저장소에 저장하는 제4류 위험물의 최대수량이 지정수량의 **50만배 이상**인 사업소	2대	10인

2. 화학소방자동차에 갖추어야 하는 소화능력 및 설비의 기준

화학소방자동차의 구분	소화능력 및 설비의 기준
포수용액 방사차	• 포수용액의 방사능력이 매분 2,000ℓ 이상일 것 • 소화약액 탱크 및 소화약액혼합장치를 비치할 것 • **10만ℓ 이상의 포수용액**을 방사할 수 있는 양의 소화약제를 비치할 것
분말 방사차	• 분말의 방사능력이 매초 35kg 이상일 것 • 분말탱크 및 가압용 가스설비를 비치할 것 • 1,400kg 이상의 분말을 비치할 것
할로젠화합물 방사차	• 할로젠화합물의 방사능력이 매초 40kg 이상일 것 • 할로젠화합물탱크 및 가압용 가스설비를 비치할 것 • 1,000kg 이상의 할로젠화합물을 비치할 것
이산화탄소 방사차	• 이산화탄소의 방사능력이 매초 40kg 이상일 것 • 이산화탄소저장용기를 비치할 것 • 3,000kg 이상의 이산화탄소를 비치할 것
제독차	가성소오다 및 규조토를 각각 50kg 이상 비치할 것

STEP 05 벌칙

1) **1년 이상 10년 이하의 징역**
   제조소등에서 위험물을 유출·방출 또는 확산시켜 사람의 생명·신체 또는 재산에 대하여 **위험을 발생**시킨 자

2) **무기 또는 5년 이상의 징역**
   제조소등에서 위험물을 유출·방출 또는 확산시켜 사람을 **사망**에 이르게 한 때

3) **무기 또는 3년 이상의 징역**
   제조소등에서 위험물을 유출·방출 또는 확산시켜 사람을 **상해(傷害)**에 이르게 한 때

4) **10년 이하의 징역 또는 금고나 1억원 이하의 벌금**
   업무상 과실로 제조소등에서 위험물을 유출·방출 또는 확산시켜 사람을 **사상(死傷)**에 이르게 한 자

5) **7년 이하의 금고 또는 7000만원 이하의 벌금**
   업무상 과실로 제조소등에서 위험물을 유출·방출 또는 확산시켜 사람의 생명·신체 또는 재산에 대하여 **위험을 발생**시킨 자

6) **5년 이하의 징역 또는 1억원 이하의 벌금**
   제6조 제1항 전단을 위반하여 제조소등의 **설치허가를 받지 아니하고 제조소등을 설치한 자**

7) **3년 이하의 징역 또는 3천만원 이하의 벌금**
   제5조 제1항 전단을 위반하여 저장소 또는 제조소등이 아닌 장소에 **지정수량 이상의 위험물**을 **저장 또는 취급**한 자.

8) **1년 이하의 징역 또는 1000만원 이하의 벌금**
   ① 탱크시험자로 등록하지 아니하고 탱크시험자의 업무를 한 자
   ② 정기점검을 하지 아니하거나 점검기록을 허위로 작성한 관계인으로서 규정에 따른 허가를 받은 자
   ③ **정기검사를 받지 아니한 관계인으로서 허가를 받은 자**
   ④ 자체소방대를 두지 아니한 관계인으로서 허가를 받은 자

9) **1,500만원 이하의 벌금**
   ① 위험물의 **저장** 또는 **취급**에 관한 중요기준에 따르지 아니한 자
   ② **변경허가를 받지 아니하고 제조소등을 변경한 자**
   ③ 제조소등의 완공검사를 받지 아니하고 위험물을 저장·취급한 자
   ④ 제조소등의 사용정지명령을 위반한 자
   ⑤ **안전관리자를 선임하지 아니한 관계인으로서 허가를 받은 자**
   ⑥ 대리자를 지정하지 아니한 관계인으로서 허가를 받은 자
   ⑦ 규정에 따른 업무정지 명령을 위반한 자
   ⑧ 예방규정을 제출하지 아니하거나 변경명령을 위반한 관계인으로서 허가를 받은 자

⑨ 명령을 위반하여 보고 또는 자료제출을 하지 아니하거나 허위의 보고 또는 자료제출을 한 자 및 관계공무원의 출입 또는 조사·검사를 거부·방해 또는 기피한 자
⑩ 무허가장소의 위험물에 대한 조치명령을 따르지 아니한 자

10) 1,000만원 이하의 벌금
① 위험물의 취급에 관한 안전관리와 감독을 하지 아니한 자
② **안전관리자** 또는 그 **대리자가 참여하지 아니한 상태에서 위험물을 취급한 자**
③ 변경한 예방규정을 제출하지 아니한 관계인으로서 허가를 받은 자
④ 위험물의 운반에 관한 중요기준에 따르지 아니한 자
⑤ 국가기술자격자 또는 **안전교육을 받지 않고 위험물을 운송하는 자**
⑥ 관계인의 정당한 업무를 방해하거나 출입·검사 등을 수행하면서 알게 된 비밀을 누설한 자

11) 500만원 이하의 과태료
① 임시저장기간의 승인을 받지 아니한 자
② 위험물의 **저장** 또는 **취급에 관한 세부기준**을 위반한 자
③ 위험물의 품명 등의 **변경신고**를 기간 이내에 하지 아니하거나 허위로 한 자
④ 위험물제조소등의 **지위승계신고**를 기간 이내에 하지 아니하거나 허위로 한 자
⑤ 제조소등의 **폐지신고**, 안전관리자의 **선임신고** 또는 퇴직신고를 기간 이내에 하지 아니하거나 허위로 한 자
⑥ 등록사항의 변경신고를 기간 이내에 하지 아니하거나 허위로 한 자
⑦ 위험물제조소등의 **정기 점검결과를 기록·보존 하지 아니한 자**
⑧ 위험물의 운반에 관한 세부기준을 위반한 자
⑨ 제조소등에서 흡연을 한 자
⑩ 금연구역임을 알리는 표지를 하지 않거나 보완이 필요한 경우 시·도지사의 시정명령에 따르지 않은 자
⑪ **위험물의 운송에 관한 기준을 따르지 아니한 자**

STEP 06 탱크의 용량

1. 타원형 탱크의 내용적
① 양쪽이 볼록한 것

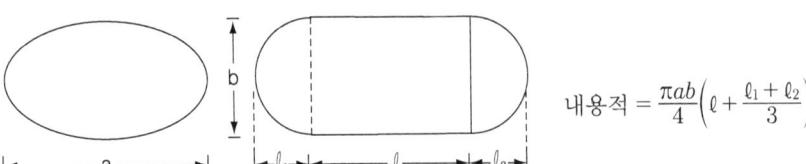

$$\text{내용적} = \frac{\pi ab}{4}\left(\ell + \frac{\ell_1 + \ell_2}{3}\right)$$

② 한쪽은 볼록하고 다른 한쪽은 오목한 것

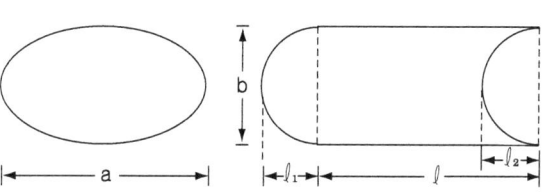

내용적 $= \dfrac{\pi ab}{4}\left(\ell + \dfrac{\ell_1 - \ell_2}{3}\right)$

2. 원통형 탱크의 내용적

① 횡으로 설치한 것

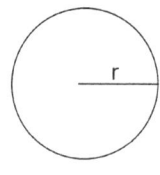 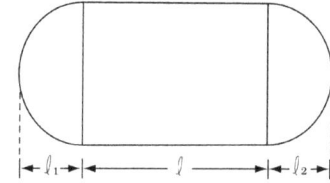

내용적 $= \pi r^2 \left(\ell + \dfrac{\ell_1 + \ell_2}{3}\right)$

② 종으로 설치한 것

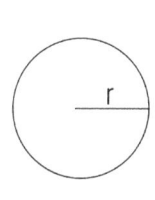 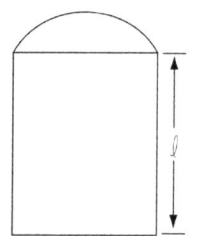

내용적 $= \pi r^2 \ell$

 탱크의 용량
- 일반탱크 = 탱크의 내용적 − 공간용적(탱크 내용적의 5/100 이상 10/100 이하)
- 암반탱크 = 탱크의 내용적 − 공간용적(탱크에 용출하는 7일간의 지하수의 양에 상당하는 용적과 탱크내용적의 1/100 용적 중 큰 용적)
- 포방출구를 탱크 안의 윗부분에 설치하는 경우 = 탱크의 내용적 − 공간용적(소화약제 방출구 아래의 0.3m 이상 1m 미만 사이의 면으로부터 윗부분의 용적)

SECTION 02 위험물제조소등의 기술기준

STEP 01 제조소의 위치, 구조 및 설비의 기준(규칙 별표4)

1. 제조소의 안전거리

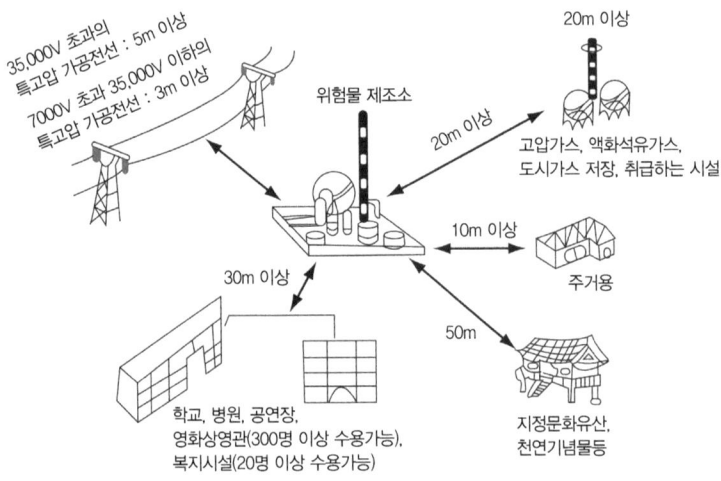

건축물	안전거리
사용전압 7000V 초과 35,000V 이하의 특고압 가공전선	3m 이상
사용전압 35,000V 초과의 특고압 가공전선	5m 이상
주거용으로 사용되는 것(제조소가 설치된 부지 내에 있는 것을 제외)	10m 이상
고압가스, 액화석유가스, 도시가스를 저장 또는 취급하는 시설	20m 이상
학교, 병원, 극장 그 밖에 다수인을 수용하는 시설로서 다음의 것은 30m 이상 ① 학교 ② 병원급의료기관[종합병원, 병원, 치과병원, 한방병원 및 요양병원(정신병원)] ③ 공연장, 영화상영관 그밖에 유사한 시설로서 300명 이상의 인원을 수용할 수 있는 곳 ④ 복지시설(아동복지시설, 노인복지시설, 장애인복지시설, 한부모가족복지시설), 어린이집, 성매매피해자등을 위한 지원시설, 정신건강증진시설, 「가정폭력방지 및 피해자 보호등에 관한 법률」에 따른 보호시설, 그밖에 유사한 시설로서 20명 이상의 인원을 수용할 수 있는 곳	30m 이상
지정문화유산, 천연기념물등	50m 이상

참고 **안전거리** : 건축물의 외벽 또는 공작물의 외측으로부터 당해 제조소의 외벽 또는 이에 상당하는 공작물의 외측까지의 수평거리

2. 제조소의 보유공지

취급하는 위험물의 최대수량	공지의 너비
지정수량의 10배 이하	3m 이상
지정수량의 10배 초과	5m 이상

3. 제조소의 표지 및 게시판

1) "위험물 제조소"라는 표지를 설치

① 표지의 크기 : 한변의 길이 **0.3m 이상**, 다른 한변의 길이 **0.6m 이상**

② 표지의 색상 : **백색바탕**에 **흑색 문자**

2) 방화에 관하여 필요한 사항을 게시한 게시판 설치

① 게시판의 크기 : 한변의 길이 0.3m 이상, 다른 한변의 길이 0.6m 이상

② **기재 내용** : 위험물의 **유별 · 품명** 및 **저장최대수량** 또는 **취급최대수량**, 지정수량의 배수 및 **안전관리자의 성명** 또는 **직명**

③ 게시판의 색상 : 백색바탕에 흑색 문자

3) 주의사항을 표시한 게시판 설치

위 험 물 제 조 소	
화 기 엄 금	
유 별	제 4 류
품 명	제1석유류(휘발유)
취급 최대수량	10,000ℓ
지정수량의 배수	50배
안전관리자의 성명 또는 직명	○ ○ ○

[제조소의 표지 및 게시판]

위험물의 종류	주의사항	게시판의 색상
제1류 위험물 중 **알칼리금속의 과산화물** 제3류 위험물 중 **금수성물질**	물기엄금	청색바탕에 백색문자
제2류 위험물(인화성 고체는 제외)	화기주의	적색바탕에 백색문자
제2류 위험물 중 **인화성 고체** 제3류 위험물 중 **자연발화성물질** **제4류 위험물** **제5류 위험물**	화기엄금	적색바탕에 백색문자

4. 건축물의 구조

① 지하층이 없도록 하여야 한다.
② 벽·기둥·바닥·보·서까래 및 계단 : 불연재료(연소 우려가 있는 외벽은 개구부가 없는 내화구조의 벽으로 할 것)
③ **지붕**은 폭발력이 위로 방출될 정도의 가벼운 **불연재료**로 덮어야 한다.

> **지붕을 내화구조로 할 수 있는 경우**
> • 제2류 위험물(분말상태의 것과 인화성고체는 제외)
> • 제4류 위험물 중 제4석유류, 동식물유류
> • 제6류 위험물

④ 출입구와 비상구에는 60분+ 방화문·60분 방화문 또는 30분 방화문을 설치하여야 한다.

> **연소우려가 있는 외벽의 출입구**
> 수시로 열 수 있는 자동폐쇄식의 60분+ 방화문 또는 60분 방화문 설치

⑤ 건축물의 창 및 출입구의 유리 : 망입유리
⑥ 액체의 위험물을 취급하는 건축물의 바닥 : 적당한 경사를 두고 그 최저부에 집유설비를 할 것

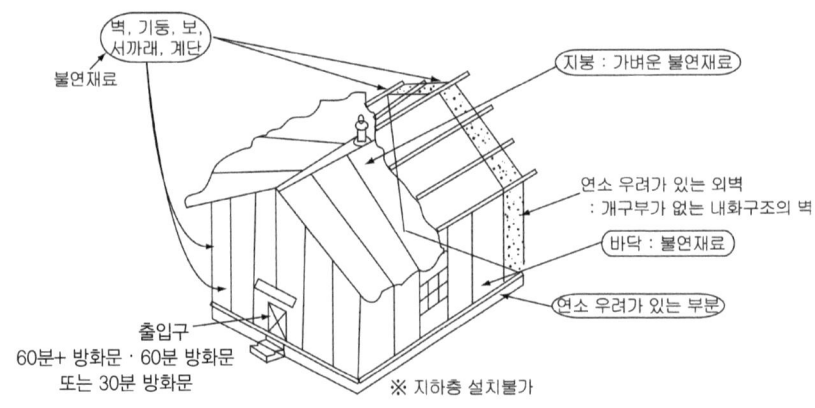

[위험물제조소 건축물의 구조]

5. 채광·조명 및 환기설비

1) **채광설비** : 불연재료로 하고 연소의 우려가 없는 장소에 설치하되 채광면적을 **최소**로 할 것

2) **조명설비**
  ① 가연성가스등이 체류할 우려가 있는 장소의 조명등 : 방폭등
  ② 전선 : 내화·내열전선
  ③ **점멸스위치 : 출입구 바깥부분에 설치**

3) **환기설비**
  ① 환기 : **자연배기방식**

② 급기구는 당해 급기구가 설치된 실의 바닥면적 **150m²마다 1개 이상**으로 하되 **급기구의 크기는 800cm² 이상**으로 할 것. 다만 바닥면적 150m² 미만인 경우에는 다음의 크기로 할 것

바닥면적	급기구의 면적
60m² 미만	150cm² 이상
60m² 이상 90m² 미만	300cm² 이상
90m² 이상 120m² 미만	450cm² 이상
120m² 이상 150m² 미만	600cm² 이상

③ **급기구**는 **낮은 곳에 설치**하고 가는 눈의 구리망으로 **인화방지망**을 설치할 것
④ **환기구**는 지붕위 또는 **지상 2m 이상**의 높이에 **회전식 고정벤티레이터** 또는 **루프팬방식** (Roof fan : 지붕에 설치하는 배기장치)으로 설치할 것

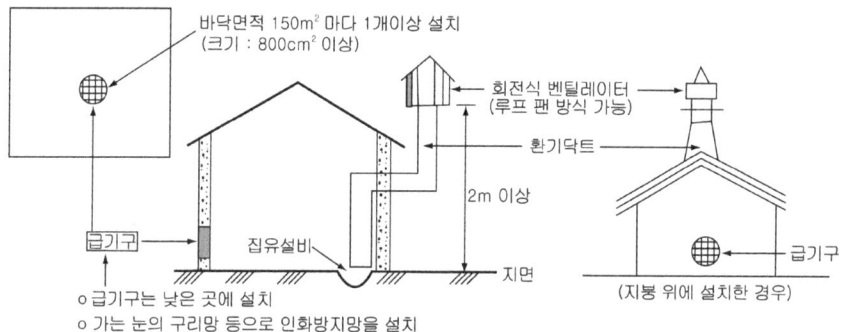

[위험물제조소의 자연배기방식의 환기설비]

4) 배출설비
① 설치 장소 : 가연성 증기 또는 미분이 체류할 우려가 있는 건축물
② 배출설비 : 국소방식
③ 배출설비는 배풍기(오염된 공기를 뽑아내는 통풍기), 배출닥트(공기배출 통로), 후드 등을 이용하여 강제적으로 배출하는 것으로 할 것
④ **배출능력**은 1시간당 배출장소 용적의 **20배 이상**인 것으로 할 것(**전역방출방식** : 바닥면적 1m²당 18m³ 이상)
⑤ **급기구**는 **높은 곳에 설치**하고 가는 눈의 구리망으로 **인화방지망**을 설치할 것
⑥ 배출구는 **지상 2m 이상**으로서 연소 우려가 없는 장소에 설치하고 화재시 자동으로 폐쇄되는 방화댐퍼(화재 시 연기 등을 차단하는 장치)를 설치할 것
⑦ 배풍기 : **강제배기방식**

6. 옥외시설의 바닥(옥외에서 액체위험물을 취급하는 경우)
① 바닥의 둘레에 높이 **0.15m 이상**의 턱을 설치할 것
② 바닥의 최저부에 집유설비를 할 것

③ 위험물(20℃이 물 100g에 용해되는 양이 1g 미만인 것에 한함)을 취급하는 설비에는 집유설비에 **유분리장치**를 설치할 것

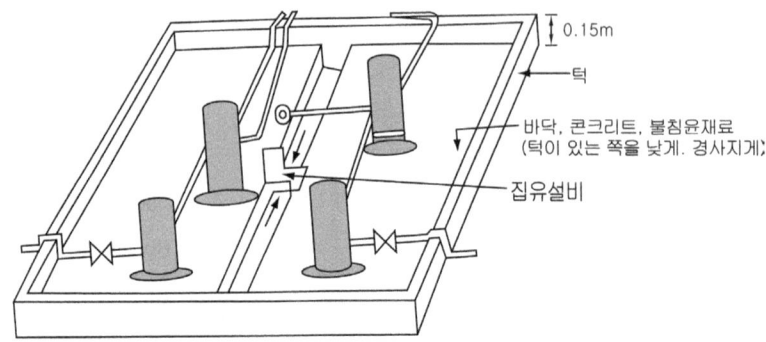

[위험물제조소의 옥외시설의 바닥]

7. 제조소의 설치하여야 하는 설비 및 장치

① 채광설비
② 환기설비
③ 배출설비
④ 위험물 누출·비산방지설비
⑤ 가열·냉각설비
⑥ 온도측정장치
⑦ 가열건조설비
⑧ 압력계 및 안전장치
    ㉮ 자동적으로 압력의 상승을 정지시키는 장치
    ㉯ 감압측에 안전밸브를 부착한 감압밸브
    ㉰ 안전밸브를 겸하는 경보장치
    ㉱ 파괴판(위험물의 성질에 따라 안전밸브의 작동이 곤란한 가압설비에 한한다)

8. 정전기 제거설비

① **접지**에 의한 방법
② 공기 중의 **상대습도**를 70% 이상으로 하는 방법
③ **공기를 이온화**하는 방법

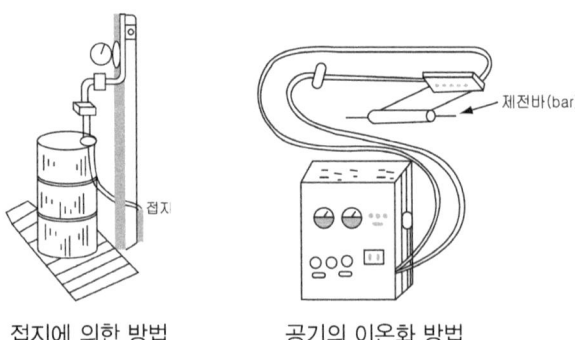

접지에 의한 방법   공기의 이온화 방법

[정전기 제거설비]

9. 피뢰설비

지정수량의 **10배 이상**의 위험물을 제조소(**제6류 위험물은 제외**)에는 설치할 것

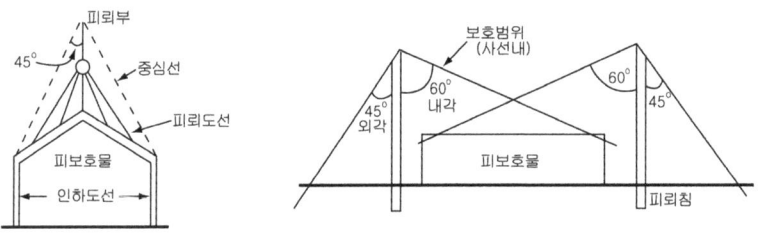

[피뢰침의 보호범위]

10. 위험물 취급탱크(지정수량 1/5 미만은 제외)

1) 위험물제조소의 옥외에 있는 위험물 취급탱크
   ① **하나의 취급탱크** 주위에 설치하는 방유제의 용량 : 당해 **탱크용량의 50% 이상**
   ② **2 이상의 취급탱크** 주위에 하나의 방유제를 설치하는 경우 방유제의 용량 : 당해 탱크 중 용량이 **최대인 것의 50%**에 **나머지 탱크용량 합계**의 10%를 가산한 양 이상이 되게 할 것

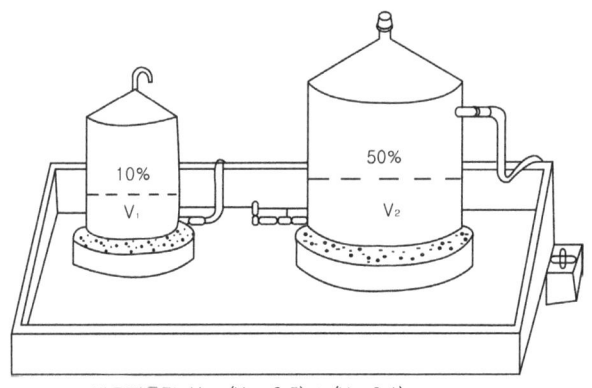

방유제용량 $V = (V_2 \times 0.5) + (V_1 \times 0.1)$

[옥외위험물 취급탱크의 방유제 용량]

2) 위험물제조소의 옥내에 있는 위험물 취급탱크
   ① **하나의 취급탱크**의 주위에 설치하는 방유턱의 용량 : 당해 **탱크용량 이상**
   ② **2 이상의 취급탱크** 주위에 설치하는 방유턱의 용량 : **최대 탱크용량 이상**

> **참고** **방유제, 방유턱의 용량**
> - 위험물제조소의 옥외에 있는 위험물 취급탱크의 방유제의 용량
>   - 1기 일 때 : 탱크용량 × 0.5(50%)
>   - 2기 이상일 때 : 최대탱크용량 × 0.5 + (나머지 탱크 용량합계 × 0.1)
> - 위험물제조소의 옥내에 있는 위험물 취급탱크의 방유턱의 용량
>   - 1기 일 때 : 탱크용량 이상
>   - 2기 이상일 때 : 최대 탱크용량 이상
> - 위험물옥외탱크저장소의 방유제의 용량
>   - 1기 일 때 : 탱크용량 × 1.1(110%)[비인화성 물질×100%]
>   - 2기 이상일 때 : 최대 탱크용량 × 1.1(110%)[비인화성 물질×100%]

11. 위험물제조소의 배관

① 배관의 재질 : 강관, 유리섬유강화플라스틱, 고밀도폴리에틸렌, 폴리우레탄
② 내압시험(아래압력으로 내압시험을 실시하여 이상이 없을 것)
   ㉮ 불연성 액체를 이용하는 경우 : 최대상용압력의 1.5배 이상
   ㉯ 불연성 기체를 이용하는 경우 : 최대상용압력의 1.1배 이상

12. 용어 정의

① **고인화점 위험물** : 인화점이 100°C 이상인 제4류 위험물
② 알킬알루미늄등 : 제3류 위험물 중 알킬알루미늄·알킬리튬 또는 이중 어느 하나 이상을 함유하는 것
③ 아세트알데하이드등 : 제4류 위험물 중 특수인화물의 아세트알데하이드·산화프로필렌 또는 이중 어느 하나 이상을 함유하는 것
④ 하이드록실아민등 : 제5류 위험물 중 하이드록실아민·하이드록실아민염류 또는 이중 어느 하나 이상을 함유하는 것

13. 고인화점 위험물 제조소의 특례

① 안전거리
   ㉮ **주거용** : 10m 이상
   ㉯ **고압가스, 액화석유가스, 도시가스를 저장 또는 취급시설** : 20m 이상
   ㉰ **지정문화유산, 천연기념물등** : 50m 이상
② 보유공지 : 3m 이상
③ 건축물의 지붕 : 불연재료
④ 창 또는 출입구 : 60분+ 방화문·60분 방화문 또는 30분 방화문 또는 불연재료나 유리로 만든 문(연소우려가 있는 외벽에 두는 출입구에는 자동폐쇄식의 60분+ 방화문 또는 60분 방화문을 설치할 것)

14. 알킬알루미늄 등, 아세트알데하이드 등을 취급하는 제조소의 특례

① 알킬알루미늄 등을 취급하는 설비에는 불활성기체(질소, 이산화탄소)를 봉입하는 장치를 갖출 것
② **아세트알데하이드 등**을 취급하는 설비는 **은(Ag)·수은(Hg)·동(Cu)·마그네슘(Mg)** 또는 이들을 성분으로 하는 합금으로 만들지 아니할 것
③ **아세트알데하이드 등**을 취급하는 설비에는 연소성 혼합기체의 생성에 의한 폭발을 방지하기 위한 **불활성기체** 또는 **수증기를 봉입하는 장치**를 갖출 것
④ 아세트알데하이드 등을 취급하는 탱크(옥외탱크 또는 옥내탱크로서 지정수량의 5분의 1 미만은 제외)에는 냉각장치 또는 저온을 유지하기 위한 장치(이하 "보냉장치"라 한다) 및 연소성 혼합기체의 생성에 의한 폭발을 방지하기 위한 불활성기체를 봉입하는 장치를 갖출 것(지하탱크일 때 저온으로 유지할 수 있는 구조일 때에는 냉각장치 및 보냉장치를 갖추지 아니할 수 있다)

15. 하이드록실 아민등을 취급하는 제조소의 특례

1) 안전거리

$$D = 51.1 \sqrt[3]{N}$$

여기서 N : 지정수량의 배수(하이드록실아민의 지정수량 : 100kg)

2) 제조소 주위의 담 또는 토제(土堤)의 설치 기준

① 담 또는 토제는 제조소의 외벽 또는 공작물의 외측으로부터 2m 이상 떨어진 장소에 설치할 것
② 담 또는 토제의 높이는 당해 제조소에 있어서 하이드록실아민 등을 취급하는 부분의 높이 이상으로 할 것
③ 담은 두께 15cm 이상의 철근콘크리트조 · 철골철근콘크리트조 또는 두께 20cm 이상의 보강콘크리트 블록조로 할 것
④ 토제의 경사면의 경사도는 60도 미만으로 할 것
⑤ 하이드록실아민 등을 취급하는 설비에는 철 이온 등의 혼입에 의한 위험한 반응을 방지하기 위한 조치를 강구할 것

16. 방화상 유효한 담의 높이

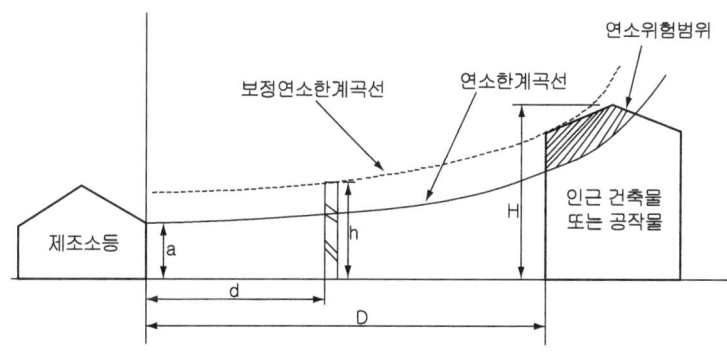

① $H \leq pD^2 + a$ 인 경우 $h = 2$
② $H > pD^2 + a$ 인 경우 $h = H - p(D^2 - d^2)$

- D : 제조소등과 인근건축물 또는 공작물과의 거리(m)
- H : 인근건축물 또는 공작물의 높이(m)
- a : 제조소등의 외벽의 높이(m)
- d : 제조소등과 방화상 유효한 담과의 거리(m)
- h : 방화상 유효한 담의 높이(m)
- p : 상수

① 위에서 산출한 수치가 2 미만 일 때에는 담의 높이를 2m로, 4 이상 일 때에는 담의 높이를 4m로 하고 다음의 소화설비를 보강하여야 한다.
㉮ 당해 제조소등의 **소형소화기 설치 대상**인 것 : **대형소화기를 1개 이상 증설**할 것

⑭ 당해 제조소등의 **대형소화기 설치 대상**인 것 : 대형소화기 대신 옥내소화전설비, 옥외소화전설비, 스프링클러설비, 물분무소화설비, 포소화설비, 불활성가스소화설비, 할로젠화합물소화설비, 분말소화설비 중 적응 소화설비를 설치할 것
⑮ 당해 제조소등이 옥내소화전설비, 옥외소화전설비, 스프링클러설비, 물분무소화설비, 포소화설비, 불활성가스소화설비, 할로젠화합물소화설비, 분말소화설비 설치대상인 것 : 반경 30m마다 대형소화기 1개 이상 증설할 것
② 방화상 유효한 담
㉠ 제조소등으로부터 5m 미만의 거리에 설치하는 경우 : 내화구조
㉡ 5m 이상의 거리에 설치하는 경우 : 불연재료

STEP 02 옥내저장소의 위치, 구조 및 설비의 기준(규칙 별표5)

1. 옥내저장소의 안전거리
제조소와 동일 함

2. 옥내저장소의 안전거리 제외 대상
① 제4석유류 또는 동식물유류의 위험물을 저장 또는 취급하는 옥내저장소로서 지정수량의 20배 미만인 것
② 제6류 위험물을 저장 또는 취급하는 옥내저장소
③ 지정수량의 20배(하나의 저장창고의 바닥면적이 150m² 이하인 경우에는 50배) 이하의 위험물을 저장 또는 취급하는 옥내저장소로서 다음의 기준에 적합한 것
㉠ 저장창고의 벽·기둥·바닥·보 및 지붕이 내화구조일 것
㉡ 저장창고의 출입구에 수시로 열 수 있는 자동폐쇄방식의 60분+ 방화문 또는 60분 방화문이 설치되어 있을 것
㉢ 저장창고에 창이 설치하지 아니할 것

3. 옥내저장소의 표지 및 게시판
제조소와 동일함

4. 옥내저장소의 보유공지

저장 또는 취급하는 위험물의 최대수량	공지의 너비	
	벽·기둥 및 바닥이 내화구조로 된 건축물	그 밖의 건축물
지정수량의 5배 이하		0.5m 이상
지정수량의 5배 초과 10배 이하	1m 이상	1.5m 이상
지정수량의 10배 초과 20배 이하	2m 이상	3m 이상

저장 또는 취급하는 위험물의 최대수량	공지의 너비	
	벽·기둥 및 바닥이 내화구조로 된 건축물	그 밖의 건축물
지정수량의 20배 초과 50배 이하	3m 이상	5m 이상
지정수량의 50배 초과 200배 이하	5m 이상	10m 이상
지정수량의 200배 초과	10m 이상	15m 이상

단, 지정수량의 **20배**를 **초과**하는 옥내저장소와 동일한 부지 내에 있는 다른 옥내저장소와의 사이에는 동 표에 정하는 공지의 너비의 **3분의 1**(당해 수치가 3m **미만**인 경우에는 3m)의 공지를 보유할 수 있다.

5. 옥내저장소의 저장창고

① 저장창고는 지면에서 처마까지의 높이(처마높이)가 6m 미만인 단층 건물로 하고 그 바닥을 지반면보다 높게 하여야 한다.

 저장창고는 위험물의 저장을 전용으로 하는 독립된 건축물로 하여야 한다.

② 제2류 또는 제4류 위험물만을 저장하는 아래 기준에 적합한 창고는 20m 이하로 할 수 있다.
　㉮ 벽·기둥·보 및 바닥을 내화구조로 할 것
　㉯ 출입구에 60분+ 방화문 또는 60분 방화문을 설치할 것
　㉰ 피뢰침을 설치할 것(단, 안전상 지장이 없는 경우에는 예외)

③ 저장창고의 기준면적

위험물을 저장하는 창고의 종류	기준면적
① 제1류 위험물 중 **아염소산염류, 염소산염류, 과염소산염류, 무기과산화물**, 그 밖에 지정수량이 **50kg**인 위험물 ② 제3류 위험물 중 **칼륨, 나트륨, 알킬알루미늄, 알킬리튬**, 그 밖에 지정수량이 **10kg**인 위험물 및 **황린** ③ 제4류 위험물 중 **특수인화물, 제1석유류** 및 **알코올류** ④ 제5류 위험물 중 지정수량이 10kg인 위험물 ⑤ 제6류 위험물	1,000m² 이하
①~⑤의 위험물외의 위험물을 저장하는 창고	2,000m² 이하
위의 전부에 해당하는 위험물을 내화구조의 격벽으로 완전히 구획 된 실에 각각 저장하는 창고(제4석유류, 동식물유류, 제6류 위험물은 500m²을 초과할 수 없다)	1,500m² 이하

④ 저장창고의 벽·기둥 및 바닥은 **내화구조**로 하고, **보와 서까래**는 **불연재료**로 하여야 한다.

 벽·기둥 및 바닥은 불연재료로 할 수 있는 것
　• 지정수량의 10배 이하의 위험물의 저장창고
　• 제2류 위험물(인화성고체는 제외)
　• 제4류 위험물(인화점이 70℃ 미만은 제외)만의 저장창고

⑤ 저장창고는 **지붕**을 폭발력이 위로 방출될 정도의 **가벼운 불연재료**로 하고, 천장을 만들지 않아야 한다.

> **참고**
> 지붕을 내화구조로 할 수 있는 것
> • 제2류 위험물(분말상태의 것과 인화성고체는 제외)
> • 제6류 위험물

⑥ 저장창고의 출입구에는 60분+ 방화문·60분 방화문 또는 30분 방화문을 설치하되, 연소의 우려가 있는 외벽에 있는 출입구에는 수시로 열 수 있는 자동폐쇄식의 60분+ 방화문 또는 60분 방화문을 설치하여야 한다.

⑦ 저장창고의 창 또는 출입구에 유리를 이용하는 경우에는 망입 유리로 하여야 한다.

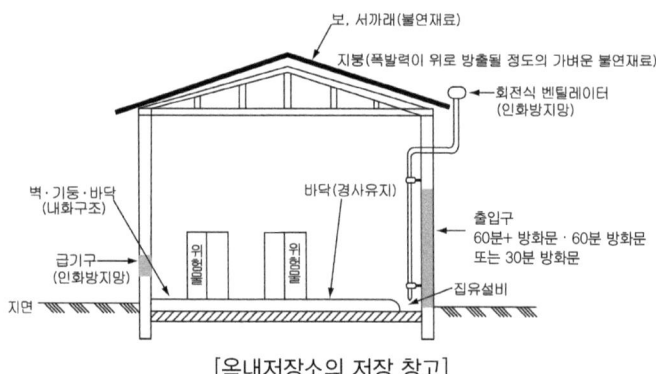

[옥내저장소의 저장 창고]

⑧ 저장창고에 **물의 침투를 막는 구조**로 하여야 하는 위험물
  ㉮ 제1류 위험물 중 **알칼리금속의 과산화물**
  ㉯ 제2류 위험물 중 **철분, 금속분, 마그네슘**
  ㉰ 제3류 위험물 중 **금수성물질**
  ㉱ **제4류 위험물**

⑨ 액상의 위험물의 저장창고의 바닥은 위험물이 스며들지 아니하는 구조로 하고, 적당하게 경사지게 하여 그 최저부에 집유설비를 하여야 한다.

> **참고** **액상의 위험물** : 제4류 위험물, 보호액을 사용하는 위험물

⑩ **피뢰침 설치** : 지정수량의 10배 이상의 저장창고(제6류 위험물은 제외)

6. 다층 건물의 옥내저장소의 기준(제2류의 인화성고체, 제4류의 인화점이 70℃ 미만은 제외)

① 옥내저장소의 저장창고의 기준과 동일하다.
② 저장창고는 각층의 바닥을 지면보다 높게 하고, 바닥면으로부터 상층의 바닥(상층이 없는 경우에는 처마)까지의 높이(층고)를 6m 미만으로 하여야 한다.
③ 하나의 저장창고의 바닥면적 합계는 1,000m² 이하로 하여야 한다.

④ 저장창고의 벽·기둥·바닥 및 보를 내화구조로 하고, 계단을 불연재료로 할 것
⑤ 2층 이상의 층의 바닥에는 개구부를 두지 아니하여야 한다. 다만, 내화구조의 벽과 60분+ 방화문·60분 방화문 또는 30분 방화문으로 구획된 계단실에 있어서는 그러하지 아니하다.

7. 소규모 옥내저장소의 특례(지정수량의 50배 이하, 처마높이가 5m 미만인 것)
① 보유공지

저장 또는 취급하는 위험물의 최대수량	공지의 너비
지정수량의 5배 이하	-
지정수량의 5배 초과 20배 이하	1m 이상
지정수량의 20배 초과 50배 이하	2m 이상

② 저장창고 바닥면적 : 150m² 이하
③ 벽·기둥·바닥·보, 지붕 : 내화구조
④ 출입구 : 수시로 개방할 수 있는 자동폐쇄방식의 60분+ 방화문 또는 60분 방화문을 설치
⑤ 저장창고에는 창을 설치하지 아니할 것

8. 고인화점 위험물의 단층건물 옥내저장소의 특례
① 지정수량의 20배를 초과하는 옥내저장소의 안전거리
  ㉮ **주거용 : 10m 이상**
  ㉯ 고압가스, 액화석유가스, 도시가스를 저장 또는 취급시설 : 20m 이상
  ㉰ 지정문화재, 천연기념물등 : 50m 이상
② 보유공지

저장 또는 취급하는 위험물의 최대수량	공지의 너비	
	당해 건축물의 벽·기둥 및 바닥이 내화구조로 된 경우	왼쪽 란에 정하는 경우 외의 경우
20배 이하		0.5m 이상
20배 초과 50배 이하	1m 이상	1.5m 이상
50배 초과 200배 이하	2m 이상	3m 이상
200배 초과	3m 이상	5m 이상

③ 지붕 : 불연재료
④ 저장창고의 창 및 출입구에는 방화문 또는 불연재료나 유리로 된 문을 달고, 연소의 우려가 있는 외벽에 두는 출입구에는 수시로 열 수 있는 자동폐쇄방식의 60분+ 방화문 또는 60분 방화문을 설치할 것
⑤ 연소의 우려가 있는 외벽에 설치하는 출입구의 유리 : 망입유리

9. 위험물의 성질에 따른 옥내저장소의 특례

1) 지정과산화물(제5류 위험물 중 유기과산화물)을 저장 또는 취급하는 옥내저장소
   ① 안전거리, 보유공지 : 규칙 별표5의 Ⅷ 참조
      ㉮ 지정수량의 5배 이하인 지정과산화물의 옥내저장소에 대하여는 당해 옥내저장소의 저장창고의 외벽을 두께 30cm 이상의 철근콘크리트조 또는 철골철근콘크리트조로 만드는 것으로서 담 또는 토제에 대신할 수 있다.
      ㉯ 담 또는 토제는 저장창고의 외벽으로부터 2m 이상 떨어진 장소에 설치할 것. 다만, 담 또는 토제와 당해 저장창고와의 간격은 당해 옥내저장소의 공지의 너비의 5분의 1을 초과할 수 없다.
      ㉰ 담 또는 토제의 높이는 저장창고의 처마높이 이상으로 할 것
      ㉱ 담은 두께 15cm 이상의 철근콘크리트조나 철골철근콘크리트조 또는 두께 20 cm 이상의 보강콘크리트블록조로 할 것
      ㉲ 토제의 경사면의 경사도는 60도 미만으로 할 것
   ② **저장창고**는 **150m² 이내마다 격벽**으로 완전하게 구획할 것. 이 경우 당해 격벽은 두께 30cm 이상의 철근콘크리트조 또는 철골철근콘크리트조로 하거나 두께 40cm 이상의 보강콘크리트블록조로 하고, 당해 저장창고의 양측의 외벽으로부터 1m 이상, 상부의 지붕으로부터 50cm 이상 돌출하게 할 것.
   ③ 저장창고의 **외벽**은 두께 **20cm 이상**의 **철근콘크리트조**나 **철골철근콘크리트조** 또는 두께 **30cm 이상**의 **보강콘크리트블록조**로 할 것
   ④ 저장창고 지붕의 설치기준
      ㉮ 중도리(서까래 중간을 받치는 수평의 도리) 또는 서까래의 간격은 30cm 이하로 할 것
      ㉯ 지붕의 아래쪽 면에는 한 변의 길이가 45cm 이하의 환강(丸鋼)·경량형강(輕量型鋼) 등으로 된 강제(鋼製)의 격자를 설치할 것
      ㉰ 지붕의 아래쪽 면에 철망을 쳐서 불연재료의 도리(서까래를 받치기 위해 기둥과 기둥 사이에 설치한 부재)·보 또는 서까래에 단단히 결합할 것
      ㉱ 두께 5cm 이상, 너비 30cm 이상의 목재로 만든 받침대를 설치할 것
   ⑤ 저장창고의 출입구에는 60분+ 방화문 또는 60분 방화문을 설치할 것
   ⑥ 저장창고의 창은 바닥면으로부터 2m 이상의 높이에 두되, 하나의 벽면에 두는 창의 면적의 합계를 당해 벽면의 면적의 1/80 이내로 하고, 하나의 창의 면적을 0.4m² 이내로 할 것

2) 하이드록실아민 등을 저장 또는 취급하는 옥내저장소 : 하이드록실아민 등의 온도의 상승에 의한 위험한 반응을 방지하기 위한 조치를 강구하는 것으로 한다.

STEP 03 옥외탱크저장소의 위치, 구조 및 설비의 기준(규칙 별표6)

1. 옥외탱크저장소의 안전거리

제조소와 동일 함

2. 옥외탱크저장소의 보유공지

저장 또는 취급하는 위험물의 최대수량	공지의 너비
지정수량의 500배 이하	3m 이상
지정수량의 500배 초과 1,000배 이하	5m 이상
지정수량의 1,000배 초과 2,000배 이하	9m 이상
지정수량의 2,000배 초과 3,000배 이하	12m 이상
지정수량의 3,000배 초과 4,000배 이하	15m 이상
지정수량의 4,000배 초과	당해 탱크의 수평단면의 **최대지름**(가로형인 경우에는 긴변) **과 높이 중 큰 것과 같은 거리 이상**(단, 30m 초과시 30m 이상으로, 15m 미만시 15m 이상으로 할 것)

① **제6류 위험물**을 저장 또는 취급하는 옥외저장탱크 : 표의 규정에 의한 보유공지의 **1/3 이상** (최소 1.5m 이상)
② **제6류 위험물**을 저장 또는 취급하는 옥외저장탱크를 동일구내에 **2개 이상** 인접하여 설치하는 경우의 보유공지 : 표의 규정에 의하여 산출된 너비의 $\frac{1}{3} \times \frac{1}{3}$ **이상**(최소 1.5m 이상)
③ **제6류 위험물외의 위험물**을 저장 또는 취급하는 옥외저장탱크(지정수량 4000배 초과시 제외)를 동일한 방유제안에 2개 이상 인접하여 설치하는 경우 : 표의 보유공지의 **1/3 이상**(최소 3m 이상)
④ 지정수량의 **4,000배를 초과**하여 위험물을 저장 또는 취급하는 옥외저장탱크에 있어서는 **물분무설비**로 방호조치를 하는 경우에는 표의 규정에 의한 **보유공지의 1/2 이상**의 너비로 할 수 있다.
　㉮ 탱크의 표면에 방사하는 물의 양은 탱크의 **높이 15m 이하마다 원주길이 1m**에 대하여 **분당 37ℓ 이상**으로 할 것
　㉯ **수원의 양**은 가목의 규정에 의한 수량으로 **20분 이상** 방사할 수 있는 수량으로 할 것

$$수원 = 원주길이 \times 37\ell/min \cdot m \times 20min = 2\pi r \times 37\ell/min \cdot m \times 20min$$

　㉰ 탱크의 높이가 15m를 초과하는 경우에는 15m 이하마다 분무헤드를 설치하되, 분무헤드는 탱크의 높이 및 구조를 고려하여 분무가 적정하게 이루어 질 수 있도록 배치할 것

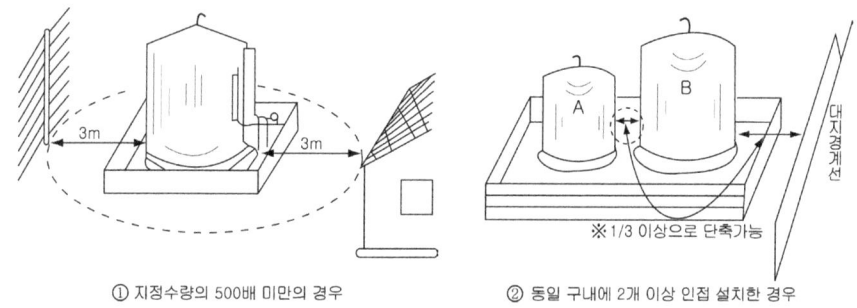

[옥외탱크저장소의 보유공지]

3. 옥외탱크저장소의 표지 및 게시판(제조소와 동일함)

※ 탱크의 군에 있어서는 그 의미 전달에 지장이 없는 범위 안에서 보기 쉬운 곳에 일괄 설치할 수 있다.

4. 특정옥외탱크저장소등

① **특정 옥외저장탱크** : 액체위험물의 최대수량이 **100만ℓ 이상**의 **옥외저장탱크**
② **준특정 옥외저장탱크** : 액체위험물의 최대수량이 50만ℓ 이상의 100만ℓ 미만의 옥외저장탱크
③ **압력탱크** : 최대상용압력이 **부압** 또는 **정압 5kPa를 초과**하는 탱크

5. 옥외탱크저장소의 외부구조 및 설비

1) 옥외저장탱크

① 일반 옥외탱크와 준특정 옥외탱크(특정 옥외탱크는 제외)의 두께 : **3.2mm 이상**의 강철판
② 시험방법
  ㉮ **압력탱크** : **최대상용압력의 1.5배의 압력**으로 **10분간** 실시하는 수압시험에서 이상이 없을 것
  ㉯ **압력탱크외의 탱크** : **충수시험**

> **참고** **압력탱크** : 최대상용압력이 대기압을 초과하는 탱크

③ 특정옥외탱크의 용접부의 검사 : 방사선투과시험, 진공시험, 비파괴시험

[입형 옥외탱크]

[횡형 옥외탱크]

2) 통기관

① **밸브 없는 통기관**
  ㉮ **지름**은 **30mm 이상**일 것
  ㉯ 끝부분은 수평면보다 **45도 이상** 구부려 **빗물 등의 침투를 막는 구조**로 할 것
  ㉰ 인화점이 38℃ 미만인 위험물만을 저장 또는 취급하는 탱크에 설치하는 통기관에는 화염방지장치를 설치하고, 그 외의 탱크에 설치하는 통기관에는 40메쉬(mesh) 이상의 구리망 또는 동등 이상의 성능을 가진 인화방지장치를 설치할 것. 다만, 인화점이

70℃ 이상인 위험물만을 해당 위험물의 인화점 미만의 온도로 저장 또는 취급하는 탱크에 설치하는 통기관에는 인화방지장치를 설치하지 않을 수 있다.
ⓐ 가연성 증기를 회수하기 위한 밸브를 통기관에 설치하는 경우에 있어서는 당해 통기관의 밸브는 저장탱크에 위험물을 주입하는 경우를 제외하고는 항상 개방되어 있는 구조로 하는 한편, 폐쇄하였을 경우에 있어서는 10kPa 이하의 압력에서 개방되는 구조로 할 것. 이 경우 개방된 부분의 유효단면적은 777.15mm² 이상이어야 한다.
② 대기밸브부착 통기관
㉮ 5kPa 이하의 압력차이로 작동할 수 있을 것
㉯ 인화점이 38℃ 미만인 위험물만을 저장 또는 취급하는 탱크에 설치하는 통기관에는 화염방지장치를 설치하고, 그 외의 탱크에 설치하는 통기관에는 40메쉬(mesh) 이상의 구리망 또는 동등 이상의 성능을 가진 인화방지장치를 설치할 것. 다만, 인화점이 70℃ 이상인 위험물만을 해당 위험물의 인화점 미만의 온도로 저장 또는 취급하는 탱크에 설치하는 통기관에는 인화방지장치를 설치하지 않을 수 있다.

 통기관을 45도 이상 구부린 이유 : 빗물 등의 침투를 막기 위하여

3) 액체위험물의 옥외저장탱크의 계량장치
① 기밀부유식(밀폐되어 부상하는 방식) 계량장치
② 부유식 계량장치(증기가 비산하지 아니하는 구조)
③ 전기압력방식, 방사성동위원소를 이용한 자동계량장치
④ 유리측정기

4) 인화점이 21℃ 미만인 위험물의 옥외저장탱크의 주입구
① 게시판의 크기 : 한변이 0.3m 이상, 다른 한변이 0.6m 이상
② 게시판의 기재사항 : **옥외저장탱크 주입구, 위험물의 유별, 품명, 주의사항**
③ 게시판의 색상 : 백색바탕에 흑색문자(주의사항은 적색문자)

5) 옥외저장탱크의 펌프설비
① **펌프설비**의 주위에는 **너비 3m 이상의 공지**를 보유할 것(**제6류 위험물, 지정수량의 10배 이하** 위험물은 **제외**)
② 펌프설비로부터 옥외저장탱크까지의 사이에는 당해 옥외저장탱크의 보유공지 너비의 1/3 이상의 거리를 유지할 것
③ 펌프실의 벽, 기둥, 바닥, 보 : 불연재료
④ 펌프실의 지붕 : 폭발력이 위로 방출될 정도의 가벼운 불연재료로 할 것
⑤ 펌프실의 창 및 출입구에는 60분+ 방화문·60분 방화문 또는 30분 방화문을 설치할 것
⑥ 펌프실의 창 및 출입구에 유리를 이용하는 경우에는 망입유리로 할 것
⑦ 펌프실의 바닥의 주위에는 높이 **0.2m 이상의 턱**을 만들고 그 최저부에는 **집유설비**를 설치할 것

⑧ 인화점이 21℃ 미만인 위험물을 취급하는 펌프설비에는 보기 쉬운 곳에 "옥외저장탱크 펌프설비"라는 표시를 한 게시판과 방화에 관하여 필요한 사항을 게시한 게시판을 설치할 것

6) 기타 설치 기준
① 옥외저장탱크의 배수관 : 탱크의 옆판에 설치
② **피뢰침 설치 : 지정수량의 10배 이상**(단, 제6류 위험물은 제외)
③ 이황화탄소의 옥외저장탱크는 벽 및 바닥의 두께가 0.2m 이상이고 철근콘크리트의 수조에 넣어 보관한다.

6. 옥외탱크저장소의 방유제
① 방유제의 용량
  ㉮ 탱크가 **하나일 때 : 탱크 용량의 110% 이상**(인화성이 없는 액체위험물은 100%)
  ㉯ 탱크가 **2기 이상일 때 : 탱크 중 용량이 최대인 것의 용량의 110% 이상**(인화성이 없는 액체위험물은 100%)
② **방유제의 높이 : 0.5m 이상 3m 이하, 두께 0.2m 이상, 지하매설깊이 1m 이상**
③ **방유제 내의 면적 : 80,000m² 이하**
④ 방유제 내에 설치하는 옥외저장탱크의 수는 10(방유제 내에 설치하는 모든 옥외저장탱크의 용량이 20만ℓ 이하이고, 위험물의 인화점이 70℃ 이상 200℃ 미만인 경우에는 20) 이하로 할 것(단, 인화점이 200℃ 이상인 옥외저장탱크는 제외)

방유제 내에 탱크의 설치 갯수
• 제1석유류, 제2석유류 : 10기 이하
• 제3석유류(인화점 70℃ 이상 200℃ 미만) : 20기 이하
• 제4석유류(인화점이 200℃ 이상) : 제한없음

⑤ 방유제 외면의 1/2 이상은 자동차 등이 통행할 수 있는 3m 이상의 노면 폭을 확보한 구내도로에 직접 접하도록 할 것
⑥ 방유제는 탱크의 옆판으로부터 일정 거리를 유지할 것(단, 인화점이 200℃ 이상인 위험물은 제외)
  ㉮ **지름이 15m 미만인 경우 : 탱크 높이의 1/3 이상**
  ㉯ **지름이 15m 이상인 경우 : 탱크 높이의 1/2 이상**
⑦ 방유제의 재질 : 철근콘크리트
⑧ 용량이 1,000만ℓ 이상인 옥외저장탱크의 주위에 설치하는 방유제의 규정
  ㉮ 간막이 둑의 높이는 0.3m(방유제 내에 설치되는 옥외저장탱크의 용량의 합계가 2억ℓ를 넘는 방유제에 있어서는 1m) 이상으로 하되, 방유제의 높이보다 0.2m 이상 낮게 할 것
  ㉯ 간막이 둑은 흙 또는 철근콘크리트로 할 것
  ㉰ 간막이 둑의 용량은 간막이 둑안에 설치된 탱크의 용량의 10% 이상일 것
⑨ 방유제에는 배수구를 설치하고 개폐밸브를 방유제 밖에 설치할 것
⑩ 높이가 **1m 이상**이면 **계단 또는 경사로**를 약 **50m마다 설치**할 것

7. 고인화점 위험물의 옥외탱크저장소의 특례

① 보유공지

저장 또는 취급하는 위험물의 최대수량	공지의 너비
지정수량의 2,000배 이하	3m 이상
지정수량의 2,000배 초과 4,000배 이하	5m 이상
지정수량의 4,000배 초과	당해 탱크의 수평단면의 최대지름(가로형인 경우에는 긴변)과 높이 중 큰 것의 1/3과 같은 거리 이상(최소 5m 이상)

② 옥외저장탱크의 펌프설비 주위에 1m 이상 너비의 보유공지를 보유할 것

예외규정
- 내화구조로 된 방화상 유효한 격벽을 설치하는 경우
- 제6류 위험물
- 지정수량의 10배 이하의 위험물

③ 펌프실의 창 및 출입구에는 60분+ 방화문·60분 방화문 또는 30분 방화문을 설치할 것

8. 위험물 성질에 따른 옥외탱크저장소의 특례

① 알킬알루미늄 등의 옥외저장탱크에는 불활성의 기체를 봉입하는 장치를 설치할 것
② 아세트알데하이드 등의 옥외저장탱크
  ㉮ 옥외저장탱크의 설비는 **동**(Cu), **마그네슘**(Mg), **은**(Ag), **수은**(Hg)의 합금으로 만들지 아니할 것
  ㉯ 옥외저장탱크에는 **냉각장치**, **보냉장치**, **불활성기체의 봉입장치**를 설치할 것

아세트알데하이드등을 옥외탱크저장소에 저장시 : 냉각장치, 보냉장치, 불활성기체의 봉입장치, 수증기 봉입장치를 할 것

STEP 04 옥내탱크저장소의 위치, 구조 및 설비의 기준(규칙 별표7)

1. 옥내탱크저장소의 구조

① 옥내저장탱크의 탱크전용실은 단층 건축물에 설치할 것
② 옥내저장탱크와 탱크전용실의 벽과의 사이 및 옥내저장탱크의 상호간에는 0.5m 이상의 간격을 유지할 것
③ 옥내저장탱크의 용량(동일한 탱크전용실에 2 이상 설치하는 경우에는 각 탱크의 용량의 합계)은 지정수량의 **40배**(제4석유류 및 동식물유류 외의 제4류 위험물 : 20,000ℓ를 초과할 때에는 **20,000ℓ**) 이하일 것

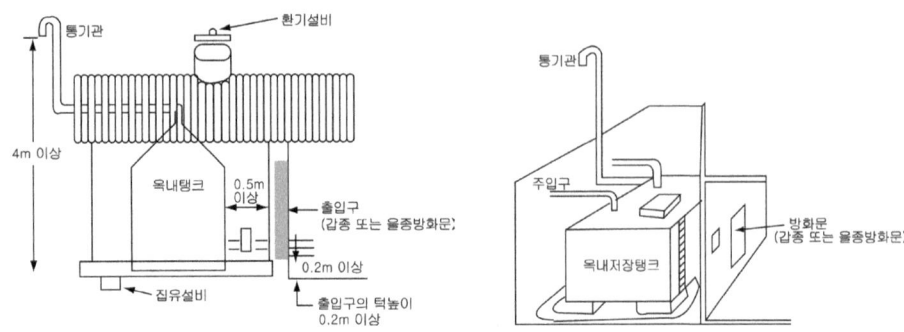

[옥내탱크저장소의 구조]

④ 옥내저장탱크

㉮ 압력탱크(최대상용압력이 부압 또는 정압 5kPa를 초과하는 탱크)외의 탱크 : 밸브 없는 통기관 설치

㉯ 압력탱크 : 압력계 및 안전장치(안전밸브, 감압밸브, 안전밸브 경보장치, 파괴판) 설치

㉰ 위험물의 양을 자동적으로 표시하는 자동계량장치 설치할 것

㉱ 주입구 : 옥외저장탱크의 주입구 기준에 준한다.

㉲ 탱크전용실의 채광, 조명, 환기 및 배출설비 : 옥내저장소(제조소)의 기준에 준한다.

㉳ **탱크전용실**을 건축물의 **1층** 또는 **지하층**에 설치하는 **위험물 : 황화인, 적린, 덩어리 황, 황린, 질산**

㉴ 탱크전용실의 벽, 기둥, 바닥 : 내화구조, 보, 지붕 : 불연재료

㉵ 탱크전용실의 창 및 출입구에는 60분+ 방화문·60분 방화문 또는 30분 방화문을 설치하는 동시에, 연소의 우려가 있는 외벽에 두는 출입구에는 수시로 열 수 있는 자동폐쇄식의 60분+ 방화문 또는 60분 방화문을 설치할 것

㉶ 탱크전용실의 창 또는 출입구에 유리를 이용하는 경우에는 망입유리로 할 것

㉷ **액상의 위험물**의 옥내저장탱크를 설치하는 탱크전용실의 바닥은 위험물이 침투하지 아니하는 구조로 하고, **적당한 경사**를 두는 한편, **집유설비**를 설치할 것

⑤ 밸브 없는 통기관

㉮ 통기관의 끝부분은 건축물의 창·출입구 등의 개구부로부터 1m 이상 떨어진 옥외의 장소에 지면으로부터 4m 이상의 높이로 설치하되, 인화점이 40℃ 미만인 위험물의 탱크에 설치하는 통기관에 있어서는 부지경계선으로부터 1.5m 이상 거리를 둘 것. 다만, 고인화점 위험물만을 100℃ 미만의 온도로 저장 또는 취급하는 탱크에 설치하는 통기관은 그 끝부분을 탱크전용실 내에 설치할 수 있다.

㉯ 통기관은 가스 등이 체류할 우려가 있는 굴곡이 없도록 할 것

㉰ 지름은 30mm 이상일 것

㉱ 끝부분은 수평면보다 45도 이상 구부려 빗물 등의 침투를 막는 구조로 할 것

㉲ 인화점이 38℃ 미만인 위험물만을 저장 또는 취급하는 탱크에 설치하는 통기관에는 화염방지장치를 설치하고, 그 외의 탱크에 설치하는 통기관에는 40메쉬(mesh) 이상의 구리망 또는 동등 이상의 성능을 가진 인화방지장치를 설치할 것. 다만, 인화점이 70℃ 이상인 위험물만을 해당 위험물의 인화점 미만의 온도로 저장 또는 취급하는 탱크에 설치하

는 통기관에는 인화방지장치를 설치하지 않을 수 있다.
  ㉺ 가연성 증기를 회수하기 위한 밸브를 통기관에 설치하는 경우에 있어서는 당해 통기관의 밸브는 저장탱크에 위험물을 주입하는 경우를 제외하고는 항상 개방되어 있는 구조로 하는 한편, 폐쇄하였을 경우에 있어서는 10kPa 이하의 압력에서 개방되는 구조로 할 것. 이 경우 개방된 부분의 유효단면적은 777.15mm² 이상이어야 한다.
⑥ 대기밸브 부착 통기관
  ㉮ 통기관의 끝부분은 건축물의 창·출입구 등의 개구부로부터 1m 이상 떨어진 옥외의 장소에 지면으로부터 4m 이상의 높이로 설치하되, 인화점이 40℃ 미만인 위험물의 탱크에 설치하는 통기관에 있어서는 부지경계선으로부터 1.5m 이상 거리를 둘 것. 다만, 고인화점 위험물만을 100℃ 미만의 온도로 저장 또는 취급하는 탱크에 설치하는 통기관은 그 끝부분을 탱크전용실 내에 설치할 수 있다.
  ㉯ 통기관은 가스 등이 체류할 우려가 있는 굴곡이 없도록 할 것
  ㉰ 5kPa 이하의 압력차이로 작동할 수 있을 것
  ㉱ 인화점이 38℃ 미만인 위험물만을 저장 또는 취급하는 탱크에 설치하는 통기관에는 화염방지장치를 설치하고, 그 외의 탱크에 설치하는 통기관에는 40메쉬(mesh) 이상의 구리망 또는 동등 이상의 성능을 가진 인화방지장치를 설치할 것. 다만, 인화점이 70℃ 이상인 위험물만을 해당 위험물의 인화점 미만의 온도로 저장 또는 취급하는 탱크에 설치하는 통기관에는 인화방지장치를 설치하지 않을 수 있다.

2. 옥내탱크저장소의 표지 및 게시판

위험물 옥내탱크저장소 화 기 엄 금	
유　　별	제 4 류
품　　명	제1석유류(휘발유)
저장 최대수량	10,000ℓ
지정수량의 배수	50배
안전관리자의 성명 또는 직명	○　○　○

3. 옥내탱크저장소의 탱크 전용실이 단층 건축물외에 설치하는 것
① 옥내저장탱크는 탱크전용실에 설치할 것

 황화인, 적린, 덩어리황, 황린, 질산의 탱크전용실 : 1층 또는 지하층에 설치

② 탱크전용실이 있는 건축물에 설치하는 옥내저장탱크의 펌프설비(탱크전용실외의 장소에 설치하는 경우)
  ㉮ 펌프실은 벽·기둥·바닥 및 보를 내화구조로 할 것
  ㉯ 펌프실
    ㉠ 상층이 있는 경우에 상층의 바닥 : 내화구조
    ㉡ 상층이 없는 경우에 지붕 : 불연재료
    ㉢ 반자를 설치하지 아니할 것
  ㉰ 펌프실에는 창을 설치하지 아니할 것(단, 제6류 위험물의 탱크전용실은 60분+ 방화문·60분 방화문 또는 30분 방화문이 있는 창을 설치할 수 있다)
  ㉱ 펌프실의 출입구에는 60분+ 방화문 또는 60분 방화문을 설치할 것(단, 제6류 위험물의 탱크전용실은 30분 방화문을 설치할 수 있다)
  ㉲ 펌프실의 환기 및 배출의 설비에는 방화상 유효한 댐퍼 등을 설치할 것
③ 탱크전용실에 **펌프설비**를 설치하는 경우에는 불연재료로 된 턱을 **0.2m 이상**의 높이로 설치할 것
④ 탱크전용실의 설치 기준
  ㉮ 벽·기둥·바닥 및 보 : 내화구조
  ㉯ 펌프실
    ㉠ 상층이 있는 경우에 상층의 바닥 : 내화구조
    ㉡ 상층이 없는 경우에 지붕 : 불연재료
    ㉢ 반자를 설치하지 아니할 것
  ㉰ 탱크전용실에는 창을 설치하지 아니할 것
  ㉱ 탱크전용실의 출입구에는 수시로 열 수 있는 자동폐쇄식의 60분+ 방화문 또는 60분 방화문을 설치할 것
  ㉲ 탱크전용실의 환기 및 배출의 설비에는 방화상 유효한 댐퍼 등을 설치할 것
  ㉳ 탱크전용실의 출입구의 턱의 높이를 당해 탱크전용실내의 옥내저장탱크(옥내저장탱크가 2 이상인 경우에는 모든 탱크)의 용량을 수용할 수 있는 높이 이상으로 하거나 옥내저장탱크로부터 누설된 위험물이 탱크전용실 외의 부분으로 유출하지 아니하는 구조로 할 것
⑤ 옥내저장탱크의 용량(동일한 탱크전용실에 옥내저장탱크를 2 이상 설치하는 경우에는 각 탱크의 용량의 합계)은 **1층 이하**의 층은 지정수량의 **40배**(제4석유류, 동식물유류외의 제4류 위험물에 있어서는 당해 수량이 2만ℓ 초과할 때에는 2만ℓ) 이하, **2층 이상**의 층은 지정수량의 **10배**(제4석유류, 동식물유류외의 제4류 위험물에 있어서는 당해 수량이 5000ℓ 초과할 때에는 5000ℓ) 이하 일 것

> **참고** **다층건축물일 때 옥내저장탱크의 설치용량**
> • 1층 이하의 층
>   - 제2석유류(인화점 38℃ 이상), 제3석유류 : 지정수량의 40배 이하(단, 20,000ℓ 초과시 20,000ℓ로)
>   - 제4석유류, 동식물유류 : 지정수량의 40배 이하
> • 2층 이상의 층
>   - 제2석유류(인화점 38℃ 이상), 제3석유류 : 지정수량의 10배 이하(단, 5,000ℓ 초과시 5,000ℓ로)
>   - 제4석유류, 동식물유류 : 지정수량의 10배 이하
> ※ 용량 : 탱크전용실에 옥내저장탱크를 2 이상 설치시 각 탱크의 용량의 합계

STEP 05 지하탱크저장소의 위치, 구조 및 설비의 기준 (규칙 별표8)

1. 지하탱크저장소의 기준

① 탱크전용실은 지하의 가장 가까운 벽·피트·가스관 등의 시설물 및 **대지경계선**으로부터 **0.1m 이상** 떨어진 곳에 설치하고, **지하저장탱크와 탱크전용실의 안쪽**과의 사이는 **0.1m 이상**의 간격을 유지하도록 하며, 당해 탱크의 주위에 마른 모래 또는 습기 등에 의하여 응고되지 아니하는 입자지름 5mm 이하의 마른 자갈분을 채워야 한다.

② 지하저장탱크의 윗 부분은 지면으로부터 **0.6m 이상 아래**에 있어야 한다.

③ 지하저장탱크를 2 이상 인접해 설치하는 경우에는 그 상호간에 **1m**(당해 2 이상의 지하저장탱크의 용량의 합계가 **지정수량의 100배 이하**인 때에는 **0.5m**) 이상의 간격을 유지하여야 한다.

④ 지하저장탱크의 재질은 두께 3.2mm 이상의 강철판으로 할 것

⑤ 수압시험
　㉮ **압력탱크**(최대상용압력이 46.7kPa 이상인 탱크) **외의 탱크** : **70kPa의 압력**으로 **10분간**
　㉯ **압력탱크** : 최대상용압력의 **1.5배의 압력**으로 **10분간**

⑥ 지하저장탱크의 배관은 탱크의 윗부분에 설치하여야 한다.

> **참고** 예외 규정 : 제2석유류(인화점 40℃ 이상), 제3석유류, 제4석유류, 동식물유류로서 그 직근에 유효한 제어밸브를 설치한 경우

⑦ 지하저장탱크의 주위에는 당해 탱크로부터의 **액체위험물의 누설을 검사하기 위한 관**을 다음의 각목의 기준에 따라 4개소 이상 적당한 위치에 설치하여야 한다.
　㉮ **이중관**으로 할 것. 다만, **소공이 없는 상부**는 단관으로 할 수 있다.
　㉯ 재료는 금속관 또는 경질합성수지관으로 할 것
　㉰ **관은 탱크실** 또는 **탱크의 기초 위에 닿게 할 것**
　㉱ 관의 밑부분으로부터 탱크의 중심 높이까지의 부분에는 소공이 뚫려 있을 것. 다만, 지하수위가 높은 장소에 있어서는 지하수위 높이까지의 부분에 소공이 뚫려 있어야 한다.
　㉲ 상부는 물이 침투하지 아니하는 구조로 하고, 뚜껑은 검사시에 쉽게 열 수 있도록 할 것

⑧ **탱크전용실**은 벽 및 바닥 : **두께 0.3m 이상의 콘크리트구조**

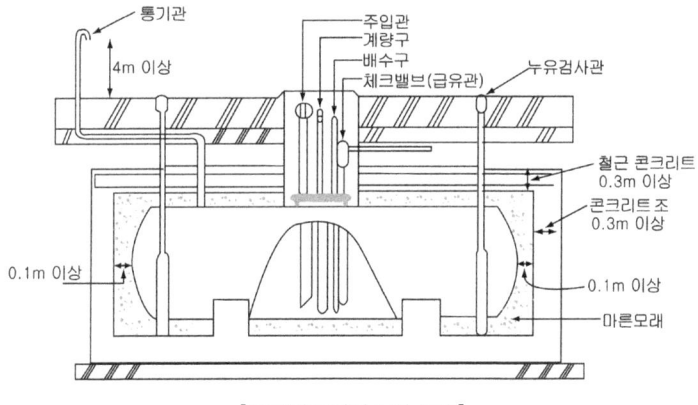

[지하탱크저장소의 구조]

⑨ 지하저장탱크에는 **과충전방지장치** 설치할 것
  ㉮ 탱크용량을 초과하는 위험물이 주입될 때 자동으로 그 주입구를 폐쇄하거나 위험물의 공급을 자동으로 차단하는 방법
  ㉯ 탱크용량의 **90%**가 찰 때 **경보음**을 울리는 방법
⑩ 맨홀 설치 기준
  ㉮ 맨홀은 지면까지 올라오지 아니하도록 하되, 가급적 낮게 할 것
  ㉯ 보호틀을 다음 각목에 정하는 기준에 따라 설치할 것
    ㉠ 보호틀을 탱크에 완전히 용접하는 등 보호틀과 탱크를 기밀하게 접합할 것
    ㉡ 보호틀의 뚜껑에 걸리는 하중이 직접 보호틀에 미치지 아니하도록 설치하고, 빗물 등이 침투하지 아니하도록 할 것
  ㉰ 배관이 보호틀을 관통하는 경우에는 당해 부분을 용접하는 등 침수를 방지하는 조치를 할 것

2. 지하탱크저장소의 표지 및 게시판

제조소와 동일함

STEP 06 간이탱크저장소의 위치, 구조 및 설비의 기준(규칙 별표9)

1. 간이탱크저장소의 기준

① 위험물을 저장 또는 취급하는 간이탱크("간이저장탱크")는 옥외에 설치하여야 한다.
② 전용실의 창 및 출입구의 기준
  ㉮ 탱크전용실의 창 및 출입구에는 60분+ 방화문·60분 방화문 또는 30분 방화문을 설치하는 동시에, 연소의 우려가 있는 외벽에 두는 출입구에는 수시로 열 수 있는 자동폐쇄식의 60분+ 방화문 또는 60분 방화문을 설치할 것
  ㉯ 탱크전용실의 창 또는 출입구에 유리를 이용하는 경우에는 망입유리로 할 것
③ 전용실의 바닥 : 액상의 위험물의 옥내저장탱크를 설치하는 탱크전용실의 바닥은 위험물이 침투하지 아니하는 구조로 하고, 적당한 경사를 두는 한편, 집유설비를 설치할 것
④ 하나의 간이탱크저장소에 설치하는 **간이저장탱크**는 그 수를 **3 이하**로 하고, 동일한 품질의 위험물의 간이저장탱크를 2 이상 설치하지 아니하여야 한다.
⑤ 간이저장탱크의 **용량**은 **600ℓ 이하**이어야 한다.
⑥ 간이저장탱크는 두께 **3.2mm 이상의 강판**으로 흠이 없도록 제작하여야 하며, **70kPa**의 압력으로 **10분간의 수압시험**을 실시하여 새거나 변형되지 아니하여야 한다.
⑦ 간이저장탱크에는 다음 각목의 기준에 적합한 밸브 없는 통기관을 설치하여야 한다.
  ㉮ **통기관의 지름**은 25mm 이상으로 할 것
  ㉯ 통기관은 옥외에 설치하되, 그 끝부분의 높이는 **지상 1.5m 이상**으로 할 것

㉰ 통기관의 끝부분은 수평면에 대하여 아래로 **45도 이상** 구부려 빗물등이 침투하지 아니하도록 할 것

㉱ **가는 눈의 구리망** 등으로 **인화방지장치**를 할 것

2. 표지 및 게시판

제조소와 동일함

STEP 07 이동탱크저장소의 위치, 구조 및 설비의 기준(규칙 별표10)

1. 이동탱크저장소의 상치장소

① **옥외에 있는 상치장소**는 화기를 취급하는 장소 또는 인근의 건축물로부터 **5m 이상**(인근의 건축물이 1층인 경우에는 3m 이상)의 거리를 확보하여야 한다(단, 하천의 공지나 수면, 내화구조 또는 불연재료의 담 또는 벽 그 밖에 이와 유사한 것에 접하는 경우를 제외).

② **옥내에 있는 상치장소**는 벽·바닥·보·서까래 및 지붕이 내화구조 또는 불연재료로 된 건축물의 1층에 설치하여야 한다.

[이동탱크]

2. 이동저장탱크의 구조

① 탱크의 두께 : 3.2mm 이상의 강철판
② 수압시험
　㉮ **압력탱크**(최대상용압력이 46.7kPa 이상인 탱크) **외의 탱크** : **70kPa의 압력으로 10분간**
　㉯ **압력탱크** : **최대상용압력의 1.5배의 압력으로 10분간**
③ 이동저장탱크는 그 내부에 **4,000ℓ 이하**마다 3.2mm 이상의 **강철판** 또는 이와 동등 이상의 강도·내열성 및 내식성이 있는 금속성의 것으로 **칸막이**를 설치하여야 한다.
④ 칸막이로 구획된 각 부분에 설치 : 맨홀, 안전장치, 방파판을 설치(용량이 2,000 미만 : 방파판설치 제외)
　㉮ **안전장치의 작동 압력**
　　㉠ 상용압력이 **20kPa 이하**인 탱크 : **20kPa 이상 24kPa 이하**의 압력
　　㉡ 상용압력이 **20kPa을 초과** : **상용압력의 1.1배 이하**의 압력

㉣ 방파판
  ㉠ 두께 : **1.6mm 이상의 강철판**
  ㉡ 하나의 구획부분에 2개 이상의 방파판을 이동탱크저장소의 진행방향과 평행으로 설치하되, 각 방파판은 그 높이 및 칸막이로부터의 거리를 다르게 할 것
⑤ 방호틀의 두께 : 2.3mm 이상의 강철판

> **참고** 이동탱크 저장소의 부속장치
> - 방호틀 : 탱크 전복 시 부속장치(주입구, 맨홀, 안전장치) 보호(2.3mm)
> - 측면틀 : 탱크 전복 시 탱크 본체 파손 방지(3.2mm)
> - 방파판 : 위험물 운송 중 내부의 위험물의 출렁임, 쏠림등을 완화하여 차량의 안전 확보(1.6mm)
> - 칸막이 : 탱크 전복 시 탱크의 일부가 파손되더라도 전량의 위험물의 누출 방지(3.2mm)

3. 배출밸브, 폐쇄장치, 결합금속구 등

① 이동저장탱크의 아랫부분에 배출구를 설치하는 경우에 당해 탱크의 배출구에 배출밸브를 설치하고 비상시에 직접 당해 배출밸브를 폐쇄할 수 있는 수동폐쇄장치 또는 자동폐쇄장치를 설치할 것
② **수동식폐쇄장치**에는 길이 **15cm 이상의 레버**를 설치할 것
③ 탱크의 배관의 끝부분에는 개폐밸브를 설치할 것
④ 이동탱크저장소에 주유설비를 설치하는 경우 설치 기준
  ㉮ **주입설비의 길이** : 50m 이내로 하고 그 끝부분에 축적되는 정전기 제거장치를 설치할 것
  ㉯ **분당토출량** : 200ℓ 이하

4. 이동탱크저장소의 표지 및 도장색상

1) 표지
  ① 부착위치 : 이동탱크저장소의 **전면 상단 및 후면 상단**
  ② 규격 및 형상 : **60cm 이상 × 30cm 이상의 가로형 사각형**
  ③ 색상 및 문자 : **흑색 바탕에 황색의 반사 도료로 "위험물"**이라 표기할 것
  ④ 위험물이면서 유해화학물질에 해당하는 품목의 경우에는 「화학물질관리법」에 따른 유해화학물질 표지를 위험물 표지와 상하 또는 좌우로 인접하여 부착할 것

2) UN 번호
  ① 그림문자의 외부에 표기하는 경우
    ㉮ 부착위치 : 이동탱크저장소의 후면 및 양 측면(그림문자와 인접한 위치)
    ㉯ 규격 및 형상 : 30cm 이상 × 12cm 이상의 가로형 사각형

㉰ 색상 및 문자 : 흑색 테두리 선(굵기 1cm)과 오렌지색으로 이루어진 바탕에 UN번호(글자의 높이 6.5cm 이상)를 흑색으로 표기할 것
② 그림문자의 내부에 표기하는 경우
㉮ 부착위치 : 이동탱크저장소의 후면 및 양 측면
㉯ 규격 및 형상 : 심벌 및 분류·구분의 번호를 가리지 않는 크기의 가로형 사각형

㉰ 색상 및 문자 : 흰색 바탕에 흑색으로 UN번호(글자의 높이 6.5cm 이상)를 표기할 것

3) 그림문자
① 부착위치 : 이동탱크저장소의 후면 및 양 측면
② 규격 및 형상 : 25cm 이상 × 25cm 이상의 마름모 꼴

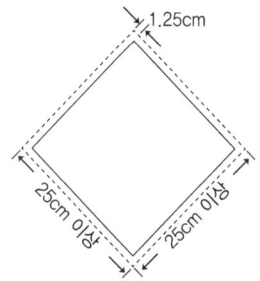

③ 색상 및 문자 : 위험물의 품목별로 해당하는 심벌을 표기하고 그림문자의 하단에 분류·구분의 번호(글자의 높이 2.5cm 이상)를 표기할 것
④ 위험물의 분류·구분별 그림문자의 세부기준 : 다음의 분류·구분에 따라 주위험성 및 부위험성에 해당되는 그림문자를 모두 표시할 것

4) 이동탱크저장소의 유별 도장색상

유별	도장의 색상	비고
제1류 위험물	회색	탱크의 앞면과 뒷면을 제외한 면적의 40% 이내의 면적은 다른 유별의 생상 외의 색상으로 도장하는 것이 가능하다.
제2류 위험물	적색	
제3류 위험물	청색	
제4류 위험물	색상 제한은 없으나 적색 권장	
제5류 위험물	황색	
제6류 위험물	청색	

5. 이동탱크저장소의 펌프설비

① 동력원을 이용하여 위험물 이송 : 인화점이 40℃ 이상의 것 또는 비인화성의 것
② 진공흡입방식의 펌프를 이용하여 위험물 이송 : 인화점이 70℃ 이상인 폐유 또는 비인화성의 것

 결합금속구 : 놋쇠, 펌프설비의 감압장치의 배관 및 배관의 이음 : 금속제

6. 이동탱크저장소의 접지도선

접지도선 설치 : 특수인화물, 제1석유류, 제2석유류

7. 알킬알루미늄 등을 저장 또는 취급하는 이동탱크저장소

① **이동저장탱크의 두께** : **10mm 이상의 강판**
② **수압시험** : 1MPa 이상의 압력으로 10분간 실시하여 새거나 변형하지 아니할 것
③ **이동저장탱크의 용량** : **1900ℓ 미만**
④ **안전장치** : 수압시험의 압력의 2/3를 초과하고 4/5를 넘지 아니하는 범위의 압력에서 작동할 것
⑤ 맨홀, 주입구의 뚜껑 두께 : 10mm 이상의 강판
⑥ 이동저장탱크 : 불활성기체 봉입장치 설치

8. 컨테이너식 이동탱크저장소의 특례

① 컨테이너식 이동탱크저장소 : 이동저장탱크를 차량 등에 옮겨 싣는 구조로 된 이동탱크저장소
② 컨테이너식 이동탱크저장소에 이동저장탱크 하중의 4배의 전단하중에 견디는 걸고리체결 금속구 및 모서리체결 금속구를 설치할 것

 용량이 6000ℓ 이하인 이동탱크저장소에는 유(U)자 볼트를 설치할 수 있다.

③ 이동저장탱크 및 부속장치(맨홀, 주입구, 안전장치)는 강재로 된 상자틀에 수납할 할 것
④ **이동저장탱크, 맨홀, 주입구의 뚜껑은 두께 6mm 이상의 강판**으로 할 것
⑤ 이동저장탱크의 칸막이는 두께 3.2mm 이상의 강판으로 할 것
⑥ 이동저장탱크에는 맨홀, 안전장치를 설치할 것
⑦ 부속장치는 상자틀의 최외각과 50mm 이상의 간격을 유지할 것
⑧ 표시판
  ㉮ 크기 : 가로 0.4m 이상, 세로 0.15m 이상
  ㉯ 색상 : 백색바탕에 흑색문자
  ㉰ 내용 : 허가청의 명칭, 완공검사번호

STEP 08 옥외저장소의 위치, 구조 및 설비의 기준 (규칙 별표11)

1. 옥외저장소의 안전거리
제조소와 동일함

2. 옥외저장소의 보유공지

저장 또는 취급하는 위험물의 최대수량	공지의 너비
지정수량의 10배 이하	3m 이상
지정수량의 10배 초과 20배 이하	5m 이상
지정수량의 20배 초과 50배 이하	9m 이상
지정수량의 50배 초과 200배 이하	12m 이상
지정수량의 200배 초과	15m 이상

※ 제4류 위험물 중 제4석유류와 제6류 위험물 : 보유공지의 1/3로 할 수 있다.

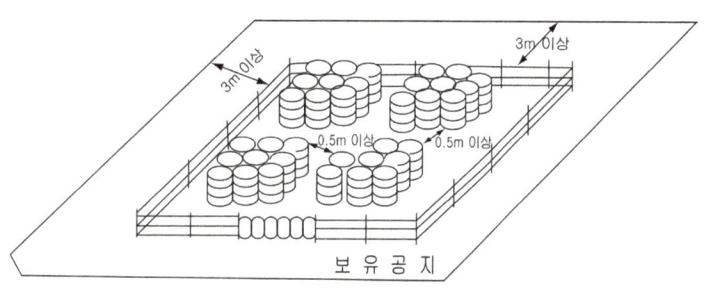

[옥외저장소의 보유공지]

> **참고** 고인화점 위험물 저장 시 보유공지
>
> | 저장 또는 취급하는 위험물의 최대수량 | 공지의 너비 |
> |---|---|
> | 지정수량의 50배 이하 | 3m 이상 |
> | 지정수량의 50배 초과 200배 이하 | 6m 이상 |
> | 지정수량의 200배 초과 | 10m 이상 |

3. 옥외저장소의 표지 및 게시판
제조소와 동일함

4. 옥외저장소의 기준
① 선반 : 불연재료
② 선반의 높이 : 6m를 초과하지 말 것

③ 과산화수소, 과염소산 저장하는 옥외저장소 : 불연성 또는 난연성의 천막 등을 설치하여 햇빛을 가릴 것
④ 덩어리 상태의 황을 저장 또는 취급하는 경우
  ㉠ 하나의 경계표시의 내부의 면적 : **100m² 이하**
  ㉡ 2 이상의 경계표시를 설치하는 경우에 있어서는 각각의 경계표시 내부의 면적을 합산한 면적 : **1,000m² 이하**(단, 지정수량의 200배 이상인 경우 : 10m 이상)
  ㉢ 경계표시 : 불연재료
  ㉣ 경계표시의 높이 : 1.5m 이하
  ㉤ **황**을 저장 또는 취급하는 장소의 주위에는 **배수구**와 **분리장치**를 설치할 것

5. 인화성고체, 제1석유류, 알코올류의 옥외저장소의 특례

① 인화성고체, 제1석유류, 알코올류를 저장 또는 취급하는 장소 : 살수설비 설치
② **제1석유류** 또는 **알코올류**를 저장 또는 취급하는 장소의 주위 : **배수구**와 **집유설비**를 설치할 것
이 경우 **제1석유류**(온도 20℃의 물 100g에 용해되는 양이 1g 미만의 것에 한한다)를 저장 또는 취급하는 장소에는 집유설비에 **유분리장치**를 설치할 것)

> **참고** **유분리장치를 하여야 하는 제1석유류** : 벤젠, 톨루엔, 휘발유

6. 옥외저장소에 저장할 수 있는 위험물

① 제2류 위험물 중 **황**, **인화성고체**(인화점이 0℃ 이상인 것에 한함)
② 제4류 위험물 중 **제1석유류**(인화점이 0℃ 이상인 것에 한함), 제2석유류, 제3석유류, 제4석유류, 알코올류, 동식물유류
③ 제6류 위험물

STEP 09 주유취급소의 위치, 구조 및 설비의 기준(규칙 별표13)

1. 주유취급소의 주유공지

① 주유공지 : 너비 15m 이상, 길이 6m 이상
② 공지의 바닥 : 주위 지면보다 높게 하고, 적당한 기울기, 배수구, 집유설비, 유분리장치를 설치

2. 주유취급소의 표지 및 게시판

위험물 주유취급소	
화 기 엄 금	
위험물의 유별	제 4 류
품 명	제1석유류(휘발유)
취급최대수량	50,000ℓ
지정수량의 배수	250 배
안전관리자의 성명 또는 직명	○ ○ ○

주유 중 엔진정지
(황색바탕에 흑색문자)

3. 주유취급소의 저장 또는 취급 가능한 탱크

① 자동차 등에 주유하기 위한 **고정주유설비**에 직접 접속하는 전용탱크로서 **50,000ℓ 이하**의 것
② **고정급유설비**에 직접 접속하는 전용탱크로서 **50,000ℓ 이하**의 것
③ **보일러** 등에 직접 접속하는 전용탱크로서 **10,000ℓ 이하**의 것
④ 자동차 등을 점검 · 정비하는 작업장 등(주유취급소 안에 설치된 것에 한한다)에서 사용하는 폐유 · 윤활유 등의 위험물을 저장하는 탱크로서 용량(2 이상 설치하는 경우에는 각 용량의 합계를 말한다)이 **2,000ℓ 이하**인 탱크(이하 "**폐유탱크등**"이라 한다)
⑤ 고정주유설비 또는 고정급유설비에 직접 접속하는 **3기 이하**의 간이탱크

4. 고정주유설비 등

1) 주유취급소의 고정주유설비 또는 고정급유설비의 구조
   ① **주유관 끝부분에서의 최대배출량**
      ㉮ **제1석유류 : 분당 50ℓ 이하**
      ㉯ **경유 : 분당 180ℓ 이하**
      ㉰ **등유 : 분당 80ℓ 이하**
   ② 이동저장탱크에 주입하기 위한 고정급유설비의 펌프기기는 최대배출량 : 분당 300ℓ 이하
   ③ 주유량 상한 및 주유시간 상한

구분	주유량 상한(1회연속)	주유량 (급유)시간 상한
셀프용 고정 주유설비	휘발유 : 100ℓ 이하	4분 이하
	경유 : 600ℓ 이하	12분 이하
셀프용 고정 급유설비	등유 : 100ℓ 이하	6분 이하

2) **고정주유설비 또는 고정급유설비의 주유관의 길이**
   5m(현수식의 경우에는 지면위 0.5m의 수평면에 수직으로 내려 만나는 점을 중심으로 반경 **3m)이내**로 하고 그 끝부분에는 축적된 정전기를 유효하게 제거할 수 있는 장치를 설치할 것

3) **고정주유설비 또는 고정급유설비의 설치 기준**
   ① **고정주유설비**(중심선을 기점으로 하여)
      ㉮ **도로경계선까지 : 4m 이상**
      ㉯ **부지경계선·담 및 건축물의 벽까지 : 2m**(개구부가 없는 벽까지는 1m) 이상
   ② **고정급유설비**(중심선을 기점으로 하여)
      ㉮ 도로경계선까지 : 4m 이상
      ㉯ 부지경계선·담까지 : 1m
      ㉰ 건축물의 벽까지 : 2m(개구부가 없는 벽까지는 1m) 이상 거리를 유지할 것

5. 주유취급소에 설치 할 수 있는 건축물
① 주유 또는 등유·경유를 채우기 위한 작업장
② 주유취급소의 업무를 행하기 위한 사무소
③ 자동차 등의 점검 및 간이정비를 위한 작업장
④ 자동차 등의 세정을 위한 작업장
⑤ 주유취급소에 출입하는 사람을 대상으로 한 점포·휴게음식점 또는 전시장
⑥ 주유취급소의 관계자가 거주하는 주거시설
⑦ 전기자동차용 충전설비

6. 주유취급소의 건축물의 구조
① 건축물은 벽·기둥·바닥·보 및 지붕 : 내화구조 또는 불연재료
② 창 및 출입구 : 방화문 또는 불연재료로 된 문을 설치
③ 사무실 등의 창 및 출입구에 유리를 사용하는 경우에는 망입유리 또는 강화유리로 할 것(강화유리의 두께는 창에는 8mm 이상, 출입구에는 12mm 이상)
④ 자동차등의 점검·정비를 행하는 설비
   ㉮ 고정주유설비부터 4m 이상
   ㉯ 도로경계선으로부터 2m 이상 떨어지게 할 것
⑤ 자동차등의 세정을 행하는 설비
   ㉮ 증기세차기를 설치하는 경우 그 주위에 불연재료로 된 높이 1m 이상의 담을 설치하고 출입구가 고정주유설비에 면하지 아니하도록 할 것. 이 경우 고정주유설비부터 4m 이상 떨어지게 할 것
   ㉯ 증기세차기 외의 세차기를 설치하는 경우에는 고정주유설비로부터 4m 이상, 도로경계선으로부터 2m 이상 떨어지게 할 것

7. 캐노피의 설치 기준
① 배관이 캐노피 내부를 통과할 경우에는 1개 이상의 점검구를 설치할 것
② 캐노피 외부의 점검이 곤란한 장소에 배관을 설치하는 경우에는 용접이음으로 할 것
③ 캐노피 외부의 배관이 일광열의 영향을 받을 우려가 있는 경우에는 단열재로 피복할 것

8. 펌프실 등의 구조
① **바닥**은 위험물이 침투하지 아니하는 구조로 하고 적당한 경사를 두어 **집유설비**를 설치할 것
② **펌프실** 등에는 위험물을 취급하는데 필요한 **채광·조명 및 환기의 설비**를 할 것
③ 가연성증기가 체류할 우려가 있는 펌프실 등에는 그 증기를 옥외에 배출하는 설비를 설치할 것
④ 고정주유설비 또는 고정급유설비중 펌프기기를 호스기기와 분리하여 설치하는 경우에는 펌프실의 출입구를 주유공지 또는 급유공지에 접하도록 하고, 자동폐쇄식의 60분+ 방화문 또는 60분 방화문을 설치할 것
⑤ 펌프실 등의 표지 및 게시판
  ㉮ "위험물 펌프실", "위험물 취급실" 이라는 표지를 설치
    ㉠ 표지의 크기 : 한변의 길이 0.3m 이상, 다른 한변의 길이 0.6m 이상
    ㉡ 표지의 색상 : **백색바탕에 흑색 문자**
  ㉯ 방화에 관하여 필요한 사항을 게시한 게시판 : 제조소와 동일함
⑥ **출입구**에는 바닥으로부터 **0.1m 이상의 턱**을 설치할 것

9. 고속국도 주유취급소의 특례
고속국도의 도로변에 설치된 **주유취급소의 탱크의 용량 : 60,000ℓ 이하**

STEP 10 판매취급소의 위치, 구조 및 설비의 기준(규칙 별표14)

1. 제1종 판매취급소(지정수량의 20배 이하)의 기준
① **제1종 판매취급소**는 건축물의 **1층**에 설치할 것
② 제1종 판매취급소에는 보기 쉬운 곳에 "위험물 판매취급소(제1종)"라는 표지와 방화에 관하여 필요한 사항을 게시한 게시판은 제조소와 동일하게 설치할 것.
③ 제1종 판매취급소의 용도로 사용되는 건축물의 부분은 내화구조 또는 불연재료로 하고, 판매취급소로 사용되는 부분과 다른 부분과의 격벽은 내화구조로 할 것
④ 제1종 판매취급소의 용도로 사용하는 건축물의 부분은 보를 불연재료로 하고, 천장을 설치하는 경우에는 천장을 불연재료로 할 것
⑤ 제1종 판매취급소의 용도로 사용하는 부분의 창 및 출입구에는 60분+ 방화문·60분 방화문 또는 30분 방화문을 설치할 것

⑥ 제1종 판매취급소의 용도로 사용하는 부분의 창 또는 출입구에 유리를 이용하는 경우에는 망입유리로 할 것
⑦ **위험물 배합실의 기준**
  ㉮ **바닥면적**은 **6m² 이상 15m² 이하**일 것
  ㉯ 내화구조 또는 **불연재료**로 된 벽으로 구획할 것
  ㉰ 바닥은 위험물이 침투하지 아니하는 구조로 하여 **적당한 경사**를 두고 **집유설비**를 할 것
  ㉱ 출입구에는 수시로 열 수 있는 **자동폐쇄식의 60분+ 방화문** 또는 60분 방화문을 설치할 것
  ㉲ **출입구 문턱의 높이**는 바닥면으로부터 **0.1m 이상**으로 할 것
  ㉳ 내부에 체류한 가연성의 증기 또는 가연성의 미분을 지붕위로 방출하는 설비를 할 것

2. 제2종 판매취급소(지정수량의 40배 이하)의 기준

① 제2종 판매취급소의 용도로 사용하는 부분은 벽·기둥·바닥 및 보를 내화구조 하고, 천장이 있는 경우에는 이를 불연재료로 하며, 판매취급소로 사용되는 부분과 다른 부분과의 격벽은 내화구조로 할 것
② 제2종 판매취급소의 용도로 사용하는 부분에 있어서 상층이 있는 경우에는 상층의 바닥을 내화구조로 하는 동시에 상층으로의 연소를 방지하기 위한 조치를 강구하고, 상층이 없는 경우에는 지붕을 내화구조로 할 것
③ 제2종 판매취급소의 용도로 사용하는 부분 중 연소의 우려가 없는 부분에 한하여 창을 두되, 당해 창에는 60분+ 방화문·60분 방화문 또는 30분 방화문을 설치할 것
④ 제2종 판매취급소의 용도로 사용하는 부분의 출입구에는 60분+ 방화문·60분 방화문 또는 30분 방화문을 설치할 것. 다만, 당해 부분중 연소의 우려가 있는 벽 또는 창의 부분에 설치하는 출입구에는 수시로 열 수 있는 자동폐쇄식의 60분+ 방화문 또는 60분 방화문을 설치할 것

STEP 11 이송취급소의 위치, 구조 및 설비의 기준(규칙 별표15)

1. 설치장소

이송취급소는 다음 **각목의 장소 외의 장소**에 설치하여야 한다.
① 철도 및 도로의 터널 안
② 고속국도 및 자동차전용도로(「도로법」 제54조의 3 제1항의 규정에 의하여 지정된 도로를 말한다)의 차도·갓길 및 중앙분리대
③ 호수·저수지 등으로서 수리의 수원이 되는 곳
④ 급경사지역으로서 붕괴의 위험이 있는 지역

2. 배관설치의 기준

1) 지하매설

① 배관은 그 외면으로부터 건축물·지하가·터널 또는 수도시설까지 각각 다음의 규정에 의한 안전거리를 둘 것. (다만, ㉯ 또는 ㉰의 공작물에 있어서는 적절한 누설확산방지조치를 하는 경우에 그 안전거리를 2분의 1의 범위 안에서 단축할 수 있다)

㉮ **건축물**(지하가 내의 건축물을 제외한다) : **1.5m 이상**
㉯ **지하가 및 터널 : 10m 이상**
㉰ 수도법에 의한 **수도시설**(위험물의 유입우려가 있는 것에 한한다) : **300m 이상**

② 배관은 그 외면으로부터 다른 공작물에 대하여 0.3m 이상의 거리를 보유할 것
③ 배관의 외면과 지표면과의 거리는 산이나 들에 있어서는 0.9m 이상, 그 밖의 지역에 있어서는 1.2m 이상으로 할 것

2) 지상설치

① 배관[이송기지(펌프에 의하여 위험물을 보내거나 받는 작업을 행하는 장소를 말한다.)의 구내에 설치되어진 것을 제외한다]은 다음의 기준에 의한 안전거리를 둘 것

㉮ 철도(화물수송용으로만 쓰이는 것을 제외) 또는 도로의 경계선으로부터 25m 이상
㉯ **종합병원, 병원, 치과병원, 한방병원, 요양병원**, 공연장, 영화상영관, 복지시설(아동, 노인, 장애인, 모·부자)등 시설로부터 **45m 이상**
㉰ **지정문화유산, 천연기념물등** 시설로부터 **65m 이상**
㉱ **고압가스, 액화석유가스, 도시가스** 시설로부터 **35m 이상**
㉲ 「국토의 계획 및 이용에 관한 법률」에 의한 공공공지 또는 「도시공원법」에 의한 도시공원으로부터 45m 이상
㉳ 판매시설·숙박시설·위락시설 등 불특정다중을 수용하는 시설 중 연면적 1,000m² 이상인 것으로부터 45m 이상
㉴ 1일 평균 20,000명 이상 이용하는 기차역 또는 버스터미널로부터 45m 이상
㉵ 「수도법」에 의한 수도시설 중 위험물이 유입될 가능성이 있는 것으로부터 300m 이상
㉶ 주택 또는 ㉮ 내지 ㉴와 유사한 시설 중 다수의 사람이 출입하거나 근무하는 것으로부터 25m 이상

② 배관(이송기지의 구내에 설치된 것을 제외)의 양측면으로부터 당해 배관의 최대상용압력에 따라 다음 표에 의한 너비의 공지를 보유할 것

배관의 최대상용압력	공지의 너비
0.3MPa 미만	5m 이상
0.3MPa 이상 1MPa 미만	9m 이상
1MPa 이상	15m 이상

3. 기타 설비 등

① 가연성증기의 체류방지조치 : 배관을 설치하기 위하여 설치하는 터널(높이 1.5m 이상인 것에 한한다)에는 가연성증기의 체류를 방지하는 조치를 하여야 한다.
② 비파괴시험 : 배관 등의 **용접부**는 비파괴시험을 실시하여 합격할 것. 이 경우 이송기지 내의 지상에 설치된 배관 등은 전체 용접부의 **20% 이상**을 **발췌**하여 시험할 수 있다.
③ 내압시험 : 배관 등은 최대상용압력의 **1.25배 이상**의 압력으로 **4시간 이상** 수압을 가하여 누설 그 밖의 이상이 없을 것
④ 압력안전장치 : 배관계에는 배관내의 압력이 최대상용압력을 초과하거나 유격작용 등에 의하여 생긴 압력이 최대상용압력의 1.1배를 초과하지 아니하도록 제어하는 장치(이하 "압력안전장치"라 한다)를 설치할 것

STEP 12 일반취급소의 위치, 구조 및 설비의 기준(규칙 별표16)

① 분무도장 작업등의 일반취급소의 특례 : 생략
② 세정작업의 일반취급소의 특례 : 생략
③ 열처리작업등의 일반취급소의 특례 : 생략
④ 보일러등으로 위험물을 소비하는 일반취급소의 특례 : 생략
⑤ 충전하는 일반취급소의 특례 : 생략
⑥ 옮겨 담는 일반취급소의 특례 : 생략
⑦ 유압장치등을 설치하는 일반취급소의 특례 : 생략
⑧ 절삭장치등을 설치하는 일반취급소의 특례 : 생략
⑨ 열매체유 순환장치를 설치하는 일반취급소의 특례 : 생략
⑩ 고인화점 위험물의 일반취급소의 특례 : 생략
⑪ 위험물의 성질에 따른 일반취급소의 특례 : 생략

STEP 13 제조소등의 소화설비, 경보설비, 피난설비의 기준(규칙 별표17)

1. 위험물 제조소등의 소화난이도등급

1) 소화난이도등급 Ⅰ

① 소화난이도등급 Ⅰ에 해당하는 제조소등

구분	제조소등의 규모, 저장 또는 취급하는 위험물의 품명 및 최대수량 등
제조소 및 일반취급소	• 연면적 1,000m² 이상인 것 • 지정수량의 100배 이상인 것(고인화점위험물만을 100℃ 미만의 온도에서 취급하는 것 및 제48조의 위험물을 취급하는 것은 제외) • 지반면으로 부터 6m 이상의 높이에 위험물 취급설비가 있는 것(고인화점위험물만을 100℃ 미만의 온도에서 취급하는 것은 제외) • 일반취급소로 사용되는 부분 외의 부분을 갖는 건축물에 설치된 것(내화구조로 개구부 없이 구획 된 것 및 고인화점위험물만을 100℃ 미만의 온도에서 취급하는 것은 제외)
옥내저장소	• 지정수량의 150배 이상인 것(고인화점위험물만을 저장하는 것 및 제48조의 위험물을 저장하는 것은 제외) • 연면적 150m²을 초과하는 것(150m² 이내마다 불연재료로 개구부 없이 구획된 것 및 인화성고체 외의 제2류 위험물 또는 인화점 70℃ 이상의 제4류 위험물만을 저장하는 것은 제외) • 처마높이가 6m 이상인 단층건물의 것 • 옥내저장소로 사용되는 부분 외의 부분이 있는 건축물에 설치된 것(내화구조로 개구부 없이 구획 된 것 및 인화성고체 외의 제2류 위험물 또는 인화점 70℃ 이상의 제4류 위험물만을 저장하는 것은 제외)
옥외 탱크저장소	• 액표면적이 40m² 이상인 것(제6류 위험물을 저장하는 것 및 고인화점위험물만을 100℃ 미만의 온도에서 저장하는 것은 제외) • 지반면으로부터 탱크 옆판의 상단까지 높이가 6m 이상인 것(제6류 위험물을 저장하는 것 및 고인화점위험물만을 100℃ 미만의 온도에서 저장하는 것은 제외) • 지중탱크 또는 해상탱크로서 지정수량의 100배 이상인 것(제6류 위험물을 저장하는 것 및 고인화점위험물만을 100℃ 미만의 온도에서 저장하는 것은 제외) • 고체위험물을 저장하는 것으로서 지정수량의 100배 이상인 것
옥내 탱크저장소	• 액표면적이 40m² 이상인 것(제6류 위험물을 저장하는 것 및 고인화점위험물만을 100℃ 미만의 온도에서 저장하는 것은 제외) • 바닥면으로부터 탱크 옆판의 상단까지 높이가 6m 이상인 것(제6류 위험물을 저장하는 것 및 고인화점위험물만을 100℃ 미만의 온도에서 저장하는 것은 제외) • 탱크전용실이 단층건물 외의 건축물에 있는 것으로서 인화점 38℃ 이상 70℃ 미만의 위험물을 지정수량의 5배 이상 저장하는 것(내화구조로 개구부 없이 구획된 것은 제외)
옥외저장소	• 덩어리상태의 황을 저장하는 것으로서 경계표시 내부의 면적(2 이상의 경계표시가 있는 경우에는 각 경계표시의 내부의 면적을 합한 면적)이 100m² 이상인 것 • 별표 11 Ⅲ의 위험물을 저장하는 것으로서 지정수량의 100배 이상인 것
암반 탱크 저장소	• 액표면적이 40m² 이상인 것(제6류 위험물을 저장하는 것 및 고인화점위험물만을 100℃ 미만의 온도에서 저장하는 것은 제외) • 고체위험물을 저장하는 것으로서 지정수량의 100배 이상인 것
이송취급소	모든 대상

② 소화난이도등급 Ⅰ의 제조소등에 설치하여야 하는 소화설비

구분			소화설비
제조소 및 일반취급소			옥내소화전설비, 옥외소화전설비, 스프링클러설비 또는 물분무등소화설비(화재발생시 연기가 충만할 우려가 있는 장소에는 스프링클러설비 또는 이동식 외의 물분무등소화설비에 한한다)
옥내저장소	처마높이가 6m 이상인 단층건물 또는 다른 용도의 부분이 있는 건축물에 설치한 옥내저장소		스프링클러설비 또는 이동식 외의 물분무등소화설비
	그 밖의 것		옥외소화전설비, 스프링클러설비, 이동식 외의 물분무등소화설비 또는 이동식 포소화설비(포소화전을 옥외에 설치하는 것에 한한다)
옥외 탱크저장소	지중탱크 또는 해상탱크 외의 것	황만을 저장·취급하는 것	물분무소화설비
		인화점 70℃ 이상의 제4류 위험물만을 저장 취급하는 것	물분무소화설비 또는 고정식 포소화설비
		그 밖의 것	고정식 포소화설비(포소화설비가 적응성이 없는 경우에는 분말소화설비)
	지중탱크		고정식 포소화설비, 이동식 이외의 불활성가스소화설비 또는 이동식 이외의 할로젠화합물소화설비
	해상탱크		고정식 포소화설비, 물분무소화설비, 이동식 이외의 불활성가스소화설비 또는 이동식 이외의 할로젠화합물소화설비
옥내 탱크저장소	황만을 저장 취급하는 것		물분무소화설비
	인화점 70℃ 이상의 제4류 위험물만을 저장 취급하는 것		물분무소화설비, 고정식 포소화설비, 이동식 이외의 불활성가스소화설비, 이동식 이외의 할로젠화합물소화설비 또는 이동식 이외의 분말소화설비
	그 밖의 것		고정식 포소화설비, 이동식 이외의 불활성가스소화설비, 이동식 이외의 할로젠화합물소화설비 또는 이동식 이외의 분말소화설비
옥외저장소 및 이송취급소			옥내소화전설비, 옥외소화전설비, 스프링클러설비 또는 물분무등소화설비(화재발생시 연기가 충만할 우려가 있는 장소에는 스프링클러설비 또는 이동식 이외의 물분무등소화설비에 한한다)
암반 탱크저장소	황만을 저장 취급하는 것		물분무소화설비
	인화점 70℃ 이상의 제4류 위험물만을 저장 취급하는 것		물분무소화설비 또는 고정식 포소화설비
	그 밖의 것		고정식 포소화설비(포소화설비가 적응성이 없는 경우에는 분말소화설비)

2) 소화난이도등급 Ⅱ

① 소화난이도등급 Ⅱ에 해당하는 제조소등

구분	제조소등의 규모, 저장 또는 취급하는 위험물의 품명 및 최대수량 등
제조소 및 일반취급소	• 연면적 600m² 이상인 것 • 지정수량의 **10배 이상**인 것(고인화점위험물만을 100℃ 미만의 온도에서 취급하는 것 및 제48조의 위험물을 취급하는 것은 제외) • 별표 16 Ⅱ · Ⅲ · Ⅳ · Ⅴ · Ⅷ · Ⅸ 또는 Ⅹ의 일반취급소로서 소화난이도등급 Ⅰ의 제조소 등에 해당하지 아니하는 것(고인화점위험물만을 100℃ 미만의 온도에서 취급하는 것은 제외)
옥내저장소	• **단층건물 이외의 것** • 별표 5 Ⅱ 또는 Ⅳ제1호의 옥내저장소 • 지정수량의 10배 이상인 것(고인화점위험물만을 저장하는 것 및 제48조의 위험물을 저장하는 것은 제외) • 연면적 150m² 초과인 것 • 별표 5 Ⅲ의 옥내저장소로서 소화난이도등급 Ⅰ의 제조소등에 해당하지 아니하는 것
옥외탱크저장소 옥내탱크저장소	소화난이도등급 Ⅰ의 제조소등 외의 것(고인화점위험물만을 100℃ 미만의 온도로 저장하는 것 및 제6류 위험물만을 저장하는 것은 제외)
옥외저장소	• 덩어리상태의 황을 저장하는 것으로서 경계표시 내부의 면적(2 이상의 경계표시가 있는 경우에는 각 경계표시의 내부의 면적을 합한 면적)이 5m² 이상 100m² 미만인 것 • 별표 11 Ⅲ의 위험물을 저장하는 것으로서 지정수량의 10배 이상 100배 미만인 것 • 지정수량의 100배 이상인 것(덩어리상태의 황 또는 고인화점위험물을 저장하는 것은 제외)
주유취급소	옥내주유취급소
판매취급소	제2종 판매취급소

② 소화난이도등급 Ⅱ의 제조소등에 설치하여야 하는 소화설비

제조소등의 구분	소화설비
제조소, 옥내저장소, 옥외저장소, 주유취급소, 판매취급소, 일반취급소	방사능력범위 내에 해당 건축물, 그 밖의 공작물 및 위험물이 포함되도록 대형소화기를 설치하고, 해당 위험물의 소요단위의 1/5 이상에 해당하는 능력단위의 소형소화기 등을 설치할 것
옥외탱크저장소 옥내탱크저장소	대형소화기 및 소형소화기 등을 각각 1개 이상 설치할 것

3) 소화난이도등급 Ⅲ

① 소화난이도등급 Ⅲ에 해당하는 제조소등

제조소등의 구분	제조소등의 규모, 저장 또는 취급하는 위험물의 품명 및 최대수량 등
제조소, 일반취급소	• 제48조의 위험물을 취급하는 것 • 제48조의 위험물 외의 것을 취급하는 것으로서 소화난이도등급 Ⅰ 또는 소화난이도등급 Ⅱ의 제조소등에 해당하지 아니하는 것
옥내저장소	• 제48조의 위험물을 취급하는 것 • 제48조의 위험물 외의 것을 취급하는 것으로서 소화난이도등급 Ⅰ 또는 소화난이도등급 Ⅱ의 제조소등에 해당하지 아니하는 것
지하탱크저장소 간이탱크저장소 이동탱크저장소	모든 대상
옥외저장소	• 덩어리 상태의 황을 저장하는 것으로서 경계표시 내부의 면적(2 이상의 경계표시가 있는 경우에는 각 경계표시의 내부의 면적을 합한 면적)이 5m² 미만인 것 • 덩어리 상태의 황 외의 것을 저장하는 것으로서 소화난이도등급 Ⅰ 또는 소화난이도등급 Ⅱ의 제조소등에 해당하지 아니하는 것
주유취급소	옥내주유취급소 외의 것
제1종판매취급소	모든 대상

② 소화난이도등급 Ⅲ의 제조소등에 설치하여야 하는 소화설비

제조소등의 구분	소화설비	설치기준	
지하탱크저장소	소형소화기등	능력단위의 수치가 3 이상	2개 이상
이동탱크저장소	자동차용소화기	무상의 강화액 8ℓ 이상	2개 이상
		이산화탄소 3.2kg 이상	
		브로모클로로다이플루오로메테인(CF₂ClBr) 2ℓ 이상	
		브로모트라이플루오로메테인(CF₃Br) 2ℓ 이상	
		다이브로모테트라플루오로메테인(C₂F₄Br₂) 1ℓ 이상	
		소화분말 3.3kg 이상	
	마른모래 및 팽창질석 또는 팽창진주암	마른 모래 150ℓ 이상	
		팽창질석 또는 팽창진주암 640ℓ 이상	
그 밖의 제조소 등	소형소화기 등	능력단위의 수치가 건축물 그 밖의 공작물 및 위험물의 소요단위의 수치에 이르도록 설치할 것. 다만, 옥내소화전설비, 옥외소화전설비, 스프링클러설비, 물분무등소화설비 또는 대형소화기를 설치한 경우에는 해당 소화설비의 방사능력범위 내의 부분에 대하여는 소화기 등을 그 능력단위의 수치가 해당 소요단위의 수치의 1/5 이상이 되도록 하는 것으로 족하다.	

[비고] **알킬알루미늄** 등을 저장 또는 취급하는 이동탱크저장소에 있어서는 자동차용소화기를 설치하는 외에 **마른 모래**나 **팽창질석** 또는 **팽창진주암**을 **추가로 설치**하여야 한다.

2. 소화설비의 적응성

소화설비의 구분		대상물 구분	건축물·그 밖의 공작물	전기설비	제1류 위험물 알칼리금속과산화물등	제1류 위험물 그 밖의 것	제2류 위험물 철분·금속분·마그네슘등	제2류 위험물 인화성고체	제2류 위험물 그 밖의 것	제3류 위험물 금수성물품	제3류 위험물 그 밖의 것	제4류 위험물	제5류 위험물	제6류 위험물
옥내소화전 또는 옥외소화전설비			○			○		○	○		○		○	○
스프링클러설비			○			○		○	○		○	△	○	○
물분무등소화설비	물분무소화설비		○	○		○		○	○		○	○	○	○
	포소화설비		○			○		○	○		○	○	○	○
	불활성가스소화설비			○				○				○		
	할로젠화합물소화설비			○				○				○		
	분말소화설비	인산염류등	○	○		○		○	○			○		○
		탄산수소염류등		○	○		○	○		○		○		
		그 밖의 것			○		○			○				
대형·소형소화기	봉상수(棒狀水)소화기		○			○		○	○		○		○	○
	무상수(霧狀水)소화기		○	○		○		○	○		○		○	○
	봉상강화액소화기		○			○		○	○		○		○	○
	무상강화액소화기		○	○		○		○	○		○	○	○	○
	포소화기		○			○		○	○		○	○	○	○
	이산화탄소소화기			○				○				○		△
	할로젠화합물소화기			○				○				○		
	분말소화기	인산염류소화기	○	○		○		○	○			○		○
		탄산수소염류소화기		○	○		○	○		○		○		
		그 밖의 것			○		○			○				
기타	물통 또는 수조		○			○		○	○		○		○	○
	건조사				○	○	○	○	○	○	○	○	○	○
	팽창질석 또는 팽창진주암				○	○	○	○	○	○	○	○	○	○

[비고] "○" 표시는 당해 소방대상물 및 위험물에 대하여 소화설비가 적응성이 있음을 표시하고, "△" 표시는 제4류 위험물을 저장 또는 취급하는 장소의 살수기준면적에 따라 스프링클러설비의 살수밀도가 다음 표에 정하는 기준이상인 경우에는 당해 스프링클러설비가 제4류 위험물에 대하여 적응성이 있음을, **제6류 위험물을 저장 또는 취급하는 장소로서 폭발의 위험이 없는 장소**에 한하여 **이산화탄소소화기**가 제6류 위험물에 대하여 적응성이 있음을 각각 표시한다.

3. 전기설비의 소화설비

제조소등에 전기설비(전기배선, 조명기구 등은 제외)가 설치된 경우 : **면적 100m²마다 소형 수동식소화기**를 1개 이상 설치할 것

4. 소요단위 및 능력단위

① 소요단위 : 소화설비의 설치대상이 되는 건축물 그 밖의 공작물의 규모 또는 위험물의 양의 기준단위
② 능력단위 : ①의 소요단위에 대응하는 소화설비의 소화능력의 기준단위

5. 소요단위의 계산방법

1) 제조소 또는 취급소의 건축물
   ① 외벽이 **내화구조** : 연면적 100m²를 1소요단위
   ② 외벽이 **내화구조가 아닌 것** : 연면적 50m²를 1소요단위

2) 저장소의 건축물
   ① 외벽이 **내화구조** : **연면적 150m²를 1소요단위**
   ② 외벽이 **내화구조가 아닌 것** : 연면적 75m²를 1소요단위
   ③ 제조소등의 옥외에 설치된 공작물은 외벽이 내화구조인 것으로 간주하고 공작물의 최대 수평투영면적을 연면적으로 간주하여 ① 및 ②의 규정에 의하여 소요단위를 산정할 것

3) 위험물은 지정수량의 10배 : 1소요단위

6. 소화설비의 능력단위

소화설비	용량	능력단위
소화전용(專用)물통	8ℓ	0.3
수조(소화전용 물통 3개 포함)	80ℓ	1.5
수조(소화전용 물통 6개 포함)	190ℓ	2.5
마른 모래(삽 1개 포함)	50ℓ	0.5
팽창질석 또는 팽창진주암(삽 1개 포함)	160ℓ	1.0

 소화설비의 능력단위 : 출제 빈도 높음

STEP 14 위험물제조소등의 저장 및 취급에 관한 기준(규칙 별표18)

1. 유별 저장 및 취급의 공통 기준

① 제1류 위험물 : 가연물과의 접촉, 혼합이나 분해를 촉진하는 물품과의 접근 또는 과열, 충격, 마찰 등을 피하는 한편, 알칼리금속의 과산화물 및 이를 함유한 것에 있어서는 물과의 접촉을 피하여야 한다.

② 제2류 위험물 : 산화제와의 접촉, 혼합이나 불티, 불꽃, 고온체와의 접근 또는 과열을 피하는 한편, 철분, 금속분, 마그네슘 및 이를 함유한 것에 있어서는 물이나 산과의 접촉을 피하고 인화성 고체에 있어서는 함부로 증기를 발생시키지 아니하여야 한다.

③ **제3류 위험물** : 자연발화성 물품에 있어서는 불티, 불꽃 또는 고온체와의 접근·과열 또는 공기와의 접촉을 피하고, **금수성 물품에 있어서는 물과의 접촉을 피하여야 한다.**

④ 제4류 위험물 : 불티, 불꽃, 고온체와의 접근 또는 과열을 피하고, 함부로 증기를 발생시키지 아니하여야 한다.

⑤ 제5류 위험물 : 불티, 불꽃, 고온체와의 접근이나 과열, 충격 또는 마찰을 피하여야 한다.

⑥ 제6류 위험물 : 가연물과의 접촉·혼합이나 분해를 촉진하는 물품과의 접근 또는 과열을 피하여야 한다.

> **참고** 위험물의 쓰레기, 찌꺼기 등은 1일에 1회 이상 안전한 장소에 폐기하거나 처리하여야 한다.

2. 저장의 기준

① **옥내저장소** 또는 **옥외저장소**에는 있어서 유별을 달리하는 위험물을 동일한 저장소에 저장할 수 없는데 1m 이상 간격을 두고 아래 **유별을 저장할 수 있다.**
  ㉮ **제1류 위험물**(알칼리금속의 과산화물은 제외)과 **제5류 위험물**을 저장하는 경우
  ㉯ **제1류 위험물과 제6류 위험물**을 저장하는 경우
  ㉰ **제1류 위험물과 자연발화성물품**(황린포함)을 저장하는 경우
  ㉱ 제2류 위험물 중 **인화성고체와 제4류 위험물**을 저장하는 경우
  ㉲ 제3류 위험물 중 알킬알루미늄등과 제4류 위험물(알킬알루미늄 또는 알킬리튬을 함유한 것에 한함)을 저장하는 경우
  ㉳ 제4류 위험물 중 유기과산화물과 제5류 위험물 중 유기과산화물을 저장하는 경우

② **옥내저장소**에서 동일 품명의 위험물이더라도 자연발화 할 우려가 있는 위험물 또는 재해가 현저하게 증대할 우려가 있는 위험물을 다량 저장하는 경우에는 지정수량의 **10배 이하마다** 구분하여 상호간 **0.3m 이상의 간격**을 두어 저장하여야 한다.

③ 옥내저장소에 저장 시 높이(아래 높이를 초과하지 말 것)
  ㉮ **기계에 의하여 하역하는 구조**로 된 용기만을 겹쳐 쌓는 경우 : 6m
  ㉯ 제4류 위험물 중 **제3석유류, 제4석유류, 동식물유류**를 수납하는 용기만을 겹쳐 쌓는 경우 : 4m
  ㉰ 그 밖의 경우(**특수인화물, 제1석유류, 제2석유류, 알코올류**) : 3m

④ 옥내저장소에서는 용기에 수납하여 저장하는 위험물의 온도 : 55℃ 이하
⑤ 옥외저장소에서 위험물을 수납한 용기를 선반에 저장하는 경우 : 6m를 초과하지 말 것
⑥ 이동탱크저장소에는 완공검사합격확인증과 정기점검기록을 비치할 것
⑦ 이동저장탱크에는 당해 탱크에 저장 또는 취급하는 위험물의 유별, 품명, 최대수량, 적재중량을 표시하고 잘 보일 수 있도록 관리할 것
⑧ 이동저장탱크에 **알킬알루미늄 등을 저장하는 경우**에는 20kPa 이하의 **압력**으로 불활성의 기체를 봉입하여 둘 것
⑨ 옥외저장탱크 · 옥내저장탱크 또는 지하저장탱크 중 압력탱크 외의 탱크에 저장
  ㉮ **산화프로필렌, 다이에틸에터를 저장 : 30℃ 이하**
  ㉯ **아세트알데하이드 : 15℃ 이하**
⑩ 옥외저장탱크 · 옥내저장탱크 또는 지하저장탱크 중 압력탱크에 저장
  ㉮ 아세트알데하이드 등 또는 다이에틸에터 등 : 40℃ 이하
⑪ 아세트알데하이드 등 또는 다이에틸에터 등을 이동저장탱크에 저장하는 경우
  ㉮ **보냉장치가 있는 경우 : 비점 이하**
  ㉯ **보냉장치가 없는 경우 : 40℃ 이하**
⑫ 이동저장탱크로부터 위험물을 저장 또는 취급하는 탱크에 인화점이 40℃ 미만인 위험물을 주입할 때에는 이동탱크저장소의 원동기를 정지시킬 것
⑬ 알킬알루미늄 등 및 아세트알데하이드 등의 취급기준
  ㉮ **알킬알루미늄 등**의 이동탱크저장소에 있어서 이동저장탱크로부터 알킬알루미늄 등을 **꺼낼 때에는 동시에 200kPa 이하의 압력으로 불활성의 기체를 봉입**할 것
  ㉯ **아세트알데하이드 등**의 이동탱크저장소에 있어서 이동저장탱크로부터 아세트알데하이드 등을 **꺼낼 때에는 동시에 100kPa 이하의 압력으로 불활성의 기체를 봉입**할 것

STEP 15 위험물의 운반에 관한 기준(규칙 별표19)

1. 운반용기의 재질
① 강판 ② 알루미늄판 ③ 양철판
④ 유리 ⑤ 금속판 ⑥ 종이
⑦ 플라스틱 ⑧ 섬유판 ⑨ 고무류
⑩ 합성섬유 ⑪ 삼 ⑫ 짚
⑬ 나무

2. 운반방법(지정수량 이상 운반 시)
① 한변의 길이가 0.3m 이상, 다른 한변의 길이가 0.6m 이상인 직사각형의 판으로 할 것
② **흑색 바탕에 황색의 반사도료** 그 밖의 반사성이 있는 재료로 "**위험물**"이라고 표시할 것
③ 표지는 차량의 전면 및 후면의 보기 쉬운 곳에 내걸 것

④ 지정수량 이상의 위험물을 차량으로 운반하는 경우에는 당해 위험물에 적응성이 있는 소형소화기를 당해 위험물의 소요단위에 상응하는 능력단위이상을 갖추어야 한다.

$$\text{소요단위} = \text{저장(운반)수량} \div (\text{지정수량} \times 10)$$

위험물은 지정수량의 10배를 1소요단위로 한다.

3. 적재방법

1) **고체위험물** : 운반용기 내용적의 **95% 이하**의 수납율로 수납할 것

2) **액체위험물** : 운반용기 내용적의 **98% 이하**의 수납율로 수납하되, 55℃의 온도에서 누설되지 아니하도록 충분한 공간용적을 유지하도록 할 것

3) 적재위험물에 따른 조치
   ① **차광성이 있는 것으로 피복**
      ㉮ **제1류 위험물**
      ㉯ 제3류 위험물 중 **자연발화성물질**
      ㉰ 제4류 위험물 중 **특수인화물**
      ㉱ **제5류 위험물**
      ㉲ **제6류 위험물**
   ② **방수성이 있는 것으로 피복**
      ㉮ 제1류 위험물 중 **알칼리금속의 과산화물**
      ㉯ 제2류 위험물 중 **철분·금속분·마그네슘**
      ㉰ 제3류 위험물 중 **금수성 물질**

4) 운반용기의 외부 표시 사항
   ① 위험물의 **품명, 위험등급, 화학명 및 수용성**(제4류 위험물의 수용성인 것에 한함)
   ② 위험물의 **수량**
   ③ **주의사항**
      ㉮ 제1류 위험물
         ㉠ **알칼리금속의 과산화물** : 화기·충격주의, 물기엄금, 가연물접촉주의
         ㉡ 그 밖의 것 : 화기·충격주의, 가연물접촉주의
      ㉯ 제2류 위험물
         ㉠ **철분·금속분·마그네슘** : 화기주의, 물기엄금
         ㉡ 인화성고체 : 화기엄금
         ㉢ 그 밖의 것 : 화기주의
      ㉰ 제3류 위험물
         ㉠ **자연발화성물질** : 화기엄금, 공기접촉엄금
         ㉡ 금수성물질 : 물기엄금
      ㉱ **제4류 위험물** : 화기엄금

㉮ 제5류 위험물 : 화기엄금, 충격주의
㉯ **제6류 위험물 : 가연물접촉주의**

 최대용적이 1ℓ 이하인 운반용기[제1류, 제2류, 제4류 위험물(위험등급Ⅰ은 제외)]의 품명 및 주의사항, 위험물의 통칭명, 주의사항은 동일한 의미가 있는 다른 표시로 대신할 수 있다.

4. 운반 시 위험물의 혼재 가능 기준(별표 19 관련)

위험물의 구분	제1류	제2류	제3류	제4류	제5류	제6류
제1류		×	×	×	×	○
제2류	×		×	○	○	×
제3류	×	×		○	×	×
제4류	×	○	○		○	×
제5류	×	○	×	○		×
제6류	○	×	×	×	×	

[비고] 1. "×"표시는 혼재할 수 없음을 표시한다.
2. "○"표시는 혼재할 수 있음을 표시한다.
3. 이 표는 지정수량의 $\frac{1}{10}$ 이하의 위험물에 대하여는 적용하지 아니한다.

5. 운반용기의 외부표시 사항 예시(소방청의 예시임)

① 질산암모늄의 경우

품 명	질산염류	위험등급	Ⅱ급
화학명	질산암모늄		
수 량	20kg		
화기 , 충격주의 가연물접촉주의			

② 마그네슘의 경우

품 명	마그네슘	위험등급	Ⅲ급
화학명	마그네슘		
수 량	20kg		
화기주의 물기엄금			

③ 아세톤의 경우

품 명	제1석유류	위험등급	II급
화학명	아세톤(수용성)		
수 량	20ℓ		
화기 엄금			

④ 메탄올의 경우

품 명	알코올류	위험등급	II급
화학명	메탄올(수용성)		
수 량	20ℓ		
화기 엄금			

6. 위험물의 위험등급

1) 위험등급 I 의 위험물
   ① 제1류 위험물 중 아염소산염류, 염소산염류, 과염소산염류, **무기과산화물**, 그 밖에 지정수량이 **50kg인 위험물**
   ② 제3류 위험물 중 **칼륨, 나트륨, 알킬알루미늄, 알킬리튬, 황린**, 그 밖에 **지정수량이 10kg 또는 20kg인 위험물**
   ③ 제4류 위험물 중 **특수인화물**
   ④ 제5류 위험물 중 지정수량이 10kg인 위험물
   ⑤ **제6류 위험물**

2) 위험등급 II 의 위험물
   ① 제1류 위험물 중 브로민산염류, 질산염류, 아이오딘산염류, 그 밖에 지정수량이 300kg인 위험물
   ② **제2류 위험물 중 황화인, 적린, 황**, 그 밖에 지정수량이 **100kg인 위험물**
   ③ 제3류 위험물 중 알칼리금속(칼륨, 나트륨 제외) 및 알칼리토금속, 유기금속화합물(알킬알루미늄 및 알킬리튬은 제외), 그 밖에 지정수량이 50kg인 위험물
   ④ **제4류 위험물 중 제1석유류, 알코올류**
   ⑤ 제5류 위험물 중 위험등급 I 에 정하는 위험물 외의 것

3) 위험등급Ⅲ의 위험물 : 1) 및 2)에 정하지 아니한 위험물

제02부_ 위험물제조소등의 기술기준
출제예상문제

01 다음 중 위험물안전관리자가 퇴직한 때에는 몇 일 이내에 선임하여야 하는가?

① 7일
② 14일
③ 21일
④ 30일

🔍 위험물안전관리자 선임
• 위험물안전관리자 재 선임기간 : 30일 이내
• 선임신고 : 선임일로부터 14일 이내

02 2품명 이상의 위험물을 동일 장소 또는 시설에서 제조 저장 및 취급하는 경우 위험물의 환산 시 합계가 얼마 이상이 될 때 수량이상의 위험물로 보는가?

① 0.5   ② 1.0
③ 1.5   ④ 2.0

🔍 2품명 이상의 위험물을 저장하는 경우 위험물의 환산 시 합계가 1 이상을 위험물로 본다.

03 제4류 위험물을 제조하는 일반취급소에 지정수량의 몇 배 이상일 때 자체소방대를 설치하여야 하는가?

① 1000배   ② 2000배
③ 3000배   ④ 5000배

🔍 자체소방대 설치 : 지정수량의 3000배 이상인 제조소와 일반취급소

04 다음의 위험물을 저장 할 때 저장 또는 취급에 관한 기술상의 기준을 시·도의 조례에 의해 규제를 받는 경우는?

① 등유 2000ℓ를 저장하는 경우
② 중유 3000ℓ를 저장하는 경우
③ 윤활유 5000ℓ를 저장하는 경우
④ 휘발유 400ℓ를 저장하는 경우

🔍 지정수량 미만(지정수량의 배수가 1 미만)을 저장 또는 취급 시에는 시·도 조례의 규제를 받는다.

$$지정수량 = \frac{저장수량}{지정수량}$$

• 지정수량

종류	품명	지정수량
등유	제2석유류(비수용성)	1000ℓ
중유	제3석유류(비수용성)	2000ℓ
윤활유	제4석유류	6000ℓ
휘발유	제1석유류(비수용성)	200ℓ

• 지정수량의 배수를 계산하면
 – 등유 2000ℓ의 지정배수 = 2000ℓ ÷ 1000ℓ = 2.0배(위험물안전관리법 적용)
 – 중유 3000ℓ의 지정배수 = 3000ℓ ÷ 2000ℓ = 1.5배(위험물안전관리법 적용)
 – 윤활유 5000ℓ의 지정배수 = 5000ℓ ÷ 6000ℓ = 0.83배 (시·도 조례)
 – 휘발유 400ℓ의 지정배수 = 400ℓ ÷ 200ℓ = 2.0배(위험물안전관리법 적용)

05 그림과 같은 위험물을 저장하는 탱크의 내용적은 약 몇 m³인가?(단, r 은 10m, ℓ은 15m이다.)

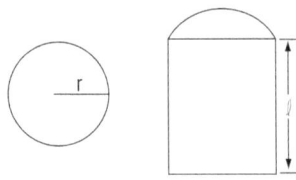

① 3612   ② 4712
③ 5812   ④ 6912

🔍 내용적 = $\pi r^2 \ell$ = 3.14 × (10m)² × 15m = 4710m³

06 그림과 같은 타원형 탱크의 내용적은 약 몇 m³인가?

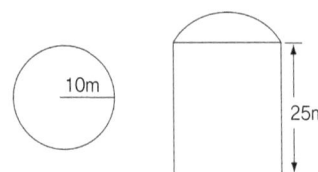

정답
01 ④ 02 ② 03 ③ 04 ③ 05 ② 06 ④

① 3612　　　　② 4712
③ 5812　　　　④ 7854

🔍 종으로 설치한 경우 원통형 탱크의 내용적
$\pi r^2 \ell = 3.14159 \times (10m)^2 \times 25m = 7854m^3$

07 그림과 같은 탱크에 대한 내부피의 계산식이 맞은 것은?

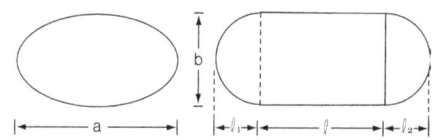

① $\dfrac{\pi ab}{3}\left(\ell + \dfrac{\ell_1 + \ell_2}{3}\right)$　　② $\dfrac{\pi ab}{4}\left(\ell + \dfrac{\ell_1 + \ell_2}{3}\right)$

③ $\dfrac{\pi ab}{4}\left(\ell + \dfrac{\ell_1 + \ell_2}{4}\right)$　　④ $\dfrac{\pi ab}{3}\left(\ell + \dfrac{\ell_1 + \ell_2}{4}\right)$

🔍 탱크의 용량
- 타원형 탱크의 내용적
  - 양쪽이 볼록한 것

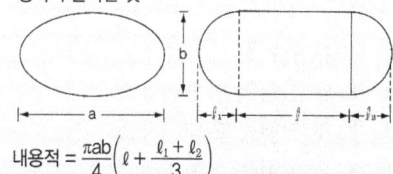

내용적 = $\dfrac{\pi ab}{4}\left(\ell + \dfrac{\ell_1 + \ell_2}{3}\right)$

  - 한쪽은 볼록하고 다른 한쪽은 오목한 것

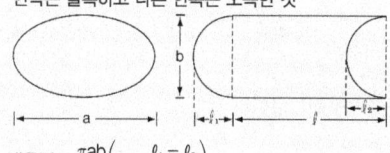

내용적 = $\dfrac{\pi ab}{4}\left(\ell + \dfrac{\ell_1 - \ell_2}{3}\right)$

- 원통형 탱크의 내용석
  - 횡으로 설치한 것

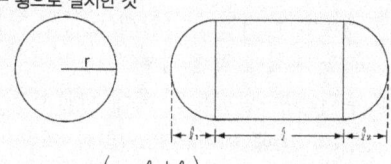

내용적 = $\pi r^2\left(\ell + \dfrac{\ell_1 + \ell_2}{3}\right)$

  - 종으로 설치한 것

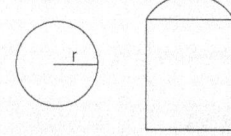

내용적 = $\pi r^2 \ell$

08 그림과 같은 위험물을 저장하는 탱크의 내용적은 약 몇 m³인가?

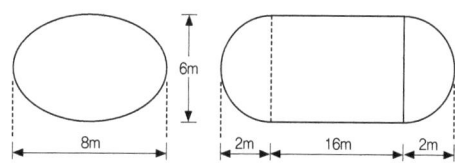

① 453　　　　② 563
③ 653　　　　④ 753

🔍 내용적 = $\dfrac{\pi ab}{4}\left(\ell + \dfrac{\ell_1 + \ell_2}{3}\right)$
　　　　 = $\dfrac{\pi \times 8 \times 6}{4}\left(16 + \dfrac{2+2}{3}\right) = 653m^3$

09 화재예방과 화재 시 비상조치계획 등 예방규정을 정하여야 할 옥외저장시설에는 지정수량 몇 배 이상을 저장 취급하는가?

① 30배 이상　　　② 100배 이상
③ 200배 이상　　④ 250배 이상

🔍 지정수량의 100배 이상의 위험물을 저장하는 옥외저장소 : 예방규정 대상

10 위험물을 취급하는 일반취급소의 경우 지정수량이 몇 배 이상인 경우에 예방규정을 정하여야 하는가?

① 지정수량 10배 이상
② 지정수량 100배 이상
③ 지정수량 200배 이상
④ 지정수량 250배 이상

🔍 제조소나 일반취급소에는 지정수량 10배 이상은 예방규정을 작성하여야 한다.

11 위험물에 관한 표시사항 중 "물기엄금"에 관한 표지 색깔로서 옳은 것은?

① 청색바탕에 적색문자
② 청색바탕에 백색문자
③ 적색바탕에 백색문자
④ 백색바탕에 청색문자

🔍 물기엄금 : 청색바탕에 백색문자

정답　07 ②　08 ③　09 ②　10 ①　11 ②

12 제4류 위험물의 주의사항 및 게시판 표시내용으로 맞는 것은 무엇인가?

① 적색 바탕에 백색 문자의 "화기주의"
② 청색 바탕에 백색 문자의 "물기엄금"
③ 적색 바탕에 백색 문자의 "화기엄금"
④ 청색 바탕에 백색 문자의 "물기주의"

🔍 게시판의 주의사항

위험물의 종류	주의사항	게시판의 색상
제1류 위험물 중 알칼리금속의 과산화물 제3류 위험물 중 금수성물질	물기 엄금	청색바탕에 백색문자
제2류 위험물(인화성 고체는 제외)	화기 주의	적색바탕에 백색문자
제2류 위험물 중 인화성 고체 제3류 위험물 중 자연발화성물질 제4류 위험물 제5류 위험물	화기 엄금	적색바탕에 백색문자

13 위험물제조소 등에 있어서 가연성의 증기 또는 미분 등이 체류할 우려가 있는 건축물에는 옥외에 배출설비를 하여야 하는데 배출설비의 배출능력은 1시간당 배출장소 용적의 몇 배 이상인 것으로 하여야 하는가?

① 5배　　② 10배
③ 15배　　④ 20배

🔍 제조소의 배출능력은 1시간당 배출장소 용적의 20배 이상인 것으로 하여야 한다.

14 위험물 제조소에 있어서 안전거리가 50m 이상인 것은?

① 문화집회장　　② 교육연구시설
③ 지정문화재　　④ 의료시설

🔍 지정문화재의 안전거리 : 50m 이상

15 위험물제조소의 안전거리 기준으로 틀린 것은?

① 주택으로부터 10m 이상
② 학교, 병원, 극장으로부터 30m 이상
③ 지정문화유산 및 천연기념물로부터는 70m 이상
④ 고압가스등을 저장·취급하는 시설로부터는 20m 이상

🔍 지정문화유산, 천연기념물등 : 50m 이상

16 위험물 제조소의 안전거리가 20m 이상인 것은?

① 연면적 600m² 이상인 문화집회장
② 연면적 2000m² 이상인 학교
③ 고압가스 시설
④ 연면적 600m² 이상인 의료시설

🔍 고압가스, 액화석유가스, 도시가스를 저장 또는 취급하는 시설 : 20m 이상

17 위험물안전관리법령에 따른 안전거리 규제를 받는 위험물 시설이 아닌 것은?

① 제6류 위험물 제조소
② 제1류 위험물 일반취급소
③ 제4류 위험물 옥내저장소
④ 제5류 위험물 옥외저장소

🔍 제6류 위험물을 취급하는 제조소에는 안전거리를 두지 않아도 된다.

18 주거용 건축물과 위험물제조소와의 안전거리를 단축할 수 있는 경우는?

① 제조소가 위험물의 화재 진압을 하는 소방서와 근거리에 있는 경우
② 취급하는 위험물의 최대수량(지정수량의 배수)이 10배 미만이고 기준에 의한 방화상 유효한 벽을 설치한 경우
③ 위험물을 취급하는 시설이 철근콘크리트 벽일 경우
④ 취급하는 위험물이 단일 품목일 경우

🔍 취급하는 위험물의 최대수량(지정수량의 배수)이 10배 미만이고 기준에 의한 방화상 유효한 벽을 설치한 경우에는 안전거리를 단축할 수 있다.

정답 12 ③　13 ④　14 ③　15 ③　16 ③　17 ①　18 ②

19 위험물제조소등의 안전거리의 단축기준과 관련해서 H≦pD²+a인 경우 방화상 유효한 담의 높이는 2m 이상으로 한다. 다음 중 a에 해당하는 것은?

① 인근 건축물의 높이(m)
② 제조소등의 외벽의 높이(m)
③ 제조소등과 공작물과의 거리(m)
④ 제조소등과 방화상 유효한 담과의 거리(m)

🔍 방화상 유효한 담의 높이

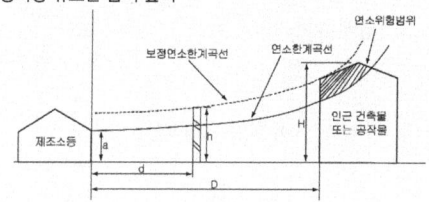

- H ≦ pD² + a인 경우 h = 2
- H > pD² + a인 경우 h = H − p(D² − d²)
  - D : 제조소등과 인근 건축물 또는 공작물과의 거리(m)
  - H : 인근 건축물 또는 공작물의 높이(m)
  - a : 제조소등의 외벽의 높이(m)
  - d : 제조소등과 방화상 유효한 담과의 거리(m)
  - h : 방화상 유효한 담의 높이(m)
  - p : 상수(생략)

20 위험물 제조소의 보유공지는 지정수량 10배 이하의 위험물을 취급하는 건축물이 보유하여야 할 공지는 몇 m 이상 인가?(단, 위험물을 이송하기 위한 배관 기타 이와 유사한 시설은 제외)

① 3m   ② 5m
③ 7m   ④ 10m

🔍 제조소의 보유공지

취급하는 위험물의 최대수량	공지의 너비
지정수량의 10배 이하	3m 이상
지정수량의 10배 초과	5m 이상

21 위험물제조소 건축물의 구조 기준이 아닌 것은?

① 출입구에는 60분+ 방화문·60분 방화문 또는 30분 방화문을 설치할 것
② 지붕은 폭발력이 위로 방출될 정도의 가벼운 불연재료로 덮을 것
③ 벽, 기둥, 바닥, 보, 서까래 및 계단은 불연재료로 하고 연소우려가 있는 외벽은 개구부가 없는 내화구조로 할 것
④ 산화성고체, 가연성고체 위험물을 취급하는 건축물의 바닥은 위험물이 스며들지 못하는 재료를 사용할 것

🔍 액체의 위험물을 취급하는 건축물의 바닥 : 적당한 경사를 두고 그 최저부에 집유설비를 할 것

22 위험물제조소의 표지의 크기 규격으로 옳은 것은?

① 0.2m × 0.4m   ② 0.3m × 0.3m
③ 0.3m × 0.6m   ④ 0.6m × 0.2m

🔍 위험물제조소의 표지의 크기 규격 : 한변의 길이 0.3m 이상, 다른 한변의 길이 0.6m 이상

23 위험물제조소의 환기설비 설치기준으로 옳지 않는 것은?

① 환기구는 지붕 위 또는 지상 2m 이상의 높이에 설치할 것
② 급기구는 바닥면적 150m²마다 1개 이상으로 할 것
③ 환기구는 자연배기방식으로 할 것
④ 급기구는 높은 곳에 설치하고 인화방지망을 설치할 것

🔍 환기설비에서 급기구는 낮은 곳에 설치하고 인화방지망을 설치할 것

24 위험물제조소의 배출설비 기준 중 전역방출방식의 경우 배출능력은 바닥면적 1m²당 얼마 이상으로 해야 하는가?

① 15m³   ② 18m³
③ 20m³   ④ 30m³

🔍 제조소의 배출설비의 배출능력은 1시간당 배출장소 용적의 20배 이상인 것으로 할 것(전역방출방식 : 바닥면적 1m²당 18m³ 이상)

정답 19 ② 20 ① 21 ④ 22 ③ 23 ④ 24 ②

25 지정수량이 10배 이상인 위험물을 저장, 취급하는 제조소에 설치하여야 할 설비가 아닌 것은?

① 휴대용메거폰
② 비상방송설비
③ 자동화재탐지설비
④ 무선통신보조설비

🔍 지정수량 10배 이상이면 경보설비를 설치하여야 한다.
※무선통신보조설비 : 소화활동설비

26 다음 중 피뢰설비를 반드시 갖출 필요가 없는 곳은?

① 지정수량이 10배인 제2류 위험물 저장소
② 지정수량이 20배인 제6류 위험물 저장소
③ 지정수량이 30배인 제5류 위험물 저장소
④ 지정수량이 10배인 제4류 위험물 저장소

🔍 피뢰설비 : 지정수량의 10배 이상(제6류위험물은 제외)

27 제조소 중 연소우려가 있는 위험물을 취급하는 건축물 외벽의 재료는?

① 불연재료
② 준불연재료
③ 방화구조
④ 내화구조

🔍 벽·기둥·바닥·보·서까래·지붕 및 계단 : 불연재료
※제조소 중 연소우려가 있는 건축물 외벽의 재료 : 내화구조

28 다음 중 정전기 제거설비에 해당되지 않는 것은?

① 공기중화법
② 공기 이온화법
③ 접지법
④ 습도유지법

🔍 정전기 제거방법
• 접지 할 것
• 상대습도를 70% 이상으로 할 것
• 공기를 이온화할 것

29 다음 위험물을 취급하는 장치가 구리나 마그네슘으로 되어 있을 때 중합 반응을 일으키기 쉬운 것은?

① CS_2
② $(CH_3)_2CHOH$
③ CH_3CHOCH_2
④ CH_3COCH_3

🔍 산화프로필렌(CH_3CHOCH_2), 아세트알데하이드(CH_3CHO)는 구리, 마그네슘, 수은, 은과 반응하면 아세틸레이트를 형성하여 중합반응을 한다.

30 위험물 옥내저장소의 피뢰설비는 지정수량의 몇 배 이상인 경우 설치하여야 하는가?

① 10배 이상
② 15배 이상
③ 30배 이상
④ 30배 이상

🔍 피뢰설비 : 지정수량의 10배 이상일 때 설치

31 옥내저장소의 안전거리 기준을 적용하지 않을 수 있는 조건으로 틀린 것은?

① 지정수량의 20배 미만의 제4석유류를 저장하는 경우
② 제6류 위험물을 저장하는 경우
③ 지정수량의 20배 미만의 동식물유류를 저장하는 경우
④ 지정수량의 20배 이하를 저장하는 것으로서 창에 망입유리를 설치한 것

🔍 옥내저장소의 안전거리 제외 대상
• 제4석유류 또는 동식물유류의 위험물을 저장 또는 취급하는 옥내저장소로서 지정수량의 20배 미만인 것
• 제6류 위험물을 저장 또는 취급하는 옥내저장소
• 지정수량의 20배(하나의 저장창고의 바닥면적이 150m² 이하인 경우에는 50배) 이하의 위험물을 저장 또는 취급하는 옥내저장소로서 다음의 기준에 적합한 것
  – 저장창고의 벽·기둥·바닥·보 및 지붕이 내화구조일 것
  – 저장창고의 출입구에 수시로 열 수 있는 자동폐쇄방식의 60분+ 방화문 또는 60분 방화문이 설치되어 있을 것
  – 저장창고에 창이 설치하지 아니할 것

32 다음 옥내 저장소의 처마 높이로 올바른 것은 어느 것인가?

① 2m 미만
② 4m 미만
③ 3m 미만
④ 6m 미만

🔍 옥내 저장소의 처마 높이 : 6m 미만

정답 25 ④ 26 ② 27 ④ 28 ① 29 ③ 30 ① 31 ④ 32 ④

33 위험물을 저장하는 옥내저장소 내부에 체류하는 가연성 증기를 지붕위로 방출시키는 설비를 하여야 하는 위험물은 어느 것인가?

① 과망가니즈산칼륨 ② 황화인
③ 에틸에터 ④ 나이트로벤젠

🔍 제4류 위험물로서 인화점이 70℃ 미만일 때에는 배출설비를 하여야 한다.
※에틸에터의 인화점 : -45℃

34 옥내저장소에서 지정 유기과산화물 저장창고의 창 하나의 면적은 얼마 이내인가?

① $0.8m^2$ ② $0.6m^2$
③ $0.4m^2$ ④ $0.2m^2$

🔍 지정유기과산화물 저장창고
• 출입구 : 60분+ 방화문 또는 60분 방화문 설치
• 창의 설치위치 : 바닥으로부터 2m 이상
• 창의 면적 : $0.4m^2$

35 다음 그림은 제5류 위험물 중 유기과산화물을 저장하는 옥내저장소의 저장창고를 개략적으로 보여 주고 있다. 창과 바닥으로부터 높이(a)와 하나의 창의 면적(b)은 각각 얼마로 하여야 하는가?(단, 이 저장창고의 바닥면적은 $150m^2$ 이내이다.

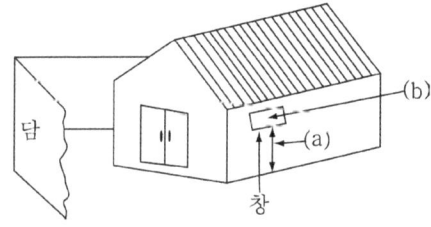

① (a) 2m 이상, (b) $0.6m^2$ 이내
② (a) 3m 이상, (b) $0.4m^2$ 이내
③ (a) 2m 이상, (b) $0.4m^2$ 이내
④ (a) 3m 이상, (b) $0.6m^2$ 이내

🔍 지정과산화물을 저장하는 옥내저장소의 기준
• 저장창고의 창은 바닥면으로부터 높이 : 2m 이상
• 하나의 창의 면적 : $0.4m^2$ 이내
• 하나의 벽면에 두는 창의 면적의 합계를 해당 면적의 1/80 이내

36 위험물 저장소에서 격벽을 설치하는 이유로 가장 적절한 것은?

① 도난 등 보안을 위해서
② 정전기 발생을 억제하기 위해서
③ 폭발 시 폭발의 전이를 막기 위해서
④ 건축물의 구조를 보강하기 위해서

🔍 위험물 저장소에서 폭발 시 폭발의 전이를 막기 위해서 격벽을 설치한다.

37 옥내저장소의 보유공지는 지정수량 20배 초과 50배 이하의 위험물을 옥내저장소의 동일부지에 2개 이상 인접할 경우 보유공지 너비를 1/3으로 감축한다. 이때 감축할 수 있는 공지의 너비는 얼마인가?

① 1.5m 이상 ② 2m 이상
③ 3m 이상 ④ 5m 이상

🔍 지정수량의 20배를 초과하는 옥내저장소와 동일부지에 2개 이상 인접할 경우 보유공지 너비를 1/3(당해 수치가 3m 미만인 경우에는 3m)로 감축할 수 있다.

38 옥내 저장소 바닥에 물이 침투하지 못하도록 구조를 해야 할 위험물이 아닌 것은?

① $(C_2H_5)_3Al$ ② 톨루엔
③ 제5류 위험물 ④ 중유

🔍 물이 침투하지 못하도록 하여야 하는 위험물
• 제1류 위험물 중 알칼리금속의 과산화물
• 제2류 위험물 중 철분, 금속분, 마그네슘
• 제3류 위험물 중 금수성물질[트라이에틸알루미늄 : $(C_2H_5)_3Al$]
• 제4류 위험물(톨루엔, 중유)

39 옥내저장시설에서 동일한 품명이더라도 자연발화할 우려가 있는 위험물을 다량 저장하는 경우에 지정수량 10배 이하마다 구분하여 상호간 몇 m 이상 간격을 두고 저장하여야 하는가?

① 0.3m 이상 ② 0.5m 이상
③ 1m 이상 ④ 1.5m 이상

🔍 자연발화성 위험물을 옥내에 저장하는 경우 : 지정수량 10배 이하마다 0.3m 이상 간격을 두고 저장

40 다음 위험물 중 옥외저장소에 저장할 수 없는 것은?

① 황
② 인화성고체(인화점이 0℃ 이상)
③ 알코올류
④ 제1석유류

🔍 옥외저장소에 저장할 수 있는 위험물
- 제2류 위험물 : 황, 인화성고체(인화점이 0℃ 이상)
- 제4류 위험물 : 제1석유류(인화점이 0℃ 이상), 제2석유류, 제3석유류, 제4석유류, 알코올류, 동식물유류
- 제6류 위험물

41 다음 중 옥외에 저장할 수 없는 위험물은?

① 황   ② 아세톤
③ 농질산   ④ 등유

🔍 옥외저장소에는 제4류 위험물 제1석유류는 인화점이 0℃ 이상인 것은 저장할 수 있다.
※ 아세톤의 인화점 : -18℃

42 옥외저장소에 있는 휘발유 8000ℓ에 화재가 발생하였다. 다음 중 이 화재를 진압할 수 있는 가장 효과적인 소화기는?

① A-3   ② A-5
③ B-3   ④ B-5

🔍 소요단위 = $\frac{저장량}{지정수량 \times 10}$ = $\frac{8000ℓ}{200ℓ \times 10}$ = 4소요단위
∴ 소요단위에 해당하는 능력단위 이상 설치하면 된다(B급 화재 4단위 이상 : B-5).

43 위험물의 옥외탱크저장소의 보유공지는 동일 부지 내에 2개 이상 인접하여 설치하는 경우 탱크상호간의 보유공지의 너비는?(단, 제6류 위험물임)

① 1.5m 이상   ② 2.5m 이상
③ 3m 이상   ④ 4m 이상

🔍 옥외탱크저장소의 보유공지(제6류 위험물) : 1.5m 이상

44 특정옥외탱크저장소란 어떤 탱크를 말하는가?

① 액체위험물로서 최대수량이 50만ℓ 이상
② 액체위험물로서 최대수량이 100만ℓ 이상
③ 고체위험물로서 최대수량이 50만kg 이상
④ 고체위험물로서 최대수량이 100만kg 이상

🔍
- 특정 옥외탱크저장소 : 액체위험물로서 최대수량이 100만ℓ 이상
- 준특정 옥외탱크저장소 : 액체위험물로서 최대수량이 50만ℓ 이상 100만ℓ 미만

45 최대 아세톤 150톤을 옥외탱크저장소에 저장할 경우 보유공지의 너비는 몇 m 이상으로 하여야 하는가?(단, 아세톤의 비중은 0.79 이다.)

① 3   ② 5
③ 9   ④ 12

🔍 옥외탱크저장소의 보유공지

저장 또는 취급하는 위험물의 최대수량	공지의 너비
지정수량의 500배 이하	3m 이상
지정수량의 500배 초과 1,000배 이하	5m 이상
지정수량의 1,000배 초과 2,000배 이하	9m 이상
지정수량의 2,000배 초과 3,000배 이하	12m 이상
지정수량의 3,000배 초과 4,000배 이하	15m 이상
지정수량의 4,000배 초과	당해 탱크의 수평단면의 최대지름(가로형인 경우에는 긴 변)과 높이 중 큰 것과 같은 거리 이상(단, 30m 초과시 30m 이상으로, 15m 미만시 15m 이상으로 할 것)

※ 먼저 아세톤의 무게를 부피로 환산하고 지정수량의 배수를 구하여 도표를 이용하여 보유공지를 구한다.
- 부피로 환산
$\rho = \frac{W}{V} = \frac{무게}{부피}$

부피 = $\frac{무게}{비중}$ = $\frac{150ton}{0.79t/m^3}$ = 189.8734m^3

이것을 리터로 환산하면 $1m^3$ = 1000ℓ 이므로
189.8734 × 1000 = 189873.4ℓ
- 지정수량의 배수를 구하면
지정수량의 배수 = $\frac{저장량}{지정수량}$ = $\frac{189873.4}{400ℓ}$ = 474.7배

※ 아세톤(제1석유류, 수용성)의 지정수량 : 400ℓ
- 표에서 지정수량의 500배 이하(474.7배) ⇒ 3m 이상 확보

정답 40 ④ 41 ② 42 ④ 43 ① 44 ② 45 ①

46 위험물 저장탱크의 허가 용량은 최대 용적에서 얼마의 공간 용적을 제외한 것인가?

① 탱크의 최대용적의 $\frac{2}{100} \sim \frac{5}{100}$

② 탱크의 최대용적의 $\frac{1}{100} \sim \frac{50}{100}$

③ 탱크의 최대용적의 $\frac{5}{100} \sim \frac{10}{100}$

④ 탱크의 최대용적의 $\frac{10}{100} \sim \frac{20}{100}$

🔍 탱크의 용량 : 최대용적 − 공간용적(5/10 ∼ 10/100)

47 제4류 위험물을 저장하는 옥외탱크저장소의 방유제 내부에 화재가 발생한 경우의 조치방법으로 가장 옳은 것은?

① 소화활동은 방유제 내부의 풍하로부터 행하여야 한다.
② 방유제 내의 화재로부터 방유제 외부로 번지는 것을 방지하는데 최우선적으로 중점을 둔다.
③ 포방사를 할 때에는 탱크측판에 포를 흘려보내듯이 행하여 화면을 탱크로부터 떼어 놓도록 한다.
④ 화재진입이 어려운 경우에도 탱크속의 기름을 파이프라인을 통해 빈탱크로 이송시키는 것은 연소확대 방지를 위해 하지 않는다.

🔍 옥외탱크에 포 방사를 할 때에는 탱크측판에 포를 흘려보내듯이 행하여 화면을 탱크로부터 떼어 놓도록 한다.

48 위험물 저장탱크의 밸브를 놋쇠(황동)로 하는 이유로 적절한 것은?

① 제작 시에 발생되는 경제적 손실을 줄이기 위해
② 밸브의 제작이 용이하므로
③ 열전도도가 줄기 때문에
④ 저장 위험물과의 반응을 막기 위해

🔍 위험물 저장탱크 위험물과 반응을 막기 위해 밸브를 놋쇠(황동)로 한다.

49 옥외탱크저장소의 밸브 없는 통기관은 지름을 얼마 이상의 것으로 설치하여야 하는가?

① 20mm 이상 ② 30mm 이상
③ 40mm 이상 ④ 50mm 이상

🔍 옥외탱크저장소의 밸브 없는 통기관의 지름 : 30mm 이상
※간이탱크저장소의 밸브 없는 통기관의 지름 : 25mm 이상

50 옥외탱크저장소의 방유제 설치기준으로 맞는 것은?

① 방유제 높이는 0.3m 이상 2m 이하로 한다.
② 방유제 높이는 0.5m 이상 3m 이하로 한다.
③ 방유제 높이는 0.7m 이상 4m 이하로 한다.
④ 방유제 높이는 0.3m 이상으로 하되 탱크 지름의 1/3까지 한다.

🔍 방유제의 높이 : 0.5m 이상 3m 이하

51 위험물의 옥외 탱크 저장소에 설치하는 방유제의 면적은 얼마까지 가능한가?

① 80,000m² ② 60,000m²
③ 40,000m² ④ 20,000m²

🔍 옥외탱크 저장소 방유제의 면적 : 80,000m²

52 다음 ( ) 안에 알맞은 수치는?(단, 인화점이 200℃ 이상인 위험물은 제외한다.)

| 옥외저장탱크의 지름이 15m 미만인 경우에 방유제는 탱크의 옆판으로부터 탱크 높이의 ( ) 이상 이격하여야 한다. |

① $\frac{1}{3}$ ② $\frac{1}{2}$
③ $\frac{1}{4}$ ④ $\frac{2}{3}$

🔍 방유제는 탱크의 옆판으로부터 일정 거리를 유지할 것(단, 인화점이 200℃ 이상인 위험물은 제외)
• 지름이 15m 미만인 경우 : 탱크 높이의 1/3 이상
• 지름이 15m 이상인 경우 : 탱크 높이의 1/2 이상

정답 46 ③ 47 ③ 48 ④ 49 ② 50 ② 51 ① 52 ①

53 위험물안전관리법상 아세트알데하이드 또는 산화프로필렌 옥외 저장탱크 저장소에 필요한 설비가 아닌 것은?

① 보냉장치
② 불연성가스 봉입장치
③ 수증기 봉입장치
④ 강제 배출장치

🔍 아세트알데하이드 또는 산화프로필렌의 저장 시 설비
- 보냉장치
- 불연성가스 봉입장치
- 수증기 봉입장치
- 냉각장치

🔍 탱크의 저장 기준

저장 탱크		저장 온도
옥내·외 저장탱크 중 압력탱크에 아세트알데하이드, 다이에틸에터를 저장하는 경우		40℃ 이하
옥내·외 저장탱크 중 압력탱크 외에 저장하는 경우	산화프로필렌 다이에틸에터	30℃ 이하
	아세트알데하이드	15℃ 이하
보냉장치가 있는 이동저장탱크에 아세트알데하이드, 다이에틸에터를 저장하는 경우		비점 이하
보냉장치가 없는 이동저장탱크에 아세트알데하이드, 다이에틸에터를 저장하는 경우		40℃ 이하

54 옥외탱크 저장소의 압력탱크 수압시험으로 옳은 것은?

① 최대상용압력의 1.5배의 압력으로 5분간 수압 시험을 한다.
② 최대상용압력의 1.5배의 압력으로 10분간 수압 시험을 한다.
③ 사용압력에 5분간 수압시험하여 견뎌야 한다.
④ 사용압력에 10분간 수압시험하여 견뎌야 한다.

🔍 옥외탱크저장소의 수압시험 : 최대상용압력의 1.5배의 압력으로 10분간 수압시험에서 이상이 없어야 한다.

55 옥외저장탱크의 펌프설비 주위에는 너비 얼마 이상의 공지를 보유하여야 하는가?

① 1m 이상
② 2m 이상
③ 3m 이상
④ 4m 이상

🔍 옥외저장탱크의 펌프설비 주위의 보유공지 : 3m 이상

56 옥내저장탱크 중 압력탱크에 아세트알데하이드를 저장할 경우 유지하여야 할 온도는?

① 50℃ 이하   ② 40℃ 이하
③ 30℃ 이하   ④ 15℃ 이하

57 다음 그림은 옥내탱크의 간격을 표시한 그림이다. ( )의 간격은 얼마 이상으로 하여야 하는가?

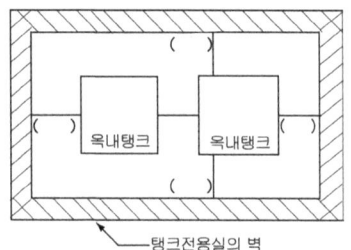

① 30cm
② 40cm
③ 50cm
④ 60cm

🔍 옥내탱크와 벽과의 거리 : 0.5m 이상

58 1개의 탱크전용실 내에 옥내저장탱크를 2 이상 설치할 경우의 탱크 상호간의 사이에는 최소 몇 m 이상의 간격을 보유하여야 하는가?

① 0.3m
② 0.5m
③ 0.7m
④ 1.0

🔍 옥내탱크저장소의 탱크와 탱크전용실의 벽 및 탱크 상호간에는 0.5m 이상의 간격을 두어야 한다.

정답 53 ④ 54 ② 55 ③ 56 ② 57 ③ 58 ②

59 제4석유류를 저장하는 옥내탱크저장소의 기준으로 맞는 것은?

① 옥내저장탱크의 용량은 지정수량의 40배 이하이다.
② 탱크전용실은 벽, 기둥, 바닥, 보를 내화구조로 한다.
③ 유리창은 설치하고, 출입구는 자동폐쇄식의 30분 방화문을 할 것
④ 3층 이하의 건축물에 설치된 탱크전용실에 옥내저장탱크를 설치할 것

🔍 옥내탱크저장소의 기준
- 옥내저장탱크의 용량은 지정수량의 40배 이하일 것
- 탱크전용실은 벽, 기둥, 바닥을 내화구조로 하고 보를 불연재료로 할 것
- 탱크전용실의 창 또는 출입구에는 60분+ 방화문·60분 방화문 또는 30분 방화문을 설치하는 동시에 연소우려가 있는 외벽에 두는 출입구에는 수시로 열 수 있는 자동폐쇄식의 60분+ 방화문 또는 60분 방화문을 설치할 것
- 옥내탱크는 단층건축물에 설치된 탱크전용실을 설치할 것

60 옥내탱크전용실에 설치하는 탱크의 용량은 1층 이하의 층이 있어서 지정수량의 몇 배인가?

① 지정수량의 10배 이하
② 지정수량의 20배 이하
③ 지정수량의 30배 이하
④ 지정수량의 40배 이하

🔍 옥내탱크의 용량
- 1층 이하의 층 : 지정수량의 40배 이하
- 2층 이상의 층 : 지정수량의 10배 이하

61 지하 탱크 전용실의 철근 콘크리트 벽 두께기준은 얼마 이상인가?

① 0.6m 이상   ② 0.5m 이상
③ 0.3m 이상   ④ 0.1m 이상

🔍 철근 콘크리트 벽 두께 : 0.3m 이상

62 위험물안전관리법에 따른 지하탱크저장소에 관한 설명으로 틀린 것은?

① 안전거리 적용대상이 아니다.
② 보유공지 확보대상이 아니다.
③ 설치 용량의 제한이 없다.
④ 10m 내에 2기 이상을 인접하여 설치할 수 없다.

🔍 지하탱크저장소
- 안전거리, 보유공지 적용대상은 아니다.
- 설치 용량의 제한이 없다.
- 지하저장탱크를 2 이상 인접해 설치하는 경우에는 그 상호간에 1m(당해 2 이상의 지하저장탱크의 용량의 합계가 지정수량의 100배 이하인 때에는 0.5m) 이상의 간격을 유지하여야 한다.

63 위험물 지하 저장탱크의 탱크실의 설치기준으로 적합하지 않은 것은?

① 탱크의 재질은 두께 3.2mm 이상의 강철판으로 하여야 한다.
② 지하저장탱크와 탱크전용실의 안쪽과의 사이는 0.3m 이상의 간격을 유지하여야 한다.
③ 지하탱크를 2 이상 인접해 설치하는 경우에는 그 상호간에 1m 이상의 간격을 유지하여야 한다.
④ 지하저장탱크의 윗 부분은 지면으로부터 0.6m 이상 아래에 있어야 한다.

🔍 지하저장탱크와 탱크전용실의 안쪽과의 사이는 0.1m 이상의 간격을 유지하여야 한다.

64 위험물안전관리법령에 따른 지하탱크저장소의 지하저장탱크의 기준으로 옳지 않은 것은?

① 탱크의 외면에는 녹 방지를 위한 도장을 하여야 한다.
② 탱크의 강철판 두께는 3.2mm 이상으로 하여야 한다.
③ 압력탱크는 최대 상용압력의 1.5배의 압력으로 10분간 수압시험을 한다.
④ 압력탱크 외의 것은 50kPa의 압력으로 10분간 수압시험을 한다.

🔍 지하저장탱크의 수압시험
- 압력탱크(최대상용압력이 46.7kPa 이상인 탱크) 외의 탱크 : 70kPa의 압력으로 10분간
- 압력탱크 : 최대상용압력의 1.5배의 압력으로 10분간

정답 59 ① 60 ④ 61 ③ 62 ④ 63 ② 64 ④

65 지하탱크 전용실은 지하의 가장 가까운 벽, 피트, 가스관 등의 시설물로부터 몇 m 이상 떨어진 곳에 설치하여야 하는가?

① 0.1m 이상　　② 0.2m 이상
③ 0.3m 이상　　④ 0.4m 이상

🔍 지하탱크 전용실은 지하의 가장 가까운 벽, 피트, 가스관등의 시설물로부터 0.1m 이상 떨어진 곳에 설치하여야 한다.

66 지하저장탱크에서 탱크용량의 몇 %가 찰 때 경보음을 울리는 과충전방지장치를 설치하여야 하는가?

① 80%　　② 85%
③ 90%　　④ 95%

🔍 과충전방지장치 : 90% 충전시 경보음 발생

67 지하탱크전용실의 내벽과 탱크와의 간격은 얼마 이상을 유지하여야 하는가?

① 0.6m 이상　　② 0.5m 이상
③ 0.3m 이상　　④ 0.1m 이상

🔍 지하탱크전용실의 내벽과 탱크와의 간격 : 0.1m 이상

68 지하탱크저장소에 비치하여야 할 소화기의 능력단위로서 맞는 것은?

① 1단위 이상의 소화기 3개 이상
② 2단위 이상의 소화기 3개 이상
③ 3단위 이상의 소화기 2개 이상
④ 5단위 이상의 소화기 2개 이상

🔍 지하탱크저장소에 비치하여야 할 소화기 : 3단위 이상의 소화기 2개 이상

69 다음 (　) 안에 알맞은 색상을 차례대로 나열한 것은?

"이동저장탱크 차량의 전면 및 후면의 보기 쉬운 곳에 가로형사각형의 (　)바탕에 (　)의 반사도료로 "위험물"이라고 표시하여야 한다."

① 백색 － 적색　　② 백색 － 흑색
③ 황색 － 적색　　④ 흑색 － 황색

🔍 이동탱크저장소의 "위험물" 표지 : 흑색바탕에 황색 반사도료

70 지하 저장탱크의 윗부분은 지면으로부터 몇 m 이상 아래에 있어야 하는가?

① 0.5m 이상　　② 0.6m 이상
③ 1.0m 이상　　④ 1.5m 이상

🔍 지하 저장탱크의 윗부분은 지면으로부터 0.6m 이상 아래에 있어야 한다.

71 위험물 간이탱크저장소의 간이저장탱크 수압시험 기준으로 옳은 것은?

① 50kPa의 압력으로 7분간의 수압시험
② 70kPa의 압력으로 10분간의 수압시험
③ 50kPa의 압력으로 10분간의 수압시험
④ 70kPa의 압력으로 7분간의 수압시험

🔍 간이저장탱크 수압시험 : 70kPa의 압력으로 10분간의 수압시험 실시

72 이동 저장탱크 내부의 안전칸막이는 용량 얼마마다 설치하여야 하는가?

① 1000ℓ　　② 2000ℓ
③ 3000ℓ　　④ 4000ℓ

🔍 이동 저장탱크 내부의 안전칸막이 용량 : 4000ℓ 마다 설치

73 제4류 위험물을 저장하는 이동탱크저장소의 탱크 용량이 19,000ℓ일 때 탱크의 칸막이는 최소 몇 개를 설치하여야 하는가?

① 2　　② 3
③ 4　　④ 5

🔍 이동탱크저장소의 안전칸막이는 4000ℓ 이하마다 설치하여야 하므로
19,000ℓ ÷ 4000ℓ = 4.75 ⇒ 5칸이다.
∴ 19000ℓ 탱크에 안전칸막이는 4개이고 칸은 5칸이다.

정답　65 ①　66 ③　67 ④　68 ③　69 ④　70 ②　71 ②　72 ④　73 ③

74 이동탱크 저장소의 탱크는 4천리터 이하마다 몇 밀리미터 이상의 강철판 칸막이를 설치하여야 하는가?

① 0.7 밀리미터　② 1.2 밀리미터
③ 2.4 밀리미터　④ 3.2 밀리미터

🔍 이동탱크저장소의 부속장치
- 방호틀 : 탱크 전복 시 부속장치(주입구, 맨홀, 안전장치)를 보호(2.3mm)
- 측면틀 : 탱크 전복 시 탱크 본체 파손 방지(3.2mm)
- 방파판 : 위험물 운송 중 내부의 위험물의 출렁임, 쏠림 등을 완화하여 차량의 안전 확보(1.6mm)
- 칸막이 : 탱크 전복 시 탱크의 일부가 파손되더라도 전량의 위험물의 누출 방지(3.2mm)

75 산화프로필렌 탱크 및 아세트알데하이드 이동저장탱크의 수압시험압력과 시간은 얼마인가?

① 70kPa, 10분　② 70kPa, 7분
③ 130kPa, 10분　④ 130kPa, 7분

🔍 수압시험
- 압력탱크(최대상용압력이 46.7kPa 이상인 탱크)외의 탱크 : 70kPa의 압력으로 10분간
- 압력탱크 : 최대상용압력의 1.5배의 압력으로 10분간

76 이동저장탱크로부터 위험물을 저장 또는 취급하는 탱크에 인화점이 몇 ℃ 미만인 위험물을 주입할 때에는 이동탱크저장소의 원동기를 정지시켜야 하는가?

① 21　② 40
③ 71　④ 200

🔍 이동저장탱크로부터 위험물 주입 시 원동기 정지 : 인화점 40℃ 미만

77 휘발유를 저장하던 이동저장탱크에 탱크의 상부로부터 등유나 경유를 주입할 때 액표면이 주입관의 끝부분을 넘는 높이가 될 때까지 그 주입관내의 유속을 몇 m/s 이하로 하여야 하는가?

① 1　② 2
③ 3　④ 5

🔍 이동탱크저장소에 주입 시 유속 : 1m/s 이하

78 위험물안전관리법령상 어떤 위험물을 저장 또는 취급하는 이동탱크저장소는 불활성 기체를 봉입할 수 있는 구조로 하여야 하는가?

① 아세톤　② 벤젠
③ 과염소산　④ 산화프로필렌

🔍 산화프로필렌, 아세트알데하이드를 저장 또는 취급하는 이동탱크저장소는 불활성 기체를 봉입하여야 한다.

79 위험물의 저장시설에 관한 설명 중 옳지 않은 것은 어느 것인가?

① 옥외 탱크 저장소 : 옥외에 있는 탱크에 위험물을 저장하는 장소
② 지하 탱크 저장소 : 지하에 매설한 탱크에 위험물을 저장하는 장소
③ 간이 탱크 저장소 : 간이 탱크에 위험물을 저장하는 장소
④ 이동 탱크 저장소 : 차량에 고정시킨 탱크에 위험물을 저장하는 장소로서 지정수량 0.2배 이상의 저장시설

🔍 이동탱크저장소 : 차량에 고정시킨 탱크에 위험물을 저장하는 장소

80 알킬알루미늄 이동탱크 저장소의 소화설비로서 부적당한 것은?

① 소화기　② 마른 모래
③ 팽창질석　④ 스프링클러설비

🔍 알킬알루미늄은 물과 반응하면 가연성가스(메테인, 에테인)가 발생하므로 위험하다.

81 다음 중 위험물안전관리법상 위험물 취급소에 해당되지 않는 것은?

① 주유취급소　② 옥내취급소
③ 이송취급소　④ 판매취급소

🔍 취급소 : 주유취급소, 이송취급소, 일반취급소, 판매취급소

정답 74 ④ 75 ① 76 ② 77 ① 78 ④ 79 ④ 80 ④ 81 ②

82 다음 제조소 가운데 위치·구조 및 설비의 기준에 공지를 보유하여야 하는 것은?

① 옥내탱크 저장소
② 석유판매 취급소
③ 지하탱크 저장소
④ 주유 취급소

🔍 주유취급소에는 너비 15m 이상 길이 6m 이상의 주유공지를 보유하여야 한다.

83 위험물 주유취급소의 주유 및 급유공지의 바닥에 대한 기준으로 옳지 않은 것은?

① 주위 지면보다 낮게 할 것
② 표면을 적당하게 경사지게 할 것
③ 배수구, 집유설비를 할 것
④ 유분리장치를 할 것

🔍 주유취급소의 주유 및 급유공지의 바닥은 주위 지면보다 높게 하여야 한다.

84 고정 주유설비는 도로 경계선으로부터 몇 미터 이상의 거리를 확보해야 하는가?

① 1m 이상   ② 2m 이상
③ 4m 이상   ④ 7m 이상

🔍 위험물 주유취급소의 고정주유설비, 고정급유설비와의 거리
• 고정주유설비(중심선을 기점으로 하여)
 – 도로경계선 : 4m 이상
 – 부지경계선, 담, 건축물의 벽 : 2m 이상
 – 개구부가 없는 벽 : 1m 이상
• 고정급유설비(중심선을 기점으로 하여)
 – 도로경계선까지 : 4m 이상
 – 부지경계선·담까지 : 1m
 – 건축물의 벽까지 : 2m(개구부가 없는 벽으로부터는 1m) 이상 거리를 유지할 것

85 주유취급소의 보유공지는 너비 15m 이상, 길이 6m 이상의 콘크리트로 포장 되어야 한다. 다음 중 가장 적합한 보유 공지라고 할 수 있는 것은?

① 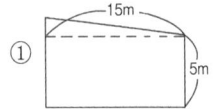 ②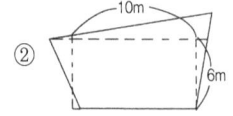

③ ④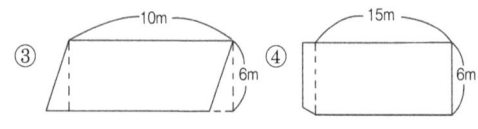

🔍 보유공지는 직사각형을 확보하여야 한다.

86 주유소에서 기름을 넣을 때 자동차의 엔진을 끄는 것이 안전하다고 한다. 그러면 주유소에서 게시하는 "주유 중 엔진정지"라는 게시판의 색깔로 알맞은 것은?

① 황색바탕에 흑색문자
② 황색바탕에 적색문자
③ 백색바탕에 흑색문자
④ 백색바탕에 적색문자

🔍 주유 중 엔진정지 : 황색바탕에 흑색문자

87 판매취급소에서 위험물을 배합하는 실의 기준으로 틀린 것은?

① 내화구조 또는 불연재료로 된 벽으로 구획한다.
② 출입구는 자동폐쇄식 60분+ 방화문 또는 60분 방화문을 설치한다.
③ 내부에 체류한 가연성 증기를 지붕위로 방출하는 설비를 한다.
④ 바닥에는 경사를 두어 되돌림관을 설치한다

🔍 바닥은 위험물이 침투하지 아니하는 구조로 하여 적당한 경사를 두고 집유설비를 설치하여야 한다.

88 이송취급소 배관등의 용접부는 비파괴시험을 실시하여 합격하여야 한다. 이 경우 이송기지내의 지상에 설치되는 배관등을 전체 용접부의 몇 %이상 발췌하여 시험할 수 있는가?

① 10   ② 15
③ 20   ④ 25

🔍 배관등의 용접부는 비파괴시험을 실시할 때 전체 용접부의 20% 이상 발췌하여 시험하여야 한다.

정답 82 ④ 83 ① 84 ③ 85 ④ 86 ① 87 ④ 88 ③

89 처마의 높이가 6m 이상인 단층건물에 설치된 옥내저장소의 소화설비로 고려될 수 없는 것은?

① 고정식 포소화설비
② 옥내소화전설비
③ 고정식 불활성가스소화설비
④ 고정식 할로젠화합물소화설비

🔍 처마의 높이가 6m 이상인 단층건물에 설치된 옥내저장소의 소화설비
  • 스프링클러설비
  • 이동식외의 물분무등소화설비(포소화설비, 할로젠화합물소화설비, 불활성가스소화설비, 분말소화설비)

90 다음 중 제조소등 및 위험물에 대한 소화기구의 1 소요 단위 산정기준으로 맞는 것은?

① 위험물의 경우 지정수량의 20배
② 저장소용 건축물로서 외벽이 내화구조인 경우 연면적 100제곱미터
③ 제조소 또는 취급소용 건축물로서 외벽이 내화구조인 경우 연면적 150제곱미터
④ 제조소 또는 취급소용으로서 옥외에 있는 공작물인 경우 연면적 50제곱미터

🔍 소요단위 산정
  • 제조소 또는 취급소용 건축물
    – 외벽이 내화구조인 경우 : 연면적 $100m^2$
    – 외벽이 내화구조가 아닌 경우 : 연면적 $50m^2$
  • 저장소용 건축물
    – 외벽이 내화구조인 경우 : 연면적 $150m^2$
    – 외벽이 내화구조가 아닌 경우 : 연면적 $75m^2$
  • 위험물의 경우 : 지정수량의 10배

91 저장소용 건축물의 외벽이 내화 구조로 되었을 때 소요 단위 1단위에 해당하는 면적은?

① $50m^2$ ② $75m^2$
③ $100m^2$ ④ $150m^2$

🔍 저장소의 건축물
  • 외벽이 내화구조 : 연면적 $150m^2$를 1소요단위
  • 외벽이 내화구조가 아닌 것 : 연면적 $75m^2$를 1소요단위

92 위험물취급소의 건축물 연면적이 $500m^2$인 경우 소요단위는?(단, 외벽은 내화구조이다.)

① 4단위   ② 5단위
③ 6단위   ④ 7단위

🔍 제조소 또는 취급소의 소요단위의 계산방법
  • 외벽이 내화구조 : 연면적 $100m^2$를 1소요단위
  • 외벽이 내화구조가 아닌 것 : 연면적 $50m^2$를 1소요단위
  ∴ 소요단위 $= \dfrac{500m^2}{100m^2} = 5$단위

93 제조소 건축물 외벽이 내화구조로 된 것에 있어서는 소화설비를 적용함에 있어 연면적 몇 m^2를 소요단위 1단위로 하는가?

① $30m^2$
② $50m^2$
③ $80m^2$
④ $100m^2$

🔍 문제 90번 참조

94 외벽이 내화 구조인 위험물 저장소용 건축물의 연면적이 $1,000m^2$인 경우 소화기구의 소요단위는 얼마인가?

① 6단위   ② 7단위
③ 13단위 ④ 14단위

🔍 외벽이 내화구조인 저장소에는 연면적 $150m^2$를 1소요단위로 하므로 $1,000m^2 \div 150m^2$인 $= 6.67 \Rightarrow 7$단위

95 위험물안전관리법령에서 정한 다음의 소화설비 중 능력단위가 가장 큰 것은?

① 팽창진주암 160L(삽 1개 포함)
② 수조 80L(소화전용물통 3개 포함)
③ 마른 모래 50L(삽 1개 포함)
④ 팽창질석 160L(삽 1개 포함)

🔍 소화설비의 능력단위

소화설비	용량	능력단위
소화전용(專用)물통	8ℓ	0.3
수조(소화전용 물통 3개 포함)	80ℓ	1.5
수조(소화전용 물통 6개 포함)	190ℓ	2.5
마른 모래(삽 1개 포함)	50ℓ	0.5
팽창질석 또는 팽창진주암(삽 1개 포함)	160ℓ	1.0

정답 89 ② 90 ④ 91 ④ 92 ② 93 ④ 94 ② 95 ②

96 간이 소화 용구의 능력 단위가 1.0인 것은?

① 삽을 포함한 마른모래 150ℓ 1포
② 삽을 포함한 마른모래 50ℓ 1포
③ 삽을 포함한 팽창질석 100ℓ 1포
④ 삽을 포함한 팽창질석 160ℓ 1포

🔍 삽을 포함한 팽창질석 또는 팽창진주암은 160ℓ가 능력단위 1단위이다.

97 간이 소화용구인 팽창질석은 삽을 상비한 경우 1단위는 몇 ℓ인가?

① 70ℓ　　② 100ℓ
③ 130ℓ　④ 160ℓ

🔍 팽창질석 또는 팽창진주암(삽 1개 포함) 용량 160ℓ : 능력단위 1단위

98 소화기의 능력단위로서 옳은 것은 어느 것인가?

① 제4류 위험물을 저장하는 옥외 탱크 저장소의 능력단위 3단위 이상의 소화기 2개 이상
② 옥외 탱크 저장소에 있어서는 대형 소화기 및 능력단위 3단위 이상의 소형 소화기 각각 1개 이상
③ 지하 탱크 저장소에 있어서는 능력단위 3단위 이상의 소화기 2개 이상
④ 옥내 탱크 저장소에 있어서는 대형 소화기 및 능력단위 2단위 이상의 소형 소화기 각각 1개 이상

🔍 지하탱크 저장소에 있어서는 능력단위 3단위 이상의 소화기 2개 이상을 설치하여야 한다.

99 위험물 1소요 단위는 지정수량의 몇 배인가?

① 5배　　② 10배
③ 100배　④ 1,000배

🔍 위험물 1소요 단위 : 지정수량의 10배

100 알콜류 40,000리터에 대한 소화설비의 소요단위는?

① 5 단위
② 10 단위
③ 15 단위
④ 20 단위

🔍 소요단위 = 저장수량 ÷ (지정수량×10) = 40,000ℓ/(400ℓ×10) = 10단위

101 제2석유류(비수용성) 40,000ℓ에 대한 소화설비의 소요단위는 얼마인가?

① 10　　② 8
③ 6　　④ 4

🔍 · 제4류 위험물 제2석유류(비수용성)의 지정수량 : 1000ℓ
· 위험물의 1소요단위 : 지정수량의 10배
∴ 40,000ℓ ÷ 1,000ℓ = 40배
40배 ÷ 10배 = 4 소요단위

102 다이에틸에터 2000L와 아세톤 4000L를 옥내저장소에 저장하고 있다면 총 소요단위는 얼마인가?

① 5　　② 6
③ 50　④ 60

🔍 소요단위 = 저장수량 / (지정수량 × 10)
= $\frac{2000ℓ}{50ℓ \times 10} + \frac{4000ℓ}{400ℓ \times 10}$ = 5단위

※ 지정수량
· 다이에틸에터(특수인화물) : 50ℓ
· 아세톤(제1석유류, 수용성) : 400ℓ

103 동식물유류 400,000L의 소화설비 설치 시 소요단위는 몇 단위인가?

① 2　　② 4
③ 20　④ 40

🔍 소요단위 = $\frac{저장수량}{지정수량 \times 10}$ = $\frac{400,000ℓ}{10,000 \times 10}$ = 4단위

※ 동식물유류의 지정수량 : 10,000ℓ

정답　96 ④　97 ④　98 ③　99 ②　100 ②　101 ④　102 ①　103 ②

104 등유 20000ℓ 와 적린 5kg이 보관되어 있다면 소화설비의 소요단위는 얼마인가?

① 0.205
② 0.2005
③ 2.005
④ 2.05

🔍 지정수량
등유 : 1000ℓ, 적린 : 100kg
위험물은 지정수량의 10배를 1소요단위로 하므로
∴ $\dfrac{20,000ℓ}{1000ℓ \times 10} + \dfrac{5kg}{100kg \times 10} = 2.005$

105 옥내저장소에서 위험물 용기를 겹쳐 쌓는 경우에 있어서 제4류 위험물 중 제3석유류만을 수납하는 용기를 겹쳐 쌓을 수 있는 높이는 최대 몇 m인가?

① 3
② 4
③ 5
④ 6

🔍 옥내저장소에 저장 시 높이(아래 높이를 초과하지 말 것)
- 기계에 의하여 하역하는 구조로 된 용기만을 겹쳐 쌓는 경우 : 6m
- 제4류 위험물 중 제3석유류, 제4석유류, 동식물유류를 수납하는 용기만을 겹쳐 쌓는 경우 : 4m
- 그 밖의 경우(특수인화물, 제1석유류, 제2석유류, 알코올류) : 3m

106 보냉장치가 없는 이동저장탱크에 저장하는 아세트알데하이드의 온도는 몇 ℃ 이하로 유지하여야 하는가?

① 30
② 40
③ 50
④ 60

🔍 아세트알데하이드 등 또는 다이에틸에터 등을 이동저장탱크에 저장하는 경우
- 보냉장치가 있는 경우 : 비점 이하
- 보냉장치가 없는 경우 : 40℃ 이하

107 옥외저장탱크·옥내저장탱크 또는 지하저장탱크 중 압력탱크에 저장하는 아세트알데하이드등의 온도는 몇 이하로 유지하여야 하는가?

① 30
② 40
③ 55
④ 65

🔍 저장온도
- 옥외저장탱크·옥내저장탱크 또는 지하저장탱크 중 압력탱크에 저장
  ※ 아세트알데하이드 등 또는 다이에틸에터 등 : 40℃ 이하
- 옥외저장탱크·옥내저장탱크 또는 지하저장탱크 중 압력탱크 외의 탱크에 저장
  – 산화프로필렌, 다이에틸에터를 저장 : 30℃ 이하
  – 아세트알데하이드 : 15℃ 이하

108 지정수량의 10배 이상의 위험물을 운반할 때 혼재가 가능한 것은?

① 제1류와 제2류
② 제2류와 제6류
③ 제3류와 제5류
④ 제4류와 제2류

🔍 혼재 가능
제1류 + 제6류, 제3류 + 제4류, 제5류 + 제2류 + 제4류

109 질산나트륨을 저장하고 있는 옥내저장소(내화구조의 격벽으로 완전히 구획된 실이 2 이상 있는 경우에는 동일한 실)에 함께 저장하는 것이 법적으로 허용되는 것은?(단, 위험물을 유별로 정리하여 서로 1m 이상의 간격을 두는 경우이다.)

① 적린
② 인화성 고체
③ 동식물유류
④ 과염소산

🔍 제1류 위험물(질산나트륨)과 제6류 위험물(과염소산)은 운반시나 옥내저장소에는 같이 운반 또는 저장할 수 있다.

110 위험물의 운반에 관한 기준에서 위험물의 적재 시 혼재가 가능한 위험물은?(단, 지정수량의 5배인 경우이다.)

① 과염소산칼륨 – 황린
② 질산메틸 – 경유
③ 마그네슘 – 알킬알루미늄
④ 탄화칼슘 – 나이트로글리세린

🔍 운반 시 혼재 가능한 위험물 : 제1류 + 제6류 위험물, 제3류 + 제4류 위험물, 제2류 + 제4류 + 제5류 위험물

종류	류별	종류	류별
과염소산칼륨	제1류	황린	제3류
질산메틸	제5류	경유	제4류
마그네슘	제2류	알킬알루미늄	제3류
탄화칼슘	제3류	나이트로글리세린	제5류

정답 104 ③ 105 ② 106 ② 107 ② 108 ④ 109 ④ 110 ②

111 다음 위험물의 취급 시 기준으로 틀리는 것은?

① 위험물을 저장·취급하는 건축물은 위험물의 수량에 따라 차광 또는 환기를 하여야 한다.
② 위험물을 저장 취급하는 건축물 내에는 온도계, 습도계 등의 계기를 비치하여야 한다.
③ 위험물을 저장시는 성질에 적응하는 용기를 사용하여야 하며 파손, 부식, 틈 등이 없어야 한다.
④ 위험물의 성질에 적응하는 설비, 기계, 기구, 용기는 보호액 속에 보존시 노출하지 않도록 조치하여야 한다.

🔍 위험물을 저장, 취급하는 건축물은 위험물의 성질에 따라 차광 또는 환기를 하여야 한다.

112 위험물의 저장기준으로 틀린 것은?

① 지하저장탱크의 주된 밸브는 이송할 때 이외에는 폐쇄하여야 한다.
② 이동탱크저장소에는 설치허가증을 비치하여야 한다.
③ 산화프로필렌을 저장하는 이동저장탱크에는 불연성 가스를 봉입하여야 한다.
④ 옥외저장탱크 주위에 설치된 방유제의 내부에 물이나 유류가 고였을 경우 즉시 배출하도록 하여야 한다.

🔍 이동탱크저장소에는 이동탱크저장소의 완공검사합격확인증 및 정기점검기록을 비치하여야 한다.

113 과산화수소의 운반용기에 표시하는 적당한 주의사항은?

① 물기엄금
② 화기엄금
③ 충격주의
④ 가연물접촉주의

🔍 제6류 위험물(과산화수소) : 가연물 접촉주의

114 다음 ( ) 안에 적절한 용어는?

위험물의 운반 시 용기, 적재방법 및 운반방법에 관하여는 화재 등의 위해예방과 응급 조치상의 중요성을 감안하여 ( )이 정하는 중요기준 및 세부기준에 따라야 한다.

① 대통령령
② 행정안전부령
③ 시·도의 조례
④ 소방서장

🔍 위험물 운반의 중요기준 및 세부기준 : 행정안전부령

115 제1류 위험물 중 무기과산화물을 운반 시 운반용기에 표시하는 주의사항이 아닌 것은?

① 화기, 충격주의
② 가연물 접촉주의
③ 물기엄금
④ 화기엄금

🔍 운반용기의 외부 표시 사항
- 위험물의 품명, 위험등급, 화학명 및 수용성(제4류 위험물의 수용성인 것에 한함)
- 위험물의 수량
- 주의사항

종류	표시 사항
제1류 위험물	• 알칼리금속의 과산화물 : 화기·충격주의, 물기엄금, 가연물접촉주의 • 그밖의 것 : 화기·충격주의, 가연물접촉주의
제2류 위험물	• 철분, 금속분, 마그네슘 : 화기주의, 물기엄금 • 인화성 고체 ; 화기엄금 • 그밖의 것 : 화기주의
제3류 위험물	• 자연발화성물질 : 화기엄금, 공기접촉엄금 • 금수성물질 : 물기엄금
제4류 위험물	화기엄금
제5류 위험물	화기엄금, 충격주의
제6류 위험물	가연물접촉주의

116 제2류 위험물(인화성고체)의 운반용기 및 포장 외부에 표시할 사항으로 적당한 것은?

① 화기엄금
② 충격주의
③ 취급주의
④ 공기노출엄금

🔍 문제 115번 참조

정답 111 ① 112 ② 113 ④ 114 ② 115 ④ 116 ①

117 위험물의 운반용기 외부에 표시하여야 하는 주의사항에 "화기엄금"이 포함되지 않은 것은?

① 제1류 위험물 중 알칼리금속의 과산화물
② 제2류 위험물 중 인화성고체
③ 제3류 위험물 중 자연발화성물질
④ 제5류 위험물

🔍 제1류 위험물의 주의사항
• 알칼리금속의 과산화물 : 화기·충격주의, 물기엄금, 가연물접촉주의
• 그 밖의 것 : 화기·충격주의, 가연물접촉주의

118 위험물의 포장 외부 표시방법으로서 틀린 것은?

① 위험물의 품명
② 위험물의 수량
③ 위험물의 화학명
④ 위험물의 제조 년 월일

🔍 문제 115번 참조

119 다음 중 운반용기의 외부표시사항이 아닌 것은?

① 품명
② 위험등급
③ 분자식
④ 수량

🔍 문제 115번 참조

120 위험물 용기의 외부표시에 주의사항으로 잘못된 것은 어느 것인가?

① 알칼리금속의 과산화물 - 물기엄금
② 제2류 위험물 - 화기주의
③ 제4류 위험물 - 화기엄금
④ 제6류 위험물 - 취급주의

🔍 위험물 운반용기의 외부표시 사항
• 알칼리금속의 과산화물 : 화기충격주의, 물기엄금, 가연물접촉주의
• 제6류 위험물 : 가연물접촉주의

121 위험물 운반 용기 외부에 표시하여 적재하는 사항 중 수납위험물에 따라 주의사항을 표시해야 한다. 주의사항 표시가 올바른 것은?

① 제4류 위험물 - 화기주의
② 제3류 위험물 - 물기주의 및 화기엄금
③ 제5류 위험물 - 화기엄금 및 충격주의
④ 제6류 위험물 - 물기주의, 가연물접촉주의

🔍 운반용기의 외부 표시사항
• 제4류 위험물 : 화기엄금
• 제3류 위험물 : 화기엄금, 물기엄금, 공기접촉엄금
• 제5류 위험물 - 화기엄금 및 충격주의
• 제6류 위험물 - 가연물접촉주의

122 위험물안전관리법령상 제2류 위험물 중 철분을 수납한 운반용기 외부에 표시해야 할 내용은?

① 물기주의 및 화기엄금
② 화기주의 및 물기엄금
③ 공기노출엄금
④ 충격주의 및 화기엄금

🔍 철분의 외부표시사항 : 화기주의 및 물기엄금

123 다음 중 운반용기에 수납하지 않아도 되는 위험물은?

① 카바이트
② 금속분
③ 염소산나트륨
④ 황가루

🔍 황가루는 운반용기에 수납하지 않아도 된다.

124 제6류 위험물 중 각종 위험물의 운반 용기로 가장 적당한 것은?

① 목상자
② 양철통
③ 금속제드럼
④ 폴리에틸렌 포대

🔍 제6류 위험물 : 금속제 용기, 프라스틱 용기, 유리용기

정답 117 ① 118 ④ 119 ③ 120 ④ 121 ③ 122 ② 123 ④ 124 ③

125 위험물의 운반용기 및 포장의 외부에 표시하는 방법 중 수납된 위험물에 대한 주의사항으로 틀리는 것은?

① 염소산염류 – 화기주의
② 제2류 위험물 – 화기주의
③ 제5류 위험물 – 화기엄금
④ 제6류 위험물 – 물기엄금

🔍 제6류 위험물 : 가연물접촉주의

126 위험물안전관리법령 중 위험물의 운반에 관한 기준에 따라 운반용기의 외부에 주의사항으로 "화기·충격주의" "물기엄금" 및 "가연물접촉주의"를 표시하였다. 어떤 위험물에 해당하는가?

① 제1류 위험물 중 알칼리금속의 과산화물
② 제2류 위험물 중 철분·금속분·마그네슘
③ 제3류 위험물 중 자연발화성물질
④ 제5류 위험물

🔍 제1류 위험물
• 알칼리금속의 과산화물 : 화기·충격주의, 물기엄금, 가연물접촉주의
• 그 밖의 것 : 화기·충격주의, 가연물접촉주의

127 지정수량 이상의 위험물을 차량으로 운반할 때 게시판의 색상에 대한 설명으로 옳은 것은?

① 흑색바탕에 청색의 도료로 "위험물"이라고 게시한다.
② 흑색바탕에 황색의 반사도료로 "위험물"이라고 게시한다.
③ 적색바탕에 흰색의 반사도료로 "위험물"이라고 게시한다.
④ 적색바탕에 흑색의 도료로 "위험물"이라고 게시한다.

🔍 운반 시 위험물의 게시판 : 흑색바탕에 황색의 반사도료

128 위험물의 운반에 대한 설명 중 옳은 것은?

① 안전한 방법으로 위험물을 운반하면 특별히 규제를 받지 않는다.
② 차량으로 위험물을 운반할 경우 운반의 규제를 받는다.
③ 지정수량 이상의 위험물을 운반하는 경우에만 운반의 규제를 받는다.
④ 위험물을 운반할 경우 그 양의 다소를 불구하고 운반의 규제를 받는다.

🔍 차량으로 위험물을 운반할 경우 운반의 규제(위험물안전관리법 시행규칙 별표19)를 받는다.

129 위험물안전관리법령상 이동탱크저장소로 위험물을 운송하는 자는 위험물안전카드를 위험물운송자로 하여금 휴대하게 하여야 한다. 다음 중 이에 해당하는 위험물이 아닌 것은?

① 휘발유   ② 에터
③ 경유   ④ 아세톤

🔍 위험물(제4류 위험물에 있어서는 특수인화물 및 제1석유류에 한한다)을 운송하게 하는 자는 별지 제48호 서식의 위험물안전카드를 위험물운송자로 하여금 휴대하게 할 것
※ 휘발유 : 제1석유류, 경유 : 제2석유류

130 운반할 때 빗물의 침투를 방지하기 위하여 방수성이 있는 피복으로 덮어야 하는 위험물은?

① TNT   ② 이황화탄소
③ 과염소산   ④ 마그네슘

🔍 운반 시 방수성이 있는 것으로 피복
• 제1류 위험물 중 알칼리금속의 과산화물
• 제2류 위험물 중 철분·금속분·마그네슘
• 제3류 위험물 중 금수성 물질

131 위험물을 적재, 운반할 때 방수성 덮개를 하지 않아도 되는 것은?

① 알칼리금속의 과산화물
② 마그네슘
③ 나이트로화합물
④ 탄화칼슘

🔍 알칼리금속의 과산화물, 마그네슘, 탄화칼슘은 물과 반응하면 산소, 수소, 아세틸렌을 발생하므로 방수성 덮개를 하여야 한다.

정답 125 ④ 126 ① 127 ② 128 ② 129 ③ 130 ④ 131 ③

132 위험물안전관리법령상 위험물의 운반에 관한 기준에 따라 차광성이 있는 피복으로 가리는 조치를 하여야 하는 위험물에 해당하지 않는 것은?

① 특수인화물
② 제1석유류
③ 제1류 위험물
④ 제6류 위험물

🔍 차광성이 있는 것으로 피복
- 제1류 위험물
- 제3류 위험물 중 자연발화성물질
- 제4류 위험물 중 특수인화물
- 제5류 위험물
- 제6류 위험물

133 액체위험물의 운반용기 수납율은 얼마 이하인가?

① 80%
② 85%
③ 90%
④ 98%

🔍 운반용기의 수납율
- 액체위험물 : 98% 이하
- 고체위험물 : 95% 이하

134 위험물 운반 시 고체 위험물은 운반용기의 내용적의 몇% 이하의 수납율로 수납하여야 하는가?

① 90%
② 95%
③ 98%
④ 99%

🔍 운반용기의 수납율
- 고체 : 95% 이하
- 액체 : 98% 이하

135 지정수량 이상의 위험물 운반에 대한 설명 중 잘못된 것은?

① 위험물 또는 위험물을 수납한 용기가 현저하게 마찰 또는 동요되지 않도록 운반한다.
② 휴식, 고장 등으로 인하여 차량을 일시 정차시킬 때에는 안전한 장소를 택하고 위험물 보안에 주의한다.
③ 운반 중 위험물이 현저하게 누설될 때에는 신속히 목적지에 도달하도록 노력하여야 한다.
④ 운반하는 위험물에 적응하는 소화설비를 구비하도록 한다.

🔍 운반 중 위험물이 현저하게 누설될 때에는 신속히 누설에 대한 응급조치를 취해야 한다.

136 위험물을 폐기 시 주의사항으로 올바른 것은 어느 것인가?

① 액체위험물은 물에 그대로 버려도 좋다.
② 위험물은 그 성질에 따라 안전한 장소면 매몰하여도 좋다.
③ 위험물은 연소 또는 폭발에 의하여 손해를 입히지 않는 곳에서는 소각하여도 좋다.
④ 위험물은 감독관이 없는 경우 하수구에 버려도 좋다.

🔍 위험물은 성질에 따라 안전한 장소라면 매몰하여도 좋다.

정답 132 ② 133 ④ 134 ② 135 ③ 136 ②

CHAPTER 05

CBT 복원문제

01 2021년 1회
02 2021년 2회
03 2021년 3회
04 2022년 1회
05 2022년 2회
06 2022년 3회
07 2023년 1회
08 2023년 2회
09 2023년 3회
10 2024년 1회
11 2024년 2회
12 2024년 3회
13 2025년 1회
14 2025년 2회
15 2025년 3회

1. 물질의 물리 · 화학적 성질

01 산소와 같은 족의 원소가 아닌 것은?

① S
② Se
③ Te
④ Bi

> 산소족(6A족)원소 : O, S, Se, Te, Po
> ※ 비스무스(Bi) : 질소족 원소

02 0.0001N-HCl의 pH는?

① 2
② 3
③ 4
④ 5

> pH = $-\log[H^+]$ = $-\log[1 \times 10^{-4}]$ = $4-\log 1$ = $4-0$ = 4

03 다음 중 전자배치가 다른 것은?

① Ar ② F^-
③ Na^+ ④ Ne

> 전자배치
> • Ar(원자번호18) : $1S^2, 2S^2, 2P^6, 3S^2, 3P^6$
> • F(플루오린, 원자번호 9) : $1S^2, 2S^2, 2P^5$인데 1가 음이온으로 전자 1개를 얻어 10개의 전자를 가지므로 $1S^2, 2S^2, 2P^6$가 된다.
> • Na(원자번호 11) : $1S^2, 2S^2, 2P^6, 3S^1$인데 1가 양이온으로 전자 1개를 잃으므로 10개의 전자를 가지므로 전자배치는 $1S^2, 2S^2, 2P^6$가 된다.
> • Ne(원자번호 10)의 전자배치 : $1S^2, 2S^2, 2P^6$

04 방사선 동위원소의 반감기가 20일 때 40일이 지난 후 남은 원소의 분율은?

① 1/2 ② 1/3
③ 1/4 ④ 1/6

> 반감기 : 방사선 원소가 붕괴하여 양이 1/2이 될 때까지 걸리는 시간
> $$m = M\left(\frac{1}{2}\right)^{\frac{t}{T}}$$
> 여기서 m : 붕괴후의 질량, M : 처음 질량, t : 경과시간, T : 반감기
> $\therefore m = 1\left(\frac{1}{2}\right)^{\frac{40}{20}} = \frac{1}{4}$

05 NaOH 수용액 100mL를 중화하는데 2.5N의 HCl 80mL가 소요되었다. NaOH 용액의 농도(N)는?

① 1 ② 2
③ 3 ④ 4

> N V = N'V'
> $x \times 100ml = 2.5N \times 80ml$
> $\therefore x = 2N$

06 8g의 메테인을 완전연소 시키는데 필요한 산소분자의 수는?

① 6.02×10^{23} ② 1.204×10^{23}
③ 6.02×10^{24} ④ 1.204×10^{24}

> 메테인의 연소반응식
> $CH_4 + 2O_2 \rightarrow CO_2 + 2H_2O$
> 산소의 몰수를 계산하면
> $\quad CH_4 + 2O_2 \rightarrow CO_2 + 2H_2O$
> $\quad$ 1mol   2mol
> 0.5(8g)mol 1mol
> ∴ 메테인 0.5mol과 산소 1mol이 반응하므로
> $1mol \times 6.0238 \times 10^{23} = 6.0238 \times 10^{23}$

07 분자식 $HClO_4$의 명명으로 옳은 것은?

① 염소산 ② 아염소산
③ 차아염소산 ④ 과염소산

> 분자식

종류	지정수량	종류	지정수량
차아염소산	HClO	아염소산	$HClO_2$
염소산	$HClO_3$	과염소산	$HClO_4$

08 구리선의 밀도가 7.81g/mL이고 질량이 3.72g이다. 이 구리선의 부피(mL)는 얼마인가?

① 0.48　　　　② 2.09
③ 1.48　　　　④ 3.09

> 구리선의 부피
> $\rho = \dfrac{W}{V}$, $V = \dfrac{W}{\rho}$
> 여기서 ρ : 밀도(g/mL), W : 무게(g), V : 부피(mL)
> $\therefore V = \dfrac{W}{\rho} = \dfrac{3.72g}{7.81g/mL} = 0.48mL$

09 탄소 3g이 산소 16g 중에서 완전연소 되었다면 연소한 후 혼합 기체의 부피는 표준상태에서 몇 L가 되는가?

① 5.6　　　　② 6.8
③ 11.2　　　　④ 22.4

> 연소반응식
> C + O₂ → CO₂
> 12g　32g　44g
> 3g　8g　11g
> 여기서 산소가 16g을 반응하더라도 16 - 8 = 8g은 미반응물이므로
> 표준상태에서 부피 = $\left(\dfrac{3}{12} + \dfrac{8}{32}\right) \times 22.4\ell = 11.2\ell$

10 불꽃 반응시 노랑색을 나타내는 것은?

① Li　　　　② K
③ Na　　　　④ Ba

> 금속의 불꽃반응

원소	불꽃색상	원소	불꽃색상
리튬(Li)	적색	나트륨(Na)	노랑색
칼륨(K)	보라색	칼슘(Ca)	황색
스트론튬(Sr)	심적색	구리(Cu)	청록색
바륨(Ba)	황록색		

11 어떤 기체의 확산 속도는 SO₂의 2배이다. 이 기체의 분자량은 얼마인가?

① 8　　　　② 16
③ 32　　　　④ 64

> 그레이엄의 확산 속도법칙
> $\dfrac{U_B}{U_A} = \sqrt{\dfrac{M_A}{M_B}}$
> A : 어떤 기체, B : 이산화황(SO₂)으로 가정하면
> $\therefore M_A = M_B \times \left(\dfrac{u_B}{u_A}\right)^2 = 64 \times \left(\dfrac{1}{2}\right)^2 = 16$

12 25℃에서 83% 해리된 0.1N HCl의 pH는 얼마인가?

① 1.08　　　　② 1.52
③ 2.02　　　　④ 2.25

> $[H^+] = 0.1 \times 0.83 = 0.083 = 8.3 \times 10^{-2}$
> $pH = -\log[H^+] = -\log 8.3 \times 10^{-2} = 2 - \log 8.3$
> $= 2 - 0.919 = 1.08$

13 730mmHg, 100℃에서 257mL, 부피의 용기 속에 어떤 기체가 채워져 있다. 그 무게는 1.67g이다. 이 물질의 분자량은 얼마인가?

① 28　　　　② 56
③ 207　　　　④ 257

> 이상기체상태방정식
> $PV = \dfrac{W}{M}RT$　　$M(분자량) = \dfrac{WRT}{PV}$
> 여기서 P : 압력$\left(\dfrac{730mmHg}{760mmHg} \times 1atm = 0.96atm\right)$
> V : 부피(257mL = 0.257ℓ)
> M : 분자량(g/g-mol)
> W : 무게(1.67g)
> R : 기체상수(0.08205 ℓ·atm/g-mol·K)
> T : 절대온도(273+℃ = 273+100 = 373K)
> $\therefore M = \dfrac{WRT}{PV} = \dfrac{1.67 \times 0.08205 \times 373K}{0.96atm \times 0.257\ell} = 207.15$

14 공기의 평균분자량은 약 29라고 한다. 이 평균 분자량을 계산하는데 관계된 원소는?

① 산소, 수소　　　　② 탄소, 수소
③ 산소, 질소　　　　④ 질소, 탄소

> 공기의 조성 : 산소(O₂) 21%, 질소(N₂) 79%, 아르곤(Ar) 1%
> ※공기의 평균분자량
> (32 × 0.21) + (28 × 0.79) + (40 × 0.01) = 28.94

종류\항목	화학식	분자량
산소	O₂	32
질소	N₂	28
아르곤	Ar	40

15 다음 중 비극성분자는 어느 것인가?

① HF
② H₂O
③ NH₃
④ CH₄

🔍 비극성분자 : 메테인(CH₄)
※극성분자 : 플루오린화수소(HF), 물(H₂O), 암모니아(NH₃)

16 물 200g에 A물질 2.9g을 녹인 용액의 빙점은?(단, 물의 어는점 내림상수는 1.86℃/kg-mol이고, A물질의 분자량은 58이다.)

① −0.465℃
② −0.932℃
③ −1.871℃
④ −2.453℃

🔍 빙점강하(ΔT_f)

$$\Delta T_f = K_f \cdot m = K_f \times \frac{\frac{W_B}{M}}{W_A} \times 1000$$

여기서 K_f : 빙점강하계수(물 : 1.86), m : 몰랄농도
W_B : 용질의 무게, W_A : 용매의 무게, M : 분자량

$$\therefore \Delta T_f = 1.86 \times \frac{\frac{2.9g}{58}}{200g} \times 1000 = 0.465℃ \Rightarrow -0.465℃$$

17 어떤 금속(M) 8g을 연소시키니 11.2g의 산화물이 얻어졌다. 이 금속의 원자량이 140이라면 이 산화물의 화학식은?

① M₂O₃
② MO
③ MO₂
④ M₂O₇

🔍 금속의 당량을 x, 산소의 당량 8이므로
금속 : 산소 ⇒ 8 : (11.2 − 8) = x : 8 x = 20
금속의 원자가 = 원자량/당량 = 140/20 = 7
∴금속의 원자가가 7가이므로 화학식은 M₂O₇이다.

18 다음 밑줄 친 원소 중 산화수가 +5인 것은?

① Na₂<u>Cr</u>₂O₇
② K₂<u>S</u>O₄
③ K<u>N</u>O₃
④ <u>Cr</u>O₃

🔍 산화수
① Na₂<u>Cr</u>₂O₇   (+1) × 2 + 2x + (−2) × 7 = 0 x = +6
② K₂<u>S</u>O₄   (+1) × 2 + x + (−2) × 4 = 0 x = +6
③ K<u>N</u>O₃   (+1) + x + (−2) × 3 = 0 x = +5
④ <u>Cr</u>O₃ x + (−2) × 3 = 0 x = +6

19 1기압에서 2L의 부피를 차지하는 어떤 이상기체를 온도의 변화 없이 압력을 4기압으로 하면 부피는 얼마가 되겠는가?

① 2.0ℓ
② 1.5ℓ
③ 1.0ℓ
④ 0.5ℓ

🔍 보일의 법칙을 적용하면

$$V_2 = V_1 \times \frac{P_1}{P_2}$$

$$\therefore V_2 = V_1 \times \frac{P_1}{P_2} = 2\ell \times \frac{1}{4} = 0.5\ell$$

20 커플링(coupling) 반응 시 생성되는 작용기는?

① −NH₂
② −CH₃
③ −COOH
④ −N=N−

🔍 커플링(coupling) 반응 시 생성되는 작용기 : 아조기(−N=N−)

작용기	명칭
−NH₂	아미노기
−CH₃	메틸기
−COOH	카복실산기
−N=N−	아조기

2. 화재예방과 소화방법

21 자연발화가 일어날 수 있는 조건으로 가장 옳은 것은?

① 주위의 온도가 낮을 것
② 표면적이 작을 것
③ 열전도율이 작을 것
④ 발열량이 작을 것

🔍 자연발화의 조건
• 주위의 온도가 높을 것
• 열전도율이 적을 것
• 발열량이 클 것
• 표면적이 넓을 것

22 할로젠화합물인 Halon 1301의 분자식은?

① CH₃Br
② CCl₄
③ CF₂Br₂
④ CF₃Br

🔍 **분자식**

분자식	명칭	분자식	명칭
CH_3Br	할론 1001	CCl_4	할론 104
CF_2Br_2	할론 1202	CF_3Br	할론 1301

23 이산화탄소 소화설비의 저압식 저장용기에 설치하는 압력경보장치의 작동압력은?

① 1.9MPa 이상의 압력 및 1.5MPa 이하의 압력
② 2.3MPa 이상의 압력 및 1.9MPa 이하의 압력
③ 3.75MPa 이상의 압력 및 2.3MPa 이하의 압력
④ 4.5MPa 이상의 압력 및 3.75MPa 이하의 압력

🔍 이산화탄소소화설비의 저압식 저장용기의 설치기준
- 저압식 저장용기에는 액면계 및 압력계를 설치할 것
- 저압식 저장용기에는 2.3MPa 이상의 압력 및 1.9MPa 이하의 압력에서 작동하는 압력경보장치를 설치할 것
- 저압식 저장용기에는 용기내부의 온도를 영하 20℃ 이상 영하 18℃ 이하로 유지할 수 있는 자동냉동기를 설치할 것
- 저압식 저장용기에는 파괴판과 방출밸브를 설치할 것

24 위험물안전관리법령상 지정수량의 3천배 초과 4천배이하의 위험물을 저장하는 옥외탱크저장소에 확보하여야 하는 보유공지는 얼마인가?

① 6m 이상
② 9m 이상
③ 12m 이상
④ 15m 이상

🔍 **옥외탱크저장소의 보유공지**

저장 또는 취급하는 위험물의 최대수량	공지의 너비
지정수량의 500배 이하	3m 이상
지정수량의 500배 초과 1,000배 이하	5m 이상
지정수량의 1,000배 초과 2,000배 이하	9m 이상
지정수량의 2,000배 초과 3,000배 이하	12m 이상
지정수량의 3,000배 초과 4,000배 이하	15m 이상
지정수량의 4,000배 초과	당해 탱크의 수평단면의 최대지름(가로형인 경우에는 긴변)과 높이 중 큰 것과 같은 거리 이상(단, 30m 초과시 30m 이상으로, 15m 미만시 15m 이상으로 할 것)

25 위험물제조소에서 화기엄금 및 화기주의를 표시하는 게시판의 바탕색과 문자색을 옳게 연결한 것은?

① 백색바탕 – 청색문자
② 청색바탕 – 백색문자
③ 적색바탕 – 백색문자
④ 백색바탕 – 적색문자

🔍 **제조소등의 주의사항**

위험물의 종류	주의사항	게시판의 색상
제1류 위험물 중 알칼리금속의 과산화물 제3류 위험물 중 금수성물질	물기엄금	청색바탕에 백색문자
제2류 위험물(인화성 고체는 제외)	화기주의	적색바탕에 백색문자
제2류 위험물 중 인화성 고체 제3류 위험물 중 자연발화성물질 제4류 위험물 제5류 위험물	화기엄금	적색바탕에 백색문자

26 위험물안전관리법령상 옥외소화전설비에서 옥외소화전함은 옥외소화전으로부터 보행거리 몇 m 이하의 장소에 설치하여야 하는가?

① 5m 이하
② 10m 이하
③ 20m 이하
④ 40m 이하

🔍 옥외소화전함은 옥외소화전으로부터 보행거리 5m 이하의 장소에 설치하여야 한다.

27 제조소 또는 취급소의 건축물로 외벽이 내화구조인 것은 연면적 몇 m를 1소요 단위로 규정하는가?

① 100m ② 200m
③ 300m ④ 400m

🔍 **소요단위**
- 제조소 또는 취급소용 건축물
  - 외벽이 내화구조인 경우 : 연면적 $100m^2$
  - 외벽이 내화구조가 아닌 경우 : 연면적 $50m^2$
- 저장소용 건축물
  - 외벽이 내화구조인 경우 : 연면적 $150m^2$
  - 외벽이 내화구조가 아닌 경우 : 연면적 $75m^2$
- 위험물의 경우 : 지정수량의 10배

28 수소화나트륨 저장 창고에 화재가 발생하였을 때 주수소화가 부적합한 이유로 옳은 것은?

① 발열반응을 일으키고 수소를 발생한다.
② 수화반응을 일으키고 수소를 발생한다.
③ 중화반응을 일으키고 수소를 발생한다.
④ 중합반응을 일으키고 수소를 발생한다.

> 수소화나트륨은 물과 반응하면 가연성가스인 수소를 발생하고 많은 열을 발생한다.
> $NaH + H_2O \rightarrow NaOH + H_2 \uparrow$

29 불활성가스소화약제 중 "IG-55"의 성분 및 그 비율을 옳게 나타낸 것은?(단, 용량비 기준이다.)

① 질소 : 이산화탄소 = 55 : 45
② 질소 : 이산화탄소 = 50 : 50
③ 질소 : 아르곤 = 55 : 45
④ 질소 : 아르곤 = 50 : 50

> 불활성가스소화약제의 명명법
> • 분류
>
> | 종류 | 화학식 |
> |---|---|
> | IG-01 | Ar |
> | IG-100 | N_2 |
> | IG-55 | N_2(50%), Ar(50%) |
> | IG-541 | N_2(52%), Ar(40%), CO_2(8%) |
>
> • 명명법
>   Ⓧ Ⓨ Ⓩ
>   └ CO_2(이산화탄소)의 농도(%) : 첫째자리 반올림, 생략가능
>   └ Ar(아르곤)의 농도(%) : 첫째자리 반올림
>   └ N_2(질소)의 농도(%) : 첫째자리 반올림

30 다음 중 이황화탄소의 액면 위에 물을 채워두는 이유로 가장 적합한 것은?

① 자연분해를 방지하기 위해
② 화재 발생 시 물로 소화를 하기 위해
③ 불순물을 물에 용해시키기 위해
④ 가연성 증기의 발생을 방지하기 위해

> 이황화탄소는 가연성증기의 발생을 방지하기 위하여 물 속에 저장한다.

31 수성막포 소화약제를 수용성 알코올 화재 시 사용하면 소화효과가 떨어지는 가장 큰 이유는?

① 유독가스가 발생하므로
② 화염의 온도가 높으므로
③ 알코올은 포와 반응하여 가연성 가스를 발생하므로
④ 알코올은 소포성을 가지므로

> 수용성 액체는 알코올포 소화약제가 적합하고 다른 수성막포 소화약제를 사용하면 소포(거품이 꺼짐)되므로 적합하지 않다.

32 분말소화기의 각 종별 소화약제 주성분이 옳게 연결된 것은?

① 제1종 분말 : $KHCO_3$
② 제2종 분말 : $NaHCO_3$
③ 제3종 분말 : $NH_4H_2PO_4$
④ 제4종 분말 : $NaHCO_3 + (NH_2)_2CO$

> 분말소화약제
>
> | 종류 | 주성분 | 적응화재 | 착색(분말의 색) |
> |---|---|---|---|
> | 제1종 분말 | $NaHCO_3$(중탄산나트륨, 탄산수소나트륨) | B, C급 | 백색 |
> | 제2종 분말 | $KHCO_3$(중탄산칼륨, 탄산수소칼륨) | B, C급 | 담회색 |
> | 제3종 분말 | $NH_4H_2PO_4$(인산암모늄, 제일인산암모늄) | A, B, C급 | 담홍색 |
> | 제4종 분말 | $KHCO_3 + (NH_2)_2CO$(요소) | B, C급 | 회색 |

33 위험물안전관리법령상 전역방출방식 또는 국소방출방식의 불활성가스 소화설비의 저장용기 설치 기준으로 틀린 것은?

① 온도가 40℃ 이하이고 온도 변화가 작은 장소에 설치할 것
② 저장용기의 외면에 소화약제의 종류와 양, 제조년도 및 제조자를 표시할 것
③ 직사일광 및 빗물이 침투할 우려가 적은 장소에 설치할 것
④ 방호구역 내의 장소에 설치할 것

🔍 불활성가스 소화설비의 저장용기 설치 기준
- 방호구역 외의 장소에 설치할 것
- 저장용기에는 안전장치(용기밸브에 설치되어 있는 것은 포함)를 설치할 것
- 저장용기의 외면에 소화약제의 종류와 양, 제조년도 및 제조자를 표시할 것
- 온도가 40℃ 이하이고 온도 변화가 작은 장소에 설치할 것
- 직사일광 및 빗물이 침투할 우려가 적은 장소에 설치할 것

🔍 가연물의 분류

종류	명칭	류별	성질	연소여부
CS_2	이황화탄소	제4류 위험물	인화성 액체	○
H_2O_2	과산화수소	제6류 위험물	불연성 액체	×
CO_2	이산화탄소	비 위험물	산화완결반응	×
He	헬륨	비 위험물	불활성기체	×

34 제1종 분말소화약제가 1차 열분해하였을 때 표준상태를 기준으로 $10m^3$의 탄산가스가 생성되었다. 몇 kg의 탄산수소나트륨이 사용되었는가?(단, 나트륨의 원자량은 23이다.)

① 18.75
② 37
③ 56.25
④ 75

🔍 제1종분말약제의 분해반응식
$2NaHCO_3 \rightarrow Na_2CO_3 + H_2O + CO_2$

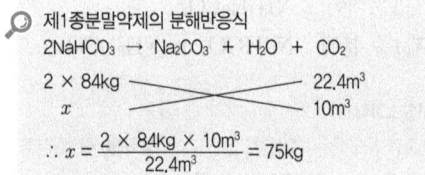

$\therefore x = \dfrac{2 \times 84kg \times 10m^3}{22.4m^3} = 75kg$

35 표준상태에서 적린 8mol이 완전 연소하여 오산화인을 만드는데 필요한 이론공기량은 약 몇 L인가?(단, 공기 중 산소는 21vol%이다.)

① 1066.7
② 806.7
③ 234
④ 22.4

🔍 공기 중에서 연소 시 오산화인의 흰 연기를 발생한다.
$4P + 5O_2 \rightarrow 2P_2O_5$
4mol   5mol × 22.4ℓ
8mol x

$\therefore x = \dfrac{8mol \times 5 \times 22.4\ell}{4mol} = 224\ell$ (이론 산소량)

$\therefore$ 이론공기량 = 224ℓ ÷ 0.21 = 1066.7ℓ

36 다음 중 가연물이 될 수 있는 것은?

① CS_2
② H_2O_2
③ CO_2
④ He

37 클로로벤젠 300,000L의 소요단위는 얼마인가?

① 20
② 30
③ 200
④ 300

🔍 클로로벤젠은 제4위험물 제2석유류(비수용성)로서 지정수량 1,000ℓ이다.

$\therefore$ 소요단위 = $\dfrac{저장량}{지정수량 \times 10}$ = $\dfrac{300,000\ell}{1,000\ell \times 10}$ = 30단위

38 위험물제조소에서 취급하는 제4류 위험물의 최대수량의 합이 지정수량의 15만배 인 사업소에 두어야 할 자체소방대의 화학소방차자동차와 자체소방대원의 수는 각각 얼마로 규정되어 있는가?(단, 상호응원협정을 체결한 경우는 제외한다.)

① 1대, 5명
② 2대, 10명
③ 3대, 15명
④ 4대, 20명

🔍 자체소방대에 두는 화학소방자동차 및 인원(시행령 별표 8)

사업소의 구분	화학소방자동차	자체소방대원의 수
1. 제조소 또는 일반취급소에서 취급하는 제4류 위험물의 최대수량의 합이 지정수량의 3천배 이상 12만배 미만인 사업소	1대	5인
2. 제조소 또는 일반취급소에서 취급하는 제4류 위험물의 최대수량의 합이 지정수량의 12만배 이상 24만배 미만인 사업소	2대	10인
3. 제조소 또는 일반취급소에서 취급하는 제4류 위험물의 최대수량의 합이 지정수량의 24만배 이상 48만배 미만인 사업소	3대	15인
4. 제조소 또는 일반취급소에서 취급하는 제4류 위험물의 최대수량의 합이 지정수량의 48만배 이상인 사업소	4대	20인
5. 옥외탱크저장소에 저장하는 제4류 위험물의 최대 수량이 지정수량의 50만배 이상인 사업소	2대	10인

39 위험물안전관리법령상 마른모래(삽 1개 포함) 50L의 능력단위는?

① 0.3
② 0.5
③ 1.0
④ 1.5

🔍 소화설비의 능력단위

소화설비	용량	능력단위
소화전용(專用)물통	8ℓ	0.3
수조(소화전용 물통 3개 포함)	80ℓ	1.5
수조(소화전용 물통 6개 포함)	190ℓ	2.5
마른 모래(삽 1개 포함)	50ℓ	0.5
팽창질석 또는 팽창진주암(삽 1개 포함)	160ℓ	1.0

40 위험물제조소에 가장 많이 설치된 층의 옥내소화전 설치 개수가 2개이다. 위험물안전관리법령의 옥내소화전설비 설치기준에 의하면 수원의 수량은 얼마 이상이 되어야 하는가?

① $10.6m^3$
② $15.6m^3$
③ $20.6m^3$
④ $25.6m^3$

🔍 옥내소화전설비의 수량, 방수압력, 수원 등

항목	방수량	방수압력	토출량	수원	비상전원
옥내소화전설비	260ℓ/min 이상	0.35MPa 이상	N(최대 5개) ×260ℓ/min	N(최대 5개) × $7.8m^3$ (260ℓ/min × 30min)	45분

∴ 수원 = N(최대 5개) × $7.8m^3$ = 2 × $7.8m^3$ = $15.6m^3$

3. 위험물 성상 및 취급

41 액체 위험물은 운반용기 내용적의 몇 % 이하의 수납율로 수납하여야 하는가?

① 94%
② 95%
③ 98%
④ 99%

🔍 운반용기의 수납율
- 고체 : 95% 이하
- 액체 : 98% 이하

42 옥내저장소에서 위험물 용기를 겹쳐 쌓는 경우에 있어서 제4류 위험물 중 제3석유류만을 수납하는 용기를 겹쳐 쌓을 수 있는 높이는 최대 몇 m인가?

① 3
② 4
③ 5
④ 6

🔍 옥내저장소에 저장 시 높이(아래 높이를 초과하지 말 것)
- 기계에 의하여 하역하는 구조로 된 용기만을 겹쳐 쌓는 경우 : 6m
- 제4류 위험물 중 제3석유류, 제4석유류, 동식물유류를 수납하는 용기만을 겹쳐 쌓는 경우 : 4m
- 그 밖의 경우(특수인화물, 제1석유류, 제2석유류, 알코올류) : 3m

43 위험물안전관리법령상 위험물의 운반에 관한 기준에 따라 차광성이 있는 피복으로 가리는 조치를 하여야 하는 위험물에 해당하지 않는 것은?

① 특수인화물
② 제1석유류
③ 제1류 위험물
④ 제6류 위험물

🔍 차광성이 있는 것으로 피복
- 제1류 위험물
- 제3류 위험물 중 자연발화성물질
- 제4류 위험물 중 특수인화물
- 제5류 위험물
- 제6류 위험물

44 위험물안전관리법령에 따라 지정수량의 10배의 위험물을 운반할 때 혼재가 가능한 것은?

① 제1류 위험물과 제2류 위험물
② 제2류 위험물과 제3류 위험물
③ 제3류 위험물과 제4류 위험물
④ 제5류 위험물과 제6류 위험물

🔍 운반 시 혼재 가능
- 제1류 위험물과 제6류 위험물
- 제5류 위험물과 제4류 위험물과 제2류 위험물
- 제3류 위험물과 제4류 위험물

45 위험물안전관리법령상 지정수량이 나머지 셋과 다른 하나는?

① 적린
② 황화인
③ 황
④ 마그네슘

제2류 위험물의 지정수량			
종류	지정수량	종류	지정수량
적린	100kg	황	100kg
황화인	100kg	마그네슘	500kg

46 위험물안전관리법령상 위험물을 수납한 운반용기의 외부에 표시하여야 할 사항이 아닌 것은?

① 위험등급 ② 위험물의 수량
③ 위험물의 품명 ④ 안전관리자의 이름

🔍 운반용기 외부표시 사항
- 위험물의 품명
- 위험물의 등급
- 위험물의 화학명 및 수용성(제4류 위험물)
- 위험물의 수량
- 위험물의 주의사항

47 다음 중 증기비중이 가장 큰 것은?

① 벤젠 ② 아세톤
③ 아세트알데하이드 ④ 톨루엔

🔍 증기비중 = 분자량/29

종류	분자식	분자량
벤젠	C_6H_6	78
아세톤	CH_3COCH_3	58
아세트알데하이드	CH_3CHO	44
톨루엔	$C_6H_5CH_3$	92

① 벤젠 증기비중 = $\frac{78}{29}$ = 2.69
② 아세톤 증기비중 = $\frac{58}{29}$ = 2.0
③ 아세트알데하이드 증기비중 = $\frac{44}{29}$ = 1.52
④ 톨루엔 증기비중 = $\frac{92}{29}$ = 3.17

48 짚, 헝겊 등을 다음의 물질과 적셔서 대량으로 쌓아 둘 경우 자연발화의 위험성이 제일 높은 것은?

① 동유 ② 야자유
③ 올리브유 ④ 피마자유

🔍 동유는 건성유로서 자연발화의 위험이 가장 높다.

49 물과 접촉하였을 때 에테인이 발생되는 물질은?

① CaC_2 ② $(C_2H_5)_3Al$
③ $C_6H_3(NO_2)_3$ ④ $C_2H_5ONO_2$

🔍 물과 반응
- 탄화칼슘 : $CaC_2 + 2H_2O \rightarrow Ca(OH)_2 + C_2H_2$(아세틸렌)
- 트라이에틸알루미늄
  $(C_2H_5)_3Al + 3H_2O \rightarrow Al(OH)_3 + 3C_2H_6$(에테인)
- 트라이나이트로벤젠[$C_6H_3(NO_2)_3$], 질산에틸($C_2H_5ONO_2$)은 물에 녹지 않는다.

50 위험물안전관리법령 중 위험물의 운반에 관한 기준에 따라 운반용기의 외부에 주의사항으로 "가연물접촉주의"를 표시하였다. 어떤 위험물에 해당하는가?

① 제1류 위험물 중 알칼리금속의 과산화물
② 제2류 위험물 중 철분·금속분·마그네슘
③ 제3류 위험물 중 자연발화성물질
④ 제6류 위험물

🔍 제6류 위험물 운반 시 주의사항 : 가연물접촉주의

51 옥외저장소에서 저장할 수 없는 위험물은?(단, 시·도 조례에서 정하는 위험물 또는 국제해상위험물규칙에 적합한 용기에 수납된 위험물은 제외한다.)

① 과산화수소 ② 아세톤
③ 에탄올 ④ 황

🔍 옥외저장소에 저장할 수 있는 위험물(시행령 별표2)
- 제2류 위험물 중 황, 인화성고체(인화점이 0℃ 이상인 것에 한함)
- 제4류 위험물 중 제1석유류(인화점이 0℃ 이상인 것에 한함), 제2석유류, 제3석유류, 제4석유류, 알코올류, 동·식물유류
- 제6류 위험물
※ 아세톤 : 제4류 위험물 제1석유류(인화점 : -18.5℃)

52 산화프로필렌 400L, 메탄올 400L, 벤젠 400L를 저장하고 있는 경우 각각 지정수량배수의 총 합은 얼마인가?

① 4 ② 6
③ 8 ④ 11

🔍 **지정수량의 배수**

지정수량의 배수 = 저장수량 / 지정수량

• 지정수량

종류	품명	지정수량
산화프로필렌	특수인화물	50ℓ
메탄올	알코올류	400ℓ
벤젠	제1석유류(비수용성)	200ℓ

• 지정수량의 배수
= 저장수량/지정수량 = 400ℓ/50ℓ + 400ℓ/400ℓ + 400ℓ/200ℓ = 11배

53 물보다 무겁고 비수용성인 위험물로 이루어진 것은?

① 메타크레졸, 나이트로벤젠
② 이황화탄소, 글리세린
③ 에틸렌글라이콜, 아닐린
④ 초산에틸, 클로로벤젠

🔍 **제4류 위험물의 비중과 수용성 여부**

종류	비중	품명	수용성 여부
메타크레졸	1.03	제3석유류	비수용성
나이트로벤젠	1.2	제3석유류	비수용성
글리세린	1.26	제3석유류	수용성
에틸렌글라이콜	1.113	제3석유류	수용성
아닐린	1.02	제3석유류	비수용성
초산에틸	0.9	제1석유류	비수용성
클로로벤젠	1.11	제2석유류	비수용성

54 과산화벤조일에 대한 설명으로 틀린 것은?

① 벤조일퍼옥사이드라고도 한다.
② 상온에서 고체이다.
③ 산소를 포함하지 않는 환원성 물질이다.
④ 희석제를 첨가하여 폭발성을 낮출 수 있다.

🔍 과산화벤조일(BPO)은 산소를 포함하는 자기반응성 물질이다.

55 위험물안전관리법령상 제5류 위험물 중 질산에스터류에 해당하는 것은?

① 나이트로벤젠
② 나이트로셀룰로스
③ 트라이나이트로페놀
④ 트라이나이트로톨루엔

🔍 **위험물의 분류**

종류	품명	지정수량
나이트로벤젠	제4류 위험물 제3석유류	200ℓ
나이트로셀룰로스(제1종)	질산에스터류	10kg
트라이나이트로페놀(제1종)	나이트로화합물	10kg
트라이나이트로톨루엔(제1종)	나이트로화합물	10kg

56 제조소등의 관계인은 당해 제조소등의 용도를 폐지한 때에는 행정안전부령이 정하는 바에 따라 제조소등의 용도를 폐지한 날부터 며칠 이내에 시 · 도지사에게 신고하여야 하는가?

① 5일
② 7일
③ 14일
④ 21일

🔍 제조소 용도폐지 신고 : 폐지한 날부터 14일 이내에 시 · 도지사에게 신고

57 위험물제조소등의 안전거리의 단축기준과 관련하여 $H \leq pD^2 + a$인 경우 방화상 유효한 담의 높이는 2m 이상으로 한다. 다음 중 H에 해당되는 것은?

① 인근 건축물의 높이(m)
② 제조소등의 외벽의 높이(m)
③ 제조소등과 공작물과의 거리(m)
④ 제조소등과 방화상 유효한 담과의 거리(m)

🔍 **방화상 유효한 담의 높이**

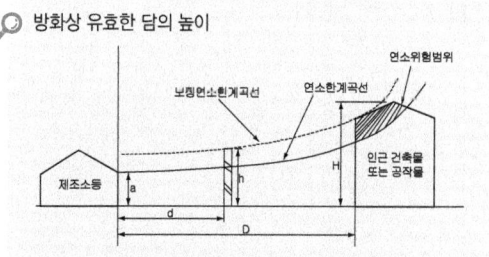

① $H \leq pD^2 + a$인 경우 h = 2
② $H > pD^2 + a$인 경우 h = H − p(D² − d²)
여기서, D : 제조소등과 인근 건축물 또는 공작물과의 거리(m)
H : 인근 건축물 또는 공작물의 높이(m)
a : 제조소등의 외벽의 높이(m)
d : 제조소등과 방화상 유효한 담과의 거리(m)
h : 방화상 유효한 담의 높이(m)
p : 상수

58 옥외저장탱크·옥내저장탱크 또는 지하저장탱크 중 압력탱크에 저장하는 아세트알데하이드등의 온도는 몇 ℃ 이하로 유지하여야 하는가?

① 30 ② 40
③ 55 ④ 65

저장온도

저장탱크		저장온도
옥외저장탱크·옥내저장탱크 또는 지하저장탱크 중 압력탱크 저장 시	아세트알데하이드 등 다이에틸에터 등	40℃ 이하
옥외저장탱크·옥내저장탱크 또는 지하저장탱크 중 압력탱크 외에 저장 시	산화프로필렌 다이에틸에터 등	30℃ 이하
	아세트알데하이드 등	15℃ 이하

59 다음 위험물 중 가열시 분해온도가 가장 낮은 물질은?

① $KClO_3$ ② Na_2O_2
③ NH_4ClO_4 ④ KNO_3

분해온도

종류	명칭	분해온도
$KClO_3$	염소산칼륨	400℃
Na_2O_2	과산화나트륨	460℃
NH_4ClO_4	과염소산암모늄	130℃
KNO_3	질산칼륨	400℃

60 다음 그림과 같은 타원형 탱크의 내용적은 약 몇 m^3 인가?

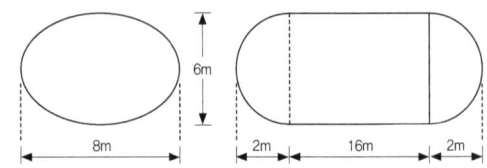

① 453 ② 553
③ 653 ④ 753

양쪽이 볼록한 타원형 탱크의 내용적

$$\therefore 내용적 = \frac{\pi ab}{4}\left(\ell + \frac{\ell_1 + \ell_2}{3}\right)$$
$$= \frac{\pi \times 8m \times 6m}{4}\left(16m + \frac{2m + 2m}{3}\right)$$
$$= 653.5 m^3$$

정답 CBT 복원문제 2021년 1회

01 ④	02 ③	03 ①	04 ③	05 ②
06 ①	07 ④	08 ①	09 ③	10 ③
11 ②	12 ①	13 ③	14 ③	15 ④
16 ①	17 ④	18 ①	19 ④	20 ④
21 ③	22 ④	23 ②	24 ①	25 ③
26 ①	27 ①	28 ①	29 ③	30 ④
31 ④	32 ③	33 ④	34 ④	35 ①
36 ①	37 ②	38 ②	39 ②	40 ②
41 ③	42 ②	43 ②	44 ③	45 ①
46 ④	47 ④	48 ①	49 ②	50 ④
51 ②	52 ④	53 ①	54 ②	55 ②
56 ③	57 ①	58 ②	59 ③	60 ③

2021년 2회 CBT 복원문제

1. 물질의 물리·화학적 성질

01 다음의 변화 중 에너지가 가장 많이 필요한 경우는?

① 100℃의 물 1몰을 100℃ 수증기로 변화시킬 때
② 0℃의 얼음 1몰을 50℃ 물로 변화시킬 때
③ 0℃의 물 1몰을 100℃ 물로 변화시킬 때
④ 0℃의 얼음 10g을 100℃ 물로 변화시킬 때

🔍 에너지(열량)을 계산하면
① 100℃의 물 1몰을 100℃ 수증기로 변화시킬 때
$Q = 18g \times 539cal = 9702cal$
② 0℃의 얼음 1몰을 50℃ 물로 변화시킬 때
$Q = r \cdot m + mc\Delta t = (80cal/g \times 18g) + [18g \times 1cal/g \times (50-0)℃] = 2340cal$
③ 0℃의 물 1몰을 100℃ 물로 변화시킬 때
$Q = mc\Delta t = 18g \times 1cal/g \times (100-0)℃ = 1800cal$
④ 0℃의 얼음 10g을 100℃ 물로 변화시킬 때
$Q = r \cdot m + mc\Delta t = (80cal/g \times 10g) + [10g \times 1cal/g \times (100-0)℃] = 1800cal$

02 물 2.5L 중에 어떤 불순물이 10mg 함유되어 있다면 약 몇 ppm으로 나타낼 수 있는가?

① 0.4 ② 1
③ 4   ④ 40

🔍 ppm 단위를 환산하면
$ppm = \frac{mg}{kg} = \frac{1}{10^6}$, 물 $2.5\ell = 2.5kg$이다.
$\therefore \frac{10mg}{2.5\ell} = \frac{10mg}{2.5kg} = \frac{10mg}{2.5kg \times 10^6 mg/kg}$
$= \frac{1mg}{10^6 mg/kg} \times \frac{10mg}{2.5kg} = 4ppm$

03 대기압 하에서 열린 실린더에 있는 1g의 기체를 20℃에서 120℃까지 가열하면 기체가 흡수하는 열량은 몇 cal인가?(단, 기체의 비열은 4.97cal/g·℃이다.)

① 97   ② 100
③ 497 ④ 760

🔍 열량 $Q = mc\Delta t$
여기서, m : 무게(g), c : 비열(cal/g·℃), Δt : 온도차(℃)
$\therefore Q = mc\Delta t = 1g \times 4.97cal/g·℃ \times (120-20)℃ = 497cal$

04 반투막을 이용해서 콜로이드 입자를 전해질이나 작은 분자로부터 분리 정제하는 것을 무엇이라 하는가?

① 틴들
② 브라운 운동
③ 투석
④ 전기 영동

🔍 투석 : 반투막을 이용하여 콜로이드 입자를 전해질이나 작은 분자로부터 분리 정제하는 것

05 표준상태를 기준으로 수소 2.24L가 염소와 완전히 반응했다면 생성된 염화수소의 부피는 몇 L인가?

① 2.24 ② 4.48
③ 22.4 ④ 44.8

🔍 염화수소의 제법
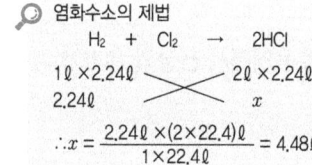
$\therefore x = \frac{2.24\ell \times (2 \times 22.4)\ell}{1 \times 22.4\ell} = 4.48\ell$

06 알케인족 탄화수소의 일반식을 옳게 나타낸 것은?

① C_nH_{2n} ② C_nH_{2n+2}
③ C_nH_{2n+1} ④ C_nH_{2n-2}

🔍 알케인족(Alkane) 원소 : C_nH_{2n+2}
※ 알카인족 탄화수소 : C_nH_{2n-2}

07 방사능 붕괴의 형태 중 $^{226}_{88}Ra$이 α 붕괴할 때 생기는 원소는?

① $^{222}_{86}Rn$ ② $^{232}_{90}Th$
③ $^{231}_{91}Pa$ ④ $^{238}_{92}U$

🔍 $^{226}_{88}Ra$(라듐)원소가 α붕괴하면 원자번호 2감소, 질량수 4감소한다.[$^{226}_{88}Ra$(라돈)]

08 다음 물질 중 수용액에서 약한 산성을 나타내며 염화제이철 수용액과 정색반응을 하는 것은?

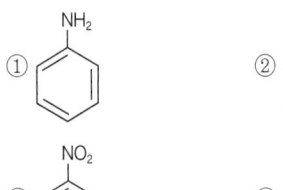

🔍 페놀(석탄산) : 특유의 냄새를 가진 무색의 결정으로 물에 조금 녹아 약한 산성을 나타내며 FeCl₃(염화제이철)용액과 정색반응(자색→청색)을 한다.

09 다이크로뮴산이온($Cr_2O_7^{2-}$)에서 Cr의 산화수는?

① +3   ② +6
③ +7   ④ +12

🔍 Cr의 산화수 $2x + (-2 \times 7) = -2$
∴ $x = (14 - 2)/2 = +6$

10 다음 화합물 중 수용액에서 산성의 세기가 가장 큰 것은?

① HF   ② HCl
③ HBr ④ HI

🔍 할로젠족 원소
• 산성의 세기, 부촉매효과 : HI 〉 HBr 〉 HCl 〉 HF
• 산화력, 반응성의 순서 : F₂ 〉 Cl₂ 〉 Br₂ 〉 I₂

11 다음 중 양쪽성 산화물에 해당하는 것은?

① NO_2 ② Al_2O_3
③ MgO ④ Na_2O

🔍 양쪽성 산화물 : 양쪽성원소의 산화물로서 산이나 염기와 반응하여 염과 물을 생성하는 물질
※ 양쪽성산화물 : ZnO, Al₂O₃, SnO, PbO, Sb₂O₃

12 아세토페논의 화학식에 해당하는 것은?

① C_6H_5OH ② $C_6H_5NO_2$
③ $C_6H_5CH_3$ ④ $C_6H_5COCH_3$

🔍 위험물

종류	명칭	종류	명칭
C₆H₅OH	페놀	C₆H₅NO₂	나이트로벤젠
C₆H₅CH₃	톨루엔	C₆H₅COCH₃	아세토페논

13 다음 물질 중 이온결합을 하고 있는 것은?

① 얼음
② 흑연
③ 다이아몬드
④ 염화나트륨

🔍 이온결합 : NaCl(염화나트륨), KCl(염화칼륨), CaO(산화칼슘), MgO(산화마그네슘)

14 다음 금속들 중에서 황산아연 수용액 속에 넣어 아연을 분리시킬 수 있는 것은?

① 철   ② 칼슘
③ 니켈   ④ 구리

🔍 칼슘(Ca) 중에서 황산아연(ZnSO₄) 수용액에 넣어 아연을 분리시킬 수 있다.
Ca + ZnSO₄ → CaSO₄ + Zn

15 다음 중 방향족화합물이 아닌 것은?

① 톨루엔   ② 아세톤
③ 크레졸   ④ 아닐린

🔍 구조식

종류	화학식	구조식	구분
톨루엔	C₆H₅CH₃	(CH₃-벤젠고리)	방향족화합물
아세톤	CH₃COCH₃	H-C-C-C-H	지방족화합물
m-크레졸	C₆H₄CH₃OH	(OH, CH₃-벤젠고리)	방향족화합물
아닐린	C₆H₅NH₂	(NH₂-벤젠고리)	방향족화합물

16 다음 중 원자가 전자의 배열이 ns² np²인 것으로만 나열된 것은?(단, n은 2, 3, 4, …이다.)

① Ne, Ar
② Li, Na
③ C, Si
④ N, P

> 전전자배열
> • Ne(원자번호 10) : $1S^2, 2S^2, 2P^6$
> • Ar(원자번호 18) : $1S^2, 2S^2, 2P^6, 3S^2, 3P^6$
> • Li (원자번호 3) : $1S^2, 2S^1$
> • Na(원자번호 11) : $1S^2, 2S^2, 2P^6, 3S^1$
> • C(원자번호 6) : $1S^2, 2S^2, 2P^2$
> • Si(원자번호 14) : $1S^2, 2S^2, 2P^6, 3S^2, 3P^2$
> • N(원자번호 7) : $1S^2, 2S^2, 2P^3$
> • P(원자번호 15) : $1S^2, 2S^2, 2P^6, 3S^2, 3P^3$

17 다음 작용기 중에서 메틸(methyl)기에 해당하는 것은?

① $-C_2H_5$
② $-COCH_3$
③ $-NH_2$
④ $-CH_3$

> 작용기
>
> | 종류 | 명칭 | 종류 | 명칭 |
> |---|---|---|---|
> | $-C_2H_5$ | 에틸(ethyl)기 | $-COCH_3$ | 아세틸(acetyl)기 |
> | $-NH_2$ | 아미노(amino)기 | $-CH_3$ | 메틸(methyl)기 |

18 다음 중 원자번호가 7인 질소와 같은 족에 해당되는 원소의 원자번호는?

① 15
② 16
③ 17
④ 18

> 질소(원자번호 7, N)원소와 같은 족 : P(15), As(33), Sb(51), Bi(83)

19 고체상의 물질이 액체상과 평형에 있을 때의 온도와 액체의 증기압과 외부압력이 같게 되는 온도를 각각 옳게 표시한 것은?

① 끓는점과 어는점
② 전이점과 끓는점
③ 어는점과 끓는점
④ 용융점과 어는점

> 정의
> • 어는점 : 고체상의 물질이 액체상과 평형에 있을 때의 온도
> • 끓는점 : 액체의 증기압과 외부압력이 같게 되는 온도

20 다음 중 물에 대한 소금의 용해가 물리적 변화라고 할 수 있는 근거로 가장 옳은 것은?

① 소금과 물이 결합한다.
② 용액이 증발하면 소금이 남는다.
③ 용액이 증발할 때 다른 물질이 생성된다.
④ 소금이 물에 녹으면 보이지 않게 된다.

> 소금물은 온도를 올리면 물은 증발되고 소금만 남게 되는 것은 물리적인 변화라 할 수 있다.
> ※소금물(수용액) = 소금(용질) + 물(용매)

2. 화재예방과 소화방법

21 할로젠화합물 소화약제의 공통적인 특성이 아닌 것은?

① 잔사가 남지 않는다.
② 전기전도성이 좋다.
③ 소화농도가 낮다.
④ 침투성이 우수하다.

> 할로젠화합물 소화약제는 전기 부도체이다.

22 다음 중 과산화나트륨의 화재 시 소화방법으로 가장 적당한 것은?

① 포소화약제
② 물
③ 마른모래
④ 할로젠화합물

> 무기과산화물(과산화나트륨)의 소화약제 : 마른모래, 탄산수소염류분말약제, 팽창질석, 팽창진주암

23 다음은 제4류 위험물에 해당하는 물품의 소화방법을 설명한 것이다. 소화효과가 가장 떨어지는 것은?

① 산화프로필렌 : 알코올형 포로 질식소화한다.
② 아세트알데하이드 : 수성막포를 이용하여 질식소화한다.

③ 이황화탄소 : 탱크 또는 용기 내부에서 연소하고 있는 경우에는 물을 유입하여 질식소화한다.
④ 다이에틸에터 : 불활성가스소화설비를 이용하여 질식소화한다.

> 아세트알데하이드는 제4류 위험물의 특수인화물로 물에 잘 녹으므로 알코올형포(내알코올포, 알코올포)로 질식소화한다.

24 프로페인가스 3ℓ를 완전연소 시키려면 공기가 약 몇 ℓ가 필요한가?(단, 공기 중 산소는 20%이다.)

① 15
② 25
③ 50
④ 75

> 프로페인의 연소반응식
> $C_3H_8 + 5O_2 \rightarrow 3CO_2 + 4H_2O$
> $1 \times 22.4\ell \quad\quad 5 \times 22.4\ell$
> $3\ell \quad\quad\quad\quad\quad x$
> $\therefore x = \dfrac{3\ell \times (5 \times 22.4)\ell}{1 \times 22.4\ell} = 15\ell \Rightarrow$ 이론산소의 부피
> ※ 필요한 공기량을 구하면 $15\ell \div 0.2 = 75\ell$

25 물통 또는 수조를 이용한 소화가 공통적으로 적응성이 있는 위험물은 제 몇 류 위험물인가?

① 제2류 위험물
② 제3류 위험물
③ 제4류 위험물
④ 제5류 위험물

> 위험물의 소화
>
> | 종류 | 소화방법 |
> |---|---|
> | 제1류 위험물 | 냉각소화 |
> | 제2류 위험물 | 냉각소화 |
> | 제3류 위험물 | 질식소화 |
> | 제4류 위험물 | 질식소화 |
> | 제5류 위험물 | 냉각소화 |
> | 제6류 위험물 | 냉각소화 |
>
> ※제1류 위험물은 냉각소화가 가능하나 무기과산화물은 질식소화가 적합하다.
> ※제2류 위험물은 냉각소화가 가능하나 마그네슘, 철분, 금속분은 적합하지 않다.
> ※제3류 위험물은 황린만 냉각소화가 가능하다.

26 제1종 분말소화약제가 1차 열분해되어 표준상태를 기준으로 44.8m³의 탄산가스가 생성되었다. 몇 kg의 탄산수소나트륨이 사용되었는가?(단, 나트륨의 원자량은 23이다.)

① 56.25
② 112.5
③ 168
④ 336

> 제1종 분말약제의 분해반응식
> $2NaHCO_3 \rightarrow Na_2CO_2 + H_2O + CO_2$
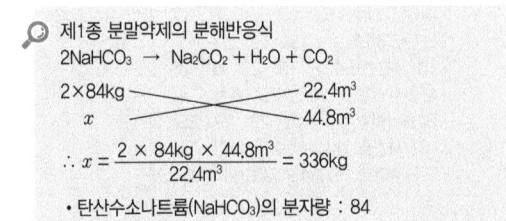
> $\therefore x = \dfrac{2 \times 84kg \times 44.8m^3}{22.4m^3} = 336kg$
> • 탄산수소나트륨($NaHCO_3$)의 분자량 : 84
> • 표준상태에서 기체 1kg-mol이 차지하는 부피 : 22.4m³

27 고정식 포소화설비의 포방출구의 형태 중 고정지붕구조의 위험물탱크에 적합하지 않은 것은?

① 특형
② II형
③ III형
④ IV형

> 고정식 방출구의 종류
>
> | 종류 | 구조 | 포주입방법 |
> |---|---|---|
> | I형 | 고정지붕구조(CRT) | 상부포주입법 |
> | II형 | 고정지붕구조(CRT) | 상부포주입법 |
> | 특형 | 부상지붕구조(FRT) | 상부포주입법 |
> | III형 | 고정지붕구조(CRT) | 저부포주입법 |
> | IV형 | 고정지붕구조(CRT) | 저부포주입법 |
>
> ※ CRT : Cone roof tank, FRT : Floating roof tank

28 화재의 종류에서 D급 화재에 속하는 것은?

① 일반화재
② 유류화재
③ 전기화재
④ 금속화재

> 화재의 종류
>
> | 급수 | 종류 | 원형색상 |
> |---|---|---|
> | A급 화재 | 일반화재 | 백색 |
> | B급 화재 | 유류화재 | 황색 |
> | C급 화재 | 전기화재 | 청색 |
> | D급 화재 | 금속화재 | 무색 |

29 제6류 위험물의 소화방법으로 틀린 것은?

① 마른모래로 소화한다.
② 환원성 물질을 사용하여 중화 소화한다.
③ 연소의 상황에 따라 분무주수도 효과가 있다.
④ 과산화수소 화재 시 다량의 물을 사용하여 희석소화 할 수 있다.

🔍 제6류 위험물은 산화성 액체로서 제2류 위험물인 환원성 물질과 접촉하면 위험하다.

30 물을 소화약제로 사용하는 장점이 아닌 것은?

① 구하기가 쉽다.
② 취급이 간편하다.
③ 기화잠열이 크다.
④ 비열이 작다.

🔍 물을 소화약제로 사용하는 이유
- 구하기가 쉽다.
- 취급이 간편하다.
- 비열과 기화잠열이 크다.

31 이산화탄소를 이용한 질식소화에 있어서 아세톤의 한계산소농도(vol%)에 가장 가까운 것은?

① 15
② 18
③ 21
④ 25

🔍 질식소화 시 산소의 유효한계농도 : 15% 이하

32 포말 화학소방차 1대의 포말방사능력 및 포수용액 비치량으로 옳은 것은?

① 2,000ℓ/min, 비치량 10만ℓ 이상
② 1,500ℓ/min, 비치량 5만ℓ 이상
③ 1,000ℓ/min, 비치량 3만ℓ 이상
④ 500ℓ/min, 비치량 1만ℓ 이상

🔍 화학소방자동차에 갖추어야 하는 소화능력 및 설비의 기준(시행규칙 별표 23)

화학소방자동차의 구분	소화능력 및 설비의 기준
포수용액 방사차	포수용액의 방사능력이 매분 2,000ℓ 이상일 것
	소화약액탱크 및 소화약액혼합장치를 비치할 것
	10만ℓ 이상의 포수용액을 방사할 수 있는 양의 소화약제를 비치할 것
분말 방사차	분말의 방사능력이 매초 35kg 이상일 것
	분말탱크 및 가압용 가스설비를 비치할 것
	1,400kg 이상의 분말을 비치할 것
할로젠화합물 방사차	할로젠화합물의 방사능력이 매초 40kg 이상일 것
	할로젠화합물탱크 및 가압용 가스설비를 비치할 것
	1,000kg 이상의 할로젠화합물을 비치할 것
이산화탄소 방사차	이산화탄소의 방사능력이 매초 40kg 이상일 것
	이산화탄소저장용기를 비치할 것
	3,000kg 이상의 이산화탄소를 비치할 것
제독차	가성소오다 및 규조토를 각각 50kg 이상 비치할 것

33 분진폭발에 대한 설명으로 옳지 않은 것은?

① 밀폐공간 내 분진운이 부유할 때 폭발위험성이 있다.
② 충격, 마찰도 착화에너지가 될 수 있다.
③ 2차, 3차 폭발의 발생우려가 없으므로 1차 폭발수화에 주력하여야 하다.
④ 산소의 농도가 증가하면 대형화 될 수 있다.

🔍 분진폭발 : 고체의 미립자가 공기 중에서 착화에너지를 얻어 폭발하는 현상으로 2차, 3차 폭발의 발생우려가 있다.
※ 분진폭발 : 마그네슘, 금속분, 밀가루, 황 등

34 건축물의 외벽이 내화구조로 된 저장소는 연면적 몇 m^2를 1소요단위로 하는가?

① 50
② 75
③ 100
④ 150

🔍 제조소등의 1소요단위 산정

제조소, 일반취급소		저장소	
내화구조	비내화구조	내화구조	비내화구조
연면적 100m²	연면적 50m²	연면적 150m²	연면적 75m²

35 이동식 포소화설비를 옥외에 설치하였을 때 방사량은 몇 L/min 이상으로 30분간 방사 할 수 있는 양이어야 하는가?

① 100 ② 200
③ 300 ④ 400

🔍 이동식 포소화설비(위험물안전관리에 관한 세부기준 제133조)
이동식 포소화설비는 4개(호스접속구가 4개 미만인 경우에는 그 개수)의 노즐을 동시에 사용할 경우

방사압력	방사량		방사시간
	옥내에 설치	옥외에 설치	
0.35MPa	200ℓ/min 이상	400ℓ/min 이상	30분

36 올바른 소화기 사용법으로 가장 거리가 먼 것은?

① 적응화재에 사용할 것
② 바람을 등지고 사용할 것
③ 가까이에서는 화재위험이 있어 먼 거리에서 사용할 것
④ 양옆으로 비로 쓸 듯이 골고루 사용할 것

🔍 소화기 사용법
- 적응화재에 사용할 것
- 바람을 등지고 풍상에서 풍하로 방사할 것
- 성능에 따라서 불 가까이 접근하여 사용할 것
- 비로 쓸 듯이 양옆으로 골고루 사용할 것

37 공기포 발포배율을 측정하기 위해 중량 180g, 용량 1800㎖의 포 수집 용기에 가득히 포를 채취하여 측정한 용기의 무게가 540g이었다면 발포배율은?(단, 포 수용액의 비중은 1로 가정한다.)

① 3배 ② 5배
③ 7배 ④ 9배

🔍 발포배율 = $\dfrac{용량}{포의\ 중량} = \dfrac{1800ml}{540g-180g} = 5.0배$

38 분말소화약제 중 제일인산암모늄의 특징이 아닌 것은?

① 금속화재에 사용할 수 있다.
② 전기화재에 사용할 수 있다.
③ 유류화재에 사용할 수 있다.
④ 목재화재에 사용할 수 있다.

🔍 제3종 분말의 성상

종류	주성분	적응 화재	착색
제3종 분말	$NH_4H_2PO_4$ (제일인산암모늄)	A급(일반화재) B급(유류화재) C급(전기화재)	담홍색, 황색

39 연소이론에 관한 용어의 정의 중 틀린 것은?

① 발화점은 가연물을 가열할 때 점화원 없이 발화하는 최저의 온도이다.
② 연소점은 5초 이상 연소상태를 유지할 수 있는 최저의 온도이다.
③ 하나의 위험물은 발화점, 인화점, 연소점의 순서로 온도가 높다.
④ 인화점은 가연성 증기를 형성하여 점화원이 가해졌을 때 가연성 증기가 연소범위 하한에 도달하는 최저의 온도이다.

🔍 발화(착화)점 : 가연물을 가열할 때 점화원 없이 발화하는 최저의 온도
※ 발화점 〉 연소점 〉 인화점

40 다음 중 소화약제의 구성성분으로 사용하지 않는 것은?

① 제1인산암모늄
② 탄산수소나트륨
③ 황산알루미늄
④ 인화알루미늄

🔍 소화약제의 구성성분
① 제1인산암모늄 : 제3종 분말약제
② 탄산수소나트륨 : 제2종 분말약제
③ 황산알루미늄 : 화학포 소화약제
※ 인화알루미늄(AlP) : 제3류 위험물의 금속의 인화물

3. 위험물 성상 및 취급

41 다음 중 지정수량이 400L가 아닌 위험물은?

① 아세톤
② 부틸알코올
③ 메틸알코올
④ 에틸알코올

🔍 지정수량

종류	품명	지정수량
아세톤	제4류 위험물 제1석유류(수용성)	400ℓ
부틸알코올	제4류 위험물 제2석유류(비수용성)	1,000ℓ
메틸알코올	제4류 위험물 알코올류	400ℓ
에틸알코올	제4류 위험물 알코올류	400ℓ

42 과산화수소의 성질 및 취급방법에 관한 설명 중 틀린 것은?

① 햇빛에 의해서 분해되어 산소를 방출한다.
② 인산, 요산 등의 분해방지 안정제를 넣는다.
③ 저장 용기는 공기가 통하지 않게 마개로 막아둔다.
④ 단독으로 폭발할 수 있는 농도는 약 60% 이상이다.

🔍 저장용기는 상온에서 서서히 분해하여 산소를 발생하므로 폭발의 위험이 있어 공기가 통하게 한다.

43 다음 ( ) 안에 알맞은 수치는?(단, 인화점이 200℃ 이상인 위험물은 제외한다.)

옥외저장탱크의 지름이 15m 미만인 경우에 방유제는 탱크의 옆판으로부터 탱크 높이의 ( ) 이상 이격하여야 한다.

① $\frac{1}{3}$ ② $\frac{1}{2}$
③ $\frac{1}{4}$ ④ $\frac{2}{3}$

🔍 방유제는 탱크의 옆판으로부터 일정 거리를 유지할 것(단, 인화점이 200℃ 이상인 위험물은 제외)
• 지름이 15m 미만인 경우 : 탱크 높이의 1/3 이상
• 지름이 15m 이상인 경우 : 탱크 높이의 1/2 이상

44 지정수량 이상의 위험물을 차량으로 운반하는 경우 해당 차량에 표지를 설치하여야 한다. 다음 중 직사각형 표지규격으로 옳은 것은?

① 장변 길이 : 0.6m 이상, 단변 길이 : 0.3m 이상
② 장변 길이 : 0.4m 이상, 단변 길이 : 0.3m 이상
③ 가로, 세로 모두 0.3m 이상
④ 가로, 세로 모두 0.4m 이상

🔍 운반차량의 표지의 규격
• 긴 변의 길이 : 0.6m 이상
• 짧은 변의 길이 : 0.3m 이상

45 황린 90kg, 마그네슘 750kg, 칼륨 100kg을 저장할 때 각각의 지정수량 배수의 총합은 얼마인가?

① 6   ② 10
③ 12   ④ 16

🔍 위험물의 지정수량

종류	품명	지정수량
황린	제3류 위험물	20kg
마그네슘	제2류 위험물	500kg
칼륨	제3류 위험물	10kg

※ 지정배수 = $\frac{90kg}{20kg} + \frac{750kg}{500kg} + \frac{100kg}{10kg} = 16$배

46 과산화나트륨의 저장 및 취급방법에 대한 설명 중 틀린 것은?

① 물과의 반응성 때문에 물의 접촉을 피해야 한다.
② 용기는 수분이 들어가지 않게 밀전 및 밀봉 저장한다.
③ 가열 및 충격·마찰을 피하고 유기물질의 혼입을 막는다.
④ 직사광선을 받는 곳이나 습한 곳에 저장한다.

> 과산화나트륨(Na_2O_2)은 수분이나 습기와 접촉하면 산소를 발생하므로 위험하다.
> $2Na_2O_2 + 2H_2O \rightarrow 4NaOH + O_2 \uparrow$

47 과산화수소의 운반 시 운반용기의 외부에 표시해야 하는 주의사항은?

① 물기엄금
② 화기엄금
③ 가연물접촉주의
④ 충격주의

> 운반 시 표시하여야 할 주의사항

류별	항목	주의사항
제1류 위험물	알칼리금속의 과산화물	화기·충격주의, 물기엄금, 가연물접촉주의
	그 밖의 것	화기·충격주의, 가연물접촉주의
제2류 위험물	철분, 금속분, 마그네슘	화기주의, 물기엄금
	인화성고체	화기엄금
	그 밖의 것	화기주의
제3류 위험물	자연발화성물질	화기엄금, 공기접촉엄금
	금수성물질	물기엄금
제4류 위험물		화기엄금
제5류 위험물		화기엄금, 충격주의
제6류 위험물(과산화수소)		가연물접촉주의

48 금속칼륨의 성질에 대한 설명으로 옳은 것은?

① 화학적 활성이 강한 금속이다.
② 극히 산화하기 어려운 금속이다.
③ 금속 중에서 가장 단단한 금속이다.
④ 금속 중에서 가장 무거운 금속이다.

> 칼륨(K)은 화학적으로 활성이 강한 무른 금속이다.

49 다음 중 제1석유류에 해당하는 것은?

① 아세톤
② 경유
③ 메틸알코올
④ 나이트로벤젠

> 제4류 위험물의 분류

종류	구분	종류	구분
아세톤	제1석유류 (수용성)	경유	제2석유류 (비수용성)
메틸알코올	알코올류	나이트로벤젠	제3석유류 (비수용성)

50 다음은 위험물의 성질에 대한 설명이다. 각 위험물에 대한 옳은 설명으로만 나열된 것은?

> A. 건조공기와 상온에서 반응한다.
> B. 물과 작용하여 유독성가스를 발생한다.
> C. 물과 작용하여 수산화칼슘을 만든다.
> D. 비중이 1 이상이다.

① K : A, B, D
② Ca_3P_2 : B, C, D
③ Na : A, C, D
④ CaC_2 : A, B, D

> 인화칼슘(인화석회)
> • 물성

화학식	분자량	융점	비중
Ca_3P_2	182	1600℃	2.51

> • 물과 반응하면 수산화칼슘[$Ca(OH)_2$]과 포스핀(PH_3)의 유독성 가스를 발생한다.
> $Ca_3P_2 + 6H_2O \rightarrow 3Ca(OH)_2 + 2PH_3 \uparrow$

51 다음 중 착화온도가 가장 낮은 것은?

① 황린
② 이황화탄소
③ 삼황화인
④ 오황화인

> 착화온도

종류	착화온도	종류	착화온도
황린	34℃	이황화탄소	90℃
삼황화인	100℃	오황화인	142℃

52 제4류 위험물 옥외탱크저장소 주위의 보유공지 너비의 기준으로 틀린 것은?

① 지정수량의 500배 이하 - 3m 이상
② 지정수량의 500배 초과 1,000배 이하 - 5m 이상
③ 지정수량의 1,000배 초과 2,000배 이하 - 8m 이상
④ 지정수량의 2,000배 초과 3,000배 이하 - 12m 이상

옥외탱크저장소의 보유공지

저장 또는 취급하는 위험물의 최대수량	공지의 너비
지정수량의 500배 이하	3m 이상
지정수량의 500배 초과 1,000배 이하	5m 이상
지정수량의 1,000배 초과 2,000배 이하	9m 이상
지정수량의 2,000배 초과 3,000배 이하	12m 이상
지정수량의 3,000배 초과 4,000배 이하	15m 이상
지정수량의 4,000배 초과	해당 탱크의 수평단면의 최대지름(가로형인 경우에는 긴변)과 높이 중 큰 것과 같은 거리 이상(단, 30m 초과시 30m 이상으로, 15m 미만시 15m 이상으로 할 것)

53 다음 화학 구조식 중 아닐린의 구조식은?

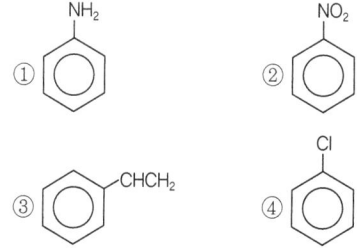

구조식

종류	화학식	구조식
아닐린	$C_6H_5NH_2$	(NH₂-벤젠)
나이트로벤젠	$C_6H_5NO_2$	(NO₂-벤젠)
스틸렌	$C_6H_5CHCH_2$	(CH=CH₂-벤젠)
클로로벤젠	C_6H_5Cl	(Cl-벤젠)

54 이동탱크저장소의 탱크 용량이 얼마 이하마다 그 내부에 3.2mm 이상의 안전칸막이를 설치해야 하는가?

① 2,000ℓ 이하
② 3,000ℓ 이하
③ 4,000ℓ 이하
④ 5,000ℓ 이하

🔍 이동탱크저장소의 탱크 용량이 4,000ℓ 이하마다 안전칸막이를 설치하여 운전시 출렁임을 방지한다.

55 아염소산나트륨의 위험성으로 옳지 않은 것은?

① 단독으로 폭발 가능하고 분해온도 이상에서는 산소를 발생한다.
② 비교적 안정하나 시판품은 140℃ 이상의 온도에서 발열 반응을 일으킨다.
③ 유기물, 금속분 등 환원성 물질과 접촉하면 즉시 폭발한다.
④ 수용액 중에서 강력한 환원력이 있다.

🔍 아염소산나트륨($NaClO_2$)의 수용액은 강한 산성이다.

56 트라이나이트로톨루엔에 관한 설명 중 틀린 것은?

① TNT라고 한다.
② 피크린산에 비해 충격, 마찰에 둔감하다.
③ 물에 녹아 발열·발화한다.
④ 폭발시 다량의 가스를 발생한다.

🔍 트라이나이트로톨루엔(TriNitroToluene, TNT)
• 피크린산에 비해 충격, 마찰에 둔감하다
• 물에 녹지 않고, 알코올에는 가열하면 녹고, 아세톤, 벤젠, 에터에는 잘 녹는다.
• 폭발시 다량의 가스를 발생한다.

57 다음 위험물 중 혼재할 수 없는 위험물은?(단, 지정수량의 $\frac{1}{10}$ 초과 위험물이다.)

① 적린과 경유
② 나트륨과 등유
③ 톨루엔과 나이트로셀룰로스
④ 과산화칼륨과 크실렌

🔍 운반 시 유별을 달리하는 위험물의 혼재기준(별표 19 관련)

위험물의 구분	제1류	제2류	제3류	제4류	제5류	제6류
제1류		×	×	×	×	○
제2류	×		×	○	○	×
제3류	×	×		○	×	×
제4류	×	○	○		○	×
제5류	×	○	×	○		×
제6류	○	×	×	×	×	

[비고] 1. "×"표시는 혼재할 수 없음을 표시한다.
2. "○"표시는 혼재할 수 있음을 표시한다.
3. 이 표는 지정수량의 $\frac{1}{10}$ 이하의 위험물에 대하여는 적용하지 아니한다.

∴ 문제에서 보면
① 적린(제2류)과 경유(제4류)
② 나트륨(제3류)과 등유(제4류)
③ 톨루엔(제4류)과 나이트로셀룰로스(제5류)
④ 과산화칼륨(제1류)과 크실렌(제4류)

58 다음 중 물과 접촉시켰을 때 위험성이 가장 큰 것은?

① 황
② 다이크로뮴산칼륨
③ 질산암모늄
④ 과산화나트륨

🔍 과산화나트륨(Na_2O_2)은 물과 반응하면 산소가스를 발생하고 많은 열을 발생한다.
$2Na_2O_2 + 2H_2O \rightarrow 4NaOH + O_2\uparrow + 발열$

59 탄화칼슘이 물과 반응하여 아세틸렌가스가 발생하는 반응식으로 옳은 것은?

① $CaC_2 + 2H_2O \rightarrow Ca(OH)_2 + C_2H_2$
② $CaC_2 + H_2O \rightarrow CaO + C_2H_2$
③ $2CaC_2 + 6H_2O \rightarrow 2Ca(OH)_3 + 2C_2H_3$
④ $CaC_2 + 3H_2O \rightarrow CaCO_3 + 2CH_3$

🔍 탄화칼슘(CaC_2)은 물과 아세틸렌(C_2H_2)가스를 발생시킨다.
$CaC_2 + 2H_2O \rightarrow Ca(OH)_2 + C_2H_2\uparrow$
(탄화칼슘) (물) (수산화칼슘) (아세틸렌)

60 다음 위험물 중 제4류 위험물 중 인화점이 가장 낮은 것은?

① 이황화탄소
② 에터
③ 벤젠
④ 아세톤

🔍 제4류 위험물의 인화점

종류	분류	인화점
이황화탄소	특수인화물	-30℃
에터	특수인화물	-40℃
벤젠	제1석유류	-11℃
아세톤	제1석유류	-18.5℃

정답 CBT 복원문제 2021년 2회

01 ①	02 ③	03 ③	04 ③	05 ②
06 ②	07 ①	08 ②	09 ②	10 ④
11 ②	12 ④	13 ④	14 ②	15 ②
16 ③	17 ④	18 ①	19 ③	20 ②
21 ②	22 ③	23 ②	24 ④	25 ④
26 ④	27 ①	28 ②	29 ②	30 ④
31 ①	32 ①	33 ①	34 ②	35 ①
36 ③	37 ②	38 ①	39 ③	40 ④
41 ②	42 ③	43 ①	44 ①	45 ④
46 ④	47 ③	48 ①	49 ①	50 ②
51 ①	52 ③	53 ①	54 ③	55 ④
56 ③	57 ④	58 ④	59 ①	60 ②

2021년 3회 CBT 복원문제

1. 물질의 물리 · 화학적 성질

01 어떤 물질이 산소 50wt%, 황 50wt%로 구성되어 있다. 이 물질의 실험식을 옳게 나타낸 것은?

① SO
② SO_2
③ SO_3
④ SO_4

🔍 원자량은 산소(O) 16, 황(S)은 32이다.
산소 : 황 = $\frac{무게}{원자량} : \frac{무게}{원자량} = \frac{50}{16} : \frac{50}{32}$ = 3.125 : 1.5625
= 2 : 1이므로
실험식은 SO_2이다.

02 볼타 전지에 관한 설명으로 틀린 것은?

① 이온화 경향이 큰 쪽의 물질이 (−)극이다.
② (+)극에서는 방전시 산화 반응이 일어난다.
③ 전자는 도선을 따라 (−)극에서 (+)극으로 이동한다.
④ 전류의 방향은 전자의 이동 방향과 반대이다.

🔍 볼타전지
• 정의 : 아연(Zn)판과 구리(Cu)판을 도선으로 연결하고 묽은 황산을 넣어 두 전극에서 산화, 환원 반응으로 전기에너지로 변환시키는 장치
• 특성
 − 이온화 경향이 큰 쪽의 물질이 (−)극이다.
 − 전자는 도선을 따라 (−)극에서 (+)극으로 이동한다.
 − Zn판(−극)에서는 산화, Cu판(+극)에서는 환원이 일어난다.
  (−) Zn ∥ H_2SO_4 ∥ Cu(+)

03 수성가스(water gas)의 주성분을 옳게 나타낸 것은?

① CO_2, CH_4
② CO, H_2
③ CO_2, H_2, O_2
④ H_2, H_2O

🔍 수성가스(Water Gas)의 주성분 : 수소(H_2), 일산화탄소(CO)

04 액체 공기에서 질소 등을 분리하여 산소를 얻는 방법은 다음 중 어떤 성질을 이용한 것인가?

① 용해도
② 비등점
③ 색상
④ 압축율

🔍 액체공기는 비등점(비점)을 이용하여 분별 증류하면 산소 −183℃, 질소는 −195℃에서 분리된다.

05 다음 물질을 석출시키는데 필요한 전기량이 0.1F에 가장 가까운 것은?(단, 원자량은 Cu 63.5, Ag 108, Cl 35.5이다.)

① 구리 3.18g
② 은 0.54g
③ 산소 11.2L(0℃, 1기압)
④ 염소 5.6L(0℃, 2기압)

🔍 F(Faraday) : 1g 당량을 얻는데 필요한 전기량
$F = \frac{석출량}{당량} = \frac{석출량}{원자량/원자가}$

• Cu^{++}는 2가이므로 1g 당량 = $\frac{63.5}{2}$ = 31.75g
∴ $\frac{3.18g}{31.75g}$ = 0.1F

• Ag^+은 1가이므로 1g 당량 = $\frac{108}{1}$ = 108g
∴ $\frac{0.54g}{108g}$ = 0.005F

• 산소 1mol = 22.4ℓ =32g/8 = 4g당량 = 4F
∴ 11.2ℓ = 2F

• 염소 1F = 0.5mol
1mol = 22.4ℓ 이므로 5.6ℓ/22.4ℓ = 0.25mol 이다.
이것을 F로 고치면 1F : 0.5mol = x : 0.25mol
∴ x = 0.5F

06 염소원자의 최외각 전자수는 몇 개인가?

① 1
② 2
③ 7
④ 8

🔍 염소(Cl)는 제7족 원소이므로 최외각 전자수는 7개이다.
최외각 전자수 = 족수 = 원자가전자 = 가전자

07 95% 황산의 비중 1.84일 때 이 황산의 몰농도는 약 얼마인가?(단, S의 원자량은 32이다.)

① 17.8M
② 16.8M
③ 15.8M
④ 14.8M

> %농도를 몰농도(M)로 환산하면
> $M농도 = \dfrac{10ds}{분자량}$
> 여기서 d : 비중, s : 농도(%)
> $\therefore M = \dfrac{10ds}{분자량} = \dfrac{10 \times 1.84 \times 95}{98} = 17.8M$
> ※ 황산(H_2SO_4)의 분자량 : 98

08 페놀 수산기(-OH)의 특성에 대한 설명으로 옳은 것은?

① 수용액이 강알칼리성이다.
② 2가 이상이 되면 물에 대한 용해도가 작아진다.
③ 카복실산과 반응하지 않는다.
④ $FeCl_3$용액과 정색반응을 한다.

> 페놀성 수산기는 약 알칼리성이며 $FeCl_3$용액과 특유한 정색 반응을 한다.

09 프로페인 10kg을 완전연소 시키기 위해 표준상태의 산소가 약 몇 m³이 필요한가?

① 25.5
② 51.0
③ 75.5
④ 100

> 프로페인의 연소반응식
> $C_3H_8 + 5O_2 \rightarrow 3CO_2 + 4H_2$
> 44kg   5×22.4m³
> 10kg   x
> $\therefore x = \dfrac{10kg \times 5 \times 22.4m^3}{44kg} = 25.45 m^3$

10 다음 중 알칼리성용액에서 색깔을 나타내는 지시약은?

① 메틸오렌지
② 페놀프탈레인
③ 메틸레드
④ 티몰블루

> 지시약 : 산과 염기의 중화 적정 시 종말점(end point)을 알아내기 위하여 용액의 액성을 나타내는 시약

지시약	변색		변색 pH
	산성색	염기성색	
티몰블루 (Thiomol blue)	적색	노랑색	1.2 ~ 1.8
메틸오렌지(M.O)	적색	오렌지색	3.1 ~ 4.4
메틸레드(M.R)	적색	노랑색	4.8 ~ 6.0
브로모티몰블루	노랑색	청색	6.0 ~ 7.6
페놀레드	노랑색	적색	6.4 ~ 8.0
페놀프탈레인 (P.P)	무색	적색	8.0 ~ 9.6

> ※ 산성용액에서 색깔을 나타내는 지시약 : MO(메틸오렌지), MR(메틸레드), 티몰블루

11 다음 중 극성 분자에 해당하는 것은?

① CO_2
② CH_4
③ C_6H_6
④ H_2O

> 극성분자 : 분자 내부에서 전하의 전기 쌍극자 모멘트를 갖는 분자로서 물(H_2O), 플루오린화수소(HF), 암모니아(NH_3), 에틸알코올(C_2H_5OH), 염화수소(HCL), 아세톤(CH_3COCH_3)등이 있다.
> ※ 비극성 분자 : 분자 속의 양전하의 중심과 음전하의 중심이 일치하여 분자 구조가 대칭성을 보이는 분자로서 메테인, 벤젠, 이황화탄소 등이 있다.

12 다음 물질에 대한 설명 중 틀린 것은?

① 물은 산소와 수소의 혼합물이다.
② 산소와 수은은 단체이다.
③ 염화나트륨은 염소와 나트륨의 화합물이다.
④ 산소와 오존은 동소체이다.

> 물질 설명
> • 물은 산소와 수소의 화합물이다.(H_2O)
> • 산소(O_2)와 수은(Hg)은 하나의 원소로 된 단체이다.
> • 염화나트륨(소금)은 염소와 나트륨의 화합물이다(Na + Cl → NaCl).
> • 산소(O_2)와 오존(O_3)은 동소체이다.

13 $Fe(CN)_6^{4-}$와 4개의 K^+이온으로 이루어진 물질 $K_4Fe(CN)_6$을 무엇이라고 하는가?

① 착화합물
② 할로젠화합물
③ 유기혼합물
④ 수소화합물

🔍 착화합물은 Fe(CN)₆⁴⁻와 4개의 K⁺이온으로 이루어진 물질 [K₄Fe(CN)₆]이다.

14 반감기가 5일인 미지 시료가 2g있을 때 10일이 경과하면 남은 양은 몇 g인가?

① 2
② 1
③ 0.5
④ 0.25

🔍 반감기 : 방사선 원소가 붕괴하여 양이 1/2이 될 때 까지 걸리는 시간

$$m = M\left(\frac{1}{2}\right)^{\frac{t}{T}}$$

여기서 m : 붕괴후의 질량, M : 처음 질량, t : 경과시간, T : 반감기

$$\therefore m = M\left(\frac{1}{2}\right)^{\frac{t}{T}} = 2g \times \left(\frac{1}{2}\right)^{\frac{10}{5}} = 0.5$$

15 다음 물질 중 -CONH-의 결합을 하는 것은?

① 천연고무
② 나이트로셀룰로스
③ 알부민
④ 전분

🔍 펩티드결합 : 단백질 중에 펩티드(-CONH-)를 가지고 있는 것을 말하며 나일론, 알부민, 양모등이 있다.

16 CO₂ 44g을 만들려면 C₃H₈ 분자가 약 몇 개 완전 연소해야 하는가?

① 2.01×10^{23}
② 2.01×10^{22}
③ 6.02×10^{23}
④ 6.02×10^{22}

🔍 프로페인의 연소반응식
C₃H₈ + 5O₂ → 3CO₂ + 4H₂O
1g-mol이 차지하는 분자수는 6.0238 × 10²³개이므로
프로페인 : 이산화탄소의 몰비는 1 : 3이므로
∴ 이산화탄소(CO₂) 1몰(44g)을 만들 때 프로페인의 분자수는
6.0238 × 10²³개 ÷ 3 = 2.01 × 10²³

17 다음 중 산성이 가장 약한 산은?

① HCl
② H₂SO₄
③ H₂CO₃
④ HNO₃

🔍 탄산(H₂CO₃)은 이산화탄소가 물에 녹아서 생기는 약한 산(酸) 수용액으로만 존재한다.

산의 구분	해당 물질
강산	염산(HCL), 황산(H₂SO₄), 질산(HNO₃)
약산	초산(CH₃COOH), 의산(HCOOH), 인산(H₃PO₄)

18 다음 보기의 벤젠 유도체 가운데 벤젠의 치환반응으로부터 직접 유도할 수 없는 것은?

| ⓐ -Cl | ⓑ -OH | ⓒ -SO₃H | ⓓ -NH₂ |

① ⓐ, ⓑ
② ⓑ, ⓓ
③ ⓐ, ⓒ
④ ⓒ, ⓓ

🔍 수산기(-OH)와 아미노기(-NH₂)는 벤젠에서 직접 유도할 수 없다.
• 페놀의 제법(쿠멘법)

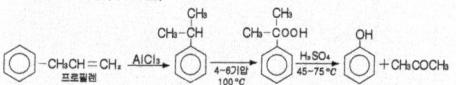

• 아닐린의 제법 : 벤젠을 나이트로화하여 나이트로벤젠을 수소로서 환원하여 제조한다.

19 수소 1.2몰과 염소 2몰이 반응할 경우 생성되는 염화수소의 몰수는?

① 1.2
② 2
③ 2.4
④ 4.8

🔍 염화수소의 제조
H₂ + Cl₂ → 2HCl

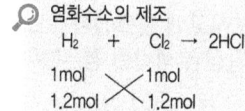

1 : 1의 반응이므로 → 2.4mol이 생성된다.
∴ 수소 1.2mol(2.4g)과 염소 1.2mol(85.2g)을 반응시키면 정상반응인데 염소 2mol(142g)이 반응하면 나머지 0.8mol(56.8g)은 미반응물로 제품에 섞여 나온다.

20 다음 중 물의 끓는점을 높이기 위한 방법으로 가장 타당한 것은?

① 순수한 물을 끓인다.
② 물을 저으면서 끓인다.
③ 감압하에 끓인다.
④ 밀폐된 그릇에서 끓인다.

🔍 밀폐된 그릇에서 물을 끓이면 끓는점(비점)을 높일 수 있다.

2. 화재예방과 소화방법

21 소화설비의 구분에서 물분무등소화설비에 속하는 것은?

① 포 소화설비
② 옥내소화전설비
③ 스프링클러설비
④ 연결송수관설비

> 물분무등소화설비 : 물분무소화설비, 포소화설비, 불활성가스소화설비, 할로젠화합물소화설비, 분말소화설비
> ※ 위험물은 불활성가스소화설비이고, 소방에서는 이산화탄소소화설비로 보면 됩니다.

22 그림과 같은 타원형 위험물탱크의 내용적은 약 얼마인가?(단, 단위는 m이다.)

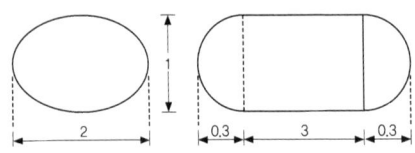

① $5.03m^3$
② $7.52m^3$
③ $9.03m^3$
④ $19.05m^3$

> 내용적 $= \dfrac{\pi ab}{4}\left(\ell + \dfrac{\ell_1 + \ell_2}{3}\right)$
> $= \dfrac{\pi \times 2 \times 1}{4}\left(3 + \dfrac{0.3 + 0.3}{3}\right)$
> $= 5.03m^3$

23 다음의 물품을 저장하는 창고에 불활성가스 소화설비를 설치하고자 한다. 가장 부적합한 경우는?

① 톨루엔
② 동·식물유류
③ 고형 알코올
④ 과산화칼륨

> 과산화칼륨은 마른모래, 팽창질석, 팽창알루미늄, 탄산수소염류 분말약제소화기가 적합하다.

24 Halon 1301 속에 함유되지 않은 원소는?

① C
② Cl
③ Br
④ F

> 할론 1301은 CF_3Br로서 Cl(염소)가 없다.
>
> | 약제 | 화학식 | 약제 | 화학식 |
> |---|---|---|---|
> | 할론 1301 | CF_3Br | 할론 1211 | CF_2ClBr |
> | 할론 1011 | CH_2ClBr | 할론 2402 | $C_2F_4Br_2$ |

25 스프링클러헤드 부착장소의 평상시의 최고주위온도가 39℃ 이상 64℃ 미만일 때 표시온도의 범위로 옳은 것은?

① 58℃ 이상 79℃ 미만
② 79℃ 이상 121℃ 미만
③ 121℃ 이상 162℃ 미만
④ 162℃ 이상

> 부착장소의 최고주위온도에 따른 헤드의 표시온도
>
> | 부착장소의 최고주위온도(℃) | 표시온도(℃) |
> |---|---|
> | 28 미만 | 58 미만 |
> | 28 이상 39 미만 | 58 이상 79 미만 |
> | 39 이상 64 미만 | 79 이상 121 미만 |
> | 64 이상 106 미만 | 121 이상 162 미만 |
> | 106 이상 | 162 이상 |

26 강화액 소화기에 한랭지역 및 겨울철에도 얼지 않도록 첨가하는 물질은 무엇인가?

① 탄산칼륨
② 질소
③ 사염화탄소
④ 아세틸렌

> 강화액 소화약제는 물에 탄산칼륨(K_2CO_3)을 첨가하여 만든 소화약제로서 응고점이 영하 20℃ 이하이므로 겨울철이나 한랭지역에 사용한다.

27 다이에틸에터 2000L와 아세톤 4000L를 옥내저장소에 저장하고 있다면 총 소요단위는 얼마인가?

① 5
② 6
③ 7
④ 8

> 제4류 위험물의 지정수량
>
> | 종류 | 품명 | 지정수량 |
> |---|---|---|
> | 다이에틸에터 | 제4류 특수인화물 | 50L |
> | 아세톤 | 제1석유류(수용성) | 400L |
>
> ∴ 소요단위 $= \dfrac{저장수량}{지정수량 \times 10}$
> $= \dfrac{2000\ell}{50\ell \times 10} + \dfrac{4000\ell}{400 \times 10} = 5$ 소요단위
>
> ※위험물의 소요단위 : 지정수량의 10배

28 다음 위험물에 화재가 발생하였을 때 주수소화를 하면 수소가스가 발생하는 것은?

① 황화린
② 적린
③ 마그네슘
④ 황

🔍 주수소화
- 황화린은 3종류가 있으나 물에 의하여 분해되는 것도 있다.
- 적린(P)과 황(S)은 주수소화가 가능하다.
- 마그네슘(Mg)분은 물과 반응하면 수소가스(H_2)를 발생한다.
  $Mg + 2H_2O \rightarrow Mg(OH)_2 + H_2$

29. 스프링클러설비에 방사구역마다 제어밸브를 설치하고자 한다. 바닥면으로부터 높이 기준으로 옳은 것은?

① 0.8m 이상 1.5m 이하
② 1.0m 이상 1.5m 이하
③ 0.5m 이상 0.8m 이하
④ 1.5m 이상 1.8m 이하

🔍 스프링클러설비의 제어밸브 : 바닥으로부터 0.8m 이상 1.5m 이하

30 포소화설비의 가압송수 장치에서 압력수조의 압력 산출 시 필요 없는 것은?

① 낙차의 환산 수두압
② 배관의 마찰손실 수두압
③ 노즐 끝부분의 마찰손실 수두압
④ 소방용 호스의 마찰손실 수두압

🔍 압력수조를 이용하는 가압송수장치
$P = p_1 + p_2 + p_3 + p_4$
여기서, P : 필요한 압력(단위 MPa)
p_1 : 고정식포방출구의 설계압력 또는 이동식포소화설비 노즐방사압력(단위 MPa)
p_2 : 배관의 마찰손실수두압(단위 MPa)
p_3 : 낙차의 환산수두압(단위 MPa)
p_4 : 이동식포소화설비의 소방용 호스의 마찰손실수두압(단위 MPa)

31 공기 중 산소는 부피백분율과 질량백분율로 각각 약 몇 %인가?

① 79%, 21%
② 21%, 23%
③ 23%, 21%
④ 21%, 79%

🔍 공기 중 산소농도
- 부피백분율 : 21%
- 질량백분율 : 23%

32 제4류 위험물을 취급하는 제조소에서 지정수량의 몇 배 이상을 취급할 경우 자체소방대를 설치하여야 하는가?

① 1000배
② 2000배
③ 3000배
④ 4000배

🔍 제4류 위험물을 취급하는 제조소나 일반취급소에는 지정수량의 3000배 이상을 취급할 경우 자체소방대를 편성하여야 한다.

33 포 소화약제의 종류에 해당하지 않는 것은?

① 단백포 소화약제
② 합성계면활성제포 소화약제
③ 수성막포 소화약제
④ 액표면포 소화약제

🔍 포 소화약제의 종류
- 단백포 소화약제
- 알코올형포(내알코올포, 알코올포) 소화약제
- 합성계면활성제포 소화약제
- 수성막포 소화약제
- 플루오린화단백포 소화약제

34 폭굉 유도 거리(DID)가 짧아지는 요건에 해당되지 않은 것은?

① 정상 연소 속도가 큰 혼합가스일 경우
② 관속에 방해물이 없거나 관경이 큰 경우
③ 압력이 높을 경우
④ 점화원의 에너지가 클 경우

🔍 폭굉유도거리(DID)
- 정의 : 최초의 완만한 연소가 격렬한 폭굉으로 발전할 때까지의 거리
- 폭굉유도거리가 짧아지는 요인
  - 압력이 높을수록
  - 관경이 작을수록
  - 관속에 장애물이 있는 경우
  - 점화원의 에너지가 강할수록
  - 정상연소속도가 큰 혼합물일수록

35 다음 중 분진 폭발을 일으킬 위험성이 가장 낮은 물질은?

① 알루미늄 분말
② 석탄
③ 밀가루
④ 시멘트 분말

🔍 시멘트분말, 생석회(CaO)는 분진폭발하지 않는다.

36 가연성 가스의 폭발 범위에 대한 일반적인 설명으로 틀린 것은?

① 가스의 온도가 높아지면 폭발 범위는 넓어진다.
② 폭발한계농도 이하에서 폭발성 혼합가스를 생성한다.
③ 공기 중에서보다 산소 중에서 폭발 범위가 넓어진다.
④ 가스압이 높아지면 하한값은 크게 변하지 않으나 상한 값은 높아진다.

🔍 가연성가스의 폭발범위
- 하한계가 낮을수록, 상한계가 높을수록 위험하다.
- 가스의 온도나 압력이 상승하면 하한계는 변하지 않고, 상한계는 증가하므로 위험하다.
- 연소범위가 넓을수록 위험하다.
- 공기 중에서보다 산소 중에서 폭발범위가 넓어진다.

37 과산화나트륨과 혼재가 가능한 위험물은?(단, 지정수량 이상인 경우이다.)

① 에터
② 마그네슘분
③ 탄화칼슘
④ 과염소산

🔍 운반 시 유별을 달리하는 위험물의 혼재기준(별표 19 관련)
- 제1류 위험물 + 제6류 위험물
- 제3류 위험물 + 제4류 위험물
- 제5류 위험물 + 제2류 위험물 + 제4류 위험물
∴ 문제에서 주어진 위험물을 보면

종류	류별	종류	류별
에터	제4류 위험물	마그네슘분	제2류 위험물
탄화칼슘	제3류 위험물	과염소산	제6류 위험물

※ 운반 시 1류 위험물(과산화나트륨)와 제6류 위험물(과염소산)은 혼재가 가능하다.

38 다음 중 무색, 무취이고 전기적으로 비전도성이며 공기보다 약 1.5배 무거운 성질을 가지는 소화약제는?

① 분말소화약제
② 이산화탄소 소화약제
③ 포소화약제
④ 할론 1301 소화약제

🔍 이산화탄소(CO_2) : 무색, 무취이고 전기적으로 비전도성이며 증기비중이 1.5로 공기보다 무겁다.

39 탄산수소나트륨과 황산알루미늄 수용액의 화학반응으로 인해 생성되지 않는 것은?

① 황산나트륨
② 탄산수소알루미늄
③ 수산화알루미늄
④ 이산화탄소

🔍 화학포 소화기의 반응식
$6NaHCO_3 + A_2(SO_4)_3 + 18H_2O$
(탄산수소나트륨) (황산알루미늄)
$\rightarrow 3Na_2SO_4 + 2A(OH)_3 + 6CO_2\uparrow + 18H_2O$
(황산나트륨) (수산화알루미늄) (이산화탄소)

40 다음 중 자기연소를 하는 위험물은?

① 톨루엔
② 메틸알코올
③ 다이에틸에터
④ 나이트로글리세린

🔍 자기연소 : 나이트로글리세린, TNT, 셀룰로이드 등 제5류 위험물의 연소
※ 톨루엔, 메틸알코올, 다이에틸에터 : 증발연소

3. 위험물 성상 및 취급

41 다음 위험물 중 물속에 저장해야 안전한 것은?

① 황린
② 적린
③ 루비듐
④ 오황화인

🔍 황린은 공기와 접촉을 피하기 위하여 물속에 저장한다.

42 금속나트륨에 대한 설명으로 틀린 것은?

① 제3류 위험물이다.
② 융점은 약 297℃이다.
③ 은백색의 가벼운 금속이다.
④ 물과 반응하여 수소를 발생한다.

🔍 나트륨
• 성상

화학식	원자량	비점	융점	비중	불꽃색상
Na	23	880℃	97.7℃	0.97	노란색

• 제3류 위험물로서 은백색의 무른 경금속이다.
• 물과 반응하여 수소(H_2)를 발생한다.
  $2Na + 2H_2O \rightarrow 2NaOH + H_2$

43 칼륨과 물이 반응할 때 생성되는 것은 무엇인가?

① 수산화칼륨, 산소
② 수산화칼륨, 수소
③ 산소, 수소
④ 산화칼륨, 산소

🔍 칼륨과 물과의 반응식
$2K + 2H_2O \rightarrow 2KOH + H_2 \uparrow$
     (수산화칼륨) (수소)

44 황화린에 대한 설명 중 잘못된 것은?

① P_4S_3는 황색 결정 덩어리로 조해성이 있고, 공기 중 약 50℃에서 발화한다.
② P_2S_5는 담황색 결정으로 조해성이 있고, 알칼리와 분해하여 가연성가스를 발생한다.
③ P_4S_7 담황색 결정으로 조해성이 있고, 온수에 녹아 유독한 H_2S를 발생한다.
④ P_4S_3과 P_2S_5의 연소생성물은 모두 P_2O_5와 SO_2이다.

🔍 삼황화인(P_4S_3)
• 황록색의 결정 또는 분말이다.
• 공기 중 약 100℃에서 발화한다.

45 다음 중 지정수량을 틀리게 나타낸 것은?

① 다이크로뮴산염류 - 1,000kg
② 제2석유류(비수용성) - 2,000L
③ 하이드록실아민염류 - 100kg
④ 제4석유류 - 6000L

🔍 위험물의 지정수량

종류	지정수량
다이크로뮴산염류	1,000kg
제2석유류(비수용성)	1,000L
하이드록실아민염류	100kg
제4석유류	6,000L

46 위험물의 적재 방법에 관한 기준으로 틀린 것은?

① 위험물은 규정에 의한 바에 따라 재해를 발생시킬 우려가 있는 물품과 함께 적재하지 아니하여야 한다.
② 적재하는 위험물의 성질에 따라 일광의 직사 또는 빗물의 침투를 방지하기 위하여 유효하게 피복하는 등 규정에서 정하는 기준에 따른 조치를 하여야 한다.
③ 운반용기는 수납구를 옆으로 향하게 하여 나란히 적재한다.
④ 위험물을 수납한 운반용기가 전도·낙하 또는 파손되지 아니하도록 적재하여야 한다.

🔍 운반용기의 수납구를 위로 향하게 하여 적재하여야 한다.

47 1기압 27℃에서 아세톤 58g을 완전히 기화시키면 부피는 약 몇 L가 되는가?

① 22.4
② 24.6
③ 27.4
④ 58.0

🔍 이상기체 상태방정식
$PV = nRT = \frac{W}{M}RT, \quad V = \frac{WRT}{PM}$
여기서 P : 압력(1atm), V : 부피(ℓ), n : mol수
  M : 분자량(CH_3COCH_3 = 58), W : 무게(58g),
  R : 기체상수(0.08205 ℓ·atm/g-mol·K),
  T : 절대온도(273+℃)
$\therefore V = \frac{WRT}{PM} = \frac{58g \times 0.08205 ℓ·atm/g-mol·K \times (273+27)K}{1 \times 58}$
  = 24.6ℓ

48 제4류 위험물의 저장·취급 시 주의사항으로 틀린 것은?

① 화기 접촉을 금한다.
② 증기의 누설을 피한다.
③ 냉암소에 저장한다.
④ 정전기 축적 설비를 한다.

> 제4류 위험물은 인화성 액체이므로 정전기 제거하기 위하여 정전기 방지를 하여야 한다.

49 제1석유류, 제2석유류, 제3석유류를 구분하는 주요 기준이 되는 것은?

① 인화점   ② 발화점
③ 비등점   ④ 비중

> 제4류 위험물 : 인화점으로 구분한다.

50 다음은 어떤 위험물에 대한 내용인가?

- 지정수량 : 400ℓ
- 증기비중 : 2.07
- 인화점 : 12℃
- 녹는점 : -89.5℃

① 메탄올   ② 에탄올
③ 아이소프로필알코올 ④ 부틸알코올

> 아이소프로필알코올(Iso Propyl alcohol)의 물성

화학식	지정수량	증기비중	녹는점	인화점	연소범위
C_3H_7OH	400L	2.07	-89.5℃	12℃	2.0 ~ 12.0%

51 질산과 과염소산의 공통적인 성질에 대한 설명 중 틀린 것은?

① 가연성 물질이다.
② 산화제이다.
③ 무기화합물이다.
④ 산소를 함유하고 있다.

> 질산(NHO_3)과 과염소산($HClO_4$)
> - 제6류 위험물로서 불연성이다.
> - 산화성 액체이고 산소를 함유하는 무기화합물이다.

52 지정수량의 10배를 초과하는 위험물을 취급하는 제조소에 확보하여야 하는 보유공지의 너비는?

① 1m 이상   ② 3m 이상
③ 5m 이상   ④ 7m 이상

> 제조소의 보유공지

취급하는 위험물의 최대수량	공지의 너비
지정수량의 10배 이하	3m 이상
지정수량의 10배 초과	5m 이상

53 다음 중 제5류 위험물에 해당하지 않는 것은?

① 나이트로글라이콜
② 나이트로글리세린
③ 트라이나이트로톨루엔
④ 나이트로톨루엔

> 나이트로톨루엔($CH_3C_6H_4NO_2$) : 제4류 제3석유류(비수용성)

54 다음 위험물 중 인화점이 약 -37℃인 물질로서 구리, 은, 마그네슘 등의 금속과 접촉하면 폭발성 물질인 아세틸라이드를 생성하는 것은?

① $CH_3-CH-CH_2$
         \\ /
          O
② $C_2H_5OC_2H_5$
③ CS_2
④ C_6H_6

> 산화프로필렌(Propylene Oxide)
> • 물성

화학식	분자량	비중	비점	인화점	착화점	연소범위
CH_3CHCH_2O	58	0.82	35℃	-37℃	449℃	2.8 ~ 37%

> • 무색, 투명한 자극성 액체이다.
> • 구리(Cu), 마그네슘(Mg), 은(Ag), 수은(Hg)과 반응하면 아세틸레이트를 생성한다.

55 메틸에틸케톤의 저장 또는 취급 시 유의할 점으로 가장 거리가 먼 것은?

① 통풍을 잘 시킬 것
② 찬 곳에 저장할 것
③ 일광의 직사를 피할 것
④ 저장 용기에는 증기 배출을 위해 구멍을 설치할 것

> 메틸에틸케톤(MEK) : 밀봉하여 건조하고 서늘한 장소에 저장
> ※ 과산화수소 : 구멍 뚫린 마개 사용

56 제3류 위험물 중 금수성물질 위험물제조소에는 어떤 주의사항을 표시한 게시판을 설치하여야 하는가?

① 물기엄금 ② 물기주의
③ 화기엄금 ④ 화기주의

> 제조소등의 주의사항

위험물의 종류	주의사항	게시판의 색상
제1류 위험물 중 알칼리금속의 과산화물 제3류 위험물 중 금수성물질	물기엄금	청색바탕에 백색문자
제2류 위험물(인화성 고체는 제외)	화기주의	적색바탕에 백색문자
제2류 위험물 중 인화성 고체 제3류 위험물 중 자연발화성물질 제4류 위험물 제5류 위험물	화기엄금	적색바탕에 백색문자

57 다음 중에서 제2석유류에 속하지 않는 것은?

① 등유 ② CH_3COOH
③ CH_3CHO ④ $HCOOH$

> 제4류 위험물의 분류

종류	명칭	품명
등유	–	제2석유류(비)
CH_3COOH	초산	제2석유류(수)
CH_3CHO	아세트알데하이드	특수인화물
$HCOOH$	의산	제2석유류(수)

58 다음 중 저장할 때 상부에 물을 덮어서 저장하는 것은?

① 다이에틸에터 ② 아세트알데하이드
③ 산화프로필렌 ④ 이황화탄소

> 이황화탄소, 황린은 상부에 물로 덮어서 저장한다.

59 다음 중 나이트로기(-NO₂)를 1개만 가지고 있는 것은?

① 피크린산 ② 나이트로글리세린
③ 나이트로벤젠 ④ T N T

> 화학식

종류	화학식
피크린산	$C_6H_2OH(NO_2)_3$
나이트로글리세린	$C_3H_5(ONO_2)_3$
나이트로벤젠	$C_6H_5NO_2$
T N T	$C_6H_2CH_3(NO_2)_3$

∴ 나이트로벤젠은 나이트로기(-NO₂)가 1개인데 나머지는 3개로 구성되어 있다.

60 탄화칼슘과 물이 반응하였을 때 생성되는 물질은?

① 산화칼슘, 수소
② 산화칼슘, 포스핀
③ 수산화칼슘, 수소
④ 수산화칼슘, 아세틸렌

> 탄화칼슘(카바이트)은 물과 반응하여 아세틸렌(C_2H_2)가스를 발생시킨다.
> $CaC_2 + 2H_2O \rightarrow Ca(OH)_2 + C_2H_2\uparrow$
> (탄화칼슘) (물) (수산화칼슘) (아세틸렌)

정답 CBT 복원문제 2021년 3회

01 ②	02 ②	03 ②	04 ②	05 ①
06 ③	07 ①	08 ④	09 ①	10 ②
11 ④	12 ①	13 ①	14 ③	15 ③
16 ①	17 ③	18 ②	19 ③	20 ④
21 ①	22 ②	23 ④	24 ②	25 ②
26 ①	27 ②	28 ③	29 ①	30 ③
31 ②	32 ③	33 ④	34 ②	35 ④
36 ②	37 ④	38 ②	39 ②	40 ④
41 ①	42 ②	43 ②	44 ①	45 ②
46 ①	47 ②	48 ④	49 ①	50 ②
51 ①	52 ②	53 ④	54 ①	55 ②
56 ①	57 ③	58 ④	59 ③	60 ④

2022년 1회 CBT 복원문제

1. 물질의 물리·화학적 성질

01 다음 화학식의 올바른 명명법은?

$$CH_3 - CH_2 - CH - CH_2 - CH_3$$
$$|$$
$$CH_3$$

① 3-메틸펜테인
② 2, 3, 5-트라이메틸 헥세인
③ 아이소뷰테인
④ 1, 4-헥세인

🔍 3-Methyl pentane(3번에 methyl기가 결합되어 있고 C가 5개이면 펜테인이다.)

$$\begin{array}{ccccc} 1 & 2 & 3 & 4 & 5 \\ CH_3 & CH_2 & CH & CH_2 & CH_3 \end{array}$$
$$|$$
$$CH_3$$

02 방사성 동위원소의 반감기가 20일 때 40일이 지난 후 남은 원소의 분율은?

① 1/2 ② 1/3
③ 1/4 ④ 1/6

🔍 반감기

$$m = M\left(\frac{1}{2}\right)^{\frac{t}{T}}$$

여기서, m : 붕괴 후의 질량, M : 처음 질량, t : 경과시간, T : 반감기

$$\therefore m = 1 \times \left(\frac{1}{2}\right)^{\frac{40}{20}} = \frac{1}{4}$$

03 3N 황산용액 200mL 중에는 몇 g의 H_2SO_4를 포함하고 있는가?(단 S의 원자량은 32이다.)

① 29.4 ② 58.8
③ 98.0 ④ 117.6

🔍 황산 1N은 물 1000ml 속에 49g이 녹아 있는 것이다.

1N — 49g — 1000ml
3N — x — 200ml

$$\therefore x = \frac{3N \times 49g \times 200ml}{1N \times 1000ml} = 29.4g$$

04 Mg^{24}의 전자수는 몇 개인가?

① 2
② 10
③ 12
④ 6×10^{23}

🔍 Mg는 원자량이 24이고, 원자번호 12(Mg^{++})로서 2개의 전자를 잃어 12 − 2 = 10개가 된다.

05 0.001N-HCl의 pH는?

① 2
② 3
③ 4
④ 5

🔍 $[H^+] = 0.001N = 1 \times 10^{-3}$
$\therefore pH = -\log[H^+] = -\log[1 \times 10^{-3}] = 3-0 = 3$

06 관능기와 그 명칭을 나타낸 것 중 틀린 것은?

① −OH : 하이드록시기
② $−NH_2$: 암모니아기
③ −CHO : 알데하이드기
④ $−NO_2$: 나이트로기

🔍 관능기의 명칭

종류	명칭	종류	명칭
−OH	하이드록시기	$−NH_2$	아미노기
−CHO	알데하이드기	$−NO_2$	나이트로기

07 어떤 기체의 무게는 30g인데 같은 조건에서 같은 부피의 이산화탄소의 무게가 11g이었다. 이 기체의 분자량은?

① 110
② 120
③ 130
④ 140

🔍 $\dfrac{M_B}{M_A} = \dfrac{W_B}{W_A}$ 공식에서

$\therefore M_B = M_A \times \dfrac{W_B}{W_A} = 44 \times \dfrac{30g}{11g} = 120g$

08 아말감을 만들 때 사용되는 금속은?

① Sn   ② Ni
③ Fe   ④ Co

🔍 아말감 : 수은(Hg)과 철(Fe), 백금(Pt), 망가니즈(Mn), 코발트(Co), 니켈(Ni)을 제외한 다른 금속과의 합금

09 다음 핵화학 반응식에서 산소(O)의 원자번호는 얼마인가?

$$^{14}_{7}N + ^{4}_{2}He \rightarrow O + ^{1}_{1}H$$

① 2   ② 6
③ 8   ④ 12

🔍 반응 전과 반응 후의 원자번호는 같아야 하므로
$^{14}_{7}N + ^{4}_{2}He \rightarrow ^{17}_{8}O + ^{1}_{1}H$

10 Alkane의 일반식 표현이 올바른 것은?

① C_2H_{2n-2} ② C_2H_{2n}
③ C_2H_{2n+2} ④ C_2H_n

🔍 탄화수소계의 일반식

종류	일반식
알케인	C_nH_{2n+2}
알켄	C_nH_{2n}
알카인	C_nH_{2n-2}

11 물리적 변화보다는 화학적 변화에 해당하는 것은?

① 증류
② 발효
③ 승화
④ 용융

🔍 화학적인 변화 : 화학반응에 의하여 물질의 성분이 변화시키는 것으로 발효가 해당된다.

12 25.0g의 물속에 2.85의 설탕($C_{12}H_{22}O_{11}$)이 녹아있는 용액의 끓는점은?(단, 물의 끓는점 오름 상수는 0.52이다.)

① 100.0℃
② 100.08℃
③ 100.17℃
④ 100.34℃

🔍 비점상승도(ΔT_b)를 구하면

$\Delta T_b = K_b \cdot m = K_b \times \dfrac{\dfrac{W_B}{M}}{W_A} \times 1000$

$M = K_b \times \dfrac{W_B}{W_A \Delta T_b} \times 1000$

여기서 K_b : 비점상승계수(물 : 0.52), m : 몰랄농도
W_B : 용질의 무게, W_A : 용매의 무게,
M : 분자량($C_{12}H_{22}O_{11}$: 342)

$\therefore \Delta T_b = K_b \cdot m = K_b \times \dfrac{\dfrac{W_B}{M}}{W_A} \times 1000$

$= 0.52 \times \dfrac{\dfrac{2.85}{342}}{25.0} \times 1000 = 0.17℃ \Rightarrow 100.17℃$

13 분자를 이루고 있는 원자단을 나타내며 그 분자의 특성을 밝힌 화학식을 무엇이라 하는가?

① 시성식
② 구조식
③ 실험식
④ 분자식

🔍 시성식 : 분자를 이루고 있는 원자단(관능기)을 나타내며 그 분자의 특성을 밝힌 화학식

14 곧은 사슬 포화탄화수소의 일반적인 경향으로 옳은 것은?

① 탄소수가 증가할수록 비점은 증가하나 빙점은 감소한다.
② 탄소수가 증가하면 비점과 빙점이 모두 감소한다.
③ 탄소수가 증가할수록 빙점은 증가하나 비점은 감소한다.
④ 탄소수가 증가하여 비점과 빙점이 모두 증가한다.

> 곧은 사슬 포화탄화수소는 탄소수가 증가하여 비점(끓는점)과 빙점(어는점)이 모두 증가한다.

15 다이아몬드의 결합 형태는?

① 금속결합　② 이온결합
③ 공유결합　④ 수소결합

> 다이아몬드의 결합 : 공유결합

16 다음에서 설명하는 물질의 명칭은?

- HCl과 반응하여 염산염을 만든다.
- 나이트로벤젠을 수소로 환원하여 제조한다.
- $CaOCl_2$ 용액에서 붉은 보라색을 띤다.

① 페놀　② 아닐린
③ 톨루엔　④ 벤젠술폰산

> 아닐린의 특성
> - 나이트로벤젠을 수소로 환원하여 제조한다.

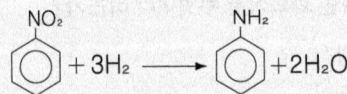

> - HCl과 반응하여 염산염을 만든다.
> - $CaOCl_2$(표백분)용액에서 붉은 보라색을 띤다.

17 물의 끓는점을 낮출 수 있는 방법으로 옳은 것은?

① 밀폐된 그릇에서 물을 끓인다.
② 열전도도가 높은 용기를 사용한다.
③ 소금을 넣어준다.
④ 외부 압력을 낮추어 준다.

> 개방된 그릇에서 물을 가열하거나 외부의 압력을 낮추면 비점을 낮출 수 있다.

18 20℃에서 NaCl 포화용액을 잘 설명한 것은?(단, 20℃에서 NaCl의 용해도는 36 이다.)

① 용액 100g 중에 NaCl이 36g 녹아 있을 때
② 용액 100g 중에 NaCl이 136g 녹아 있을 때
③ 용액 136g 중에 NaCl이 36g 녹아 있을 때
④ 용액 136g 중에 NaCl이 136g 녹아 있을 때

> 용해도 : 용매 100g에 녹을 수 있는 용질의 g수
> ∴ NaCl 포화용액은 용액 136g 중에 NaCl이 36g 녹아 있을 때를 말한다.

19 산화-환원에 대한 설명 중 틀린 것은?

① 한 원소의 산화수가 증가하였을 때 산화되었다고 한다.
② 전자를 잃은 반응을 산화라 한다.
③ 산화제는 다른 화학종을 환원시키며, 그 자신의 산화수는 증가하는 물질을 말한다.
④ 중성인 화합물에서 모든 원자와 이온들의 산화수의 합은 0이다.

> 산화제 : 자신은 환원되고 다른 물질을 산화시키는 물질로서 산화수가 감소하는 물질을 말한다.

20 25g의 암모니아가 과잉의 황산과 반응하여 황산암모늄이 생성될 때 생성된 황산암모늄의 양은 약 얼마인가?

① 82g　② 86g
③ 92g　④ 97g

> 황산암모늄의 제법
> $2NH_3 + H_2SO_4 \rightarrow (NH_4)_2SO_4$
> $2 \times 17g$ ─── $132g$
> $25g$ ─── x
> $\therefore x = \dfrac{25 \times 132}{2 \times 17} = 97.05g$

2. 화재예방과 소화방법

21 다음 중 할로젠화합물소화기가 적응성이 있는 것은?

① 나트륨
② 철분
③ 아세톤
④ 질산에틸

🔍 할로젠화합물소화기는 B급(유류화재), C급(전기화재)에 적합하므로 아세톤은 유류화재이다.

22 전역방출방식 분말소화설비의 분사헤드는 기준에서 정하는 소화약제의 양을 몇 초 이내에 균일하게 방사해야 하는가?

① 10
② 15
③ 20
④ 30

🔍 분말소화설비 분사헤드의 방사시간
- 전역방출방식의 방사 시간 : 30초 이내
- 국소방출방식의 방사 시간 : 30초 이내

23 분말 소화약제에 해당하는 착색이 틀린 것은?

① 탄산수소나트륨 - 백색
② 제1인산암모늄 - 청색
③ 탄산수소칼륨 - 담회색
④ 탄산수소칼륨과 요소와의 반응물 - 회색

🔍 분말소화약제의 종류

종류	화학식	약제명	착색	적응화재
제1종 분말	$NaHCO_3$	탄산수소나트륨	백색	B, C급
제2종 분말	$KHCO_3$	탄산수소칼륨	담회색	B, C급
제3종 분말	$NH_4H_2PO_4$	제1인산암모늄	담홍색	A, B, C급
제4종 분말	$KHCO_3 + (NH_2)_2CO$	탄산수소칼륨 + 요소	회색	B, C급

24 소화약제 또는 그 구성성분으로 사용되지 않는 물질은?

① CF_2ClBr
② $CO(NH_2)_2$
③ KNO_3
④ K_2CO_3

🔍 소화약제의 구분

종류	명칭	약제명
CF_2ClBr	할론 1211	할로젠화합물
$CO(NH_2)_2$	요소	제4종 분말
KNO_3	질산칼륨(질산염류)	제1류 위험물
K_2CO_3	탄산칼륨	강화액

25 옥외저장소에 선반을 설치하는 경우에 선반의 높이는 몇 m를 초과하지 않아야 하는가?

① 3
② 4
③ 5
④ 6

🔍 옥외저장소에 선반을 설치하는 경우에 선반의 높이는 6m를 초과하지 말아야 한다.

26 위험물제조소에서 옥내소화전이 가장 많이 설치된 층 옥내소화전 설치개수가 3개이다. 수원의 수량은 몇 개가 되도록 설치하여야 하는가?

① 2.6
② 7.8
③ 15.6
④ 23.4

🔍 옥내소화전설비의 수원
= N(최대 5개) × $7.8m^3$ = 3 × $7.8m^3$ = $23.4m^3$

27 과산화나트륨의 화재 시 적응성이 있는 소화설비는?

① 포소화기
② 건조사
③ 이산화탄소소화기
④ 물통

🔍 과산화나트륨(무기과산화물)의 소화약제 : 건조사, 팽창질석, 팽창진주암

28 포소화설비의 기준에서 고가수조를 이용하는 가압송수장치를 설치할 때 고가수조에 반드시 설치하지 않아도 되는 것은?

① 배수관
② 압력계
③ 맨홀
④ 수위계

> 수조의 설치부속물
> • 고가수조에는 수위계, 배수관, 오버플로우용 배수관, 보급수관 및 맨홀을 설치할 것
> • 압력수조에는 압력계, 수위계, 배수관, 보급수관, 통기관 및 맨홀을 설치할 것

29 전기불꽃 에너지 공식에서 ( )에 알맞은 것은?(단, Q는 전기량, V는 방전전압, C는 전기용량을 나타낸다.)

$$E = \frac{1}{2}(\quad) = \frac{1}{2}(\quad)$$

① QV, CV
② QC, CV
③ QV, CV^2
④ QC, QV^2

> 전기불꽃 에너지
> $E = \frac{1}{2}QV = \frac{1}{2}CV^2$
> 여기서 Q : 전기량, V : 방전전압, C : 전기용량

30 주된 연소형태가 분해 연소에 해당하는 물질은?

① 황
② 금속분
③ 목재
④ 피크린산

> 연소형태

종류	연소형태	종류	연소형태
황	증발연소	금속분	표면연소
목재	분해연소	피크린산	자기연소

31 착화점에 대한 설명으로 가장 옳은 것은?

① 외부에서 점화하지 않더라도 발화하는 최저온도
② 외부에서 점화했을 때 발화하는 최저온도
③ 외부에서 점화했을 때 발화하는 최고온도
④ 외부에서 점화하지 않더라도 발화하는 최고온도

> 착화점(발화점) : 외부에서 점화하지 않더라도 발화하는 최저온도

32 위험물의 저장액(보호액)으로서 잘못된 것은?

① 황린 – 물
② 인화석회 – 물
③ 금속나트륨 – 등유
④ 나이트로셀룰로스 – 함수알코올

> 인화석회는 물과 반응하면 가연성가스인 포스핀(PH$_3$)을 발생하므로 위험하다.
> Ca$_3$P$_2$ + 6H$_2$O → 3Ca(OH)$_2$ + 2PH$_3$↑
>   (수산화칼슘) (포스핀)

33 분진 폭발을 일으킬 위험성이 가장 낮은 물질은?

① 대리석 분말
② 커피분말
③ 알루미늄분말
④ 밀가루

> 분진폭발 : 황, 마그네슘분, 알루미늄분, 커피분말, 밀가루, 플라스틱분등
> ※ 대리석분말, 석회석(생석회)는 분진폭발하지 않는다.

34 이산화탄소 소화약제 저장용기의 설치장소로 적당하지 않은 곳은?

① 방호구역 외의 장소
② 온도가 40℃ 이상이고 온도변화가 적은 장소
③ 빗물이 침투할 우려가 적은 장소
④ 직사일광을 피한 장소

> 이산화탄소 저장용기의 설치 기준
> • 방호구역 외의 장소에 설치할 것
> • 온도가 40℃ 이하이고 온도 변화가 적은 장소에 설치할 것
> • 직사일광 및 빗물이 침투할 우려가 적은 장소에 설치할 것

35 다음 중 산화성고체 위험물이 아닌 것은?

① NaClO$_3$
② AgNO$_3$
③ KBrO$_3$
④ HClO$_4$

> 산화성고체 : 제1류 위험물

종류	명칭	품명	구분
NaClO$_3$	염소산나트륨	염소산염류	제1류 위험물
AgNO$_3$	질산은	질산염류	제1류 위험물
KBrO$_3$	브로민산칼륨	브로민산염류	제1류 위험물
HClO$_4$	과염소산	–	제6류 위험물

36 탄화칼슘 60,000kg를 소요단위로 산정하려면?

① 10단위　② 20단위
③ 30단위　④ 40단위

🔍 소요단위
- 탄화칼슘(제3류 위험물의 칼슘의 탄화물)의 지정수량 : 300kg
- 소요단위 = $\dfrac{저장량}{지정수량 \times 10}$
- 소요단위 = $\dfrac{저장량}{지정수량 \times 10}$ = $\dfrac{60,000kg}{300kg \times 10}$ = 20단위

37 질식효과를 위해 포의 성질로서 갖추어야 할 조건으로 가장 거리가 먼 것은?

① 기화성이 좋을 것
② 부착성이 있을 것
③ 유동성이 좋을 것
④ 바람 등에 견디고 응집성과 안정성이 있을 것

🔍 포의 성질을 갖추어야 할 조건
- 기름보다 가벼우며, 유류와의 접착성이 좋을 것
- 바람 등에 견디는 응집성과 안정성이 있을 것
- 열에 대한 센막을 가지며 유동성이 좋을 것
- 독성이 적을 것

38 물분무소화설비가 적응성이 있는 위험물은?

① 알칼리금속의 과산화물
② 금속분, 마그네슘
③ 금수성물질
④ 인화성고체

🔍 소화약제의 적응성

종류	소화약제	종류	소화약제
알칼리금속의 과산화물	마른모래	금속분, 마그네슘	마른모래
금수성물질	마른모래	인화성고체	물분무 소화설비

39 화재의 위험성이 감소한다고 판단되는 경우는?

① 착화온도가 낮아지고 인화점이 낮아질수록
② 폭발 하한값이 작아지고 폭발범위가 넓어질수록
③ 주변 온도가 낮을수록
④ 산소농도가 높을수록

🔍 화재위험성
- 착화온도와 인화점이 낮아질수록 위험하다.
- 폭발 하한값이 작아지고 폭발범위가 넓어질수록 위험하다.
- 주변의 온도가 낮을수록 안전하다.
- 산소의 농도가 높을수록 위험하다.

40 지정수량의 몇 배 이상의 위험물을 저장 또는 취급하는 제조소등에는 화재발생시 이를 알릴 수 있는 경보설비를 설치하여야 하는가?

① 5배　② 10배
③ 50배　④ 100배

🔍 지정수량의 10배 이상을 취급하는 제조소 등에는 경보설비(자동화재탐지설비, 비상방송설비, 비상경보설비, 확성장치)를 설치하여야 한다.

3. 위험물 성상 및 취급

41 염소산나트륨의 위험성에 대한 설명 중 틀린 것은?

① 조해성이 강하므로 저장용기는 밀전한다.
② 산과 반응하여 이산화염소를 발생한다.
③ 황, 목탄, 유기물 등과 혼합한 것은 위험하다.
④ 유리용기를 부식시키므로 철제용기에 저장한다.

🔍 염소산나트륨($NaClO_3$)
- 무색, 무취의 결정 또는 분말이다.
- 산과 반응하면 이산화염소(ClO_2)의 유독가스를 발생한다.
- 조해성이 강하므로 저장용기는 밀전한다.
- 물, 알코올, 에테르에는 용해한다.
- 황, 목탄, 유기물 등과 혼합한 것은 위험하다.
- 염소산나트륨은 유리용기에 저장하여도 무방하다.

42 다음 위험물 중 착화온도가 가장 낮은 것은?

① 황린　② 삼황화인
③ 마그네슘　④ 적린

🔍 착화온도

종류	착화온도	종류	착화온도
황린	34℃	삼황화인	100℃
마그네슘	520℃	적린	260℃

43 과염소산과 과산화수소의 공통된 성질이 아닌 것은?

① 비중이 1보가 크다.
② 물에 녹지 않는다.
③ 산화제이다.
④ 산소를 포함한다.

> 과염소산과 과산화수소의 공통된 성질
>
> | 종류 | 화학식 | 류별 | 성질 | 비중 | 물의 용해성 |
> |---|---|---|---|---|---|
> | 과염소산 | $HClO_4$ | 제6류 위험물 | 산화제 | 1.76 | 잘 녹는다 |
> | 과산화수소 | H_2O_2 | 제6류 위험물 | 산화제 | 1.46 | 잘 녹는다 |

44 어떤 공장에서 아세톤과 메탄올을 18L 용기에 각각 10개, 등유를 200L 3드럼을 저장하고 있다면 각각의 지정수량 배수의 총합은 얼마인가?

① 1.3 ② 1.5
③ 2.3 ④ 2.5

> 지정수량
>
> | 종류 | 품명 | 지정수량 |
> |---|---|---|
> | 아세톤 | 제1석유류(수용성) | 400L |
> | 메탄올 | 알코올류 | 400L |
> | 등유 | 제2석유류(비수용성) | 1,000L |
>
> 지정수량의 배수 = 저장량/지정수량 + 저장량/지정수량
> = (18L × 10)/400L + (18L × 10)/400L + (200L × 3)/1,000L
> = 1.5배

45 수소화나트륨이 물과 반응할 때 발생하는 것은?

① 일산화탄소 ② 산소
③ 아세틸렌   ④ 수소

> 수소화나트륨이 물과 반응하면 수산화나트륨($NaOH$)과 수소(H_2)를 발생한다.
> $NaH + H_2O \rightarrow NaOH + H_2 \uparrow$

46 탄화칼슘은 물과 반응하면 어떤 기체가 발생되는가?

① 과산화수소 ② 일산화탄소
③ 아세틸렌   ④ 에틸렌

> 탄화칼슘(카바이트)는 물과 반응하면 아세틸렌(C_2H_2)가스를 발생한다.
> $CaC_2 + 2H_2O \rightarrow Ca(OH)_2 + C_2H_2 \uparrow$

47 지정수량 이상의 위험물을 차량으로 운반할 때에 대한 설명으로 틀린 것은?

① 운반하는 위험물에 적응성이 있는 소형수동식 소화기를 구비한다.
② 위험물 또는 위험물을 수납한 용기가 현저하게 마찰 또는 동요되지 않도록 운반한다.
③ 위험물이 현저하게 새어 재난발생 우려가 있는 경우 응급조치를 한 후 목적지로 이동하고 목적지 관계기관에 통보한다.
④ 휴식, 고장 등으로 차량을 일시 정차시킬 때는 안전한 장소를 택하고 위험물의 안전 확보에 주의한다.

> 위험물운송자는 이동저장탱크로부터 위험물이 현저하게 새는 등 재해발생의 우려가 있는 경우에는 재난을 방지하기 위한 응급조치를 강구하는 동시에 소방관서 그 밖의 관계기관에 통보할 것

48 위험물안전관리법령에서 정한 위험물 취급소의 구분에 해당되지 않는 것은?

① 주유취급소 ② 제조취급소
③ 판매취급소 ④ 일반취급소

> 위험물취급소(4종류) : 일반취급소, 주유취급소, 판매취급소, 이송취급소

49 위험물을 적재, 운반할 때 방수성 덮개를 하지 않아도 되는 것은?

① 알칼리금속의 과산화물
② 마그네슘
③ 나이트로화합물
④ 탄화칼슘

> 적재, 운반 시 방수성이 있는 것으로 피복하여야 하는 위험물
> • 제1류 위험물 중 알칼리금속의 과산화물
> • 제2류 위험물 중 철분·금속분·마그네슘
> • 제3류 위험물 중 금수성 물질(탄화칼슘)

50 지정수량 10배의 위험물을 운반할 때 혼재가 가능한 것은?

① 제1류 위험물과 제2류 위험물
② 제2류 위험물과 제3류 위험물
③ 제3류 위험물과 제4류 위험물
④ 제3류 위험물과 제5류 위험물

> 운반 시 혼재 가능한 위험물
> • 제1류 위험물 + 제6류 위험물
> • 제3류 위험물 + 제4류 위험물
> • 제5류 위험물 + 제2류 위험물 + 제4류 위험물

51 위험물 간이탱크 저장소의 간이저장탱크 수압시험 기준으로 옳지 않은 것은?

① 50kPa의 압력으로 7분간의 수압시험
② 70kPa의 압력으로 10분간의 수압시험
③ 50kPa의 압력으로 10분간의 수압시험
④ 70kPa의 압력으로 7분간의 수압시험

> 간이저장탱크의 수압시험 : 70kPa의 압력으로 10분간을 실시하여 이상이 없을 것

52 제1류 위험물에 관한 설명으로 옳은 것은?

① 질산암모늄은 황색결정으로 조해성이 있다.
② 과망가니즈산칼륨은 흑자색결정으로 물에 녹지 않으나 알코올에 녹여 피부병에 사용된다.
③ 질산나트륨은 무색결정으로 조해성이 있으며 일명 칠레초석으로 불린다.
④ 염소산칼륨은 청색분말로 유독하며 냉수, 알코올에 잘 녹는다.

> 제1류 위험물의 특성
> • 질산암모늄은 무색, 무취의 결정으로 조해성이 있다.
> • 과망가니즈산칼륨은 흑자색 결정으로 물, 알코올에 녹는다.
> • 질산나트륨은 무색결정으로 조해성이 있으며 일명 칠레초석으로 불린다.
> • 염소산칼륨은 무색의 단사정계 결정 또는 백색분말로서 냉수, 알코올에 녹지 않는다.

53 다음 중 제2류 위험물에 속하지 않는 것은?

① 마그네슘   ② 나트륨
③ 철분   ④ 아연분

> 위험물의 분류
>
> | 종류 | 분류 | 종류 | 분류 |
> |---|---|---|---|
> | 마그네슘 | 제2류 위험물 | 나트륨 | 제3류 위험물 |
> | 철분 | 제2류 위험물 | 아연분 | 제2류 위험물 |

54 제1류 위험물로서 물과 반응하여 발열하고 위험성이 증가하는 것은?

① 염소산칼륨
② 과산화칼륨
③ 과산화수소
④ 질산암모늄

> 과산화칼륨(K_2O_2)은 물과 반응하면 산소와 많은 열을 발생한다.
> $2K_2O_2 + 2H_2O \rightarrow 4KOH + O_2\uparrow + 발열$

55 액체위험물은 운반용기 내용적의 몇 % 이하의 수납율로 수납하여야 하는가?

① 94%   ② 95%
③ 98%   ④ 99%

> 운반용기의 수납율
> • 고체위험물 : 운반용기 내용적의 95% 이하의 수납율로 수납할 것
> • 액체위험물 : 운반용기 내용적의 98% 이하의 수납율로 수납하되, 55℃의 온도에서 누설되지 아니하도록 충분한 공간용적을 유지하도록 할 것

56 황린에 대한 설명으로 틀린 것은?

① 비중은 약 1.82이다.
② 물속에 보관한다.
③ 저장 시 pH를 9 정도로 유지한다.
④ 연소 시 포스핀 가스를 발생한다.

> 황린의 특성
> • 물성
>
> | 화학식 | 발화점 | 비점 | 융점 | 비중 |
> |---|---|---|---|---|
> | P_4 | 34℃ | 280℃ | 44℃ | 1.82 |
>
> • 물과 반응하지 않기 때문에 pH 9(약알칼리)정도의 물속에 저장한다.
> • 연소 시 오산화인(P_2O_5)의 흰 연기를 발생한다.
> $P_4 + 5O_2 \rightarrow 2P_2O_5$

57
주유취급소의 고정주유설비는 고정주유설비의 중심선을 기점으로 하여 도로경계선까지 몇 m 이상 떨어져 있어야 하는가?

① 2
② 3
③ 4
④ 5

> 주유취급소의 고정주유설비 또는 고정급유설비의 설치 기준
> • 고정주유설비(중심선을 기점으로 하여)
>   – 도로경계선까지 : 4m 이상
>   – 부지경계선·담 및 건축물의 벽까지 : 2m(개구부가 없는 벽까지는 1m) 이상
> • 고정급유설비(중심선을 기점으로 하여)
>   – 도로경계선까지 : 4m 이상
>   – 부지경계선·담까지 : 1m
>   – 건축물의 벽까지 : 2m(개구부가 없는 벽까지는 1m) 이상 거리를 유지할 것

58
취급하는 위험물의 최대수량이 지정수량의 10배를 초과할 경우 제조소 주위에 보유하여야 하는 공지의 너비는?

① 3m 이상
② 5m 이상
③ 10m 이상
④ 15m 이상

> 제조소의 보유공지
>
> | 취급하는 위험물의 최대수량 | 공지의 너비 |
> |---|---|
> | 지정수량의 10배 이하 | 3m 이상 |
> | 지정수량의 10배 초과 | 5m 이상 |

59
물과 작용하여 포스핀 가스를 발생시키는 것은?

① P_4
② P_4S_2
③ Ca_3P_2
④ CaC_2

> 인화석회(인화칼슘)는 물과 반응하여 포스핀(PH_3, 인화수소)의 유독성가스를 발생한다.
> $Ca_3P_2 + 6H_2O \rightarrow 3Ca(OH)_2 + 2PH_3 \uparrow$

60
다음 중 제2석유류에 해당하는 것은?

①
② (사이클로헥산 구조)
③
④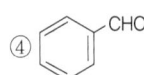

> 제4류 위험물의 분류
>
> | 종류 | 구조식 | 분류 |
> |---|---|---|
> | 벤젠 | | 제1석유류(비) |
> | 사이클로헥산 | | 제1석유류(비) |
> | 에틸벤젠 | | 제1석유류(비) |
> | 벤즈알데하이드 | | 제2석유류(비) |

정답 CBT 복원문제 2022년 1회

01 ①	02 ③	03 ①	04 ②	05 ②
06 ②	07 ②	08 ①	09 ③	10 ③
11 ②	12 ③	13 ①	14 ④	15 ③
16 ②	17 ④	18 ③	19 ③	20 ④
21 ③	22 ④	23 ②	24 ③	25 ④
26 ④	27 ②	28 ②	29 ③	30 ③
31 ①	32 ②	33 ①	34 ②	35 ④
36 ②	37 ①	38 ④	39 ③	40 ②
41 ④	42 ①	43 ②	44 ④	45 ④
46 ③	47 ③	48 ②	49 ③	50 ④
51 ①	52 ③	53 ②	54 ②	55 ③
56 ④	57 ③	58 ②	59 ③	60 ④

2022년 2회 CBT 복원문제

1. 물질의 물리·화학적 성질

01 다음 중 벤젠의 유도체가 아닌 것은?

① 아닐린
② 페놀
③ 톨루엔
④ 아세톤

🔍 벤젠의 유도체(방향족 탄화수소)

종류	구조식	종류	구조식
아닐린	NH_2 (벤젠고리)	페놀	OH (벤젠고리)
톨루엔	CH_3 (벤젠고리)	아세톤	H-C-C-C-H (H,O,H)

02 2가의 금속이온을 함유하는 전해질을 전기분해하여 1g당량이 20g임을 알았다. 이 금속의 원자량은?

① 40
② 20
③ 22
④ 18

🔍 원자량 = 원자가 × 당량 = 2×20g = 40g

03 다음 가스 중 밀도가 가장 큰 것은?(단, 공기 평균분자량은 29g이고, 산소, 질소, 탄소, 수소의 원자량은 각각 16, 14, 12, 1임.)

① 산소
② 질소
③ 이산화탄소
④ 수소

🔍 증기밀도(ρ)는 분자량/22.4이므로 분자량이 클수록 크다.
① 산소(O_2, 분자량 : 32) $\rho = \frac{32g}{22.4\ell} = 1.43g/\ell$
② 질소(N_2, 분자량 : 28) $\rho = \frac{28g}{22.4\ell} = 1.25g/\ell$
③ 이산화탄소(CO_2, 분자량 : 44) $\rho = \frac{44g}{22.4\ell} = 1.96g/\ell$
④ 수소(H_2, 분자량 : 2) $\rho = \frac{2g}{22.4\ell} = 0.09g/\ell$

04 물 36g을 모두 증발시키면 수증기가 차지하는 부피는 표준상태를 기준으로 몇 ℓ인가?

① 11.2ℓ
② 22.4ℓ
③ 33.6ℓ
④ 44.8ℓ

🔍 어떤 물질 1g-mol(수증기, H_2O = 18g)이 차지하는 부피는 22.4ℓ이다.
∴ 36g은 2g-mol이므로 2g-mol ×22.4 = 44.8ℓ이다.

05 같은 주기에서 원자번호가 증가할수록 감소하는 것은?

① 이온화에너지
② 원자반지름
③ 비금속성
④ 전기음성도

🔍 원소의 성질

구분 항목	같은 주기에서 원자번호가 증가할수록
이온화에너지	증가한다.
원자반지름	작아진다.
비금속성	증가한다.
전기음성도	증가한다.

06 미지농도의 염산 용액 100mL를 중화하는데 0.2N NaOH 용액 250mL가 소모되었다. 이 염산의 농도는?

① 0.50N
② 0.25N
③ 0.20N
④ 0.05N

🔍 중화적정
$NV = N'V'$
공식에 대입하면 $N × 100ml = 0.2 × 250ml$
∴ $N = \frac{0.2 × 250}{100} = 0.5N$

07 질산칼륨 수용액 속에 소량의 염화나트륨이 불순물로 포함되어 있다. 용해도 차이를 이용하여 이 불순물을 제거하는 방법으로 가장 적당한 것은?

① 증류
② 막분리
③ 재결정
④ 전기분해

🔍 재결정 : 용해도 차이를 이용하여 불순물을 제거하는 방법

08 0.0016N에 해당하는 염기의 pOH값은 얼마인가?

① 10.28
② 3.20
③ 11.20
④ 2.80

🔍 $0.0016N \Rightarrow [OH^-] = 1.6 \times 10^{-3} mol/\ell$ 이므로
∴ $pOH = -\log[OH^-] = -\log 1.6 \times 10^{-3} = 3 - \log 1.6$
$= 3 - 0.204 = 2.8$
($pH = 14 - pOH = 14 - 2.8 = 11.20$)

09 11g의 프로페인이 연소하면 몇 g의 물이 생기는가?

① 4
② 4.5
③ 9
④ 18

🔍 프로페인의 연소식
$C_3H_8 + 5O_2 \rightarrow 3CO_2 + 4H_2O$
44g ─── 4×18g
11g ─── x
∴ $x = \dfrac{11g \times 4 \times 18g}{44g} = 18g$

10 이상기체 R값이 0.082라면 그 단위로 옳은 것은?

① $\dfrac{atm \cdot mol}{L \cdot K}$
② $\dfrac{mmHg \cdot mol}{L \cdot K}$
③ $\dfrac{atm \cdot L}{mol \cdot K}$
④ $\dfrac{mmHg \cdot L}{mol \cdot K}$

🔍 R : 기체상수
($0.08205 \ell \cdot atm/g-mol \cdot K = 0.08205 m^3 \cdot atm/kg-mol \cdot K$)

11 미지의 유기 화합물 5.0g을 80.0g의 초산에 녹였을 때 초산의 어는점이 1.35℃ 내려갔다. 이 미지시료의 분자량은 얼마인가?(단, 초산의 어는점 내림상수 K_f = -3.90이다.)

① 90g/mol
② 120g/mol
③ 150g/mol
④ 180g/mol

🔍 빙점강하(ΔT_f)
$\Delta T_f = K_f \cdot m = K_f \times \dfrac{\dfrac{W_B}{M}}{W_A} \times 1000$

$M = K_f \times \dfrac{W_B}{W_A \Delta T_f} \times 1000$

여기서 K_f : 빙점강하계수(3.90), W_B : 용질의 무게(5g),
W_A : 용매의 무게(80g), M : 분자량
∴ $M = \dfrac{K_f \times W_B \times 1000}{\Delta T_f \times W_A} = \dfrac{3.90 \times 5 \times 1000}{1.35 \times 80} = 180.5g/mol$

12 17g의 NH_3가 황산과 반응하여 만들어지는 황산암모늄은 몇 g인가?(단, S의 원자량은 32이고, N의 원자량은 14이다.)

① 66
② 81
③ 96
④ 111

🔍 $2NH_3 + H_2SO_4 \rightarrow (NH_4)_2SO_4$
2×17g ─── 132g
17g ─── x
∴ $x = \dfrac{17 \times 132}{2 \times 17} = 66g$

13 $[OH^-] = 1 \times 10^{-5} mol/L$인 용액의 pH와 액성으로 옳은 것은?

① pH = 5, 산성
② pH = 5, 약알칼리성
③ pH = 9, 약산성
④ pH = 9, 알칼리성

🔍 $[H^+][OH^-] = 1 \times 10^{-14}$에서 $[OH^-] = 1 \times 10^{-5} mol/\ell$
$[H^+] = \dfrac{1 \times 10^{-14}}{1 \times 10^{-5}} = 1 \times 10^{-9} mol/\ell$
$pH = -\log[H^+] = -\log 1 \times 10^{-9} = 9 - \log 1 = 9 - 0$
$= 9$(알칼리성)

14 pH가 2인 용액은 pH가 4인 용액과 비교하면 수소이온농도가 몇 배인 용액이 되는가?

① 100배
② 10배
③ 10^{-1}배
④ 10^{-2}배

🔍 $pH = -\log[H^+]$
• $pH = 2 \Rightarrow [H^+] = 0.01$
• $pH = 4 \Rightarrow [H^+] = 0.0001$
∴ 0.01과 0.0001은 100배의 차이다.

15. 원자번호가 19이며 원자량이 39인 K원자의 중성자와 양성자수는 각각 몇 개인가?

① 중성자 19, 양성자 19
② 중성자 20, 양성자 19
③ 중성자 19, 양성자 20
④ 중성자 20, 양성자 20

🔍 중성자수와 양성자수
- 질량수 = 양성자수(원자번호) + 중성자수
  ∴ 중성자수 = 질량수 - 원자번호 = 39 - 19 = 20
- 양성자수 = 원자번호 = 19

16. 부틸알코올과 이성질체인 것은?

① 메틸알코올
② 다이에틸에터
③ 아세트산
④ 아세트알데하이드

🔍 이성질체(Isomer) : 분자식은 같으나 구조식이 다른 것

물질명	화학식
메틸알코올	C_2H_5OH
다이에틸에터	$C_2H_5OC_2H_5$
아세트산	CH_3COOH
아세트알데하이드	CH_3CHO

∴ 부틸알코올(C_4H_9OH)과 분자식이 같은 것은 다이에틸에터 ($C_2H_5OC_2H_5$)이다.

17. 산의 일반적인 성질을 옳게 나타낸 것은?

① 쓴맛이 있는 미끈거리는 액체로 리트머스 시험지를 푸르게 한다.
② 수용액에서 OH^- 이온을 내 놓는다.
③ 수소보다 이온화경향이 큰 금속과 반응하여 수소를 발생한다.
④ 금속의 수산화물로서 비전해질이다.

🔍 산의 성질
- 신 맛을 내는 액체로서 리트머스 시험지를 적색으로 변하게 한다.
- 수용액에서 수소이온(H^+)이온을 내 놓는다.
- 이온화경향이 큰 금속은 산(염산, 황산, 초산)과 반응하여 수소(H_2)를 발생한다.
  $2K + 2CH_3COOH \rightarrow 2CH_3COOK + H_2 \uparrow$
- 금속의 수산화물이다.

18. 다음 작용기 중에서 에틸(ethyl)기는 어느 것인가?

① $-C_2H_5$
② $-COCH_3$
③ $-NH_2$
④ $-CH_3$

🔍 작용기

종류	명칭	종류	명칭
CH_3-	메틸기	$-CO$	케톤기 (카르보닐기)
$-COO-$	에스터기	C_2H_5-	에틸기
$-OH$	하이드록실기	$-COOH$	카복실기
C_3H_7-	프로필기	$-O-$	에터기
$-NO_2$	나이트로기	C_4H_9-	부틸기
$-CHO$	알데하이드기	$-NH_2$	아미노기
$C_5H_{11}-$	아밀기	$-COCH_3$	아세틸기
$-N=N-$	아조기		

19. 염소산칼륨을 가열하여 산소를 만들 때 촉매로 쓰이는 이산화망가니즈의 역할은 무엇인가?

① KCl을 산화시킨다.
② 역반응을 일으킨다.
③ 반응속도를 증가시킨다.
④ 산소가 더 많이 나오게 한다.

🔍 이산화망가니즈(MnO_2)을 촉매로 사용하면 활성화에너지를 감소시켜 반응속도가 빨라진다.

20. 20%의 소금물을 전기분해하여 수산화나트륨 1몰을 얻는 데는 1A의 전류를 몇 시간 통해야 하는가?

① 13.4
② 26.8
③ 53.6
④ 104.2

🔍 전기량 $Q = I \times t$
$t = \dfrac{Q}{I} = \dfrac{96500}{1A} = 95600sec = 26.8hr$

2. 화재예방과 소화방법

21 연소 시 온도에 따른 불꽃의 색상이 잘못된 것은?

① 적색 : 약 850℃
② 황적색 : 약 1100℃
③ 휘적색 : 약 1200℃
④ 백적색 : 약 1300℃

🔍 연소시 불꽃 색상

색상	온도(℃)	색상	온도(℃)
암적색	700	적색	850
휘적색	950	황적색	1100
백적색	1300	휘백색	1500 이상

22 제2류 위험물 중 철분의 화재에 적응성이 있는 소화약제는?

① 인산염류 분말소화설비
② 이산화탄소 소화설비
③ 탄산수소염류 분말소화설비
④ 할로젠화합물 소화설비

🔍 철분의 화재 : 탄산수소염류 분말소화설비, 마른모래

23 다음 중 제6류 위험물이 아닌 것은?

① 질산구아니딘   ② 질산
③ 할로젠간화합물   ④ 과산화수소

🔍 질산구아니딘 : 제5류 위험물
※ 제6류 위험물 : 질산, 과염소산, 과산화수소, 할로젠간화합물

24 ABC급 화재에 적응성이 있으며 부착성이 좋은 메타인산을 만드는 분말소화약제는?

① 제1종 분말   ② 제2종 분말
③ 제3종 분말   ④ 제4종 분말

🔍 분말소화약제의 열분해 반응식
• 제1종 분말 : $2NaHCO_3 \rightarrow Na_2CO_3 + H_2O + CO_2$
• 제2종 분말 : $2KHCO_3 \rightarrow K_2CO_3 + H_2O + CO_2$
• 제3종 분말 : $NH_4H_2PO_4 \rightarrow HPO_3(메타인산) + NH_3 + H_2O$
• 제4종 분말 : $2KHCO_3 + (NH_2)_2CO \rightarrow K_2CO_3 + 2NH_3 + 2CO_2$

25 분말소화약제의 화학반응식이다. ( ) 안에 알맞은 것은?

$$2NaHCO_3 \rightarrow (\quad) + H_2O + (\quad)$$

① $2NaCO$, CO
② $2NaCO_2$, CO
③ Na_2CO_3, CO_2
④ Na_2CO_4, CO_2

🔍 제1종 분말 분해 반응식
$2NaHCO_3 \rightarrow Na_2CO_3 + H_2O + CO_2$

26 일반적인 연소형태가 표면연소인 것은?

① 플라스틱
② 목탄
③ 황
④ 피크린산

🔍 표면연소 : 숯, 목탄, 코크스, 금속분
※ 황 : 증발연소, 피크린산 : 자기연소

27 알코올 화재 시 수성막포 소화약제는 효과가 없다. 그 이유로 가장 적당한 것은?

① 알코올이 수용성이어서 포를 소멸시키므로
② 알코올이 반응하여 가연성가스를 발생하므로
③ 알코올 화재 시 불꽃의 온도가 매우 높으므로
④ 알코올이 포 소화약제와 발열반응을 하므로

🔍 메탄올, 에탄올 등 알코올은 알코올형포(내알코올포, 알코올포) 소화약제가 적합하고 수성막포는 포를 소멸시키므로 부적합하다.

28 드라이아이스 1kg이 완전히 기화하면 약 몇 몰의 탄산가스가 되겠는가?

① 22.7   ② 51.3
③ 230.1   ④ 515.0

🔍 드라이아이스(이산화탄소, CO_2)는 분자량 44이므로
∴ 몰수 = 무게/분자량 = 1000g ÷ 44 = 22.7g-mol

29 산소공급원으로 작용할 수 없는 위험물은?

① 과산화칼륨
② 질산나트륨
③ 과망가니즈산칼륨
④ 알킬알루미늄

🔍 산소공급원 : 제1류 위험물, 제5류 위험물, 제6류 위험물

종류	구분	종류	구분
과산화칼륨	제1류 위험물	질산나트륨	제1류 위험물
과망가니즈산칼륨	제1류 위험물	알킬알루미늄	제3류 위험물

30 지정수량 10배 이상의 위험물을 운반할 경우 서로 혼재할 수 있는 위험물의 유별은?

① 제1류 위험물과 제2류 위험물
② 제2류 위험물과 제4류 위험물
③ 제5류 위험물과 제6류 위험물
④ 제3류 위험물과 제5류 위험물

🔍 운반 시 혼재 가능
 • 제1류 위험물 + 제6류 위험물
 • 제2류 위험물 + 제4류 위험물 + 제5류 위험물
 • 제3류 위험물 + 제4류 위험물

31 마그네슘 분말의 화재 시 이산화탄소 소화약제는 소화 적응성이 없다. 그 이유로 가장 적합한 것은?

① 분해반응에 의하여 산소가 발생하기 때문이다.
② 가연성가스의 일산화탄소가 생성되기 때문이다.
③ 분해반응에 의하여 수소가 발생하고 이 수소는 공기 중의 산소와 폭명반응을 하기 때문이다.
④ 가연성가스의 아세틸렌가스가 발생하기 때문이다.

🔍 Mg(마그네슘)화재 시 이산화탄소와 반응하면 일산화탄소가 생성하므로 적합하지 않다.
 $Mg + CO_2 \rightarrow MgO + CO$(일산화탄소)

32 $(CH_3)_3Al$의 화재예방이 아닌 것은?

① 자연발화방지를 위해 얼음 속에 보관한다.
② 공기와 접촉을 피하기 위해 불연성가스를 봉입한다.
③ 용기는 밀봉하여 저장한다.
④ 화기의 접근을 피하여 저장한다.

🔍 트라이메틸알루미늄[$(CH_3)_3Al$]은 물과 반응하면 에테인(CH_4)을 발생하므로 위험하다.
 $(CH_3)_3Al + 3H_2O \rightarrow Al(OH)_3 + 3CH_4\uparrow$

33 고체가연물에 있어서 덩어리 상태보다 분말일 때 화재 위험성이 증가하는 이유는?

① 공기와의 접촉면적이 증가하기 때문이다.
② 열전도율이 증가하기 때문이다.
③ 흡열반응이 진행되기 때문이다.
④ 활성화에너지가 증가하기 때문이다.

🔍 분말일 때에는 입자가 미세하므로 공기와 접촉면적이 크므로 연소가 잘 된다.

34 다음 중 금속나트륨의 보호액으로 적당한 것은?

① 페놀
② 경유
③ 아세트산
④ 에틸알코올

🔍 칼륨과 나트륨의 보호액 : 등유, 경유, 유동파라핀

35 할로젠화합물 소화설비의 소화약제 중 축압식 저장용기에 저장하는 할론 2402의 충전비는?

① 0.51 이상 0.67 이하
② 0.67 이상 2.75 이하
③ 0.7 이상 1.4 이하
④ 0.9 이상 1.6 이하

🔍 할로젠화합물 소화약제의 충전비

약제		충전비
할론1301		0.9 이상 1.6 이하
할론1211		0.7 이상 1.4 이하
할론 2402	가압식	0.51 이상 0.67 이하
	축압식	0.67 이상 2.75 이하

36 위험물취급소의 건축물(외벽이 내화구조임)의 연면적이 500제곱미터인 경우 소화기구의 소요단위는?

① 4단위
② 5단위
③ 6단위
④ 7단위

📌 **소요단위의 계산방법**
• 제조소 또는 취급소의 건축물
  – 외벽이 내화구조 : 연면적 100m²를 1소요단위
  – 외벽이 내화구조가 아닌 것 : 연면적 50m²를 1소요단위
• 저장소의 건축물
  – 외벽이 내화구조 : 연면적 150m²를 1소요단위
  – 외벽이 내화구조가 아닌 것 : 연면적 75m²를 1소요단위
• 위험물은 지정수량의 10배 : 1소요단위

∴ 소요단위 = $\frac{500m^2}{100m^2}$ = 5단위

37 점화원의 역할을 할 수 없는 것은?

① 기화열
② 산화열
③ 정전기불꽃
④ 마찰열

📌 기화열은 점화원이 될 수 없다.

38 위험물을 취급하는 건축물의 옥내소화전이 1층에 6개, 2층에 5개, 3층에 4개가 설치되어 있다. 이 때 수원의 수량은 몇 m³ 이상이 되도록 설치하여야 하는가?

① 23.4
② 31.8
③ 39.0
④ 46.8

📌 옥내소화전설비의 수원 = N(5개 이상일 때에는 5개) × 7.8m³
= 5개 × 7.8m³ = 39.0m³
※ 수원 계산 시 260ℓ/min × 30min = 7800ℓ = 7.8m³

39 할로젠화합물 소화설비에 적응하지 않는 대상물은?

① 전기설비
② 인화성고체
③ 제5류 위험물
④ 제4류 위험물

📌 제5류 위험물은 냉각소화를 한다.

40 아세톤, 석유류, 알코올류 등의 연소형태는?

① 증발연소
② 분해연소
③ 확산연소
④ 자기연소

📌 증발연소 : 아세톤, 휘발유, 등유, 알코올류와 같이 액체를 가열하면 증기가 되어 증기가 연소하는 현상

● 3. 위험물 성상 및 취급

41 다음 중 아이오딘값이 가장 높은 동식물유류는?

① 아마인유
② 야자유
③ 피마자유
④ 올리브유

📌 동·식물유류

구분	아이오딘값	불포화도	종류
건성유	130 이상	크다	해바라기유, 동유, 아마인유, 정어리기름, 들기름
반건성유	100 ~ 130	중간	채종유, 목화씨기름, 참기름, 콩기름
불건성유	100 이하	적다	야자유, 올리브유, 피마자유, 동백유

42 물과 접촉하면 위험한 물질로만 나열된 것은?

① CH_3CHO, CaC_2, $NaClO_4$
② K_2O_2, $K_2Cr_2O_7$, CH_3CHO
③ K_2O_2, Na, CaC_2
④ Na, $K_2Cr_2O_7$, $NaClO_4$

📌 위험물의 성상

종류	명칭	류별	물과 접촉시
CH_3CHO	아세트알데하이드	제4류	용해
CaC_2	탄화칼슘	제3류	아세틸렌
$NaClO_4$	과염소산나트륨	제1류	용해
K_2O_2	과산화칼륨	제1류	산소
$K_2Cr_2O_7$	다이크로뮴산칼륨	제1류	용해
Na	나트륨	제3류	수소

43 오황화인이 물과 작용해서 발생하는 기체는?

① 이황화탄소
② 황화수소
③ 포스겐가스
④ 인화수소

📌 오황화인(P_2S_5)은 물과 반응하면 황화수소(H_2S)와 인산(H_3PO_4)이 된다.
$P_2S_5 + 8H_2O → 5H_2S + 2H_3PO_4$

44 가열하였을 때 분해하여 적갈색의 유독한 가스를 방출하는 것은?

① 과염소산
② 질산
③ 과산화수소
④ 적린

🔍 질산은 가열하여 분해하면 적갈색의 갈색증기(NO_2)가 발생한다.
$4HNO_3 \rightarrow 4NO_2 + 2H_2O + O_2$

45 제조소등의 관계인은 당해 제조소등의 용도를 폐지한 때에는 행정안전부령이 정하는 바에 따라 제조소등의 용도를 폐지한 날부터 며칠 이내에 시·도지사에게 신고하여야 하는가?

① 5일　　② 7일
③ 10일　④ 14일

🔍 제조소등의 용도 폐지 : 14일 이내 시·도지사에게 신고

46 다음 (　) 안에 알맞은 수치와 용어를 옳게 나열한 것은?

> 이황화탄소의 옥외저장탱크는 벽 및 바닥의 두께가 (　)m 이상이고, 누수가 되지 아니하는 철근콘크리트의 (　)에 넣어 보관하여야 한다.

① 0.2, 수조　　② 0.1, 수조
③ 0.2, 진공탱크　④ 0.1, 진공탱크

🔍 이황화탄소의 옥외저장탱크는 벽 및 바닥의 두께가 0.2m이상이고, 누수가 되지 아니하는 철근 콘크리트의 수조에 넣어 보관하여야 한다.

47 위험물과 보호액을 잘못 연결한 것은?

① 이황화탄소 - 물　② 인화칼슘 - 물
③ 황린 - 물　　　　④ 금속나트륨 - 등유

🔍 위험물의 보호액
　• 이황화탄소, 황린 : 물속에 저장
　• 칼륨, 나트륨 : 등유, 경유, 유동파라핀 속에 저장
　• 나이트로셀룰로스 : 물 또는 알코올에 습면시켜 저장
　※ 인화칼슘(인화석회)은 물과 반응하면 포스핀(인화수소)가스 발생

48 경유는 제 몇 석유류에 해당하는지와 지정수량을 옳게 나타낸 것은?

① 제1석유류 - 200ℓ
② 제2석유류 - 1000ℓ
③ 제1석유류 - 400ℓ
④ 제2석유류 - 2000ℓ

🔍 제4류 위험물의 지정수량

품명		지정수량
제2석유류	비수용성액체(등유, 경유, 테레핀유, 클로로벤젠, 스타이렌, 벤젠, o, m, p-크실렌, 장뇌유, 송근유 등)	1,000ℓ
	수용성액체(초산, 의산, 메틸셀로솔브, 에틸셀로솔브, 아크릴산)	2,000ℓ

49 질산칼륨의 성질에 대한 설명 중 틀린 것은?

① 물에 잘 녹는다.
② 화재 시 주수 소화가 가능하다.
③ 열분해하면 산소를 발생한다.
④ 비중이 1보다 작다.

🔍 질산칼륨(KNO_3)은 비중이 2.1이다.

50 위험물의 취급 중 소비에 관한 기준으로 틀린 것은?

① 열처리 작업은 위험물이 위험한 온도에 이르지 아니하도록 하여 실시하여야 한다.
② 담금질 작업은 위험물이 위험한 온도에 이르지 아니하도록 하여 실시하여야 한다.
③ 분사도장작업은 방화상 유효한 격벽 등으로 구획된 안전한 장소에서 실시하여야 한다.
④ 버너를 사용하는 경우에는 버너의 역화를 유지하고 위험물이 넘치지 아니하도록 하여야 한다.

🔍 위험물의 취급 중 소비에 관한 기준
　• 분사도장작업은 방화상 유효한 격벽 등으로 구획된 안전한 장소에서 실시할 것
　• 담금질 또는 열처리작업은 위험물이 위험한 온도에 이르지 아니하도록 하여 실시할 것
　• 버너를 사용하는 경우에는 버너의 역화를 방지하고 위험물이 넘치지 아니하도록 할 것

51 위험물의 운반용기 외부에 표시하여야 하는 주의사항을 틀리게 연결한 것은?

① 염소산암모늄 – 화기·충격주의 및 가연물접촉주의
② 철분 – 화기주의 및 물기엄금
③ 아세틸퍼옥사이드 – 화기엄금 및 충격주의
④ 과염소산 – 물기엄금 및 가연물접촉주의

🔍 운반용기의 외부표시사항

종류	류별	품명	주의사항
염소산암모늄	제1류 위험물	염소산염류	화기·충격주의 및 가연물접촉주의
철분	제2류 위험물	–	화기주의 및 물기엄금
아세틸퍼옥사이드	제5류 위험물	유기과산화물	화기엄금 및 충격주의
과염소산	제6류 위험물	–	가연물접촉주의

52 제6류 위험물에 속하지 않는 것은?

① 질산
② 질산칼륨
③ 트라이플루오로브로민
④ 펜타플루오로아이오다이드

🔍 질산칼륨은 제1류 위험물이다.
※ 제6류 위험물 : 질산, 과염소산, 과산화수소, 할로젠간화합물(트라이플루오로브로민, 펜타플루오로아이오다이드)

53 2가지의 위험물이 섞여 있을 때 발화 또는 폭발 위험성이 가장 낮은 것은?

① 과망가니즈산칼륨 – 글리세린
② 적린 – 염소산칼륨
③ 나이트로셀룰로스 – 알코올
④ 질산 – 나무조각

🔍 나이트로셀룰로스(NC)는 물 또는 알코올에 습면시켜 저장하면 안전하다.

54 다음 물질 중 인화점이 가장 낮은 것은?

① 톨루엔   ② 아닐린
③ 피리딘   ④ 에틸렌글라이콜

🔍 제4류 위험물의 인화점

종류	품명	인화점
톨루엔	제1석유류	4℃
아닐린	제3석유류	70℃
피리딘	제1석유류	16℃
에틸렌글라이콜	제3석유류	120℃

55 염소산나트륨에 관한 설명으로 틀린 것은?

① 산과 반응하여 유독한 이산화염소를 발생한다.
② 무색 결정이다.
③ 조해성이 있다.
④ 알코올이나 글리세린에 녹지 않는다.

🔍 염소산나트륨의 특성
• 산과 반응하면 이산화염소(ClO_2)의 유독가스를 발생 한다.
  $2NaClO_3 + 2HCl \rightarrow 2NaCl + 2ClO_2 + H_2O_2\uparrow$
• 무색, 무취의 결정 또는 분말이다.
• 조해성이 강하므로 수분과의 접촉을 피한다.
• 물, 알코올, 에터에는 용해한다.

56 산화프로필렌 300ℓ, 메탄올 400ℓ, 벤젠 200ℓ를 저장하고 있는 경우 각각 지정수량의 총 합은 얼마인가?

① 4
② 6
③ 8
④ 10

🔍 제4류 위험물의 지정수량

종류	품명	지정수량
산화프로필렌	특수인화물	50ℓ
메탄올	알코올류	400ℓ
벤젠	제1석유류(비수용성)	200ℓ

∴ 지정수량의 배수 $= \dfrac{저장수량}{지정수량} + \dfrac{저장수량}{지정수량}$

$= \dfrac{300ℓ}{50ℓ} + \dfrac{400ℓ}{400ℓ} + \dfrac{200ℓ}{200ℓ}$

$= 8.0배$

57 취급하는 장치가 구리나 마그네슘으로 되어 있을 때 반응을 일으켜서 폭발성의 아세틸라이드를 생성하는 물질은?

① 이황화탄소
② 아이소프로필알코올
③ 산화프로필렌
④ 아세톤

🔍 아세트알데하이드나 산화프로필렌은 구리(Cu), 마그네슘(Mg), 은(Ag), 수은(Hg)과 반응하면 아세틸레이트를 생성한다.

58 옥내저장소에서 안전거리 기준이 적용되는 경우는?

① 지정수량의 20배 미만의 제4석유류를 저장하는 것
② 제2류 위험물 중 덩어리 상태의 황을 저장하는 것
③ 지정수량의 20배 미만의 동식물유를 저장하는 것
④ 제6류 위험물을 저장하는 것

🔍 옥내저장소의 안전거리 제외 대상
- 제4석유류 또는 동식물유류의 위험물을 저장 또는 취급하는 옥내저장소로서 그 최대수량이 지정수량의 20배 미만인 것
- 제6류 위험물을 저장 또는 취급하는 옥내저장소
- 지정수량의 20배(하나의 저장창고의 바닥면적이 150m² 이하인 경우에는 50배) 이하의 위험물을 저장 또는 취급하는 옥내저장소로서 다음의 기준에 적합한 것
  - 저장창고의 벽·기둥·바닥·보 및 지붕이 내화구조일 것
  - 저장창고의 출입구에 수시로 열 수 있는 자동폐쇄방식의 60분+ 방화문 또는 60분 방화문이 설치되어 있을 것
  - 저장창고에 창이 설치하지 아니할 것

59 옥내저장소에서 위험물 용기를 겹쳐 쌓는 경우에 있어서 제4류 위험물 중 제4석유류만을 수납하는 용기를 겹쳐 쌓을 수 있는 높이는 최대 몇 m인가?

① 3
② 4
③ 5
④ 6

🔍 옥내저장소, 옥외저장소에 저장 시 적재높이(아래 높이를 초과하지 말 것)
- 기계에 의하여 하역하는 구조로 된 용기만을 겹쳐 쌓는 경우 : 6m
- 제4류 위험물 중 제3석유류, 제4석유류, 동식물유류를 수납하는 용기만을 겹쳐 쌓는 경우 : 4m
- 그 밖의 경우(특수인화물, 제1석유류, 제2석유류, 알코올류) : 3m

60 트라이나이트로페놀의 성질에 대한 설명 중 틀린 것은?

① 폭발에 대비하여 철, 구리로 만든 용기에 저장한다.
② 휘황색을 띤 결정이다.
③ 비중이 약 1.8로 물보다 무겁다.
④ 단독으로 충격, 마찰에 둔감한 편이다.

🔍 피크린산(트라이나이트로페놀)
- 광택있는 휘황색을 띤 결정이다.
- 비중이 약 1.8로 물보다 무겁다.
- 단독으로 가열, 충격, 마찰에 안정하고 연소시 검은 연기를 내지만 폭발은 하지 않는다..
- 건조하고 서늘한 장소에 보관하여야 하고 철, 구리의 금속 용기는 위험하다.

정답 CBT 복원문제 2022년 2회

01 ④	02 ①	03 ③	04 ④	05 ②
06 ①	07 ③	08 ④	09 ④	10 ③
11 ④	12 ①	13 ④	14 ①	15 ②
16 ②	17 ③	18 ①	19 ③	20 ②
21 ③	22 ③	23 ①	24 ③	25 ③
26 ②	27 ①	28 ①	29 ④	30 ②
31 ②	32 ③	33 ①	34 ③	35 ②
36 ②	37 ①	38 ③	39 ③	40 ①
41 ①	42 ③	43 ②	44 ②	45 ④
46 ①	47 ②	48 ②	49 ④	50 ①
51 ④	52 ②	53 ③	54 ①	55 ④
56 ③	57 ③	58 ②	59 ②	60 ①

2022년 3회 CBT 복원문제

1. 물질의 물리·화학적 성질

01 이산화탄소 소화기 사용 중 소화기 방출구에서 생길 수 있는 물질은?

① 포스겐
② 일산화탄소
③ 드라이아이스
④ 수소가스

🔍 이산화탄소 소화기는 수분이 0.05% 이상이면 줄·톰슨효과에 의하여 방출구에 드라이아이스가 생겨 노즐이 막힐 우려가 있다.

02 2차 알코올이 산화되면 무엇이 되는가?

① 알데하이드
② 에터
③ 카복실산
④ 케톤

🔍 알코올의 산화반응
• 1차 알코올 : R-OH → R-CHO(알데하이드)
   → R-COOH(카복실산)
• 2차 알코올 : R_2-OH → R-CO-R'(케톤)
 - 알데하이드 : 아세트알데하이드(CH_3CHO), 폼알데하이드(HCHO)
 - 카복실산 : 초산(CH_3COOH), 의산(HCOOH)
 - 케톤 : 아세톤(CH_3COCH_3), 메틸에틸케톤($CH_3COC_2H_5$)

03 다음의 산 중에서 가장 약산은?

① $HClO_4$
② $HClO_3$
③ $HClO_2$
④ $HClO$

🔍 산의 세기 : 과염소산($HClO_4$) > 염소산($HClO_3$) > 아염소산($HClO_2$) > 차아염소산($HClO$)

04 올레핀계 탄화수소에 해당되는 것은?

① CH_4
② $CH_2 = CH_2$
③ $CH \equiv CH$
④ CH_3CHO

🔍 올레핀계 탄화수소 : 에틸렌(C_2H_4)

05 황산구리(II)수용액을 전기분해 할 때 63.5g의 구리를 석출시키는데 필요한 전기량은 몇 F인가?(단, Cu의 원자량은 63.5이다)

① 0.635F
② 1F
③ 2F
④ 63.5F

🔍 Cu의 1g당량 = 원자량/원자가 = 63.5g/2 = 31.75g(1F)이므로
∴ Cu 63.5g = 2g당량 = 2F

06 그레이엄의 법칙에 따른 기체의 확산속도와 분자량의 관계를 옳게 설명한 것은?

① 기체 확산속도는 분자량의 제곱에 비례한다.
② 기체 확산속도는 분자량의 제곱에 반비례한다.
③ 기체 확산속도는 분자량의 제곱근에 비례한다.
④ 기체 확산속도는 분자량의 제곱근에 반비례한다.

🔍 그레이엄의 확산속도법칙 : 기체의 확산속도는 분자량과 밀도의 제곱근에 반비례한다.

$$\frac{U_B}{U_A} = \sqrt{\frac{M_A}{M_B}} = \sqrt{\frac{d_A}{d_B}}$$

여기서, U_B : B기체의 확산속도 U_A : A기체의 확산속도
    M_B : B기체의 분자량 M_A : A기체의 분자량
    d_B : B기체의 밀도 d_A : A기체의 밀도

07 다음 물질 중 비전해질인 것은?

① CH_3COOH
② C_2H_5OH
③ NH_4OH
④ HCl

🔍 전해질, 비전해질
• 비전해질 : 수용액에서 전류가 통하지 않는 물질로서 에탄올(C_2H_5OH), 설탕, 포도당, 메탄올등
• 전해질 : 산이나 염기가 물에 용해되었을 때 즉 수용액상태에서 전류가 흐르는 물질
 - 약전해질 : 초산, 의산, 수산화암모늄 등 전리도가 작은 물질
 - 강전해질 : 소금, 수산화나트륨, 염산 등 전리도가 큰 물질

화학식	명칭	화학식	명칭
CH_3COOH	초산	C_2H_5OH	에틸알코올
NH_4OH	수산화암모늄	HCl	염산

08 어떤 금속의 원자가 +3이며 그 산화물의 조성은 금속이 52.94%이다. 금속의 원자량은 얼마인가?

① 17
② 27
③ 31
④ 34

> 원자량 = 당량 × 원자가
> 비례식으로 이용하면
> 47.06(산소) : 52.94(금속) = 8(산소의 당량) : x
> ∴ x = 9.0
> ∴ 금속의 원자량 = 당량 × 원자가 = 9 × 3 = 27

09 이상기체의 거동을 가정할 때 표준상태에서 기체밀도가 1.96g/L인 기체는?

① O_2
② CH_4
③ CO_2
④ N_2

> 표준상태에서 기체 1g-mol이 차지하는 부피는 22.4ℓ이므로
> 무게 = 기체밀도 × 22.4ℓ = 1.96g/ℓ × 22.4ℓ
> = 43.90(CO_2의 분자량 : 44)

화학식	명칭	분자량
O_2	산소	32
CH_4	메테인	16
CO_2	이산화탄소	44
N_2	질소	28

10 Mg^{2+}와 같은 전자 배치를 가지는 것은?

① Ca^{2+}
② Ar
③ Cl^-
④ F^-

> 원소의 원자번호
>
> | 종류 | 원자번호 | 종류 | 원자번호 |
> |---|---|---|---|
> | 칼슘(Ca) | 12 | 아르곤(Ar) | 20 |
> | 염소(Cl) | 18 | 플루오린(F) | 9 |
>
> Mg^{2+}(원자번호 12)전자배치 : $1S^2, 2S^2, 2P^6, 3S^2$인데 2가 양이온으로 전자 2개를 잃으므로 12 − 2 = 10개의 전자를 가지므로 전자배치는 $1S^2, 2S^2, 2P^6$이다.
> • Ca^{2+} : $1S^2, 2S^2, 2P^6, 3S^2, 3P^6, 4S^2$인데 2가 양이온으로 전자 2개를 잃으므로 20−2=18개의 전자를 가지므로 전자배치는 $1S^2, 2S^2, 2P^6, 3S^2, 3P^6$이다.
> • Ar의 전자배치 Ar(18) : $1S^2, 2S^2, 2P^6, 3S^2, 3P^6$
> • Cl : $1S^2, 2S^2, 2P^6, 3S^2, 3P^5$인데 1가 음이온으로 전자 1개를 얻으므로 17 + 1 = 18개의 전자를 가지므로 전자배치는 $1S^2, 2S^2, 2P^6, 3S^2, 3P^6$이다.
> • F^- : $1S^2, 2S^2, 2P^5$인데 1가 음이온으로 전자 1개를 얻으므로 9 + 1 = 10개의 전자를 가지므로 전자배치는 $1S^2, 2S^2, 2P^6$이다.

11 가로 2cm, 세로 5cm, 높이 3cm인 직육면체 물체의 무게는 100g이었다. 이 물체의 밀도는 몇 g/cm³인가?

① 3.3
② 4.3
③ 5.3
④ 6.3

> 밀도 $\rho = \dfrac{W}{V} = \dfrac{100g}{(2 \times 5 \times 3)cm^3} = 3.33 g/cm^3$

12 0.1N 아세트산 용액의 전리도가 0.01이라고 하면 이 아세트산 용액의 PH는?

① 0.5
② 1
③ 1.5
④ 3

> $[H^+]$ = 0.1N × 0.01 = 0.001이므로
> PH = $-\log[H^+]$ = 1 × 10^{-3} = 3 − log1 = 3

13 다음 중 착염에 해당하는 것은?

① $Al_2(SO_4)_3$
② $Pb(CH_3COO)_2$
③ $KAl(SO_4)_2$
④ $K_4Fe(CN)_6$

> 착염(complex salt) : 금속 배위결합물에 속한 착화합물로서 물에 녹인 수용액에서 복잡한 이론으로 전리하여 새로운 착이온을 생성시키는 염으로 암민구리착염[$Cu(NH_3)_4$]SO_4, 루테오염 [$Co(NH_3)_6$]Cl_3, 육시아노철(II)산칼륨 $K_4[Fe(CN)_6]$등이 있다.

14 원자번호 35인 브로민의 원자량은 80이다. 브로민의 중성자수는 몇 개인가?

① 35개
② 40개
③ 45개
④ 50개

> 중성자수 = 질량수−원자번호 = 80−35 = 45개

15 염기성 산화물에 해당하는 것은?

① MgO
② SnO
③ ZnO
④ PbO

> 산화물의 종류
> • 염기성산화물 : MgO, CaO, CuO, BaO, Na_2O, K_2O, Fe_2O_3
> • 산성산화물 : CO_2, SO_2, SO_3, NO_2, SiO_2, P_2O_5
> • 양쪽성산화물 : ZnO, Al_2O_3, SnO, PbO, Sb_2O_3

16 다음 중 펩타이드 결합(-CO-NH-)를 가진 물질은?

① 포도당　　② 지방산
③ 아미드　　④ 글리세린

> 🔍 화학식
> • 포도당 : $C_6H_{12}O_6$
> • 지방산 : R-COOH
> • 글리세린 : $C_3H_5(OH)_3$
> ※ 아미드는 아미노기와 카르복시기에서 물이 빠져 이루어지는 결합으로 6, 6-나일론 따위에서 많이 볼 수 있으며, 단백질의 경우에는 펩티드 결합이라고 한다. 화학식은 -CONH-이다.

17 염소산칼륨을 이산화망가니즈를 촉매로 하여 가열하면 염화칼륨과 산소로 열분해 된다. 표준상태를 기준으로 11.2ℓ의 산소를 얻으려면 몇 g의 염소산칼륨이 필요한가?(단, 원자량은 K 39, Cl 35.5이다.)

① 3063g　　② 40.83g
③ 61.25g　　④ 112.5g

> 🔍 염소산칼륨의 분해반응식
> $2KClO_3 \rightarrow 2KCl + 3O_2 \uparrow$
> $2 \times 122.5g \qquad 3 \times 22.4\ell$
> $\quad x \qquad\qquad 11.2\ell$
> $\therefore x = \dfrac{2 \times 122.5g \times 11.2\ell}{3 \times 22.4\ell} = 40.83g$

18 20℃에서 설탕물 100g 중에 설탕 40g이 녹아 있다. 이 용액이 포화용액일 경우 용해도(g/H_2O 100g)는 얼마인가?

① 72.4　　② 66.7
③ 40　　　④ 28.6

> 🔍 용해도 : 용매 100g에 녹을 수 있는 용질의 g수
> $\therefore$ 용해도 $= \dfrac{\text{용질의 g수}}{\text{용매의 g수}} = \dfrac{40g}{(100-40)g} = 0.666 \Rightarrow 66.7$

19 P 43.7wt%와 O 56.3wt%로 구성된 화합물의 실험식으로 옳은 것은?(단, 원자량은 P는 31, O는 16이다.)

① P_2O_4　　② PO_3
③ P_2O_5　　④ PO_2

> 🔍 P : 43.7%, O : 56.3%이므로 실험식은
> $P : O = \dfrac{43.7}{31} : \dfrac{56.3}{16} = 1.41 : 3.51 = 2 : 5$
> $\therefore$ 실험식 $= P_2O_5$

20 고체 유기물질을 정제하는 과정에서 이 물질이 순물질인지를 알아보기 위한 조사 방법으로 다음 중 가장 적합한 방법은 무엇인가?

① 육안 관찰
② 녹는점 측정
③ 광학현미경 분석
④ 전도도 측정

> 🔍 고체 유기물질이 순 물질인지 알아보기 위해서는 Melting Point(mp, 녹는점)를 조사하여야 한다.

• 2. 화재예방과 소화방법

21 묽은 질산이 칼슘과 반응하면 발생하는 기체는?

① 산소
② 질소
③ 수소
④ 수산화칼슘

> 🔍 질산이 칼슘과 반응하면 수소가스가 발생한다.
> ※ $2HNO_3 + Ca \rightarrow Ca(NO_3)_2 + H_2$

22 옥외탱크저장소의 압력탱크 수압시험의 조건으로 옳은 것은?

① 최대상용압력의 1.5배의 압력으로 5분간 수압 시험을 한다.
② 최대상용압력의 1.5배의 압력으로 10분간 수압 시험을 한다.
③ 사용압력에서 15분간 수압시험을 한다.
④ 사용압력에서 10분간 수압시험을 한다.

> 🔍 옥외탱크저장소의 수압시험 : 최대상용압력의 1.5배의 압력으로 10분간 수압시험에서 이상이 없어야 한다.

23 복합용도 건축물의 옥내저장소의 기준에서 옥내저장소의 용도에 사용되는 부분의 바닥면적은 몇 m² 이하로 하여야 하는가?

① 30
② 50
③ 75
④ 100

🔍 복합용도 건축물의 옥내저장소의 기준에서 옥내저장소의 용도로 사용되는 부분의 바닥면적은 75m² 이하로 하여야 한다.

24 주된 연소형태가 나머지 셋과 다른 하나는?

① 종이
② 코크스
③ 금속분
④ 숯

🔍 고체의 연소
- 표면연소 : 목탄, 코크스, 숯, 금속분등이 열분해에 의하여 가연성가스를 발생하지 않고 그 물질 자체가 연소하는 현상
- 분해연소 : 석탄, 종이, 목재, 플라스틱 등의 연소시 열분해에 의해 발생된 가스와 공기가 혼합하여 연소하는 현상
- 증발연소 : 황, 나프탈렌, 왁스, 파라핀 등과 같이 고체를 가열하면 열분해는 일어나지 않고 고체가 액체로 되어 일정온도가 되면 액체가 기체로 변화하여 기체가 연소하는 현상
- 자기연소(내부연소) : 제5류 위험물인 나이트로셀룰로스, 질화면 등 그 물질이 가연물과 산소를 동시에 가지고 있는 가연물이 연소하는 현상

25 메탄올 화재 시 수성막 포소화약제의 소화효과가 없는 이유를 가장 옳게 설명한 것은?

① 유독가스가 발생하므로
② 메탄올은 포와 반응하여 가연성 가스를 발생하므로
③ 화염의 온도가 높아지므로
④ 메탄올이 수성막포에 대하여 소포성을 가지므로

🔍 수용성 액체에는 수성막포는 소포(거품이 꺼짐)되므로 부적합하고 알코올포 소화약제가 적합하다.

26 옥내소화전설비의 옥내소화전이 3개 설치되었을 경우 수원의 수량은 몇 m³이상이 되어야 하는가?

① 7
② 23.4
③ 40.5
④ 100

🔍 위험물제조소등의 수원

구분 종류	방수압력	방수량	수원
옥내소화전설비	350kPa 이상	260ℓ/min	소화전의 수(최대 5개) × 7.8m³ (260ℓ/min × 30min = 7800ℓ = 7.8m³)
옥외소화전설비	350kPa 이상	450ℓ/min	소화전의 수(최대 4개) × 13.5m³ (450ℓ/min × 30min = 13500ℓ = 13.5m³)
스프링클러설비	100kPa 이상	80ℓ/min	헤드 수 × 2.4m³ (80ℓ/min × 30min = 2400ℓ = 2.4m³)

∴ 옥외소화전설비의 수원 = 소화전의 수(최대 5개) × 7.8m³
= 3 × 7.8m³ = 23.4m³

27 위험물안전관리법령상 전기설비에 적응성이 없는 소화설비는?

① 포 소화설비
② 이산화탄소 소화설비
③ 할로젠화합물 소화설비
④ 물분무 소화설비

🔍 포 소화설비는 A급, B급 화재에 적합하며 질식, 냉각효과로 C급화재인 전기설비에는 적응성이 없다.
※ 전기실, 발전실등 전기설비의 소화설비 : 이산화탄소, 할로젠화합물, 분말

28 경유 50,000ℓ의 소화설비 소요단위는?

① 3
② 4
③ 5
④ 6

🔍 경유는 제4류 위험물 제2석유류로서 지정수량은 1000ℓ이고, 위험물은 지정수량의 10배를 1소요단위이므로
∴ 소요단위 = $\dfrac{저장수량}{지정수량 \times 10배} = \dfrac{50,000ℓ}{1000ℓ \times 10배} = 5단위$

29 분말소화약제로 사용되는 주성분에 해당되지 않는 것은?

① 탄산수소나트륨
② 황산알루미늄
③ 탄산수소칼륨
④ 제1인산암모늄

🔍 분말소화약제

종류	주성분	적응화재	착색(분말의 색)
제1종 분말	$NaHCO_3$(중탄산나트륨, 탄산수소나트륨)	B, C급	백색
제2종 분말	$KHCO_3$(중탄산칼륨, 탄산수소칼륨)	B, C급	담회색
제3종 분말	$NH_4H_2PO_4$(인산암모늄, 제일인산암모늄)	A, B, C급	담홍색
제4종 분말	$KHCO_3 + (NH_2)_2CO$	B, C급	회(회백)색

30 위험물에 화재가 발생하였을 경우 물과의 반응으로 인해 주수소화가 적합하지 않는 것은?

① CH_3ONO_2
② $KClO_3$
③ Li_2O_2
④ P

🔍 과산화리튬(Li_2O_2)은 제1류 위험물(무기과산화물)로서 물과 반응하면 산소가 발생하므로 위험하다.
※ $2Li_2O_2 + 2H_2O \rightarrow 4LiOH + O_2$

31 벤젠과 톨루엔의 공통성질이 아닌 것은?

① 물에 녹지 않는다.
② 냄새가 없다.
③ 휘발성 액체이다.
④ 증기는 공기보다 무겁다.

🔍 벤젠과 톨루엔의 비교

종류	벤젠	톨루엔
품명	제4류 위험물 제1석유류 (비수용성)	제4류 위험물 제1석유류 (비수용성)
지정수량	200ℓ	200ℓ
인화점	-11℃	4℃
외관	무색, 투명한 방향성 냄새 갖는 액체	무색, 투명한 방향성 냄새 갖는 액체
용해성	물에 녹지 않는다.	물에 녹지 않는다.
소화효과	질식소화	질식소화

32 물의 특성 및 소화효과에 관한 설명으로 틀린 것은?

① 이산화탄소보다 기화잠열이 크다.
② 극성분자이다.
③ 이산화탄소보다 비열이 작다.
④ 주된 소화효과가 냉각소화이다.

🔍 물의 특성
- 표면장력과 열전도계수가 크다.
- 점도가 낮다.
- 물의 비열(1cal/g·℃)과 증발잠열(539cal/g)이 크다.
- 구하기 쉽고 가격이 저렴하다.
- 냉각효과가 뛰어나다.

33 황린이 연소할 때 다량으로 발생하는 흰 연기는 무엇인가?

① P_2O_5
② P_3O_7
③ PH_3
④ P_4S_3

🔍 황린이 연소하면 오산화인의 흰 연기(P_2O_5)가 발생한다.
※ $P_4 + 5O_2 \rightarrow 2P_2O_5$

34 펌프의 토출관에 압입기를 설치하여 포소화 약제 압입용 펌프로 포소화약제를 압입시켜 혼합하는 방식은?

① 프레져 프로포셔너
② 펌프 프로포셔너
③ 프레져사이드 프로포셔너
④ 라인 프로포셔너

🔍 혼합방식
- 프레져 프로포셔너 방식(pressure proportioner, 차압 혼합방식) : 펌프와 발포기의 중간에 설치된 벤투리관의 벤투리작용과 펌프 가압수의 포소화약제 저장탱크에 대한 압력에 따라 포소화약제를 흡입·혼합하는 방식
- 펌프 프로포셔너 방식(pump proportioner, 펌프 혼합방식) : 펌프의 토출관과 흡입관사이의 배관도중에 설치한 흡입기에 펌프에서 토출된 물의 일부를 보내고 농도조정 밸브에서 조정된 포소화약제의 필요량을 포소화약제 탱크에서 펌프 흡입측으로 보내어 약제를 혼합하는 방식
- 라인 프로포셔너 방식(line proportioner, 관로 혼합방식) : 펌프와 발포기의 중간에 설치된 벤츄리관의 벤츄리 작용에 따라 포 소화약제를 흡입·혼합하는 방식
- 프레져 사이드 프로포셔너 방식(pressure side proportioner, 압입 혼합방식) : 펌프의 토출관에 압입기를 설치하여 포소화 약제 압입용 펌프로 포소화약제를 압입시켜 혼합하는 방식

35 제조소등에 전기설비(전기배선, 조명기구등은 제외한다)가 설치된 장소의 바닥면적 150m²인 경우 설치해야 하는 소형 수동식소화기의 최소 개수는?

① 1개
② 2개
③ 3개
④ 4개

> 제조소등에 전기설비는 바닥면적 100m²마다 소형수동식 소화기 1개 이상을 설치하므로
> ∴ 150m² ÷ 100m² = 1.5 ⇒ 2개

36 연소범위에 대한 일반적인 설명 중 틀린 것은?

① 연소범위는 온도가 높아지면 넓어진다.
② 공기 중에서 보다 산소 중에서 연소범위는 넓어진다.
③ 압력이 높아지면 상한값은 변하지 않으나 하한값은 커진다.
④ 연소범위농도 이하에서는 연소되기 어렵다.

> 연소범위는 온도(압력)가 높아지면 하한계는 변하지 않고, 상한계는 커진다.

37 자연발화 방지법에 대한 설명 중 틀린 것은?

① 습도가 낮은 것을 피할 것
② 저장실의 온도가 낮을 것
③ 퇴적 및 수납할 때 열이 축적되지 않을 것
④ 통풍이 잘 될 것

> 자연발화 방지법
> • 습도를 낮게 할 것(습도가 낮으면 열이 한곳에 축적이 되지 않기 때문에)
> • 저장실이나 주위의 온도를 낮출 것
> • 퇴적 및 수납할 때 열이 축적되지 않을 것
> • 통풍이 잘되게 할 것

38 전역방출방식 분말소화설비에 있어 분사헤드는 저장용기에 저장된 분말소화약제량을 몇 초 이내에 균일하게 방사하여야 하는가?

① 15
② 30
③ 45
④ 60

> 전역방출방식, 국소방출방식의 분사헤드 및 방사시간
> • 전역방출방식의 분사헤드의 방사압력 : 0.1MPa 이상
> • 전역방출방식, 국소방출방식의 방사 시간 : 30초 이내

39 제3종 분말소화약제를 화재면에 방출 시 부착성이 좋은 막을 형성하여 연소에 필요한 산소의 유입을 차단하기 때문에 연소를 중단시킬 수 있다. 그러한 막을 구성하는 물질은?

① H_3PO_4
② PO_4
③ HPO_3
④ P_2O_5

> 제3종 분말(인산암모늄)이 열분해하여 메타인산(HPO_3)이 발생하므로 부착성인 막을 만들어 공기를 차단한다.
> $NH_4H_2PO_4 \rightarrow HPO_3 + NH_3 + H_2O$

40 위험물안전관리법령상 위험물 품명이 나머지 셋과 다른 것은?

① 메틸알코올
② 에틸알코올
③ 아이소프로필알코올
④ 부틸알코올

> 알코올류 : 분자를 구성하는 탄소원자의 수가 1개부터 3개까지인 포화1가 알코올(변성알코올을 포함한다)로서 메틸알코올, 에틸알코올, 아이소프로필알코올이 있다
> ※ 부틸알코올 : 제4류 위험물 제2석유류(비수용성)

3. 위험물 성상 및 취급

41 과염소산나트륨에 대한 설명 중 틀린 것은?

① 물에 녹는다.
② 산화제이다.
③ 열분해하여 염소를 방출한다.
④ 조해성이 있다.

> 과염소산나트륨이 열분해하면 산소를 방출한다.
> $NaClO_4 \rightarrow NaCl + 2O_2 \uparrow$

42 다음 물질 중 황린과 접촉하였을 때 가장 위험한 것은?

① NaOH
② H_2O
③ CO_2
④ N_2

🔍 황린(제3류 위험물)
- 물속에 저장한다.
- 불연성가스(이산화탄소와 질소)와 접촉하여도 무관하다.
- 황린은 알칼리와 반응하면 유독성의 포스핀가스를 발생한다.
  $P_4 + 3KOH + 3H_2O \rightarrow PH_3(포스핀) + 3KH_2PO_2(차아인산칼륨)$

43 나이트로글리세린에 대한 설명으로 틀린 것은?

① 순수한 것은 상온에서 무색, 투명한 액체이다
② 순수한 것은 겨울철에 동결 될 수 있다.
③ 메탄올에 녹는다.
④ 물보다 가볍다.

🔍 나이트로글리세린(Nitro Glycerine, NG)
- 물성

화학식	융점	비중	비점
$C_3H_5(ONO_2)_3$	2.8℃	1.6	218℃

- 무색, 투명한 기름성의 액체(공업용 : 담황색)이다.
- 알코올, 에터, 벤젠, 아세톤, 등 유기용제에는 녹는다.
- 상온에서 액체이고 겨울에는 동결한다.
- 물보다 무겁다.

44 다음 중 발화점이 가장 낮은 것은?

① 마그네슘
② 황린
③ 적린
④ 다이에틸에터

🔍 발화점

종류	발화점	종류	발화점
마그네슘	520℃	황린	34℃
적린	260℃	다이에틸에터	180℃

45 위험물의 운반용기 외부에 수납하는 위험물의 종류에 따라 표시하는 주의사항을 옳게 연결한 것은?

① 염소산칼륨 – 물기주의
② 철분 – 화기주의
③ 아세톤 – 화기엄금
④ 질산 – 화기엄금

🔍 운반용기의 주의사항

종류	표시 사항
제1류 위험물	① 알칼리금속의 과산화물 : 화기·충격주의, 물기엄금, 가연물접촉주의 ② 그 밖의 것(염소산칼륨) : 화기·충격주의, 가연물접촉주의
제2류 위험물	① 철분, 금속분, 마그네슘 : 화기주의, 물기엄금 ② 인화성 고체 : 화기엄금 ③ 그 밖의 것 : 화기주의
제3류 위험물	① 자연발화성물질 : 화기엄금, 공기접촉엄금 ② 금수성물질 : 물기엄금
제4류 위험물 (아세톤)	화기엄금
제5류 위험물	화기엄금, 충격주의
제6류 위험물 (질산)	가연물접촉주의

46 다음 ( ) 안에 알맞은 색상을 차례대로 나열한 것은?

"이동저장탱크 차량의 전면 및 후면의 보기 쉬운 곳에 직사각형의 (　)바탕에 (　)의 반사도료로 "위험물"이라고 표시하여야 한다."

① 백색 – 적색
② 백색 – 흑색
③ 황색 – 적색
④ 흑색 – 황색

🔍 이동탱크저장소의 "위험물" 표지 : 흑색바탕에 황색 반사도료

47 담황색의 고체 위험물에 해당하는 것은?

① 나이트로셀룰로스
② 나트륨
③ 트라이나이트로톨루엔
④ 피리딘

🔍 위험물의 외관

종류	품명	외관
나이트로셀룰로스	제5류 위험물 질산에스터류	솜모양 같은 고체
나트륨	제3류 위험물	은백색 무른 경금속
트라이나이트로톨루엔	제5류 위험물 나이트로화합물	담황색의 주상결정
피리딘	제4류 위험물 제1석유류	무색, 투명한 액체

48 가솔린에 대한 설명 중 틀린 것은?

① 수산화칼륨과 아이오도폼 반응을 한다.
② 휘발하기 쉽고 인화성이 크다.
③ 물보다 가벼우나 증기는 공기보다 무겁다.
④ 전기에 대한 부도체이다.

> 휘발유(Gasoline)
> • 물성
>
> | 화학식 | 비중 | 증기비중 | 비점 |
> |---|---|---|---|
> | $C_6H_{12} \sim C_9H_{20}$ | 0.70~0.80 | 3~4 | 32~220℃ |
>
> • 무색투명한 휘발성이 강한 인화성 액체이다
> • 물보다 가볍고(0.7~0.8) 증기는 공기보다 무겁다.(3~4)
> • 에틸알코올은 아이오도폼 반응을 한다.
> • 전기에 대한 부도체이다.

49 다음 위험물 중 제2석유류에 해당하는 것은?

① 아크릴산　　② 나이트로벤젠
③ 메틸에틸케톤　④ 에틸렌글라이콜

> 제4류 위험물의 분류
>
> | 종류 | 구분 | 종류 | 구분 |
> |---|---|---|---|
> | 아크릴산 | 제2석유류 | 나이트로벤젠 | 제3석유류 |
> | 메틸에틸케톤 | 제1석유류 | 에틸렌글라이콜 | 제3석유류 |

50 다음 중 인화점이 가장 높은 것은?

① $CH_3COOC_2H_5$　② CH_3OH
③ CH_3COOH　　④ CH_3COCH_3

> 제4류 위험물의 인화점
>
> | 종류 | 명칭 | 품명 | 인화점 |
> |---|---|---|---|
> | $CH_3COOC_2H_5$ | 초산에틸 | 초산에스터류 | -3℃ |
> | CH_3OH | 메틸알코올 | 알코올류 | 11℃ |
> | CH_3COOH | 초산 | 제2석유류 | 40℃ |
> | CH_3COCH_3 | 아세톤 | 제1석유류 | -18.5℃ |

51 다음 중 아이오딘값이 가장 큰 것은?

① 땅콩기름　　② 해바라기기름
③ 면실유　　　④ 아마인유

> 아마인유는 요오드값이 130 이상으로 가장 크다.

52 제4류 위험물을 저장하는 이동탱크저장소의 탱크 용량이 19,000ℓ일 때 탱크의 칸막이는 최소 몇 개를 설치하여야 하는가?

① 2
② 3
③ 4
④ 5

> 이동탱크저장소의 안전칸막이는 4000ℓ 이하마다 설치하여야 하므로
> 19,000ℓ ÷ 4000ℓ = 4.75 ⇒ 5칸이다.
> ∴ 19000ℓ 탱크에 안전칸막이는 4개이고 칸은 5칸이다.

53 메틸알코올과 에틸알코올의 공통 성질이 아닌 것은?

① 무색, 투명한 휘발성 액체이다.
② 물에 잘 녹는다.
③ 지정수량은 같다.
④ 인체에 대한 유독성이 없다.

> 알코올의 비교
>
> | 종류 | 메틸알코올 | 에틸알코올 |
> |---|---|---|
> | 품명 | 알코올류 | 알코올류 |
> | 지정수량 | 400ℓ | 400ℓ |
> | 외관 | 무색, 투명한 휘발성 액체 | 무색, 투명한 휘발성 액체 |
> | 용해성 | 물에 잘 녹는다. | 물에 잘 녹는다. |
> | 비중 | 0.79 | 0.79 |
> | 인화점 | 11℃ | 13℃ |
> | 독성 | 있다. | 없다. |

54 [그림]과 같은 위험물을 저장하는 탱크의 내용적은 약 몇 m³인가?(단, r은 10m, ℓ은 25m이다.)

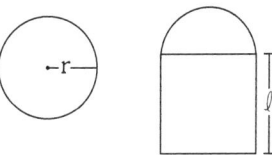

① 3612　　② 4712
③ 5812　　④ 7854

> 종으로 설치한 경우 원통형 탱크의 내용적 = $\pi r^2 \ell$
> = 3.14159 × (10m)² × 25m = 7854m³

55 A업체에서 제조한 위험물을 B업체로 운반할 때 규정에 의한 운반용기에 수납하지 않아도 되는 위험물은?(단, 지정수량의 2배 이상인 경우이다.)

① 덩어리상태의 황
② 금속분
③ 삼산화크로뮴
④ 염소산나트륨

> 모든 위험물은 운반 시 운반용기에 수납하여 운반하여야 하며 덩어리상태의 황은 운반하기 위하여 적재하는 경우 또는 위험물을 동일 구내에 있는 제조소등의 상호간에 운반하기 위하여 적재하는 경우는 예외이다.

56 물과 접촉 시 동일한 가스를 발생하는 물질을 나열한 것은?

① 수소화나트륨, 금속리튬
② 탄화칼슘, 금속칼슘
③ 트라이에틸알루미늄, 탄화알루미늄
④ 인화칼슘, 수소화칼슘

> 물과 반응

종류	물과 반응식	발생가스
수소화나트륨	$NaH + H_2O \rightarrow NaOH + H_2\uparrow$	수소
금속리튬	$Li + 2H_2O \rightarrow 2LiOH + H_2\uparrow$	수소
탄화칼슘	$CaC_2 + 2H_2O \rightarrow Ca(OH)_2 + C_2H_2\uparrow$	아세틸렌
금속칼슘	$Ca + 2H_2O \rightarrow Ca(OH)_2 + H_2\uparrow$	수소
트라이에틸알루미늄	$(C_2H_5)_3Al + 3H_2O \rightarrow Al(OH)_3 + C_2H_6\uparrow$	에테인
탄화알루미늄	$Al_4C_3 + 12H_2O \rightarrow 4Al(OH)_3 + 3CH_4\uparrow$	메테인
인화칼슘	$Ca_3P_2 + 6H_2O \rightarrow 3Ca(OH)_2 + 2PH_3\uparrow$	포스핀
수소화칼슘	$CaH_2 + 2H_2O \rightarrow Ca(OH)_2 + 2H_2\uparrow$	수소

57 위험물의 저장기준으로 틀린 것은?

① 이동탱크저장소에는 설치허가증을 비치하여야 한다.
② 지하저장탱크의 주된 밸브는 위험물을 넣거나 빼낼 때 외에는 폐쇄하여야 한다.
③ 아세트알데하이드를 저장하는 이동저장탱크에는 탱크안에 불활성가스를 봉입하여야 한다.
④ 옥외저장탱크 주위에 설치된 방유제의 내부에 물이나 유류가 괴었을 경우에는 즉시 배출하여야 한다.

> 위험물의 저장기준
> • 이동탱크저장소에는 이동탱크저장소의 완공검사합격확인증 및 정기점검기록을 비치하여야 한다.
> • 옥외저장탱크 · 옥내저장탱크 또는 지하저장탱크의 주된 밸브(액체의 위험물을 이송하기 위한 배관에 설치된 밸브 중 탱크의 바로 옆에 있는 것) 및 주입구의 밸브 또는 뚜껑은 위험물을 넣거나 빼낼 때 외에는 폐쇄하여야 한다.
> • 이동저장탱크에 아세트알데하이드등을 저장하는 경우에는 항상 불활성의 기체를 봉입하여 둘 것
> • 옥외저장탱크 주위에 설치된 방유제의 내부에 물이나 유류가 괴었을 경우에는 즉시 배출하여야 한다.

58 오황화인이 습한 공기 중에서 분해하여 발생한 가스에 대한 설명으로 옳은 것은?

① 불연성이다.
② 유독하다.
③ 냄새가 없다.
④ 물에 녹지 않는다.

> 오황화인은 물 또는 알칼리에 분해하여 황화수소(H_2S)와 인산(H_3PO_4)이 된다.
> $P_2S_5 + 8H_2O \rightarrow 5H_2S + 2H_3PO_4$
> ※ 발생되는 황화수소(H_2S)가스
> • 불연성이고 유독하다.
> • 계란 썩는 냄새가 나는 가연성 가스로서 물에 녹는다.

59 제5류 위험물의 제조소에 설치하는 주의사항 게시판에서 게시판 바탕 및 문자의 색을 옳게 나타낸 것은?

① 청색바탕에 백색문자
② 백색바탕에 청색문자
③ 백색바탕에 적색문자
④ 적색바탕에 백색문자

> 위험물제조소등의 표지 및 게시판

위험물의 종류	주의사항	게시판의 색상
제1류 위험물 중 알칼리금속의 과산화물 제3류 위험물 중 금수성물질	물기엄금	청색바탕에 백색문자
제2류 위험물(인화성 고체는 제외)	화기주의	적색바탕에 백색문자
제2류 위험물 중 인화성 고체 제3류 위험물 중 자연발화성물질 제4류 위험물 제5류 위험물	화기엄금	적색바탕에 백색문자

60 피리딘에 대한 설명 중 틀린 것은?

① 액체이다.
② 물에 녹지 않는다.
③ 상온에서 인화의 위험이 있다.
④ 독성이 있다.

피리딘(pyridine)
• 물성

화학식	비중	비점	인화점	착화점	연소범위
C_5H_5N	0.99	115.4℃	16℃	482℃	1.8 ~ 2.4%

• 순수한 것은 무색의 액체로 강한 악취와 독성이 있다.
• 약알칼리성을 나타내며 수용액상태에서도 인화의 위험이 있다.
• 산, 알칼리에 안정하고, 물, 알코올, 에테르에 잘 녹는다(수용성)

정답 CBT 복원문제 2022년 3회

01 ③	02 ④	03 ④	04 ②	05 ②
06 ④	07 ②	08 ②	09 ③	10 ④
11 ①	12 ④	13 ④	14 ③	15 ①
16 ③	17 ②	18 ②	19 ③	20 ②
21 ③	22 ②	23 ③	24 ①	25 ④
26 ②	27 ①	28 ③	29 ②	30 ③
31 ②	32 ③	33 ①	34 ③	35 ②
36 ③	37 ①	38 ②	39 ③	40 ④
41 ③	42 ①	43 ④	44 ②	45 ③
46 ④	47 ③	48 ①	49 ①	50 ③
51 ④	52 ③	53 ④	54 ④	55 ①
56 ①	57 ①	58 ②	59 ④	60 ②

2023년 1회 CBT 복원문제

1. 물질의 물리·화학적 성질

01 다이크롬산칼륨에서 크로뮴의 산화수는?
① 2　　② 4
③ 6　　④ 8

🔍 다이크롬산칼륨($K_2Cr_2O_7$)의 크로뮴의 산화수
$[(+1)×2] + 2x + [(-2)×7] = 0$
∴ $x(Cr) = +6$

02 0℃의 얼음 10g을 모두 수증기로 변화시키려면 약 몇 cal의 열량이 필요한가?
① 6190cal　　② 6390cal
③ 6890cal　　④ 7190cal

🔍 열량 $Q = r·m + mC_p\Delta t + r·m$
$= (80cal/g×10g) + 10g×1cal/g·℃×(100-0)℃ + 539cal/g×10g$
$= 7190\ cal$
※ 물의 융해잠열 : 80cal/g, 물의 증발잠열 : 539cal/g

03 10의 프로페인을 완전연소 시키기 위해 필요한 공기는 몇 L인가?(단, 공기 중 산소의 부피는 20%로 가정한다)
① 10　　② 50
③ 125　　④ 250

🔍 프로페인의 연소반응식
$C_3H_8 + 5O_2 → CO_2 + H_2O$
22.4L　　5×22.4L
10L　　　x

$x = \dfrac{10L × 5 × 22.4L}{44kg} = 50L$ (이론 산소량)

∴ 이론 공기량 50L ÷ 0.2 = 250L

04 벤젠을 약 300℃, 높은 압력에서 Ni촉매로 수소와 반응시켰을 때 얻어지는 물질은?
① Cyclopentane　　② Cyploroane
③ Cyclohexane　　④ Cyclooctane

🔍 벤젠을 약 300℃, 높은 압력에서 Ni, Pt촉매하에서 수소와 반응시켜 Cyclohexane을 제조한다.

05 다음 물질 중 질소를 함유하는 것은?
① 나일론
② 폴리에틸렌
③ 폴리염화비닐
④ 프로필렌

🔍 물질의 화학식
• 나일론(Nylon) 6

$-(-CH_2-CH_2-CH_2-CH_2-CH_2-\underset{\underset{H}{|}}{\overset{\overset{O}{\|}}{C}}-N)n-$

• 폴리에틸렌(PE, Poly Ethylene)
$-(-CH_2-CH_2-)n-$
• 폴리염화비닐(PVC, Poly Vinyl Chloride)
$-(-CH_2-\underset{\underset{Cl}{|}}{CH}-)n-$
• 프로필렌(Propylene)
$CH_3CH=CH_2$

06 불순물로 식염을 포함하고 있는 NaOH 3.2g을 물에 녹여 100mL로 한 다음 그 중 50mL를 중화하는데 1N의 염산이 20mL 필요했다. 이 NaOH의 농도는 약 몇 wt%인가?
① 10
② 20
③ 33
④ 50

🔍 먼저 중화 전 NaOH의 농도를 구하면
1N　　40g　　1000ml
x　　　3.2g　　100ml

$x = \dfrac{1 × 3.2 × 1000}{40 × 100} = 0.8N$

이것을 중화적정하기 위하여
$NV = N'V'$ 에서 $0.8N × 50mL × x = 1N × 20mL$
∴ $x = 50\%$

07 대기를 오염시키고 산성비의 원인이 되며 광화학스모그 현상을 일으키는 중요한 원인이 되는 물질은?

① 프레온 가스 ② 질소산화물
③ 할로젠화수소 ④ 중금속물질

🔍 질소산화물, 아황산가스, 염화수소등이 산성비의 원인이다.

08 다음과 같은 경향성을 나타내지 않는 것은?

Li < Na < K

① 원자번호 ② 원자반지름
③ 제1차 이온화에너지 ④ 전자수

🔍 1족 원소(알칼리금속)로서 Li(리튬, 원자번호 3), Na(나트륨, 원자번호 11), K(칼륨, 원자번호 19)
- 중성원자에서는 원자번호 = 전자수
- 원소의 성질

구분 항목	같은 주기에서 원자번호가 증가할수록 (왼쪽에서 오른쪽으로)	같은 족에서 원자번호가 증가할수록 (윗쪽에서 아래쪽으로)
이온화에너지	증가한다	감소한다
전기음성도	증가한다	감소한다
이온반지름	작아진다	커진다
원자반지름	작아진다	커진다
비금속성	증가한다	감소한다

09 사방황과 단사황이 서로 동소체임을 알 수 있는 실험 방법은?

① 이황화탄소에 녹여 본다.
② 태웠을 때 생기는 물질을 분석해 본다.
③ 광학현미경으로 본다.
④ 색과 맛을 비교해 본다.

🔍 동소체 : 같은 원소로 되어 있으나 성질과 모양이 다른 단체로서 연소생성물로 확인한다.

원소	동소체	연소생성물
탄소(C)	다이아몬드, 흑연	이산화탄소(CO_2)
황(S)	사방황, 단사황, 고무상황	이산화황(SO_2)
인(P)	적린(붉은인), 황린(흰인)	오산화인(P_2O_5)
산소(O)	산소, 오존	–

10 다음 중 증기비중이 가장 큰 것은?

① 산소 ② 질소
③ 이산화탄소 ④ 수소

🔍 비중
증기비중 = $\frac{분자량}{29}$ (C:16, S:32, H:1, O:16)
- 산소(O_2) = $\frac{32}{29}$ = 1.10
- 질소(N_2) = $\frac{28}{29}$ = 0.966
- 이산화탄소(CO_2) = $\frac{44}{29}$ = 1.517
- 수소(H_2) = $\frac{2}{29}$ = 0.069

11 1기압에서 2L의 부피를 차지하는 어떤 이상기체를 온도의 변화 없이 압력을 4기압으로 하면 부피는 얼마가 되겠는가?

① 2.0ℓ ② 1.5ℓ
③ 1.0ℓ ④ 0.5ℓ

🔍 보일의 법칙을 이용하면
∴ $V_2 = V_1 \times \frac{P_1}{P_2} = 2ℓ \times \frac{1}{4} = 0.5ℓ$

12 다음 중 이온상태에서의 반지름이 가장 작은 것은?

① S^{2+} ② Cl^-
③ K^+ ④ Ca^{2+}

🔍 • 이온 반지름은 원자번호가 증가할수록 작아진다.
• 원자번호
  - 황(S) : 16
  - 염소(Cl) : 17
  - 칼륨(K) : 19
  - 칼슘(Ca) : 20

13 원자번호 20인 Ca의 원자량은 40이다. 원자핵의 중성자수는 얼마인가?

① 10 ② 20
③ 40 ④ 60

🔍 중성자수 = 질량수 – 양성자수(원자번호) = 40 – 20 = 20

14 어떤 금속산화물의 원자가는 2이며, 그 산화물의 조성은 금속이 80wt% 이다. 이 금속의 원자량은?

① 32 ② 48
③ 64 ④ 80

🔍 산소 : 금속의 당량을 비례식으로 계산하면
20 : 80 = 8 : x
$x = 32$
∴ 금속의 원자량 = 당량 × 원자가 = 32 × 2 = 64

15 다음과 같이 나타낸 전지에 해당하는 것은?

$$(+)\, Cu \,\|\, H_2SO_4(aq) \,\|\, Zn(-)$$

① 볼타전지 ② 납축전지
③ 다니엘전지 ④ 건전지

🔍 볼타전지 : 아연(Zn)판과 구리(Cu)판을 도선으로 연결하고 묽은 황산을 넣어 두 전극에서 산화, 환원반응으로 전기에너지로 변환시키는 장치로서 Zn판(-극)에서는 산화, Cu판(+극)에서는 환원이 일어난다.
(+) Cu ∥ H_2SO_4(aq) ∥ Zn(-)

16 평형상태를 이동시키는 조건에 해당되지 않는 것은?

① 온도
② 농도
③ 촉매
④ 압력

🔍 화학반응에 관여하는 요인 : 온도, 압력, 농도

17 불꽃반응에서 노란색을 나타내는 용질을 녹인 무색 용액에 질산은($AgNO_3$)용액을 첨가하였더니 백색침전이 생겼다. 이 용액의 용질은 다음 중 무엇인가?

① NaOH ② NaCl
③ Na_2SO_4 ④ KCl

🔍 노란색(황색)의 불꽃반응은 나트륨(Na)이고, 수용액에 $AgNO_3$용액을 넣었더니 백색침전이 생기는 것은 염화은(AgCl)이므로 이 물질은 염화나트륨(NaCl)이다.
$NaCl + AgNO_3 \rightarrow AgCl\downarrow$(백색침전) $+ NaNO_3$

18 황산 196g으로 1M-H_2SO_4 용액을 몇 mL 만들 수 있는가?

① 1000 ② 2000
③ 3000 ④ 4000

🔍 황산 1M은 1000mL 속에 98g이 용해되어 있는 것으로
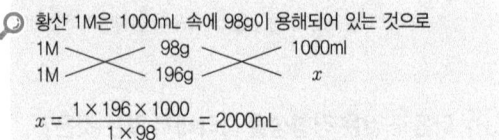
$x = \dfrac{1 \times 196 \times 1000}{1 \times 98} = 2000\text{mL}$

19 어떤 용액의 pH를 측정하였더니 4이었다. 이 용액을 1000배 희석시킨 용액의 pH를 옳게 나타낸 것은?

① pH = 3 ② pH = 4
③ pH = 5 ④ 6 < pH < 7

🔍 $[H^+] = \dfrac{(10^{-4} \times 1) + (10^{-7} \times 1000)}{1001} = 1.1 \times 10^{-7}$
∴ pH = $-\log[H^+] = 1.1 \times 10^{-7} = 7 - \log 1.1$
$= 7 - 0.04 = 6.96$
그러므로 pH : 6 < pH < 7

20 우라늄 $^{235}_{92}U$는 다음과 같이 붕괴한다. 생성된 Ac의 원자번호는?

$$^{235}_{92}U \xrightarrow{\alpha} Th \xrightarrow{\beta} Pa \xrightarrow{\alpha} Ac$$

① 67 ② 88
③ 89 ④ 90

🔍 α붕괴하면 원자번호 2감소, 질량수 4감소하고 β붕괴하면 원자번호만 1증가한다.
$^{235}_{92}U \xrightarrow{\alpha} {}^{231}_{90}Th \xrightarrow{\beta} {}^{231}_{91}Pa \xrightarrow{\alpha} {}^{227}_{89}Ac$

2. 화재예방과 소화방법

21 분말소화약제인 제1인산암모늄을 사용하였을 때 열분해하여 부착성인 막을 만들어 공기를 차단하는 것은?

① HPO_3 ② PH_3
③ NH_3 ④ P_2O_5

> 메타인산(HPO_3) : 제3종 열분해 시 발생하여 부착성인 막을 만들어 공기를 차단

22 소화약제로서 물이 갖는 특성에 대한 설명으로 가장 거리가 먼 것은?

① 유화효과(emulsification effect)도 기대할 수 있다.
② 증발잠열이 커서 기화 시 다량의 열을 제거한다.
③ 기화팽창률이 커서 질식효과가 있다.
④ 용융잠열이 커서 주수 시 냉각효과가 뛰어나다.

> 물은 증발잠열(539cal/g)이 커서 소화약제로 사용한다.

23 주된 소화효과가 산소공급원의 차단에 의한 소화가 아닌 것은?

① 포 소화기
② 건조사
③ CO_2소화기
④ Halon 1211소화기

> 할로젠화합물(할론 1211) 소화기의 주된 소화효과 : 부촉매효과

24 소방대상물의 옥내소화전을 각 층에 7개씩 설치하도록 할 때 수원의 최소 수량은 얼마인가?

① $13m^3$
② $20.8m^3$
③ $39m^3$
④ $62.4m^3$

> 옥내소화전설비의 방수량, 방수압력, 수원
>
> | 방수량 | 방수압력 | 토출량 | 수원 |
> |---|---|---|---|
> | 260L/min 이상 | 0.35MPa 이상 | N(최대 5개) ×260L/min | N(최대 5개)×7.8m^3 (260L/min×30min) |
>
> ∴ 수원 = N(최대 5개)×7.8m^3 = 5 × 7.8m^3 = 39m^3

25 연소형태가 나머지 셋과 다른 하나는?

① 목탄
② 메탄올
③ 파라핀
④ 황

> 증발연소 : 메탄올, 파라핀, 황
> ※목탄 : 표면연소

26 자연발화의 방지법으로 옳지 않은 것은?

① 습도가 낮은 곳을 피한다.
② 산소와 접촉을 최소화 한다.
③ 저장실의 온도를 낮춘다.
④ 통풍이 잘 되게 한다.

> 자연발화의 방지법
> • 습도를 낮게 할 것
> • 주위의 온도를 낮출 것
> • 통풍을 잘 시킬 것
> • 불활성가스를 주입하여 공기와 접촉을 피할 것

27 다음 중 화재 시 다량의 물에 의한 냉각소화가 가장 효과적인 것은?

① 금속의 수소화물
② 알칼리금속 과산화물
③ 유기과산화물
④ 금속분

> 유기과산화물(제5류 위험물) : 다량의 물에 의한 냉각소화

28 옥외소화전의 개폐밸브 및 호스접속구는 지반면으로부터 몇 m이하의 높이에 설치해야 하는가?

① 1.5
② 2.5
③ 3.5
④ 4.5

> 개폐밸브 및 호스접속구는 지반면으로부터 1.5m 이하에 설치해야 한다.

29 소화약제로 사용하지 않는 것은?

① 이산화탄소
② 제1인산암모늄
③ 탄산수소나트륨
④ 트라이클로로실란

> 트라이클로로실란 : 제3류 위험물(염소화규소화합물)

30 화재 발생 시 위험물에 대한 소화방법으로 옳지 않는 것은?

① 트라이에틸알루미늄 : 소규모 화재 시 팽창질석을 사용한다.
② 과산화나트륨 : 할로젠화합물 소화기로 질식소화 한다.
③ 인화성 고체 : 이산화탄소 소화기로 질식소화 한다.
④ 휘발유 : 탄산수소염류 분말 소화기로 질식소화 한다.

🔍 과산화나트륨의 소화약제 : 마른모래, 팽창질석, 팽창진주암, 탄산수소염류 분말소화약제

31 연소반응이 용이하게 일어나기 위한 조건으로 틀린 것은?

① 가연물이 산소와 친화력이 클 것
② 가연물의 열전도율이 클 것
③ 가연물의 표면적이 클 것
④ 가연물의 활성화에너지가 작을 것

🔍 가연물의 열전도율이 크면 연소가 잘 일어나지 않는다.

32 일반적으로 다량 주수를 통한 소화가 가장 효과적인 화재는?

① A급 화재
② B급 화재
③ C급 화재
④ D급 화재

🔍 A급 화재 : 주수에 의한 냉각효과

33 위험물안전관리법령상 소화설비의 적응성에서 이산화탄소 소화기가 적응성이 있는 것은?

① 제1류 위험물   ② 제3류 위험물
③ 제4류 위험물   ④ 제5류 위험물

🔍 제4류 위험물은 이산화탄소, 할로젠화합물, 분말소화기가 적응성이 있다.

34 분말소화약제인 탄산수소나트륨 10kg이 1기압, 270℃에서 방사되었을 때 발생하는 이산화탄소의 양은 약 몇 m³인가?

① 2.65
② 3.65
③ 18.22
④ 36.44

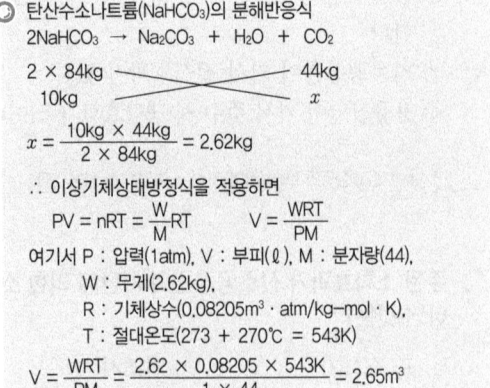

🔍 탄산수소나트륨($NaHCO_3$)의 분해반응식
$2NaHCO_3 \rightarrow Na_2CO_3 + H_2O + CO_2$
2×84kg ——— 44kg
10kg ——— x

$x = \dfrac{10\text{kg} \times 44\text{kg}}{2 \times 84\text{kg}} = 2.62$kg

∴ 이상기체상태방정식을 적용하면
$PV = nRT = \dfrac{W}{M}RT \quad V = \dfrac{WRT}{PM}$

여기서 P : 압력(1atm), V : 부피(ℓ), M : 분자량(44),
W : 무게(2.62kg),
R : 기체상수(0.08205m³·atm/kg-mol·K),
T : 절대온도(273 + 270℃ = 543K)

$V = \dfrac{WRT}{PM} = \dfrac{2.62 \times 0.08205 \times 543K}{1 \times 44} = 2.65\text{m}^3$

35 다음 중 $(C_2H_5)_3Al$의 소화방법으로 가장 적합한 소화약제는?

① 물
② CO_2
③ 팽창진주암
④ CCl_4

🔍 트라이에틸알루미늄[$(C_2H_5)_3Al$]의 소화약제 : 마른모래, 팽창질석, 팽창진주암

36 소화설비의 설치기준에 있어서 위험물저장소의 건축물로서 외벽이 내화구조로 된 것은 연면적 몇 m²를 1소요단위로 하는가?

① 50
② 75
③ 100
④ 150

🔍 저장소용 건축물의 소요단위
• 외벽이 내화구조인 경우 : 연면적 150m²
• 외벽이 내화구조가 아닌 경우 : 연면적 75m²

37 물과 반응하였을 때 발생하는 가스의 종류가 나머지 셋과 다른 하나는?

① 알루미늄분 ② 칼슘
③ 탄화칼슘 ④ 수소화칼슘

> 물과의 반응
> • 알루미늄분 : $2Al + 6H_2O \rightarrow 2Al(OH)_3 + 3H_2$(수소)
> • 칼슘 : $Ca + 2H_2O \rightarrow Ca(OH)_2 + H_2$
> • 탄화칼슘 : $CaC_2 + 2H_2O \rightarrow Ca(OH)_2 + C_2H_2$(아세틸렌)
> • 수소화칼슘 : $CaH_2 + 2H_2O \rightarrow Ca(OH)_2 + 2H_2$

38 이산화탄소 소화기의 장·단점에 대한 설명으로 틀린 것은?

① 밀폐된 공간에서 사용 시 질식으로 인명피해가 발생 할 수 있다.
② 전류가 통하는 장소에서의 사용은 위험하다.
③ 자체의 압력으로 방출할 수 있다.
④ 소화 후 소화약제에 의한 오손이 없다.

> 이산화탄소 소화기는 전기화재에 적합하다.

39 다음 인화성 액체 위험물 중 비중이 가장 큰 것은?

① 경유 ② 아세톤
③ 이황화탄소 ④ 중유

> 액체의 비중
>
> | 종류 | 액체비중 |
> |---|---|
> | 경유 | 0.82~0.84 |
> | 아세톤 | 0.79 |
> | 이황화탄소 | 1.26 |
> | 중유 | 0.936 |

40 피리딘 20,000리터에 대한 소화설비의 소요단위는?

① 5단위 ② 10단위
③ 15단위 ④ 100단위

> 피리딘의 지정수량(제4류 위험물 제1석유류, 수용성) : 400L
> • 소요단위 = $\dfrac{저장량}{지정수량 \times 10} = \dfrac{20,000L}{400L \times 10} =$ 5단위

3. 위험물 성상 및 취급

41 판매취급소에서 위험물을 배합하는 실의 기준으로 틀린 것은?

① 내화구조 또는 불연재료로 된 벽으로 구획한다.
② 출입구는 자동폐쇄식 60분+ 방화문 또는 60분 방화문을 설치한다.
③ 내부에 체류한 가연성 증기를 지붕위로 방출하는 설비를 한다.
④ 바닥에는 경사를 두어 되돌림관을 설치한다.

> 바닥은 위험물이 침투하지 않는 구조로 하여 적당한 경사를 두고 집유설비를 설치해야 한다.

42 셀룰로이드의 자연발화 형태로 가장 옳게 나타낸 것은?

① 잠열에 의한 발화
② 미생물에 의한 발화
③ 분해열에 의한 발화
④ 흡착열에 의한 발화

> 자연발화의 형태
> • 산화열에 의한 발화 : 석탄, 건성유, 고무분말
> • 분해열에 의한 발화 : 셀룰로이드, 나이트로셀룰로스
> • 미생물에 의한 발화 : 퇴비, 먼지
> • 흡착열에 의한 발화 : 목탄, 활성탄

43 2가지 물질을 혼합하였을 때 위험성이 증가하는 경우가 아닌 것은?

① 과망가니즈산칼륨 + 황산
② 나이트로셀룰로스 + 알코올수용액
③ 질산나트륨 + 유기물
④ 질산 + 에틸알코올

> 나이트로셀룰로스는 물 또는 알코올수용액에 습면시켜 저장 또는 운반한다.

44 보냉장치가 없는 이동저장탱크에 저장하는 아세트알데하이드의 온도는 몇 ℃ 이하로 유지하여야 하는가?

① 30 ② 40
③ 50 ④ 60

> 아세트알데하이드 등 또는 다이에틸에터 등을 이동저장탱크에 저장하는 경우
> • 보냉장치가 있는 경우 : 비점 이하
> • 보냉장치가 없는 경우 : 40℃ 이하

45 인화점이 1기압에서 20℃ 이하인 것으로만 나열된 것은?

① 벤젠, 휘발유
② 다이에틸에터, 등유
③ 휘발유, 글리세린
④ 참기름, 등유

> 인화점
> • 벤젠 : −11℃
> • 휘발유 : −43℃

46 위험물제조소의 배출설비의 배출능력은 1시간당 배출장소 용적의 몇 배 이상인 것으로 해야 하는가?(단, 전역방식의 경우는 제외한다)

① 5
② 10
③ 15
④ 20

> 배출설비의 배출능력은 1시간당 배출장소 용적의 20배 이상으로 해야 한다.

47 위험물의 류별 성질 중 자기반응성에 해당하는 것은?

① 적린
② 메틸에틸케톤
③ 피크린산
④ 철분

> 위험물의 성질
>
> | 종류 | 류별 | 성질 |
> |---|---|---|
> | 적린 | 제2류 위험물 | 가연성 고체 |
> | 메틸에틸케톤 | 제4류 위험물 | 인화성 액체 |
> | 피크린산 | 제5류 위험물 | 자기반응성물질 |
> | 철분 | 제2류 위험물 | 가연성 고체 |

48 위험물안전관리법령상 제1류 위험물에 해당하는 것은?

① 염소산칼륨
② 수산화칼륨
③ 수소화칼륨
④ 아이오딘화칼륨

> 위험물의 구분
>
> | 종류 | 류별 |
> |---|---|
> | 염소산칼륨 | 제1류 위험물 |
> | 수산화칼륨 | 비위험물 |
> | 수소화칼륨 | 제3류 위험물 |
> | 아이오딘화칼륨 | 비위험물 |

49 제2류 위험물과 제5류 위험물의 일반적인 성질에서 공통점으로 옳은 것은?

① 산화력이 세다.
② 가연성물질이다.
③ 액체 물질이다.
④ 산소함유 물질이다.

> 제2류 위험물은 가연성 고체이고 제5류 위험물은 자기반응성물질로 가연성이다.

50 등유 속에 저장하는 위험물은?

① 트라이에틸알루미늄
② 인화칼슘
③ 탄화칼슘
④ 칼륨

> 칼륨과 나트륨의 보호액 : 등유, 경유, 유동파라핀

51 질산나트륨을 저장하고 있는 옥내저장소(내화구조의 격벽으로 완전히 구획된 실이 2이상 있는 경우에는 동일한 실)에 함께 저장하는 것이 법적으로 허용되는 것은?(단, 위험물을 유별로 정리하여 서로 1m 이상의 간격을 두는 경우이다.)

① 적린
② 인화성 고체
③ 동식물유류
④ 과염소산

> 제1류 위험물(질산나트륨)과 제6류 위험물(과염소산)은 운반이나 옥내저장소에 같이 운반 또는 저장할 수 있다.

52 위험물 주유취급소의 주유 및 급유공지의 바닥에 대한 기준으로 옳지 않은 것은?

① 주위 지면보다 낮게 할 것
② 표면을 적당하게 경사지게 할 것
③ 배수구, 집유설비를 할 것
④ 유분리장치를 할 것

🔍 주유취급소의 주유 및 급유공지의 바닥은 주위 지면보다 높게 해야 한다.

53 제3류 위험물과 혼재할 수 있는 위험물은 제 몇 류 위험물인가?(단, 지정수량의 10배인 경우이다)

① 제1류
② 제2류
③ 제4류
④ 제5류

🔍 운반 시 혼재 가능한 위험물

위험물의 구분	제1류	제2류	제3류	제4류	제5류	제6류
제1류		×	×	×	×	○
제2류	×		×	○	○	×
제3류	×	×		○	×	×
제4류	×	○	○		○	×
제5류	×	○	×	○		×
제6류	○	×	×	×	×	

54 물과 접촉하였을 때 에테인이 발생되는 물질은?

① CaC_2
② $(C_2H_5)_3Al$
③ $C_6H_3(NO_2)_3$
④ $C_2H_5ONO_2$

🔍 트라이에틸알루미늄은 물과 반응하면 에테인(C_2H_6)을 발생한다.
$(C_2H_5)_3Al + 3H_2O \rightarrow Al(OH)_3 + 3C_2H_6$

55 CaO_2와 K_2O_2의 공통적인 성질에 해당하는 것은?

① 청색 침상분말이다.
② 물과 알코올에 잘 녹는다.
③ 가열하면 산소를 방출하여 분해한다.
④ 염산과 반응하여 수소를 발생한다.

🔍 과산화칼슘과 과산화칼륨의 비교

종류 항목	과산화칼슘	과산화칼륨
화학식	CaO_2	K_2O_2
외관	백색 분말	무색 또는 오렌지색 결정
가열 시	$2CaO_2 \rightarrow 2CaO + O_2$ (산소 발생)	$2K_2O_2 \rightarrow 2K_2O + O_2$ (산소 발생)
물과 접촉	$2CaO_2 + 2H_2O \rightarrow$ $2Ca(OH)_2 + O_2$ (산소 발생)	$2K_2O_2 + 2H_2O \rightarrow$ $4KOH + O_2$ (산소 발생)
염산과 반응	$CaO_2 + 2HCl \rightarrow$ $CaCl_2 + H_2O_2$ (과산화수소 발생)	$2K_2O_2 + 2HCl \rightarrow$ $2KCl + H_2O_2$ (과산화수소 발생)

56 다음의 위험물을 저장 할 때 저장 또는 취급에 관한 기술상의 기준을 시 · 도의 조례에 의해 규제를 받는 경우는?

① 등유 2000L를 저장하는 경우
② 중유 3000L를 저장하는 경우
③ 윤활유 5000L를 저장하는 경우
④ 휘발유 400L를 저장하는 경우

🔍 지정수량 미만(지정수량의 배수가 1미만)을 저장 또는 취급 시에는 시 · 도 조례의 규제를 받는다.

지정수량의 배수 = $\frac{저장수량}{지정수량}$

• 지정수량

종류	품명	지정수량
등유	제2석유류(비수용성)	1000L
중유	제3석유류(비수용성)	2000L
윤활유	제4석유류	6000L
휘발유	제1석유류(비수용성)	200L

• 시정수량의 배수를 계산하면
 - 등유 2000L의 지정수량의 배수 = 2000L÷1000L = 2.0배
 - 중유 3000L의 지정수량의 배수 = 3000L÷2000L = 1.5배
 - 윤활유 5000L의 지정수량의 배수 = 5000L÷6000L = 0.83배
 - 휘발유 400L의 지정수량의 배수 = 400L÷200L = 2.0배
※ 지정수량미만이면 시 · 도 조례, 지정수량 이상이면 위험물안전관리법을 적용 받는다.

57 황린에 대한 설명으로 틀린 것은?

① 백색 또는 담황색의 고체로 독성이 있다.
② 물에는 녹지 않고 이황화탄소에는 녹는다.
③ 공기 중에서 산화되어 오산화인이 된다.
④ 녹는점은 적린과 비슷하다.

황린과 적린의 비교

종류	류별	녹는점
황린	제3류 위험물	44℃
적린	제2류 위험물	600℃

58 위험물안전관리법령상 제2류 위험물 중 철분을 수납한 운반용기 외부에 표시해야 할 내용은?

① 물기주의 및 화기엄금
② 화기주의 및 물기엄금
③ 공기노출엄금
④ 충격주의 및 화기엄금

🔍 철분(제2류 위험물)의 외부표시사항 : 화기주의 및 물기엄금

59 위험물제조소의 안전거리 기준으로 틀린 것은?

① 주택으로부터 10m 이상
② 학교, 병원, 극장으로부터 30m 이상
③ 지정문화유산으로부터 70m 이상
④ 고압가스등을 저장·취급하는 시설로부터는 20m 이상

🔍 지정문화유산, 천연기념물등의 안전거리 : 50m 이상

60 이송취급소 배관등의 용접부는 비파괴시험을 실시하여 합격해야 한다. 이 경우 이송기지내의 지상에 설치되는 배관등을 전체 용접부의 몇 % 이상 발췌하여 시험할 수 있는가?

① 10
② 15
③ 20
④ 25

🔍 이송기지내의 지상에 설치되는 배관등은 비파괴시험을 실시할 때 전체 용접부의 20% 이상 발췌하여 시험해야 한다.

정답 CBT 복원문제 2023년 1회

01 ③	02 ④	03 ④	04 ③	05 ①
06 ④	07 ②	08 ③	09 ②	10 ③
11 ④	12 ④	13 ②	14 ③	15 ①
16 ③	17 ②	18 ②	19 ④	20 ③
21 ①	22 ④	23 ④	24 ②	25 ①
26 ①	27 ③	28 ①	29 ④	30 ②
31 ②	32 ①	33 ③	34 ①	35 ③
36 ④	37 ③	38 ②	39 ③	40 ①
41 ④	42 ②	43 ②	44 ②	45 ①
46 ②	47 ③	48 ①	49 ②	50 ④
51 ④	52 ①	53 ③	54 ②	55 ③
56 ③	57 ④	58 ②	59 ③	60 ③

2023년 2회 CBT 복원문제

1. 물질의 물리·화학적 성질

01 다음 중 염기성 산화물에 해당하는 것은?

① 이산화탄소
② 산화나트륨
③ 이산화규소
④ 이산화황

🔍 산화물의 종류
- 염기성산화물 : CaO, CuO, BaO, MgO, Na_2O, K_2O, Fe_2O_3
- 산성산화물 : CO_2, SO_2, SO_3, NO_2, SiO_2, P_2O_5
- 양쪽성산화물 : ZnO, Al_2O_3, SnO, PbO, Sb_2O_3

02 탄소, 수소, 산소로 되어있는 유기화합물 15g이 있다. 이것을 완전 연소시켜 CO_2 22g, H_2O 9g을 얻었다. 처음 물질 중 산소는 몇 g 있었는가?

① 4g
② 6g
③ 8g
④ 10g

🔍 각각의 원자량은 C : 12, H : 1, O : 16이므로
- CO_2중의 C의 질량 = 22g × $\frac{12}{44}$ = 6g
- H_2O중의 H의 질량 = 9g × $\frac{2}{18}$ = 1g
 ∴ 처음 산소의 질량 = 15g - 6g - 1g = 8g

03 다음 중 끓는점이 가장 높은 물질은?

① HF
② HCl
③ HBr
④ HI

🔍 끓는점

종류	명칭	끓는점
HF	플루오린화수소	19 ~ 20℃
HCl	염화수소	-85℃
HBr	브로민화수소	-67℃
HI	아이오딘화수소	-35.4℃

04 $PbSO_4$의 용해도를 실험한 결과 0.045g/L이었다. $PbSO_4$의 용해도곱 상수(Ks)는?(단, $PbSO_4$의 분자량은 303.27이다.)

① 5.5×10^{-2}
② 4.5×10^{-4}
③ 3.4×10^{-6}
④ 2.2×10^{-8}

🔍 용해도곱 상수 Ks = $(\frac{0.045g/L}{303.27})^2$ = 2.2×10^{-8}

05 물 200g에 A 물질 2.9g을 녹인 용액의 빙점은?(단, 물의 어는점 내림 상수는 1.86℃·kg/mol이고, A 물질의 분자량은 58이다.)

① -0.465℃
② -0.932℃
③ -1.871℃
④ -2.453℃

🔍 빙점강하(ΔT_f)

$\Delta T_f = K_f \cdot m = K_f \times \frac{\frac{W_B}{M}}{W_A} \times 1000$

여기서 K_f : 빙점강하계수(물 : 1.86), m : 몰랄농도
W_B : 용질의 무게(2.9g), W_A : 용매의 무게(200g),
M : 분자량(58)

∴ $\Delta T_f = 1.86 \times \frac{\frac{2.9}{58}}{200g} \times 1000 = 0.465℃ \Rightarrow -0.465℃$

06 테르밋(thermit)의 주성분은 무엇인가?

① Mg와 Al_2O_3
② Al과 Fe_2O_3
③ Zn과 Fe_2O_3
④ Cr와 Al_2O_3

🔍 테르밋(thermit)의 주성분 : 알루미늄과 산화철[Al과 Fe_2O_3]

07 밑줄 친 원소의 산화수가 +5인 것은?

① $H_3\underline{P}O_4$
② K$\underline{Mn}O_4$
③ $K_2\underline{Cr}_2O_7$
④ $K_3[\underline{Fe}(CN)_6]$

🔍 **산화수**
- H_3PO_4의 산화수
  $(+1\times3) + x + (-2)\times4 = 0$ $x(P) = +5$
- $KMnO_4$의 산화수
  $(+1) + x + (-2)\times4 = 0$ $x(Mn) = +7$
- $K_2Cr_2O_7$의 산화수
  $(+1)\times2] + 2x + [(-2)\times7] = 0$ $x(Cr) = +6$
- $K_3[Fe(CN)_6]$의 산화수
  $(+1\times3) + x + (-1)\times6 = 0$ $x(P) = +3$

08 H_2O가 H_2S보다 비등점이 높은 이유는 무엇인가?

① 분자량이 적기 때문에
② 수소결합을 하고 있기 때문에
③ 공유결합을 하고 있기 때문에
④ 이온결합을 하고 있기 때문에

🔍 물과 같이 수소결합을 하는 물질은 비점(비등점)이 높다.

09 고체 유기물질을 정제하는 과정에서 이 물질이 순수한 상태인지를 알아보기 위한 조사 방법으로 다음 중 가장 적합한 방법은 무엇인가?

① 육안 관찰   ② 녹는점 측정
③ 광학현미경 분석   ④ 전도도 측정

🔍 고체의 순수한 물질 확인 : 녹는점(Melting Point)

10 다음 물질 중에서 염기성인 것은?

① $C_6H_5NH_2$ ② $C_6H_5NO_2$
③ C_6H_5OH ④ C_6H_5COOH

🔍 아닐린($C_6H_5NH_2$) : 염기성

11 다음 중 벤젠고리를 함유하고 있는 것은?

① 아세틸렌   ② 아세톤
③ 메테인   ④ 아닐린

🔍 **화학식**

명칭	화학식	명칭	화학식
아세틸렌	C_2H_2	아세톤	CH_3COCH_3
메테인	CH_4	아닐린	$C_6H_5NH_2$

12 산 염기 지시약인 페놀프탈레인의 pH 변색범위는?

① 3.5 ~ 4.5   ② 3.5 ~ 6.5
③ 4.5 ~ 6.0   ④ 8.3 ~ 10.0

🔍 지시약 : 산과 염기의 중화 적정 시 종말점(end point)을 알아내기 위하여 용액의 액성을 나타내는 시약

지시약	변색		변색범위(pH)
	산성색	염기성색	
메틸오렌지(M.O)	적색	오렌지색	3.1 ~ 4.4
메틸레드(M.R)	적색	노랑색	4.8 ~ 6.0
페놀레드	노랑색	적색	6.4 ~ 8.0
페놀프탈레인(P.P)	무색	적색	8.0 ~ 9.6

13 $FeCl_3$의 존재하에서 톨루엔과 염소를 반응시키면 어떤 물질이 생기는가?

① o-클로로톨루엔   ② p-살리실산메틸
③ 아세트아닐라드   ④ 염화벤젠디아조늄

🔍 톨루엔과 염소를 반응시키면 클로로톨루엔(o-, m-, p-)이 된다.

14 액체 0.2g을 기화시켰더니 그 증기의 부피가 97℃, 740mmHg에서 80mL였다. 이 액체의 분자량은?

① 40   ② 46
③ 78   ④ 121

🔍 이상기체상태방정식
$$PV = \frac{W}{M} \qquad M = \frac{WRT}{PV}$$

여기서 P : 압력($\frac{740mmHg}{760mmHg} \times 1atm = 0.974atm$),
V : 부피(80㎖ = 0.08ℓ), M : 분자량(g), W : 무게(0.2g),
R : 기체상수(0.08205ℓ·atm/g-mol·K),
T : 절대온도(273 + 97℃ = 370K)
$$\therefore M = \frac{WRT}{PV} = \frac{0.2 \times 0.08205 \times 370}{0.974 \times 0.08} = 77.92g$$

15 다음 물질 중 물에 가장 잘 용해되는 것은?

① 다이에틸에터   ② 글리세린
③ 벤젠   ④ 톨루엔

> 글리세린은 제4류 위험물 제3석유류로서 물에 잘 녹는 수용성이다.

16 일반적으로 환원제가 될 수 있는 물질이 아닌 것은?

① 수소를 내기 쉬운 물질
② 전자를 잃기 쉬운 물질
③ 산소와 화합하기 쉬운 물질
④ 발생기의 산소를 내는 물질

> 환원제 : 발생기 수소를 내기 쉬운 물질

17 발연황산이란 무엇인가?

① H_2SO_4의 농도가 98%이상인 거의 순수한 황산
② 황산과 염산을 1 : 3의 비율로 혼합한 것
③ SO_3를 황산에 흡수시킨 것
④ 일반적인 황산을 총괄

> 발연황산 : 진한황산에 다량의 삼산화황을 흡수시킨 것

18 납 축전지를 오랫동안 방전시키면 어느 물질이 생기는가?

① Pb   ② pbO_2
③ H_2SO_4 ④ $PbSO_4$

> 납(연)축전지
> ∴ 전체 전지반응 $Pb + PbO_2 + 4H^+ + 2SO_4^{--}$
> $\rightarrow 2PbSO_4 + 2H_2O$
> ※ (–) Pb ∥ H_2SO_4 20%용액 ∥ PbO_2 (+)

19 NaOH 1g이 250mL 메스플라스크에 녹아 있을 때 NaOH 수용액의 농도는?

① 0.1N   ② 0.3N
③ 0.5N   ④ 0.7N

> 수산화나트륨 제조
> 1N × 40g × 1000mL
> x × 1g × 250mL
> ∴ $x = \dfrac{1N \times 1g \times 1000mL}{40g \times 250mL} = 0.1N$

20 어떤 온도에서 물 290g에 최대 설탕이 90g이 녹는다. 이 온도에서 설탕의 용해도는?

① 45   ② 90
③ 180   ④ 290

> 용해도 $= \dfrac{용질}{용매} \times 100 = \dfrac{90}{290-90} \times 100 = 45$
> ※ 용해도 : 용매 100g에 녹을 수 있는 용질의 g수

2. 화재예방과 소화방법

21 동식물유류 400,000L의 소화설비 설치 시 소요단위는 몇 단위인가?

① 2
② 4
③ 20
④ 40

> 소요단위 $= \dfrac{저장량}{지정수량 \times 10} = \dfrac{400,000ℓ}{10,000ℓ \times 10} = 4$단위
> ※ 동식물유류의 지정수량 : 10,000L

22 고체가연물의 연소형태에 해당되지 않는 것은?

① 등심연소
② 증발연소
③ 분해연소
④ 표면연소

> 고체의 연소 : 표면연소, 분해연소, 증발연소, 자기연소

23 황린을 밀폐용기 속에서 260℃로 가열하여 얻은 물질을 연소시킬 때 주로 생성되는 물질은?

① P_2O_5 ② CO_2
③ PO_2 ④ CuO

> 공기 중에서 연소 시 오산화인(P_2O_5)의 흰 연기를 발생한다.
> $P_4 + 5O_2 \rightarrow 2P_2O_5$

24 위험물 제조소에 "화기엄금" 이라고 표시한 게시판을 설치하는 경우 해당되지 않는 것은?

① 제1류 위험물
② 제2류 위험물의 인화성 고체
③ 제4류 위험물
④ 제5류 위험물

🔍 위험물별 주의사항

위험물의 종류	주의사항	게시판의 색상
제1류 위험물 중 알칼리금속의 과산화물 제3류 위험물 중 금수성물질	물기엄금	청색바탕에 백색문자
제2류 위험물(인화성 고체는 제외)	화기주의	적색바탕에 백색문자
제2류 위험물 중 인화성 고체 제3류 위험물 중 자연발화성물질 제4류 위험물 제5류 위험물	화기엄금	적색바탕에 백색문자

25 제1류 위험물 중 알칼리금속 과산화물의 화재에 적응성이 있는 소화약제는?

① 인산염류 분말
② 이산화탄소
③ 탄산수소염류 분말
④ 할로젠화합물

🔍 알칼리금속의 과산화물 소화약제 : 탄산수소염류 분말약제, 마른모래, 팽창질석, 팽창진주암

26 연소할 때 자기연소에 의하여 질식소화가 곤란한 위험물은?

① $C_3H_5(ONO_2)_3$
② $C_5H_3(CH_3)_2$
③ CH_2CHCH_2
④ $C_2H_5OC_2H_5$

🔍 나이트로글리세린[$C_3H_5(ONO_2)_3$]은 제5류 위험물의 질산에스터류로서 자기연소를 하므로 냉각소화를 해야 한다.

27 소요단위에 대한 설명으로 옳은 것은?

① 소화설비의 설치대상이 되는 건축물 그 밖의 공작물의 규모 또는 위험물의 양의 기준단위이다.
② 소화설비 소화능력의 기준단위이다.
③ 저장소의 건축물은 외벽이 내화구조인 것은 연면적 75m²를 1소요단위로 한다.
④ 지정수량 100배를 1소요단위로 한다.

🔍 소요단위 및 능력단위
① 소요단위 : 소화설비의 설치대상이 되는 건축물 그 밖의 공작물의 규모 또는 위험물의 양의 기준단위
② 능력단위 : 소요단위에 대응하는 소화설비의 소화능력의 기준단위
③ 소요단위의 계산방법
  • 제조소 또는 취급소의 건축물
    - 외벽이 내화구조 : 연면적 100m²를 1소요단위
    - 외벽이 내화구조가 아닌 것 : 연면적 50m²를 1소요단위
  • 저장소의 건축물
    - 외벽이 내화구조 : 연면적 150m²를 1소요단위
    - 외벽이 내화구조가 아닌 것 : 연면적 75m²를 1소요단위
  • 위험물은 지정수량의 10배 : 1소요단위

28 위험물제조소등에 설치하는 자동화재탐지설비의 설치기준으로 틀린 것은?

① 원칙적으로 경계구역은 건축물의 2 이상의 층에 걸치지 않도록 한다.
② 원칙적으로 상층이 있는 경우에는 감지기 설치를 하지 않을 수 있다.
③ 원칙적으로 하나의 경계구역의 면적은 600m² 이하로 하고 그 한변의 길이는 50m 이하로 한다.
④ 비상전원을 설치해야 한다.

🔍 자동화재탐지설비의 설치기준
• 자동화재탐지설비의 경계구역(화재가 발생한 구역을 다른 구역과 구분하여 식별할 수 있는 최소단위의 구역)은 건축물 그 밖의 공작물의 2 이상의 층에 걸치지 않도록 할 것. 다만, 하나의 경계구역의 면적이 500m² 이하이면서 당해 경계구역이 두개의 층에 걸치는 경우이거나 계단·경사로·승강기의 승강로 그 밖에 이와 유사한 장소에 연기감지기를 설치하는 경우에는 그렇지 않다.
• 하나의 경계구역의 면적은 600m² 이하로 하고 그 한변의 길이는 50m(광전식분리형 감지기를 설치할 경우에는 100m)이하로 할 것. 다만, 당해 건축물 그 밖의 공작물의 주요한 출입구에서 그 내부의 전체를 볼 수 있는 경우에 있어서는 그 면적을 1,000m² 이하로 할 수 있다.
• 자동화재탐지설비의 감지기는 지붕(상층이 있는 경우에는 상층의 바닥) 또는 벽의 옥내에 면한 부분(천장이 있는 경우에는 천장 또는 벽의 옥내에 면한 부분 및 천장의 뒷 부분)에 유효하게 화재의 발생을 감지할 수 있도록 설치할 것
• 자동화재탐지설비에는 비상전원을 설치할 것

29 위험물제조소의 환기설비 설치기준으로 옳지 않은 것은?

① 환기구는 지붕 위 또는 지상 2m이상의 높이에 설치할 것
② 급기구는 바닥면적 150m²마다 1개 이상으로 할 것
③ 환기구는 자연배기방식으로 할 것
④ 급기구는 높은 곳에 설치하고 인화방지망을 설치할 것

🔍 환기설비에서 급기구는 낮은 곳에 설치하고 인화방지망을 설치할 것

30 제조소에서 취급하는 제4류 위험물의 최대수량의 합이 지정수량의 12만배 이상 24만배 미만인 사업소의 자체소방대에 두는 화학소방자동차의 대수의 기준은?

① 1대 ② 2대
③ 3대 ④ 4대

🔍 자체소방대를 두는 화학소방자동차 및 인원(시행령 별표 8)

사업소의 구분	화학소방자동차	자체소방대원의 수
제조소 또는 일반취급소에서 취급하는 제4류 위험물의 최대수량의 합이 지정수량의 3천배이상 12만배 미만인 사업소	1대	5인
제조소 또는 일반취급소에서 취급하는 제4류 위험물의 최대수량의 합이 지정수량의 12만배 이상 24만배 미만인 사업소	2대	10인
제조소 또는 일반취급소에서 취급하는 제4류 위험물의 최대수량의 합이 지정수량의 24만배 이상 48만배 미만인 사업소	3대	15인
제조소 또는 일반취급소에서 취급하는 제4류 위험물의 최대수량의 합이 지정수량의 48만배 이상인 사업소	4대	20인
옥외탱크저장소에 저장하는 제4류 위험물의 최대수량이 지정수량의 50만배 이상인 사업소	2대	10인

31 옥내 소화전 설비의 기준으로 옳지 않은 것은?

① 옥내소화전함에는 그 표면에 "소화전"이라고 표시해야 한다.
② 옥내 소화전함의 상부의 벽면에 적색의 표시등을 설치해야 한다.
③ 표시등 불빛은 부착면과 10도 이상의 각도가 되는 방향으로 10m 이내에서 쉽게 식별할 수 있어야 한다.
④ 호스접속구는 바닥면으로부터 1.5m 이하의 높이에 설치해야 한다.

🔍 옥내 소화전 설비의 위치표시등 불빛은 부착면과 15도 이상의 각도가 되는 방향으로 10m 이내에서 쉽게 식별할 수 있어야 한다.

32 물을 소화약제로 사용하는 가장 큰 이유는?

① 기화잠열이 크므로
② 부촉매효과가 있으므로
③ 환원성이 있으므로
④ 기화하기 쉬우므로

🔍 물은 비열과 기화잠열이 크기 때문에 소화약제로 이용한다.

33 위험물(경유)의 취급을 주된 작업내용으로 하는 다음의 장소에 스프링클러설비를 설치할 경우 확보해야 하는 1분당 방사밀도는 몇 L/m² 이상이어야 하는가?(단, 내화구조의 바닥 및 벽에 의하여 2개의 실로 구획되고 각 실의 바닥면적은 500m²이다.)

① 8.1 ② 12.2
③ 13.9 ④ 16.4

🔍 방사밀도

살수기준면적 (m²)	방사밀도(ℓ/m²분)		비고
	인화점 38℃ 미만	인화점 38℃ 이상	
279 미만	16.3 이상	12.2 이상	살수기준면적은 내화구조의 벽 및 바닥으로 구획된 하나의 실의 바닥면적을 말하고, 하나의 실의 바닥면적이 465m² 이상인 경우의 살수기준면적은 465m²로 한다. 다만, 위험물의 취급을 주된 작업내용으로 하지 아니하고 소량의 위험물을 취급하는 설비 또는 부분이 넓게 분산되어 있는 경우에는 방사밀도는 8.2L/m²분 이상, 살수기준면적은 279m² 이상으로 할 수 있다.
279 이상 372 미만	15.5 이상	11.8 이상	
372 이상 465 미만	13.9 이상	9.8 이상	
465 이상	12.2 이상	8.1 이상	

34 위험물제조소등에 설치된 옥외소화전설비는 모두 옥외소화전(설치개수가 4개이상인 경우는 4개의 옥외소화전)을 동시에 사용할 경우에 각 노즐선단의 방수압력은 몇 kPa 이상이어야 하는가?

① 170 ② 350
③ 420 ④ 540

🔍 옥외소화전설비
• 방수압력 : 350kPa 이상
• 방수량 : 450ℓ/min 이상

35 제4종 분말 소화약제의 주성분으로 옳은 것은?

① 탄산수소칼륨과 요소의 반응생성물
② 탄산수소칼륨과 인산염의 반응생성물
③ 탄산수소나트륨과 요소의 반응생성물
④ 탄산수소나트륨과 인산염의 반응생성물

🔍 제4종 분말 소화약제 : 탄산수소칼륨($KHCO_3$)과 요소[$(NH_2)_2CO$]의 반응생성물

36 표시색상이 황색인 화재는?

① A급 화재 ② B급 화재
③ C급 화재 ④ D급 화재

🔍 화재의 종류

구분 \ 항목	화재의 종류	원형 표시색
A급	일반화재	백색
B급	유류화재	황색
C급	전기화재	청색
D급	금속화재	무색

37 위험물의 화재 시 주수소화하면 가연성가스의 발생으로 인하여 위험성이 증가하는 것은?

① 황 ② 염소산칼륨
③ 인화칼슘 ④ 질산암모늄

🔍 인화칼슘이 물과 반응하면 포스핀(PH_3)의 가연성가스를 발생한다.
$Ca_3P_2 + 6H_2O \rightarrow 2PH_3 + 3Ca(OH)_2$

38 위험물의 화재 발생 시 사용하는 소화설비(약제)를 연결한 것이다. 소화효과가 가장 떨어진 것은?

① $(C_2H_5)_3Al$ – 팽창질석
② $C_2H_5OC_2H_5$ – CO_2
③ $C_6H_2(NO_2)_3OH$ – 수조
④ $C_6H_4(CH_3)_2$ – 수조

🔍 크실렌[$C_6H_4(CH_3)_2$] : 질식소화(포, 이산화탄소, 할로겐화합물, 분말)

39 소화약제의 종류에 해당되지 않는 것은?

① CH_2BrCl ② $NaHCO_3$
③ NH_4BrO_3 ④ CF_3Br

🔍 소화약제

종류	명칭	약제명
CH_2BrCl	할론 1011	할로겐화합물
$NaHCO_3$	탄산수소나트륨	제1종 분말
NH_4BrO_3	브로민산암모늄	제1류 위험물
CF_3Br	할론 1301	할로겐화합물

40 처마의 높이가 6m 이상인 단층건물에 설치된 옥내저장소의 소화설비로 고려될 수 없는 것은?

① 포소화설비
② 옥내소화전설비
③ 불활성가스소화설비
④ 할로젠화합물소화설비

🔍 처마의 높이가 6m 이상인 단층건물에 설치된 옥내저장소의 소화설비
• 스프링클러설비
• 이동식외의 물분무등소화설비(물분무소화설비, 포소화설비, 할로젠화합물소화설비, 불활성가스소화설비, 분말소화설비)

3. 위험물 성상 및 취급

41 다음 물질 중 증기비중이 가장 작은 것은?

① 이황화탄소 ② 아세톤
③ 아세트알데하이드 ④ 다이에틸에터

증기비중			
종류	화학식	분자량	증기비중
이황화탄소	CS_2	76	75/29 = 2.59
아세톤	CH_3COCH_3	58	58/29 = 2.0
아세트알데하이드	CH_3CHO	44	44/29 = 1.52
다이에틸에터	$C_2H_5OC_2H_5$	74.12	74.12/29 = 2.56

42 지정수량의 10배 이상의 위험물을 운반할 때 혼재가 가능한 것은?

① 제1류와 제2류
② 제2류와 제6류
③ 제3류와 제5류
④ 제4류와 제2류

운반 시 혼재가능
- 제1류 + 제6류
- 제3류 + 제4류
- 제5류 + 제2류 + 제4류

43 위험물안전관리법령상 위험물의 운반용기 외부에 표시해야 하는 사항이 아닌 것은?(단, 기계에 의하여 하역하는 구조로 된 운반용기는 제외한다.)

① 위험물의 품명
② 위험물의 수량
③ 위험물의 화학명
④ 위험물의 제조년월일

운반용기의 외부표시사항
- 위험물의 품명, 위험등급, 화학명 및 수용성(제4류 위험물의 수용성인 것에 한함)
- 위험물의 수량
- 주의사항

44 제5류 위험물의 일반적인 취급 및 소화방법으로 틀린 것은?

① 운반용기 외부에는 주의사항으로 화기엄금 및 충격주의 표시를 한다.
② 화재 시 소화방법으로는 질식소화가 가장 이상적이다.
③ 대량 화재 시 소화 곤란하므로 가급적 소분하여 저장한다.
④ 화재 시 폭발의 위험성이 있으므로 충분한 안전거리를 확보하여야 한다.

제5류 위험물은 냉각소화로 소화한다.

45 황린의 보존방법으로 가장 적합한 것은?

① 벤젠 속에서 보존한다.
② 석유 속에서 보존한다.
③ 물 속에 보존한다.
④ 알코올 속에 보존한다.

저장방법
- 황린 : 물속에 저장(공기와 접촉을 피하기 위하여)
- 이황화탄소 : 물속에 저장(가연성증기 발생을 억제하기 위하여)

46 적린의 위험성에 대한 설명으로 옳은 것은?

① 발화방지를 위해 염소산칼륨과 함께 보관한다.
② 물과 격렬하게 반응하여 열을 발생한다.
③ 공기 중에 방치하면 자연발화 한다.
④ 산화제와 혼합할 경우 마찰, 충격에 의해서 발화한다.

적린(제2류 위험물)은 산화제와 혼합할 경우 마찰, 충격에 의해서 발화한다.

47 옥내저장탱크와 탱크전용실의 벽과의 사이 및 옥내저장탱크 상호간에는 몇 m 이상의 간격을 유지하여야 하는가?

① 0.3
② 0.5
③ 1.0
④ 1.5

옥내탱크저장소의 이격거리
- 옥내저장탱크와 탱크전용실의 벽과의 사이 : 0.5m 이상
- 옥내저장탱크 상호간의 거리 : 0.5m 이상

48 알킬알루미늄에 대한 설명 중 틀린 것은?

① 물과 폭발적 반응을 일으켜 발화되므로 비산하는 위험물이 있다.
② 이동저장탱크는 외면을 적색으로 도장하고 용량은 1900L 미만으로 저장한다.
③ 화재 시 발생되는 흰 연기는 인체에 유해하다.
④ 탄소수가 4개까지는 안전하나 5개 이상으로 증가할수록 자연발화의 위험성이 증가한다.

알킬기의 탄소 1개에서 4개까지의 화합물은 공기와 접촉하면 자연발화를 일으킨다.

49 P_4S_3이 가장 잘 녹는 것은?

① 염산
② 이황화탄소
③ 황산
④ 냉수

> 삼황화인은 이황화탄소(CS_2), 알칼리, 질산에는 녹고, 물, 염소, 염산, 황산에는 녹지 않는다.

50 동식물유류를 취급 및 저장할 때 주의사항으로 옳은 것은?

① 아마인유는 불건성유이므로 옥외저장 시 자연 발화의 위험이 없다.
② 아이오딘값이 130 이상인 것은 섬유질에 스며들어 있으므로 자연발화의 위험이 있다.
③ 아이오딘값이 100 이상인 것은 불건성유이므로 저장할 때 주의를 요한다.
④ 인화점이 상온이상이므로 소화에는 별 어려움이 없다.

> 동식물유류
> • 아마인유는 건성유로서 자연발화의 위험이 있다.
> • 아이오딘값이 100 이하가 불건성유이다.

51 다음 중 가연성 물질이 아닌 것은?

① 수소화나트륨
② 황화인
③ 과산화나트륨
④ 적린

> 과산화나트륨(Na_2O_2)은 제1류 위험물로서 불연성이다.

52 위험물안전관리법에 의한 위험물 분류상 제1류 위험물에 속하지 않는 것은?

① 아염소산염류
② 질산염류
③ 유기과산화물
④ 무기과산화물

> 유기과산화물 : 제5류 위험물

53 CS_2를 물속에 저장하는 주된 이유는 무엇인가?

① 불순물을 용해시키기 위하여
② 가연성 증기의 발생을 억제하기 위하여
③ 상온에서 수소 가스를 방출하기 때문에
④ 공기와 접촉하면 즉시 폭발하기 때문에

> 이황화탄소(CS_2)는 가연성 증기의 발생을 억제하기 위하여 물 속에 저장한다.

54 옥외탱크저장소에서 취급하는 위험물의 최대수량에 따른 보유공지 너비가 틀린 것은?(단, 원칙적인 경우에 한한다.)

① 지정수량 500배 이상 – 3m 이상
② 지정수량 500배 초과 1000배 이하 – 5m 이상
③ 지정수량 1000배 초과 2000배 이하 – 9m 이상
④ 지정수량 2000배 초과 3000배 이하 – 15m 이상

> 지정수량 2000배 초과 3000배 이하는 12m 이상의 보유공지를 확보해야 한다.

55 위험물제조소 건축물의 구조 기준이 아닌 것은?

① 출입구에는 60분+ 방화문 · 60분 방화문 또는 30분 방화문을 설치할 것
② 지붕은 폭발력이 위로 방출될 정도의 가벼운 불연재료로 덮을 것
③ 벽, 기둥, 바닥, 보, 서까래 및 계단은 불연재료로 하고 연소우려가 있는 외벽은 개구부가 없는 내화구조로 할 것
④ 산화성고체, 가연성고체 위험물을 취급하는 건축물의 바닥은 위험물이 스며들지 못하는 재료를 사용할 것

> 액체의 위험물을 취급하는 건축물의 바닥 : 적당한 경사를 두고 그 최저부에 집유설비를 할 것

56 1기압에서 인화점이 21℃ 이상 70℃ 미만인 품명에 해당하는 물품은?

① 벤젠 ② 경유
③ 나이트로벤젠 ④ 실린더유

위험물의 분류

구분	인화점	품명
제1석유류	21℃ 미만	아세톤, 휘발유, 벤젠, 톨루엔
제2석유류	21℃ 이상 70℃ 미만	등유, 경유, 초산, 의산
제3석유류	70℃ 이상 200℃ 미만	중유, 크레오소트유, 나이트로벤젠
제4석유류	200℃ 이상 250℃ 미만	기어유, 실린더유

57 다음 [보기]에서 설명하는 위험물은?

- 순수한 것은 무색, 투명한 액체이다.
- 물에 녹지 않고 벤젠에는 녹는다.
- 물보다 무겁고 독성이 있다.

① 아세트알데하이드 ② 다이에틸에터
③ 아세톤 ④ 이황화탄소

아세트알데하이드나 아세톤은 물에 잘 녹으므로 제외되고 물보다 무겁고 독성이 있는 것은 이황화탄소이다.

58 질산에틸의 성상에 관한 설명 중 틀린 것은?

① 향기를 갖는 무색의 액체이다.
② 휘발성물질로 증기 비중은 공기보다 작다.
③ 물에는 녹지 않으나 에터에는 녹는다.
④ 비점이상으로 가열하면 폭발의 위험이 있다.

질산에틸의 증기 비중은 공기보다 무겁다.
※ 질산에틸($C_2H_5ONO_2$)은 분자량이 91로서 공기보다 약 3.1(91/29)배 무겁다

59 다이에틸에터의 성질 및 저장, 취급할 때 주의사항으로 틀린 것은?

① 장시간 공기와 접촉하면 과산화물이 생성되어 폭발위험이 있다.
② 연소범위는 가솔린보다 좁지만 발화점이 낮아 위험하다.
③ 정전기 생성방지를 위해 약간의 $CaCl_2$를 넣어 준다.
④ 이산화탄소 소화기는 적응성이 있다.

연소범위

종류	연소범위
다이에틸에터	1.7 ~ 48%
가솔린	1.2 ~ 7.6%

60 위험물의 저장 및 취급에 대한 설명으로 틀린 것은?

① H_2O_2 : 직사광선을 차단하고 찬 곳에 저장한다.
② MgO_2 : 습기의 존재하에서 산소를 발생하므로 특히 방습에 주의한다.
③ $NaNO_3$: 조해성이 크고 흡습성이 강하므로 습도에 주의한다.
④ K_2O_2 : 물속에 저장한다.

과산화칼륨(K_2O_2)은 물과 반응하면 산소(O_2)를 발생하므로 위험하다.
$2K_2O_2 + 2H_2O \rightarrow 4KOH + O_2$

정답 CBT 복원문제 2023년 2회

01 ②	02 ③	03 ①	04 ④	05 ①
06 ②	07 ①	08 ②	09 ②	10 ①
11 ④	12 ④	13 ①	14 ③	15 ②
16 ④	17 ③	18 ④	19 ①	20 ②
21 ②	22 ①	23 ②	24 ①	25 ③
26 ①	27 ①	28 ②	29 ④	30 ②
31 ③	32 ①	33 ①	34 ②	35 ②
36 ②	37 ②	38 ④	39 ③	40 ②
41 ③	42 ④	43 ④	44 ②	45 ③
46 ④	47 ②	48 ④	49 ②	50 ①
51 ③	52 ③	53 ②	54 ④	55 ④
56 ②	57 ④	58 ②	59 ②	60 ④

2023년 3회 CBT 복원문제

1. 물질의 물리 · 화학적 성질

01 다음 물질 중 은거울반응과 아이오도폼반응을 모두 하는 것은?

① CH_3OH ② C_2H_5OH
③ CH_3CHO ④ $C_2H_5OC_2H_5$

> 아세트알데하이드(CH_3CHO) : 은거울반응, 아이오도폼반응

02 반감기가 5일인 미지 시료가 2g 있을 때 10일이 경과하면 남은 양은 몇 g인가?

① 2   ② 1
③ 0.5   ④ 0.25

> 반감기 : 방사선 원소가 붕괴하여 양이 1/2이 될 때까지 걸리는 시간
> $$m = M\left(\frac{1}{2}\right)^{\frac{t}{T}}$$
> 여기서 m : 붕괴후의 질량, M : 처음 질량, t : 경과시간, T : 반감기
> $$\therefore m = M\left(\frac{1}{2}\right)^{\frac{t}{T}} = 2g \times \left(\frac{1}{2}\right)^{\frac{10}{5}} = 0.5$$

03 네슬러 시약에 의하여 적갈색으로 검출되는 물질은 어느 것인가?

① 질산이온   ② 암모늄이온
③ 아황산이온   ④ 일산화탄소

> 암모늄(NH_4^+)이온은 네슬러 시약에 의하여 적갈색으로 검출된다.

04 아세틸렌의 성질과 관계가 없는 것은?

① 용접에 이용된다.
② 이중결합을 가지고 있다.
③ 합성 화학원료로 쓸 수 있다.
④ 염화수소와 반응하여 염화비닐을 생성한다.

> 아세틸렌은 3중 결합으로 이루어진 화합물이다.

05 밑줄 친 원소 중 산화수가 가장 큰 것은?

① $\underline{N}H_4^+$ ② $\underline{N}O_3^-$
③ $\underline{Mn}O_4^-$ ④ $\underline{Cr}_2O_7^{2-}$

> 산화수 : 이온의 산화수는 그 이온의 가수와 같다.
> • NH_4^+의 산화수 : $x + (1 \times 4) = +1$ ∴ $x(N) = -3$
> • NO_3^-의 산화수 : $x + (-2 \times 3) = -1$ ∴ $x(N) = +5$
> • MnO_4^-의 산화수 : $x + (-2 \times 4) = -1$ ∴ $x(Mn) = +7$
> • $Cr_2O_7^{2-}$의 산화수 : $2x + (-2) \times 7 = -2$ ∴ $x(Cr) = +6$

06 $CH_2 = C - C = CH_2$를 옳게 명명한 것은?

① 3-Butene
② 3-Butadiene
③ 1,3-Butadiene
④ 1,3-Butene

> 1,3-Butadiene의 화학식
>   1 2 3 4
> $CH_2 = C - C = CH_2$

07 어떤 기체의 확산 속도는 SO_2의 2배이다. 이 기체의 분자량은 얼마인가?

① 8   ② 16
③ 32   ④ 64

> 그레이엄의 확산 속도법칙
> $$\frac{U_B}{U_A} = \sqrt{\frac{M_A}{M_B}}$$
> 여기서 A : 어떤 기체, B : 이산화황(SO_2, 분자량 : 64)으로 가정을 하면
> $$\therefore M_A = M_B \times \left(\frac{U_B}{U_A}\right)^2 = 64 \times \left(\frac{1}{2}\right)^2 = 16$$

08 Si 원소의 전자 배치로 옳은 것은?

① $1s^2 2s^2 2p^6 3s^3 3p^2$
② $1s^2 2s^2 2p^6 3s^1 3p^2$
③ $1s^2 2s^2 2p^5 3s^1 3p^2$
④ $1s^2 2s^2 2p^6 3s^2$

> 14(Si) : $1S^2, 2S^2, 2P^6, 3S^2, 3P^2$

09 다음 화학반응의 속도에 영향을 미치지 않는 것은?

① 촉매의 유무
② 반응계의 온도변화
③ 반응물질의 농도변화
④ 일정한 농도하에서의 부피변화

🔍 화학반응의 속도에 영향 인자
• 반응물의 농도
• 반응물의 온도
• 촉매의 유무
• 반응물의 압력

10 방향족 탄화수소가 아닌 것은?

① 톨루엔　　　② 크실렌
③ 나프탈렌　　④ 사이클로펜테인

🔍 방향족 탄화수소

종류	화학식	구분
톨루엔	$C_6H_5CH_3$	방향족탄화수소
크실렌	$C_6H_4(CH_3)_2$	방향족탄화수소
나프탈렌	$C_{10}H_8$	방향족탄화수소
사이클로펜테인	C_5H_{10}	지방족탄화수소

11 95Wt% 황산의 비중은 1.84이다. 이 황산의 몰 농도는 약 얼마인가?

① 4.5　　　② 8.9
③ 17.8　　④ 35.6

🔍 %농도 → 몰농도로 환산
몰농도 $M = \dfrac{10ds}{분자량}$ (d : 비중, s : 농도%)

∴ 몰농도 $M = \dfrac{10 \times 1.84 \times 95}{98} = 17.8$

12 반응 "$A_2(g) + 2B_2(g) \to 2AB_2(g) + 열$"에서 평형을 왼쪽으로 이동시킬 수 있는 조건은?

① 압력 감소, 온도 감소
② 압력 증가, 온도 증가
③ 압력 감소, 온도 증가
④ 압력 증가, 온도 감소

🔍 압력을 증가하는 반응으로 오른쪽으로 진행되며 압력을 감소하고, 온도를 증가시키면 왼쪽으로 이동한다.

13 어떤 계가 평형상태에 있을 때의 자유에너지 △G를 옳게 표현한 것은?

① △G < 0　　② △G > 0
③ △G = 0　　④ △G = 1

🔍 평형상태에서 자유에너지 △G = 0

14 0.1N-HCl 0.1mℓ를 물로 1,000mℓ로 하면 pH는 얼마인가?

① 2　　② 3
③ 4　　④ 5

🔍 중화적정 공식
N V = N' V'
$0.1N \times 0.1mL = N' \times 1000mL$　　$N' = 1 \times 10^{-5}$
∴ pH = $-\log[H^+] = -\log[1 \times 10^{-5}] = 5 - \log 1 = 5$

15 기하이성질체 때문에 극성 분자와 비극성분자를 가질 수 있는 것은?

① C_2H_4
② C_2H_3Cl
③ $C_2H_2Cl_2$
④ C_2HCl_3

🔍 다이클로로에틸렌($C_2H_2Cl_2$)은 시스(cis)형과 트란스(trans)형이 있고 극성 분자와 비극성분자를 가질 수 있다.

cis-1,2-다이클로로에틸렌　　trans-1,2-다이클로로에틸렌

16 올레핀계탄화수소에 해당되는 것은?

① CH_4　　　② $CH_2 = CH_2$
③ $CH \equiv CH$　　④ CH_3CHO

🔍 올레핀계탄화수소 : 에틸렌(C_2H_4, $CH_2 = CH_2$)

17 AgNO₃와 CuSO₄의 수용액에 각각 같은 양의 전기량을 통했을 때 Cu가 63.5g 석출되었다면 Ag는 몇 g이 석출되는가?

① 63.5g
② 108g
③ 127g
④ 216g

> Cu의 1g당량 = 원자량/원자가 = 63.5/2g = 31.75g
> Cu 63.5g = 2g당량 = 2F
> 그러면 Ag가 2F전기량이 필요하므로 2×108 = 216g

18 산소 5g을 27℃에서 1.0ℓ의 용기 속에 넣었을 때 기체의 압력은 몇 기압인가?

① 0.52기압
② 3.84기압
③ 14.50기압
④ 5.43기압

> 이상기체 상태방정식을 적용하면
> $PV = \frac{W}{M}RT$ $P = \frac{WRT}{VM}$
> 여기서 V : 부피(ℓ), W : 무게(5g),
> R : 기체상수 $\left(0.08205 \frac{\ell \cdot atm}{g-mol \cdot K}\right)$,
> T : 절대온도(273 + 27K), P : 압력(1atm),
> M : 분자량(O₂ = 32)
> $\therefore P = \frac{WRT}{VM} = \frac{5 \times 0.08205 \times 300}{1 \times 32} = 3.84atm$

19 산(acid)의 성질을 설명한 것 중 틀린 것은?

① 수용액 속에서 H^+를 내는 화합물이다.
② pH값이 작을수록 강산이다.
③ 금속과 반응하여 수소를 발생하는 것이 많다.
④ 붉은색 리트머스 종이를 푸르게 변화시킨다.

> 붉은색 리트머스 종이를 푸르게 변화시키는 것은 염기의 성질이다.

20 다음 pH 값에서 알칼리성이 가장 큰 것은?

① pH=1
② pH=6
③ pH=8
④ pH=13

> pH값이 7보다 작을수록 산성이 강하고 7보다 클수록 알칼리성이 강하다.

2. 화재예방과 소화방법

21 제조소 또는 일반취급소에서 취급하는 제4류 위험물의 최대수량의 합이 지정수량의 3천배 이상 12만배 미만인 사업소의 자체소방대에 두는 화학소방자동차와 자체소방대원의 기준으로 옳은 것은?

① 1대, 5인
② 2대, 10인
③ 3대, 15인
④ 4대, 20인

> 자체소방대에 두는 화학소방자동차 및 인원(제18조 제3항 관련)
>
> | 사업소의 구분 | 화학소방자동차 | 자체소방대원의 수 |
> |---|---|---|
> | 제조소 또는 일반취급소에서 취급하는 제4류 위험물의 최대 수량의 합이 지정수량의 3천배 이상 12만배 미만인 사업소 | 1대 | 5인 |

22 CF₃Br 소화기의 주된 소화효과에 해당되는 것은?

① 억제효과
② 질식효과
③ 냉각효과
④ 피복효과

> 할론 1301(CF₃Br)의 주된 소화효과 : 억제효과

23 다음 물질 중에서 일반화재, 유류화재 및 전기화재에 모두 사용할 수 있는 분말소화약제의 주성분은?

① KHCO₃
② Na₂SO₄
③ NaHCO₃
④ NH₄H₂PO₄

> 제3종 분말 : 제일인산암모늄(NH₄H₂PO₄), 일반(A급), 유류(B급), 전기(C급)화재에 적응

24 전역방출방식의 할로젠화합물 소화설비의 분사헤드에서 Halon 1211을 방사하는 경우의 방사압력은 얼마이상으로 하여야 하는가?

① 0.1MPa
② 0.2MPa
③ 0.5MPa
④ 0.9MPa

> 분사헤드의 방사압력

약제	방사압력
할론2402	0.1MPa 이상
할론1211	0.2MPa 이상
할론1301	0.9MPa 이상

25 표준상태에서 적린 8mol이 완전 연소하여 오산화인을 만드는데 필요한 이론 공기량은 약 몇 L인가? (단, 공기 중 산소는 21vol%이다.)

① 1066.7
② 806.7
③ 224
④ 22.4

> 적린의 연소반응식
> $4P + 5O_2 \rightarrow 2P_2O_5$
> 4mol 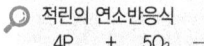 5mol
> 8mol　　　x　　　∴ x = 10mol
> 표준상태에서 10mol을 부피로 환산하면
> $10 \times 22.4L = 224L$(이론산소량)
> ∴ 이론공기량 = 224L/0.21 = 1066.7L

26 산화성고체와 질산에 공통적으로 적응성이 있는 소화설비는?

① 이산화탄소소화설비
② 할로젠화합물소화설비
③ 탄산수소염류분말소화설비
④ 포소화설비

> 산화성고체(제1류 위험물)와 질산(제6류 위험물)은 수계 소화설비가 적합하다.

27 다음 중 알코올형포 소화약제를 이용한 소화가 가장 효과적인 것은?

① 아세톤　　② 휘발유
③ 톨루엔　　④ 벤젠

> 아세톤은 수용성액체로서 알코올형포(내알코올포, 알코올포) 소화약제가 적합하다.

28 스프링클러 설비의 장점이 아닌 것은?

① 소화약제가 물이므로 비용이 절감된다.
② 초기 시공비가 적게 든다.
③ 화재 시 사람의 조작 없이 작동이 가능하다.
④ 초기화재의 진화에 효과적이다.

> 스프링클러 설비는 초기 시공비가 많이 든다.

29 다음 중 C급 화재에 가장 적응성이 있는 소화설비는?

① 봉상강화액 소화기
② 포소화기
③ 이산화탄소 소화기
④ 스프링클러설비

> C급(전기) 화재에 적응 : 이산화탄소, 할로젠화합물, 분말소화기

30 제2류 위험물에 해당하는 것은?

① 마그네슘과 나트륨
② 황화인과 황린
③ 수소화리튬과 수소화나트륨
④ 황과 적린

> 위험물의 분류
> • 제2류 위험물 : 마그네슘, 황화인, 황, 적린
> • 제3류 위험물 : 나트륨, 황린, 수소화리튬, 수소화나트륨

31 위험물안전관리법에 따른 지하탱크저장소에 관한 설명으로 틀린 것은?

① 안전거리 적용대상이 아니다.
② 보유공지 확보대상이 아니다.
③ 설치 용량의 제한이 없다.
④ 10m 내에 2기 이상을 인접하여 설치할 수 없다.

> 지하탱크저장소
> • 안전거리, 보유공지 적용대상은 아니다
> • 설치 용량의 제한이 없다.
> • 지하저장탱크를 2 이상 인접해 설치하는 경우에는 그 상호간에 1m(당해 2 이상의 지하저장탱크의 용량의 합계가 지정수량의 100배 이하인 때에는 0.5m) 이상의 간격을 유지해야 한다.

32 위험물에 따른 소화설비를 설명한 내용으로 틀린 것은?

① 제1류 위험물 중 알칼리금속의 과산화물은 포소화설비가 적응성이 없다.
② 제2류 위험물 중 금속분은 스프링클러설비가 적응성이 없다.
③ 제3류 위험물 중 금수성물질은 포소화설비가 적응성이 있다.
④ 제5류 위험물은 스프링클러설비가 적응성이 있다.

🔍 알칼리금속의 과산화물, 금속분, 금수성물질은 수계 소화설비는 적합하지 않고 탄산수소염류 분말약제가 적합하다.

33 소화기가 유류 화재에 적응력이 있음을 표시하는 색은?

① $2NaHCO_3 \rightarrow Na_2CCO_3 + H_2O + CO_2$
② $2NaHCO_3 + H_2SO_4 \rightarrow Na_2SO_4 + 2H_2O + CO_2$
③ $4KMnO_4 + 6H_2SO_4 \rightarrow 2K_2SO_4 + 4MnSO_4 + 6H_2O + SO_2$
④ $6NaHCO_3 + Al_2(SO_4)_3 \cdot 18H_2O \rightarrow 6CO_2 + 2Al(OH)_3 + 3Na_2SO_4 + 18H_2O$

🔍 화학포소화기의 반응식
$6NaHCO_3 + Al_2(SO_4)_3 + 18H_2O \rightarrow 3Na_2SO_4 + 2Al(OH)_3 + 6CO_2 + 18H_2O$

34 옥내소화전설비에서 펌프를 이용한 가압수송장치의 경우 펌프의 전양정 H는 다음의 계산식에 의한 수치 이상이어야 한다. 전양정 H를 구하는 식으로 옳은 것은?(단, h_1은 소방용 호스의 마찰손실수두, h_2는 배관의 마찰손실수두, h_3는 낙차이며, h_1, h_2, h_3의 단위는 모두 m이다.)

① $H = h_1 + h_2 + h_3$
② $H = h_1 + h_2 + h_3 + 0.35m$
③ $H = h_1 + h_2 + h_3 + 35m$
④ $H = h_1 + h_2 + 0.35m$

🔍 펌프를 이용한 가압송수장치
$H = h_1 + h_2 + h_3 + 35m$
여기서, H : 펌프의 전양정 (단위 m)
h_1 : 소방용 호스의 마찰손실수두 (단위 m)
h_2 : 배관의 마찰손실수두 (단위 m)
h_3 : 낙차 (단위 m)

35 주수에 의한 냉각소화가 적절치 않은 위험물은?

① $NaClO_3$　　② Na_2O_2
③ $NaNO_3$　　④ $NaBrO_3$

🔍 과산화나트륨(Na_2O_2)은 주수소화하면 산소를 발생하므로 위험하다.
$2Na_2O_2 + 2H_2O \rightarrow 4NaOH + O_2\uparrow + 발열$

36 소화기가 유류 화재에 적응력이 있음을 표시하는 색은?

① 백색　　② 황색
③ 청색　　④ 흑색

🔍 유류 화재 : 황색

37 위험물의 화재 발생 시 사용 가능한 소화약제를 틀리게 연결한 것은?

① 질산암모늄 - H_2O
② 마그네슘 - CO_2
③ 트라이에틸알루미늄 - 팽창질석
④ 나이트로글리세린 - H_2O

🔍 마그네슘 : 건조된 모래, 팽창질석, 팽창진주암 등

38 휘발유, 등유의 주된 연소 형태는 다음 중 어느 것인가?

① 표면연소　　② 분해연소
③ 증발연소　　④ 자기연소

🔍 증발연소 : 휘발유, 등유, 경유등 액체를 가열하면 증기가 되어 증기가 연소하는 현상

39 위험물을 저장하는 지하탱크저장소에 설치해야 할 소화설비와 그 설치기준을 옳게 나타낸 것은?

① 대형소화기 - 2개 이상 설치
② 소형수동식소화기 - 능력단위의 수치 2 이상으로 1개 이상 설치
③ 마른모래 - 150L 이상 설치
④ 소형수동식소화기 - 능력단위의 수치 3 이상으로 2개 이상 설치

🔍 지하탱크저장소는 소화난이도 등급 III로서 능력단위의 수치 3 이상인 소형수동식소화기 2개 이상 설치해야 한다.

🔍 마그네슘은 물과 반응하면 수소가스를 발생하므로 위험하다.
$Mg + 2H_2O \rightarrow Mg(OH)_2 + H_2$

40 다이에틸에터 2000L와 아세톤 4000L를 옥내저장소에 저장하고 있다면 총 소요단위는 얼마인가?

① 5 ② 6
③ 50 ④ 60

🔍 ∴ 소요단위 = $\dfrac{\text{저장수량}}{\text{지정수량} \times 10}$
= $\dfrac{2,000L}{50L \times 10} + \dfrac{4,000L}{400L \times 10}$ = 5단위

※지정수량
• 다이에틸에터(특수인화물) : 50L
• 아세톤(제1석유류, 수용성) : 400L

3. 위험물 성상 및 취급

41 [보기]의 물질 중 위험물안전관리법상 제6류 위험물에 해당하는 것은 모두 몇 개인가?

> ① 비중 1.49인 질산
> ② 비중 1.7인 과염소산
> ③ 물 60g, 과산화수소 40g을 혼합한 수용액

① 1개 ② 2개
③ 3개 ④ 없음

🔍 제6류 위험물
• 질산(비중 : 1.49 이상)
• 과염소산(특별한 기준이 없다)
• 과산화수소(36중량% 이상)
※물 60g, 과산화수소 40g을 혼합한 수용액
중량% = $\dfrac{\text{용질}}{\text{용액}} \times 100 = \dfrac{40}{(60g + 40g)} \times 100 = 40\%$

42 위험물의 저장 방법에 대한 설명 중 틀린 것은?

① 황린은 산화제와 혼합되지 않게 저장한다.
② 황은 정전기가 축적되지 않도록 저장한다.
③ 적린은 인화성 물질로부터 격리 저장한다.
④ 마그네슘은 분진을 방지하기 위해 약간의 수분을 포함시켜 저장한다.

43 위험물을 적재, 운반할 때 방수성 덮개를 하지 않아도 되는 것은?

① 알칼리금속의 과산화물
② 마그네슘
③ 나이트로화합물
④ 탄화칼슘

🔍 알칼리금속의 과산화물, 마그네슘, 탄화칼슘은 물과 반응하면 산소, 수소, 아세틸렌을 발생하므로 방수성 덮개를 해야 한다.

44 제조소에서 취급하는 위험물의 최대수량이 지정수량의 20배인 경우 보유공지의 너비는 얼마인가?

① 3m 이상
② 5m 이상
③ 10m 이상
④ 20m 이상

🔍 제조소의 보유공지

취급하는 위험물의 최대수량	공지의 너비
지정수량의 10배 이하	3m 이상
지정수량의 10배 초과	5m 이상

45 특정옥외저장탱크를 원통형으로 설치하고자 한다. 지반면으로부터의 높이가 16m일 때 이 탱크가 받는 풍하중은 1m²당 얼마 이상으로 계산하여야 하는가?(단, 강풍을 받을 우려가 있는 장소에 설치하는 경우는 제외한다.)

① 0.7640kN
② 1.2348kN
③ 1.6464kN
④ 2.348kN

🔍 풍하중 $q = 0.588 K \sqrt{h}$ (kN/m²)
여기서 k : 풍력계수(원통형탱크의 경우 : 0.7, 그 외의 탱크 : 1.0),
h : 지반면으로부터 높이(m)
∴ $q = 0.588 \times 0.7 \times \sqrt{16} = 1.6464$ kN/m²

46 주거용 건축물과 위험물제조소와의 안전거리를 단축할 수 있는 경우는?

① 제조소가 위험물의 화재 진압을 하는 소방서와 근거리에 있는 경우
② 취급하는 위험물의 최대수량(지정수량의 배수)이 10배 미만이고 기준에 의한 방화상 유효한 벽을 설치한 경우
③ 위험물을 취급하는 시설이 철근콘크리트 벽일 경우
④ 취급하는 위험물이 단일 품목일 경우

🔍 취급하는 위험물의 최대수량(지정수량의 배수)이 10배 미만이고 기준에 의한 방화상 유효한 벽을 설치한 경우에는 안전거리를 단축할 수 있다.

47 나이트로셀룰로스에 대한 설명으로 옳지 않은 것은?

① 직사일광을 피해서 저장한다.
② 알코올수용액 또는 물로 습윤시켜 저장한다.
③ 질화도가 클수록 위험도가 증가한다.
④ 화재 시에는 질식소화가 효과적이다.

🔍 나이트로셀룰로스(NC)의 화재 시 냉각소화가 효과적이다.

48 어떤 공장에서 아세톤과 메탄올을 18L 용기에 각각 10개, 등유를 200L 드럼으로 3드럼을 저장하고 있다면 각각의 지정수량 배수의 총합은 얼마인가?

① 1.3   ② 1.5
③ 2.3   ④ 2.5

🔍 지정수량의 배수

∴ 지정수량의 배수 = $\frac{저장수량}{지정수량} + \frac{저장수량}{지정수량}$

$= \frac{18L \times 10}{400L} + \frac{18L \times 10}{400L} + \frac{200L \times 3}{1,000L}$

$= 1.5배$

※ 지정수량
• 아세톤(제1석유류, 수용성) : 400L
• 메탄올(알코올류) : 400L
• 등유(제2석유류, 비수용성) : 1000L

49 물질의 자연발화를 방지하기 위한 조치로서 가장 거리가 먼 것은?

① 퇴적할 때 열이 쌓이지 않게 한다.
② 저장실의 온도를 낮춘다.
③ 촉매 역할을 하는 물질과 분리하여 저장한다.
④ 저장실의 습도를 높인다.

🔍 자연발화를 방지하려면 습도를 낮추어야 한다.

50 위험물의 운반에 관한 기준에서 위험물의 적재 시 혼재가 가능한 위험물은?(단, 지정수량의 5배인 경우이다.)

① 과염소산칼륨 – 황린
② 질산메틸 – 경유
③ 마그네슘 – 알킬알루미늄
④ 탄화칼슘 – 나이트로글리세린

🔍 운반 시 혼재 가능한 위험물 : 제1류+제6류 위험물, 제3류+제4류 위험물, 제2류+제4류+제5류 위험물

종류	류별	종류	류별
과염소산칼륨	제1류	황린	제3류
질산메틸	제5류	경유	제4류
마그네슘	제2류	알킬알루미늄	제3류
탄화칼슘	제3류	나이트로글리세린	제5류

51 다음 물질 중 취급하는 장치가 구리나 마그네슘으로 되어 있을 때 반응을 일으켜서 폭발성의 아세틸라이드를 생성하는 것은?

① 이황화탄소
② 아이소프로필알코올
③ 산화프로필렌
④ 아세톤

🔍 산화프로필렌이나 아세트알데하이드의 취급장치는 구리(Cu), 마그네슘(Mg), 은(Ag), 수은(Hg)과 반응하면 아세틸레이트를 생성하므로 적합하지 않다.

52 과염소산과 과산화수소의 공통된 성질이 아닌 것은?

① 비중이 1보다 크다.
② 물에 녹지 않는다.
③ 산화제이다.
④ 산소를 포함한다.

🔍 과염소산과 과산화수소는 물에 잘 녹는다.

53 저장할 때 상부에 물을 덮어서 저장하는 것은?

① 다이에틸에터
② 아세트알데하이드
③ 산화프로필렌
④ 이황화탄소

🔍 이황화탄소를 저장할 때에는 상부에 물을 덮어서 저장한다.

54 위험물제조소는 지정문화유산으로부터 몇 m 이상의 안전거리를 두어야 하는가?

① 20m
② 30m
③ 40m
④ 50m

🔍 지정문화유산, 천연기념물등으로부터 안전거리 : 50m 이상

55 위험물제조소의 표지의 크기 규격으로 옳은 것은?

① 0.2m × 0.4m
② 0.3m × 0.3m
③ 0.3m × 0.6m
④ 0.6m × 0.2m

🔍 위험물제조소의 표지의 크기 규격 : 한변의 길이 0.3m 이상, 다른 한변의 길이 0.6m 이상

56 동식물유류의 건성유에 속하지 않는 것은?

① 동유
② 아마인유
③ 야자유
④ 들기름

🔍 동·식물유류

구분	아이오딘값	반응성	불포화도	종류
건성유	130 이상	크다	크다	해바라기유, 동유, 아마인유, 정어리기름, 들기름
반건성유	100 ~ 130	중간	중간	채종유, 목화씨기름(면실유), 참기름, 콩기름
불건성유	100 이하	적다	적다	야자유, 올리브유, 피마자유, 동백유

57 과산화칼륨에 대한 설명으로 옳지 않은 것은?

① 염산과 반응하여 과산화수소를 생성한다.
② 탄산가스와 반응하여 산소를 생성한다.
③ 물과 반응하여 수소를 생성한다.
④ 물과의 접촉을 피하고 밀전하여 저장한다.

🔍 과산화칼륨은 물과 반응하면 산소를 발생한다.
$2K_2O_2 + 2H_2O \rightarrow 4KOH + O_2\uparrow + 발열$

58 다음 ( ) 안에 알맞은 수치와 용어를 옳게 나열한 것은?

이황화탄소의 옥외저장탱크는 벽 및 바닥의 두께가 ( )m 이상이고, 누수가 되지 않는 철근콘크리트의 ( )에 넣어 보관해야 한다.

① 0.2, 수조
② 1.2, 수조
③ 1.2, 진공탱크
④ 0.2, 진공탱크

🔍 이황화탄소의 옥외저장탱크는 벽 및 바닥의 두께가 0.2m 이상이고, 누수가 되지 않는 철근콘크리트의 수조에 넣어 보관해야 한다.

59 오황화인이 물과 작용해서 발생하는 유독성 기체는?

① 아황산가스
② 포스겐
③ 황화수소
④ 인화수소

🔍 오황화인은 물과 작용하여 황화수소(H_2S)와 인산이 된다.
$P_2S_5 + 8H_2O \rightarrow 5H_2S + 2H_3PO_4$

60 인화칼슘이 물과 반응해서 생성되는 유독가스는?

① PH_3
② CO
③ CS_2
④ H_2S

> 인화칼슘은 물과 반응하여 포스핀(PH_3)의 유독성가스를 발생한다.
> $Ca_3P_2 + 6H_2O \rightarrow 3Ca(OH)_2 + 2PH_3 \uparrow$

정답 CBT 복원문제 2023년 3회

01 ③	02 ③	03 ②	04 ②	05 ③
06 ③	07 ②	08 ①	09 ④	10 ④
11 ③	12 ③	13 ③	14 ④	15 ③
16 ②	17 ④	18 ②	19 ③	20 ④
21 ①	22 ①	23 ④	24 ②	25 ①
26 ④	27 ①	28 ②	29 ③	30 ④
31 ④	32 ③	33 ④	34 ③	35 ②
36 ②	37 ②	38 ③	39 ④	40 ①
41 ③	42 ④	43 ③	44 ②	45 ③
46 ②	47 ④	48 ②	49 ③	50 ②
51 ③	52 ②	53 ④	54 ④	55 ③
56 ③	57 ③	58 ①	59 ③	60 ①

2024년 1회 CBT 복원문제

1. 물질의 물리·화학적 성질

01 주기율표에서 제2주기에 있는 원소 성질 중 왼쪽에서 오른쪽으로 갈수록 감소하는 것은?

① 비금속성
② 이온화에너지
③ 원자 반지름
④ 전기음성도

🔍 원소의 성질

구분 항목	같은 주기에서 원자번호가 증가할수록 (왼쪽에서 오른쪽으로)	같은 족에서 원자번호가 증가할수록 (윗쪽에서 아래쪽으로)
이온화에너지	증가한다	감소한다
전기음성도	증가한다	감소한다
이온반지름	작아진다	커진다
원자반지름	작아진다	커진다
비금속성	증가한다	감소한다

02 이온결합 물질의 일반적인 성질에 관한 설명 중 틀린 것은?

① 녹는점이 비교적 높다.
② 단단하며 부스러지기 쉽다.
③ 고체와 액체 상태에서 모두 도체이다.
④ 물과 같은 극성용매에 용해되기 쉽다.

🔍 이온결합은 고체 상태에서는 부도체이고, 수용액상태에서는 도체이다.

03 단백질에 관한 설명으로 틀린 것은?

① 펩티드 결합을 하고 있다.
② 뷰렛반응에 의해 노란색으로 변한다.
③ 아미노산의 연결체이다.
④ 체내 에너지 대사에 관여한다.

🔍 뷰렛반응 : 단백질을 검출하는 반응으로 단백질의 알칼리성 수용액에 저농도의 황산구리용액을 몇 방울 떨어뜨리면 청자색을 띠는 반응

04 다음 중 $KMnO_4$의 Mn의 산화수는?

① +1
② +3
③ +5
④ +7

🔍 $KMnO_4$의 Mn의 산화수
$(+1) + x + (-2) \times 4 = 0$ ∴ $x(Mn) = +7$

05 3.65kg 의 염화수소 중에는 HCl 분자가 몇 개 있는가?

① 6.02×10^{23}
② 6.02×10^{24}
③ 6.02×10^{25}
④ 6.02×10^{26}

🔍 염산 1g – mol(36.5g)이 가지고 있는 분자는 6.0238×10^{23} 이므로
3650g/36.5 = 100g–mol이므로
$100 \times 6.0238 \times 10^{23} = 6.02 \times 10^{25}$

06 다음 반응에서 Na^+ 이온의 전자배치와 동일한 전자배치를 갖는 원소는?

$$Na + 에너지 \rightarrow Na^+ + e^-$$

① He
② Ne
③ Mg
④ Li

🔍 Na(원자번호 11) : $1S^2, 2S^2, 2P^6, 3S^1$인데 식에서 전자 1개를 잃어 전자 10개인 Ne(네온, 원자번호 10)이 된다.

07 CO_2와 CO의 성질에 대한 설명 중 옳지 않은 것은?

① CO_2는 공기보다 무겁고, CO는 가볍다.
② CO_2는 붉은색 불꽃을 내며 연소한다.
③ CO는 파란색 불꽃을 내며 연소한다.
④ CO는 독성이 있다.

🔍 이산화탄소(CO_2)는 산소와 더 이상 반응하지 않는 불연성가스이다.

08 다음 반응식을 이용하여 구한 $SO_2(g)$의 몰 생성열은?

$$S(s) + 1.5O_2(g) \rightarrow SO_3(g) \quad \Delta H^0 = -94.5\text{kcal}$$
$$2SO_2(s) + O_2(g) \rightarrow 2SO_3(g) \quad \Delta H^0 = -47\text{kcal}$$

① -71kcal
② -47.5kcal
③ 71kcal
④ 47.5kcal

🔍 $SO_2(g)$의 생성열 $Q = \dfrac{2 \times (-94.5\text{kcal}) + 47\text{kcal}}{2} = -71\text{kcal}$

09 다음 중 분자간의 수소결합을 하지 않는 것은?

① HF
② NH_3
③ CH_3F
④ H_2O

🔍 수소결합 : 전기음성도가 큰 F, O, N 원자들과 공유결합을 한 H(수소)원자와 이웃분자의 F, O, N 원자와의 결합으로 플루오린화수소(HF), 암모니아(NH_3), 물(H_2O)등이 있다.

10 27℃에서 9g의 비전해질을 녹여 만든 900mL 용액의 삼투압은 3.84기압이었다. 이 물질의 분자량은 약 얼마인가?

① 18
② 32
③ 44
④ 64

🔍 분자량
$PV = nRT = \dfrac{W}{M}RT \quad M = \dfrac{WRT}{PV}$
여기서, W : 무게(9g),
R : 기체상수(0.08205)
T : 절대온도(273+27 = 300K)
P : 삼투압(3.84atm) V : 부피(900mL = 0.9L)

$\therefore M = \dfrac{WRT}{PV}$
$= \dfrac{9g \times 0.08205\ell \cdot \text{atm/g-mol} \cdot K \times (273+27)K}{3.84\text{atm} \times 0.9\ell}$
$= 64.10$

11 원자번호가 7인 질소와 같은 족에 해당되는 원소의 원자번호는?

① 15
② 16
③ 17
④ 18

🔍 질소족 : N(7번), P(15번), As(33번)

12 어떤 금속(M) 8g을 연소시키니 11.2g의 산화물이 얻어졌다. 이 금속의 원자량이 140 이라면 이 산화물의 화학식은?

① M_2O_3
② MO
③ MO_2
④ M_2O_7

🔍 금속의 당량을 x, 산소의 당량 8이므로
금속 : 산소 ⇒ 8g : (11.2-8)g = x : 8 x = 20
금속의 원자가 = 원자량/당량 = 140/20 = 7
∴ 금속의 원자가가 7가이므로 화학식은 M_2O_7이다.

13 폴리염화비닐의 단위체와 합성법이 옳게 나열된 것은?

① $CH_2 = CHCl$, 첨가중합
② $CH_2 = CHCl$, 축합중합
③ $CH_2 = CHCN$, 첨가중합
④ $CH_2 = CHCN$, 축합중합

🔍 Poly vinyl Chloride(PVC) : $CH_2 = CHCl$, 첨가중합

14 벤젠에 대한 설명으로 옳지 않은 것은?

① 정육각형의 평면구조로 120°의 결합각을 갖는다.
② 결합길이는 단일결합과 이중결합의 중간이다.
③ 공명 혼성구조로 안정한 방향족 화합물이다.
④ 이중결합을 가지고 있어 치환반응보다 첨가반응이 지배적이다.

🔍 벤젠은 반응성이 적고 부가반응은 하지 않고 치환반응을 한다.

15 볼타전기에서 갑자기 전류가 약해지는 현상을 "분극현상"이라 한다. 이 분극현상을 방지해 주는 감극제로 사용되는 물질은?

① MnO_2
② $CuSO_3$
③ NaCl
④ $Pb(NO_3)_2$

🔍 감극제 : MnO_2(이산화망가니즈)

16 10wt% 의 H_2SO_4 수용액으로 1M 용액 200ml를 만들려고 할 때 다음 중 가장 적합한 방법은? (단, S의 원자량은 32 이다.)

① 원용액 98g에 물을 가하여 200ml로 한다.
② 원용액 98g에 200ml의 물을 가한다.
③ 원용액 196g에 물을 가하여 200ml로 한다.
④ 원용액 196g에 200ml의 물을 가한다.

> 1M-황산(H_2SO_4)이란 물 1000ml 안에 황산이 98g 녹아 있는 것을 말한다.
> 1M ─ 98g ─ 1000ml
> 1M ─ x ─ 200ml
> $x = \dfrac{98g \times 200ml}{1000ml} = 19.6g$ (원액의 양)
> 10% 황산을 사용하므로 19.6g ÷ 0.1 = 196g
> ∴ 10% 황산 196g을 물에 넣어 전체를 200ml로 한다.

17 다음 중 수용액에서 산성의 세기가 가장 큰 것은?

① HF   ② HCl
③ HBr   ④ HI

> 산성의 세기 : HI > HBr > HCl > HF

18 수산화칼슘에 염소가스를 흡수시켜 만드는 물질은?

① 표백분   ② 염화칼슘
③ 염화수소   ④ 과산화망가니즈

> 표백분($CaOCl_2 \cdot H_2O$)의 제조방법
> (1) 소금에 진한 황산을 가하여 고온에서 반응시키고 발생한 기체를 수용액으로 만든다.
> $2NaCl + H_2SO_4 \rightarrow Na_2SO_4 + 2HCl$
> (2) 이 용액(HCl)에 이산화망가니즈를 가한다.
> $4HCl + MnO_2 \rightarrow MnCl_2 + 2H_2O + Cl_2$
> (3) 가열하여 생성된 기체(Cl_2)에 수산화칼슘을 흡수시킨다.
> $Cl_2 + Ca(OH)_2 \rightarrow CaOCl_2 \cdot H_2O$

19 $^{226}_{88}Ra$의 α 붕괴 후 생성물은 어떤 물질인가?

① 금속원소
② 비활성원소
③ 양쪽원소
④ 할로젠원소

> α붕괴하면 원자번호 2감소 질량수 4감소하므로
> $_{88}Ra^{226}$ (α 붕괴) → $_{86}Rn^{222}$ (금속 원소)

20 산소의 산화수가 가장 큰 것은?

① O_2 ② $KClO_4$
③ H_2SO_4 ④ H_2O_2

> 산화수
> (1) 산소(O_2) : 0
> (2) 과염소산칼륨($KClO_4$) = -2
> (3) 황산(H_2SO_4) : -2
> (4) 과산화수소(H_2O_2) : 과산화물은 -1
> ※산소화합물에서 산소의 산화수는 -2이다.

● **2. 화재예방과 소화방법**

21 톨루엔의 화재에 적응성이 있는 소화방법이 아닌 것은?

① 무상수(霧狀水)소화기에 의한 소화
② 무상강화액소화기에 의한 소화
③ 포소화기에 의한 소화
④ 할로젠화합물소화기에 의한 소화

> 톨루엔(제4류 위험물 제1석유류, 비수용성)의 적응약제
> (1) 강화액(무상)   (2) 포
> (3) 이산화탄소   (4) 할로젠화합물
> (5) 불활성가스   (6) 분말

22 표준입관시험 및 평판재하시험을 실시해야 하는 특정옥외저장탱크의 지반의 범위는 기초의 외측이 지표면과 접하는 선의 범위 내에 있는 지반으로서 지표면으로부터 깊이 몇 m 까지로 하는가?

① 10   ② 15
③ 20   ④ 25

> 표준입관시험 및 평판재하시험을 실시하는 특정옥외저장탱크의 지반의 범위는 기초의 외측이 지표면과 접하는 선의 범위 내에 있는 지반으로서 지표면으로부터 깊이 15m 까지로 한다.

23 위험물안전관리법령상 제3류 위험물 중 금수성물질에 적응성이 있는 소화기는?

① 할로젠화합물소화기
② 인산염류분말소화기
③ 이산화탄소소화기
④ 탄산수소염류분말소화기

> 제3류 위험물의 소화기 : 탄산수소염류분말소화기(제3종인 인산염류를 제외한 나머지 분말소화기)

24 제2류 위험물의 화재에 대한 일반적인 특징을 가장 옳게 설명한 것은?

① 연소 속도가 빠르다.
② 산소를 함유하고 있어 질식소화는 효과가 없다.
③ 화재 시 자신이 환원되고 다른 물질을 산화시킨다.
④ 연소열이 거의 없어 초기 화재 시 발견이 어렵다.

> 제2류 위험물은 가연성 고체로서 비교적 낮은 온도에서 착화하기 쉽고 연소 속도가 빠르다.

25 지정수량 10배의 위험물을 운반할 때 다음 중 혼재가 금지된 경우는?

① 제2류 위험물과 제4류 위험물
② 제2류 위험물과 제5류 위험물
③ 제3류 위험물과 제4류 위험물
④ 제3류 위험물과 제5류 위험물

> 운반 시 혼재가능
> (1) 3류 + 4류(3,4 : 3군사관학교)
> (2) 1류 + 6류
> (3) 5류 + 2류 + 4류(오이사)

26 인화성 액체의 화재에 해당하는 것은?

① A급 화재　　② B급 화재
③ C급 화재　　④ D급 화재

> 인화성 액체의 화재 : B급(유류) 화재

27 과산화수소의 화재예방 방법으로 틀린 것은?

① 암모니아와의 접촉은 폭발의 위험이 있으므로 피한다.
② 완전히 밀전·밀봉하여 외부 공기와 차단한다.
③ 용기는 착색하여 직사광선이 닿지 않게 한다.
④ 분해를 막기 위해 분해방지 안정제를 사용한다.

> 과산화수소는 저장용기는 밀봉하지 말고 구멍이 있는 마개를 사용해야 한다.

28 위험물의 운반용기 외부에 표시해야 하는 주의사항에 "화기엄금"이 포함되지 않은 것은?

① 제1류 위험물 중 알칼리금속의 과산화물
② 제2류 위험물 중 인화성고체
③ 제3류 위험물 중 자연발화성물질
④ 제5류 위험물

> 제1류 위험물의 주의사항
> (1) 알칼리금속의 과산화물 : 화기·충격주의, 물기엄금, 가연물 접촉주의
> (2) 그 밖의 것 : 화기·충격주의, 가연물접촉주의

29 분말소화기에 사용되는 소화약제 주성분이 아닌 것은?

① $NH_4H_2PO_4$　　② Na_2SO_4
③ $NaHCO_3$　　④ $KHCO_3$

> 분말약제의 종류

종류	제1종 분말	제2종 분말	제3종 분말	제4종 분말
화학식	$NaHCO_3$	$KHCO_3$	$NH_4H_2PO_4$	$KHCO_3$ + $(NH_2)_2CO$
화학명	중탄산 나트륨	중탄산 칼륨	인산 암모늄	중탄산칼륨 + 요소

30 트라이에틸알루미늄이 습기와 반응할 때 발생되는 가스는?

① 수소　　② 아세틸렌
③ 에테인　　④ 메테인

> 트라이에틸알루미늄의 반응식
> (1) 물과 접촉 $(C_2H_5)_3Al + 3H_2O \rightarrow Al(OH)_3 + 3C_2H_6 \uparrow$
> (2) 공기 중 $2(C_2H_5)_3Al + 21O_2 \rightarrow Al_2O_3 + 12CO_2 + 15H_2O$

31 표준상태에서 2kg의 이산화탄소가 모두 기체 상태의 소화약제로 방사될 경우 부피는 몇 m^3 인가?

① 1.018　　② 10.18
③ 101.8　　④ 1,018

표준상태에서 기체 1kg-mol이 차지하는 부피는 22.4m³이므로
∴ $\frac{2kg}{44} \times 22.4m^3 = 1.018m^3$

32 옥내소화전설비의 비상전원은 자가발전설비 또는 축전지설비로 옥내소화전설비를 유효하게 몇 분 이상 작동할 수 있어야 하는가?

① 10분 ② 20분
③ 45분 ④ 60분

옥내소화전설비의 비상전원은 45분 이상 작동해야 한다. (수원의 양을 계산할 때에는 30분으로 계산한다)

33 이산화탄소소화기에 대한 설명으로 옳은 것은?

① C급 화재에는 적응성이 없다.
② 다량의 물질이 연소하는 A급 화재에 가장 효과적이다.
③ 밀폐되지 않은 공간에서 사용할 때 가장 소화효과가 좋다.
④ 방출용 동력이 별도로 필요치 않다.

이산화탄소 소화기
(1) B(유류)화재, C급(전기)화재 적합하다
(2) 밀폐된 공간에서 질식의 우려가 있으므로 위험하다
(3) 자체압력으로 약제를 전량 방출하므로 동력이 필요 없다.

34 제3종 분말소화약제가 열분해 될 때 생성되는 물질로서 목재, 섬유 등을 구성하고 있는 섬유소를 탈수·탄화시켜 연소를 억제하는 것은?

① CO_2 ② NH_3PO_4
③ H_3PO_4 ④ NH_3

제3종 분말을 190℃에서 분해하면 인산(H_3PO_4)이 생성되는데 섬유소를 탈수시켜 탈수·탄화시켜 연소를 억제한다.

35 다음 중 Ca_3P_2 화재시 가장 적합한 소화방법은?

① 마른 모래로 덮어 소화한다.
② 봉상의 물로 소화한다.
③ 화학포 소화기로 소화한다.
④ 산·알칼리 소화기로 소화한다.

인화석회(Ca_3P_2)의 소화약제 : 마른모래

36 클로로벤젠 300,000L의 소요단위는 얼마인가?

① 20 ② 30
③ 200 ④ 300

∴ 소요단위 = $\frac{저장수량}{지정수량 \times 10}$ = $\frac{300,000ℓ}{1000ℓ \times 10}$ = 30단위
※ 클로로벤젠[제2석유류(비수용성)]의 지정수량 : 1000ℓ

37 Halon 1301, Halon 1211, Halon 2402 중 상온, 상압에서 액체상태인 Halon 소화약제로만 나열한 것은?

① Halon 1211
② Halon 2402
③ Halon 1301, Halon 1211
④ Halon 2402, Halon 1211

상온에서 액체 : Halon 2402
※ 상온에서 기체 : Halon 1301, Halon 1211

38 주된 연소형태가 분해연소인 것은?

① 금속분 ② 황
③ 목재 ④ 피크린산

분해연소 : 종이, 목재, 석탄, 플라스틱

39 위험물안전관리법령상 옥내소화전설비에 관한 기준에 대해 다음 ( )에 알맞은 수치를 옳게 나열한 것은?

옥내소화전설비는 각층을 기준으로 하여 당해 층의 모든 옥내소화전(설치개수가 5개 이상인 경우는 5개의 옥내소화전)을 동시에 사용할 경우에 각 노즐선단의 방수압력이 (①)kPa 이상이고 방수량이 1분당 (②)L 이상의 성능이 되도록 할 것

① ① 350, ② 260
② ① 450, ② 260
③ ① 350, ② 450
④ ① 450, ② 450

옥내소화전설비
(1) 방수압력 : 350kPa(0.35MPa)이상
(2) 방수량 : 260이상

40 위험물안전관리법령상 옥내소화전설비가 적응성이 있는 위험물의 유별로만 나열된 것은?

① 제1류 위험물, 제4류 위험물
② 제2류 위험물, 제4류 위험물
③ 제3류 위험물, 제5류 위험물
④ 제5류 위험물, 제6류 위험물

> 제5류 위험물과 제6류 위험물은 옥내소화전설비가 적합하지만 제3류, 제4류 위험물은 적합하지 않다.

3. 위험물 성상 및 취급

41 금속칼륨이 물과 반응했을 때 생성물로 옳은 것은?

① 산화칼륨 + 수소
② 수산화칼륨 + 수소
③ 산화칼륨 + 산소
④ 수산화칼륨 + 산소

> 칼륨이 물과 반응하면 수산화칼륨(KOH)과 가연성가스인 수소(H_2)를 발생한다.
> ※ $2K + 2H_2O \rightarrow 2KOH + H_2\uparrow + Q$ kcal

42 나이트로셀룰로스의 저장 및 취급 방법으로 틀린 것은?

① 가열, 마찰을 피한다.
② 열원을 멀리하고 냉암소에 저장한다.
③ 알코올용액으로 습면하여 운반한다.
④ 물과의 접촉을 피하기 위해 석유에 저장한다.

> 나이트로셀룰로스(NC)의 저장 : 물 또는 알코올로 습면시켜 저장한다.
> ※ 칼륨, 나트륨 : 등유, 경유, 유동파라핀 속에 저장

43 1기압 27℃에서 아세톤 58g을 완전히 기화시키면 부피는 약 몇 L가 되는가?

① 22.4
② 24.6
③ 27.4
④ 58.0

> 이상기체상태방정식을 적용하면
> $PV = nRT = \dfrac{W}{M}RT$ $V = \dfrac{WRT}{PM}$
> 여기서, P : 압력(atm)   V : 부피(ℓ)   n : mol수
>   M : 분자량(58g/g-mol)   W : 무게( )g
>   R : 기체상수(0.08205 ℓ·atm/g-mol·K)
>   T : 절대온도(273+℃)
> ∴ $V = \dfrac{WRT}{PM} = \dfrac{58 \times 0.08205 \times (273+27)}{1 \times 58} = 24.6$ ℓ
> ※ 아세톤의 분자량
>   = CH_3COCH_3
>   = 12 + (1×3) + 12 + 16 + 12 + (1×3) = 58

44 다음 위험물안전관리법령에서 정한 지정수량이 가장 적은 것은?

① 염소산염류
② 브로민산염류
③ 질산염류
④ 금속의 인화물

> 지정수량

종류	염소산 염류	브로민산 염류	질산염류	금속의 인화물
류별	제1류 위험물	제1류 위험물	제1류 위험물	제3류 위험물
지정수량	50kg	300kg	300kg	300kg

45 황(S)에 대한 설명으로 옳은 것은?

① 불연성이지만 산화제 역할을 하기 때문에 가연물 접촉은 위험하다.
② 유기용제, 알코올, 물 등에 매우 잘 녹는다.
③ 사방황, 고무상황과 같은 동소체가 있다.
④ 전기도체이므로 감전에 주의한다.

> 황(S)의 특성
> (1) 제2류 위험물로서 가연성 고체이다.
> (2) 물이나 산에는 녹지 않으나 알코올에는 조금 녹고 고무상황을 제외하고는 CS_2에 잘 녹는다.
> (3) 공기 중에서 연소하면 푸른빛을 내며 아황산가스(SO_2)를 발생한다.
>   ※ $S + O_2 \rightarrow SO_2$
> (4) 단사황, 사방황, 고무상황과 같은 동소체가 있다.
> (5) 전기부도체이다.
> (6) 고무상황은 CS_2(이황화탄소)에 녹지 않고, 350℃로 가열하여 용해 한 것을 찬물에 넣으면 생성 된다.

46 다음 중 분진 폭발의 위험성이 가장 작은 것은?

① 석탄분   ② 시멘트
③ 설탕   ④ 커피

🔍 시멘트, 생석회는 분진폭발의 위험이 없다.

47 이동저장탱크로부터 위험물을 저장 또는 취급하는 탱크에 인화점이 몇 ℃ 미만인 위험물을 주입할 때에는 이동탱크저장소의 원동기를 정지시켜야 하는가?

① 21   ② 40
③ 71   ④ 200

🔍 이동저장탱크로부터 위험물 주입 시 원동기 정지 : 인화점 40℃ 미만

48 고체위험물의 운반 시 내장용기가 금속제인 경우 내장용기의 최대 용적은 몇 L 인가?

① 10   ② 20
③ 30   ④ 100

🔍 고체위험물의 운반 시 내장용기가 금속제일 때 최대용적 : 30ℓ

49 옥외저장탱크·옥내저장탱크 또는 지하저장탱크 중 압력탱크에 저장하는 아세트알데하이드등의 온도는 몇 이하로 유지해야 하는가?

① 30   ② 40
③ 55   ④ 65

🔍 저장온도
(1) 옥외저장탱크·옥내저장탱크 또는 지하저장탱크 중 압력탱크에 저장
  ① 아세트알데하이드 등 : 40℃ 이하
  ② 다이에틸에터 등 : 40℃ 이하
(2) 옥외저장탱크·옥내저장탱크 또는 지하저장탱크 중 압력탱크 외의 탱크에 저장
  ① 산화프로필렌, 다이에틸에터를 저장 : 30℃이하
  ② 아세트알데하이드 : 15℃이하

50 물과 반응하여 CH_4 와 H_2 가스를 발생하는 것은?

① K_2C_2 ② MgC_2
③ Be_2C ④ Mn_3C

🔍 탄화망가니즈는 물과 반응하면 메테인(CH_4)과 수소(H_2)가스를 발생한다.
※ $Mn_3C + 6H_2O \rightarrow 3Mn(OH)_2 + CH_4\uparrow + H_2\uparrow$

51 인화칼슘이 물과 반응하였을 때 발생하는 기체는?

① 수소   ② 산소
③ 포스핀   ④ 포스겐

🔍 인화칼슘이 물과 반응하면 포스핀(인화수소, PH_3)가스를 발생한다.

52 질산나트륨 90kg, 황 70kg, 클로로벤젠 2000L를 저장하고 있을 경우 각각의 지정수량의 배수의 총합은?

① 2   ② 3
③ 4   ④ 5

🔍 지정수량

종류	질산나트륨	황	클로로벤젠
품명	제1류 위험물 질산염류	제2류 위험물	제4류 위험물 제2석유류, 비수용성
지정수량	300kg	100kg	1000ℓ

∴ 지정수량의 배수 = $\frac{저장량}{지정수량}$
= $\frac{90kg}{300kg} + \frac{70kg}{100kg} + \frac{2000kg}{1000kg}$ = 3.0배

53 최대 아세톤 150톤을 옥외탱크저장소에 저장할 경우 보유공지의 너비는 몇 m 이상으로 해야 하는가?(단, 아세톤의 비중은 0.79 이다.)

① 3   ② 5
③ 9   ④ 12

🔍 옥외탱크저장소의 보유공지

저장 또는 취급하는 위험물의 최대수량	공지의 너비
지정수량의 500배 이하	3m 이상
지정수량의 500배 초과 1,000배 이하	5m 이상
지정수량의 1,000배 초과 2,000배 이하	9m 이상
지정수량의 2,000배 초과 3,000배 이하	12m 이상
지정수량의 3,000배 초과 4,000배 이하	15m 이상

저장 또는 취급하는 위험물의 최대수량	공지의 너비
지정수량의 4,000배 초과	당해 탱크의 수평단면의 최대지름(가로형인 경우에는 긴변)과 높이 중 큰 것과 같은 거리 이상. 다만, 30m 초과의 경우에는 30m 이상으로 할 수 있고, 15m 미만의 경우에는 15m 이상으로 하여야 한다.

※ 먼저 아세톤의 무게를 부피로 환산하고 지정수량의 배수를 구하여 도표를 이용하여 보유공지를 구한다.

(1) 부피로 환산 $\rho = \dfrac{W}{V} = \dfrac{\text{무게}}{\text{부피}}$

부피 $= \dfrac{\text{무게}}{\rho} = \dfrac{150t}{0.79t/m^3} = 189.8734 m^3$

※ 비중 $0.79 \Rightarrow 0.79 g/cm^3 = 790 kg/m^3 = 0.79 t/m^3$
이것을 리터로 환산하면 $1m^3 = 1000 \ell$ 이므로
$189.8734 m^3 \cdot 1000 \ell/m^3 = 189873.4 \ell$

(2) 지정수량의 배수를 구하면
부피 $= \dfrac{\text{저장량}}{\text{지정수량}} = \dfrac{189873.4 \ell}{400 \ell} = 474.7$배

※ 아세톤(제1석유류, 수용성)의 지정수량 : 400ℓ
(3) 표에서 지정수량의 500배 이하(474.7배) ⇒ 3m 이상 확보

54 자연발화를 방지하는 방법으로 가장 거리가 먼 것은?

① 통풍이 잘되게 할 것
② 열의 축적을 용이하지 않게 할 것
③ 저장실의 온도를 낮게 할 것
④ 습도를 높게 할 것

🔍 습도를 낮게 하여 열이 한곳에 축적되지 않도록 하여 자연발화를 방지한다.

55 다음 그림은 제5류 위험물 중 유기과산화물을 저장하는 옥내저장소의 저장창고를 개략적으로 보여 주고 있다. 창과 바닥으로부터 높이(a)와 하나의 창의 면적(b)은 각각 얼마로 해야 하는가?(단, 이 저장창고의 바닥면적은 150m² 이내이다.)

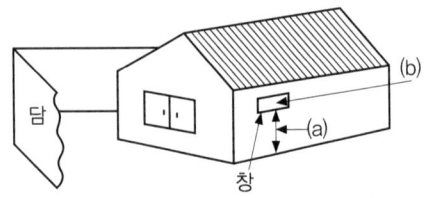

① (a) 2m 이상, (b) 0.6m² 이내
② (a) 3m 이상, (b) 0.4m² 이내
③ (a) 2m 이상, (b) 0.4m² 이내
④ (a) 3m 이상, (b) 0.6m² 이내

🔍 지정과산화물을 저장하는 옥내저장소의 기준
(1) 저장창고의 창은 바닥면으로부터 높이 : 2m 이상
(2) 하나의 창의 면적 : 0.4m² 이내
(3) 하나의 벽면에 두는 창의 면적의 합계를 해당 면적의 1/80 이내

56 과산화나트륨이 물과 반응할 때의 변화를 가장 옳게 설명한 것은?

① 산화나트륨과 수소를 발생한다.
② 물을 흡수하여 탄산나트륨이 된다.
③ 산소를 방출하여 수산화나트륨이 된다.
④ 서서히 물에 녹아 과산화나트륨의 안정한 수용액이 된다.

🔍 과산화나트륨은 물과 반응하면 수산화나트륨(NaOH)과 산소(O_2)를 발생한다.
※ $2Na_2O_2 + 2H_2O \rightarrow 4NaOH + O_2\uparrow$ + 발열

57 황린과 적린의 성질에 대한 설명 중 틀린 것은?

① 황린은 담황색의 고체이며 마늘과 비슷한 냄새가 난다.
② 적린은 암적색의 분말이고 냄새가 없다.
③ 황린은 독성이 없고 적린은 맹독성 물질이다.
④ 황린은 이황화탄소에 녹지만 적린은 녹지 않는다.

🔍 황린은 맹독성물질이고 적린은 독성이 없는 물질이다.

58 제4석유류를 저장하는 옥내탱크저장소의 기준으로 맞는 것은?

① 옥내저장탱크의 용량은 지정수량의 40배 이하이다.
② 탱크전용실은 벽, 기둥, 바닥, 보를 내화구조로 한다.
③ 유리창은 설치하고, 출입구는 자동폐쇄식의 30분 방화문을 할 것
④ 3층 이하의 건축물에 설치된 탱크전용실에 옥내저장탱크를 설치할 것

> **옥내탱크저장소의 기준**
> (1) 옥내저장탱크의 용량은 지정수량의 40배 이하일 것
> (2) 탱크전용실은 벽, 기둥, 바닥을 내화구조로 하고 보를 불연재료로 할 것
> (3) 탱크전용실의 창 또는 출입구에는 60분+ 방화문·60분 방화문 또는 30분 방화문을 설치하는 동시에 연소우려가 있는 외벽에 두는 출입구에는 수시로 열 수 있는 자동폐쇄식의 60분+ 방화문 또는 60분 방화문을 설치할 것
> (4) 옥내탱크는 단층건축물에 설치된 탱크전용실을 설치할 것

59 비중이 1보다 작고, 인화점이 0℃ 이하인 것은?

① $C_2H_5ONO_2$
② $C_2H_5OC_2H_5$
③ CS_2
④ C_6H_5Cl

> **위험물의 물성**
>
> | 종류 | $C_2H_5ONO_2$ | $C_2H_5OC_2H_5$ | CS_2 | C_6H_5Cl |
> |---|---|---|---|---|
> | 명칭 | 질산에틸 | 다이에틸에터 | 이황화탄소 | 클로로벤젠 |
> | 비중 | 1.1 | 0.7 | 1.26 | 1.1 |
> | 인화점 | 10℃ | −40℃ | −30℃ | 27℃ |

60 운반할 때 빗물의 침투를 방지하기 위하여 방수성이 있는 피복으로 덮어야 하는 위험물은?

① TNT
② 이황화탄소
③ 과염소산
④ 마그네슘

> **운반 시 방수성이 있는 것으로 피복**
> (1) 제1류 위험물 중 알칼리금속의 과산화물
> (2) 제2류 위험물 중 철분·금속분·마그네슘
> (3) 제3류 위험물 중 금수성 물질

정답 CBT 복원문제 2024년 1회

01 ③	02 ③	03 ②	04 ④	05 ③
06 ②	07 ②	08 ①	09 ③	10 ④
11 ①	12 ④	13 ①	14 ④	15 ①
16 ③	17 ④	18 ①	19 ①	20 ①
21 ①	22 ②	23 ④	24 ①	25 ④
26 ②	27 ②	28 ①	29 ②	30 ③
31 ①	32 ②	33 ④	34 ③	35 ①
36 ②	37 ②	38 ③	39 ①	40 ②
41 ②	42 ④	43 ②	44 ①	45 ③
46 ②	47 ②	48 ③	49 ②	50 ④
51 ③	52 ②	53 ①	54 ④	55 ③
56 ③	57 ③	58 ①	59 ②	60 ④

2024년 2회 CBT 복원문제

1. 물질의 물리·화학적 성질

01 백금 전극을 사용하여 물을 전기분해할 때 (+)극에서 5.6L의 기체가 발생하는 동안 (−)에서 발생하는 기체의 부피는?

① 5.6L ② 11.2L
③ 22.4L ④ 44.8L

🔍 물의 전기분해
※ $2H_2O \rightarrow 2H_2 + O_2$
       (−극) (+극)
물을 전기분해하면 산소가 1mol이 발생하므로 산소 1g당량 5.6ℓ가 발생하고 수소는 11.2ℓ가 생성된다.

02 80℃와 40℃에서 물에 대한 용해도가 각각 50, 30인 물질이 있다. 80℃의 이 포화용액 75g을 40℃로 냉각시키면 몇 g의 물질이 석출되겠는가?

① 25 ② 20
③ 15 ④ 10

🔍 40℃로 냉각시키면 50 − 30 = 20g이 석출되므로
(100 + 50)g : 20g = 75g : x ∴ $x = 10g$

03 4℃의 물이 얼음의 밀도보다 큰 이유는 물분자의 어떤 결합 때문인가?

① 이온결합 ② 공유결합
③ 배위결합 ④ 수소결합

🔍 수소결합 : 전기음성도가 큰 F, N, O와 작은 수소원자가 결합하여 원자단(HF, H_2O)을 포함하는 결합으로서 물의 비점과 밀도가 큰 이유는 수소결합 때문이다.

04 같은 분자식을 가지면서 각각을 서로 겹치게 할 수 없는 거울상의 구조를 갖는 분자를 무엇이라 하는가?

① 구조이성질체
② 기하이성질체
③ 광학이성질체
④ 분자이성질체

🔍 광학 이성질체(enantiomer) : 같은 분자식을 가지면서 각각을 서로 겹치게 할 수 없는 거울상의 구조를 갖는 분자

05 프로페인 1몰을 완전연소 하는데 필요한 산소의 이론량을 표준상태에서 계산하면 몇 L가 되는가?

① 22.4 ② 44.8
③ 89.6 ④ 112.0

🔍 프로페인의 연소식
$C_3H_8 + 5O_2 \rightarrow 3CO_2 + 4H_2O$
1mol — $5 \times 22.4 \ell$
1mol — x
$x = \dfrac{1mol \times 5 \times 22.4\ell}{1mol} = 112\ell$

06 다음 물질 중 벤젠 고리를 함유하고 있는 것은?

① 아세틸렌 ② 아세톤
③ 메테인 ④ 아닐린

🔍 구조식

종류	아세틸렌	아세톤	메테인	아닐린
화학식	C_2H_2	CH_3COCH_3	CH_4	$C_6H_5NH_2$
구조식	HC≡CH	H-C(H)(O)-C-C(H)(O)-H	H-C(H)(H)-H	(벤젠고리-NH_2)
구분	지방족 화합물	지방족화합물	지방족 화합물	방향족 화합물

※ 벤젠 고리를 함유하고 있는 것이 방향족화합물이다.

07 원소들 중 원자가 전자배열이 $ns^2 np^3$ (n=2,3,4)인 것은?

① N, P, As ② C, Sl, Ge
③ Li, Na, K ④ Be, Mg, Ca

🔍 전자배열(N, P, As)
(1) N(7) : $1S^2, 2S^2, 2P^3$
(2) P(15) : $1S^2, 2S^2, 2P^6, 3S^2, 3P^3$
(3) As(33) : $1S^2, 2S^2, 2P^6, 3S^2, 3P^6, 4S^2, 3d^{10}, 4P^3$

08 귀금속인 금이나 백금등을 녹이는 왕수의 제조비율로 옳은 것은?

① 질산 3부피 + 염산 1부피
② 질산 3부피 + 염산 2부피
③ 질산 1부피 + 염산 3부피
④ 질산 2부피 + 염산 3부피

🔍 왕수 : 질산 1부피 + 염산 3부피로 혼합한 것으로 백금을 녹인다.

09 아세토페논의 화학식에 해당하는 것은?

① C_6H_5OH
② $C_6H_5NO_2$
③ $C_6H_5CH_3$
④ $C_6H_5COCH_3$

🔍 위험물

종류	C_6H_5OH	$C_6H_5NO_2$	$C_6H_5CH_3$	$C_6H_5COCH_3$
명칭	페놀	나이트로벤젠	톨루엔	아세트페논

10 다음 중 은백색의 금속으로 가장 가볍고, 물과 반응 시 수소가스를 발생시키는 것은?

① Al
② K
③ Li
④ Si

🔍 리튬
(1) 물성

화학식	발화점	비점	융점	비중	불꽃색상
Li	179℃	1336℃	180℃	0.543	적색

(2) 은백색의 무른 경금속으로 고체원소 중 가장 가볍다.
(3) 물과 반응하면 수소(H_2)가스를 발생한다.

11 0℃, 일정 압력하에서 1L의 물에 이산화탄소 10.8g을 녹인 탄산음료가 있다. 동일한 온도에서 압력을 1/4로 낮추면 방출되는 이산화탄소의 질량은 몇 g인가?

① 2.7
② 5.4
③ 8.1
④ 10.8

🔍 압력을 1/4로 낮추면 방출되는 이산화탄소는 3/4이므로 10.8g × 3/4 = 8.1g

12 나이트로벤젠의 증기에 수소를 혼합한 뒤 촉매를 사용하여 환원시키면 무엇이 되는가?

① 페놀
② 톨루엔
③ 아닐린
④ 나프탈렌

🔍 아닐린($C_6H_5NH_2$) : 나이트로벤젠($C_6H_5NO_2$)을 수소로서 환원하여 제조한다.

13 불꽃 반응시 보라색을 나타내는 것은?

① Li
② K
③ Na
④ Ba

🔍 금속의 불꽃반응

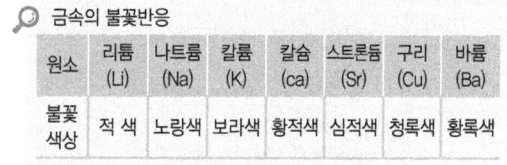

원소	리튬(Li)	나트륨(Na)	칼륨(K)	칼슘(ca)	스트론튬(Sr)	구리(Cu)	바륨(Ba)
불꽃색상	적색	노랑색	보라색	황적색	심적색	청록색	황록색

14 다음 중 공유결합 화합물이 아닌 것은?

① NaCl
② HCl
③ CH_3COOH
④ CCl_4

🔍 공유결합 : 비금속과 비금속의 결합으로 두 원자가 같은 수의 전자를 제공하여 전자쌍을 이루어 서로 공유함으로써 이루어진 결합(HCl, NH_3, CCl_4, H_2S, CH_3COOH, CH_3COCH_3, Cl_2, O_2, CO_2)
※ NaCl(염화나트륨, 소금) : 이온결합

15 일정한 온도하에서 물질 A와 B가 반응할 때 A의 농도만 2배로 하면 반응속도가 2배가 되고, B의 농도만 2배로 하면 반응속도가 4배로 된다. 이 반응의 속도식은?(단, 반응속도 상수는 K이다.)

① $V=K[A][B]^2$
② $V=K[A]^2[B]$
③ $V=K[A][B]^{0.5}$
④ $V=K[A][B]$

🔍 반응속도 $V=K[A][B]^2$(A의 농도를 2배로 하면 반응속도는 2배, B의 농도를 2배로 하면 반응속도는 4배로 된다.)

16 다음 중 에터기를 갖는 화합물은?

① $C_6H_5CH_3$
② $C_6H_5NH_2$
③ CH_3OCH_3
④ CH_3COCH_3

위험물				
종류	$C_6H_5CH_3$	$C_6H_5NH_2$	CH_3OCH_3	CH_3COCH_3
명칭	톨루엔	아닐린	다이메틸에터	아세톤
함유하는 기	메틸기	아미노기	에터기	케톤기

화학식				
종류	차아염소산	아염소산	염소산	과염소산
지정수량	$HClO$	$HClO_2$	$HClO_3$	$HClO_4$

17 10.0mL의 0.1M-NaOH은 25.0mL의 0.1M-HCl에 혼합하였을 때 이 혼합 용액의 pH는 얼마인가?

① 1.37
② 2.82
③ 3.37
④ 4.82

🔍 혼합용액의 pH
- NaOH의 g당량 $0.1 \times \frac{10}{1000} = 0.001 = 1 \times 10^{-3}$
- HCl의 g의 당량 $0.1 \times \frac{25}{1000} = 0.0025 = 2.5 \times 10^{-3}$
- 중화 후 남은 산의 당량
  $= (2.5 \times 10^{-3}) - (1 \times 10^{-3}) = 1.5 \times 10^{-3}$
- 35mℓ의 혼합액속에 남아 있는 산의 노르말농도는
  $NV = 1.5 \times 10^{-3}$이므로 $N \times 0.035\ell$
  $= 1.5 \times 10^{-3}$ $N = 0.0428$
- $\therefore pH = -\log[H^+] = -\log[4.28 \times 10^{-2}]$
  $= 2 - \log 4.28 = 1.37$

18 원소 질량의 표준이 되는 것은?

① ^1H
② ^{12}C
③ ^{16}O
④ ^{235}U

🔍 원소 질량의 표준 : 탄소(^{12}C)

19 다음 중 염소(Cl)의 산화수가 +3인 물질은?

① $HClO_4$
② $HClO_3$
③ $HClO_2$
④ $HClO$

🔍 산화수
(1) 과염소산($HClO_4$) $(+1) + x + (-2) \times 4 = 0$ $x(Cl) = +7$
(2) 염소산($HClO_3$) $(+1) + x + (-2) \times 3 = 0$ $x(Cl) = +5$
(3) 아염소산($HClO_2$) $(+1) + x + (-2) \times 2 = 0$ $x(Cl) = +3$
(4) 차아염소산($HClO$) $(+1) + x + (-2) \times 1 = 0$ $x(Cl) = +1$

20 화학식 $HClO_2$의 명명으로 옳은 것은?

① 염소산
② 아염소산
③ 차아염소산
④ 과염소산

2. 화재예방과 소화방법

21 인화점이 38℃이상인 제4류 위험물 취급을 주된 작업 내용으로 하는 장소에 스프링클러설비를 설치할 경우 확보해야 하는 1분당 방사밀도는 몇 L/m²이상이어야 하는가?(단, 살수기준면적은 250m²이다.)

① 12.2
② 13.9
③ 15.5
④ 16.3

🔍 살수밀도

살수기준면적(m²)	방사밀도(ℓ/m²분)	
	인화점 38℃ 미만	인화점 38℃ 이상
279 미만	16.3 이상	12.2 이상
279 이상 372 미만	15.5 이상	11.8 이상
372 이상 465 미만	13.9 이상	9.8 이상
465 이상	12.2 이상	8.1 이상

[비고]
살수기준면적은 내화구조의 벽 및 바닥으로 구획된 하나의 실의 바닥면적을 말하고, 하나의 실의 바닥면적이 465m² 이상인 경우의 살수기준면적은 465m²로 한다. 다만, 위험물의 취급을 주된 작업내용으로 하지 아니하고 소량의 위험물을 취급하는 설비 또는 부분이 넓게 분산되어 있는 경우에는 방사밀도는 8.2ℓ/m²분 이상, 살수기준 면적은 279m² 이상으로 할 수 있다.

22 다음 중 화재 시 물을 사용할 경우 가장 위험한 물질은?

① 염소산칼륨
② 인화칼슘
③ 황린
④ 과산화수소

🔍 인화칼슘이 물과 반응하면 독성가스인 인화수소(포스핀, PH_3)를 발생한다.
※ $Ca_3P_2 + 6H_2O \rightarrow 2PH_3 + 3Ca(OH)_2$

23 위험물제조소등에 설치하는 옥내소화전설비의 기준으로 옳지 않은 것은?

① 옥내소화전함에는 그 표면에 "소화전"이라고 표시해야 한다.
② 옥내소화전함의 상부의 벽면에 적색의 표시등을 설치해야 한다.
③ 표시등 불빛은 부착면과 10도 이상의 각도가 되는 방향으로 8m이내에서 쉽게 식별할 수 있어야 한다.
④ 호스접속구는 바닥면으로부터 1.5m이하의 높이에 설치해야 한다.

🔍 옥내소화전함의 상부의 벽면에 적색의 표시등을 설치하되 해당 표시등 불빛은 부착면과 15도 이상의 각도가 되는 방향으로 10m 떨어진 곳에서 용이하게 식별이 가능하도록 해야 한다.

24 자연발화가 일어날 수 있는 조건으로 가장 옳은 것은?

① 주위의 온도가 낮을 것
② 표면적이 작을 것
③ 열전도율이 작을 것
④ 발열량이 작을 것

🔍 자연발화의 조건
(1) 주위의 온도가 높을 것
(2) 열전도율이 적을 것
(3) 발열량이 클 것
(4) 표면적이 넓을 것

25 옥내탱크전용실에 설치하는 탱크 상호간에는 얼마의 간격을 두어야 하는가?

① 0.1m 이상   ② 0.3m 이상
③ 0.5m 이상   ④ 0.6m 이상

🔍 옥내탱크전용실에 설치하는 탱크 상호간의 간격 : 0.5m 이상

26 위험물제조소에서 옥내소화전이 1층에 4개, 2층에 6개가 설치되어 있을 때 수원의 수량은 몇 L이상이 되도록 설치해야 하는가?

① 13,000   ② 15,600
③ 39,000   ④ 46,800

🔍 옥내소화전설비의 수원
※ 수원 = N(소화전수, 최대 5개)×260ℓ/min×30min
      = N(소화전수, 최대 5개)×7,800ℓ
∴ 수원 = N(소화전수, 최대 5개)×7,800ℓ = 5×7,800ℓ
      = 39,000ℓ

27 위험물취급소의 건축물 연면적이 $500m^2$인 경우 소요단위는?(단, 외벽은 내화구조이다.)

① 4단위   ② 5단위
③ 6단위   ④ 7단위

🔍 소요단위의 계산방법
(1) 제조소 또는 취급소의 건축물
  ① 외벽이 내화구조 : 연면적 $100m^2$를 1소요단위
  ② 외벽이 내화구조가 아닌 것 : 연면적 $50m^2$를 1소요단위
(2) 저장소의 건축물
  ① 외벽이 내화구조 : 연면적 $150m^2$를 1소요단위
  ② 외벽이 내화구조가 아닌 것 : 연면적 $75m^2$를 1소요단위
(3) 위험물은 지정수량의 10배 : 1소요단위

∴ 소요단위 = $\frac{500m^2}{100m^2}$ = 5단위

28 제1인산암모늄 분말 소화약제의 색상과 적응화재를 옳게 나타낸 것은?

① 백색, BC급   ② 담홍색, BC급
③ 백색, ABC급   ④ 담홍색, ABC급

🔍 분말소화약제

종류	주성분	적응화재	착색(분말의 색)
제1종 분말	$NaHCO_3$(중탄산나트륨, 탄산수소나트륨)	B, C급	백색
제2종 분말	$KHCO_3$(중탄산칼륨, 탄산수소칼륨)	B, C급	담회색
제3종 분말	$NH_4H_2PO_4$(인산암모늄, 제일인산암모늄)	A, B, C급	담홍색
제4종 분말	$KHCO_3 + (NH_2)_2CO$	B, C급	회색

29 과산화칼륨에 의한 화재 시 주수소화가 적합하지 않는 이유로 가장 타당한 것은?

① 산소가스를 발생하기 때문에
② 수소가스를 발생하기 때문에
③ 가연물이 발생하기 때문에
④ 금속칼륨이 발생하기 때문에

🔍 과산화칼륨(K_2O_2)은 물과 반응하면 산소(O_2)를 발생하므로 위험하다
$2K_2O_2 + 2H_2O \rightarrow 4KOH + O_2\uparrow + 발열$

30 할로젠화합물 소화약제의 구비조건으로 틀린 것은?

① 전기절연성이 우수할 것
② 공기보다 가벼울 것
③ 증발 잔유물이 없을 것
④ 인화성이 없을 것

🔍 할로젠화합물소화약제의 구비조건
(1) 기화되기 쉬운 저비점 물질일 것
(2) 공기보다 무겁고 불연성일 것
(3) 증발잔유물이 없어야 할 것

31 다음 중 나이트로셀룰로스 위험물의 화재시에 가장 적절한 소화약제는?

① 사염화탄소 ② 이산화탄소
③ 물   ④ 인산염류

🔍 나이트로셀룰로스는 제5류 위험물로서 냉각소화(물)가 효과적이다.

32 다음 중 소화기의 외부표시사항으로 가장 거리가 먼 것은?

① 사용압력   ② 적응화재표시
③ 능력단위   ④ 취급상의 주의사항

🔍 소화기의 표시사항(24. 7. 25일 개정)
(1) 종별 및 형식
(2) 형식승인번호
(3) 제조년월 및 제조번호, 내용연한(분말소화약제를 사용하는 소화기에 한함)
(4) 제조업체명 또는 상호, 수입업체명(수입품에 한함)
(5) 사용온도범위
(6) 소화능력단위
(7) 충전된 소화약제의 주성분 및 중(용)량
(8) 방사시간, 방사거리
(9) 가압용가스용기의 가스종류 및 가스량(가압식 소화기에 한함)
(10) 총중량
(11) 취급상의 주의사항
 ① 유류화재 또는 전기화재에 사용하여서는 안 되는 소화기는 그 내용
 ② 기타 주의사항
(12) 적응화재별 표시사항은 일반화재용 소화기의 경우 "A(일반화재용)", 유류화재용 소화기의 경우에는 "B(유류화재용)", 전기화재용 소화기의 경우 "C(전기화재용)", 금속화재용 소화기의 경우 "D(금속화재용)", 주방화재용 소화기의 경우 "K(주방화재용)"으로 표시하여야 한다.
(13) 사용방법
(14) 품질보증에 관한 사항(보증기간, 보증내용, 애프터 서비스(A/S)방법, 자체검사필 등)
(15) 소화기의 원산지
(16) 소화기에 충전한 소화약제의 물질안전자료(MSDS)에 언급된 동일한 소화약제명의 다음 각 목의 정보
 ① 1%를 초과하는 위험물질 목록
 ② 5%를 초과하는 화학물질 목록
 ③ MSDS에 따른 위험한 약제에 관한 정보
(17) 소화 가능한 가연성 금속재료의 종류 및 형태, 중량, 면적(D급 화재용 소화기에 한함)

33 제1종 분말소화약제의 소화효과에 대한 설명으로 가장 거리가 먼 것은?

① 열 분해 시 발생하는 이산화탄소와 수증기에 의한 질식효과
② 열 분해 시 흡열반응에 의한 냉각효과
③ H^+이온에 의한 부촉매효과
④ 분말 운무에 의한 열방사의 차단효과

🔍 나트륨염(Na^+)의 금속이온에 의한 부촉매효과

34 화재를 잘 일으킬 수 있는 일반적인 경우에 대한 설명 중 틀린 것은?

① 산소와 친화력이 클수록 연소가 잘 일어난다.
② 온도가 상승하면 연소가 잘 된다.
③ 연소범위가 넓을수록 연소가 잘된다.
④ 발화점이 높을수록 연소가 잘 된다.

🔍 발화점이 낮을수록 연소가 잘 되고 위험하다.

35 소화기에 "B-2"라고 표시되어 있었다. 이 표시의 의미를 가장 옳게 나타낸 것은?

① 일반화재에 대한 능력단위 2단위에 적용되는 소화기
② 일반화재에 대한 압력단위 2단위에 적용되는 소화기
③ 유류화재에 대한 능력단위 2단위에 적용되는 소화기
④ 유류화재에 대한 압력단위 2단위에 적용되는 소화기

🔍 분말소화기(3.3kg)의 능력단위 : A-3, B-5, C
(1) A-3 : 일반화재에 대한 능력단위 3단위
(2) B-5 : 유류화재에 대한 능력단위 5단위
(3) C : 전기화재에 적응

36 공기포 발포배율을 측정하기 위해 중량 : 340g, 용량 : 1800 mL 의 포 시료 용기에 가득히 포를 채취하여 측정한 용기의 무게가 540g 이었다면 발포배율은? (단, 포 수용액의 비중은 1로 가정한다.)

① 3배 ② 5배
③ 7배 ④ 9배

🔍 발포배율 = $\frac{1800}{540-340}$ = 9배

37 위험물안전관리법령상 지정수량의 10배이상의 위험물을 저장, 취급하는 제조소등에 설치해야 할 경보설비 종류에 해당되지 않는 것은?

① 확성장치
② 비상방송설비
③ 자동화재탐지설비
④ 무선통신보조설비

🔍 제조소등별로 설치해야 하는 경보설비의 종류

제조소등의 구분	제조소등의 규모, 저장 또는 취급하는 위험물의 종류 및 최대수량 등	경보설비
1. 제조소 및 일반취급소	• 연면적 500m² 이상인 것 • 옥내에서 지정수량의 100배 이상을 취급하는 것(고인화점 위험물만을 100℃ 미만의 온도에서 취급하는 것을 제외한다) • 일반취급소로 사용되는 부분 외의 부분이 있는 건축물에 설치된 일반취급소(일반취급소와 일반취급소 외의 부분이 내화구조의 바닥 또는 벽으로 개구부 없이 구획된 것을 제외한다)	자동화재탐지설비
2. 옥내저장소	• 지정수량의 100배 이상을 저장 또는 취급하는 것(고인화점 위험물만을 저장 또는 취급하는 것을 제외한다) • 저장창고의 연면적이 150m²를 초과하는 것[당해 저장창고가 연면적 150m² 이내마다 불연재료의 격벽으로 개구부 없이 완전히 구획된 것과 제2류 또는 제4류의 위험물(인화성고체 및 인화점이 70℃ 미만인 제4류 위험물을 제외한다)만을 저장 또는 취급하는 것에 있어서는 저장창고의 연면적이 500m² 이상의 것에 한한다]	

제조소등의 구분	제조소등의 규모, 저장 또는 취급하는 위험물의 종류 및 최대수량 등	경보설비
2. 옥내저장소	• 처마높이가 6m 이상인 단층건물의 것 • 옥내저장소로 사용되는 부분 외의 부분이 있는 건축물에 설치된 옥내저장소[옥내저장소와 옥내저장소 외의 부분이 내화구조의 바닥 또는 벽으로 개구부 없이 구획된 것과 제2류 또는 제4류의 위험물(인화성고체 및 인화점이 70℃ 미만인 제4류 위험물을 제외한다)만을 저장 또는 취급하는 것을 제외한다]	자동화재탐지설비
3. 옥내탱크저장소	단층 건물 외의 건축물에 설치된 옥내탱크저장소로서 소화난이도등급 Ⅰ에 해당하는 것	
4. 주유취급소	옥내주유취급소	

제조소등의 구분	제조소등의 규모, 저장 또는 취급하는 위험물의 종류 및 최대수량 등	경보설비
5. 제1호 내지 제4호의 자동화재탐지설비 설치대상에 해당하지 않는 제조소등	지정수량의 10배 이상을 저장 또는 취급하는 것	자동화재탐지설비, 비상경보설비, 확성장치 또는 비상방송설비 중 1종 이상

38 위험물안전관리법령상 이동탱크저장소로 위험물을 운송하는 자는 위험물안전카드를 위험물운송자로 하여금 휴대하게 해야 한다. 다음 중 해당하는 위험물이 아닌 것은?

① 휘발유 ② 과산화수소
③ 경유 ④ 벤조일퍼옥사이드

🔍 위험물(제4류 위험물에 있어서는 특수인화물 및 제1석유류에 한한다)을 운송하게 하는 자는 별지 제48호 서식의 위험물안전카드를 위험물운송자로 하여금 휴대하게 할 것
※ 휘발유 : 제1석유류, 경유 : 제2석유류

39 주된 소화작용이 질식소화와 가장 거리가 먼 것은?

① 할론소화기 ② 분말소화기
③ 포소화기 ④ 이산화탄소소화기

🔍 할론(할로젠)소화기 : 부촉매효과

40 위험물안전관리법령에 따라 관계인이 예방규정을 정해야 할 옥외탱크저장소에 저장되는 위험물의 지정수량의 배수는?

① 100배 이상 ② 150배 이상
③ 200배 이상 ④ 250배 이상

> 예방규정을 정해야 하는 제조소등
> (1) 지정수량의 10배 이상의 위험물을 취급하는 제조소, 일반취급소
> (2) 지정수량의 100배 이상의 위험물을 저장하는 옥외저장소
> (3) 지정수량의 150배 이상의 위험물을 저장하는 옥내저장소
> (4) 지정수량의 200배 이상의 위험물을 저장하는 옥외탱크저장소
> (5) 암반탱크저장소, 이송취급소

3. 위험물 성상 및 취급

41 물보다 무겁고 물에 녹지 않아 저장 시 가연성 증기 발생을 억제하기 위해 콘크리트 수조 속의 위험물탱크에 저장하는 물질은?

① 다이에틸에터 ② 에탄올
③ 이황화탄소 ④ 아세트알데하이드

> 이황화탄소 : 물속에 저장

42 다음 중 산화성고체 위험물이 아닌 것은?

① $KBrO_3$ ② $(NH_4)_2Cr_2O_7$
③ $HClO_4$ ④ $NaClO_2$

> 위험물
>
> | 종류 | $KBrO_3$ | $(NH_4)_2Cr_2O_7$ | $HClO_4$ | $NaClO_2$ |
> |---|---|---|---|---|
> | 명칭 | 브로민산 칼륨 | 다이크로뮴 산암모늄 | 과염소산 | 차아염소 산나트륨 |
> | 유별 | 제1류 위험물 | 제1류 위험물 | 제6류 위험물 | 제1류 위험물 |
> | 성질 | 산화성 고체 | 산화성 고체 | 산화성 액체 | 산화성 고체 |

43 고체 위험물은 운반용기 내용적의 몇 %이하의 수납율로 수납해야 하는가?

① 94% ② 95%
③ 98% ④ 99%

> 운반용기의 수납율
> (1) 고체 : 95%이하
> (2) 액체 : 98%이하

44 다음 중 제3류 위험물이 아닌 것은?

① 황린 ② 나트륨
③ 칼륨 ④ 마그네슘

> 마그네슘(Mg) : 제2류 위험물

45 다음 중 위험물 중에서 인화점이 가장 낮은 것은?

① $C_6H_5CH_3$
② $C_6H_5CHCH_2$
③ CH_3OH
④ CH_3CHO

> 위험물의 인화점
>
> | 종류 | $C_6H_5CH_3$ | $C_6H_5CHCH_2$ | CH_3OH | CH_3CHO |
> |---|---|---|---|---|
> | 명칭 | 톨루엔 | 스틸렌 | 메틸알코올 | 아세트알데하이드 |
> | 품명 | 제1석유류 (비수용성) | 제2석유류 (비수용성) | 알코올류 | 특수인화물 |
> | 인화점 | 4℃ | 32℃ | 11℃ | -40℃ |

46 염소산칼륨이 고온으로 가열되었을 때 현상으로 가장 거리가 먼 것은?

① 분해한다.
② 산소를 발생한다.
③ 염소를 발생한다.
④ 염화칼륨이 생성된다.

> 염소산칼륨의 분해반응식
> ※ $2KClO_3 \rightarrow 2KCl + 3O_2\uparrow$

47 위험물 간이탱크저장소의 간이저장탱크 수압시험 기준으로 옳은 것은?

① 50kPa의 압력으로 7분간의 수압시험
② 70kPa의 압력으로 10분간의 수압시험
③ 50kPa의 압력으로 10분간의 수압시험
④ 70kPa의 압력으로 7분간의 수압시험

> 간이저장탱크 수압시험 : 70kPa의 압력으로 10분간의 수압시험 실시

48 아세톤의 물리적 특성으로 틀린 것은?

① 무색, 투명한 액체로서 독특한 자극성의 냄새를 가진다.
② 물에 잘 녹으며 에터, 알코올에도 녹는다.
③ 화재 시 대량 주수소화로 희석소화가 가능하다.
④ 증기는 공기보다 가볍다.

> 아세톤의 증기는 공기보다 약 2배
> (증기비중 = 분자량/29 = 58/29 = 2.0배) 무겁다

49 제2류 위험물과 제5류 위험물의 공통점에 해당되는 것은?

① 유기화합물이다.
② 가연성물질이다.
③ 자연발화성 물질이다.
④ 산소를 함유하고 있는 물질이다.

> 제2류는 가연성물질이고 제5류 위험물은 자기반응성물질로서 가연성 물질이다.

50 위험물의 반응성에 대한 설명 중 틀린 것은?

① 마그네슘은 온수와 작용하여 산소를 발생하고 산화마그네슘이 된다.
② 황린은 공기 중에서 연소하여 오산화인을 발생한다.
③ 아연 분말은 공기 중에서 연소하여 산화아연을 발생한다.
④ 삼황화인은 공기 중에서 연소하여 오산화인을 발생한다.

> 위험물의 반응
> (1) 마그네슘이 온수와 반응 $Mg + 2H_2O \rightarrow Mg(OH)_2 + H_2\uparrow$
>   (수산화마그네슘) (수소)
> (2) 황린의 연소반응 $P_4 + 5O_2 \rightarrow 2P_2O_5$
>   (오산화인)
> (3) 아연의 연소반응 $2Zn + O_2 \rightarrow 2ZnO$
>   (산화아연)
> (4) 삼황화인의 연소반응 $P_4S_3 + 8O_2 \rightarrow 2P_2O_5 + 3SO_2$
>   (오산화인) (이산화황)

51 위험물안전관리법령상 위험물의 운반용기 외부에 표시해야 할 사항이 아닌 것은?(단, 용기의 용적은 10L이며 원칙적인 경우에 한한다.)

① 위험물의 화학명
② 위험물의 지정수량
③ 위험물의 품명
④ 위험물의 수량

> 위험물 운반용기의 외부표시 사항
> (1) 위험물의 품명, 위험등급, 화학명 및 수용성(제4류 위험물의 수용성인 것에 한함)
> (2) 위험물의 수량
> (3) 주의사항

52 다음 중 연소범위가 가장 넓은 것은?

① 휘발유
② 톨루엔
③ 에틸알코올
④ 다이에틸에터

> 연소범위

종류	휘발유	톨루엔	에틸알코올	다이에틸에터
연소범위	1.2~7.6%	1.27~7.0%	3.1~27.7%	1.7~48.0%

53 취급하는 위험물의 최대수량이 지정수량의 10배를 초과할 경우 제조소 주위에 보유해야 하는 공지의 너비는?

① 3m 이상
② 5m 이상
③ 10m 이상
④ 15m 이상

> 제조소의 보유공지

취급하는 위험물의 최대수량	공지의 너비
지정수량의 10배 이하	3m 이상
지정수량의 10배 초과	5m 이상

54 가솔린 저장량이 2000L일 때 소화설비 설치를 위한 소요단위는?

① 1
② 2
③ 3
④ 4

> 휘발유(가솔린) 지정수량 : 200ℓ (제1석유류, 비수용성)
> ※ 소요단위 = $\dfrac{저장량}{지정수량 \times 10}$
> ∴ 소요단위 = $\dfrac{2000ℓ}{200ℓ \times 10}$ = 1단위

55 다음 위험물 중 물과 반응하여 연소범위가 약 2.5 ~ 81%인 위험한 가스를 발생시키는 것은?

① Na
② P
③ CaC₂
④ Na₂O₂

> 탄화칼슘은 물과 반응하면 가연성가스인 연소범위가 2.5~81%인 아세틸렌가스를 발생한다.
> ※ CaC₂ + 2H₂O → Ca(OH)₂ + C₂H₂↑
>   (소석회, 수산화칼슘) (아세틸렌)

56 과산화수소 용액의 분해를 방지하기 위한 방법으로 가장 거리가 먼 것은?

① 햇빛을 차단한다.
② 암모니아를 가한다.
③ 인산을 가한다.
④ 요산을 가한다.

> 과산화수소의 분해방지제 : 인산, 요산, 햇빛 차단

57 벤젠의 성질에 대한 설명 중 틀린 것은?

① 증기는 유독하다.
② 물에 녹지 않는다.
③ CS₂보다 인화점이 낮다.
④ 독특한 냄새가 있는 액체이다.

> 인화점
>
> | 종류 | 벤젠 | 이황화탄소 |
> | --- | --- | --- |
> | 증기 | 유독하다 | 유독하다 |
> | 물에 대한 용해 | 녹지 않는다 | 녹지 않는다 |
> | 인화점 | -11℃ | -30℃ |
> | 외관 | 냄새가 나는 액체 | 냄새가 나는 액체 |

58 오황화인이 물과 반응하였을 때 발생하는 물질로 옳은 것은?

① 황화수소, 오산화인
② 황화수소, 인산
③ 이산화황, 오산화인
④ 이산화황, 인산

> 물 또는 알칼리에 분해하여 황화수소(H₂S)와 인산(H₃PO₄)이 된다.
> ※ P₂S₅ + 8H₂O → 5H₂S + 2H₃PO₄

59 위험물안전관리법령 중 위험물의 운반에 관한 기준에 따라 운반용기의 외부에 주의사항으로 "화기·충격주의" "물기엄금" 및 "가연물접촉주의"를 표시하였다. 어떤 위험물에 해당하는가?

① 제1류 위험물 중 알칼리금속의 과산화물
② 제2류 위험물 중 철분·금속분·마그네슘
③ 제3류 위험물 중 자연발화성물질
④ 제5류 위험물

> 운반 시 주의사항
>
> | 유별 | 품명 | 주의사항 |
> | --- | --- | --- |
> | 제1류 위험물 | 알칼리금속의 과산화물 | 화기·충격주의, 물기엄금, 가연물접촉주의 |
> | | 그 밖의 것 | 화기·충격주의, 가연물접촉주의 |
> | 제2류 위험물 | 철분, 금속분, 마그네슘 | 화기주의, 물기엄금 |
> | | 인화성고체 | 화기엄금 |
> | | 그 밖의 것 | 화기주의 |
> | 제3류 위험물 | 자연발화성물질 | 화기엄금, 공기접촉엄금 |
> | | 금수성물질 | 물기엄금 |
> | 제4류 위험물 | - | 화기엄금 |
> | 제5류 위험물 | - | 화기엄금, 충격주의 |
> | 제6류 위험물 | - | 가연물접촉주의 |

60 과산화벤조일에 대한 설명으로 틀린 것은?

① 물에 녹고 알코올에는 녹지 않는다.
② 상온에서 고체이다.
③ 산소를 포함하는 자기반응성 물질이다.
④ 물을 혼합하면 폭발성이 줄어든다.

🔍 과산화벤조일은 물에 녹지 않고 알코올에는 약간 녹는다.

정답 CBT 복원문제 2024년 2회

01 ②	02 ④	03 ④	04 ③	05 ④
06 ④	07 ①	08 ③	09 ④	10 ③
11 ③	12 ③	13 ②	14 ①	15 ①
16 ③	17 ①	18 ②	19 ③	20 ②
21 ①	22 ②	23 ③	24 ③	25 ②
26 ③	27 ②	28 ④	29 ①	30 ②
31 ③	32 ①	33 ③	34 ④	35 ③
36 ④	37 ④	38 ③	39 ①	40 ②
41 ③	42 ③	43 ②	44 ④	45 ④
46 ③	47 ②	48 ④	49 ②	50 ①
51 ②	52 ④	53 ②	54 ①	55 ③
56 ②	57 ③	58 ②	59 ①	60 ①

2024년 3회 CBT 복원문제

1. 물질의 물리·화학적 성질

01 $[H^+] = 2 \times 10^{-6}$M인 용액의 pH는 약 얼마인가?

① 5.7　　② 4.7
③ 3.7　　④ 2.7

> pH = $-\log[H^+]$ = $-\log[2 \times 10^{-6}]$ = $6 - \log 2$ = $6 - 0.3$ = 5.7

02 방사선 원소에서 방출되는 방사선 중 전기장의 영향을 받지 않아 휘어지지 않는 선은?

① α선　　② β선
③ γ선　　④ α, β, γ선

> γ선 : 방출되는 방사선 중 전기장의 영향을 받지 않아 휘어지지 않는 선으로 투과력이 가장 세다.

03 분자식이 같고 구조가 다른 유기화합물을 무엇이라고 하는가?

① 이성질체
② 동소체
③ 동위원소
④ 방향족화합물

> 이성질체 : 분자식은 같으나 구조식이 다른 화합물로서 에탄올(C_2H_5OH)과 다이메틸에터(CH_3OCH_3)이다.

04 다음 중 완충용액에 해당하는 것은?

① CH_3COONa와 CH_3COOH
② NH_4Cl와 HCl
③ CH_3COONa와 $NaOH$
④ $HCOONa$와 Na_2SO_4

> 완충 용액(buffer solution) : 산이나 염기를 가해도 공통 이온 효과에 의해 그 용액의 pH가 크게 변하지 않는 용액으로 아세트산(CH_3COOH)과 아세트산나트륨(CH_3COONa)은 수용액에서 이온화하여 모두 아세트산 이온(CH_3COO^-)을 형성한다.

05 산(Acid)의 성질을 설명한 것 중 틀린 것은?

① 수용액 속에서 H^+를 내는 화합물이다.
② pH 값이 작을수록 강산이다.
③ 금속과 반응하여 수소를 발생하는 것이 많다.
④ 붉은색 리트머스 종이를 푸르게 변화시킨다.

> 산의 성질
> (1) 수용액은 신맛이 난다.(초산)
> (2) 전기분해하면 (-)극에서 수소를 발생한다.
> (3) 리트머스종이의 변색된다.(청색→적색)
> (4) 염기와 반응하면 염과 물이 생성된다.
> (5) pH 값이 작을수록 강산이다.

06 밀도가 2g/mL인 액체의 비중은 얼마인가?

① 0.002　　② 2
③ 20　　　 ④ 200

> 비중은 단위가 없고 밀도는 단위가 있다
> 비중이 1이면 밀도는 CGS의 기본단위인 $1g/cm^3$(1g/mL)이다
> ∴ 밀도가 2g/mL인 물질의 비중은 2이다
> ※ 1L = $1000cm^3$ = 1000mL

07 에탄올 2몰이 표준상태에서 완전 연소하기 위해 필요한 공기량은 약 몇 ℓ인가?

① 122　　② 244
③ 320　　④ 410

> 에탄올의 연소반응식
> $2CH_3OH$ + $3O_2$ → $2CO_2$ + $4H_2O$
> 　2mol　　 3×22.4ℓ
> 이 문제에서 에탄올 2mol이 연소할 때 산소의 부피는 67.2ℓ가 필요하다
> ∴ 공기의 양 = 67.2 ÷ 0.21 = 320ℓ

08 원자에서 복사되는 빛은 선 스펙트럼을 만드는데 이것으로부터 알 수 있는 사실은?

① 빛에 의한 광전자의 방출
② 빛이 파동의 성질을 가지고 있다는 사실
③ 전자껍질의 에너지의 불연속성
④ 원자핵 내부의 구조

원자에서 복사되는 빛은 선 스펙트럼을 만드는 과정에서 전자껍질의 에너지의 불연속성을 알 수 있다.

09 순수한 옥살산($C_2H_2O_4 \cdot 2H_2O$)결정 6g을 물에 녹여서 500mL의 용액을 만들었다. 이 용액의 농도는 몇 M 인가?

① 0.1
② 0.2
③ 0.3
④ 0.4

용액의 농도

1M ──── 126g ──── 1000mℓ
x ──── 6g ──── 500mℓ

$\therefore x = \dfrac{1M \times 6g \times 1000mℓ}{126g \times 1mℓ} = 0.095M ≒ 0.1M$

10 다이에틸에터에 관한 설명으로 옳지 않은 것은?

① 휘발성이 강하고 인화성이 크다.
② 증기는 마취성이 있다.
③ 2개의 알킬기가 있다.
④ 물에 잘 녹지만 알코올에는 불용이다.

다이에틸에터는 물에 약간 녹고, 알코올에 잘 녹는다.

11 다음은 열역학 제 몇 법칙에 대한 내용인가?

> 0 K(절대영도)에서 물질의 엔트로피는 0이다

① 열역학 제 0법칙
② 열역학 제 1법칙
③ 열역학 제 2법칙
④ 열역학 제 3법칙

열역학 제 3법칙 : 0K(절대영도)에서 완전한 결정을 이루고 있는 물질의 엔트로피는 0 이다

12 다음 중 부동액으로 사용되는 것은?

① 에테인
② 아세톤
③ 이황화탄소
④ 에틸렌글라이콜

에틸렌글라이콜(CH_2OHCH_2OH)은 부동액으로 사용한다.

13 다음 중 전자의 수가 같은 것으로 나열된 것은?

① Ne 와 Cl^-
② Mg^{+2} 와 O^{-2}
③ F 와 Ne
④ Na 와 Cl^-

전자배치
※ 원자번호 = 전자의 수
(1) Ne 와 Cl^-
 ① Ne(원자번호 10) : $1S^2, 2S^2, 2P^6$
 ② Cl^-(원자번호 17) : 전자 1개를 얻어 18개의 전자를 가진다.($1S^2, 2S^2, 2P^6, 3S^2, 3P^6$)
(2) Mg^{+2} 와 O^{-2}
 ① Mg^{+2}(원자번호 12) : 전자 2개를 잃어 10개의 전자를 가진다.($1S^2, 2S^2, 2P^6$)
 ② O^{-2}(원자번호8) : 전자 2개를 얻어 10개의 전자를 가진다.($1S^2, 2S^2, 2P^6$)
(3) F 와 Ne
 ① F(원자번호 9) : $1S^2, 2S^2, 2P^5$
 ② Ne(원자번호 10) : $1S^2, 2S^2, 2P^6$
(4) Na 와 Cl^-
 ① Na(원자번호 11) : $1S^2, 2S^2, 2P^6, 3S^1$
 ② Cl^-(원자번호 17) : 전자 1개를 얻어 18개의 전자를 가진다.($1S^2, 2S^2, 2P^6, 3S^2, 3P^6$)

14 암모니아 분자의 구조는?

① 평면
② 선형
③ 피라밋
④ 사각형

암모니아(NH_3)의 구조 : 피라밋

15 다음 할로젠 원소에 대한 설명 중 옳지 않은 것은?

① 아이오딘의 최외각전자는 7개이다.
② 할로젠원소 중 원자 반지름이 가장 작은 원소는 F 이다.
③ 염화이온은 염화은의 흰색침전의 생성에 관여한다.
④ 브로민은 상온에서 적갈색 기체로 존재한다.

브로민(Br)은 주기율표 17족에 속하는 할로젠원소, 진홍색의 발연 액체이다.

16 불꽃반응 결과 노란색을 나타내는 미지의 시료를 녹인 용액에 AgNO₃용액을 넣으니 백색침전이 생겼다. 이 시료의 성분은?

① Na₂SO₄
② CaCl₂
③ NaCl
④ Ca(OH)₂

> 염화나트륨과 질산은(AgNO₃)이 반응하면 염화은(AgCl)의 백색 침전이 생성된다.
> ※ NaCl + AgNO₃ → AgCl + NaNO₃
> 　　　　　　　　　염화은(백색침전)

17 CuSO₄ 수용액에 10[A]의 전류를 32분 10초 동안 전기분해 시켰다. 음극에서 석출되는 Cu의 질량은 몇 g인가?(단, Cu의 원자량은 63.6이다.)

① 3.18
② 6.36
③ 9.54
④ 12.72

> Coul = A × sec = 10 × (60 × 32+10) = 19300Coul
> 193000/96500 = 0.2F　1g당량 = 63.6/2 = 31.8g당량
> ∴ 1F : 31.8 = 0.2 : x　∴ x = 6.36g

18 원자번호 19, 질량수 39 인 칼륨 원자의 중성자수는 얼마인가?

① 19
② 20
③ 39
④ 58

> 중성자수 = 질량수 − 원자번호 = 39 − 19 = 20

19 어떤 기체의 확산 속도는 SO₂의 2배이다. 이 기체의 분자량은 얼마인가?

① 8
② 16
③ 32
④ 64

> 그레이엄의 확산 속도법칙
> ※ $\frac{U_B}{U_A} = \sqrt{\frac{M_A}{M_B}}$
> A : 어떤 기체, B : 이산화황(SO₂)으로 가정을 하면
> $\frac{1}{2} = \sqrt{\frac{M_A}{64}}$　∴ M_B = 16

20 CH₄ 16g 중에는 C 가 몇 mol 포함되었는가?

① 1
② 2
③ 3
④ 4

> C(탄소)가 1개이므로 원자량 12g/12 = 1 mol 이다

● **2. 화재예방과 소화방법**

21 제3종 분말소화약제의 표시 색상은?

① 백색
② 담홍색
③ 검은색
④ 회색

> 제3종 분말소화약제[NH₄H₂PO₄(인산암모늄, 제일인산암모늄)]의 색상 : 담홍색

22 위험물안전관리법령에 따른 이산화탄소 소화약제의 저장용기 설치장소에 대한 설명으로 틀린 것은?

① 방호구역 내의 장소에 설치해야 한다.
② 직사일광 및 빗물이 침투할 우려가 적은 장소에 설치해야 한다.
③ 온도 변화가 적은 장소에 설치해야 한다.
④ 온도가 40℃ 이하인 곳에 설치해야 한다.

> 이산화탄소 저장용기의 설치 기준
> (1) 방호구역 외의 장소에 설치할 것
> (2) 온도가 40℃ 이하이고 온도 변화가 적은 장소에 설치할 것
> (3) 직사일광 및 빗물이 침투할 우려가 적은 장소에 설치할 것
> (4) 저장용기에는 안전장치를 설치할 것

23 탄화칼슘 60,000kg를 소요단위로 산정하면?

① 10 단위
② 20 단위
③ 30 단위
④ 40 단위

> 소요단위 = 저장수량/(지정수량×10)
> 　　　　= 60,000kg/(300kg×10) = 20단위
> ※ 탄화칼슘(제3류 위험물, 칼슘의 탄화물)의 지정수량 : 300kg

24 다음 중 착화점에 대한 설명으로 가장 옳은 것은?

① 연소가 지속될 수 있는 최저의 온도
② 점화원과 접촉했을 때 발화하는 최저 온도
③ 외부의 점화원 없이 발화하는 최저 온도
④ 액체 가연물에서 증기가 발생할 때의 온도

🔍 착화점 : 외부의 점화원없이 열이 축척하여 발화하는 최저 온도

25 가연성 증기 또는 미분이 체류할 우려가 있는 건축물에는 배출설비를 해야 하는데 배출능력은 1시간당 배출장소 용적의 몇 배 이상인 것으로 해야 하는가?(단, 국소방식의 경우이다.)

① 5배   ② 10배
③ 15배   ④ 20배

🔍 배출설비의 배출능력은 1시간당 배출장소 용적의 20배 이상으로 해야 한다.

26 제4류 위험물 중 제1석유류에 속하지 않는 것은?

① C_6H_6 ② CH_3COOH
③ CH_3COCH_3 ④ $C_6H_5CH_3$

🔍 제4류 위험물의 분류

종류	C_6H_6	CH_3COOH	CH_3COCH_3	$C_6H_5CH_3$
품명	제1석유류	제2석유류	제1석유류	제1석유류
명칭	벤젠	초산(아세트산)	아세톤	톨루엔

27 고체의 일반적인 연소형태에 속하지 않는 것은?

① 표면연소   ② 확산연소
③ 자기연소   ④ 증발연소

🔍 확산연소 : 기체의 연소

28 포 소화약제의 주된 소화효과를 모두 옳게 나타낸 것은?

① 촉매효과와 억제효과
② 억제효과와 제거효과
③ 질식효과와 냉각효과
④ 연소방지와 촉매효과

🔍 포 소화약제의 소화효과 : 질식효과와 냉각효과(A급, B급화재에 적용)

29 위험물안전관리법령상 제1류 위험물에 속하지 않는 것은?

① 염소산염류
② 무기과산화물
③ 유기과산화물
④ 다이크로뮴산염류

🔍 유기과산화물 : 제5류 위험물

30 고온체의 색깔과 온도관계에서 다음 중 가장 낮은 온도의 색깔은?

① 적색   ② 암적색
③ 휘적색   ④ 백적색

🔍 연소온도와 색깔

색상	담암적색	암적색	적색	휘적색	황적색	백적색	휘백색
온도(℃)	520	700	850	950	1100	1300	1500 이상

31 분말소화약제로 사용할 수 있는 것을 모두 옳게 나타낸 것은?

① 탄산수소나트륨   ② 탄산수소칼륨
③ 황산구리   ④ 인산암모늄

① ①, ②, ③, ④   ② ①, ④
③ ①, ②, ③   ④ ①, ②, ④

🔍 분말약제의 종류

종류	주성분	적응화재	착색(분말의 색)
제1종 분말	$NaHCO_3$(중탄산나트륨, 탄산수소나트륨)	B, C급	백색
제2종 분말	$KHCO_3$(중탄산칼륨, 탄산수소칼륨)	B, C급	담회색
제3종 분말	$NH_4H_2PO_4$(인산암모늄, 제일인산암모늄)	A, B, C급	담홍색
제4종 분말	$KHCO_3 + (NH_2)_2CO$ (탄산수소칼륨 + 요소)	B, C급	회색

32 94wt% 드라이아이스 100g은 표준상태에서 몇 L의 CO_2가 되는가?

① 22.4 ② 47.85
③ 50.90 ④ 62.74

> 표준상태서 기체 1g-mol이 차지하는 부피는 22.4ℓ 이므로
> ∴ $\frac{100g \times 0.94}{44} \times 22.4ℓ = 47.85ℓ$
> ※ CO_2(드라이아이스)의 분자량 : 44

33 공기 중 산소는 부피백분율과 질량백분율로 각각 약 몇 %인가?

① 79%, 21% ② 21%, 23%
③ 23%, 21% ④ 21%, 79%

> 공기 중 산소
> (1) 부피백분율 : 21%   (2) 질량백분율 : 23%

34 고정지붕구조 위험물 옥외탱크저장소의 탱크 안에 설치하는 고정포방출구가 아닌 것은?

① 특형포방출구
② Ⅰ형 방출구
③ Ⅱ형 방출구
④ 표면하주입식 방출구

> 고정식 방출구의 종류
> 고정식 포방출구방식은 탱크에서 저장 또는 취급하는 위험물의 화재를 유효하게 소화할 수 있도록 하는 포 방출구
> (1) Ⅰ형 : 고정지붕 구조(CRT, Cone Roof Tank)의 탱크에 상부포주입법(고정포방출구를 탱크옆판의 상부에 설치하여 액 표면상에 포를 방출하는 방법)을 이용하는 것으로 방출된 포가 액면 아래로 몰입되거나 액면을 뒤섞지 않고 액면상을 덮을 수 있는 통계단 또는 미끄럼판 등의 설비 및 탱크내의 위험물 증기가 외부로 역류되는 것을 저지할 수 있는 구조·기구를 갖는 포방출구
> (2) Ⅱ형 : 고정 지붕구조(CRT) 또는 부상덮개부착 고정지붕 구조의 탱크에 상부포주입법을 이용하는 것으로 방출된 포가 탱크옆판의 내면을 따라 흘러내려가면서 액면 아래로 몰입되거나 액면을 뒤섞지 않고 액면상을 덮을 수 있는 반사판 및 탱크내의 위험물 증기가 외부로 역류되는 것을 저지할 수 있는 구조·기구를 갖는 포방출구
> (3) 특형 : 부상지붕구조(FRT, Floating Roof Tank)의 탱크에 상부포주입법을 이용하는 것으로 부상지붕의 부상 부분상에 높이 0.9m이상의 금속제의 칸막이를 탱크옆판의 내측으로부터 1.2m이상 이격하여 설치하고 탱크옆판과 칸막이에 의하여 형성된 환상부분에 포를 주입하는 것이 가능한 구조의 반사판을 갖는 포방출구

(4) Ⅲ형 : 고정 지붕구조(CRT)의 탱크에 저부포주입법(탱크의 액면하에 설치된 포방출구부터 포를 탱크 내에 주입하는 방법)을 이용하는 것으로 송포관으로부터 포를 방출하는 포방출구
(5) Ⅳ형 : 고정 지붕구조(CRT)의 탱크에 저부포주입법을 이용하는 것으로 평상시에는 탱크의 액면하의 저부에 격납통에 수납되어 있는 특수호스 등이 송포관의 말단에 접속되어 있다가 포를 보내어 선단의 액면까지 도달한 후 포를 방출하는 포방출구

35 다음 중 위험물안전관리법령상의 기타 소화설비에 해당하지 않는 것은?

① 마른모래 ② 수조
③ 소화기   ④ 팽창질석

> 기타 소화설비 : 마른모래, 수조, 소화전용 물통, 팽창질석, 팽창진주암

36 위험물안전관리법령상 다이에틸에터 화재 발생시 적응성이 없는 소화기는?

① 이산화탄소소화기
② 포소화기
③ 봉상강화액소화기
④ 할로젠화합물소화기

> 다이에틸에터 : 질식소화(포, 이산화탄소, 할로젠화합물, 분말소화기)

37 Halon 1011 속에 함유되지 않은 원소는?

① H   ② Cl
③ Br ④ F

> Halon 1011은 CH_2ClBr로서 플루오린(F)은 없다

38 위험물안전관리법령에 따라 폐쇄형 스프링클러헤드를 설치하는 장소의 평상시의 최고 주위온도가 28℃ 이상 39℃ 미만일 경우 헤드의 표시온도는?

① 52℃ 이상 76℃ 미만
② 52℃ 이상 79℃ 미만
③ 58℃ 이상 76℃ 미만
④ 58℃ 이상 79℃ 미만

🔍 부착장소의 최고주위온도에 따른 헤드의 표시온도

부착장소의 최고주위온도(℃)	표시온도(℃)
28 미만	58 미만
28 이상 39 미만	58 이상 79 미만
39 이상 64 미만	79 이상 121 미만
64 이상 106 미만	121 이상 162 미만
106 이상	162 이상

39 제1종 분말소화약제가 1차 열분해되어 표준상태를 기준으로 10m³의 탄산가스가 생성되었다. 몇 kg의 탄산수소나트륨이 사용되었는가? (단, 나트륨의 원자량은 23이다.)

① 18.75　　② 37
③ 56.25　　④ 75

🔍 제1종분말 약제의 분해반응식
$2NaHCO_3 \rightarrow Na_2CO_2 + H_2O + CO_2$

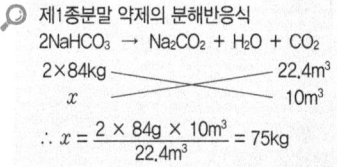

$$\therefore x = \frac{2 \times 84g \times 10m^3}{22.4m^3} = 75kg$$

40 위험물안전관리법령상 지정수량의 3천배 초과 4천배 이하의 위험물을 저장하는 옥외탱크저장소에 확보해야 하는 보유공지는 얼마인가?

① 6m 이상　　② 9m 이상
③ 12m 이상　　④ 15m 이상

🔍 옥외탱크저장소의 보유공지

저장 또는 취급하는 위험물의 최대수량	공지의 너비
지정수량의 500배 이하	3m 이상
지정수량의 500배 초과 1,000배 이하	5m 이상
지정수량의 1,000배 초과 2,000배 이하	9m 이상
지정수량의 2,000배 초과 3,000배 이하	12m 이상
지정수량의 3,000배 초과 4,000배 이하	15m 이상
지정수량의 4,000배 초과	당해 탱크의 수평단면의 최대지름(가로형인 경우에는 긴변)과 높이 중 큰 것과 같은 거리 이상(단, 30m 초과 시 30m 이상으로, 15m 미만시 15m 이상으로 할 것)

3. 위험물 성상 및 취급

41 동식물유류에 대한 설명으로 틀린 것은?

① 건성유는 자연발화의 위험성이 높다.
② 불포화도가 높을수록 아이오딘값이 크며 산화되기 쉽다.
③ 아이오딘값이 130이하인 것이 건성유이다.
④ 1기압에서 인화점이 250℃ 미만이다.

🔍 분류

구분	아이오딘 값	반응성	불포화도	종류
건성유	130이상	크다	크다	해바라기유, 동유, 아마인유, 정어리기름
반건성유	100~130	중간	중간	채종유, 목화씨기름(면실유), 참기름, 콩기름
불건성유	100이하	적다	적다	야자유, 올리브유, 피마자유, 동백유

42 과산화나트륨이 물과 반응해서 일어나는 변화로 옳은 것은?

① 격렬히 반응하여 산소를 내며 수산화나트륨이 된다.
② 격렬히 반응하여 산소를 내며 산화나트륨이 된다.
③ 물을 흡수하여 과산화나트륨 수용액이 된다.
④ 물을 흡수하여 탄산나트륨이 된다.

🔍 과산화나트륨과 물과의 반응
※ $2Na_2O_2 + 2H_2O \rightarrow 4NaOH + O_2\uparrow$
　　　　　　　　　　(수산화나트륨) (산소)

43 옥내저장소에서 위험물 용기를 겹쳐 쌓는 경우에 있어서 제4류 위험물 중 제3석유류만을 수납하는 용기를 겹쳐 쌓을 수 있는 높이는 최대 몇 m인가?

① 3　　② 4
③ 5　　④ 6

🔍 옥내저장소에 저장 시 높이(아래 높이를 초과하지 말 것)
(1) 기계에 의하여 하역하는 구조로 된 용기만을 겹쳐 쌓는 경우 : 6m
(2) 제4류 위험물 중 제3석유류, 제4석유류, 동식물유류를 수납하는 용기만을 겹쳐 쌓는 경우 : 4m
(3) 그 밖의 경우(특수인화물, 제1석유류, 제2석유류, 알코올류) : 3m

44 제4류 위험물의 성질 및 취급 시 주의사항에 대한 설명 중 가장 거리가 먼 것은?

① 액체의 비중은 물보다 가벼운 것이 많다.
② 대부분 증기는 공기보다 무겁다.
③ 제1석유류와 제2석유류는 비점으로 구분한다.
④ 정전기 발생에 주의하여 취급해야 한다.

🔍 제4류 위험물의 분류(제1석유류 ~ 제4석유류)는 인화점으로 구분한다.

45 다음 각 위험물을 저장할 때 사용하는 보호액으로 틀린 것은?

① 나이트로셀룰로스 – 알코올
② 이황화탄소 – 알코올
③ 금속칼륨 – 등유
④ 황린 – 물

🔍 이황화탄소나 황린은 물속에 저장한다.

46 적린이 공기 중에서 연소할 때 생성되는 물질은?

① P_2O
② PO_2
③ PO_3
④ P_2O_5

🔍 적린의 연소반응식 $4P + 5O_2 \rightarrow 2P_2O_5$(오산화인)

47 메틸알코올의 성질로 옳은 것은?

① 인화점이하가 되면 밀폐된 상태에서 연소하여 폭발한다.
② 비점은 물보다 높다.
③ 물에 녹기 어렵다.
④ 증기비중은 공기보다 크다.

🔍 메틸알코올의 성질
 (1) 인화점이상이 되면 점화원 존재하에 밀폐된 상태에서 연소하여 폭발한다.
 (2) 비점(65℃)은 물(100℃)보다 낮다.
 (3) 물에 무한정 녹는다.
 (4) 증기비중은 공기보다 크다.
   (증기비중= 분자량/29 = 32/29 = 1.1)

48 제5류 위험물 중 나이트로화합물에서 나이트로기 (nitro group)를 옳게 나타낸 것은?

① $-NO$
② $-NO_2$
③ $-NO_3$
④ NON_3

🔍 관능기
 (1) $-NO$: 나이트로소기
 (2) $-NO_2$: 나이트로기
 (3) $-NO_3$: 질산기

49 제조소에서 위험물을 취급함에 있어서 정전기를 유효하게 제거할 수 있는 방법으로 가장 거리가 먼 것은?

① 접지에 의한 방법
② 상대습도를 70%이상 높이는 방법
③ 공기를 이온화하는 방법
④ 부도체 재료를 사용하는 방법

🔍 정전기 제거방법
 (1) 접지에 의한 방법
 (2) 공기를 이온화하는 방법
 (3) 상대습도를 70% 이상 높이는 방법

50 다음 중 물에 가장 잘 녹는 것은?

① CH_3CHO
② $C_2H_5OC_2H_5$
③ P_4
④ $C_2H_5ONO_2$

🔍 아세트알데하이드(CH_3CHO)는 물에 잘 녹는다.
 ※ 에터($C_2H_5OC_2H_5$), 황린(P_4), 질산에틸($C_2H_5ONO_2$) : 물에 녹지 않는다.

51 지정수량 이상의 위험물을 차량으로 운반할 때 게시판의 색상에 대한 설명으로 옳은 것은?

① 흑색바탕에 청색의 도료로 "위험물"이라고 게시한다.
② 흑색바탕에 황색의 반사도료로 "위험물"이라고 게시한다.
③ 적색바탕에 흰색의 반사도료로 "위험물"이라고 게시한다.
④ 적색바탕에 흑색의 도료로 "위험물"이라고 게시한다.

운반 시 위험물의 게시판 : 흑색바탕에 황색의 반사도료

52 위험물안전관리법령에 따른 안전거리 규제를 받는 위험물 시설이 아닌 것은?

① 제6류 위험물 제조소
② 제1류 위험물 일반취급소
③ 제4류 위험물 옥내저장소
④ 제5류 위험물 옥외저장소

제6류 위험물을 취급하는 제조소에는 안전거리를 두지 않아도 된다.

53 구리, 은, 마그네슘과 아세틸라이드를 만들고 연소범위가 2.8~37.0%인 물질은?

① 아세트알데하이드
② 알킬알루미늄
③ 산화프로필렌
④ 콜로디온

산화프로필렌(Propylene Oxide)
(1) 물 성

분자식	분자량	비중	비점	인화점	착화점	연소범위
CH₃CHCH₂O	58	0.82	35℃	-37℃	449℃	2.8~37.0%

(2) 무색, 투명한 자극성 액체이다.
(3) 구리(Cu), 마그네슘(Mg), 은(Ag), 수은(Hg)과 반응하면 아세틸레이트를 생성한다.
(4) 저장용기 내부에는 불연성가스 또는 수증기 봉입장치를 할 것.
(5) 소화약제는 알코올형포(내알코올포, 알코올포), 이산화탄소, 분말소화가 효과가 있다.

54 다음 중 적린과 황린에서 동일한 성질을 나타내는 것은?

① 발화점
② 색상
③ 유독성
④ 연소생성물

적린과 황린의 비교

항목\구분	적린	황린
색 상	암적색	백색 또는 담황색
발화점	260℃	34℃
유독성	약하다	심하다
용해성	물에 불용	물에 불용
비중	2.2	1.82
연소생성물	P₂O₅	P₂O₅

55 다음 중 금수성 물질로만 나열된 것은?

① K, CaC₂, Na
② KClO₃, Na, S
③ KNO₃, CaO₂, Na₂O₂
④ KNO₃, KClO₃, CaO₂

위험물의 분류

물질	명칭	품명	성질
K	칼륨	제3류 위험물	금수성 물질
CaC₂	탄화칼슘	제3류 위험물 칼슘의 탄화물	금수성 물질
Na	나트륨	제3류 위험물	금수성 물질
KClO₃	염소산칼륨	제1류 위험물 염소산염류	산화성 고체
S	황	제2류 위험물	가연성 고체
KNO₃	질산칼륨	제1류 위험물 질산염류	산화성 고체
CaO₂	과산화칼슘	제1류 위험물 무기과산화물	산화성 고체
Na₂O₂	과산화나트륨	제1류 위험물 무기과산화물	산화성 고체

56 위험물안전관리법령에 따른 지하탱크저장소의 지하저장탱크의 기준으로 옳지 않은 것은?

① 탱크의 외면에는 녹 방지를 위한 도장을 해야 한다.
② 탱크의 강철판 두께는 3.2mm 이상으로 해야 한다.
③ 압력탱크는 최대 상용압력의 1.5배의 압력으로 10분간 수압시험을 한다.
④ 압력탱크 외의 것은 50kPa의 압력으로 10분간 수압시험을 한다.

지하저장탱크의 구조
(1) 지하저장탱크의 윗 부분은 지면으로부터 0.6m 이상 아래에 있어야 한다.
(2) 지하저장탱크를 2 이상 인접해 설치하는 경우에는 그 상호간에 1m(당해 2 이상의 지하저장탱크의 용량의 합계가 지정수량의 100배 이하인 때에는 0.5m) 이상의 간격을 유지해야 한다.
(3) 지하저장탱크의 재질은 두께 3.2mm 이상의 강철판으로 할 것
(4) 수압시험
  ① 압력탱크(최대상용압력이 46.7kPa 이상인 탱크) 외의 탱크 : 70kPa의 압력으로 10분간
  ② 압력탱크 : 최대상용압력의 1.5배의 압력으로 10분간
(5) 지하저장탱크의 배관은 탱크의 윗부분에 설치해야 한다.

57. 다음과 같이 위험물을 저장하는 경우 각각의 지정수량 배수의 총합은 얼마인가?

> 클로로벤젠 : 1,000 ℓ, 동·식물유류 : 5,000 ℓ,
> 제4석유류 : 12,000 ℓ

① 2.5배 ② 3.0배
③ 3.5배 ④ 4.0배

🔍 지정수량의 배수 = 저장수량 / 지정수량
$$= \frac{1,000\,\ell}{1,000\,\ell} + \frac{5,000\,\ell}{10,000\,\ell} + \frac{12,000\,\ell}{6,000\,\ell} = 3.5배$$

58. [보기]의 물질이 K_2O_2와 반응하였을 때 주로 생성되는 가스의 종류가 같은 것으로만 나열된 것은?

> [보기] 물, 이산화탄소, 아세트산, 염산

① 물, 이산화탄소
② 물, 이산화탄소, 염산
③ 물, 아세트산
④ 이산화탄소, 아세트산, 염산

🔍 K_2O_2의 반응
(1) 분해 반응식 $2K_2O_2 \rightarrow 2K_2O + O_2\uparrow$
(2) 물과의 반응 $2K_2O_2 + 2H_2O \rightarrow 4KOH + O_2\uparrow$
(3) 이산화탄소와 반응 $2K_2O_2 + 2CO_2 \rightarrow 2K_2CO_3 + O_2\uparrow$
(4) 아세트산과의 반응 $K_2O_2 + 2CH_3COOH \rightarrow 2CH_3COOK + H_2O_2\uparrow$
(초산칼륨) (과산화수소)
(5) 염산과의 반응 $K_2O_2 + 2HCl \rightarrow 2KCl + H_2O_2\uparrow$

59. 벤젠의 성질로 옳지 않은 것은?

① 휘발성을 갖는 갈색·무취의 액체이다.
② 증기는 유해하다.
③ 인화점은 0℃보다 낮다.
④ 끓는점은 상온보다 높다.

🔍 벤젠의 물성

화학식	외관	비중	비점	인화점	착화점	연소범위
C_6H_6	무색, 투명한 액체	0.95	79℃	−11℃	498℃	1.4~8.0%

60. 다음 중 인화점이 가장 낮은 것은?

① $C_6H_5NH_2$
② $C_6H_5NO_2$
③ C_5H_5N
④ $C_6H_5CH_3$

🔍 제4류 위험물의 인화점

종류	$C_6H_5NH_2$	$C_6H_5NO_2$	C_5H_5N	$C_6H_5CH_3$
명칭	아닐린	나이트로벤젠	피리딘	톨루엔
구분	제3석유류	제3석유류	제1석유류	제1석유류
인화점	75℃	88℃	20℃	4℃

정답 CBT 복원문제 2024년 3회

01 ①	02 ③	03 ①	04 ①	05 ④
06 ②	07 ③	08 ③	09 ①	10 ④
11 ④	12 ④	13 ②	14 ③	15 ④
16 ③	17 ②	18 ②	19 ②	20 ①
21 ②	22 ①	23 ②	24 ③	25 ④
26 ②	27 ②	28 ②	29 ③	30 ②
31 ④	32 ②	33 ②	34 ①	35 ③
36 ③	37 ②	38 ④	39 ④	40 ②
41 ③	42 ①	43 ②	44 ③	45 ②
46 ④	47 ③	48 ②	49 ④	50 ①
51 ②	52 ①	53 ③	54 ④	55 ①
56 ④	57 ③	58 ①	59 ①	60 ④

2025년 1회 CBT 복원문제

1. 물질의 물리·화학적 성질

01 어떤 기체가 탄소원자 1개당 2개의 수소원자를 함유하고 0℃, 1기압에서 밀도가 1.25g/L일 때 이 기체에 해당하는 것은?

① CH_2
② C_2H_4
③ C_3H_6
④ C_4H_8

🔍 이상기체상태방정식
$PV = \frac{W}{M}RT$, $PM = \frac{W}{V}RT = \rho RT$, $M = \frac{\rho RT}{P}$
여기서 P : 압력(atm), V : 부피(ℓ), M : 분자량, W : 무게,
ρ : 밀도(g/L)
R : 기체상수(0.08205ℓ·atm/g-mol·K)
T : 절대온도(273+℃)
∴ $M = \frac{\rho RT}{P} = \frac{1.25 \times 0.08205 \times (273+0)K}{1atm} = 28.0(C_2H_4)$

02 산성 산화물에 해당하는 것은?

① CaO
② Na_2O
③ CO_2
④ MgO

🔍 산화물의 종류

구분	해당 물질
염기성산화물	CaO, CuO, BaO, MgO, Na_2O, K_2O, Fe_2O_3
산성산화물	CO_2, SO_2, NO_2, SiO_2, P_2O_5
양쪽성산화물	ZnO, Al_2O_3, SnO, PbO

03 염소원자의 최외각 전자수는 몇 개인가?

① 1   ② 2
③ 7   ④ 8

🔍 염소원자(Cl, 원자번호 17)의 최외각 전자 수 : 7개
※ 원자번호 = 최외각 전자수

04 염소산칼륨을 이산화망가니즈를 촉매로 하여 가열하면 염화칼륨과 산소로 열분해 된다. 표준상태를 기준으로 11.2ℓ의 산소를 얻으려면 몇 g의 염소산칼륨이 필요한가?(단, 원자량은 K 39, Cl 35.5이다.)

① 30.63g
② 40.83g
③ 61.25g
④ 112.5g

🔍 염소산칼륨의 분해반응식
$2KClO_3 \rightarrow 2KCl + 3O_2\uparrow$
2×122.5g   3 × 22.4ℓ
x   11.2ℓ
∴ $x = \frac{2 \times 122.5g \times 11.2ℓ}{3 \times 22.4ℓ} = 40.83g$

05 공유결합과 배위결합에 의하여 이루어진 것은?

① NH_3
② $Cu(OH)_2$
③ K_2CO_3
④ NH_4^+

🔍 암모늄이온(NH_4^+)은 공유결합과 배위결합에 의하여 이루어진다.

06 2차 알코올이 산화되면 무엇이 되는가?

① 알데하이드
② 에터
③ 카복실산
④ 케톤

🔍 알코올의 산화반응
(1) 1차 알코올 : R-OH → R-CHO(알데하이드)
              → R-COOH(카복실산)
(2) 2차 알코올 : R_2-OH → R-CO-R'(케톤)
  ① 알데하이드 : 아세트알데하이드(CH_3CHO), 포름알데하이드(HCHO)
  ② 카복실산 : 초산(CH_3COOH), 의산(HCOOH)
  ③ 케톤 : 아세톤(CH_3COCH_3), 메틸에틸케톤($CH_3COC_2H_5$)

07
Be의 원자핵에 α 입자를 충격하였더니 중성자 n 이 방출되었다. 다음 반응식을 완결하기 위하여 ( )속에 알맞은 것은?

$$Be + {}_2^4He \rightarrow (\quad) + {}_0^1n$$

① Be
② B
③ C
④ N

🔍 반응식
${}_4^9Be + {}_2^4He \rightarrow ({}_6^{12}C) + {}_0^1n$

08
가열하면 부드러워져서 소성을 나타내고 식히면 경화하는 수지는?

① 페놀 수지
② 멜라민 수지
③ 요소 수지
④ 폴리염화비닐 수지

🔍 폴리염화비닐 수지 : 가열하면 부드러워져서 소성을 나타내고 식히면 경화하는 수지

09
염소는 2가지 동위원소로 구성되어 있는데 원자량이 35인 염소는 75% 존재하고, 37인 염소는 25% 존재한다고 가정할 때, 이 염소의 평균원자량은 얼마인가?

① 34.5
② 35.5
③ 36.5
④ 37.5

🔍 염소의 평균분자량 = (35 × 0.75) + (37 × 0.25) = 35.5

10
산화-환원에 대한 설명 중 틀린 것은?

① 한 원소의 산화수가 증가하였을 때 산화되었다고 한다.
② 전자를 잃은 반응을 산화라 한다.
③ 산화제는 다른 화학종을 환원시키며, 그 자신의 산화수는 증가하는 물질을 말한다.
④ 중성인 화합물에서 모든 원자와 이온들의 산화수의 합은 0이다.

🔍 산화제 : 자신은 환원되고 다른 물질을 산화시키는 물질

11
이상기체의 밀도에 대한 설명으로 옳은 것은?

① 절대온도에 비례하고 압력에 반비례한다.
② 절대온도와 압력에 반비례한다.
③ 절대온도에 반비례하고 압력에 비례한다.
④ 절대온도와 압력에 비례한다.

🔍 이상기체상태방정식
$PV = \frac{W}{M}RT$, $PM = \frac{W}{V}RT = \rho RT$, $\rho = \frac{PM}{RT}$
여기서 P : 압력(atm), V : 부피(ℓ), n : mol수, M : 분자량
W : 무게, R : 기체상수(0.08205ℓ · atm/g−mol · K)
T : 절대온도(273+℃)
∴ 밀도는 압력과 분자량에 비례하고, 절대온도에 반비례한다.

12
어떤 원자핵에서 양성자의 수가 3이고, 중성자의 수가 2일 때 질량수는 얼마인가?

① 1
② 3
③ 5
④ 7

🔍 질량수 = 양성자수 + 중성자수 = 3 + 2 = 5

13
공유 결정(원자 결정)으로 되어 있어 녹는점이 매우 높은 것은?

① 얼음
② 수정
③ 소금
④ 나프탈렌

🔍 공유 결정(원자 결정)은 수정, 흑연, 다이아몬드로서 녹는점과 끓는점이 높다.

14
20℃에서 설탕물 100g 중에 설탕 40g이 녹아 있다. 이 용액이 포화용액일 경우 용해도(g/H₂O 100g)는 얼마인가?

① 72.4
② 66.7
③ 40
④ 28.6

🔍 용해도 : 용매 100g에 녹을 수 있는 용질의 g수
∴ 용해도 = $\frac{용질의 g수}{용매의 g수} = \frac{40g}{(100-40)g} = 0.666 \Rightarrow 66.7$

15
0.0001N-HCl의 pH는?

① 2
② 3
③ 4
④ 5

$pH = -\log[H^+] = -\log[1 \times 10^{-3}] = 3 - 0 = 3$

16 $Fe(CN)_6^{4-}$와 4개의 K^+이온으로 이루어진 물질 $K_4Fe(CN)_6$을 무엇이라고 하는가?

① 착화합물
② 할로젠화합물
③ 유기혼합물
④ 수소화합물

🔍 착화합물 : $K_4[Fe(CN)_6]$
※ $K_4Fe(CN)_6$: $Fe(CN)_6^{4-}$와 4개의 K^+이온으로 이루어진 물질 (착화합물)

17 아미노기와 카복실기가 동시에 존재하는 화합물은?

① 식초산
② 석탄산
③ 아미노산
④ 아민

🔍 아미노산 : 분자 내에 카복실기(-COOH)와 아미노기($-NH_2$)를 동시에 존재하는 화합물

18 옥텟규칙(octet rule)에 따르면 게르마늄이 반응할 때, 다음 중 어떤 원소의 전자수와 같아지려고 하는가?

① Kr
② Si
③ Sn
④ As

🔍 옥텟규칙은 원자의 가장 바깥쪽 전자껍질에 전자가 8개를 채우려는 원리이므로 게르마늄이 반응할 때 주기율표의 18족 원소(He, Ne, Ar, Kr)와 전자수가 같다

19 다음 중 기하 이성질체가 존재하는 것은?

① C_5H_{12}
② $CH_3CH=CHCH_3$
③ C_3H_7Cl
④ $CH\equiv CH$

🔍 기하이성질체는 2중 결합을 축으로 하여 동일한 원자나 기를 가지는 것으로 원자들의 결합형태와 개수, 순서는 같으나 원자들의 공간위치가 다른 것으로 알켄($CH_3CH = CHCH_3$)에서 주로 일어난다.

20 평면 구조를 가진 $C_2H_2Cl_2$의 이성질체의 수는?

① 1개
② 2개
③ 3개
④ 4개

🔍 아세틸렌다이클로라이드($C_2H_2Cl_2$)는 cis형 1개, trans형 2개로 3종류의 이성질체가 있다.

2. 화재예방과 소화방법

21 위험물제조소에 옥내소화전이 가장 많이 설치된 층의 옥내소화전 설치개수가 2개이다. 위험물안전관리법령의 옥내소화전설비 설치기준에 의하면 수원의 수량은 얼마 이상이 되어야 하는가?

① $10.6m^3$
② $15.6m^3$
③ $20.6m^3$
④ $25.6m^3$

🔍 옥내소화전설비의 방수량, 방수압력, 수원 등

방수량	방수압력	토출량	수원
260ℓ/min 이상	0.35MPa 이상	N(최대 5개) ×260ℓ/min	N(최대 5개)×7.8m^3 (260ℓ/min×30min)

∴ 수원 = N(최대 5개) × 7.8m^3 = 2 × 7.8m^3 = 15.6m^3

22 위험물안전관리법령상 지정수량의 몇 배 이상의 제4류 위험물을 취급하는 제조소에는 자체소방대를 두어야 하는가?

① 1000
② 2000
③ 3000
④ 5000

🔍 자체소방대 설치 : 지정수량의 3000배 이상인 제4류 위험물을 취급하는 제조소와 일반취급소

23 그레이엄의 법칙에 따른 기체의 확산속도와 분자량의 관계를 옳게 설명한 것은?

① 기체 확산속도는 분자량의 제곱에 비례한다.
② 기체 확산속도는 분자량의 제곱에 반비례한다.
③ 기체 확산속도는 분자량의 제곱근에 비례한다.
④ 기체 확산속도는 분자량의 제곱근에 반비례한다.

> 그레이엄의 확산속도법칙 : 기체의 확산속도는 분자량과 밀도의 제곱근에 반비례 한다.
> $$\frac{U_B}{U_A} = \sqrt{\frac{M_A}{M_B}} = \sqrt{\frac{d_A}{d_B}}, \quad U_B = U_A \times \sqrt{\frac{M_A}{M_B}}$$
> 여기서, • U_B : B기체의 확산속도   • U_A : A기체의 확산속도
> • M_B : B기체의 분자량   • M_A : A기체의 분자량
> • d_B : B기체의 밀도   • d_A : A기체의 밀도

24 분말소화설비에서 분말소화약제의 가압용 가스로 사용하는 것은?

① CO_2
② He
③ CCl_4
④ Cl_2

> 분말소화설비
> ① 축압용 : 질소(N_2)   ② 가압용 : 이산화탄소(CO_2)

25 분말소화약제의 착색된 색상으로 틀린 것은?

① $KHCO_3 + (NH_2)_2CO$: 회색
② $NH_4H_2PO_4$: 담홍색
③ $KHCO_3$: 담회색
④ $NaHCO_3$: 황색

> 분말소화약제의 종류
>
> | 종류 | 주 성분 | 적응화재 | 착색 |
> |---|---|---|---|
> | 제1종 분말 | $NaHCO_3$ (중탄산나트륨, 탄산수소나트륨) | B, C급 | 백색 |
> | 제2종 분말 | $KHCO_3$ (중탄산칼륨, 탄산수소칼륨) | B, C급 | 담회색 |
> | 제3종 분말 | $NH_4H_2PO_4$ (인산암모늄, 제일인산암모늄) | A, B, C급 | 담홍색 |
> | 제4종 분말 | $KHCO_3 + (NH_2)_2CO$ (중탄산칼륨 + 요소) | B, C급 | 회색 |

26 폭굉 유도 거리(DID)가 짧아지는 요건에 해당되지 않는 것은?

① 정상 연소 속도가 큰 혼합가스일 경우
② 관속에 방해물이 없거나 관경이 큰 경우
③ 압력이 높을 경우
④ 점화원의 에너지가 클 경우

> 폭굉유도거리(DID)가 짧아지는 요건
> (1) 압력이 높을수록
> (2) 관경이 작고 관속에 장애물이 있는 경우
> (3) 점화원의 에너지가 클수록
> (4) 정상연소속도가 큰 혼합물일수록

27 산소와 화합하지 않는 원소는?

① 황
② 질소
③ 인
④ 헬륨

> 헬륨(He)은 8족 원소로서 산소와 화합하지 않는 불활성 기체이다.

28 질소함유량 약 11%의 나이트로셀룰로스를 장뇌와 알코올에 녹여 교질상태로 만든 것을 무엇이라고 하는가?

① 셀룰로이드
② 펜트리트
③ TNT
④ 나이트로글라이콜

> 셀룰로이드 : 질소함유량 약 11%의 나이트로셀룰로스를 장뇌와 알코올에 녹여 교질상태로 만든 것

29 전기설비에 화재가 발생하였을 경우에 위험물안전관리법령상 적응성을 가지는 소화기는?

① 이산화탄소소화기
② 포소화기
③ 봉상강화액소화기
④ 마른 모래

> 전기설비(전기실, 발전기실등)의 화재 : 이산화탄소, 인산염류분말, 할로젠화합물소화기

30 수성막포소화약제를 수용성 알코올 화재 시 사용하면 소화효과가 떨어지는 가장 큰 이유는?

① 유독가스가 발생하므로
② 화염의 온도가 높으므로
③ 알코올은 포와 반응하여 가연성 가스를 발생하므로
④ 알코올은 소포성을 가지므로

> 수용성 액체는 수성막포 소화약제를 사용하면 소포(거품이 꺼짐)되므로 적합하지 않다.
> ※ 수용성 액체 : 알코올형포(내알코올포, 알코올포)가 적합

31. 위험물안전관리법령상 제6류 위험물을 저장 또는 취급하는 제조소등에 적응성이 없는 소화설비는?

① 팽창질석
② 할로젠화합물소화기
③ 포소화기
④ 인산염류분말소화기

> 제6류 위험물 적응 소화설비
> (1) 수계소화기, 포소화기
> (2) 마른모래, 팽창질석, 팽창진주암
> (3) 인산염류분말소화기
> ※ 할로젠화합물소화기 : 제4류 위험물에 적합

32. 옥내저장소 내부에 체류하는 가연성 증기를 지붕 위로 방출시키는 배출설비를 해야 하는 위험물은?

① 과염소산
② 과망가니즈산칼륨
③ 피리딘
④ 과산화나트륨

> 피리딘은 제4류 위험물로서 인화점이 70℃ 미만이므로 배출설비를 해야 한다.
> ※ 피리딘의 인화점 : 16℃

33. 오황화린의 저장 및 취급방법으로 틀린 것은?

① 산화제와의 접촉을 피한다.
② 물속에 밀봉하여 저장한다.
③ 불꽃과의 접근이나 가열을 피한다.
④ 용기의 파손, 위험물의 누출에 유의한다.

> 오황화린의 저장 및 취급방법
> (1) 오황화린은 건조하고 서늘한 장소에 저장한다.
> (2) 산화제와의 접촉을 피한다.
> (3) 불꽃과의 접근이나 가열을 피한다.
> ※ 물속에 저장 : 이황화탄소, 황린

34. 위험물안전관리법령에서 정한 다음의 소화설비 중 능력단위가 가장 큰 것은?

① 팽창진주암 160L(삽 1개 포함)
② 수조 80L(소화전용물통 3개 포함)
③ 마른 모래 50L(삽 1개 포함)
④ 팽창질석 160L(삽 1개 포함)

> 소화설비의 능력단위
>
> | 소화설비 | 용량 | 능력단위 |
> |---|---|---|
> | 소화전용(專用)물통 | 8ℓ | 0.3 |
> | 수조(소화전용 물통 3개 포함) | 80ℓ | 1.5 |
> | 수조(소화전용 물통 6개 포함) | 190ℓ | 2.5 |
> | 마른 모래(삽 1개 포함) | 50ℓ | 0.5 |
> | 팽창질석 또는 팽창진주암 (삽 1개 포함) | 160ℓ | 1.0 |

35. 이산화탄소 소화기 사용 중 소화기 방출구에서 생길 수 있는 물질은?

① 포스겐
② 일산화탄소
③ 드라이아이스
④ 수소가스

> 이산화탄소 소화기 사용 중 소화기 방출구에서 드라이아이스가 생긴다.(수분의 함량을 0.05%이하로 규정)

36. 외벽이 내화구조인 위험물 저장소 건축물의 연면적이 1500㎡ 인 경우 소요단위는?

① 6
② 10
③ 13
④ 14

> 건축물 1소요단위 산정
>
> | 구분 | 제조소, 취급소 | | 저장소 | | 위험물 |
> |---|---|---|---|---|---|
> | 외벽의 구조 | 내화구조 | 비내화구조 | 내화구조 | 비내화구조 | |
> | 기준 | 연면적 100㎡ | 연면적 50㎡ | 연면적 150㎡ | 연면적 75㎡ | 지정수량의 10배 |
>
> ∴ 소요단위 = 연면적/기준면적 = 1500㎡/150㎡ = 10단위

37. 할로젠화합물 소화약제를 구성하는 할로젠원소가 아닌 것은?

① 플루오린(F)
② 염소(Cl)
③ 브로민(Br)
④ 네온(Ne)

> 할로젠족 원소(7족) : 플루오린(F), 염소(Cl), 브로민(Br), 아이오딘(I)
> ※ 네온(Ne) : 8족 원소

38 위험물제조소등에 설치하는 포 소화설비에 있어서 포헤드 방식의 포헤드는 방호대상물의 표면적(m^2) 얼마 당 1개 이상의 헤드를 설치해야 하는가?

① 3
② 6
③ 9
④ 12

> 포헤드방식의 포헤드 설치기준
> (1) 포헤드는 방호대상물의 모든 표면이 포헤드의 유효사정 내에 있도록 설치할 것
> (2) 포 헤드
>   ① 방사면적 : 방호대상물의 표면적(건축물의 경우에는 바닥면적) $9m^2$당 1개 이상
>   ② 표준방사량 : 방호대상물의 표면적 $1m^2$당의 방사량이 6.5ℓ/min 이상
> (3) 방사구역은 $100m^2$ 이상(방호대상물의 표면적이 $100m^2$ 미만인 경우에는 당해 표면적)으로 할 것

39 제3종 분말소화약제 사용 시 방진효과로 A급 화재의 진화에 효과적인 물질은?

① 암모늄이온
② 메타인산
③ 물
④ 수산화이온

> 제3종 분말소화약제의 소화효과
> (1) 열분해 시 암모니아와 수증기에 의한 질식효과
> (2) 열분해에 의한 냉각효과
> (3) 유리된 암모늄염(NH_4^+)에 의한 부촉매효과
> (4) 메타인산에 의한 방진작용과 탈수효과

40 유기과산화물의 화재예방 상 주의사항으로 틀린 것은?

① 열원으로부터 멀리 한다.
② 직사광선을 피한다.
③ 용기의 파손 여부를 정기적으로 점검한다.
④ 가급적 환원제와 접촉하고 산화제는 멀리 한다.

> 유기과산화물의 화재예방 상 주의사항
> (1) 열원으로부터 멀리 한다.
> (2) 직사광선을 피한다.
> (3) 용기의 파손 여부를 정기적으로 점검한다.
> (4) 유기과산화물(제5류)은 제1류 위험물(산화성고체)과 제6류 위험물(산화성액체)은 같이 저장할 수 없다.

3. 위험물 성상 및 취급

41 나이트로셀룰로스의 안전한 저장 및 운반에 대한 설명으로 옳은 것은?

① 습도가 높으면 위험하므로 건조한 상태로 취급한다.
② 아닐린과 혼합한다.
③ 산을 첨가하여 중화시킨다.
④ 알코올 수용액으로 습면시킨다.

> 나이트로셀룰로스(NC)는 건조하면 위험하므로 물 또는 알코올로 습면시켜 저장한다.

42 옥내저장소의 안전거리 기준을 적용하지 않을 수 있는 조건으로 틀린 것은?

① 지정수량의 20배 미만의 제4석유류를 저장하는 경우
② 제6류 위험물을 저장하는 경우
③ 지정수량의 20배 미만의 동식물유류를 저장하는 경우
④ 지정수량의 20배 이하를 저장하는 것으로서 창에 망입유리를 설치한 것

> 옥내저장소의 안전거리 제외 대상
> (1) 제4석유류 또는 동식물유류의 위험물을 저장 또는 취급하는 옥내저장소로서 지정수량의 20배 미만인 것
> (2) 제6류 위험물을 저장 또는 취급하는 옥내저장소
> (3) 지정수량의 20배(하나의 저장창고의 바닥면적이 $150m^2$ 이하인 경우에는 50배) 이하의 위험물을 저장 또는 취급하는 옥내저장소로서 다음의 기준에 적합한 것
>   ① 저장창고의 벽·기둥·바닥·보 및 지붕이 내화구조일 것
>   ② 저장창고의 출입구에 수시로 열 수 있는 자동폐쇄방식의 60분+ 방화문 또는 60분 방화문이 설치 되어 있을 것
>   ③ 저장창고에 창이 설치하지 않을 것

43 다음 중 과망가니즈산칼륨과 혼촉하였을 때 위험성이 가장 낮은 물질은?

① 물
② 에터
③ 글리세린
④ 염산

> 과망가니즈산칼륨($KMnO_4$)은 물에 녹으므로 혼촉해도 위험하지 않다.

44 과산화초산의 각 특성 온도 중 가장 낮은 것은?

① 인화점　② 발화점
③ 녹는점　④ 끓는점

🔍 과산화초산의 특성온도

항목	인화점	발화점	녹는점	끓는점
온도	56℃	200℃	-0.2℃	105℃

45 적린에 관한 설명 중 틀린 것은?

① 황린의 동소체이고 황린에 비하여 안정하다.
② 성냥, 화약 등에 이용된다.
③ 연소생성물은 황린과 같다.
④ 자연발화를 막기 위해 물 속에 보관한다.

🔍 적린은 건조하고 서늘한 장소에 저장한다.

46 위험물안전관리법령상 나이트로글리세린의 지정수량으로 맞는 것은?

① 10kg　② 50kg
③ 100kg　④ 200kg

🔍 나이트로글리세린(질산에스터류, 제1종)의 지정수량 : 10kg

47 TNT가 폭발·분해하였을 때 생성되는 가스가 아닌 것은?

① CO　② N_2
③ SO_2　④ H_2

🔍 TNT의 분해반응식
$2C_6H_2CH_3(NO_2)_3 \rightarrow 2C + 3N_2\uparrow + 5H_2\uparrow + 12CO\uparrow$
(탄소) (질소) (수소) (일산화탄소)

48 안전한 저장을 위해 첨가하는 물질로 옳은 것은?

① 과망가니즈산나트륨에 목탄을 첨가
② 질산나트륨에 황을 첨가
③ 금속칼륨에 등유를 첨가
④ 다이크로뮴산칼륨에 수산화칼슘을 첨가

🔍 칼륨의 보호액 : 등유, 경유, 유동파라핀

49 황린의 연소 생성물은?

① 삼황화인　② 인화수소
③ 오산화인　④ 오황화인

🔍 황린은 공기 중에서 연소 시 오산화인(P_2O_5)의 흰 연기를 발생한다.
※ $P_4 + 5O_2 \rightarrow 2P_2O_5$

50 위험물안전관리법령에서 정하는 제조소와의 안전거리의 기준이 다음 중 가장 큰 것은?

① 「고압가스 안전관리법」의 규정에 의하여 허가를 받거나 신고를 해야 하는 고압가스저장시설
② 사용전압이 35000V를 초과하는 특고압가공전선
③ 병원, 학교, 극장
④ 지정문화유산

🔍 제조소의 안전거리

건축물	안전거리
사용전압 7000V 초과 35,000V 이하의 특고압가공전선	3m 이상
사용전압 35,000V 초과의 특고압가공전선	5m 이상
주거용으로 사용되는 것(제조소가 설치된 부지 내에 있는 것을 제외)	10m 이상
고압가스, 액화석유가스, 도시가스를 저장 또는 취급하는 시설	20m 이상
학교, 병원(병원급 의료기관), 극장(공연장, 영화상영관 및 그 밖의 이와 유사한 시설로서 수용인원 300명 이상을 수용할 수 있는 것), 복지시설(아동복지시설, 노인복지시설, 장애인복지시설, 한부모가족복지시설), 어린이집, 성매매피해자등을 위한 지원시설, 정신건강증진시설 및 그 밖의 이와 유사한 시설로서 수용인원 20명 이상 수용할 수 있는 것	30m 이상
지정문화유산, 천연기념물등	50m 이상

51 다음 ( ) 안에 알맞은 수치는?(단, 인화점이 200℃ 이상인 위험물은 제외한다.)

옥외저장탱크의 지름이 15m 미만인 경우에 방유제는 탱크의 옆판으로부터 탱크 높이의 ( ) 이상 이격해야 한다.

① $\frac{1}{3}$　② $\frac{1}{2}$
③ $\frac{1}{4}$　④ $\frac{2}{3}$

> 방유제는 탱크의 옆판으로부터 일정 거리를 유지할 것(단, 인화점이 200℃ 이상인 위험물은 제외)
>
> | 탱크 직경 | 이격 거리 |
> |---|---|
> | 지름이 15m 미만 | 탱크 높이의 1/3 이상 |
> | 지름이 15m 이상 | 탱크 높이의 1/2 이상 |

52 다이에틸에터의 성상에 해당하는 것은?

① 청색 액체　　② 무미, 무취 액체
③ 휘발성 액체　　④ 불연성 액체

> 다이에틸에터 : 특유의 향이 있는 휘발성이 강한 무색의 액체

53 위험물안전관리법령상 어떤 위험물을 저장 또는 취급하는 이동탱크저장소는 불활성 기체를 봉입할 수 있는 구조로 해야 하는가?

① 아세톤　　② 벤젠
③ 과염소산　　④ 산화프로필렌

> 산화프로필렌, 아세트알데하이드를 저장 또는 취급하는 이동탱크저장소는 불활성 기체를 봉입해야 한다.

54 옥외저장소에서 저장할 수 없는 위험물은?(단, 시·도 조례에서 정하는 위험물 또는 국제해상위험물규칙에 적합한 용기에 수납된 위험물은 제외한다.)

① 과산화수소　　② 아세톤
③ 에탄올　　④ 황

> 옥외저장소에서 저장할 수 없는 위험물
> (1) 위험물의 인화점
>
> | 종류 | 과산화수소 | 아세톤 | 에탄올 | 황 |
> |---|---|---|---|---|
> | 류별 | 제6류 위험물 | 제4류 위험물 (제1석유류) | 제6류 위험물 (알코올류) | 제2류 위험물 |
> | 인화점 | - | -18.5℃ | 13℃ | - |
>
> (2) 옥외저장소에 저장할 수 있는 위험물(시행령 별표2)
> ① 제2류 위험물 중 황, 인화성고체(인화점이 0℃ 이상인 것에 한함)
> ② 제4류 위험물 중 제1석유류(인화점이 0℃ 이상인 것에 한함), 제2석유류, 제3석유류, 제4석유류, 알코올류, 동식물유류
> ③ 제6류 위험물
> ※ 인화점이 0℃ 이상인 제1석유류는 옥외저장소에 저장할 수 있는데 아세톤은 인화점이 -18.5℃이므로 옥외저장소에 저장할 수 없다.

55 옥내저장창고의 바닥을 물이 스며 나오거나 스며들지 않는 구조로 해야 하는 위험물은?

① 과염소산칼륨
② 나이트로셀룰로스
③ 적린
④ 트라이에틸알루미늄

> 물이 침투를 막아야 하는 위험물
> ① 제1류 위험물 중 알칼리금속의 과산화물
> ② 제2류 위험물 중 철분, 금속분, 마그네슘
> ③ 제3류 위험물 중 금수성물질[트라이에틸알루미늄 : (C₂H₅)₃Al]
> ④ 제4류 위험물
>
> | 종류 | 과염소산칼륨 | 나이트로셀룰로스 | 적린 | 트라이에틸알루미늄 |
> |---|---|---|---|---|
> | 류별 | 제1류 위험물 | 제5류 위험물 | 제2류 위험물 | 제3류 위험물 |

56 위험물제조소등의 안전거리의 단축기준과 관련해서 $H \leq pD^2 + a$인 경우 방화상 유효한 담의 높이는 2m 이상으로 한다. 다음 중 a에 해당하는 것은?

① 인근 건축물의 높이(m)
② 제조소등의 외벽의 높이(m)
③ 제조소등과 공작물과의 거리(m)
④ 제조소등과 방화상 유효한 담과의 거리(m)

> 방화상 유효한 담의 높이
>
>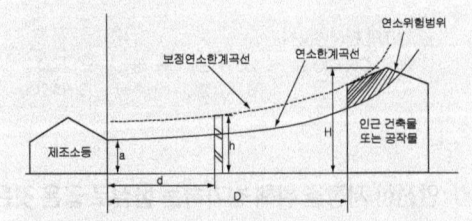
>
> ① $H \leq pD^2 + a$인 경우 $h = 2$
> ② $H > pD^2 + a$인 경우 $h = H - p(D^2 - d^2)$
> 여기서, D : 제조소등과 인근 건축물 또는 공작물과의 거리(m)
> H : 인근 건축물 또는 공작물의 높이(m)
> a : 제조소등의 외벽의 높이(m)
> d : 제조소등과 방화상 유효한 담과의 거리(m)
> h : 방화상 유효한 담의 높이(m)
> p : 상수(생략)

57 위험물안전관리법령상 위험물의 운반에 관한 기준에 따라 차광성이 있는 피복으로 가리는 조치를 해야 하는 위험물에 해당하지 않는 것은?

① 특수인화물
② 제1석유류
③ 제1류 위험물
④ 제6류 위험물

> 차광성이 있는 것으로 피복해야 하는 위험물
> (1) 제1류 위험물
> (2) 제3류 위험물 중 자연발화성물질
> (3) 제4류 위험물 중 특수인화물
> (4) 제5류 위험물
> (5) 제6류 위험물

58 위험물안전관리법령에서 정한 위험물의 운반에 관한 설명으로 옳은 것은?

① 위험물을 화물차량으로 운반하면 특별히 규제 받지 않는다.
② 승용차량으로 위험물을 운반할 경우에만 운반 의 규제를 받는다.
③ 지정수량 이상의 위험물을 운반할 경우에만 운반의 규제를 받는다.
④ 위험물을 운반할 경우 그 양의 다소를 불문하고 운반의 규제를 받는다.

> 위험물을 운반할 경우 그 양의 다소를 불문하고 운반의 규제를 받는다.

59 휘발유를 저장하던 이동저장탱크에 탱크의 상부로 부터 등유나 경유를 주입할 때 액표면이 주입관의 선단을 넘는 높이가 될 때까지 그 주입관내의 유속을 몇 m/s 이하로 해야 하는가?

① 1
② 2
③ 3
④ 5

> 이동탱크저장소에 주입 시 주입관내의 유속 : 1m/s 이하

60 위험물안전관리법령상의 동식물유류에 대한 설명으로 옳은 것은?

① 피마자유는 건성유이다.
② 아이오딘값이 130 이하인 것이 건성유이다.
③ 불포화도가 클수록 자연발화하기 쉽다.
④ 동식물유류의 지정수량은 20,000L 이다.

> 동식물유류
> (1) 분류

구분	아이오딘값	반응성	불포화도	종류
건성유	130 이상	크다	크다	해바라기유, 동유, 아마인유, 정어리기름, 들기름,
반건성유	100 이상 ~130 이하	중간	중간	채종유, 목화씨기름(면실유), 참기름, 콩기름
불건성유	100이하	적다	적다	야자유, 올리브유, 피마자유, 동백유

> (2) 건성유는 불포화도가 크므로 자연발화하기가 쉽다.
> (3) 동식물유류의 지정수량 : 10,000ℓ

정답 복원문제 2025년 1회

01 ②	02 ③	03 ③	04 ②	05 ④
06 ④	07 ③	08 ④	09 ②	10 ③
11 ③	12 ③	13 ②	14 ②	15 ②
16 ①	17 ③	18 ①	19 ②	20 ③
21 ②	22 ③	23 ④	24 ①	25 ④
26 ②	27 ④	28 ①	29 ①	30 ④
31 ②	32 ③	33 ②	34 ②	35 ③
36 ②	37 ④	38 ③	39 ②	40 ④
41 ④	42 ④	43 ①	44 ③	45 ②
46 ①	47 ③	48 ③	49 ③	50 ④
51 ①	52 ③	53 ④	54 ③	55 ④
56 ②	57 ②	58 ④	59 ①	60 ③

2025년 2회 CBT 복원문제

1. 물질의 물리 · 화학적 성질

01 다음 물질 중 SP³ 혼성궤도함수와 가장 관계가 있는 것은

① CH_4
② $BeCl_2$
③ BF_3
④ HF

> **혼성궤도 함수**
> (1) sp 혼성궤도함수(오비탈의 구조 : 선형) : BeF_3, CO_2
> (2) sp^2 혼성궤도함수(오비탈의 구조 : 정삼각형) : BF_3, SO_3
> (3) sp^3 혼성궤도함수(오비탈의 구조 : 사면체) : CH_4, NH_3, H_2O

02 다음 중 전자배치가 다른 것은?

① Ar
② F
③ Na^+
④ Ne

> **전자배치**
> (1) Ar(원자번호 18) : $1S^2$, $2S^2$, $2P^6$, $3S^2$, $3P^6$
> (2) F(불소, 원자번호 9) : $1S^2$, $2S^2$, $2P^5$인데 1가 음이온으로 전자1개를 얻어 10개의 전자를 가지므로 $1S^2$, $2S^2$, $2P^6$가 된다.
> (3) Na+(원자번호 11) : $1S^2$, $2S^2$, $2P^6$, $3S^1$인데 1가 양이온으로 전자 1개를 잃으므로 10개의 전자를 가지므로 전자배치는 $1S^2$, $2S^2$, $2P^6$가 된다.
> (4) Ne(원자번호 10)의 전자배치 : $1S^2$, $2S^2$, $2P^6$

03 물 36g을 모두 증발시키면 수증기가 차지하는 부피는 표준상태를 기준으로 몇 L인가?

① 11.2L
② 22.4L
③ 33.6L
④ 44.8L

> **부피를 구하면**
> 표준상태에서 1g-mol이 차지하는 부피 : 22.4ℓ
> 표준상태에서 1kg-mol이 차지하는 부피 : $22.4m^3$
> ∴ mol = $\frac{무게}{분자량}$ = $\frac{36g}{18}$ = 2g - mol
> ∴ 2×22.4ℓ = 44.8ℓ

04 $CuCl_2$의 용액에 5A 전류를 1시간 동안 흐르게 하면 몇 g의 구리가 석출되는가?(단, Cu의 원자량은 63.54이며, 전자 1개의 전하량은 $1.602×10^{-19}$C이다.)

① 3.17
② 4.83
③ 5.93
④ 6.35

> Coul = A × sec = 5A × 3600sec = 18,000Coul
> $\frac{18,000}{96,500}$ = 0.1865F   1g당량 = $\frac{63.54}{2}$ = 31.77g당량
> ∴ 석출된 구리 양 0.1865F × 31.77 = 5.925g

05 어떤 용액의 pH를 측정하였더니 4 이었다. 이 용액을 1000배 희석시킨 용액의 pH를 옳게 나타낸 것은?

① pH = 3
② pH = 4
③ pH = 5
④ 6 < pH < 7

> $[H^+]$ = $\frac{(10^{-4} × 1) + (10^{-7} × 1000)}{1001}$ = $1.1×10^{-7}$
> ∴ pH = $-\log[H^+]$ = 1.1 × 10^{-7} = 7 − log1.1
> = 7 − 0.04 = 6.96
> 그러므로 pH : 6 < pH < 7

06 다음 중 가스 상태에서의 비중이 가장 큰 것은?

① 산소
② 질소
③ 이산화탄소
④ 수소

> **비중**
> ※ 증기비중 = $\frac{분자량}{29}$ (C : 16, S : 32, H : 1, O : 16)
> (1) 산소(O_2) = $\frac{32}{29}$ = 1.10
> (2) 질소(N_2) = $\frac{28}{29}$ = 0.966
> (3) 이산화탄소(CO_2) = $\frac{44}{29}$ = 1.517
> (4) 수소(H_2) = $\frac{2}{29}$ = 0.069

07 화합물 중 2mol이 완전연소 될 때 6mol의 산소가 필요한 것은?

① CH_3-CH_3 ② $CH_2=CH_2$
③ $CH≡CH$ ④ C_6H_6

🔍 연소반응식
(1) 에테인 $C_2H_6 + 3.5O_2 → 2CO_2 + 3H_2O$
(2) 에틸렌 $C_2H_4 + 3O_2 → 2CO_2 + 2H_2O$
     ※ $2C_2H_4 + 6O_2 → 4CO_2 + 4H_2O$
(3) 아세틸렌 $C_2H_2 + 2.5O_2 → 2CO_2 + H_2O$
(4) 벤젠 $C_6H_6 + 7.5O_2 → 6CO_2 + 3H_2O$

08 볼타전지의 기전력은 약 1.3V인데 전류가 흐르기 시작하면 곧 0.4V로 된다. 이러한 현상을 무엇이라 하는가?

① 감극 ② 소극
③ 분극 ④ 충전

🔍 분극현상은 볼타전기에서 갑자기 전류가 약해지는 현상으로 감극제는 MnO_2(이산화망간)이다.

09 벤젠에 수소원자 한 개는 $-CH_3$기로 또 다른 수소원자 한 개는 $-OH$기로 치환되었다면 이성질체 수는 몇 개인가?

① 1 ② 2
③ 3 ④ 4

🔍 크레졸 : 벤젠에 수소원자 한 개는 $-CH_3$기로, 다른 수소원자 한 개는 $-OH$기로 치환한 화합물로서 화학식은 $C_6H_4CH_3OH$이다.

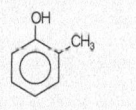 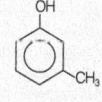 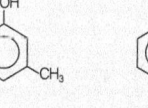

o-cresol   m-cresol   p-cresol

10 유기화합물을 질량 분석한 결과 C 84%, H 16%의 결과를 얻었다. 다음 중 이 물질에 해당하는 실험식은?

① C_5H ② C_2H_2
③ C_7H_8 ④ C_7H_{16}

🔍 C : 84%, H : 16% 이므로 실험식은
$C : H = \frac{84}{12} : \frac{16}{1} = 7 : 16$ ∴ 실험실 = C_7H_{16}

11 알칼리금속이 다른 금속원소에 비해 반응성이 큰 이유와 밀접한 관련이 있는 것은?

① 밀도가 작기 때문이다.
② 물에 잘 녹기 때문이다.
③ 이온화 에너지가 작기 때문이다.
④ 녹는점과 끓는점이 비교적 낮기 때문이다.

🔍 알칼리금속(1족 원소)은 Li(리튬), Na(나트륨), K(칼륨)으로서 이온화 에너지가 작기 때문에 다른 금속에 비해 반응성이 크다.

12 수성가스(water gas)의 주성분을 옳게 나타낸 것은?

① CO_2, CH_4
② CO, H_2
③ CO_2, H_2, O_2
④ H_2, H_2O

🔍 수성가스(water gas)의 주성분 : CO, H_2

13 탄소 3g이 산소 16g 중에서 완전연소 되었다면 연소한 후 혼합 기체의 부피는 표준상태에서 몇 L가 되는가?

① 5.6 ② 6.8
③ 11.2 ④ 22.4

🔍 연소반응식
  C + O_2 → CO_2
 12g   32g   44g
  3g   8g   11g
반응식에서 탄소 3g과 산소 8g이 정상적으로 반응하는데 산소 16g을 반응시키면 16 - 8 = 8g은 반응하시 않고 생성물로 넘어간다.
표준상태에서 부피 = $\left(\frac{3}{12} + \frac{8}{32}\right) × 22.4ℓ = 11.2ℓ$

14 다음 중 전리도가 가장 커지는 것은?

① 농도와 온도가 일정할 때
② 농도가 진하고 온도가 높을수록
③ 농도가 묽고 온도가 높을수록
④ 농도가 진하고 온도가 낮을수록

🔍 농도가 묽고 온도가 높을수록 전리도는 커진다.

15 아세틸렌계열 탄화수소에 해당되는 것은?

① C_5H_8 ② C_6H_{12}
③ C_6H_8 ④ C_3H_2

🔍 아세틸렌계열 탄화수소 : $C_nH_{2n-2}(C_5H_8)$
　※ 알칸계 탄화수소 : C_nH_{2n+2}

16 어떤 용액의 $[OH^-] = 2 \times 10^{-5} M$이었다. 이 용액의 pH는 얼마인가?

① 11.3 ② 10.3
③ 9.3　 ④ 8.3

🔍 pH
　※ $pH = -\log[H^+]$
　$[H^+][OH^-] = 1 \times 10^{-14}$에서　$[OH^-] = 2 \times 10^{-5} mol/\ell$
　$[H^+] = \dfrac{1 \times 10^{-14}}{[OH^-]} = \dfrac{1 \times 10^{-14}}{2 \times 10^{-5}} = 5 \times 10^{-10} mol/\ell$
　$pH = -\log[H^+] = -\log 5 \times 10^{-10}$
　　　$= 10 - \log 5 = 10 - 0.699 = 9.30$

17 전극에서 유리되고 화학물질의 무게가 전지를 통하여 사용된 전류의 양에 정비례하고 또한 주어진 전류량에 의하여 생성된 물질의 무게는 그 물질의 당량에 비례한다는 화학법칙은?

① 르 샤틀리에의 법칙
② 아보가드로의 법칙
③ 패러데이의 법칙
④ 보일-샤를의 법칙

🔍 패러데이의 법칙 : 전극에서 유리되고 화학물질의 무게가 전지를 통하여 사용된 전류의 양에 정비례하고 또한 주어진 전류량에 의하여 생성된 물질의 무게는 그 물질의 당량에 비례한다.

18 지시약으로 사용되는 페놀프탈레인 용액은 산성에서 어떤 색을 띠는가?

① 적색 ② 청색
③ 무색 ④ 황색

🔍 지시약

지시약	변색		변색 pH
	산성색	염기성색	
티몰블루(Thiomol blue)	적색	노랑색	1.2 ~ 1.8
메틸오렌지(M.O)	적색	오렌지색	3.1 ~ 4.4
메틸레드(M.R)	적색	노랑색	4.8 ~ 6.0
브로모티몰블루	노랑색	청색	6.0 ~ 7.6
페놀레드	노랑색	적색	6.4 ~ 8.0
페놀프탈레인(P.P)	무색	적색	8.0 ~ 9.6

19 다음 중 물이 산으로 작용하는 반응은?

① $NH_4^+ + H_2O \rightarrow NH_3 + H_3O^+$
② $HCOOH + H_2O \rightarrow HCCO^- + H_3O^+$
③ $CH_3COO^- + H_2O \rightarrow CH_3COOH + OH^-$
④ $HCl + H_2O \rightarrow H_3O^+ + Cl^-$

🔍 초산에스터류와 물이 작용할 때 물 분자에서 하나의 수소원자가 산(CH_3COOH)으로 작용한다.

20 0℃의 얼음 10g을 모두 수증기로 변화시키려면 약 몇 cal의 열량이 필요한가?

① 6,190 cal
② 6,390 cal
③ 6,890 cal
④ 7,190 cal

🔍 얼음 → 0℃물 → 100℃물 → 100℃수증기
　※ $Q = r \cdot m + mCp \Delta t + r \cdot m$
　∴ $Q = r \cdot m + mCp \Delta t + r \cdot m$
　　　$= [80 cal/g \times 10g] + [10g \times 1 cal/g \cdot ℃ \times (100-0)℃]$
　　　　$+ [539 cal/g \times 10g] = 7,190 cal$

2. 화재예방과 소화방법

21 위험물안전관리법령상 물분무소화설비의 제어밸브는 바닥으로부터 어느 위치에 설치하여야 하는가?

① 0.5m 이상, 1.5m 이하
② 0.8m 이상, 1.5m 이하
③ 1m 이상, 1.5m 이하
④ 1.5m 이상

🔍 물분무소화설비의 제어밸브 설치 : 0.8m 이상, 1.5m 이하

22 위험물안전관리법령상 위험물제조소와의 안전거리 기준이 50m 이상이어야 하는 것은?

① 고압가스취급시설
② 학교, 병원
③ 지정문화유산
④ 극장

🔍 제조소등의 안전거리

건축물	안전거리
사용전압 7000V초과 35,000V이하의 특고압 가공전선	3m 이상
사용전압 35,000V초과의 특고압가공전선	5m 이상
주거용으로 사용되는 것(제조소가 설치된 부지 내에 있는 것을 제외)	10m 이상
고압가스, 액화석유가스, 도시가스를 저장 또는 취급하는 시설	20m 이상
학교, 병원(종합병원, 병원, 치과병원, 한방병원 및 요양병원), 극장, 공연장, 영화상영관으로서 300명 이상 인원을 수용할 수 있는 시설, 복지시설(아동복지시설, 노인복지시설, 장애인복지시설, 한부모가족복지 시설), 어린이집, 성매매피해자 등을 위한 지원시설, 정신보건시설, 보호시설 및 그 밖에 유사한 시설로서 20명 이상 인원을 수용할 수 있는 시설	30m 이상
지정문화유산, 천연기념물등	50m 이상

23 위험물안전관리법령에 의거하여 개방형스프링클러헤드를 이용하는 스프링클러설비에 설치하는 수동식 개방밸브를 개방 조작하는데 필요한 힘은 몇 kg 이하가 되도록 설치해야 하는가?

① 5
② 10
③ 15
④ 20

🔍 개방형스프링클러설비에 설치하는 수동식 개방밸브를 개방 조작하는데 필요한 힘 : 15kg 이하

24 드라이아이스 1kg이 완전히 기화하면 약 몇 몰의 이산화탄소가 되겠는가?

① 22.7
② 51.3
③ 230.1
④ 515.0

🔍 몰수 = 무게/분자량 = 1000g/(44g/g-mol) = 22.7g-mol

25 프로페인 2m³이 완전 연소할 때 필요한 이론공기량은 약 몇 m³인가?(단, 공기 중 산소의 농도는 21vol%이다.)

① 23.81
② 35.72
③ 47.62
④ 71.43

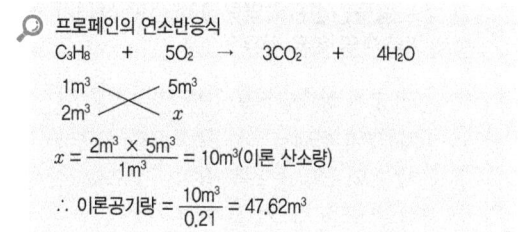

프로페인의 연소반응식
$C_3H_8 + 5O_2 \rightarrow 3CO_2 + 4H_2O$
1m³ : 5m³
2m³ : x

$x = \dfrac{2m^3 \times 5m^3}{1m^3} = 10m^3$ (이론 산소량)

∴ 이론공기량 = $\dfrac{10m^3}{0.21}$ = 47.62m³

26 위험물안전관리법령상 포소화설비의 고정포 방출구를 설치한 위험물탱크에 부속하는 보조포소화전에서 3개의 노즐을 동시에 사용할 경우 각각의 노즐선단에서의 분당 방사량은 몇 L/min 이상이어야 하는가?

① 80
② 130
③ 230
④ 400

🔍 보조포소화전 3개(3개 미만은 그 개수)의 노즐을 동시 방사 시
(1) 방수압력 : 0.35[Mpa] 이상
(2) 방사량 : 400[ℓ/min] 이상

27 위험물안전관리법령상 분말소화설비의 기준에서 가압용 또는 축압용 가스로 사용하도록 지정한 것은?

① 헬륨
② 질소
③ 일산화탄소
④ 아르곤

🔍 분말소화설비에 사용하는 가압용 또는 축압용 가스 : 질소(N_2)

28 경유의 대규모 화재 발생 시 주수소화가 부적당한 이유에 대한 설명으로 가장 옳은 것은?

① 경유가 연소할 때 물과 반응하여 수소가스를 발생하여 연소를 돕기 때문에
② 주수소화하면 경유의 연소열 때문에 분해하여 산소를 발생하고 연소를 돕기 때문에
③ 경유는 물과 반응하여 유독가스를 발생하므로
④ 경유는 물보다 가볍고 또 물에 녹지 않기 때문에 화재가 널리 확대되므로

> 경유는 물보다 가볍고 물에 녹지 않으므로 주수소화를 하면 연소면이 확대되므로 적합하지 않다.

29 정전기를 유효하게 제거할 수 있는 설비를 설치하고자 할 때 위험물안전관리법령에서 정한 정전기 제거방법의 기준으로 옳은 것은?

① 공기 중의 상대습도를 70% 이상으로 하는 방법
② 공기 중의 상대습도를 70% 이하로 하는 방법
③ 공기 중의 절대습도를 70% 이상으로 하는 방법
④ 공기 중의 절대습도를 70% 이하로 하는 방법

> 정전기 방지법
> (1) 접지할 것
> (2) 상대습도를 70% 이상으로 할 것
> (3) 공기를 이온화할 것

30 위험물제조소등에 설치하는 불활성가스소화설비의 기준으로 틀린 것은?

① 저장용기의 충전비는 고압식에 있어서는 1.5 이상 1.9 이하, 저압식에 있어서는 1.1 이상 1.4 이하로 한다.
② 저압식 저장용기에는 2.3MPa 이상 및 1.9MPa 이하의 압력에서 작동하는 압력경보장치를 설치한다.
③ 저압식 저장용기에는 용기 내부의 온도를 -20℃ 이상 -18℃ 이하로 유지할 수 있는 자동냉동기를 설치한다.
④ 기동용 가스용기는 20MPa 이상의 압력에 견딜 수 있는 것이어야 한다.

> 불활성가스 소화설비의 기준
> (1) 저장용기의 충전비
>
> | 구분 | 고압식 | 저압식 |
> |---|---|---|
> | 충전비 | 1.5 이상 1.9 이하 | 1.1 이상 1.4 이하 |
>
> (2) 저압식 저장용기의 설치 기준
> ① 저압식 저장용기에는 액면계 및 압력계를 설치할 것
> ② 저압식 저장용기에는 2.3MPa 이상의 압력 및 1.9MPa 이하의 압력에서 작동하는 압력경보장치를 설치할 것
> ③ 저압식 저장용기에는 용기내부의 온도를 -20℃ 이상 -18℃ 이하로 유지할 수 있는 자동냉동기를 설치할 것
> ④ 저압식 저장용기에는 파괴판 및 방출밸브를 설치할 것
> (3) 기동용가스용기
> ① 기동용가스용기는 25MPa 이상의 압력에 견딜 수 있는 것일 것
> ② 기동용가스용기
> • 내용적 : 1ℓ이상
> • 이산화탄소의 양 : 0.6kg 이상
> • 충전비 : 1.5 이상
> ③ 기동용가스용기에는 안전장치 및 용기밸브를 설치할 것

31 다음은 위험물안전관리법령에서 정한 제조소등에서의 위험물의 저장 및 취급에 관한 기준 중 위험물의 유별 저장·취급 공통기준의 일부이다. ( ) 안에 알맞은 위험물의 유별은?

> ( )은 가연물과의 접촉·혼합이나 분해를 촉진하는 물품과의 접근 또는 과열을 피하여야 한다.

① 제2류　② 제3류
③ 제5류　④ 제6류

> 위험물의 유별 저장·취급의 공통기준 (중요기준)
> (1) 제1류 위험물은 가연물과의 접촉·혼합이나 분해를 촉진하는 물품과의 접근 또는 과열·충격·마찰 등을 피하는 한편, 알칼리금속의 과산화물 및 이를 함유한 것에 있어서는 물과의 접촉을 피해야 한다.
> (2) 제2류 위험물은 산화제와의 접촉·혼합이나 불티·불꽃·고온체와의 접근 또는 과열을 피하는 한편, 철분·금속분·마그네슘 및 이를 함유한 것에 있어서는 물이나 산과의 접촉을 피하고 인화성 고체에 있어서는 함부로 증기를 발생시키지 않아야 한다.
> (3) 제3류 위험물 중 자연발화성 물질에 있어서는 불티·불꽃 또는 고온체와의 접근·과열 또는 공기와의 접촉을 피하고, 금수성 물질에 있어서는 물과의 접촉을 피해야 한다.
> (4) 제4류 위험물은 불티·불꽃·고온체와의 접근 또는 과열을 피하고, 함부로 증기를 발생시키지 않아야 한다.
> (5) 제5류 위험물은 불티·불꽃·고온체와의 접근이나 과열·충격 또는 마찰을 피해야 한다.
> (6) 제6류 위험물은 가연물과의 접촉·혼합이나 분해를 촉진하는 물품과의 접근 또는 과열을 피해야 한다.

32 위험물제조소에서 화기엄금 및 화기주의를 표시하는 게시판의 바탕색과 문자색을 옳게 연결한 것은?

① 백색바탕 - 청색문자
② 청색바탕 - 백색문자
③ 적색바탕 - 백색문자
④ 백색바탕 - 적색문자

> 제조소등의 주의사항
>
> | 위험물의 종류 | 주의사항 | 게시판의 색상 |
> |---|---|---|
> | 제1류 위험물 중 알칼리금속의 과산화물
제3류 위험물 중 금수성물질 | 물기엄금 | 청색바탕에 백색문자 |

위험물의 종류	주의사항	게시판의 색상
제2류 위험물(인화성 고체는 제외)	화기주의	적색바탕에 백색문자
제2류 위험물 중 인화성 고체 제3류 위험물 중 자연발화성물질 제4류 위험물 제5류 위험물	화기엄금	적색바탕에 백색문자

33 다음 [보기] 중 상온에서 상태(기체, 액체, 고체)가 동일한 것으로 모두 나열한 것은?

|보기| Halon 1301, Halon 1211, Halon 2402

① Halon 1301, Halon 2402
② Halon 1211, Halon 2402
③ Halon 1301, Halon 1211
④ Halon 1301, Halon 1211, Halon 2402

🔍 할로젠화합물 소화설비의 상태

종류	할론 1211	할론 1301	할론 1011	할론 2402
상태	기체	기체	액체	액체

34 다음 물질의 화재 시 알코올형포를 쓰지 못하는 것은?

① 아세트알데하이드 ② 알킬리튬
③ 아세톤 ④ 에탄올

🔍 알코올형포(내알코올포, 알코올포) : 수용성 액체(아세트알데하이드, 아세톤, 알코올류 등)
※ 알킬리튬 : 제3류 위험물(고체)

35 특정옥외탱크저장소라 함은 저장 또는 취급하는 액체 위험물의 최대수량이 얼마 이상의 것을 말하는가?

① 50만 리터 이상
② 100만 리터 이상
③ 150만 리터 이상
④ 200만 리터 이상

🔍 특정 옥외탱크저장소의 분류
(1) 특정 옥외탱크저장소 : 액체위험물의 수량이 100만ℓ 이상
(2) 준특정 옥외탱크저장소 : 액체위험물의 수량이 50만ℓ 이상 100만ℓ 미만

36 할로젠화합물인 Halon 1301의 분자식은?

① CH_3Br ② CCl_4
③ CF_2Br_2 ④ CF_3Br

🔍 분자식

종류	CH_3Br	CCl_4	CF_2Br_2	CF_3Br
상태	할론1001	할론1040	할론1202	할론1301

37 분말소화기의 각 종별 소화약제 주성분이 옳게 연결된 것은?

① 제1종 분말 : $KHCO_3$
② 제2종 분말 : $NaHCO_3$
③ 제3종 분말 : $NH_4H_2PO_4$
④ 제4종 분말 : $NaHCO_3 + (NH_2)_2CO$

🔍 분말소화약제

종류	주성분	적응화재	착색
제1종 분말	$NaHCO_3$ (중탄산나트륨, 탄산수소나트륨)	B, C급	백색
제2종 분말	$KHCO_3$ (중탄산칼륨, 탄산수소칼륨)	B, C급	담회색
제3종 분말	$NH_4H_2PO_4$ (인산암모늄, 제일인산암모늄)	A, B, C급	담홍색
제4종 분말	$KHCO_3 + (NH_2)_2CO$ (요소)	B, C급	회색

38 가연물의 주된 연소형태에 대한 설명으로 옳지 않은 것은?

① 황의 연소형태는 증발연소이다.
② 목재의 연소형태는 분해연소이다.
③ 에터의 연소형태는 표면연소이다.
④ 숯의 연소형태는 표면연소이다.

🔍 고체의 연소
(1) 증발연소 : 황, 나프탈렌, 왁스, 파라핀 등과 같이 고체를 가열하면 열분해는 일어나지 않고 고체가 액체로 되어 일정 온도가 되면 액체가 기체로 변화하여 기체가 연소하는 현상
※ 에터(제4류 위험물 특수인화물) : 증발연소
(2) 분해연소 : 석탄, 종이, 목재, 플라스틱 등의 연소 시 열분해에 의해 발생된 가스와 공기가 혼합하여 연소하는 현상
(3) 표면연소 : 목탄, 코크스, 숯, 금속분 등이 열분해에 의하여 가연성가스를 발생하지 않고 그 물질 자체가 연소하는 현상
(4) 자기연소(내부연소) : 제5류 위험물인 나이트로셀룰로스 등 그 물질이 가연물과 산소를 동시에 가지고 있는 가연물이 연소하는 현상

39 제5류 위험물인 자기반응성 물질에 포함되지 않는 것은?

① CH_3NO_2
② $[C_6H_7O_2(ONO_2)_3]_n$
③ $C_6H_2CH_3(NO_2)_3$
④ $C_6H_5NO_2$

🔍 위험물의 종류

종류	CH_3NO_2	$[C_6H_7O_2(ONO_2)_3]_n$	$C_6H_2CH_3(NO_2)_3$	$C_6H_5NO_2$
명칭	질산메틸	나이트로셀룰로스	트라이나이트로톨루엔	나이트로벤젠
류별	제5류 위험물	제5류 위험물	제5류 위험물	제4류 위험물

40 위험물제조소등에 설치하는 전역방출방식의 불활성가스소화설비 이산화탄소 분사헤드의 방사압력은 고압식의 경우 몇 MPa 이상이어야 하는가?

① 1.05
② 1.7
③ 2.1
④ 2.6

🔍 불활성가스소화설비의 분사헤드 방사압력

종류	이산화탄소		할로젠화합물		
	고압식	저압식	할론 2402	할론 1211	할론 1301
방사압력	2.1MPa 이상	1.05MPa 이상	0.1MPa 이상	0.2MPa 이상	0.9MPa 이상

3. 위험물 성상 및 취급

41 위험물안전관리법령에 근거한 위험물 운반 및 수납 시 주의사항에 대한 설명 중 틀린 것은?

① 위험물을 수납하는 용기는 위험물이 누출되지 않게 밀봉시켜야 한다.
② 온도 변화로 가스발생 우려가 있는 것은 가스 배출구를 설치한 운반용기에 수납할 수 있다.
③ 액체 위험물은 운반용기 내용적의 98% 이하의 수납율로 수납하되 55℃의 온도에서 누설되지 않도록 충분한 공간용적을 유지하도록 해야 한다.
④ 고체 위험물은 운반용기 내용적의 98% 이하의 수납율로 수납해야 한다.

🔍 고체위험물 운반용기의 수납율 : 내용적의 95% 이하

42 위험물안전관리법령상 산화프로필렌을 취급하는 위험물 제조설비의 재질로 사용이 금지된 금속이 아닌 것은?

① 금
② 은
③ 동
④ 마그네슘

🔍 아세트알데하이드나 산화프로필렌은 구리(Cu), 마그네슘(Mg), 은(Ag), 수은(Hg)과 반응하면 아세틸레이트를 생성하므로 위험하다.

43 위험물안전관리법령상 제1류 위험물 중 알칼리금속의 과산화물의 운반용기 외부에 표시해야 하는 주의사항을 모두 옳게 나타낸 것은?

① "화기엄금", "충격주의" 및 "가연물접촉주의"
② "화기·충격주의", "물기엄금" 및 "가연물접촉주의"
③ "화기주의" 및 "물기엄금"
④ "화기엄금" 및 "충격주의"

🔍 운반용기의 주의사항

종류	표시 사항
제1류 위험물	• 알칼리금속의 과산화물 : 화기·충격주의, 물기엄금, 가연물접촉주의 • 그 밖의 것 : 화기·충격주의, 가연물접촉주의
제2류 위험물	• 철분, 금속분, 마그네슘 : 화기주의, 물기엄금 • 인화성 고체 : 화기엄금 • 그 밖의 것 : 화기주의
제3류 위험물	• 자연발화성물질 : 화기엄금, 공기접촉엄금 • 금수성물질 : 물기엄금
제4류 위험물	화기엄금
제5류 위험물	화기엄금, 충격주의
제6류 위험물	가연물접촉주의

44 다음 중 독성이 있고 제2석유류에 속하는 것은?

① CH_3CHO
② C_6H_6
③ $C_6H_5CH=CH_2$
④ $C_6H_5NH_2$

🔍 제4류 위험물의 분류

종류	CH_3CHO	C_6H_6	$C_6H_5CH=CH_2$	$C_6H_5NH_2$
명칭	아세트알데하이드	벤젠	스틸렌	아닐린
구분	특수인화물	제1석유류	제2석유류	제3석유류

45 제4류 위험물을 저장하는 이동탱크저장소의 탱크 용량이 19,000L일 때 탱크의 칸막이는 최소 몇 개를 설치해야 하는가?

① 2 ② 3
③ 4 ④ 5

> 안전칸막이는 4000ℓ 이하마다 설치해야 하므로
> 19,000ℓ ÷ 4000ℓ = 4.75 ⇒ 5칸이다.
> ∴ 19000ℓ 탱크의 칸은 5칸이고 안전칸막이는 4개이다.

46 염소산나트륨의 성질에 속하지 않는 것은?

① 환원력이 강하다.
② 무색 결정이다.
③ 주수소화가 가능하다.
④ 강산과 혼합하면 폭발할 수 있다.

> 염소산나트륨($NaClO_3$)은 무색의 산화성 고체이고 주수소화가 가능하다.

47 위험물안전관리법령상 지정수량이 나머지 셋과 다른 하나는?

① 적린
② 황화린
③ 황
④ 마그네슘

> 제2류 위험물의 지정수량
>
> | 종류 | 적린 | 황화린 | 황 | 마그네슘 |
> |---|---|---|---|---|
> | 지정수량 | 100kg | 100kg | 100kg | 500kg |

48 다음은 위험물의 성질을 설명한 것이다. 위험물과 그 위험물의 성질을 모두 옳게 연결한 것은?

A. 건조 질소와 상온에서 반응한다.
B. 물과 작용하면 가연성 가스를 발생한다.
C. 물과 작용하면 수산화칼슘을 발생한다.
D. 비중이 1 이상이다.

① K − A, B, C
② Ca_3P_2 − B, C, D
③ Na − A, C, D
④ CaC_2 − A, B, D

인화석회(Ca_3P_2)의 특성
(1) 물과 작용하여 수산화칼슘[$Ca(OH)_2$]과 가연성 가스(PH_3, 인화수소)를 발생한다.
  ※ $Ca_3P_2 + 6H_2O \rightarrow 2PH_3 + 3Ca(OH)_2$
(2) 비중은 2.51이다.

49 다음 중 물과 반응할 때 위험성이 가장 큰 것은?

① 과산화나트륨
② 과산화바륨
③ 과산화수소
④ 과염소산나트륨

> 과산화나트륨은 물과 반응하면 산소와 열을 발생하므로 위험하다.
> ※ $2Na_2O_2 + 2H_2O \rightarrow 4NaOH + O_2 + 발열$

50 다음 중 C_5H_5N에 대한 설명으로 틀린 것은?

① 순수한 것은 무색이고 악취가 나는 액체이다.
② 상온에서 인화의 위험이 있다.
③ 물에 녹는다.
④ 강한 산성을 나타낸다.

> 피리딘(C_5H_5N)
> (1) 순수한 것은 무색이고 악취가 나는 액체이다.
> (2) 상온에서 인화의 위험이 있다.
> (3) 물에 잘 녹는다.
> (4) 약 알칼리성을 나타낸다.

51 위험물안전관리법령에 따라 지정수량 10배의 위험물을 운반할 때 혼재가 가능한 것은?

① 제1류 위험물과 제2류 위험물
② 제2류 위험물과 제3류 위험물
③ 제3류 위험물과 제5류 위험물
④ 제4류 위험물과 제5류 위험물

> 위험물 운반 시 혼재가능(지정수량의 1/10 이하는 제외)
> (1) 제1류 + 제6류 위험물
> (2) 제3류 + 제4류 위험물
> (3) 제5류 + 제2류 + 제4류 위험물

52 위험물안전관리법령상 제6류 위험물에 해당하는 물질로서 햇빛에 의해 갈색의 연기를 내며 분해할 위험이 있으므로 갈색병에 보관해야 하는 것은?

① 질산
② 황산
③ 염산
④ 과산화수소

🔍 질산은 제6류 위험물로서 햇빛에 의해 분해되어 갈색증기(NO_2)가 발생하므로 갈색병에 보관한다.

53 물과 접촉하였을 때 에테인이 발생되는 물질은?

① CaC_2
② $(C_2H_5)_3Al$
③ $C_6H_3(NO_2)_3$
④ $C_2H_5ONO_2$

🔍 물과 반응
(1) 카바이트
 $CaC_2 + 2H_2O \rightarrow Ca(OH)_2 + C_2H_2$(아세틸렌)
(2) 트라이에틸알루미늄
 $(C_2H_5)_3Al + 3H_2O \rightarrow Al(OH)_3 + 3C_2H_6$(에테인)
(3) 트라이나이트로벤젠, 질산에틸은 물과 반응하지 않는다.

54 아세톤에 관한 설명 중 틀린 것은?

① 무색의 액체로서 냄새가 없다.
② 가연성이며 비중은 물보다 작다.
③ 화재 발생 시 이산화탄소나 포에 의한 소화가 가능하다.
④ 알코올, 에터에 녹지 않는다.

🔍 아세톤
(1) 무색의 액체로서 냄새가 없다.
(2) 가연성이며 비중(0.79)은 물보다 작다.
(3) 화재 발생 시 이산화탄소나 포에 의한 질식소화가 가능하다.
(4) 물, 알코올, 에터에 잘 녹는다.

55 다음 중 1[mol]에 포함된 산소의 수가 가장 많은 것은?

① 염소산
② 과산화나트륨
③ 과염소산
④ 차아염소산

🔍 산소의 수

종류	염소산	과산화나트륨	과염소산	차아염소산
화학식	$HClO_3$	Na_2O_2	$HClO_4$	$HClO$
산소의 수	3	2	4	1

56 탄화칼슘이 물과 반응할 때 생성되는 가스는?

① C_2H_2
② C_2H_4
③ C_2H_6
④ CH_4

🔍 탄화칼슘(카바이트, CaC_2)은 물과 반응하면 수산화칼슘[$Ca(OH)_2$]과 아세틸렌(C_2H_2)가스를 발생한다.
※ $CaC_2 + 2H_2O \rightarrow Ca(OH)_2 + C_2H_2$

57 주유취급소의 고정주유설비는 고정주유설비의 중심선을 기점으로 하여 도로경계선까지 몇 m 이상 떨어져 있어야 하는가?

① 2
② 3
③ 4
④ 5

🔍 주유취급소의 고정주유설비 또는 고정급유설비의 설치 기준

설비	이격거리
고정주유설비 (중심선을 기점으로 하여)	도로경계선까지 : 4m 이상 부지경계선·담 및 건축물의 벽까지 : 2m 이상 (개구부가 없는 벽으로부터는 1m) 이상
고정급유설비 (중심선을 기점으로 하여)	도로경계선까지 : 4m 이상 부지경계선·담까지 : 1m 이상 건축물의 벽까지 : 2m 이상 (개구부가 없는 벽으로부터는 1m) 이상

58 위험물의 저장방법으로 옳지 않는 것은?

① 나트륨은 석유 속에 저장한다.
② 황린은 물 속에 저장한다.
③ 나이트로셀룰로스는 물 또는 알코올에 적셔서 저장한다.
④ 알루미늄분은 분진발생 방지를 위해 물에 적셔서 저장한다.

🔍 알루미늄분은 물과 반응하면 가연성가스인 수소가스를 발생하므로 위험하다.
※ $2Al + 6H_2O \rightarrow 2Al(OH)_3 + 3H_2$(수소)

59 위험물안전관리법령에 따르면 보냉장치가 없는 이동저장탱크에 저장하는 아세트알데하이드의 온도는 몇 ℃ 이하로 유지해야 하는가?

① 30
② 40
③ 50
④ 60

> 아세트알데하이드 등 또는 다이에터등을 이동저장탱크에 저장하는 경우
> (1) 보냉장치가 있는 경우 : 비점 이하
> (2) 보냉장치가 없는 경우 : 40℃ 이하

60 위험물안전관리법령에 따른 위험물 저장기준으로 틀린 것은?

① 이동탱크저장소에는 설치허가증을 비치해야 한다.
② 지하저장탱크의 주된 밸브는 위험물을 넣거나 빼낼 때 외에는 폐쇄해야 한다.
③ 아세트알데하이드를 저장하는 이동저장탱크에는 탱크 안에 불활성 가스를 봉입해야 한다.
④ 옥외저장탱크 주위에 설치된 방유제 내부에 물이나 유류가 괴었을 경우에는 즉시 배출해야 한다.

> 이동탱크저장소에는 완공검사필증 및 정기점검기록을 비치해야 한다.

정답 복원문제 2025년 2회

01 ①	02 ①	03 ④	04 ③	05 ④
06 ③	07 ②	08 ③	09 ③	10 ④
11 ③	12 ②	13 ③	14 ③	15 ①
16 ③	17 ③	18 ③	19 ③	20 ④
21 ②	22 ③	23 ③	24 ①	25 ③
26 ④	27 ②	28 ④	29 ①	30 ④
31 ④	32 ③	33 ③	34 ②	35 ②
36 ④	37 ③	38 ③	39 ④	40 ③
41 ④	42 ①	43 ②	44 ③	45 ③
46 ①	47 ④	48 ②	49 ①	50 ④
51 ④	52 ①	53 ②	54 ④	55 ③
56 ①	57 ③	58 ④	59 ②	60 ①

2025년 3회 CBT 복원문제

● 1. 물질의 물리 · 화학적 성질

01 분자량의 무게가 4배이면 확산속도는 몇 배인가?

① 0.5배　　② 1배
③ 2배　　　④ 4배

> 그레이엄의 확산 속도법칙
> ※ $\dfrac{U_B}{U_A} = 7\sqrt{\dfrac{M_A}{M_B}}$　∴ $U_B = U_A \times 7\sqrt{\dfrac{M_A}{M_B}}$
> 여기서, A : 어떤 기체, B : 분자량이 4배인 기체
> ∴ $U_B = U_A \times \sqrt{\dfrac{M_A}{M_B}} = 1 \times \sqrt{\dfrac{1}{4}} = 0.5$

02 같은 온도에서 크기가 같은 4개의 용기에 다음과 같은 양의 기체를 채웠을 때 용기의 압력이 가장 큰 것은?

① 메테인 분자 1.5×10^{23}
② 산소 1그램당량
③ 표준상태에서 CO_2 16.8ℓ
④ 수소기체 1g

> 이상기체상태방정식
> ※ $PV = nRT$,　$PV = \dfrac{W}{M}RT$
> 여기서 P : 압력(atm), V : 부피(ℓ, m³), n : mol수, M : 분자량
> 　　　W : 무게, R : 기체상수(0.08205 ℓ · atm/g-mol · K)
> 　　　T : 절대온도(273+℃)
> (1) 메테인 분자 1.5×10^{23}
> ※ 몰랄농도(m) = $\dfrac{\text{용질의 몰수}}{\text{용매의 질량(g)}} \times 1000(g)$
> 1g-mol일 때 6.0238×10^{23}단위로 구성되어 있다.
> 몰수(mol) = $\dfrac{1.5 \times 10^{23}}{6.0238 \times 10^{23}} = 0.25$g-mol
> ∴ $P = \dfrac{n}{V}RT = \dfrac{0.25}{1} \times 0.08205 \times 273 = 5.60$atm
> (2) 산소 1그램당량 : 0.25mol이다.
> ∴ $P = \dfrac{n}{V}RT = \dfrac{0.25}{1} \times 0.08205 \times 273 = 5.60$atm
> (3) 표준상태에서 CO_2 16.8ℓ
> 이산화탄소의 몰수 = $\dfrac{16.8 ℓ}{22.4 ℓ} = 0.75$mol 이다.
> ∴ $P = \dfrac{n}{V}RT = \dfrac{0.75}{1} \times 0.08205 \times 273 = 16.80$atm

> (4) 수소기체 1g
> 몰수(mol) = $\dfrac{1g}{2} = 0.5$g-mol
> ∴ $P = \dfrac{n}{V}RT = \dfrac{0.5}{1} \times 0.08205 \times 273 = 11.20$atm

03 11g의 프로페인이 연소하면 몇 g의 물이 생기는가?

① 4　　　② 4.5
③ 9　　　④ 18

> 프로페인의 연소반응식
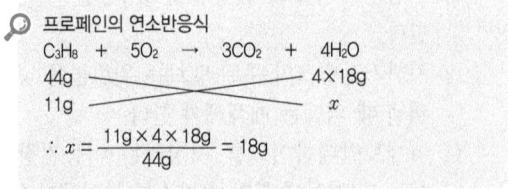
> ∴ $x = \dfrac{11g \times 4 \times 18g}{44g} = 18g$

04 96wt% H_2SO_4(A)와 60wt% H_2SO_4(B)를 혼합하여 80wt% H_2SO_4 100kg 만들려고 한다. 각각 몇 kg씩 혼합해야 하는가?

① A : 30, B : 70
② A : 44.4, B : 55.6
③ A : 55.6, B : 44.4
④ A : 70, B : 30

> 80%황산 100kg을 제조하려면
> 96%　　　　　　　　80 − 60 = 20kg
> 　　　　　80%
> 60%　　　　　　　　96 − 80 = 16kg
> 이것은 96%황산 20kg + 60%황산 16kg → 80%황산 36kg를 제조한다.
> 문제에서 100kg을 제조해야 하므로
> (1) 96%황산 = $\dfrac{20}{36} \times 100$kg = 55.6kg
> (2) 60%황산 = $\dfrac{16}{36} \times 100$kg = 44.4kg
> ∴ 80%황산 100kg를 제조하려면 96%황산 55.6kg + 60%황산 44.4kg 을 혼합하면 된다.

05 8g의 메테인을 완전연소 시키는데 필요한 산소분자의 수는?

① 6.02×10^{23}　　② 1.204×10^{23}
③ 6.02×10^{24}　　④ 1.204×10^{24}

🔍 메테인의 연소반응식
※ $CH_4 + 2O_2 \rightarrow CO_2 + 2H_2O$
산소의 몰수를 계산하면
$CH_4 + 2O_2 \rightarrow CO_2 + 2H_2O$
1mol → 2mol
0.5mol → 1mol
※ 메테인의 몰수 = 무게/분자량 = 8g/16 = 0.5mol
∴ 메테인 0.5mol과 산소 1mol이 반응하므로
$1mol \times 6.0238 \times 10^{23} = 6.0238 \times 10^{23}$

🔍 산화수
(1) 단체의 산화수는 0이다.
(2) 중성화합물을 구성하는 각 원자의 산화수의 합은 0이다.
(3) 이온의 산화수는 그 이온의 가수와 같다.
(4) 산소화합물에서 산소의 산화수는 −2이다.
(5) 과산화물에서 산소의 산화수는 −1이다.
(6) 금속과 화합되어 있는 수소화합물의 수소의 산화수는 −1이다.

06 95wt% 황산의 비중은 1.84 이다. 이 황산의 몰 농도는 약 얼마인가?

① 4.5
② 8.9
③ 17.8
④ 35.6

🔍 %농도 → 몰농도로 환산
[황산의 분자량 $H_2SO_4 = (1 \times 2) + 32 + (16 \times 4) = 98$]
※ 몰농도 $M = \dfrac{10ds}{분자량}$ (d : 비중, s : 농도%)
∴ 몰농도 $M = \dfrac{10 \times 1.84 \times 95}{98} = 17.8$

09 다음 핵화학반응에서 산소(O)의 원자번호는 얼마인가?

$$^{14}_{7}N + ^{4}_{2}He(\alpha) \rightarrow O + ^{1}_{1}H$$

① 6
② 7
③ 8
④ 9

🔍 반응 전과 반응 후의 원자번호는 같다.
※ $^{14}_{7}N + ^{4}_{2}He(\alpha) \rightarrow ^{17}_{8}O + ^{1}_{1}H$

10 다음 물질 중 감광성이 가장 큰 것은?

① HgO
② CuO
③ $NaNO_3$
④ $AgCl$

🔍 $AgCl$(염화은)은 감광성이 강하여 인화지 생산에 사용된다.

07 3N 황산용액 200mL 중에는 몇 g의 H_2SO_4를 포함하고 있는가?(단 S의 원자량은 32이다.)

① 29.4
② 58.8
③ 98.0
④ 117.6

🔍 황산 1N은 물 1000ml 속에 49g이 녹아 있는 것이다.
1N — 49g — 1000ml
3N — x — 200ml
∴ $x = \dfrac{3N \times 49g \times 200ml}{1N \times 1000ml} = 29.4g$
(3N 황산용액 200mL 중에는 29.4g의 H_2SO_4이 포함되어 있다)

11 방사선 동위원소의 반감기가 20일 때 40일이 지난 후 남은 원소의 분율은?

① 1/2
② 1/3
③ 1/4
④ 1/6

🔍 반감기 : 방사선 원소가 붕괴하여 양이 1/2이 될 때까지 걸리는 시간

$$m = M\left(\dfrac{1}{2}\right)^{\frac{t}{T}}$$

여기서 m : 붕괴후의 질량, M : 처음 질량, t : 경과시간, T : 반감기
∴ $m = 1\left(\dfrac{1}{2}\right)^{\frac{40}{20}} = \dfrac{1}{4}$

08 다음 산화수에 대한 설명 중 틀린 것은?

① 화학결합이나 반응에서 산화, 환원을 나타내는 척도이다.
② 자유원소 상태의 원자의 산화수는 0이다.
③ 이온결합 화합물에서 각 원자의 산화수는 이온 전하의 크기와 관계없다.
④ 화합물에서 각 원자의 산화수는 총합이 0이다.

12 포화 탄화수소에 해당하는 것은?

① 톨루엔
② 에틸렌
③ 프로페인
④ 아세틸렌

🔍 포화탄화수소 = C_nH_{2n+2} = 프로페인($C_3H_{(2 \times 3)+2} = C_3H_8$)
※ 아세틸렌계열 탄화수소 : C_nH_{2n+2}

13 다음 중 나타내는 수의 크기가 다른 하나는?

① 질소 7g 중의 원자수
② 수소 1g 중의 원자수
③ 염소 71g 중의 분자수
④ 물 18g 중의 분자수

🔍 크기
- 질소 7g 중의 원자수(질소의 원자량 : 14)
  ∴ 원자수 = $\frac{7}{14}$ = 0.5
- 수소 1g 중의 원자수(수소의 원자량 : 1)
  ∴ 원자수 = $\frac{1}{1}$ = 1.0
- 염소 71g 중의 분자수(염소의 분자량 : Cl_2 = 71)
  ∴ 분자수 = $\frac{71}{71}$ = 1.0
- 물 18g 중의 분자수(물의 분자량 : H_2O = 18)
  ∴ 분자수 = $\frac{18}{18}$ = 1.0

14 분자 운동에너지와 분자간의 인력에 의하여 물질의 상태변화가 일어난다. 다음 그림에서 (a), (b)의 변화는?

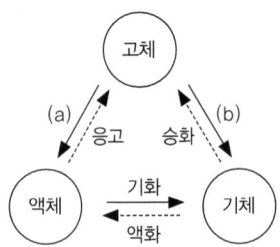

① (a)융해, (b)승화   ② (a)승화, (b)융해
③ (a)응고, (b)승화   ④ (a)승화, (b)응고

🔍 물질의 상태변화

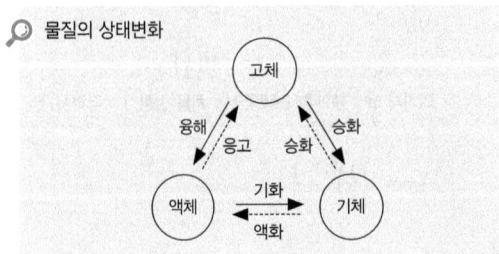

15 염화칼슘의 화학식량은 얼마인가?(단, 염소의 원자량은 35.5, 칼슘의 원자량은 40, 황의 원자량은 32, 아이오딘의 원자량은 127이다.)

① 111   ② 121
③ 131   ④ 141

🔍 염화칼슘($CaCl_2$) 화학식량(분자량) = 40+(35.5×2) = 111

16 10ℓ의 프로판을 완전연소 시키기 위해 필요한 공기는 몇 ℓ인가?(단, 공기 중 산소의 부피는 20%로 가정한다.)

① 10   ② 50
③ 125   ④ 250

🔍 프로판의 연소반응식
$$C_3H_8 + 5O_2 \rightarrow CO_2 + H_2O$$
22.4ℓ   5×22.4
10ℓ x

∴ $x = \frac{10\ell \times 5 \times 22.4\ell}{22.4\ell}$ = 50ℓ(이론 산소량)

∴ 이론 공기량 50ℓ ÷ 0.2 = 250ℓ

17 수소와 질소로 암모니아를 합성하는 반응의 화학반응식은 다음과 같다. 암모니아의 생성률을 높이기 위한 조건은?

$$N_2 + 3H_2 \rightarrow 2NH_3 + 22.1 \text{ kcal}$$

① 온도와 압력을 낮춘다.
② 온도를 낮추고 압력은 높인다.
③ 온도를 높이고 압력은 낮춘다.
④ 온도와 압력을 높인다.

🔍 암모니아의 반응
 ※ $N_2 + 3H_2 \rightleftharpoons 2NH_3$
(1) 온도
  ① 상승 : 온도가 내려가는 방향 (흡열반응쪽, ←)
  ② 강하 : 온도가 올라가는 방향 (발열반응쪽, →)
(2) 압력
  ① 상승 : 분자수가 감소하는 방향 (몰수가 감소하는 방향, →)
  ② 강하 : 분자수가 증가하는 방향 (몰수가 증가하는 방향, ←)

18 찬물을 컵에 담아 더운 방에 놓아두었을 때 유리와 물의 접촉면에 기포가 생기는 이유로 가장 옳은 것은?

① 물의 증기 압력이 높아지기 때문에
② 접촉면에서 수증기가 발생하기 때문에
③ 방안의 이산화탄소가 녹아 들어가기 때문에
④ 온도가 올라갈수록 기체의 용해도가 감소하기 때문에

🔍 찬 물을 더운 방에 두면 온도가 올라가 기체의 용해도가 감소하기 때문에 유리면에 기포가 생긴다.

19 질소 2몰과 산소 3몰의 혼합기체가 나타나는 전압력이 10기압일 때 질소의 분압은 얼마인가?

① 2기압
② 4기압
③ 8기압
④ 10기압

🔍 질소의 분압 = (질소의 몰수/전체의 몰수)×전압력 = (2/5) × 10기압 = 4기압

20 물 500g중에 설탕($C_{12}H_{22}O_{11}$) 171g이 녹아 있는 설탕물의 몰랄농도는?

① 2.0
② 1.5
③ 1.0
④ 0.5

🔍 몰랄농도(m) : 용매 1000g 속에 녹아 있는 용질의 몰수

※ 몰랄농도(m) = $\dfrac{용질의\ 몰수}{용매의\ 질량(g)}$ × 1000(g)

여기서, 설탕($C_{12}H_{22}O_{11}$)의 분자량
= (12×12) + (1×22) + (16×11) = 342

∴ 몰랄농도 = $\dfrac{(171/342)}{500}$ × 1000 = 1.0

2. 화재예방과 소화방법

21 BLEVE 현상에 대한 설명으로 가장 옳은 것은?

① 기름탱크에서의 수증기 폭발현상
② 비등상태의 액화가스가 기화하여 팽창하고 폭발하는 현상
③ 화재 시 기름 속의 수분이 급격히 증발하여 기름거품이 되고 팽창해서 기름탱크에서 밖으로 내뿜어져 나오는 현상
④ 원유, 중유 등 고점도의 기름 속에 수증기를 포함한 볼형태의 물방울이 형성되어 탱크 밖으로 넘치는 현상

🔍 블레비(BLEVE, Boilling Liquid Expanding Vapour Explosion) : 액화가스 저장탱크의 누설로 부유 또는 확산된 액화가스가 착화원과 접촉하여 액화가스가 공기 중으로 확산, 폭발하는 현상

22 다음은 위험물안전관리법령에 따른 할로젠화합물소화설비에 관한 기준이다. ( )안에 알맞은 수치는?

축압식 저장용기등은 온도 20℃에서 할론 1301을 저장하는 것은 ( )MPa 또는 ( )MPa이 되도록 질소가스로 가압할 것

① 0.1, 1.0
② 1.1, 2.5
③ 2.5, 1.0
④ 2.5, 4.2

🔍 할로젠화합물소화설비에서 축압식 저장용기등은 온도 20℃에서 할론 1301을 저장하는 것은 2.5 MPa 또는 4.2 MPa이 되도록 질소가스로 가압할 것

23 제3종 분말소화약제를 화재면에 방출시 부착성이 좋은 막을 형성하여 연소에 필요한 산소의 유입을 차단하기 때문에 연소를 중단시킬 수 있다. 그러한 막을 구성하는 물질은?

① H_3PO_4
② PO_4
③ HPO_3
④ P_2O_5

🔍 제3종 분말소화약제 열분해 시 메타인산(HPO_3)을 발생하여 부착성인 막을 만들어 공기를 차단하는 것이다.

24 경보설비는 지정수량 몇 배 이상의 위험물을 저장, 취급하는 제조소등에 설치하는가?

① 2
② 4
③ 6
④ 10

🔍 제조소등의 경보설비
(1) 지정수량 10배이상 : 자동화재탐지설비, 비상경보설비, 비상방송설비, 확성장치 중 1개
(2) 제조소등별로 설치해야 하는 경보설비의 종류

제조소등의 구분	제조소등의 규모, 저장 또는 취급하는 위험물의 종류 및 최대수량 등	경보설비
1. 제조소 및 일반취급소	• 연면적 500m² 이상인 것 • 옥내에서 지정수량의 100배 이상을 취급하는 것(고인화점 위험물만을 100℃ 미만의 온도에서 취급하는 것을 제외한다) • 일반취급소로 사용되는 부분 외의 부분이 있는 건축물에 설치된 일반취급소(일반취급소와 일반취급소 외의 부분이 내화구조의 바닥 또는 벽으로 개구부 없이 구획된 것을 제외한다)	자동화재탐지설비

제조소등의 구분	제조소등의 규모, 저장 또는 취급하는 위험물의 종류 및 최대수량 등	경보 설비
2. 옥내 저장소	• 지정수량의 100배 이상을 저장 또는 취급하는 것(고인화점위험물만을 저장 또는 취급하는 것을 제외한다) • 저장창고의 연면적이 150m²를 초과하는 것[당해 저장창고가 연면적 150m² 이내마다 불연재료의 격벽으로 개구부 없이 완전히 구획된 것과 제2류 또는 제4류의 위험물(인화성고체 및 인화점이 70℃ 미만인 제4류 위험물을 제외한다)만을 저장 또는 취급하는 것에 있어서는 저장창고의 연면적이 500m² 이상의 것에 한한다] • 처마높이가 6m 이상인 단층건물의 것 • 옥내저장소로 사용되는 부분 외의 부분이 있는 건축물에 설치된 옥내저장소[옥내저장소와 옥내저장소 외의 부분이 내화구조의 바닥 또는 벽으로 개구부 없이 구획된 것과 제2류 또는 제4류의 위험물(인화성고체 및 인화점이 70℃ 미만인 제4류 위험물을 제외한다)만을 저장 또는 취급하는 것을 제외한다]	자동 화재 탐지 설비
3. 옥내탱크 저장소	단층 건물 외의 건축물에 설치된 옥내탱크저장소로서 소화난이도등급 Ⅰ에 해당하는 것	
4. 주유 취급소	옥내주유취급소	

25 다음 각각의 위험물의 화재 발생 시 위험물안전관리 법령상 적응 가능한 소화기를 옳게 나타낸 것은?

① $C_6H_5NO_2$: 이산화탄소소화기
② $(C_2H_5)_3Al$: 봉상수소화기
③ $C_2H_5OC_2H_5$: 봉상수소화기
④ $C_3H_5(ONO_2)_3$: 이산화탄소소화기

🔍 적응 가능한 소화

종류	$C_6H_5NO_2$	$(C_2H_5)_3Al$	$C_2H_5OC_2H_5$	$C_3H_5(ONO_2)_3$
명칭	나이트로 벤젠	트라이에틸 알루미늄	다이에틸 에터	나이트로 글리세린
적응 소화	질식소화 (이산화탄소)	질식소화 (마른 모래)	질식소화 (이산화탄소)	냉각소화 (봉상수)

26 불활성가스 소화설비의 저압식 저장용기에 설치하는 압력경보장치의 작동압력은?

① 1.9MPa 이상의 압력 및 1.5MPa 이하의 압력
② 2.3MPa 이상의 압력 및 1.9MPa 이하의 압력
③ 3.75MPa 이상의 압력 및 2.3MPa 이하의 압력
④ 4.5MPa 이상의 압력 및 3.75MPa 이하의 압력

🔍 불활성가스소화설비의 저압식 저장용기의 설치기준
(1) 저압식 저장용기에는 액면계 및 압력계를 설치할 것
(2) 저압식 저장용기에는 2.3MPa 이상의 압력 및 1.9MPa 이하의 압력에서 작동하는 압력경보장치를 설치할 것
(3) 저압식 저장용기에는 용기내부의 온도를 영하 20℃ 이상 영하 18℃ 이하로 유지할 수 있는 자동냉동기를 설치할 것
(4) 저압식 저장용기에는 파괴판과 방출밸브을 설치할 것

27 휘발유의 주된 연소형태는?

① 표면연소   ② 분해연소
③ 증발연소   ④ 자기연소

🔍 휘발유의 주된 연소 : 증발연소

28 제조소 건축물로 외벽이 내화구조인 것의 1 소요단위는 연면적이 몇 m² 인가?

① 50   ② 100
③ 150   ④ 1000

🔍 제조소 또는 취급소의 소요단위

구분	제조소, 취급소		저장소		위험물
외벽의 구조	내화 구조	비내화 구조	내화 구조	비내화 구조	
기준	연면적 100m²	연면적 50m²	연면적 150m²	연면적 75m²	지정수량의 10배

29 다음 중 분말소화약제의 주된 소화작용에 가장 가까운 것은?

① 질식소화   ② 냉각소화
③ 유화소화   ④ 제거소화

🔍 분말소화약제의 주된 소화작용 : 질식작용

30 위험물제조소등에 설치하는 옥내소화전설비의 설명 중 틀린 것은?

① 개폐밸브 및 호스 접속구는 바닥으로부터 1.5m 이하에 설치할 것
② 함의 표면에 "소화전"이라고 표시할 것
③ 축전지설비는 설치된 벽으로부터 0.2m 이상 이격할 것
④ 비상전원의 용량은 45분 이상일 것

> 위험물제조소등에 설치하는 옥내소화전설비의 기준
> (1) 개폐밸브 및 호스 접속구는 바닥으로부터 1.5m 이하에 설치할 것
> (2) 옥내소화전함의 그 표면에 "소화전"이라고 표시할 것
> (3) 축전지설비는 설치된 실의 벽으로부터 0.1m 이상 이격할 것
> (4) 비상전원의 용량은 45분 이상 작동시키는 것이 가능할 것

31 알코올 화재시 수성막포 소화약제는 효과가 없다. 그 이유로 가장 적당한 것은?

① 알코올이 수용성이어서 포를 소멸시키므로
② 알코올이 반응하여 가연성가스를 발생하므로
③ 알코올 화재 시 불꽃의 온도가 매우 높으므로
④ 알코올이 포소화약제와 발열반응을 하므로

> 알코올은 수성막포를 사용하면 소포(거품이 꺼짐)되므로 적합하지 않다.
> ※ 알코올(수용성 액체) : 알코올형포(내알코올포, 알코올포) 소화약제가 적합

32 표준상태에서 적린 8mol이 완전 연소하여 오산화인을 만드는데 필요한 이론공기량은 약 몇 ℓ 인가?(단, 공기 중 산소는 21vol%이다.)

① 1066.7 ② 806.7
③ 234   ④ 22.4

> 공기 중에서 연소 시 오산화인의 흰 연기를 발생한다.
> 4P + 5O₂ → 2P₂O₅
> 4mol   5mol × 22.4ℓ
> 8mol   x
> ∴ x = (8mol × 5mol × 22.4ℓ) / 4mol = 224ℓ (이론 산소량)
> ∴ 이론공기량 = 224ℓ ÷ 0.21 = 1066.7ℓ

33 위험물제조소등에서 옥내소화전이 가장 많이 설치된 층의 옥내소화전 설치개수가 6개일 때 수원의 수량은 몇 m³ 이상이 되어야 하는가?

① 7.8   ② 22
③ 39   ④ 46.8

> 위험물제조소등

항목\종류	방수량	방수압력	토출량	수원	비상전원
옥내소화전설비	260ℓ/min	0.35 MPa	N(최대 5개)×260ℓ/min	N(최대 5개)×7.8m³ (260ℓ/min × 30min)	45분

항목\종류	방수량	방수압력	토출량	수원	비상전원
옥외소화전설비	450ℓ/min	0.35 MPa	N(최대 4개)×450ℓ/min	N(최대 4개)×13.5m³ (450ℓ/min × 30min)	45분
스프링클러설비	80ℓ/min	0.35 MPa	헤드수×80ℓ/min	헤드수×2.4m³ (80ℓ/min × 30min)	45분

∴ 수원 = N(최대 5개) × 7.8m³ = 5 × 7.8m³ = 39m³

34 위험물제조소등에 설치하는 포소화설비의 기준에 따르면 포헤드 방식의 포헤드는 방호대상물의 표면적 1m² 당의 방사량이 몇 ℓ/min 이상의 비율로 계산한 양의 포수용액을 표준 방사량으로 방사할 수 있도록 설치해야 하는가?

① 3.5   ② 4
③ 6.5   ④ 9

> 포헤드는 방호대상물의 표면적 1m² 당의 방사량 : 6.5ℓ/min 이상

35 위험물저장소의 위험물은 지정수량의 몇 배를 1 소요단위로 하는가?

① 1배   ② 5배
③ 10배   ④ 100배

> 위험물저장소의 소요단위

구분	제조소, 일반취급소		저장소		위험물
외벽의 구조	내화구조	비내화구조	내화구조	비내화구조	
기준	연면적 100m²	연면적 50m²	연면적 150m²	연면적 75m²	지정수량의 10배

36 다음 중 전기의 불량도체로 정전기가 발생되기 쉽고 폭발범위가 가장 넓은 위험물은?

① 아세톤   ② 톨루엔
③ 에틸알코올 ④ 에터

> 위험물의 폭발범위

종류	아세톤	톨루엔	에틸알코올	에터
폭발범위	2.5~12.8%	1.27~7.0%	3.1~27.7%	1.7~48.0%

37 위험물제조소에서 취급하는 제4류 위험물의 최대 수량의 합이 지정수량의 15만배인 사업소에 두어야 할 자체소방대의 화학소방자동차와 자체소방대원의 수는 각각 얼마로 규정되어 있는가?(단, 상호응원협정을 체결한 경우는 제외한다.)

① 1대, 5인   ② 2대, 10인
③ 3대, 15인   ④ 4대, 20인

🔍 자체소방대에 두는 화학소방자동차 및 인원(시행령 별표 8)

사업소의 구분	화학소방 자동차	자체소방 대원의 수
1. 제조소 또는 일반취급소에서 취급하는 제4류 위험물의 최대수량의 합이 지정수량의 3천배 이상 12만배 미만인 사업소	1대	5인
2. 제조소 또는 일반취급소에서 취급하는 제4류 위험물의 최대수량의 합이 지정수량의 12만배 이상 24만배 미만인 사업소	2대	10인
3. 제조소 또는 일반취급소에서 취급하는 제4류 위험물의 최대수량의 합이 지정수량의 24만배 이상 48만배 미만인 사업소	3대	15인
4. 제조소 또는 일반취급소에서 취급하는 제4류 위험물의 최대수량의 합이 지정수량의 48만배 이상인 사업소	4대	20인
5. 옥외탱크저장소에 저장하는 제4류 위험물의 최대 수량이 지정수량의 50만배 이상인 사업소	2대	10인

38 피리딘 20,000리터에 대한 소화설비의 소요단위는?

① 5단위
② 10단위
③ 15단위
④ 100단위

🔍 소요단위 = $\dfrac{저장량}{지정수량 \times 10} = \dfrac{20,000\ell}{400\ell \times 10}$ = 5단위

※ 피리딘[제4류 위험물 제1석유류(수용성)]의 지정수량 : 400ℓ

39 분말소화약제인 탄산수소나트륨 10kg이 1기압, 270℃에서 방사되었을 때 발생하는 이산화탄소의 양은 약 몇 m³인가?

① 2.65   ② 3.65
③ 18.22   ④ 36.44

🔍 탄산수소나트륨(NaHCO₃)의 분해반응식
$2NaHCO_3 \rightarrow Na_2CO_3 + H_2O + CO_2$

2 × 84kg —— 44kg
10kg —— x

∴ $x = \dfrac{10kg \times 44kg}{2 \times 84kg}$ = 2.62kg

이상기체상태방정식을 적용하면

※ PV = nRT = $\dfrac{W}{M}$RT   V = $\dfrac{WRT}{PM}$

여기서 P : 압력(1atm), V : 부피(m³), M : 분자량(CO₂ = 44),
W : 무게(2.62kg),
R : 기체상수(0.08205m³·atm/kg-mol·K),
T : 절대온도(273 + 270℃ = 543K)

V = $\dfrac{WRT}{PM} = \dfrac{2.62 \times 0.08205 \times 543K}{1 \times 44}$ = 2.65m³

40 트라이나이트로톨루엔에 대한 설명으로 틀린 것은?

① 햇빛을 받으면 다갈색으로 변한다.
② 벤젠, 아세톤 등에 잘 녹는다.
③ 건조사 또는 팽창질석만 소화설비로 사용할 수 있다.
④ 폭약의 원료로 사용될 수 있다.

🔍 트라이나이트로톨루엔은 제5류 위험물로서 냉각소화(물)도 가능하다.

3. 위험물 성상 및 취급

41 위험물안전관리법령에 따라 제4류 위험물 옥내저장탱크에 설치하는 밸브 없는 통기관의 설치기준으로 가장 거리가 먼 것은?

① 통기관의 지름은 30mm 이상으로 한다.
② 통기관의 선단은 수평단면에 대하여 아래로 45도 이상 구부려 설치한다.
③ 통기관은 가스가 체류하지 않도록 그 선단을 건축물의 출입구로부터 0.5m 이상 떨어진 곳에 설치하고 끝에 팬을 설치한다.
④ 가는 눈의 구리망으로 인화방지장치를 한다.

🔍 통기관이 설치기준
(1) 직경은 30mm 이상일 것
(2) 선단은 수평면보다 45도 이상 구부려 빗물 등의 침투를 막는 구조로 할 것

(3) 가는 눈의 구리망 등으로 인화방지장치를 할 것. 다만, 인화점 70℃ 이상의 위험물만을 해당 위험물의 인화점 미만의 온도로 저장 또는 취급하는 탱크에 설치하는 통기관에 있어서는 그렇지 않다.
(4) 통기관의 선단은 건축물의 창·출입구 등의 개구부로부터 1m 이상 떨어진 옥외의 장소에 지면으로부터 4m 이상의 높이로 설치하되, 인화점이 40℃ 미만인 위험물의 탱크에 설치하는 통기관에 있어서는 부지경계선으로부터 1.5m 이상 이격할 것. 다만, 고인화점 위험물만을 100℃ 미만의 온도로 저장 또는 취급하는 탱크에 설치하는 통기관은 그 선단을 탱크전용실 내에 설치할 수 있다.

🔍 **위험물제조소의 배관**
(1) 배관의 재질은 한국산업규격의 유리섬유강화플라스틱·고밀도폴리에틸렌 또는 폴리우레탄으로 할 것
(2) 배관을 지상에 설치하는 경우에는 지진·풍압·지반침하 및 온도변화에 안전한 구조의 지지물에 설치하되, 지면에 닿지 않도록 하고 배관의 외면에 부식방지를 위한 도장을 해야 한다. 다만, 불변강관 또는 부식의 우려가 없는 재질의 배관의 경우에는 부식방지를 위한 도장을 아니 할 수 있다.
(3) 배관을 지하에 매설하는 경우의 기준
 ① 금속성 배관의 외면에는 부식방지를 위하여 도복장·코팅 또는 전기방식 등의 필요한 조치를 할 것
 ② 배관의 접합부분(용접에 의한 접합부 또는 위험물의 누설의 우려가 없다고 인정되는 방법에 의하여 접합된 부분을 제외한다)에는 위험물의 누설여부를 점검할 수 있는 점검구를 설치할 것
 ③ 지면에 미치는 중량이 당해 배관에 미치지 않도록 보호할 것

42 위험물안전관리법령상 제1석유류를 취급하는 위험물제조소 건축물의 지붕에 대한 설명으로 옳은 것은?

① 항상 불연재료로 해야 한다.
② 항상 내화구조로 해야 한다.
③ 가벼운 불연재료가 원칙이지만 예외적으로 내화구조로 할 수 있는 경우가 있다.
④ 내화구조가 원칙이지만 예외적으로 가벼운 불연재료로 할 수 있는 경우가 있다.

🔍 제조소의 건축물의 지붕(작업공정상 제조기계시설 등이 2층 이상에 연결되어 설치된 경우에는 최상층의 지붕을 말한다)은 폭발력이 위로 방출될 정도의 가벼운 불연재료로 덮어야 한다. 다만, 위험물을 취급하는 건축물이 다음 각목에 해당하는 경우에는 그 지붕을 내화구조로 할 수 있다.
(1) 제2류 위험물(분상의 것과 인화성고체를 제외한다), 제4류 위험물 중 제4석유류·동식물유류 또는 제6류 위험물을 취급하는 건축물인 경우
(2) 다음의 기준에 적합한 밀폐형 구조의 건축물인 경우
 ① 발생할 수 있는 내부의 과압(過壓) 또는 부압(負壓)에 견딜 수 있는 철근콘크리트조일 것
 ② 외부화재에 90분 이상 견딜 수 있는 구조일 것

43 위험물안전관리법령에 의한 위험물제조소의 설치기준으로 옳지 않은 것은?

① 위험물을 취급하는 기계, 기구, 기타설비에 새거나 넘치거나 비산하는 것을 방지할 수 있는 구조로 한다.
② 위험물을 가열하거나 냉각하는 설비 또는 위험물 취급에 따라 온도변화가 생기는 설비에는 온도 측정장치를 설치해야 한다.
③ 정전기 발생을 유효하게 제거할 수 있는 설비를 설치한다.
④ 스테인리스관을 지하에 설치할 때에는 지진, 풍압, 지반침하, 온도변화에 안전한 구조의 지지물을 설치한다.

44 인화석회가 물과 반응하면 생성되는 가스는?

① H_2O_2
② H_2
③ PH_3
④ C_2H_2

🔍 인화석회(Ca_3P_2)와 물과의 반응
※ $Ca_3P_2 + 6H_2O \rightarrow 2PH_3 + 3Ca(OH)_2$

45 가열하였을 때 분해하여 적갈색의 유독한 가스를 방출하는 것은?

① 과염소산
② 질산
③ 과산화수소
④ 적린

🔍 진한질산을 가열하면 적갈색의 유독한 증기(NO_2)를 발생한다.
※ $4HNO_3 \rightarrow 2H_2O + 4NO_2\uparrow + O_2\uparrow$

46 위험물안전관리법령에서 정한 이황화탄소의 옥외 탱크 저장시설에 대한 기준을 옳은 것은?

① 벽 및 바닥의 두께가 0.2m 이상이고 누수가 되지 않는 철근콘크리트의 수조에 넣어 보관해야 한다.
② 벽 및 바닥의 두께가 0.2m 이상이고 누수가 되지 않는 철근콘크리트의 석유조에 넣어 보관해야 한다.
③ 벽 및 바닥의 두께가 0.3m 이상이고 누수가 되지 않는 철근콘크리트의 수조에 넣어 보관해야 한다.
④ 벽 및 바닥의 두께가 0.3m 이상이고 누수가 되지 않는 철근콘크리트의 석유조에 넣어 보관해야 한다.

> 이황화탄소의 옥외저장탱크는 벽 및 바닥의 두께가 0.2m 이상이고, 누수가 되지 않는 철근콘크리트의 수조에 넣어 보관해야 한다.

47 다음 중 메탄올의 연소범위에 가장 가까운 것은?

① 약 1.4 ~ 5.6%
② 약 6 ~ 36%
③ 약 20.3 ~ 66%
④ 약 42.0 ~ 77%

> 연소범위

종류	하한계(%)	상한계(%)
아세틸렌(C_2H_2)	2.5	81.0
수소(H_2)	4.0	75.0
메테인(CH_4)	5.0	15.0
에테인(C_2H_6)	3.0	12.4
프로페인(C_3H_8)	2.1	9.5
이황화탄소(CS_2)	1.0	50
메탄올	6	36

48 제4류 위험물 중 제1석유류에 속하는 것으로만 나열한 것은?

① 아세톤, 휘발유, 톨루엔, 사이안화수소
② 이황화탄소, 다이에틸에터, 아세트알데하이드
③ 메탄올, 에탄올, 부탄올, 벤젠
④ 중유, 크레오소트유, 실린더유, 의산에틸

> 제4류 위험물의 분류

품명	해당 품목
특수인화물	이황화탄소, 다이에틸에터, 아세트알데하이드
제1석유류	아세톤, 휘발유, 톨루엔, 사이안화수소, 벤젠, 의산에틸
알코올류	메탄올, 에탄올
제2석유류	부탄올
제3석유류	중유, 크레오소트유
제4석유류	실린더유

49 금속칼륨의 성질로 옳은 것은?

① 중금속류에 속한다.
② 화학적으로 이온화경향이 큰 금속이다.
③ 물 속에 보관한다.
④ 상온, 상압에서 액체형태인 금속이다.

> 칼륨
> (1) 물성

화학식	원자량	비점	융점	비중	불꽃색상
K	39	774℃	63.7℃	0.86	보라색

> (2) 은백색의 광택이 있는 무른 경금속이다.
> (3) 화학적으로 이온화경향이 큰 금속이다.
> (4) 석유, 경유, 유동파라핀 등의 보호액을 넣은 내통에 밀봉 저장한다.

50 위험물안전관리법령에 따라 지정수량의 10배의 위험물을 운반할 때 혼재가 가능한 것은?

① 제1류 위험물과 제2류 위험물
② 제2류 위험물과 제3류 위험물
③ 제3류 위험물과 제4류 위험물
④ 제5류 위험물과 제6류 위험물

> 운반 시 혼재 가능

위험물의 구분	제1류	제2류	제3류	제4류	제5류	제6류
제1류		×	×	×	×	○
제2류	×		×	○	○	×
제3류	×	×		○	×	×
제4류	×	○	○		○	×
제5류	×	○	×	○		×
제6류	○	×	×	×	×	

51 다음 중 나트륨의 보호액으로 가장 적합한 것은?

① 메탄올
② 수은
③ 물
④ 유동파라핀

> 칼륨, 나트륨의 보호액 : 석유(등유), 경유, 유동파라핀

52 벤젠의 일반적인 성질에 관한 사항 중 틀린 것은?

① 알코올, 에터에 녹는다.
② 물에는 녹지 않는다.
③ 냄새는 없고 색상은 갈색인 휘발성 액체이다.
④ 증기 비중은 약 2.7이다.

🔍 벤젠(Benzene, 벤졸)의 성질
(1) 무색, 투명한 방향성을 갖는 액체이다.
(2) 물에 녹지 않고 알코올, 아세톤, 에터에는 녹는다.
(3) 증기비중은 약 2.7, 분자량은 78(C_6H_6)이다
 ※ 증기비중 = $\dfrac{분자량}{29} = \dfrac{78}{29} = 2.7$

53 인화석회가 물과 반응하여 생성하는 기체는?

① 포스핀
② 아세틸렌
③ 이산화탄소
④ 수산화칼슘

🔍 인화석회(Ca_3P_2)는 물과 반응하면 포스핀(PH_3)의 독성가스를 발생 한다.
 ※ $Ca_3P_2 + 6H_2O \rightarrow 2PH_3 + 3Ca(OH)_2$

54 과산화수소의 성질 및 취급방법에 관한 설명 중 틀린 것은?

① 햇빛에 의하여 분해한다.
② 인산, 요산 등의 분해방지 안정제를 넣는다.
③ 저장용기는 공기가 통하지 않게 마개로 꼭 막아 둔다.
④ 에탄올에 녹는다.

🔍 과산화수소
(1) 햇빛에 의하여 분해되므로 인산, 요산 등의 분해방지 안정제를 넣는다.
(2) 과산화수소는 구멍 뚫린 마개를 사용해야 한다.
(3) 에탄올에 녹는다.

55 적린과 황린의 공통점이 아닌 것은?

① 화재 발생 시 물을 이용한 소화가 가능하다.
② 이황화탄소에 잘 녹는다.
③ 연소 시 P_2O_5의 흰 연기가 난다.
④ 구성원소는 P이다.

🔍 적린과 황린의 비교

종류	적린	황린
화학식	P	P_4
색상	암적색의 분말	담황색의 고체
냄새	마늘과 비슷한 냄새	냄새가 없다
독성	맹독성	무독성
용해성	물, 알코올, 에터, CS_2, 암모니아에 불용	• 벤젠, 알코올에는 일부 용해 • 이황화탄소(CS_2), 삼염화린, 염화황에는 용해
연소반응식	$4P + 5O_2 \rightarrow P_2O_5$ (흰 연기 발생)	$P_4 + 5O_2 \rightarrow P_2O_5$ (흰 연기 발생)
소화방법	주수소화	주수소화

56 위험물안전관리법령에 따른 제1류 위험물 중 알칼리금속의 과산화물 운반 용기에 반드시 표시해야 할 주의사항 중 모두 옳게 나열한 것은?

① 화기·충격주의, 물기엄금, 가연물접촉주의
② 화기·충격주의, 화기엄금
③ 화기엄금, 물기엄금
④ 화기·충격엄금, 가연물접촉주의

🔍 제1류 위험물의 주의사항
(1) 알칼리금속의 과산화물 : 화기·충격주의, 물기엄금, 가연물접촉주의
(2) 그 밖의 것 : 화기·충격주의, 가연물접촉주의

57 트라이나이트로톨루엔의 성질에 대한 설명 중 틀린 것은?

① 폭발에 대비하여 철, 구리로 만든 용기에 저장한다.
② 휘황색을 띤 침상결정이다.
③ 비중이 약 1.0으로 물보다 무겁다.
④ 단독으로는 충격, 마찰에 둔감한 편이다.

🔍 트라이나이트로톨루엔의 성질
(1) 휘황색의 침상결정으로 강력한 폭약이다
(2) 비중이 약 1.0으로 물보다 무겁다.
(3) 충격에는 민감하지 않으나 급격한 타격에 의하여 폭발한다.
(4) 철, 구리로 만든 용기에 저장하면 위험하다.

58. A업체에서 제조한 위험물을 B업체로 운반 할 때 규정에 의한 운반용기에 수납하지 않아도 되는 위험물은?(단, 지정수량의 2배 이상인 경우이다.)

① 덩어리 상태의 황
② 금속분
③ 삼산화크로뮴
④ 염소산나트륨

> 모든 위험물은 운반 시 운반용기에 수납하여 운반해야 하며 덩어리 상태의 황은 운반하기 위하여 적재하는 경우 운반용기에 수납하지 않아도 된다.

59. 위험물안전관리법령에 따른 위험물제조소 건축물의 구조로 틀린 것은?

① 벽, 기둥, 서까래 및 계단은 난연재료로 할 것
② 지하층이 없도록 할 것
③ 출입구에는 60분+ 방화문·60분 방화문 또는 30분 방화문을 설치할 것
④ 창에 유리를 이용하는 경우에는 망입유리로 할 것

> 제조소의 벽, 기둥, 바닥, 보, 서까래 및 계단은 불연재료로 한다.

60. 제1류 위험물의 일반적인 성질이 아닌 것은?

① 불연성 물질이다.
② 유기화합물들이다.
③ 산화성 고체로서 강산화제이다.
④ 알칼리금속의 과산화물은 물과 작용하여 발열한다.

> 제1류 위험물 : 불연성물질, 무기화합물, 산화성고체, 강산화제

정답 복원문제 2025년 3회

01 ①	02 ③	03 ④	04 ③	05 ①
06 ③	07 ①	08 ③	09 ③	10 ④
11 ③	12 ③	13 ①	14 ①	15 ①
16 ④	17 ②	18 ④	19 ③	20 ③
21 ②	22 ④	23 ③	24 ④	25 ①
26 ②	27 ③	28 ②	29 ①	30 ②
31 ①	32 ①	33 ③	34 ②	35 ③
36 ④	37 ②	38 ①	39 ①	40 ②
41 ③	42 ③	43 ④	44 ③	45 ②
46 ①	47 ②	48 ①	49 ③	50 ③
51 ④	52 ③	53 ①	54 ③	55 ②
56 ①	57 ①	58 ①	59 ①	60 ②

위험물산업기사 필기

2026년 01월 05일 인쇄
2026년 01월 20일 발행

저 자 이덕수, 이정석 공저
발 행 처 ㈜도서출판 책과상상
등록번호 제2020-000205호
발 행 인 이강복
주 소 경기도 고양시 일산동구 장항로 203-191
대표전화 02)3272-1703~4
팩 스 02)3272-1705
홈페이지 www.sangsangbooks.co.kr
I S B N 979-11-6967-352-5
정 가 23,000원

저자협의
인지생략

Copyright©2026
Book&SangSang Publishing Co.

※ 저자와의 협의하에 인지를 생략합니다.